UG NX8.0 工程应用丛书

UG NX8.0 数控编程与操作

刘蔡保 编

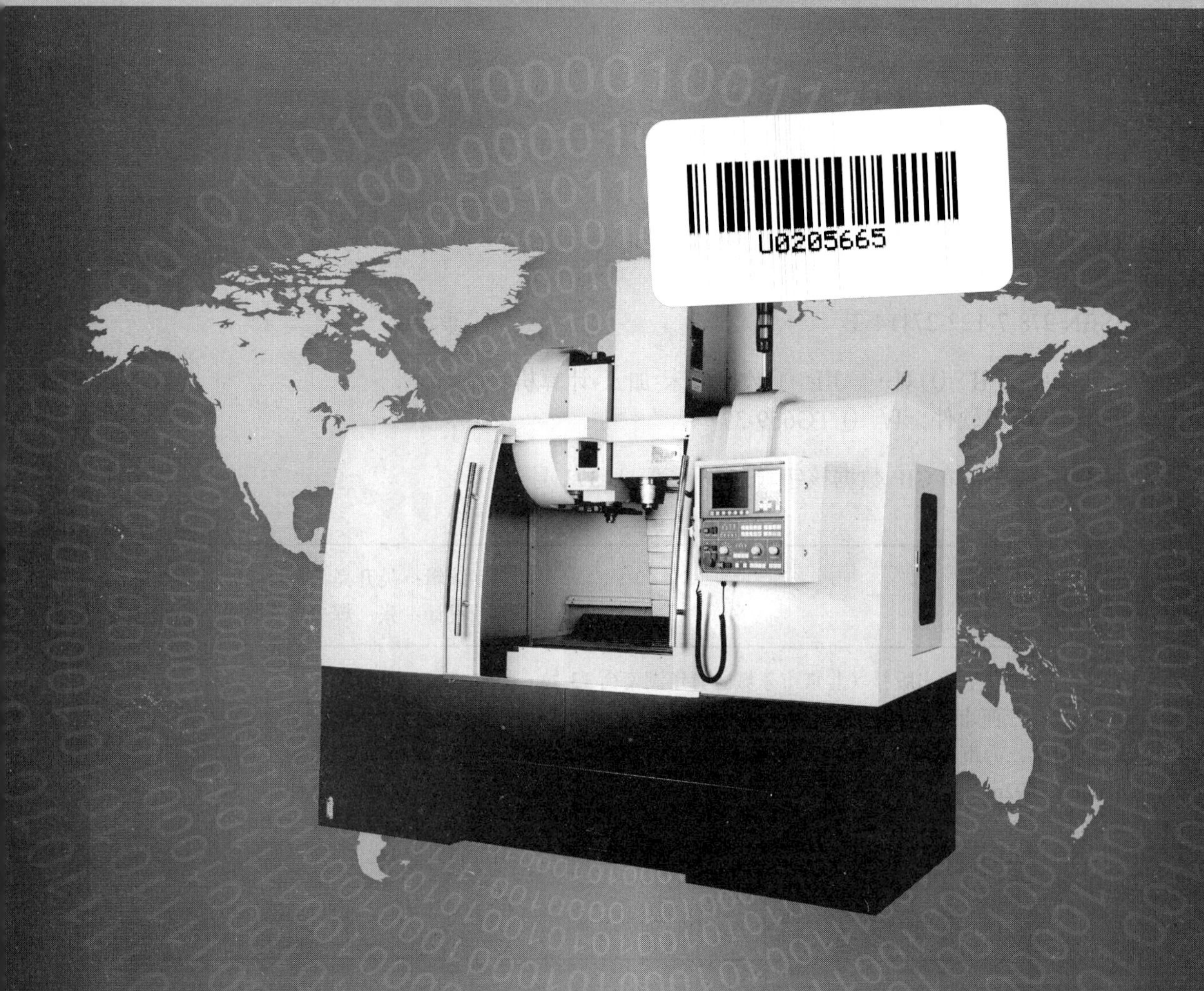

化学工业出版社
·北京·

本书以实际生产为目标，重点讲述了 UG NX8.0 的数控编程，以分析为主导，以思路为铺垫，以方法为手段，使学习者能够达到自己分析、操作和处理的效果。

本书主要内容包括：面铣 FACE MILLING、平面铣 PLANAR MILLING、型腔铣 CAVITY MILLING、固定轴曲面轮廓铣 FIXED COUNTER、等高轮廓铣 ZLEVEL PROFILE、加工实例、后处理。

本书附视频学习光盘一张，制作了本书的全程同步操作视频录像文件，另外还包含了本书所有的素材文件、练习文件和范例文件。

本书适合作为高职或中职层次数控加工专业的教材，同时也适合成人教育，企业培训，以及技术人员自学时参考。

图书在版编目（CIP）数据

UG NX8.0 数控编程与操作/刘蔡保编. —北京：化学工业出版社，2016.7（2019.8重印）

ISBN 978-7-122-27114-3

Ⅰ.①U… Ⅱ.①刘… Ⅲ.①数控机床-加工-计算机辅助设计-应用软件 Ⅳ.①TG659-39

中国版本图书馆 CIP 数据核字（2016）第 111371 号

责任编辑：李　娜　　文字编辑：吴开亮
责任校对：王素芹　　装帧设计：张　辉

出版发行：化学工业出版社（北京市东城区青年湖南街 13 号　邮政编码 100011）
印　　刷：三河市延风印装有限公司
装　　订：三河市宇新装订厂
787mm×1092mm　1/16　印张 19¾　字数 520 千字　2019 年 8 月北京第 1 版第 2 次印刷

购书咨询：010-64518888　　售后服务：010-64518899
网　　址：http://www.cip.com.cn
凡购买本书，如有缺损质量问题，本社销售中心负责调换。

定　　价：59.00 元

前言 FOREWORD

本书以实际生产为目标，重点讲述了 UG NX8.0 的数控编程，以分析为主导，以思路为铺垫，以方法为手段，使读者能够达到自己分析、操作和处理的效果。

本书以“入门实例+理论知识+加工实例+经验总结”的方式逐步深入地学习 UG 编程的方法，通过精心挑选的典型案例，对 UG 数控方面的加工做了详细的阐述。

本书结构紧凑、特点鲜明，编写力求理论表述简洁易懂，步骤清晰明了，便于掌握应用。

◆ 开创性的课程讲解

本课程不以软件结构为依托，一切的实例操作、要点讲解都以加工为目的，不再做知识点的全面铺陈，重点阐述实际加工中所能遇见的重点、难点。在刀具、加工方法、后处理的配合上独具特色，直接面向加工。

◆ 独具特色的教材编排

UG 编程的教材再也不是繁复厚重的工具书，也不是各种说明书、参数的简单罗列，本教材力求让读者能快速地融入到 UG 编程的学习中，在学习的过程中启发学习的兴趣，使其能够看懂、看会、扩散思维。

◆ 环环相扣的学习过程

针对 UG 数控编程的特点，本书提出了“1+1+1+1+1”的学习方式，即“入门实例+理论知识+加工实例+重要知识点+经验总结”的过程，逐步深入学习 UG 编程的方法和要领，简明扼要地用大量的入门实例和加工实例，图文并茂地去轻松学习，变枯燥的过程为有趣的探索。

◆ 简明扼要的知识提炼

本书以 UG 编程为主，用大量的案例操作对编程涉及的知识点作出提炼，简明直观地讲解了 UG 编程的重要知识点，有针对性地描述了编程的工作性能和加工特点，并结合实例对 UG 数控编程的流程、方法，做了详细的阐述。

◆ 循序渐进的课程讲解

数控编程的学习不是一蹴而就的，也不能按照其软件结构生拆开来讲解。编者结合多年的教学和实践，推荐本书的学习顺序是：按照教材编写的顺序，由浅入深、逐层进化地学习。编者从平面铣、曲面铣的加工到后处理的应用，对每一个重要的加工方法讲解其原理、处理方法、注意事项，并有专门的实例分析和经验总结。相信只要按照书中的编写顺序进行编程的学习，定可事半功倍地达到学习的目的。

◆ 详细深入的经验总结

在学习编程的过程中，每一个入门实例和加工实例之后都有详细的经验总结，需要好好掌握与领会。本书的最大特点即是在每个实例后都有跟踪的经验总结，详细描写了 UG 编程的经验、心得，以及编程的建议，使读者更好地将学习的内容巩固吸收，对实际中加工实践的过程有一个质的认识和提高。

◆ **紧密实践的操作指导**

书中讲解的实例紧密联系实际加工，并详细讲解了 UG 后处理的操作方法，后处理的讲解也是遵循着联系实际的原则，从程序格式的修改，代码指令的修正，关键位置修调，都有其详细具体的步骤和过程，使编程所学，直接应用到实际的加工中，达到迅速掌握程序与机床匹配的效果。

本书精选了大量的典型案例，取材适当，内容丰富，理论联系实际。所有实训项目都经过实践检验，所举的实例都进行了详细、清晰的操作说明。本书的讲解由浅入深，图文并茂，通俗易懂。

本书编写中注重引入本学科前沿的最新知识，体现了 UG 数控编程的先进性。本书参考了国内外相关领域的书籍和资料，也融汇了编者长期的教学实践和研究心得，尤其是在数控技术专业教学改革中的经验与教训。全书分为上、中、下三篇，一共七个章节。

上篇：UG 数控编程的平面加工

第一章　面铣 FACE MILLING：作为 UG 编程的入门章节，详细阐述了 UG 的平面加工方法，使读者了解 UG 对纯平面工件进行编程的方法和特点，从中了解 UG 平面加工的原理，以及针对于实际加工的编程要点。

第二章　平面铣 PLANAR MILLING：从另外一个方面对平面工件进行加工的操作，使得数控编程的操作更加便捷与直观，平面铣和面铣的配合操作，也使得数控编程的效率大大提高。

中篇：UG 数控编程的曲面加工

第三章　型腔铣 CAVITY MILLING：主要讲解其开粗的操作，型腔铣也是实际加工中应用最多的操作，几乎所有平面加工和大部分的曲面加工都可以用型腔铣去完成，通过型腔铣的操作也可以为曲面更加细致的精加工做好充足的准备。

第四章　固定轴曲面轮廓铣 FIXED COUNTER：本章重点讲解了曲面精加工的方法，详细阐述了区域铣削、边界方式、曲线和点、螺旋式、曲面、径向切削、清根、流线和文字的方法，并且通三个实际加工的实例加以巩固。

第五章　等高轮廓铣 ZLEVEL PROFILE：主要讲述 UG 编程对侧面的加工，特别是对陡峭区域的加工，使得型腔铣和固定轴曲面轮廓铣无法完美涉及的区域得以充分的加工。

下篇：加工实例与后处理

第六章　加工实例：详细讲解了 5 个实例编程，包括多形状零件、模块零件、多曲面零件、复合零件、定位盘零件，涵盖了实际加工中的绝大部分的类型。例题的安排基本遵循循序渐进的原则，每一个例题均有详细的工艺分析、操作流程和经验总结，做到有序、明了、直观地学习。读者在学习本章节内容的同时，应注意领会贯通 UG 编程的方法和手段，做到举一反三。

第七章　后处理：详细讲解了 UG 后处理的操作方法，后处理的讲解也是遵循着联系实际的原则，从程序格式的修改、代码指令的修正，关键位置修调，都有其详细具体的步骤和过程，使编程所学直接应用到实际的加工中，达到迅速掌握程序与机床匹配的效果。

注：本书中所有尺寸单位均为毫米（mm）。

本书由刘蔡保编，徐小红负责审稿和校对，并提出了许多宝贵意见，在此一并表示感谢。

希望读者通过本书的学习，能使自己的 UG 数控编程达到一个新的层次。

编　者

2016 年 4 月

上篇　UG 数控编程的平面加工

中篇　UG 数控编程的曲面加工

上篇　UG数控编程的平面加工

第一节 UG NX8.0 中文变量的设置

在默认的情况下 UG NX8.0 只能打开以英文命名的文件，并且文件要存放在英文目录下，为了方便以后存储文件或者识别文件的需要，首先要对 UG NX8.0 进行中文变量的设置，也就是说让 UG NX8.0 可以打开以中文命名的文件。

首先打开 UG NX8.0，然后找到“第一章　面铣 FACE MILLING”的中文目录文件，选中任一文件，单击“OK”，打开（见图 1.1.1），弹出的对话框提示的是“无效的文件名”（见图 1.1.2），下面就要在系统的环境变量里面设置一个数值。

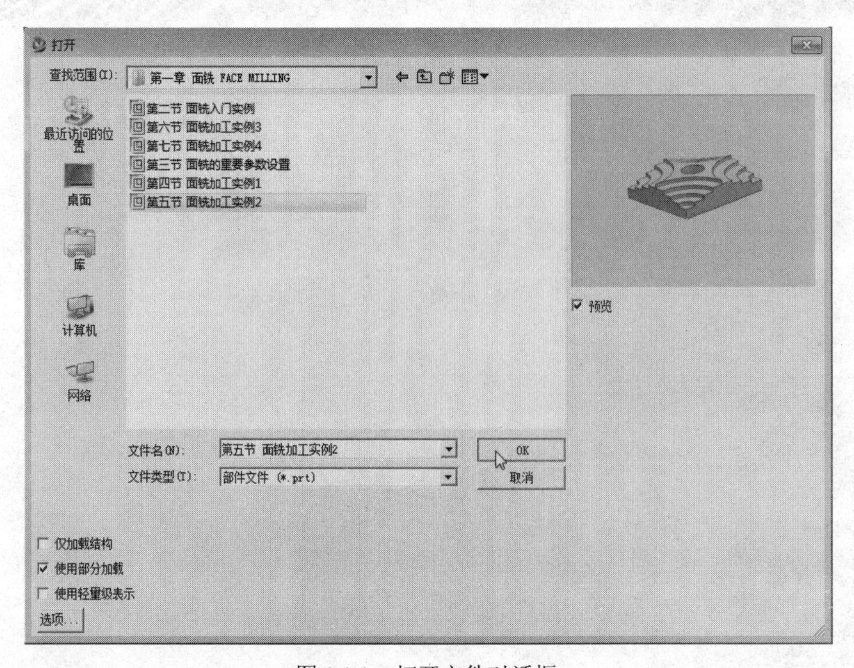

图 1.1.1　打开文件对话框

首先将 UG NX8.0 关闭，右击“我的计算机”，单击“属性”（见图 1.1.3），选择“高级系统设置”（见图 1.1.4），在“系统属性”中选择“环境变量”（见图 1.1.5），选择下面的“系统变量”，并单击“新建”（见图 1.1.6），在随之弹出的对话框中，在“变量名”栏输入“ugii_utf8_mode”，在“变量值”栏输入“1”（见图 1.1.7），单击“确认”后，所添加的中文变量就添加到系统变量中了（见图 1.1.8）。

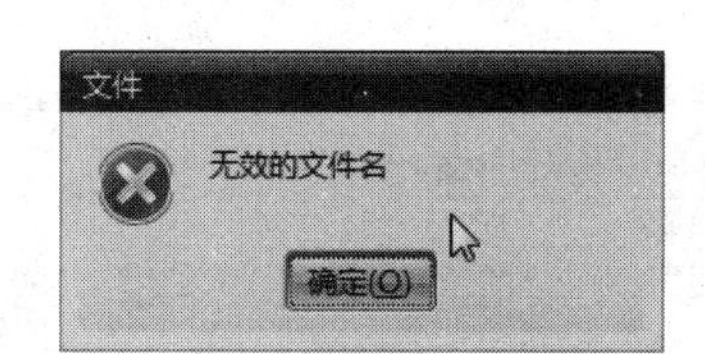

图 1.1.2 提示对话框

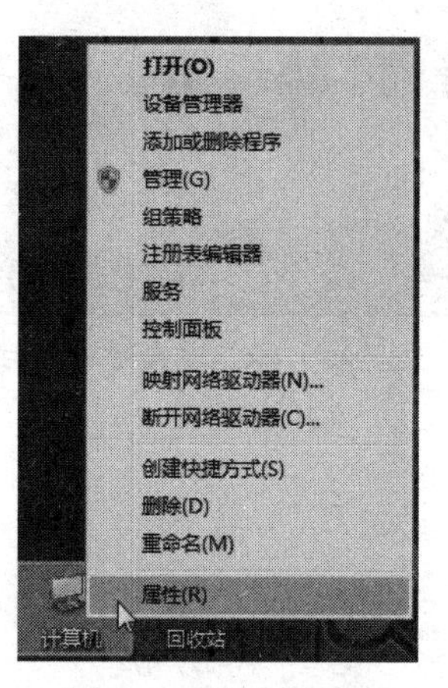

图 1.1.3 右击菜单

图 1.1.4 计算机属性对话框

UG NX8.0 中文变量设置成功以后，就可以打开用中文命名的 UG 文件（见图 1.1.9）。打开的文件模型见图 1.1.10，这样做对于以后存储文件，或者给文件块命名来说都是比较方便的。希望读者在 UG NX8.0 安装完成以后尽量把它先设置一下。

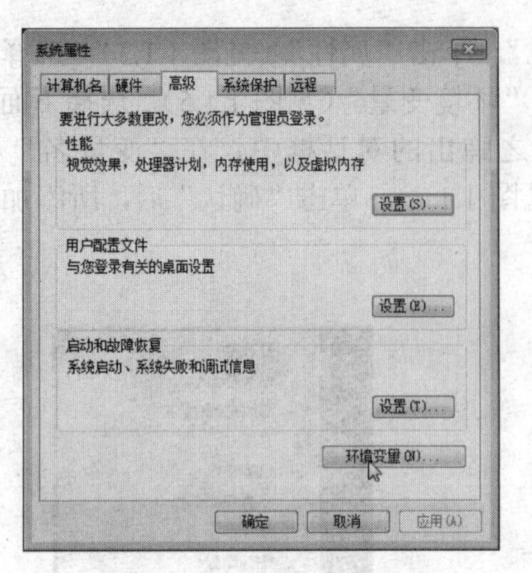

图 1.1.5 系统属性对话框

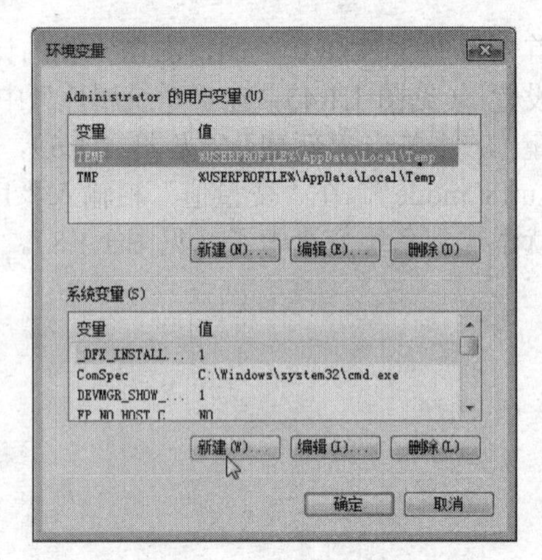

图 1.1.6 环境变量对话框

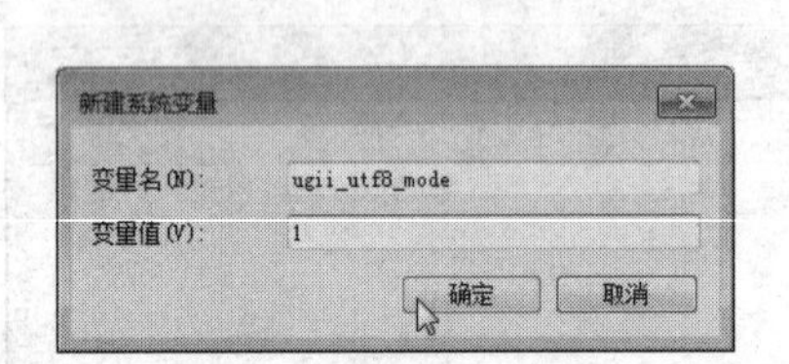

图 1.1.7 新建系统变量

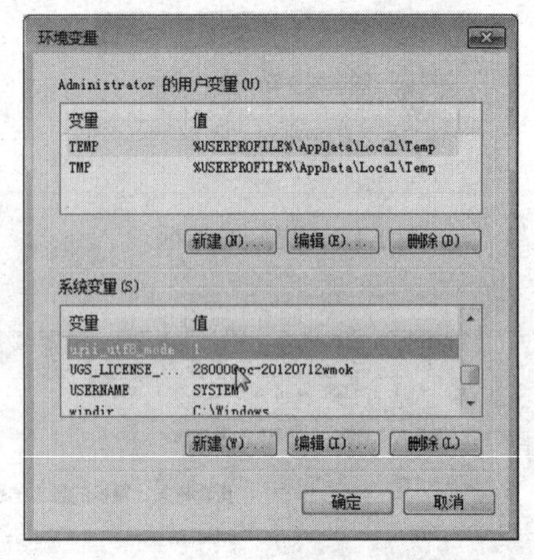

图 1.1.8 系统变量对话框

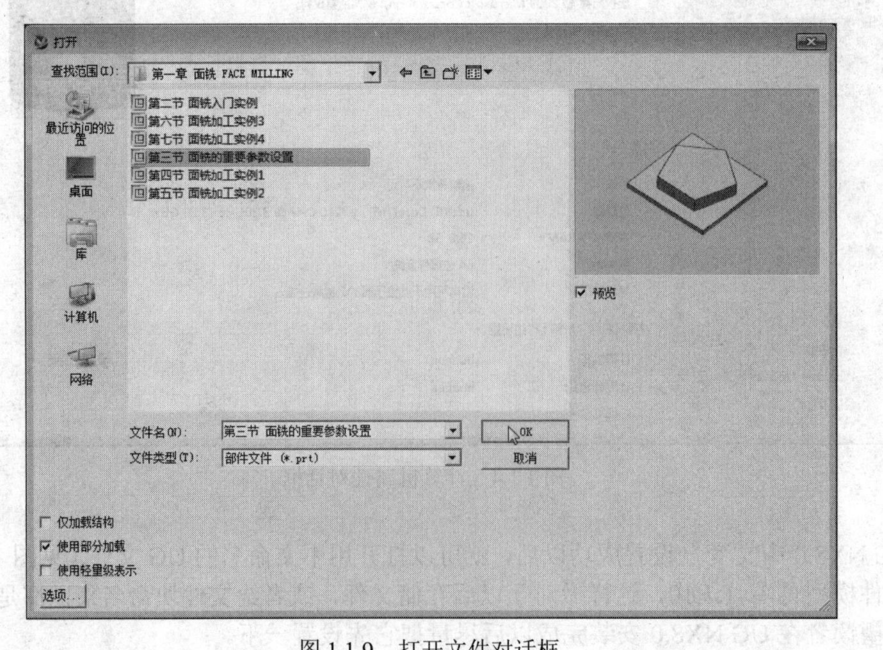

图 1.1.9 打开文件对话框

图 1.1.10　模型文件

第二节　面铣入门实例

一、工艺分析

下面通过 FACE MILLING 面铣的基本入门实例（见图 1.2.1）讲解面铣的基本操作。

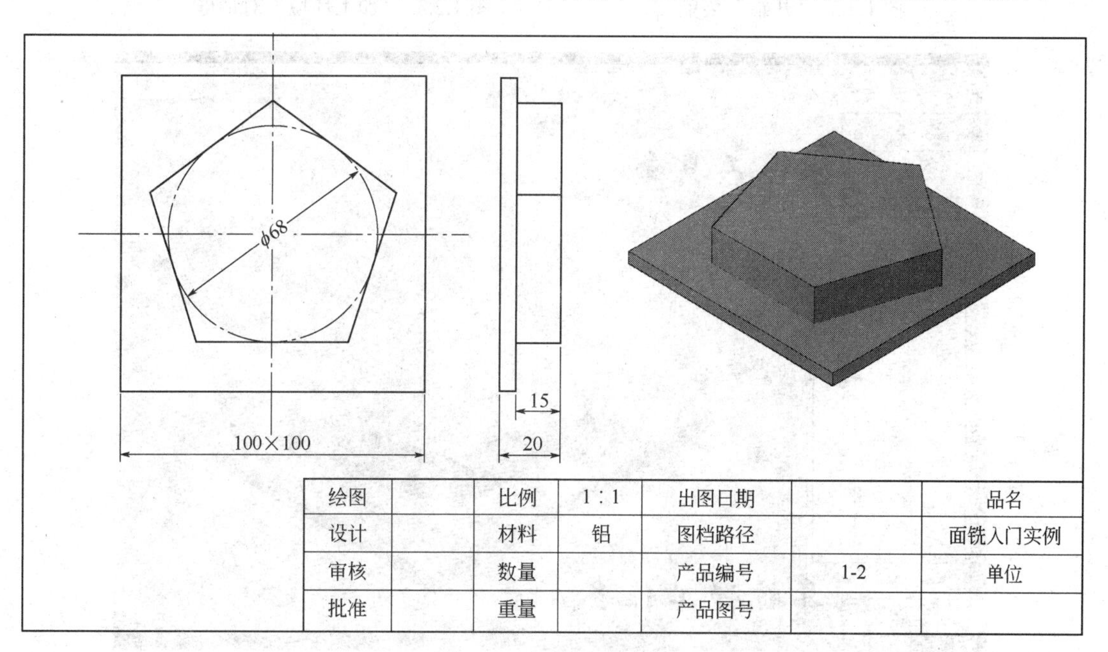

图 1.2.1　面铣入门实例

通过工件图可以看出，工件图基本上由两大部分组成：一块凸起的正五边形，还有一块 100×100 的矩形。在加工当中所需要加工的就是正五边形的四周到矩形的底面的部分，也就是深度为 15 的部分。

二、准备工作

首先打开 UG NX8.0，打开“第一章　面铣 FACE MILLING”中文目录内的“第二节　面铣入门实例”。默认打开的视图方式是第一节建模时的视图方式，右击定向各视图，选择正等侧视图，可以让图像最大化优化显示。单击开始，进入加工模块（见图 1.2.2“开始”菜单）。当第一次进入加工环境时，会出现“加工环境”对话框，在上面“CAM 会话配置”中选择“cam_general”（通用的方式），底下“要创建的 CAM 设置”，按照默认方式选择“mill_planar”平面铣，单击“确定”（见图 1.2.3）。UG NX8.0 加工模块的工作界面如图 1.2.4 所示。

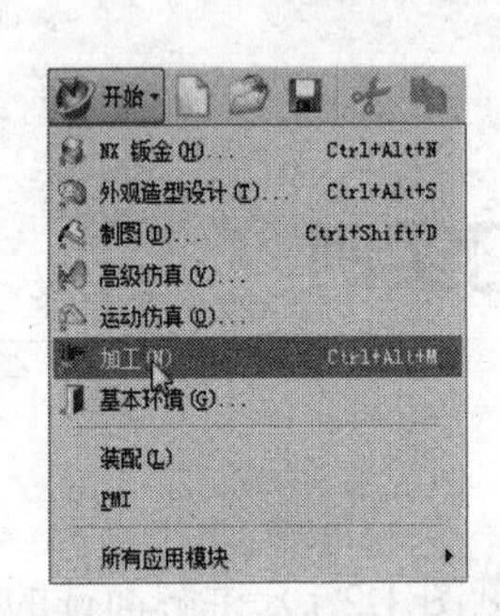

图 1.2.2 “开始”菜单

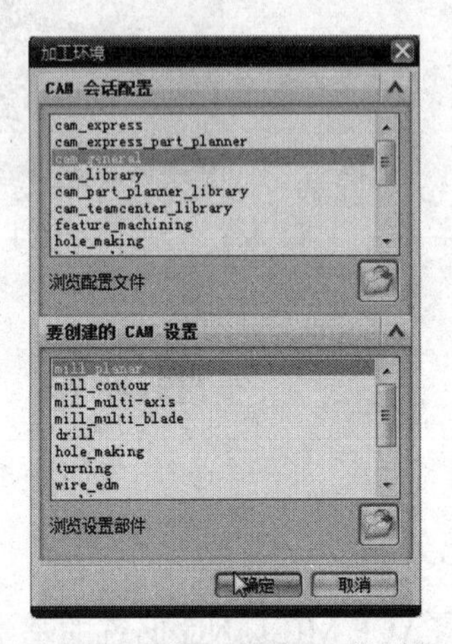

图 1.2.3 “加工环境”对话框

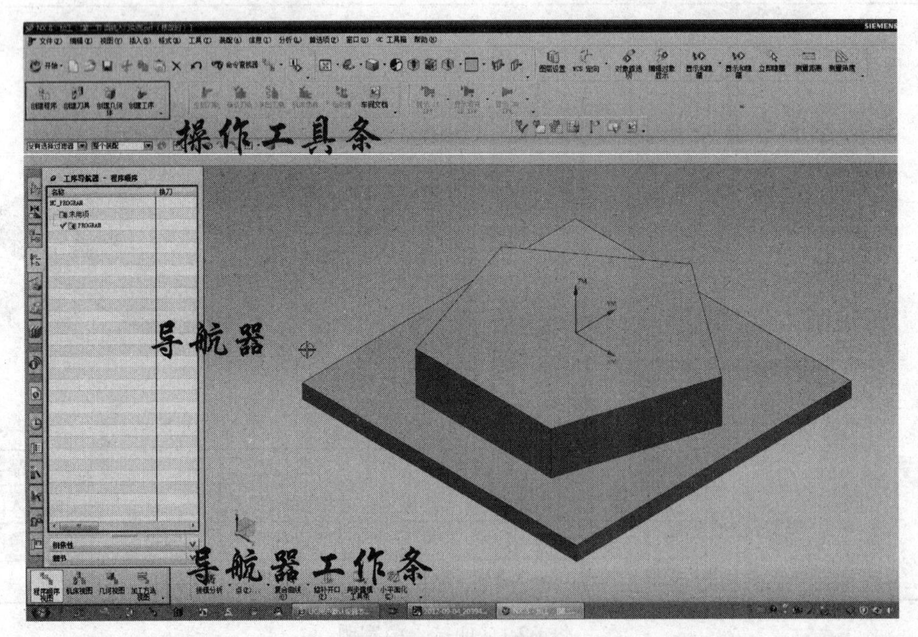

图 1.2.4 工作界面

1. 创建刀具

对于一个工件的操作，第一步要创建加工工件的刀具，第二步要创建工件所采用的毛坯。

首先切换到机床视图（见图 1.2.5 选择“机床视图”），创建刀具（见图 1.2.6 选择“创建刀具”），在弹出对话框中选择默认的 PLANAR，中间选择平底刀，在创建刀具的时候的命名原则基本上是根据刀具的直径来进行命名的，在这里创建一把直径为 8 的刀具，名称中输入 D8 即可，单击“确定”（见图 1.2.7“创建刀具”对话框）。

图 1.2.5 选择“机床视图”

图 1.2.6 选择“创建刀具”

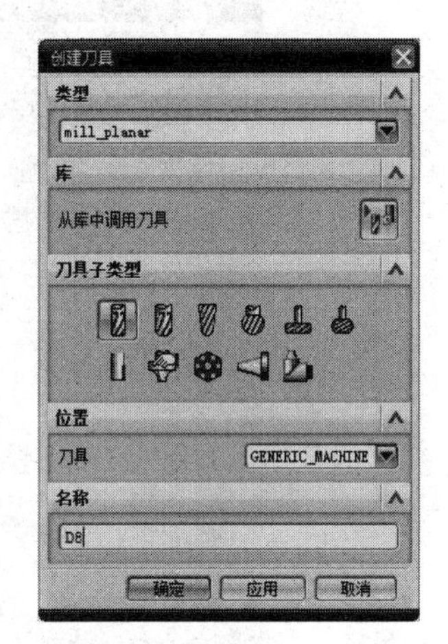

图 1.2.7 “创建刀具”对话框

进去以后会发现，默认所创建的刀具非常的大，这把刀具是按照默认的直径 30 去创建的（见图 1.2.8），在直径栏中改成 8，当鼠标单击到其他的地方的时候，它会自动变为所输入的直径值。单击工具栏上面的适合窗口，看一下，新建的刀具分成上下两种颜色，整个刀具的长度是 75，底下的黄颜色表示的是刀具刀刃的长度是 50，这里暂时不管。刀具号输入 1，也就是在加工当中所认的刀具是 T1（见图 1.2.9）。刀具创建完毕，如果想再显示一遍的话，只需要再次单击刀具即可。

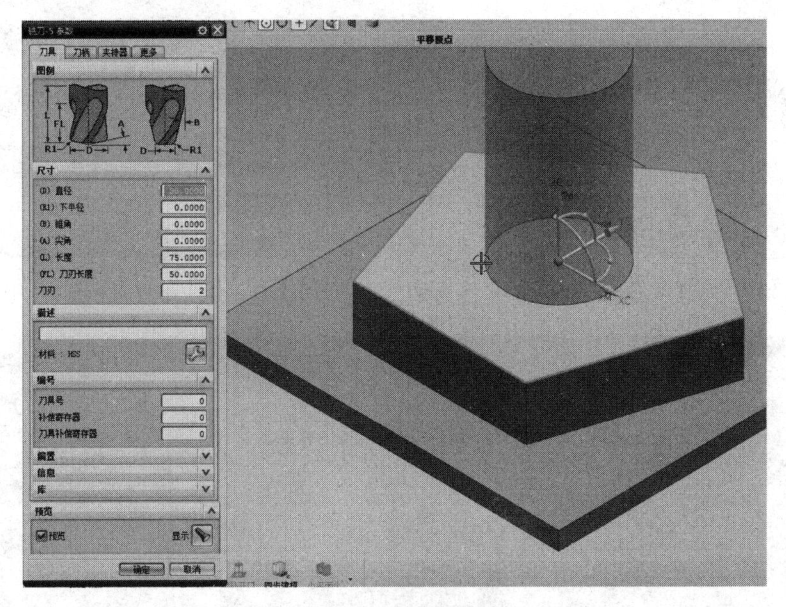

图 1.2.8 刀具设置 1

2. 创建毛坯

下面开始创建几何体，选择几何视图（见图 1.2.10）。

在导航器中间打开“+”号，双击“WORKPIECE”，也就是所要加工的毛坯，在弹出的对话框中，指定部件（见图 1.2.11 指定部件对话框），选择所要加工的部件，单击“确定”（见图 1.2.12 选择物体）。

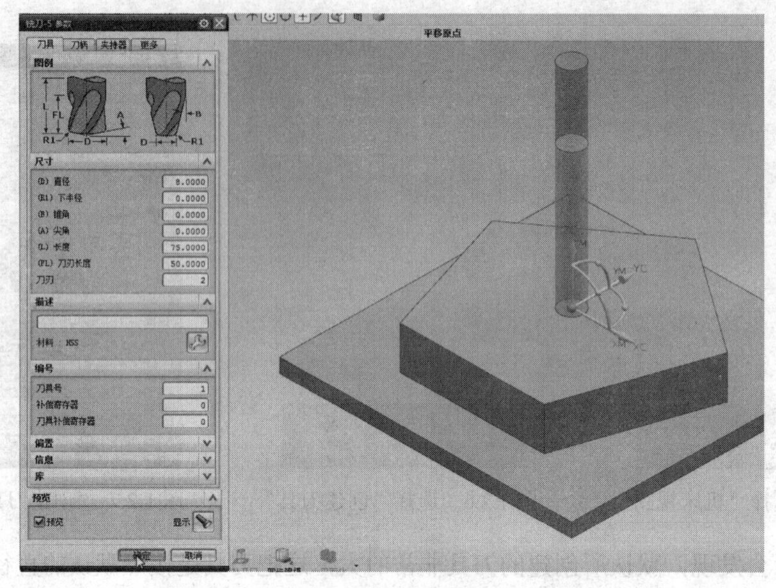

图 1.2.9 刀具设置 2

图 1.2.10 选择几何视图

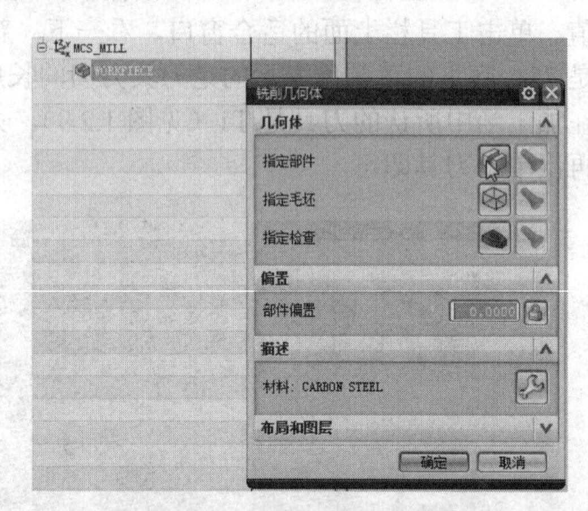

图 1.2.11 指定部件对话框

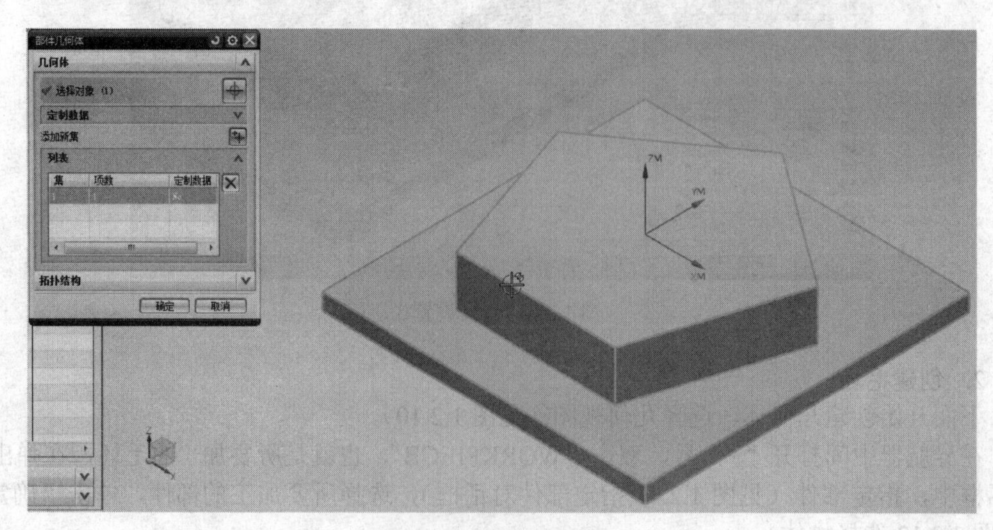

图 1.2.12 选择物体

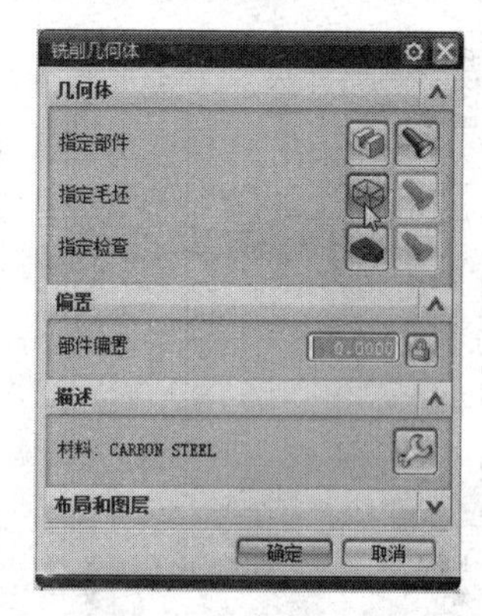

图 1.2.13 “指定毛坯”对话框

指定毛坯（见图 1.2.13“指定毛坯”对话框），在指定毛坯的时候，一般选择包容块（见图 1.2.14 选择几何体），当选择包容块的时候，在物体的 6 个面上会出现几个极值，这个极值包容了物体的最大范围，使用它作为毛坯，确定。可以通过指定部件或者指定毛坯后面的小电筒，可以简单地看一下它的范围。选择完毕以后单击“确定”。这个步骤是确定工件和毛坯，也就是几何体。

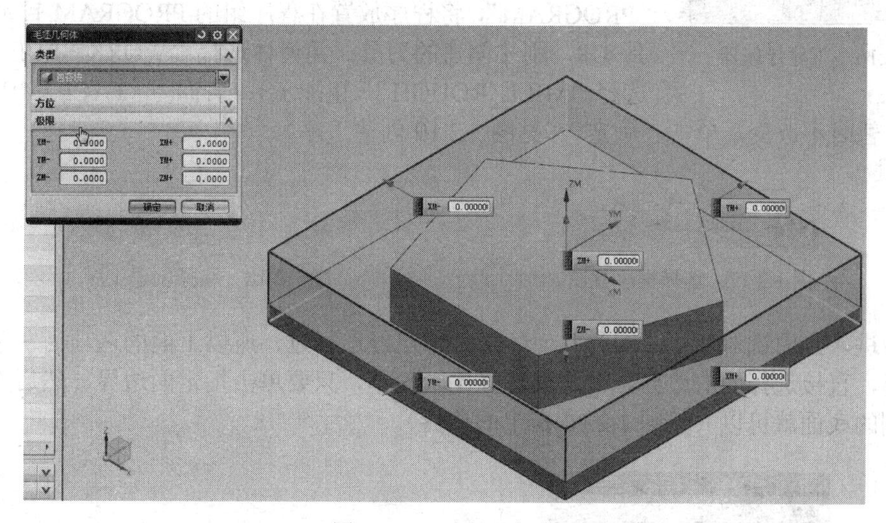

图 1.2.14　选择几何体

双击“MCS_Mill”来选择一下坐标系，（见图 1.2.15 坐标和安全高度）工件上的坐标系 ZM.XM.YM 是根据 ZC.XC.YC 决定的。继续往下看：安全设置选项，自动平面，默认选择顶面，安全距离，10mm，在这里按照系统的默认就可以了，单击“确定”。

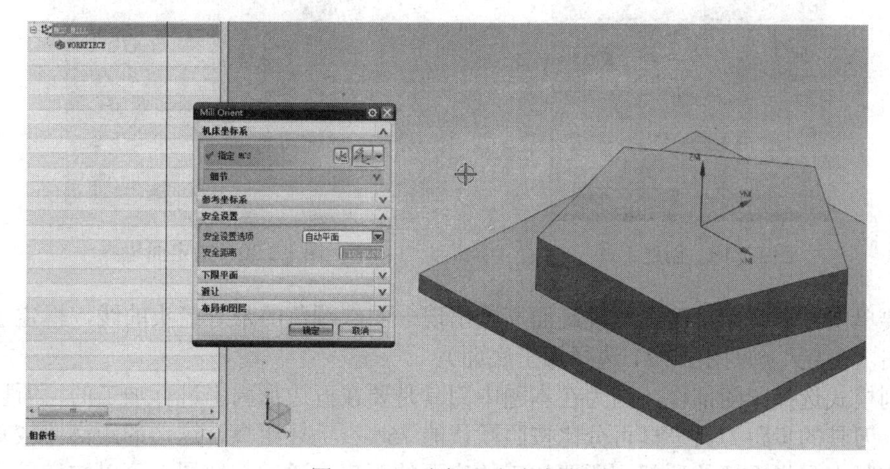

图 1.2.15　坐标和安全高度

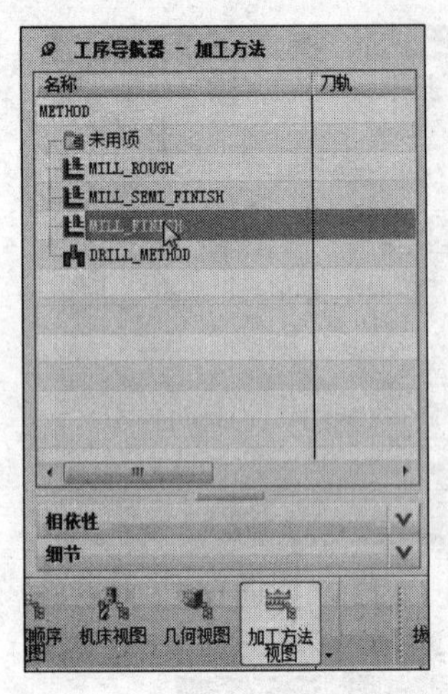

图 1.2.16 工序导航器

3. 加工方法

以上是几何视图和机床视图，加工方法视图里面用于设定粗加工和精加工的选项，暂时按照默认设定，不做修改（见图 1.2.16 工序导航器）。

三、程序创建

1. 粗加工深度为 15 的区域

切换到程序视图（见图 1.2.17 选择程序视图），开始创建面铣加工，单击上面的创建工序（见图 1.2.18 选择创建工序）。

弹出对话框中类型选择“MILL_PLANAR”；工序子类型选择第二个“FACE_MILLING”；下面位置栏程序当中选择“PROGRAM”，将程序放置在程序组的 PROGRAM 目录下；刀具 D8，刚才创建的刀具；几何体选择“WORKPIECE”；方法选择“MILL_ROUGH”（粗加工）；名称为“FACE_MILLING”（面铣），暂时不改变，单击“确定”（见图 1.2.19 创建工序）。

图 1.2.17 选择程序视图

图 1.2.18 选择创建工序

下面进入到面铣对话框，因为几何体部件都已经选择过，所以上面的选项为灰色，无法进行选择，直接选择面的边界。在这里选择比较简单，只要单击指定面边界，然后直接点所要加工到的底面就可以（见图 1.2.20 指定面边界）。

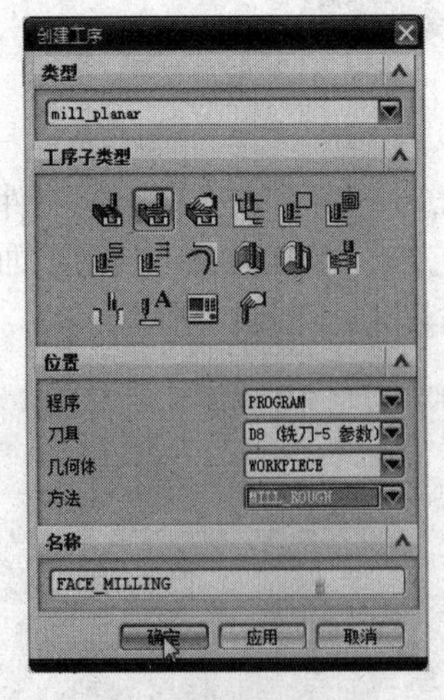

图 1.2.19 创建工序

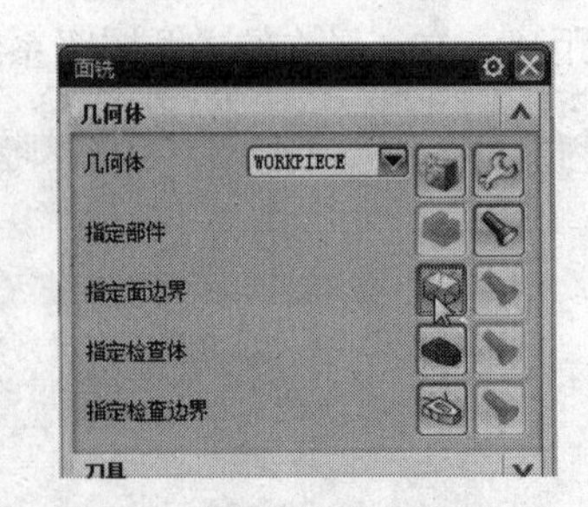

图 1.2.20 指定面边界

只要单击一下底面，可以发现底面周围出现一圈红颜色的带有箭头的线，框定了底面范围，单击“确定”（见图 1.2.21 选择加工底面）。

切削模式选择跟随部件，因为在本题中刀具是要在五边形周围进行加工的，所以选择跟随部件；刀具的步距刀具平直百分比按照默认的 75%；毛坯距离，这边的距离比较重要，毛坯距离实际上是指毛坯的顶部到所要加工的底面的距离，通过工件图上可以知道需要加工的距离为 15mm，也可以通过测量工具捕捉上下两点测量得出，在这里一定要输入加工深度，也就是 15，而且这里不是负值，而是一个正值；每刀深度，也就是每层的切深量，在这里输入 3；由于是粗加工 ROUGH，留一个底面余量 1，其他参数可以保持不变；单击生成，程序自动生成走刀刀路。红颜色表示的是快速走刀，单击“确定”（见图 1.2.22 面铣刀具路径）。

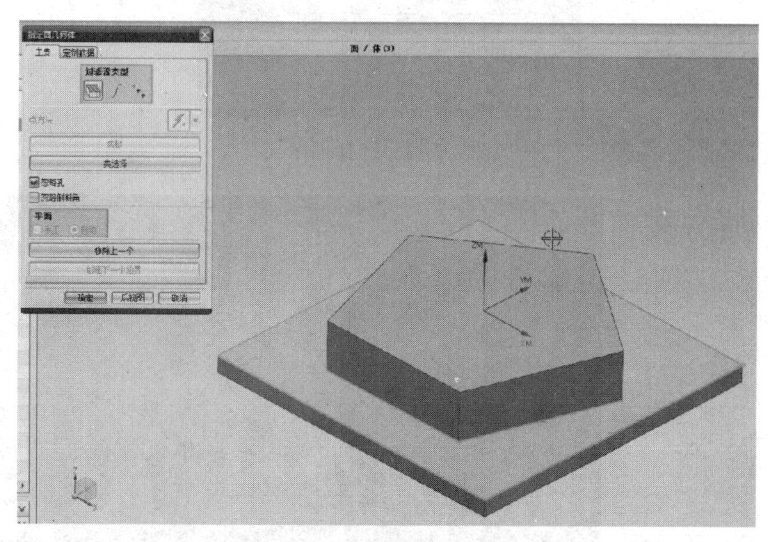

图 1.2.21　选择加工底面

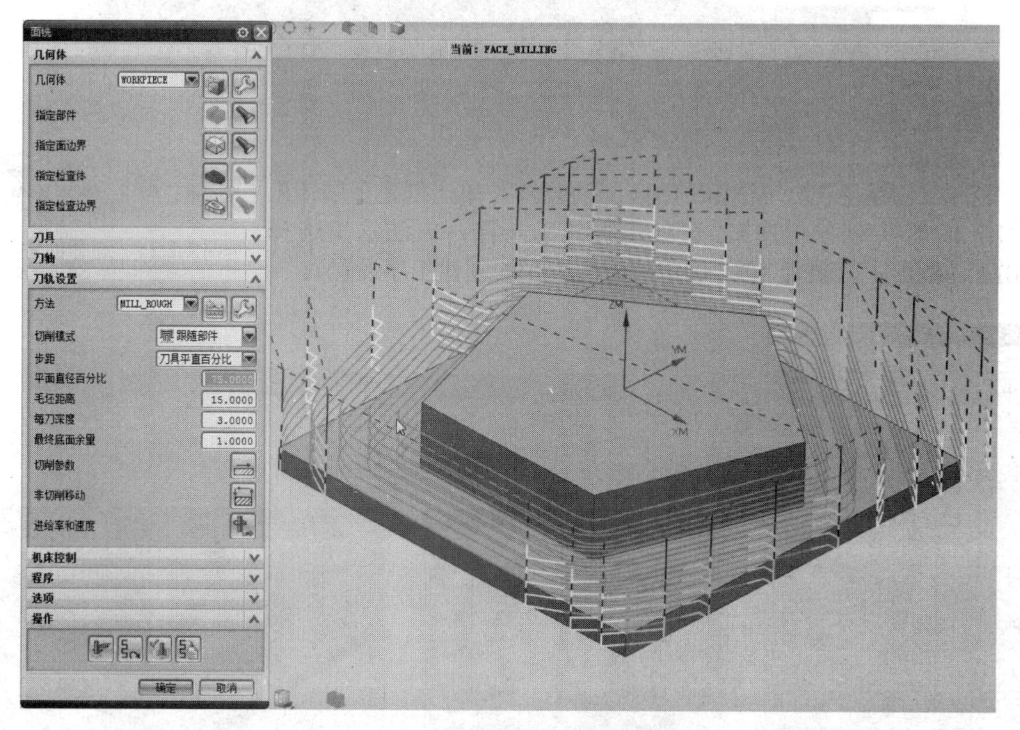

图 1.2.22　面铣刀具路径

现在可以单击上面的确认刀轨来模拟一下走刀刀路（见图 1.2.23 选择程序），在这里有重播：3D 动态和 2D 动态，选择 2D 动态，选择播放（见图 1.2.24 模拟效果）。这个是 FACE_MILLING 粗加工的模拟情况，粗加工之后还要进行精加工。

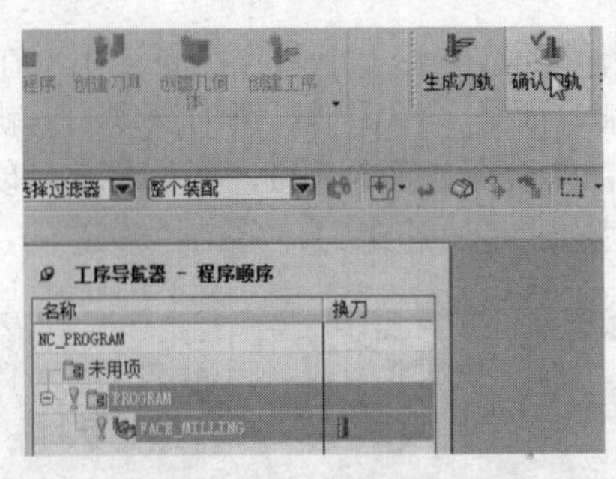

图 1.2.23 选择程序

图 1.2.24 模拟效果

2. 精加工

精加工仍然用 FACE_MILLING 进行操作，单击创建工序（见图 1.2.25 选择创建程序），选项步骤几乎一样，方法这里选择“MILL_FINISH”（精加工），确定（见图 1.2.26 创建工序设置）。

图 1.2.25 选择创建程序

图 1.2.26 创建工序设置

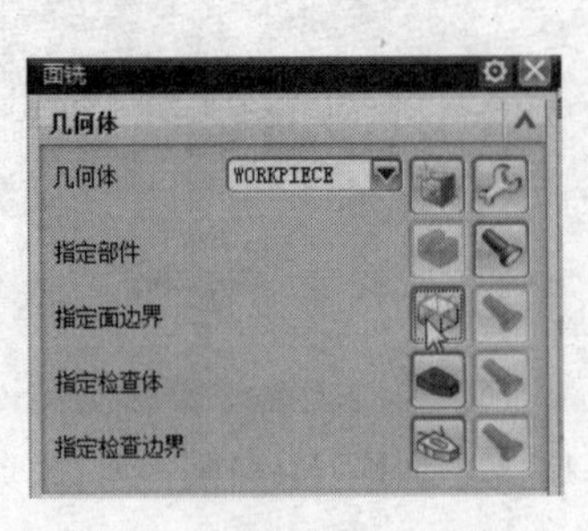

图 1.2.27 指定面边界按钮

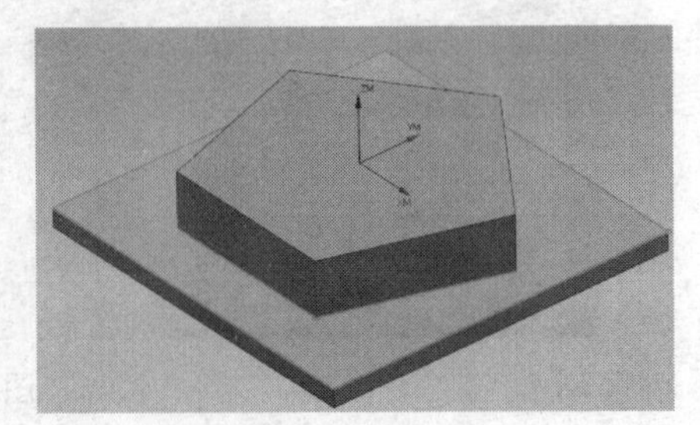

图 1.2.28 选择加工底面

还是选择底面作为加工边界，指定面边界（见图 1.2.27 指定面边界按钮），选择底面，确定（见图 1.2.28 选择加工底面）；切削模式仍然是跟随部件；作为精加工，在这里设定毛坯距离设为 0（见图 1.2.29 参数设置），也就是说没有必要从上往下进行加工，沿着底面加工即可；切削参数里面，因为是精加工，看一下余量值，应该都是设为 0，如果这里出现了 0.1 或者 0.2 的余量，可以将它关闭，直接写成 0 即可（见图 1.2.30 余量设置）。单击生成。现在看见刀具只在底面加工了一层，确定（见图 1.2.31 精加工刀具路径）。

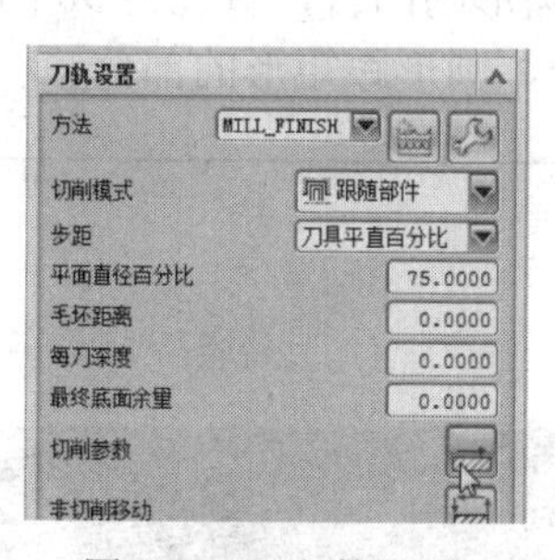

图 1.2.29 参数设置

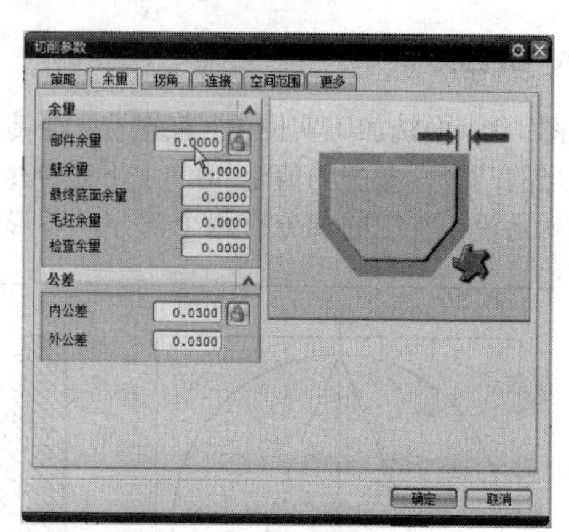

图 1.2.30 余量设置

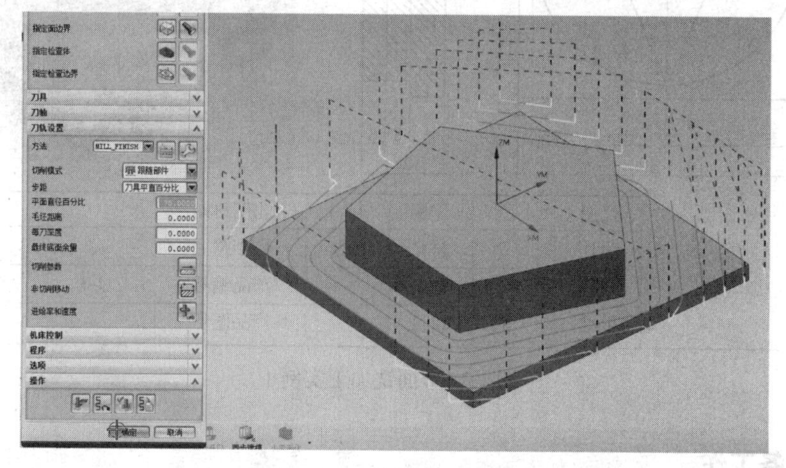

图 1.2.31 精加工刀具路径

将鼠标单击导航器 PROGRAM，将选取的粗加工和精加工，确认刀轨，2D 动态，播放（见图 1.2.32 模拟效果）。在这边可以看到在加工的时候，第一次出现的深颜色是粗加工的步骤，第二次出现的是精加工的步骤。

图 1.2.32 模拟效果

第三节 面铣加工实例 1

一、工艺分析

见图 1.3.1 面铣加工实例 1，首先看一下零件图。本次要加工的工件由两个部分组成：一个是菱形的凸台，宽度的值是 40，上下是 90；还有一个是圆形的凸台，直径为 90 的一个圆柱。也就是说要加工的部分有两个部分：菱形跟圆形的部分，圆形跟矩形的部分。

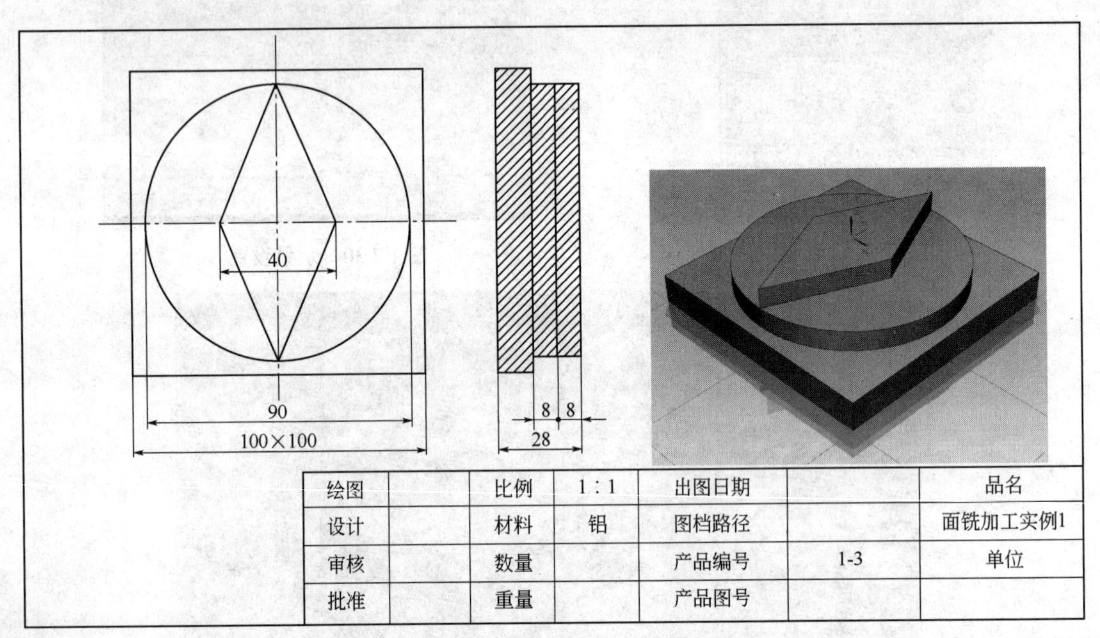

图 1.3.1 面铣加工实例 1

二、准备工作

打开 NX8.0，打开第一章 面铣，第三节 面铣加工实例 1。由前面的零件图，对它的尺寸有一个了解，在这里也可以选择一个大概尺寸的刀具。本题中选择ϕ8 的刀具直接加工完所有的区域。

首先进入到加工模块，默认的 CAM_GENERAL 通用，MILL_PLANAR 平面铣。

1. 创建刀具

选择机床视图，创建刀具，对话框中选择 MILL_PLANAR，第一把面铣刀，因为要选择直径为 8 的刀具，所以输入 D8，方便以后确认。默认刀具直径为 30，将它改为 8；刀具号改为 1，也就是 T1 号刀；确定。这样，刀具创建完毕（见图 1.3.2 创建刀具）。

2. 创建毛坯

下面来创建毛坯体。几何视图打开 MCS_MILL，双击 WORKPIECE，在弹出的对话框当中首先指定部件，单击按钮（见图 1.3.3 指定部件按钮），选择物体，确定（见图 1.3.4 选择部件）；指定毛坯（见图 1.3.5 指定毛坯按钮），直接选择下拉菜单当中的包容块，这样是以最小物体的范围创建包容的块，确定（见图 1.3.6 选择毛坯）。

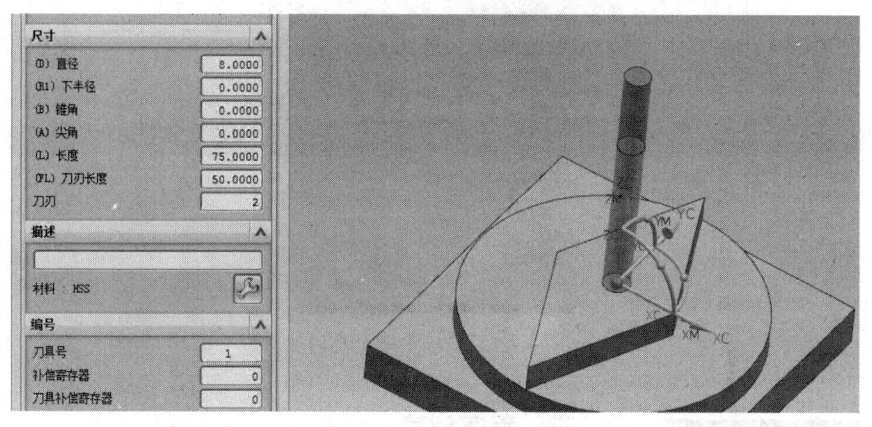

图 1.3.2　创建刀具

图 1.3.3　指定部件按钮

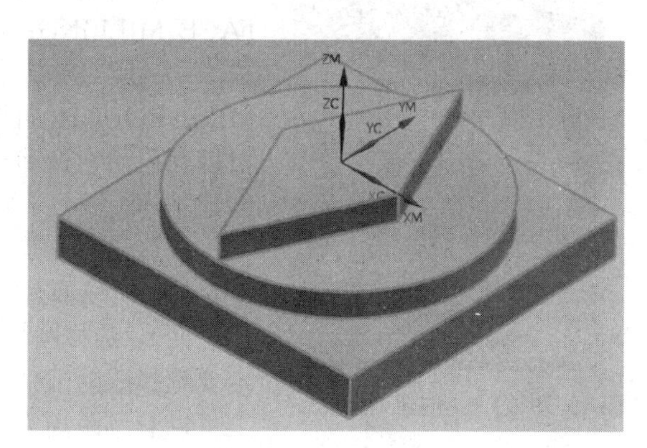

图 1.3.4　选择部件

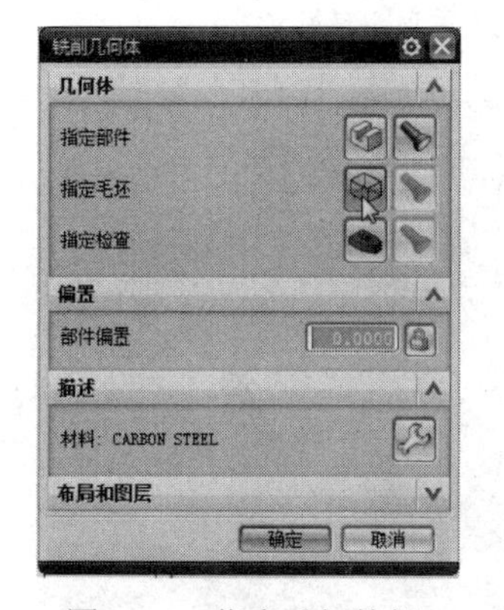

图 1.3.5　指定毛坯按钮

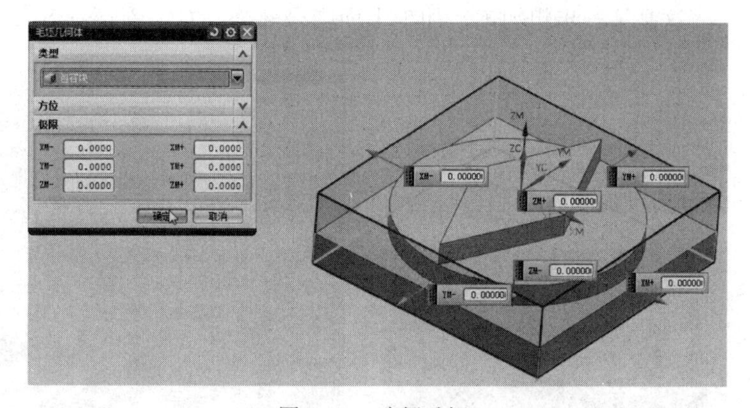

图 1.3.6　选择毛坯

下面可以双击“MCS_MILL”看一下坐标系，在这里有一个安全距离。如果不改变，默认的是工件的顶面加 10mm 的距离，暂时不改，确定（见图 1.3.7 坐标和安全高度）。

图 1.3.7 坐标和安全高度

三、程序创建

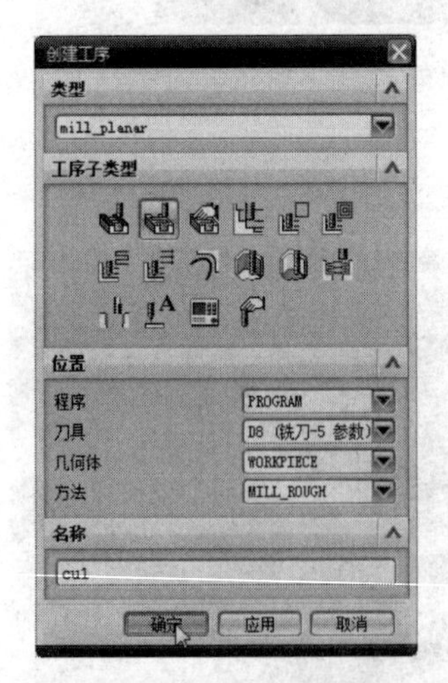

图 1.3.8 创建工序

1. 加工深度为 8 的圆形区域

程序视图，创建工序。MILL_PLANAR；工序子类型，FACE_MILLING；将程序当中放到 PROGRAM 的程序组里面去；刀具 D8；几何体选择 WORKPIECE，方法创建 MILL_ROUGH 粗加工；底下的名称可以按照默认值不变，也可以自己给它命名一个名称，比如命名为 CU1，确定（见图 1.3.8 创建工序）。

在这里首先加工上面，第二步才加工下面，因为两个高度不一样，所以要分开来加工，单击指定面边界（见图 1.3.9 指定加工面），选择圆形两边的高度，确定。设定切削模式，这边一定要选择跟随部件，百分比保持不变 75%，毛坯距离根据图纸上可以看到距离为 8，也就是说从顶面到毛坯的距离为 8，在此输入毛坯的距离 8，每刀深度设为 2，最终底面余量为 1，生成刀轨，确定（见图 1.3.10 刀具路径）。

这是第一步粗加工，加工上面圆台部分，右击刷新一下，可以关闭刀轨。

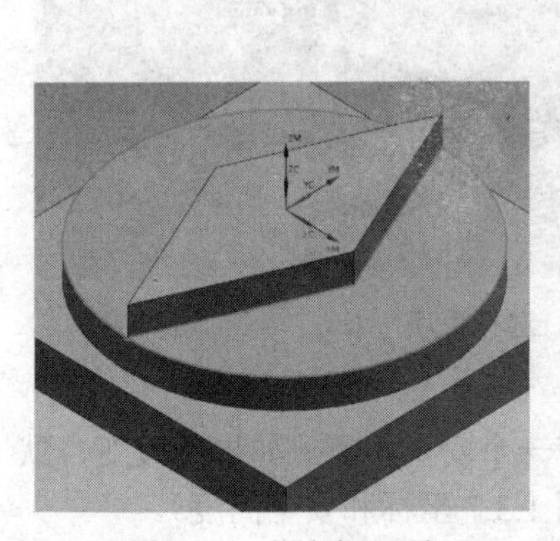

图 1.3.9 指定加工面

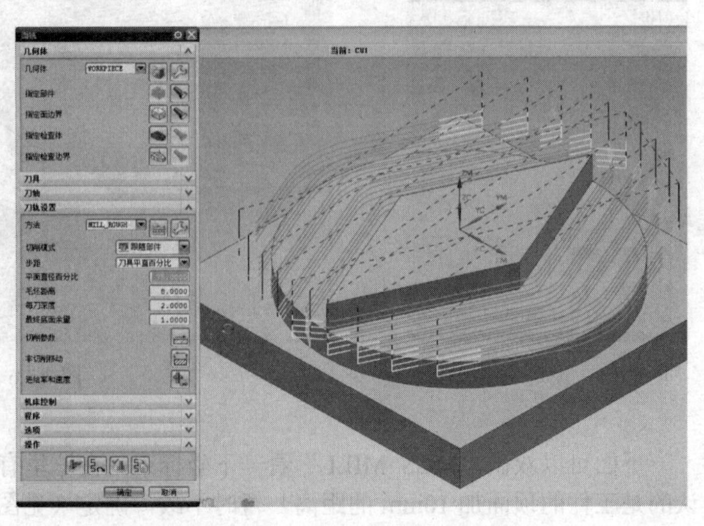

图 1.3.10 刀具路径

2. **加工深度为 16 的矩形区域**

再次创建工序（见图 1.3.11 选择创建工具），还是选择 FACE_MILLING 面铣不变，底下的参数保持不变，给它命名 CU2，这里要加工的是底下这个圆台和矩形之间的区域，确定（见图 1.3.12 创建工序）。

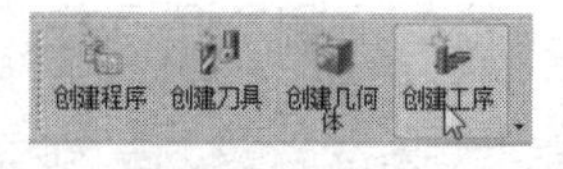

图 1.3.11　选择创建工具

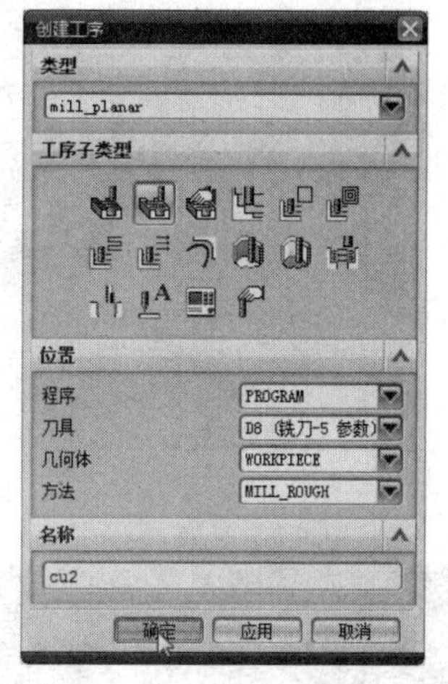

图 1.3.12　创建工序

指定面边界（见图 1.3.13 面边界按钮），单击底面，确定（见图 1.3.14 选择加工面），还是选择跟随部件，刀具百分比 75%保持不变，在这里要加工的面是从顶面到底面，也就是说总共距离为 16，因此毛坯距离设为 16，每刀深度为 2，最终底面余量为 1，生成，确定（见图 1.3.15 刀具路径）。

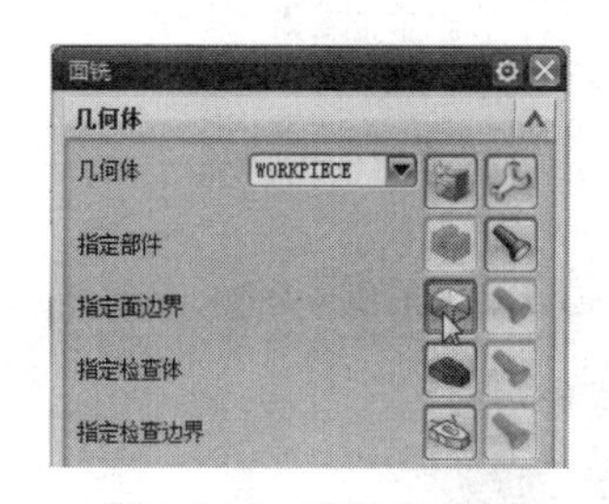

图 1.3.13　面边界按钮

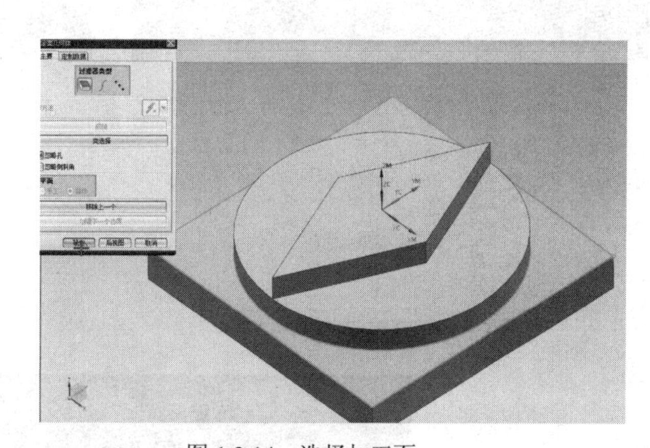

图 1.3.14　选择加工面

现在可以确认一下刀轨，看一下它模拟的效果（见图 1.3.16 加工模拟）。四周会发现有一些地方并不合理，如果先加工上面的部分，在四周会出现许多多余的区域（见图 1.3.17 四周多余区域）。

3. **将粗加工的顺序调换**

下面所进行的操作，将 CU1 和 CU2 的位置进行颠倒（见图 1.3.18 拖拽 CU1）。

只需选择刀路的名称拖拉即可（见图 1.3.19 颠倒顺序），仍然选择程序组，再确认一遍刀轨，进行模拟，确认完毕（见图 1.3.20 加工模拟）。

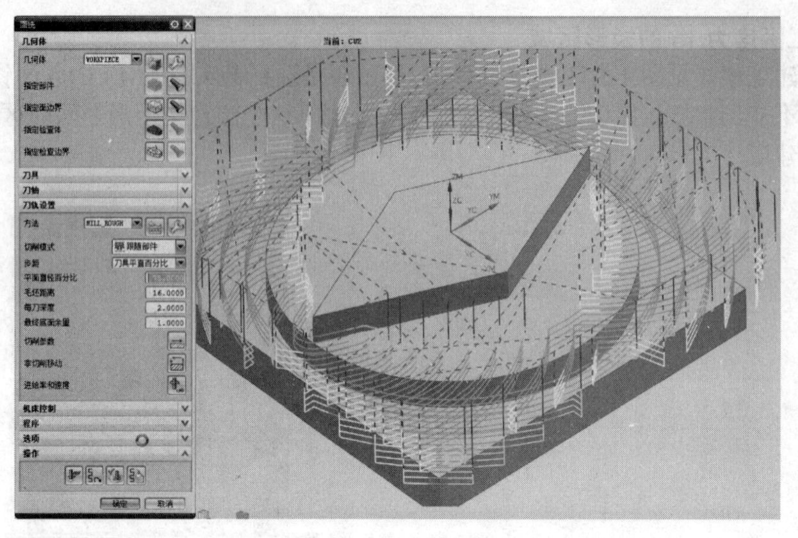

图 1.3.15　刀具路径

图 1.3.16　加工模拟

图 1.3.17　四周多余区域

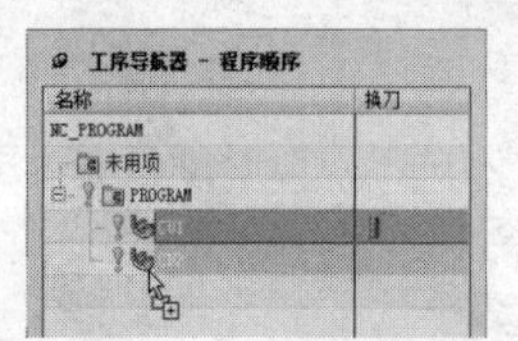

图 1.3.18　拖拽 CU1

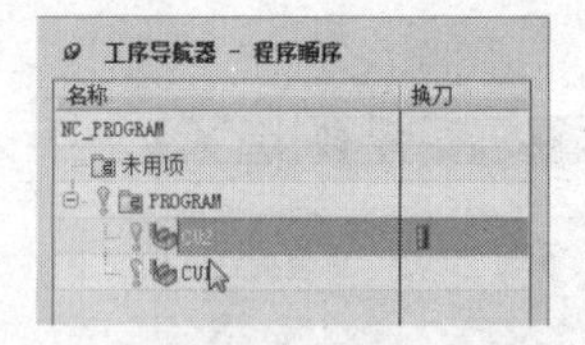

图 1.3.19　颠倒顺序

图 1.3.20　加工模拟

4. 精加工

精加工由于是一刀光底，对它的顺序没有什么要求。创建工序，在方法中选择 MILL_FINISH，名称中输入 JING（见图 1.3.21 创建精加工）。

图 1.3.21 创建精加工

图 1.3.22 面边界按钮

进行一次性选中，指定面边界（见图 1.3.22 面边界按钮），选择面或者几何体，全部选中，确定（见图 1.3.23 选择加工面），余量改为 0，切削参数里面看一下都为零，确定，生成，改变一下切削模式为跟随部件，生成，确定（见图 1.3.24 刀具路径），

选中程序组，确认刀轨，2D 的动态，播放（见图 1.3.25 加工模拟）。

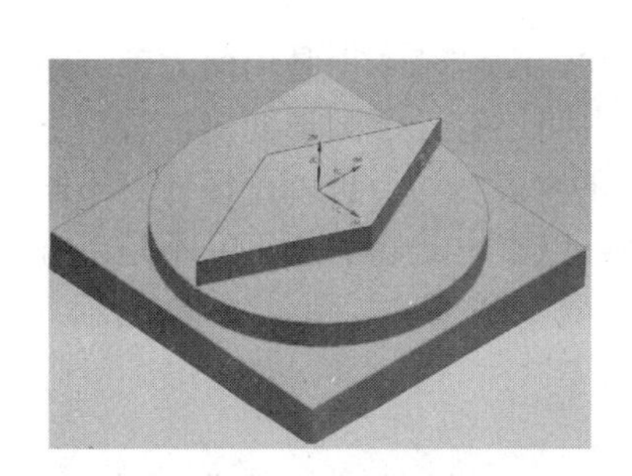

图 1.3.23 选择加工面

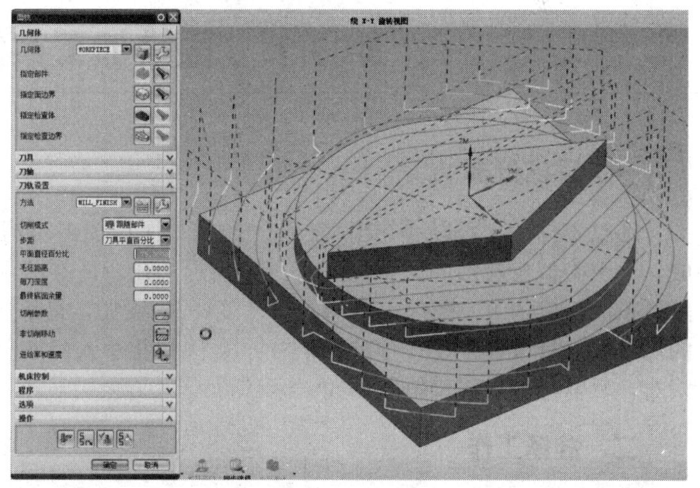

图 1.3.24 刀具路径

主要是看一下它最后的精加工是否正确，从加工效果来看，精加工方向是正确的。从这里可以看出做精加工的时候由于不设置毛坯的距离，也不设置每刀的深度，也不设置底面的余量，因此在做精加工的时候可以将所有需要做精加工的不同高度的面全部选中，不需要进行多次面的选择，也就是说做精加工只做一次选择就可以了，将要加工的面全部选中即可。

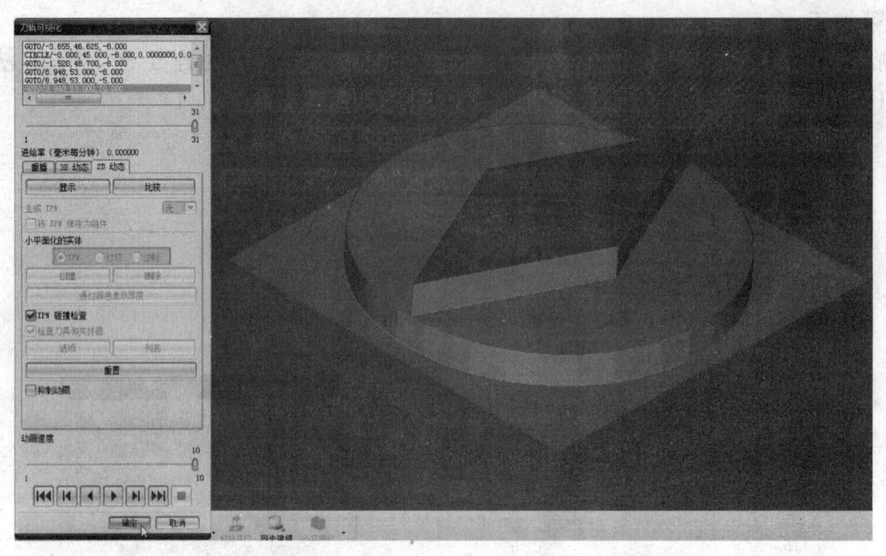

图 1.3.25 加工模拟

四、经验总结

这是这个例子所体现的一个特点，只需要做一次精加工；这个例子的第二个特点是粗加工的两步根据形状来，对于这种多个凸台的形状，一般是由外部向内部加工，也就是说 CU2，这个步骤加工完最外面这一圈范围比较大的形状再加工中间这一圈范围比较小的形状，这个需要在以后在加工当中或者在编制程序的时候注意一下即可。

第四节　面铣加工实例 2

一、工艺分析

通过零件图上可以看得出来（见图 1.4.1 面铣加工实例 2），面铣基本上是由两大部分组成。一个类似于腰形的图形，还有一个圆形的托台，在腰形中间还有一个圆形的槽，看一下圆形槽的深度为 9，托台和腰形部件之间距离为 10，最底下的深度为 9，也就是说针对不同的深度要进行 3 次加工。由前面的几个实例和几个入门实例可以看出此题的加工并不是十分困难。只需按部就班地操作即可。

二、准备工作

下面打开 UG NX8.0。打开第一章面铣 FACE MILLING，打开实例加工 2，进入到加工模块。

1. 创建刀具

首先要创建刀具。由图形当中可以看得出来圆形槽ϕ36，刀具大概比它小就行了，在这里仍然是以ϕ10 的刀具来进行操作。

机床视图，创建刀具，刀具名称在这里输 D10，确定。这是 30 的刀，输入为 10，刀具号为 1，确定（见图 1.4.2 创建刀具）。

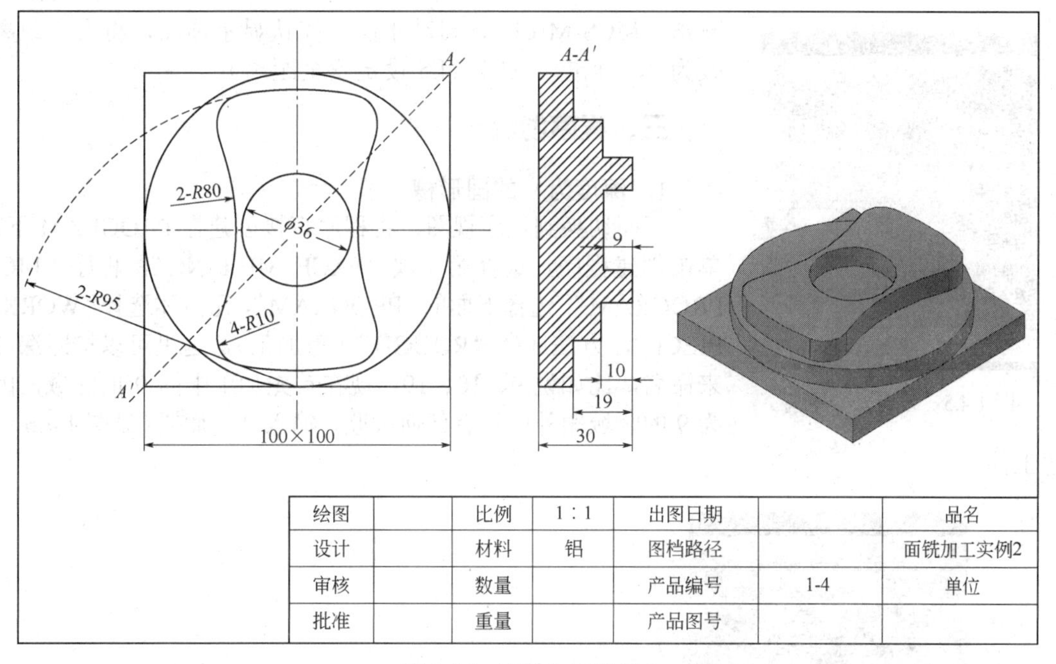

绘图		比例	1∶1	出图日期		品名
设计		材料	铝	图档路径		面铣加工实例2
审核		数量		产品编号	1-4	单位
批准		重量		产品图号		

图 1.4.1　面铣加工实例 2

图 1.4.2　创建刀具

2. 创建毛坯

创建几何体，切换到几何视图，在这里并不需要创建几何体，用它原有的 WORKPIECE 即可。双击“WORKPIECE”，单击部件。选择物体作为加工部件，确定（见图 1.4.3 选择加工部件）。指定毛坯，选择包容块，最小将物体包在内，确定（见图 1.4.4 选择几何体）。

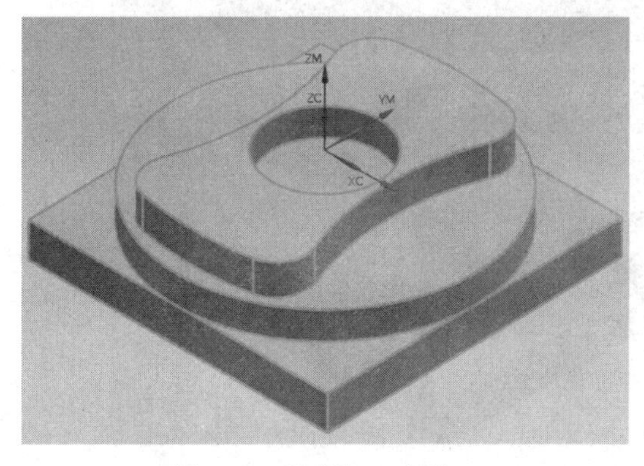

图 1.4.3　选择加工部件

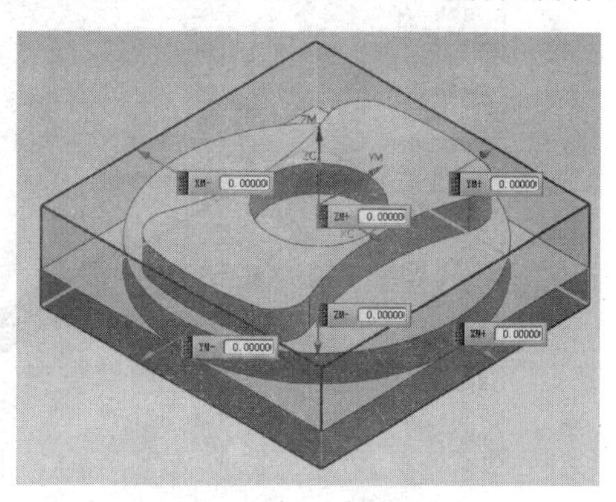

图 1.4.4　选择几何体

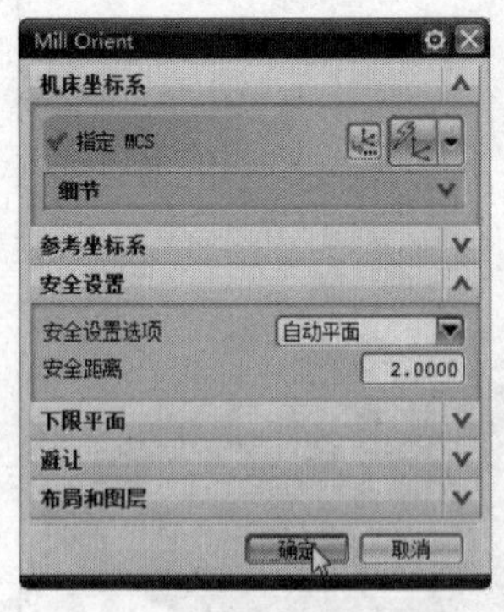

图 1.4.5 设定安全距离

双击“MCS-MILL”，自动平面。默认显示顶面，将安全距离改为 2，确定（见图 1.4.5 设定安全距离）。

三、程序创建

1. 深度为 9 的圆形槽

下面切换到程序视图，将程序直接创建在 PROGRAM 下。单击创建程序，选择第二项“FACE MILLING”，程序“MC-PROGRAM”，选择下面的“PROGRAM”，几何体选择“WORK-PIECE”，方法选择“ROUGH”（粗加工），这里可以按照深度来命名，比如说 9、10、19，现在首先加工中间 9 的区域，因为 9 的区域跟外面没有任何关联，输入 9，确定（见图 1.4.6 创建工件）。

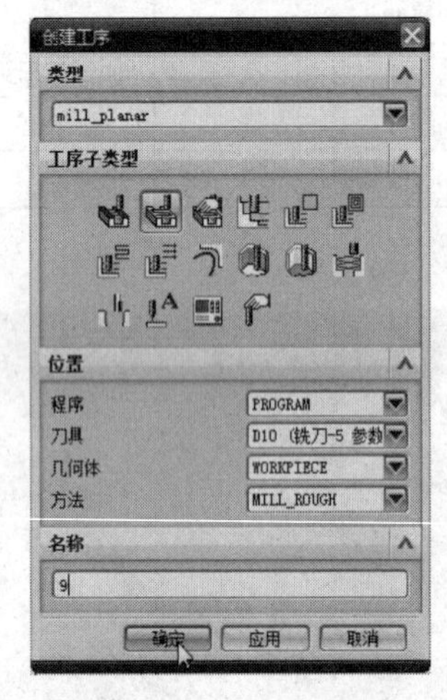

图 1.4.6 创建工件

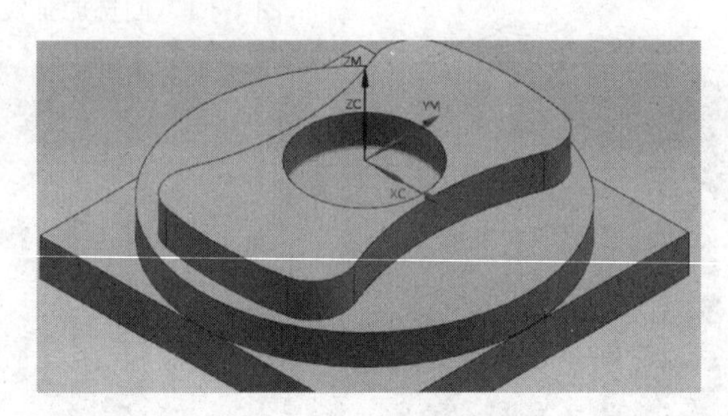

图 1.4.7 选择加工面

单击指定面边界，选择加工区域，单击，确定（见图 1.4.7 选择加工面）。切削模式，因为加工的区域在内部，所以选择跟随周边。毛坯距离为 9，每刀深度为 2，底面余量为 1，直接生成刀轨（见图 1.4.8 刀具路径）。发现在内部加工的时候自动产生一个螺旋的下刀，黄色的区域，确定（见图 1.4.9 螺旋下刀）。

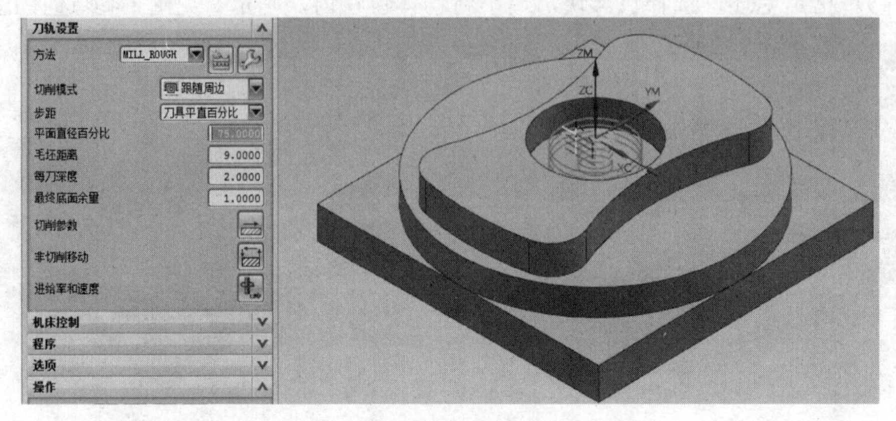

图 1.4.8 刀具路径

2. 深度为 19 的区域

下面做最外面这一圈深度为 19 的区域，创建工序，名称 19，其他的不变，确定。单击指定面边界，选择最外面的区域，依次确定（见图 1.4.10 选择加工面）。加工方法这一次选择跟随部件，毛坯距离为 19，每刀深度为 2，底面余量为 1，生成，确定（见图 1.4.11 刀具路径）。

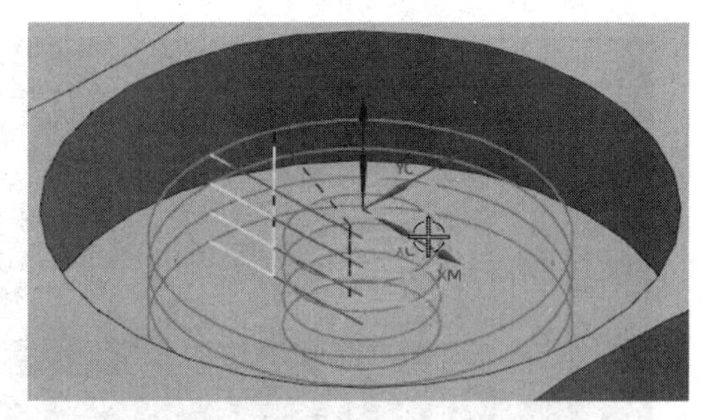

图 1.4.9　螺旋下刀

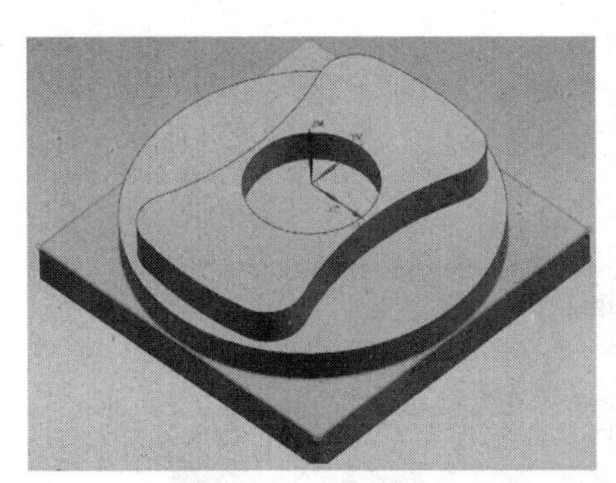

图 1.4.10　选择加工面

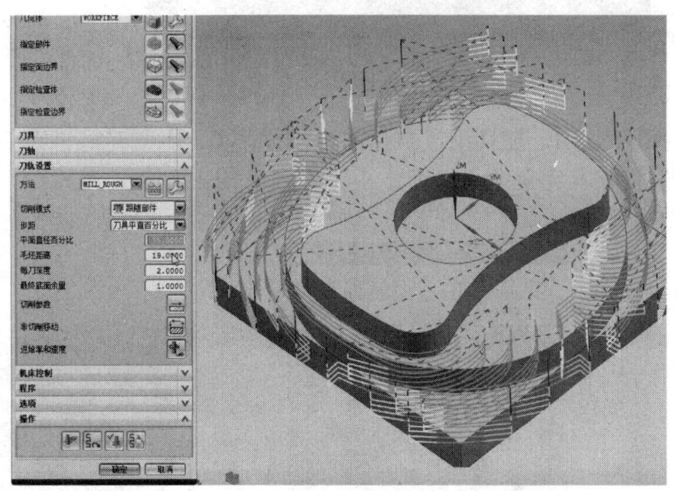

图 1.4.11　刀具路径

3. 深度为 10 的区域

还有最后一层这里相对为 10 的区域。创建工序，其他不变，名称为 10，方便记忆，确定。单击指定面边界，选择加工的边界，这里因为没有阻断所以点选一次，圆的四周即可选中，确定（见图 1.4.12 选择加工面）。切削模式选择跟随部件，部件是中间的所以跟随它的形状加工，毛坯距离为 10，每刀深度为 2，底面余量为 1，生成，确定（见图 1.4.13 刀具路径）。粗加工就进行完毕了。

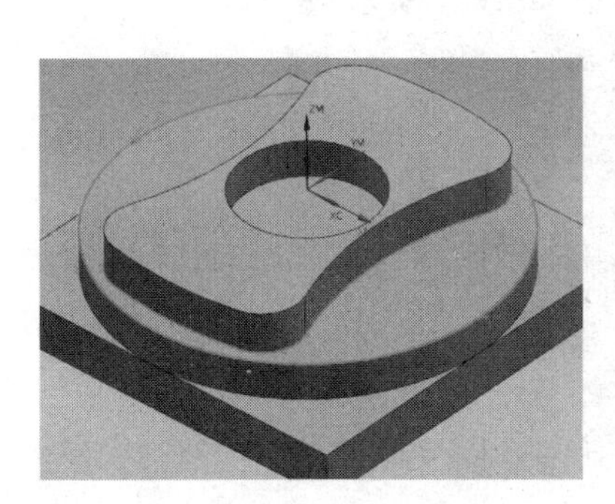

图 1.4.12　选择加工面

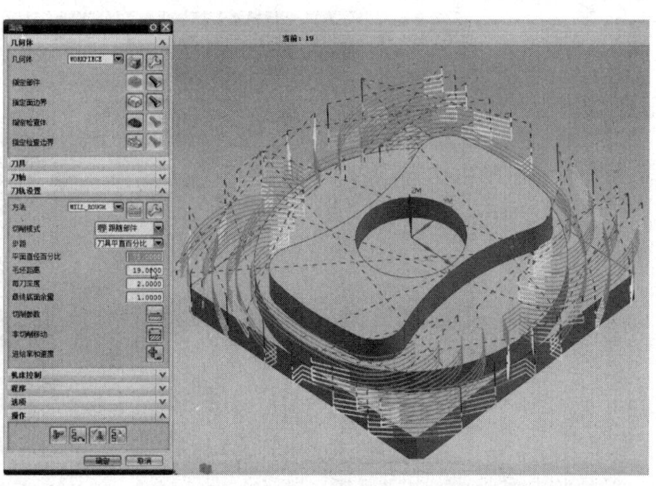

图 1.4.13　刀具路径

图 1.4.14 加工模拟

可以对粗加工进行一下模拟的操作，看一下有没有问题，选择 2D 动态，播放（见图 1.4.14 加工模拟）。

4. **精加工**

创建工序进行精加工，在这里直接输入拼音的 JING，确定（见图 1.4.15 创建工序）。

单击指定面边界，选择边界也就是要加工的所有的面，确定（见图 1.4.16 选择加工面）。切削模式选择跟随部件即可，毛坯距离全部都设为 0，再看一下切削参数，在这里部件的余量全部都设为 0，确定。方法当中刚才没有改变它的切削方法，现在改一下选择 FINISH，在切削参数里面全部设为 0，不管是底面余量还是侧面余量，确定，生成，可以发现它是完全绕着底面走了一刀（见图 1.4.17 刀具路径）。

图 1.4.15 创建工序

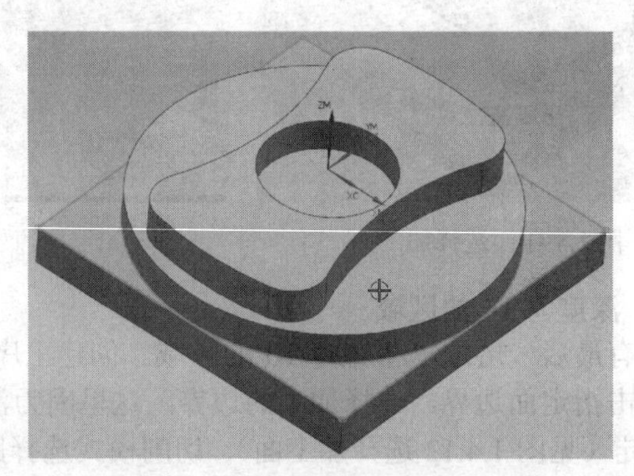

图 1.4.16 选择加工面

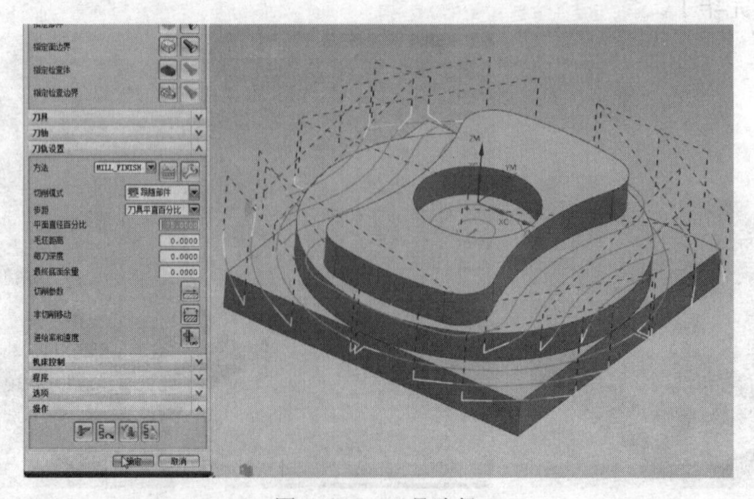

图 1.4.17 刀具路径

下面再来确认刀轨，会发现粗加工这里出现的比较难看的地方会把它全部做完，确定。选择 2D 动态，播放（见图 1.4.18 加工模拟）。

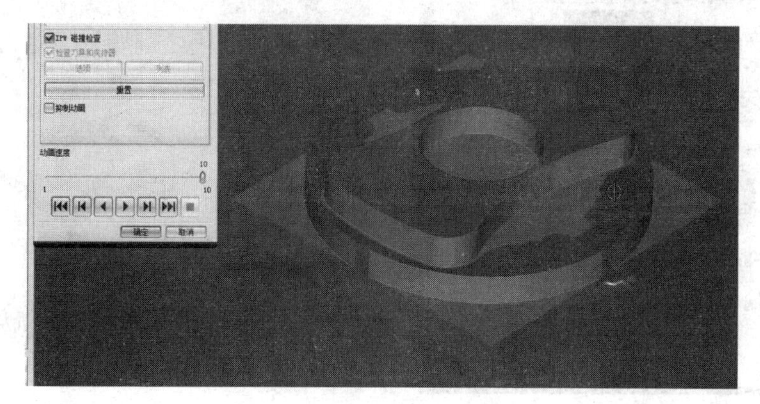

图 1.4.18　加工模拟

四、重要知识点

在刀轨当中会发现想加工的是底下的一片区域（见图 1.4.19 下面的刀具路径），刀在这样生成的时候有一部分跑到上面去了，那是怎么回事？

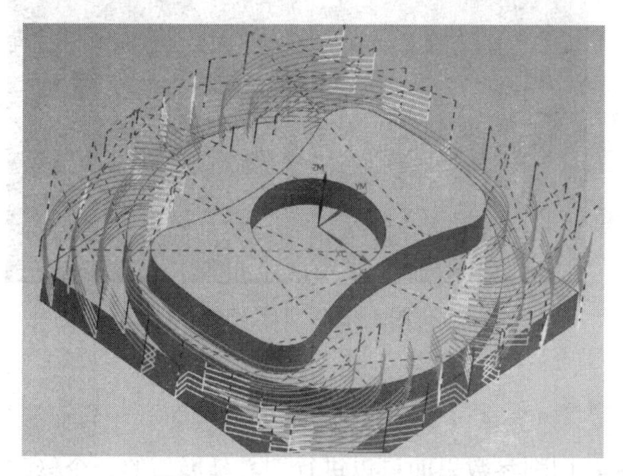

图 1.4.19　下面的刀具路径

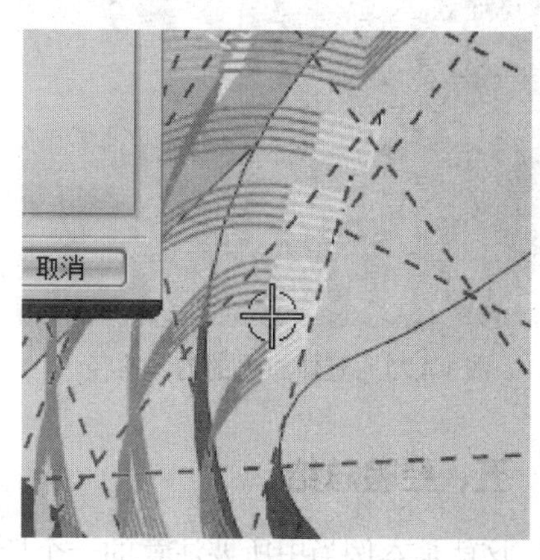

图 1.4.20　延伸 100%的刀具路径

这里的参数设置在切削参数里面修改一个选项会发现这里的长度会发生变化。切削参数，切削区域当中，这里会跟前面一样，会显示出加工的深度 19，刀具延伸，这里有一个 100%刀具，也就是说刀具从这个边缘向外部延伸出一个刀具的直径 100%（见图 1.4.20 延伸 100%的刀具路径），进入切削参数，将刀具延展量改为 50%设定（见图 1.4.21 刀具延展量设置），重新生成刀路（见图 1.4.22 新的刀具路径）。

注意看一下边缘的情况。这个点也就是说刀具出现在这个位置 50%，有一半进去了（见图 1.4.23 延伸 50%的刀具路径）。

将它设为 50%再看一下效果如何呢？2D 的动态，播放（见图 1.4.24 刀具路径）。

由此可见，按照默认的延伸值 100%是将走刀路径变长，换一种方法说就是牺牲了加工时间而保证了加工质量。

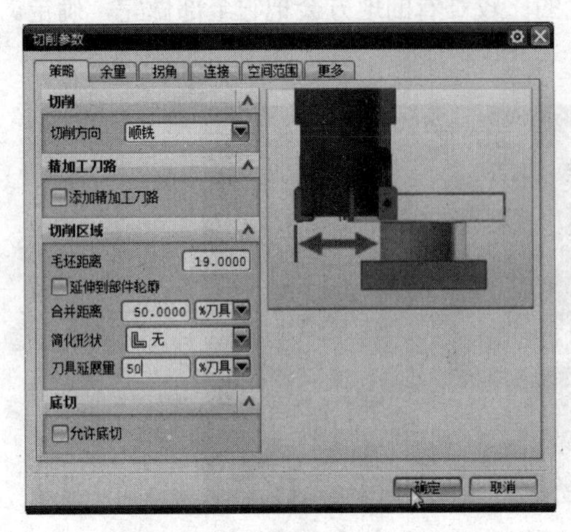

图 1.4.21 刀具延展量设置

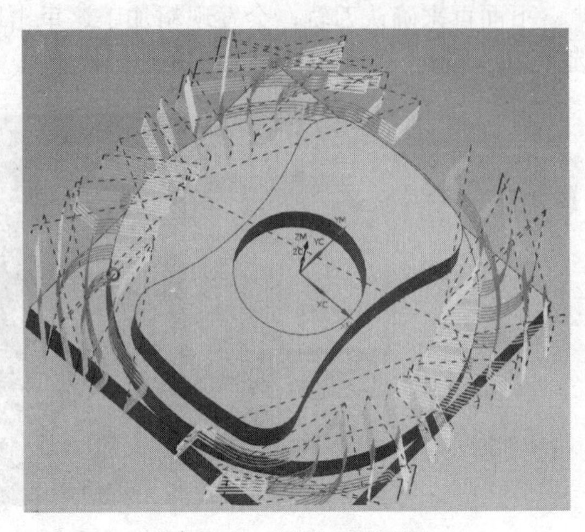

图 1.4.22 新的刀具路径

图 1.4.23 延伸 50%的刀具路径

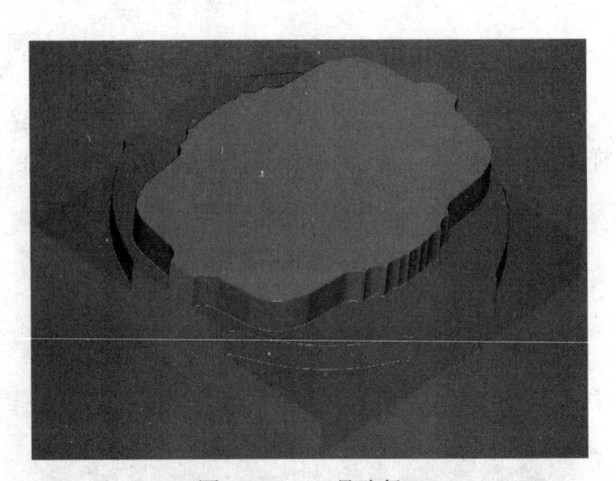

图 1.4.24 刀具路径

五、经验总结

这就是本例当中所要注意的一个情况。切削参数里面可以进行刀具延展值的一个修改，从而改变走刀时间的长短。在实际加工当中，如果延展值也就是刀往这边的值每一刀缩短了将近 2mm 的话，从这个图形上可以看出（见图 1.4.25 边缘刀具），这里基本上每层 2mm。如果将所有槽铣下来之后可能是将近几米的走刀速度，将对于走刀速度比如说 250mm/min 来说，2mm 所占用的时间也是非常可观的，在切削参数的时候尽量是将延展值设置的小，在保证加工的前提之下将它设置的小，这是本题的第一个重点，延展值的设定。

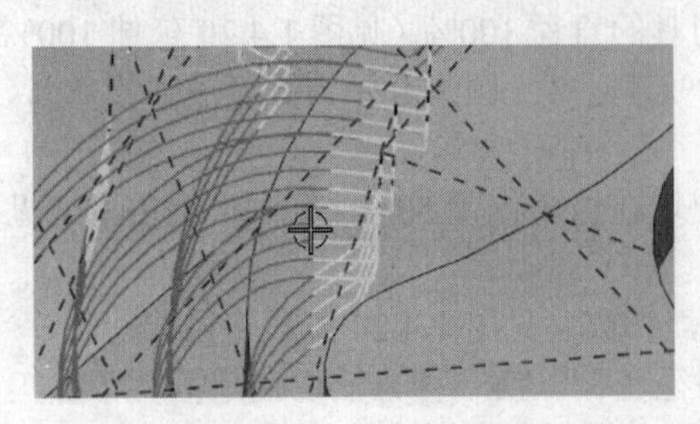

图 1.4.25 边缘刀具

第二，看一下选择的是跟随部件，为什么一定要在外部选择跟随部件而不选择跟随周边？同样的还是外面这个区域看一下它的加工路径，选择跟随部件的方式确定（见图 1.4.26 跟随部件的刀具路径）。

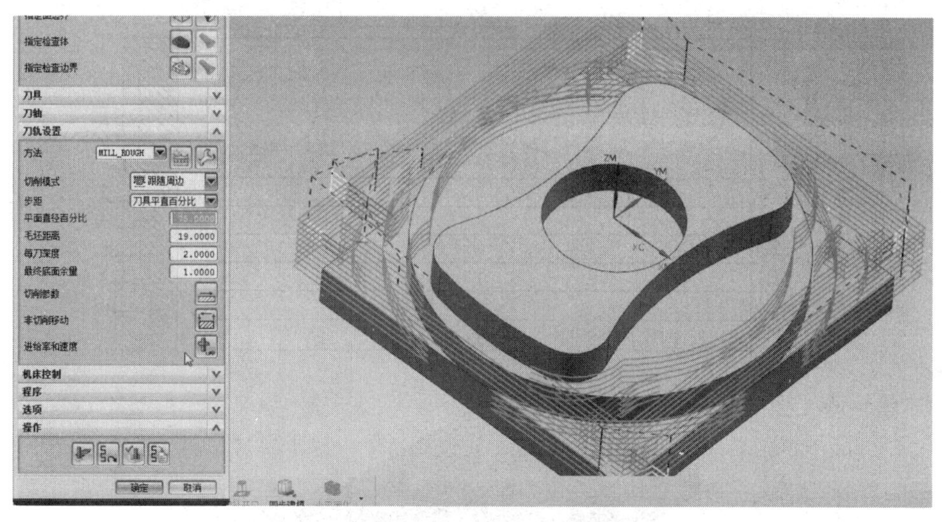

图 1.4.26　跟随部件的刀具路径

2D 动态看一下，速度放慢一点（见图 1.4.27 加工模拟）。

会发现，它作为外部加工的时候在这个边缘走的不是很好（见图 1.4.28 刀路边缘），也就是说在前面反复地强调当要加工外形的四周的时候，选择的是跟随部件的情况，而要加工槽型的时候一般是选择跟随周边的情况，这样的走刀路径和形状会保持得比较美观，而且也是比较实用的，这个就是本题当中的第二点，也就是说注意一下跟随部件和跟随周边的选择方式。

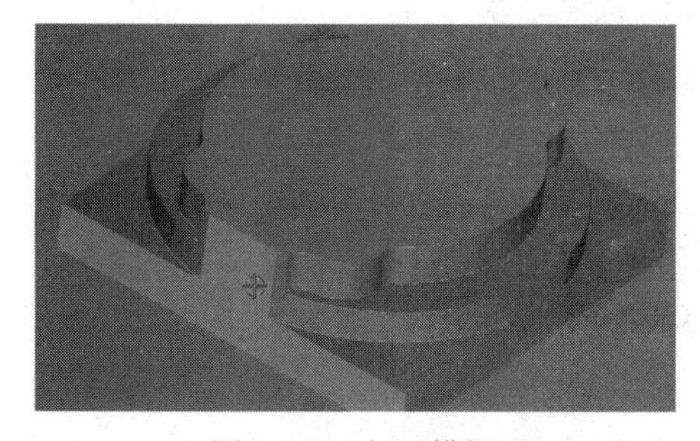

图 1.4.27　加工模拟

图 1.4.28　刀路边缘

第五节　面铣加工实例 3

一、工艺分析

首先来看一下零件图（见图 1.5.1 面铣加工实例 3），从零件图上可以看出，该零件有 4 个圆形的槽和 5 个排列组成。台阶是等距分布的，也就是说深度每次下降 2。从题目上可以看得出来，可以用台虎钳，从上往下装夹一次性完成。首先采取的是加工 4 个圆形槽，再加工台阶的部分。

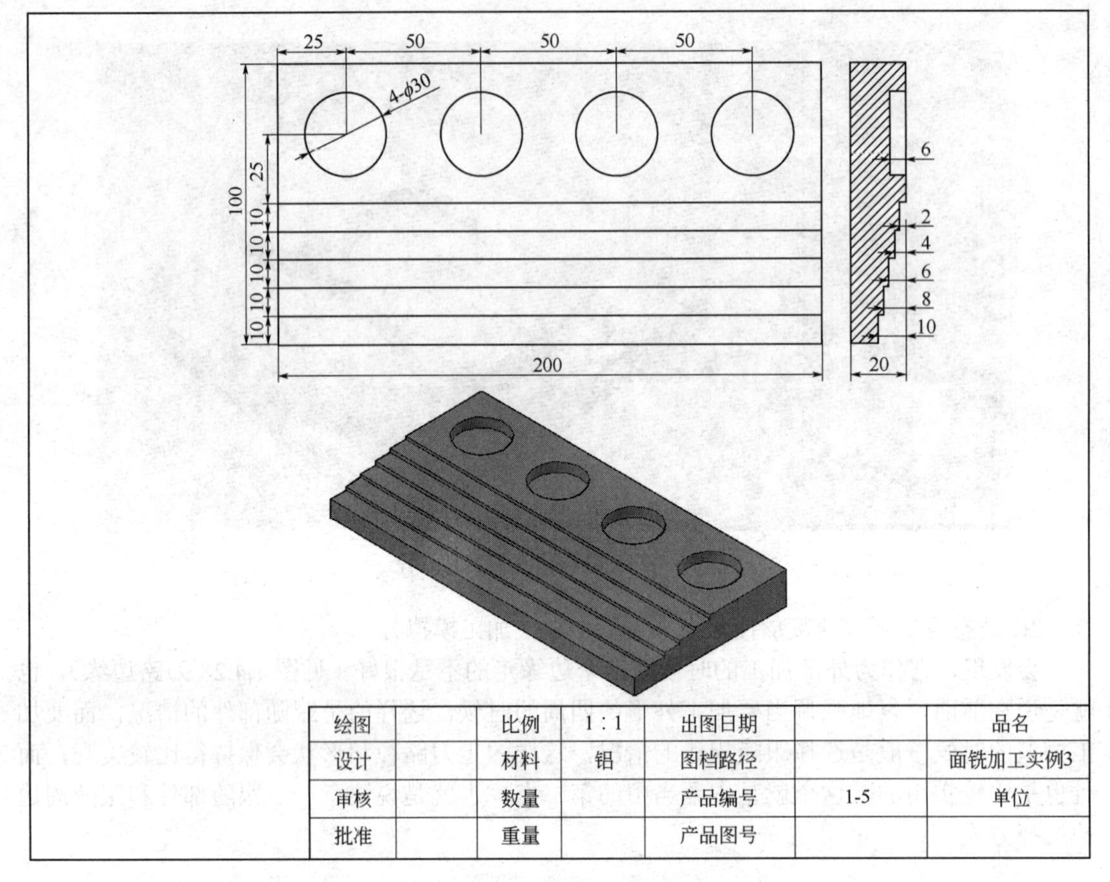

图 1.5.1 面铣加工实例 3

二、准备工作

打开 UG NX8.0，打开第一章 FACE MILLING，第五节面铣加工实例 3。

这个就是要做的工件，因为坐标已经放在要加工的工件的中心，所以就没有必要修改了。开始，加工，进入到加工模块。按照默认方式选择 GENERAL 的通用模式，下面也是默认的 PLANAR 平面加工。

1. 创建刀具

首先创建刀具，机床视图，创建刀具，刀具选择平底刀，这边名称可以不改，在这里可以使用一把刀来加工完成，确定。

对刀具的大小，基本上根据题目中保证圆形槽的刀具就可以了。在这里圆形槽的直径是 30，刀具比它小，这里选 ϕ20 的刀具，ϕ15 的刀具也是可以的。在刀具直径里输入 16，刀具号 1，确定（见图 1.5.2 创建刀具）。

2. 创建毛坯

几何视图，来创建它的安全高度，双击“MCS-MILL”，将安全距离设为 2，也就是没有必要每次到拉到 10 的位置，只要抬高到 2 就可以了，确定。

打开“+”，双击“WORKPIECE”来设置毛坯，指定部件，然后选择物体，确定（见图 1.5.3 选择加工部件），指定毛坯，点一下按钮，选择包容块，最小化，包容物体，确定（见图 1.5.4 选择几何体）。现在创建完毕，程序就可以加工了。将试图切换回到正等测视图，这样方便观察。

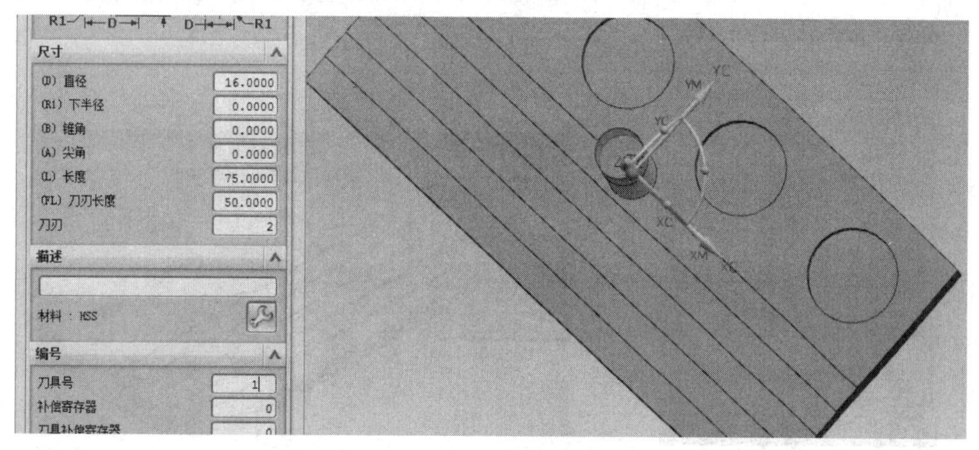

图 1.5.2 创建刀具

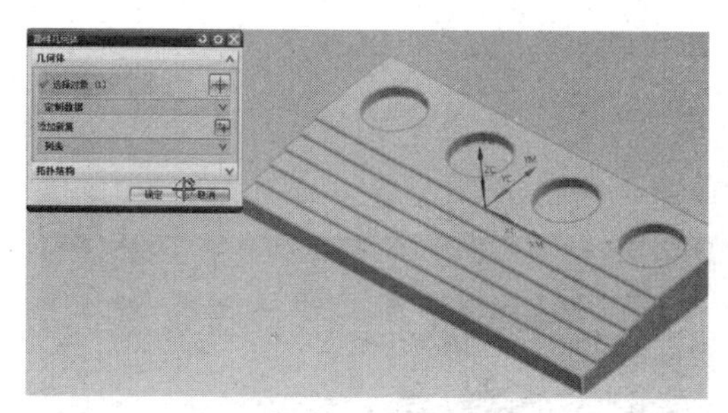
图 1.5.3 选择加工部件

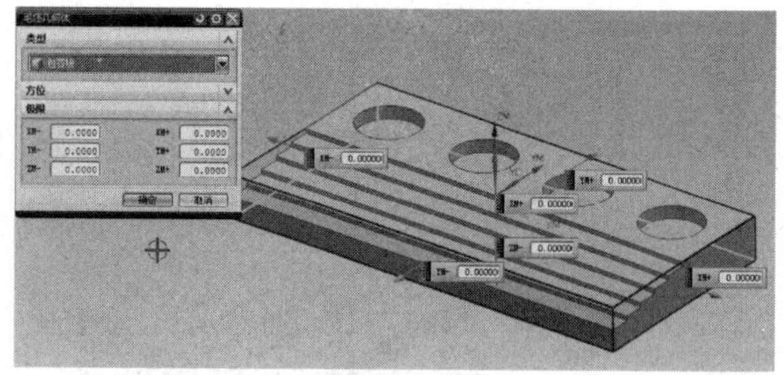
图 1.5.4 选择几何体

三、程序创建

1. 加工 4 个圆形槽

点回程序顺序视图，创建工序。对话框中选择第二个 FACE MILLING，程序放到 PROGRAM 里面，刀具选择创建的一把刀具，在这里也只有一把刀具可以选择，几何体要选择“WORKPIECE”，方法粗加工 ROUGH，现在首先要加工的是四个槽的位置，在“名称”这里就直接输入 CAO，确定（见图 1.5.5 创建工序）。

首先要选择面边界，单击指定面边界，其实就是底边。一个，两个，三个，四个，确定（见图 1.5.6）。然后选择切削模式，是跟随周边，因为是在物体内部加工的。这里有个百分比暂时不管它，毛坯的距离就是图形当中的深度，毛坯距离为 6，然后每刀深度 2，底面余量留个 1，生成一下（见图 1.5.7 刀具路径）。可以看到效果已经出来了。把它旋转这个程度可以看得出来（见图 1.5.8 旋转观察刀具路径），它的下刀方式是这样螺旋形地斜向下刀的，这样不容易伤刀，确定，这是槽的加工。

2. 绘制辅助线

这里还有台阶，对于台阶加工一般来说采用从下到上的方法，要对它上面做一些图形的添加。通过开始回到建模的模式（见图 1.5.9 返回建模模式），点使用草图的矩形就可以了，点一下矩形，然后从上面单击，绘制矩形绘制到这里，其实通过对象捕捉的话它捕捉的是这里，然后底面捕捉到这里就行了，在这里绘制多个矩形，绘制深度为 2（见图 1.5.10 绘制第一条辅助线）；接着绘制深度为 4 的形状，先完成一个草图，绘制深度为 4 的形状，完成（见图 1.5.11 绘制第二条辅助线）；再绘制深度为 6 的形状，完成。再绘制深度为 8 的形状，完成（见图 1.5.12 绘制第三条辅助线）。

图 1.5.5 创建工序

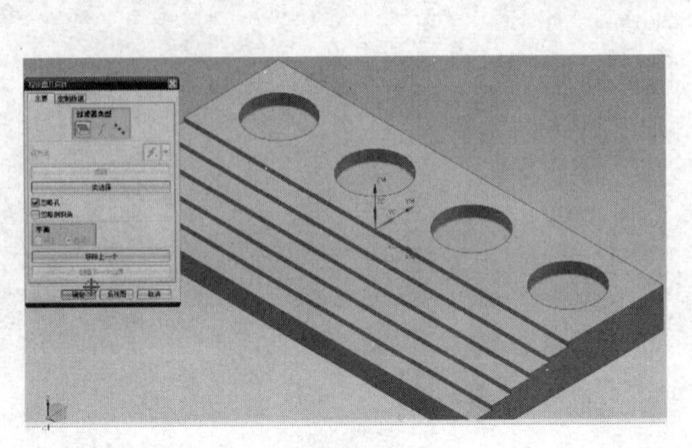

图 1.5.6 选择加工面

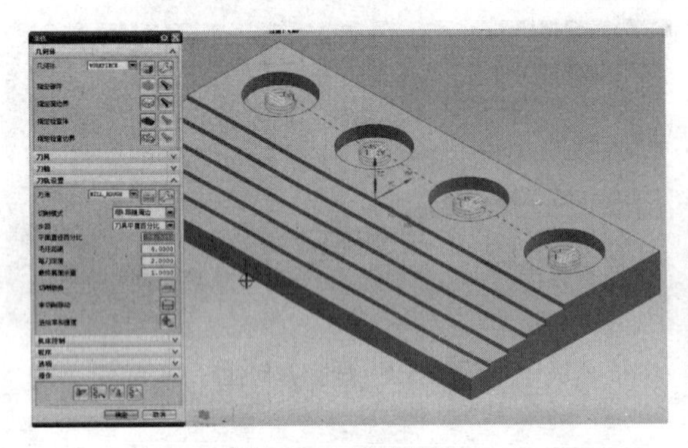

图 1.5.7 刀具路径

图 1.5.8 旋转观察刀具路径

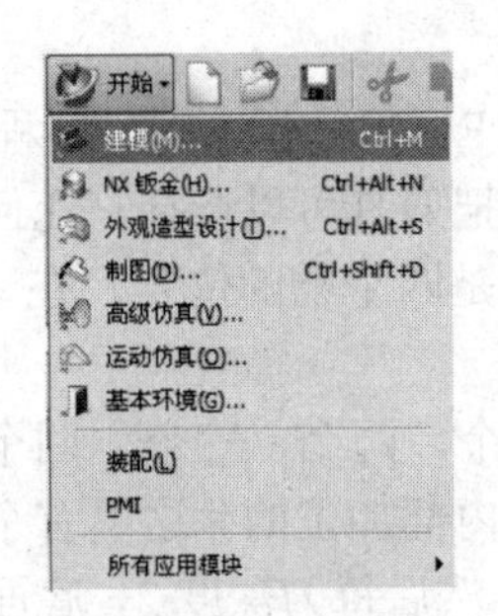

图 1.5.9 返回建模模式

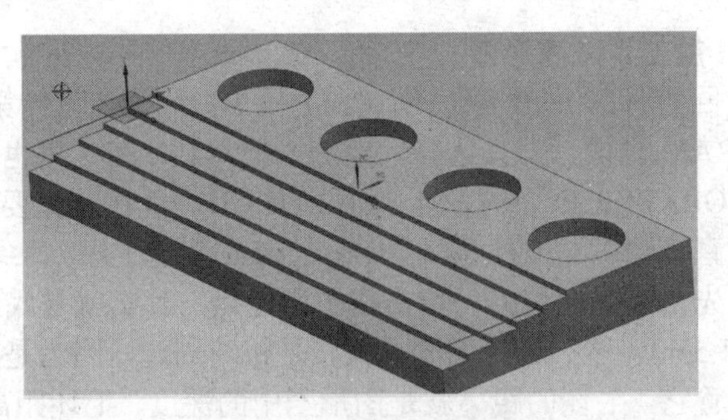

图 1.5.10 绘制第一条辅助线

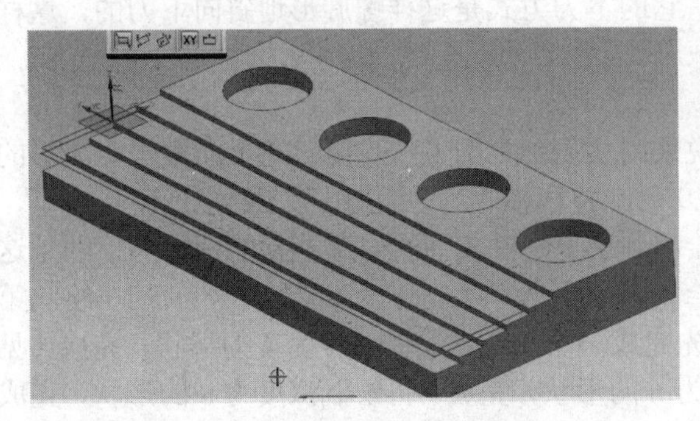

图 1.5.11 绘制第二条辅助线

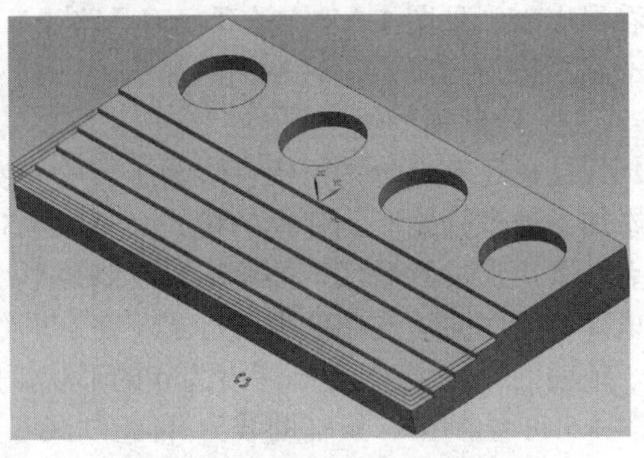

图 1.5.12 绘制第三条辅助线

其实从图形当中可以看得出来，在绘制多个形状的时候就是为了在选择面的时候将它的一个大面选中，就是将这样一个面选中，这样再看就没有问题了，现在就要通过大面向下加工的方法进行操作。

3．加工深度为 2 的台阶

返回加工模块，开始→加工。槽已经做完，现在要对面进行操作。创建工序，其他都不变，选择“ROUGH”，名称是“2”了，确定。选择面的边界，单击（见图 1.5.13 指定面边界按钮），选择线边界，不能选择面。这里是顶部的边。通过这样选择保证大面的加工，确定（见图 1.5.14 选择线）。

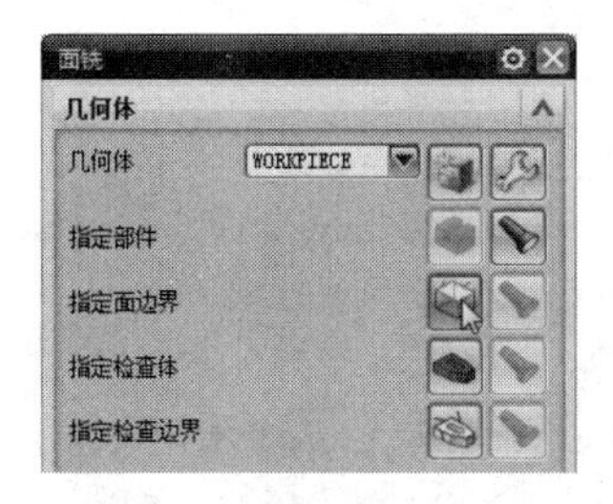

图 1.5.13　指定面边界按钮

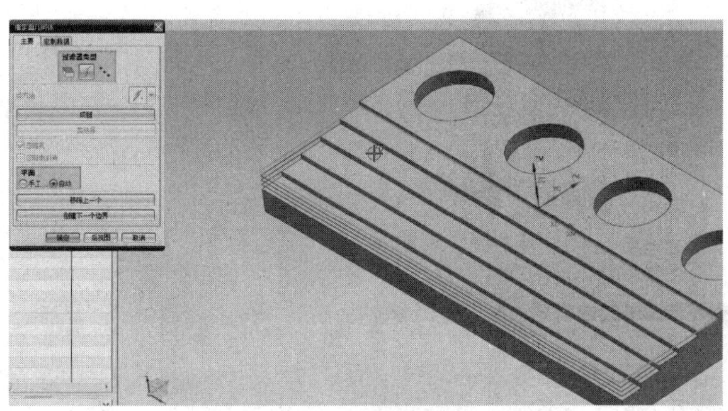

图 1.5.14　选择线

然后要注意这里用单向或者跟随部件都是可以的，现在做的是大区域，所以选择跟随部件或者跟随周边。在这里选择的毛坯距离为 2，也就是说它加工的深度是 2，每刀深度为 2，底面余量为 1，这里的切削参数可以看一下，是 1，底面余量，生成。毛坯不是从面创建的，从这里刀轴指定一下是+ZM 轴，生成（见图 1.5.15 刀具路径），也就是说通过 5 刀的走刀，将面加工到−2 的位置。

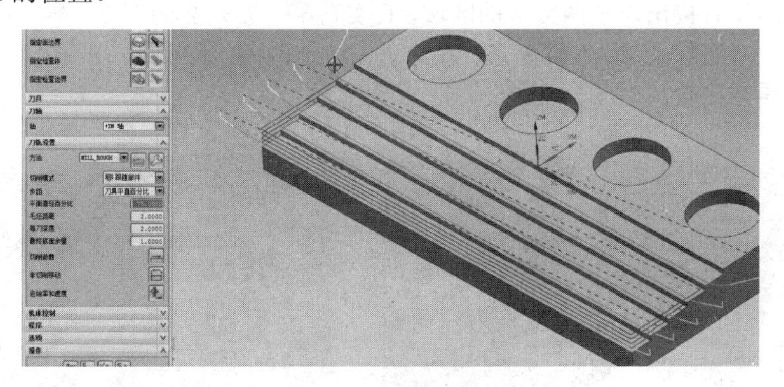

图 1.5.15　刀具路径

4．加工深度为 4 的台阶

这样看着就比较直观了，那儿接下来就要加工−4，−6，−8，直到负−10 为止。这次右击复制这个为“2”的区域（见图 1.5.16 复制深度为“2”的区域），右击再粘贴（见图 1.5.17 粘贴），右击重命名（见图 1.5.18 重命名）修改为“4”。双击（见图 1.5.19 命名为“4”），重新指定面的边界，全部重选，确定（见图 1.5.20 全部重选），附加。选择线，这里的线是第二层，注意选择，不要选错就行了，确定（见图 1.5.21 选择线）。这里的毛坯距离为 4，其他不管，直接生成（见图 1.5.22 刀具路径）。

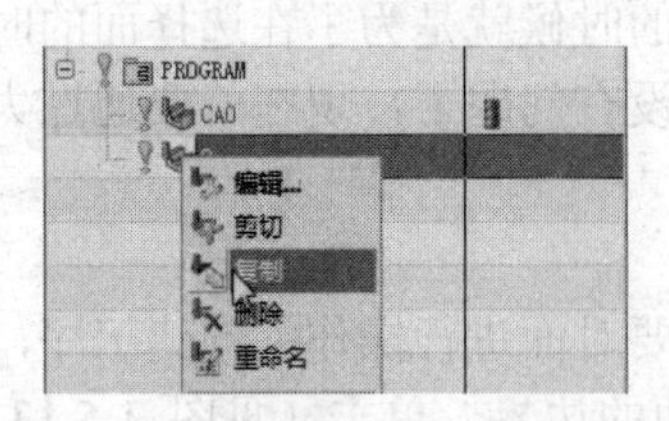

图 1.5.16 复制深度为“2”的区域

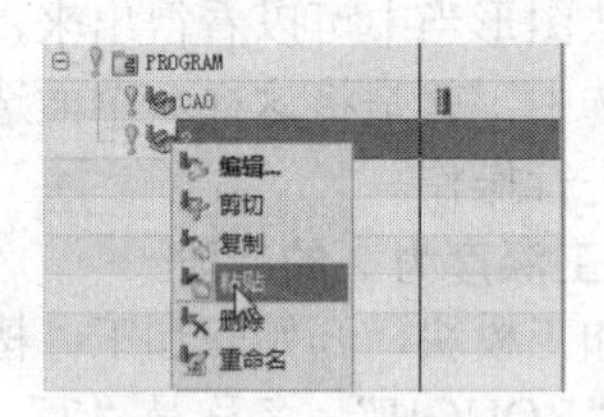

图 1.5.17 粘贴

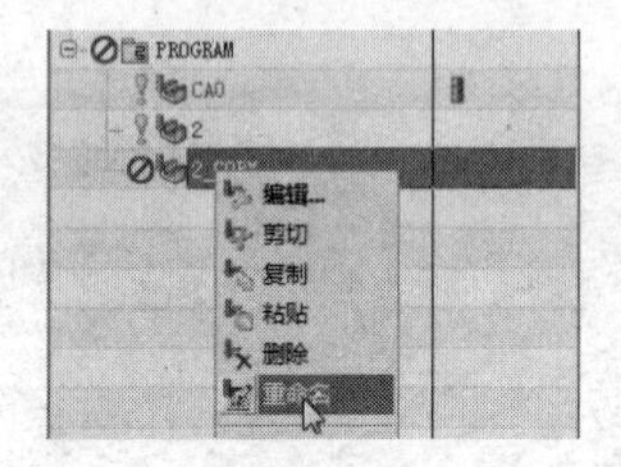

图 1.5.18 重命名

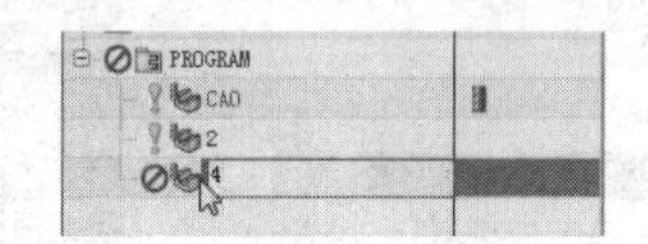

图 1.5.19 命名为“4”

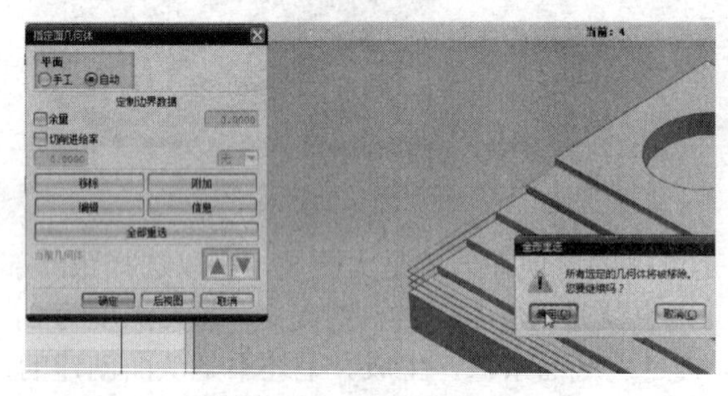

图 1.5.20 全部重选

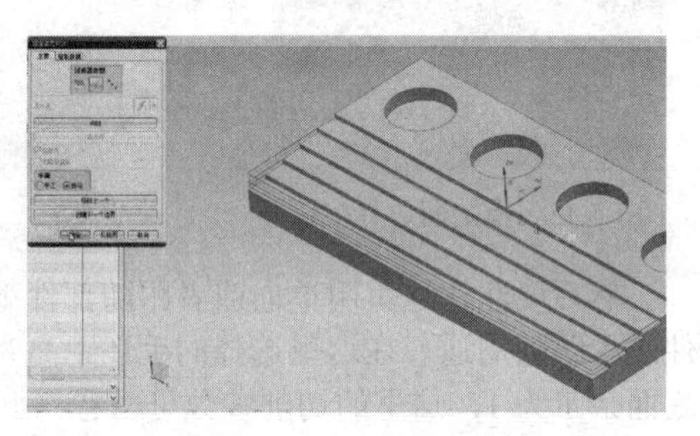

图 1.5.21 选择线

可以看到这里直接出现了两刀 4 的区域，其实它第一刀是 2 的深度，第二刀是 1 的深度，因为它留下了一个底面余量为 1，确定。在这里先将这两条线隐藏掉（见图 1.5.23 隐藏），刷新一下就可以看得比较清楚了。

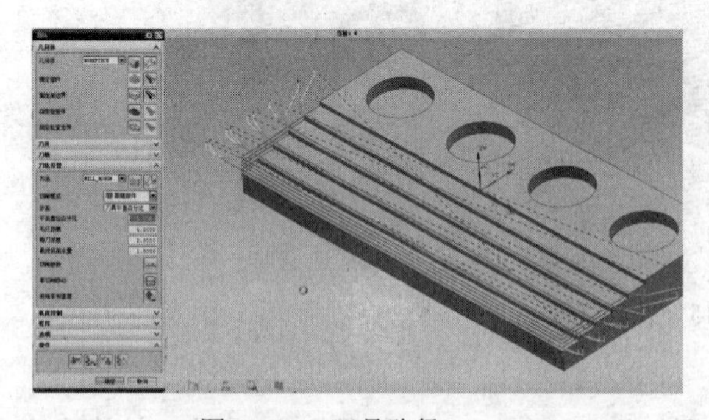

图 1.5.22 刀具路径

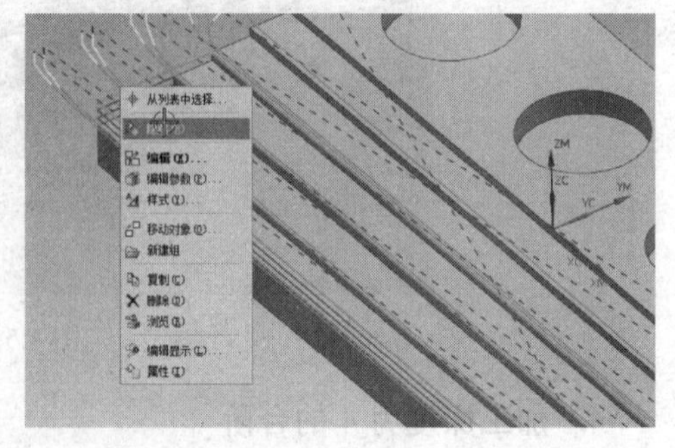

图 1.5.23 隐藏

5．加工深度为 6 的台阶

右击复制 4，右击粘贴，右击重命名，命名为 6，双击，指定面边界，点一下全部重选，确定，附加，选择线，上面的这一根，依次确定（见图 1.5.24 选择线）。然后这里距离为 6，然后生成，这里应该有三层从线上可以看得出来，确定（见图 1.5.25 刀具路径）。

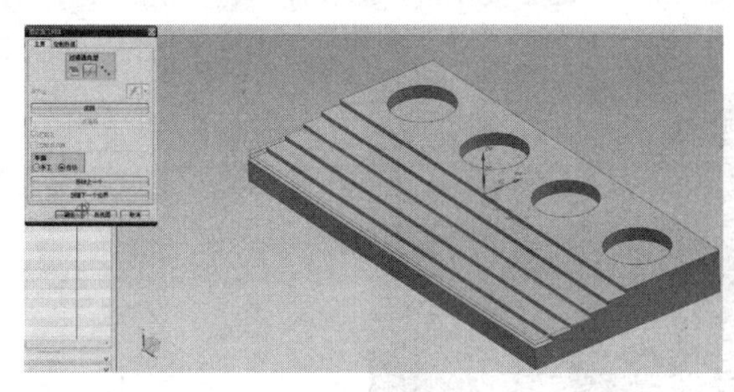

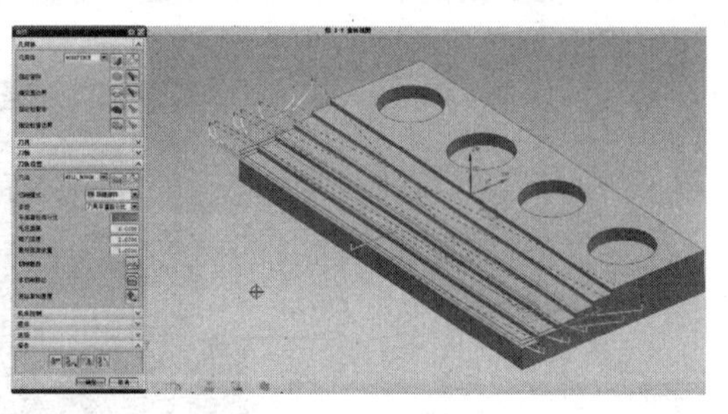

图 1.5.24　选择线

图 1.5.25　刀具路径

6. 加工深度为 8 的台阶

右击复制 6，右击粘贴，右击重命名，为“8”，双击一下，指定面边界全部重选将它删除，确定，附件，曲线边界，选择边，依次确定（见图 1.5.26 选择线），毛坯距离为 8，生成一下，确定（见图 1.5.27 刀具路径）。

图 1.5.26　选择线

图 1.5.27　刀具路径

7. 加工深度为 10 的台阶

还有最后一层，最后一层可以直接用面铣即可，右击复制 8，右击粘贴，右击重命名，命名为 10，双击，指定面边界，再点一下，全部重选，确定，附加，这里直接用面，单击就可以了，然后依次确定（见图 1.5.28 选择线）。在这里选择毛坯距离为 10，生成，确定（见图 1.5.29 刀具路径）。

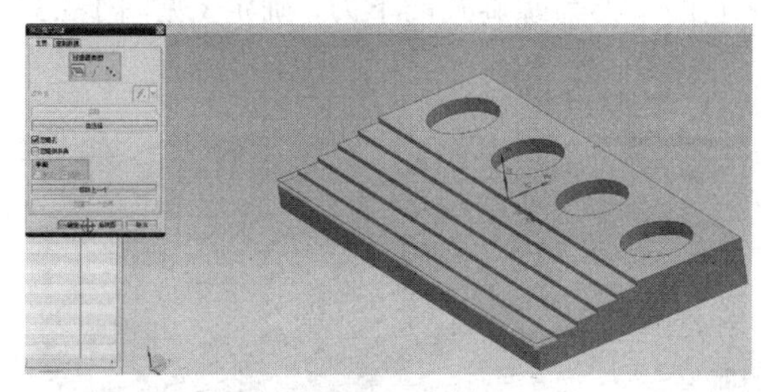

图 1.5.28　选择线

图 1.5.29　刀具路径

选择“PROGRAM”，点一下，确认一下刀轨，看一下符不符合加工的要求（见图 1.5.30 加工模拟）。

8. 精加工

最后精加工，创建工序，这里仍然是选择“FINISH”，名称为 JING，确定（见图 1.5.31 创建工序）。

图 1.5.30 加工模拟

图 1.5.31 创建工序

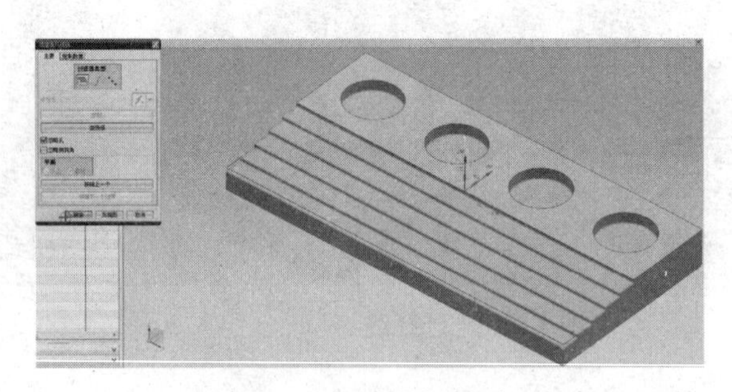

图 1.5.32 选择加工面

指定面的边界，这里只要全部选择就可以了，确定（见图 1.5.32 选择加工面）。切削模式改为跟随部件，因为出现了这种情况即圆形槽的位置，将毛坯距离全部设为 0，看一下切削参数，余量里面都是 0 就不需要任何操作，确定（见图 1.5.33 余量设置），生成一下（见图 1.5.34 刀具路径）。放大后可以看出它的下刀为螺旋式的下刀，确定（见图 1.5.35 螺旋下刀）。

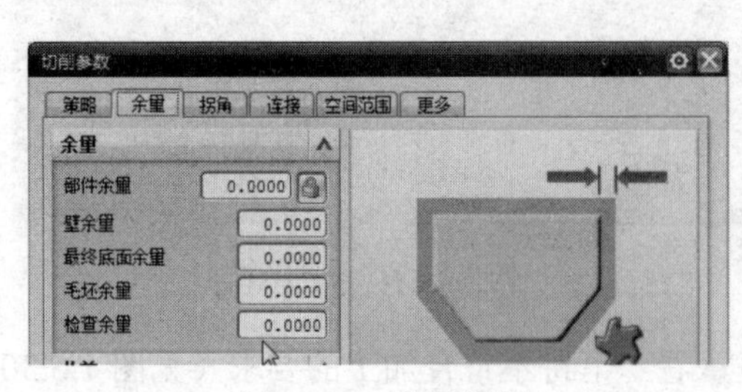

图 1.5.33 余量设置

图 1.5.34 刀具路径

单击“PROGRAM”，确认一下刀轨播放，暂停，用 2D 动态的播放（见图 1.5.36 加工模拟）。

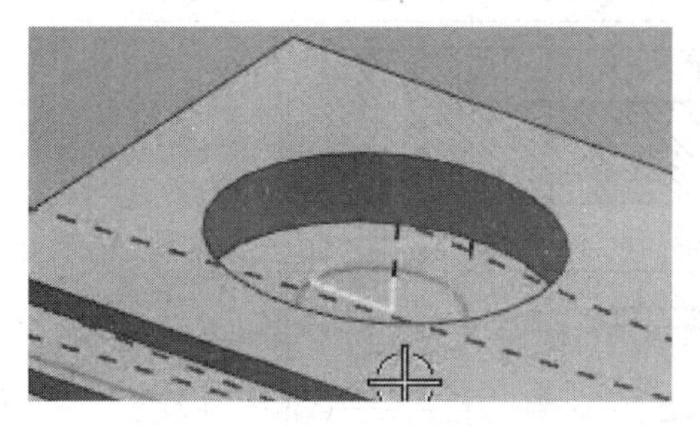

图 1.5.35　螺旋下刀

图 1.5.36　加工模拟

四、经验总结

虽然说在粗加工的时候会出现条纹的情况，但是在精加工的时候会将它一次性加工到位，这个就是这个实例所要求达到的真正目的，也就是说当出现台阶面的时候不能想当然地从底下到上面一次次地加工或者是从上往下一次次地加工，而是要考虑加工的方便，从整个大面积加工的方便去考虑，先加工−2 的所有区域，然后加工−4 的所有区域，再往下−6、−8、−10（见图 1.5.37 加工的不同深度）。

图 1.5.37　加工的不同深度

首先要保证大面积的切削，然后保证小范围的加工，这就是这个例子的关键所在，希望读者以后碰到类似的情况也要从大面积加工开始。

第六节　面铣加工实例 4——轮廓的加工

一、工艺分析

首先看一下工件的图（见图 1.6.1 面铣加工实例 4），基本形状由两个台阶和中间的槽型组成，中间的槽型形状的加工起来，根据前面已经学过的内容，难度并不是太大。周围这一圈仍然用跟随周边的方式就可以加工，跟随边界。这个小台阶仍然用跟随工件方式可以进行加工。这一节的内容主要是讲解面铣的轮廓加工。

二、准备工作

首先，还是通过以前所学的知识将它加工出来，打开 UG NX 8.0，打开第一章第六节的文件。选择开始的加工方式，默认的平面加工就可以。

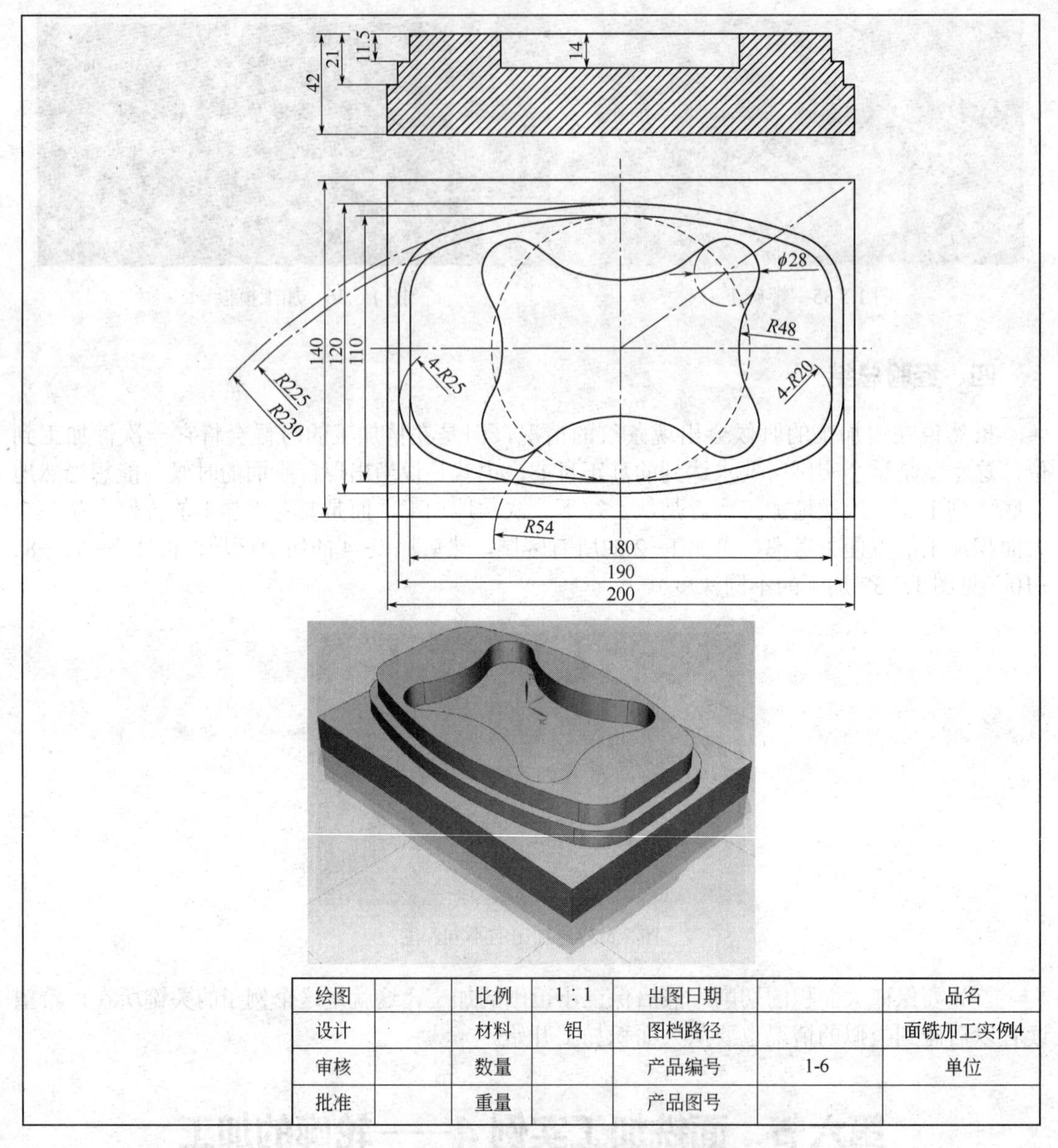

图 1.6.1 面铣加工实例 4

1. 创建刀具

创建的刀具，第一步是要创建内部的刀具，挖槽的刀具，从图形上知道最小的圆角处是 ϕ28，刀具选择只要比 28 小即可。两把刀，创建刀具，名称这里选择 20 的，确定。

直径为 20，刀具号为 1，确定（见图 1.6.2 创建刀具）。再创建一把刀具，走外围的。创建刀具，名称 40，确定。直径为 40，刀具号为 2，确定（见图 1.6.3 创建另一把刀具）。40 的刀具，20 的刀具，可以明显看出粗细的不同。

2. 创建毛坯

几何视图，将安全平面安全的距离改为 2，稍微低一点。双击“WORKPIECE”，指定部件，单击物体（见图 1.6.4 选择加工部件）。然后指定一个毛坯体，跟随部件选择包容块即可，依次确定（见图 1.6.5 选择几何体）。

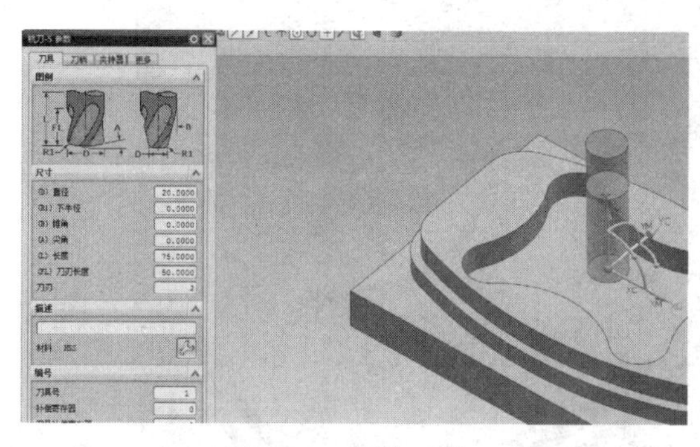

图 1.6.2 创建刀具

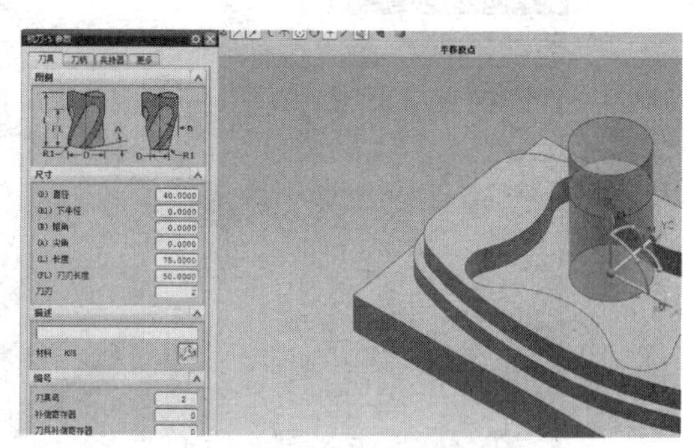

图 1.6.3 创建另一把刀具

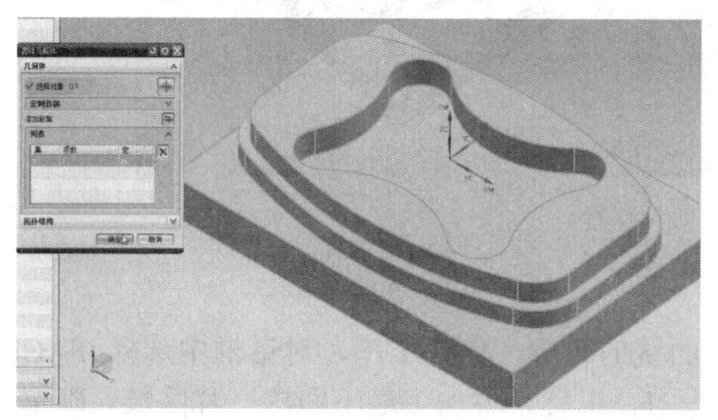

图 1.6.4 选择加工部件

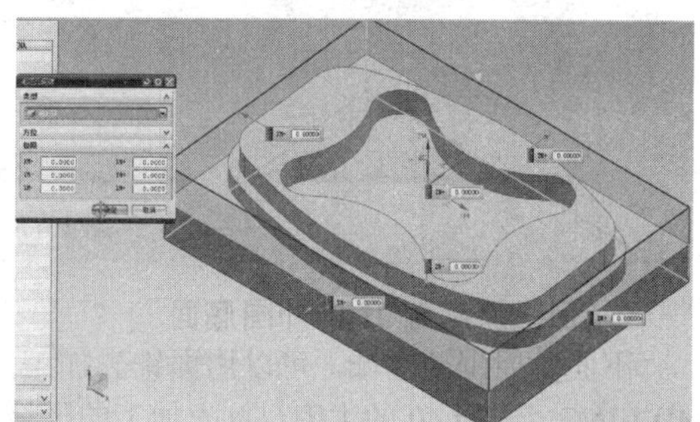

图 1.6.5 选择几何体

三、程序创建

1. 加工中间深度为 14 的槽

切换到程序视图，创建工序，选择 FACE MILLING，选择 20 的刀，先加工里面的区域，ROUGH。深度为 14 的，确定（见图 1.6.6 创建工序）选择面边界，选择面，确定（见图 1.6.7 选择加工面），选择跟随周边，毛坯的距离 14，每刀深度 2，余量 1，生成（见图 1.6.8 刀具路径）。

图 1.6.6 创建工序

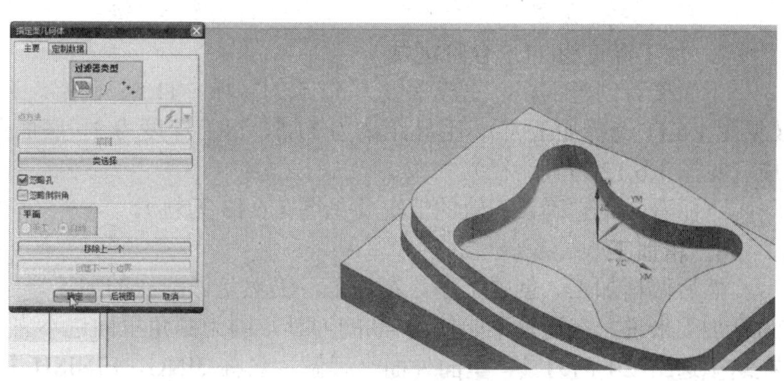

图 1.6.7 选择加工面

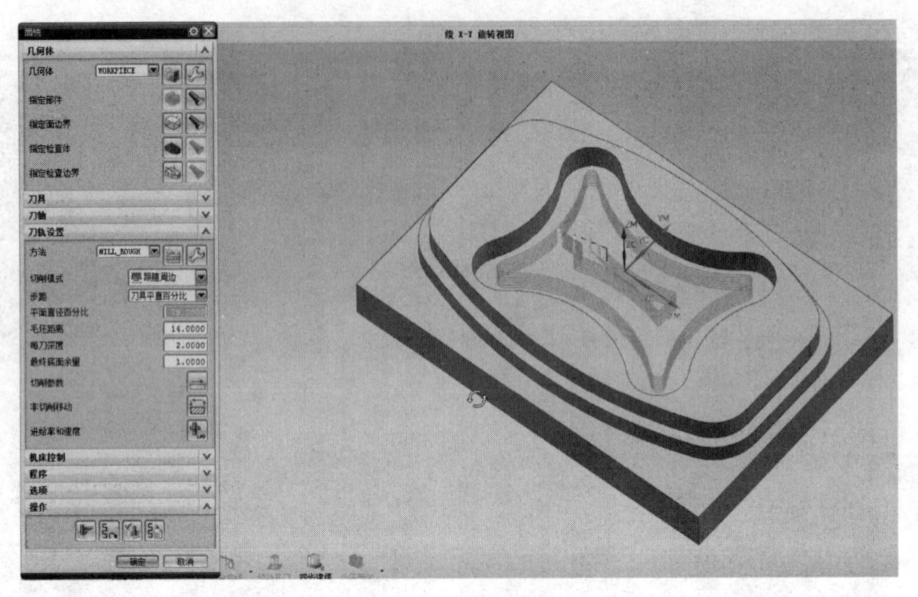

图 1.6.8 刀具路径

2. 加工深度为 21 的外围底面

下面做周围的区域，可以用面铣去加工，面铣的轮廓，创建工序，对话框中选择 FACE MILLING，选择 40 的大刀，首先加工的区域是 21，也就是说加工最下面这一片区域，确定，选择面边界，选择面，确定（见图 1.6.9 选择加工面）。毛坯距离为 21，每刀深度为 2，底面余量为 1，切削模式改为轮廓加工，生成，已经生成形状，确定（见图 1.6.10 刀具路径）。

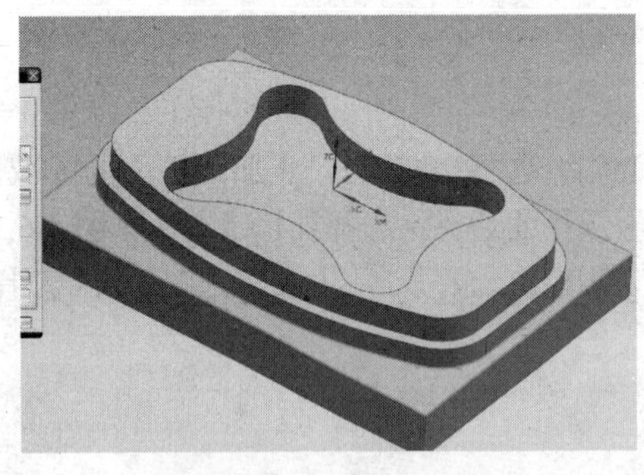

图 1.6.9 选择加工面

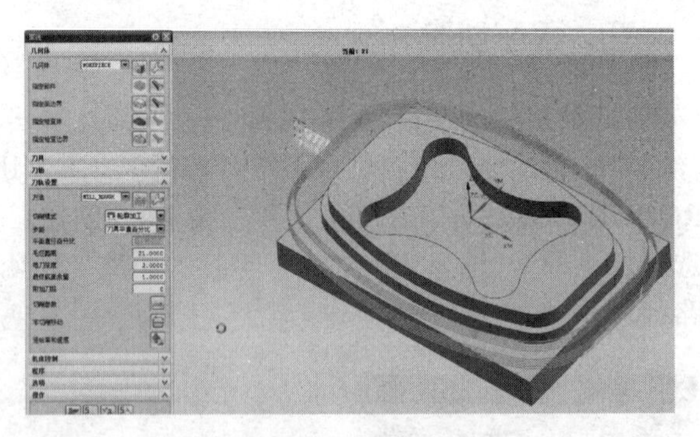

图 1.6.10 刀具路径

3. 加工深度为 11.5 台阶区域

下面接着创建工序，生成深度为 11.5 的区域，11.5，确定。选择面边界，选择面，确定（见图 1.6.11 选择加工面）。毛坯距离为 11.5，每刀深度为 2，底面余量 1，选择轮廓加工，生成（见图 1.6.12 刀具路径）。

下面看一下它确认刀轨的情况（见图 1.6.13 刀轨）。

4. 精加工

然后做精加工。创建工序，精加工，仍然是做两次的加工，一次是里面一次是外面。作为精加工来说，在这里不能使用 40 的刀具，因为圆角里面进不去（见图 1.6.14 圆角区域），在这里选用 20 的刀具，里面外面一起做。名称 JING，FINISH 精加工，确定（见图 1.6.15 创建工序）。

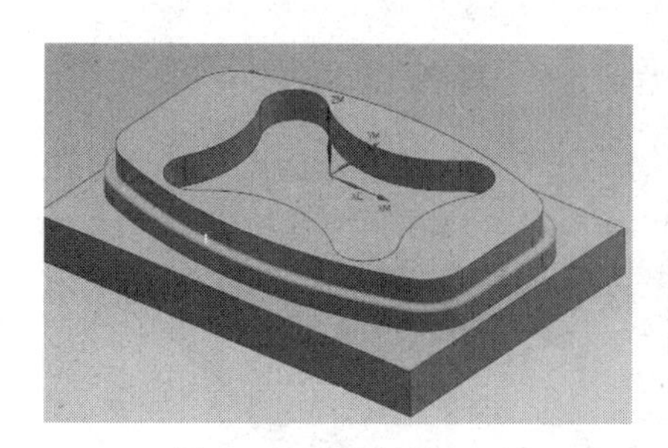

图 1.6.11　选择加工面

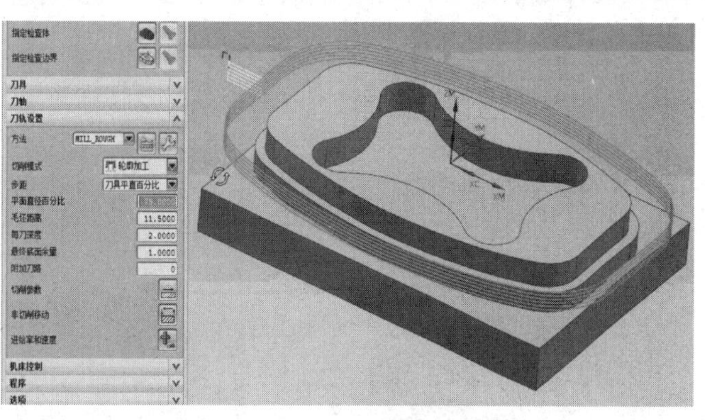

图 1.6.12　刀具路径

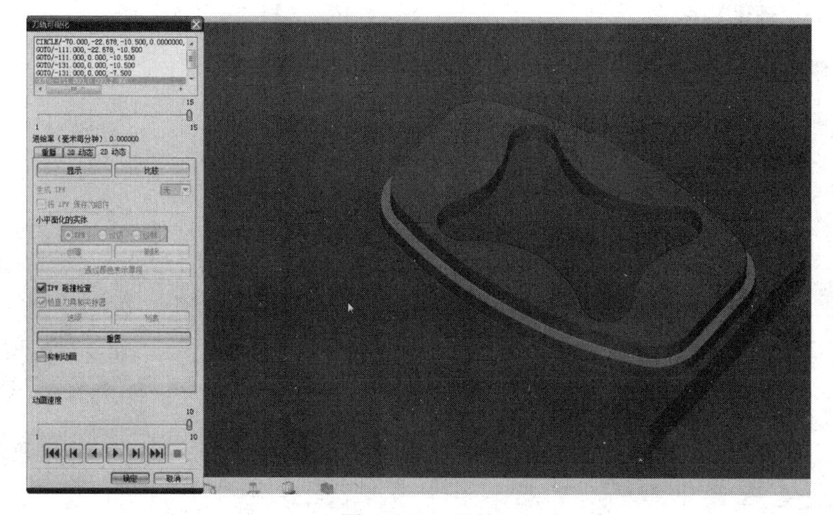

图 1.6.13　刀轨

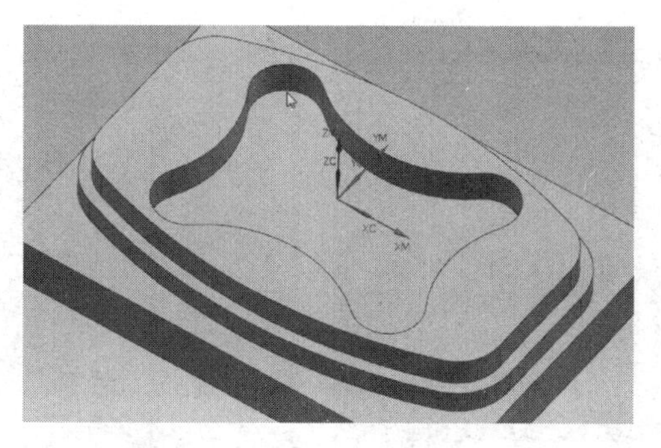

图 1.6.14　圆角区域

选择面边界，选择三个面，确定（见图 1.6.16 选择加工面）。然后切削模式选择跟随部件或者跟随周边，因为两个都有，选择这两个都可以。毛坯距离设为 0，切削参数当中看一下，余量是 0 就可以，最后生成刀轨（见图 1.6.17 刀具路径）。可以看到因为刀具是 20，这边边缘处走了好几刀，确定（见图 1.6.18 边缘的刀路）。

5．完整的模拟

下面来完整地看一下它模拟的效果。正等测视图，确认刀轨，2D 动态，将速度放慢（见图 1.6.19 加工模拟）。

图 1.6.15 创建工序

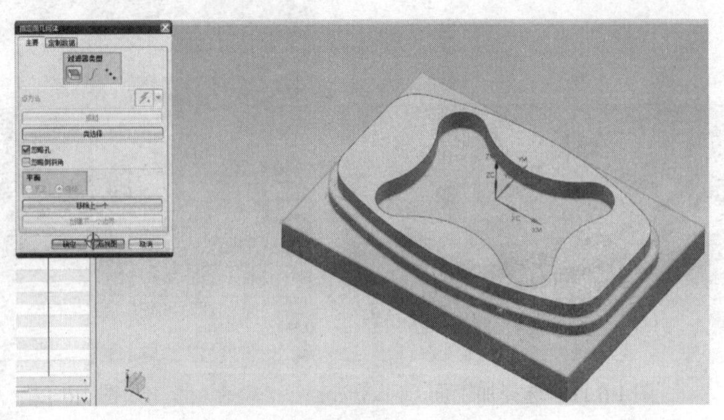

图 1.6.16 选择加工面

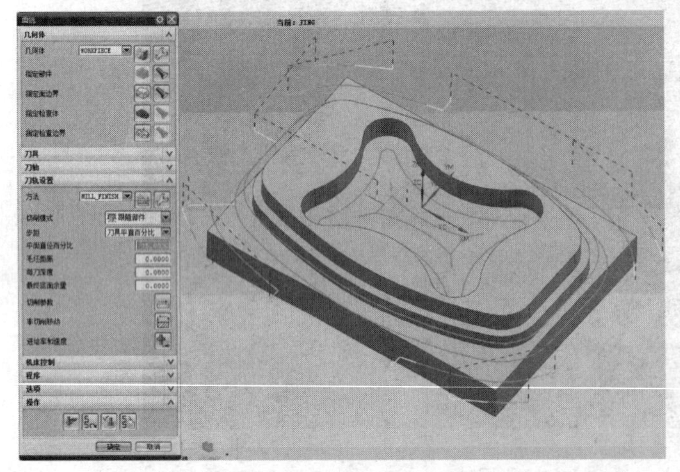

图 1.6.17 刀具路径

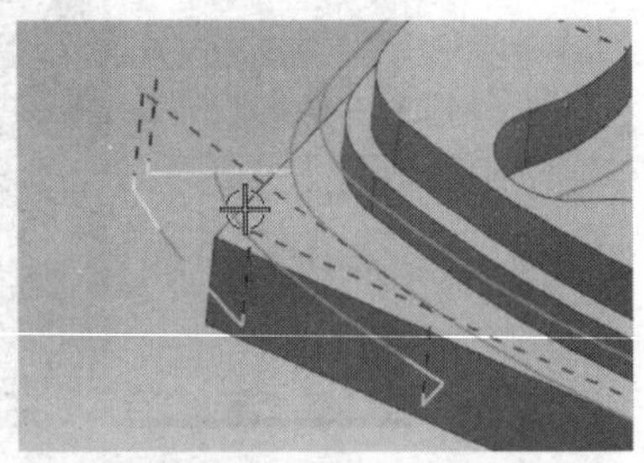

图 1.6.18 边缘的刀路

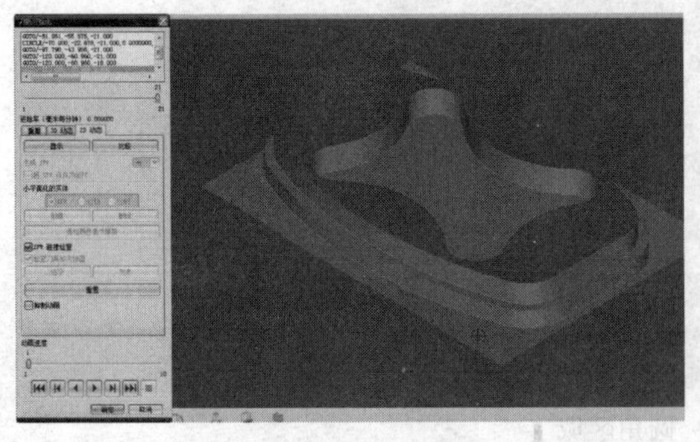

图 1.6.19 加工模拟

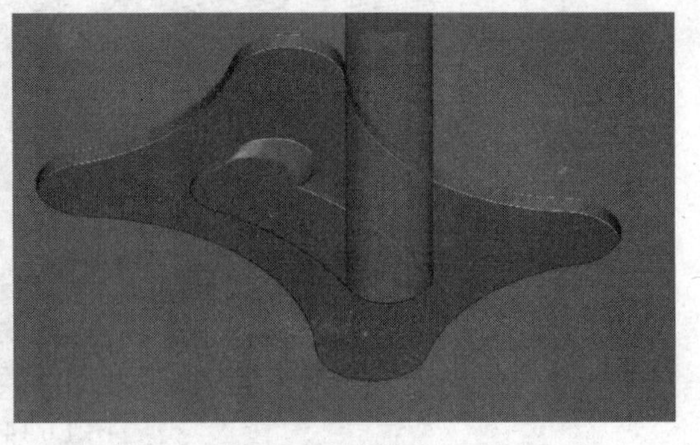

图 1.6.20 斜向下刀

首先粗加工内部槽的形状，可以看到它下刀的方式采用的是斜向的下刀（见图 1.6.20 斜向下刀）。然后，最外面的那个大区域。其实在台阶上方铣的也是大区域的范围，由于面铣走刀的方式它是形成这样的走刀（见图 1.6.21 台阶形状）。实际可以理解为从这边一直往上是个直线并不产生台阶的。这才是上面深度为 11 的小台阶，因上面很大一部分被铣底下面的刀路走掉了，所以也看不出什么效果（见图 1.6.22 小台阶区域）。但在实际当中，对不同的高度必须要分两个步骤进行加工。下面是用 8 的刀具进行精加工的效果，精加工完毕（见图 1.6.23 精加工）。

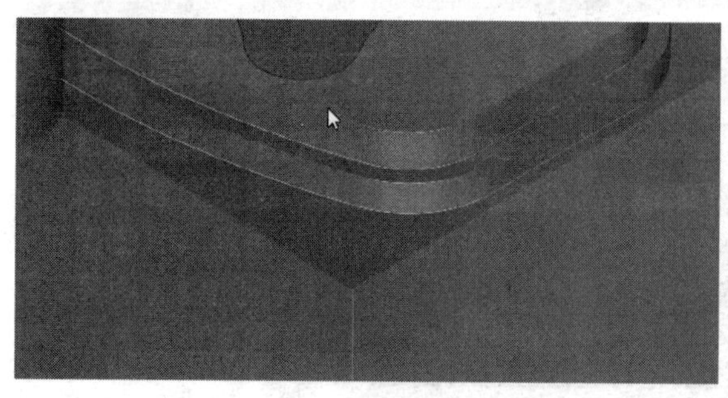

图 1.6.21　台阶形状

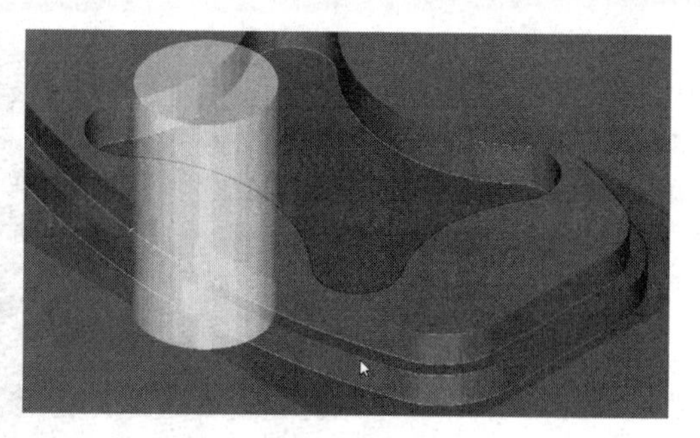

图 1.6.22　小台阶区域

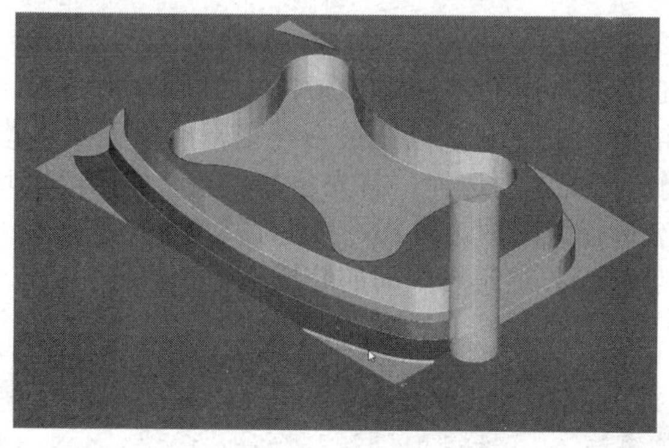

图 1.6.23　精加工

四、重要知识点

这就是面铣加工轮廓的一个例子。通过这里可以知道当边缘比较薄的时候，可以选择直径比较大的刀具将它走完。

在这里，也可以扩大个思路，可以用轮廓加工，相当于侧壁加工一样，对侧壁进行精加工，也是可以的（见图 1.6.24 侧壁区域）。外部加工先不管，将不需要的程序删除，右击，删除（见图 1.6.25 删除程序）。只针对于内壁精加工该怎么办？

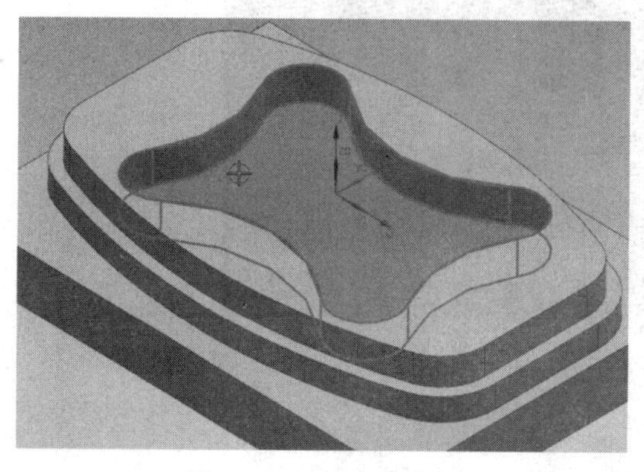

图 1.6.24　侧壁区域

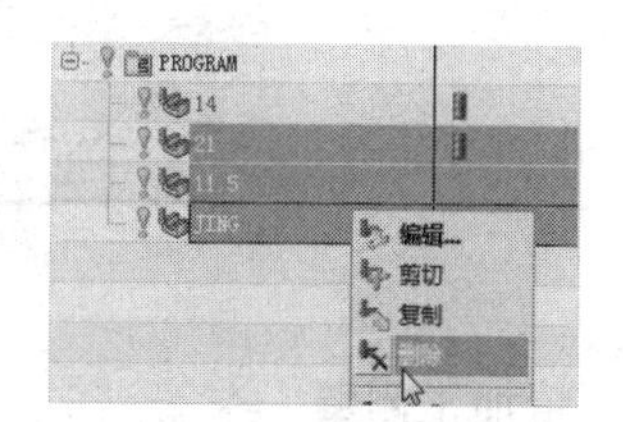

图 1.6.25　删除程序

1. 创建刀具

回到机床视图，一把小刀， 8 的刀具，确定。直径为 8，刀具号为 1，确定（见图 1.6.26 创建刀具）。

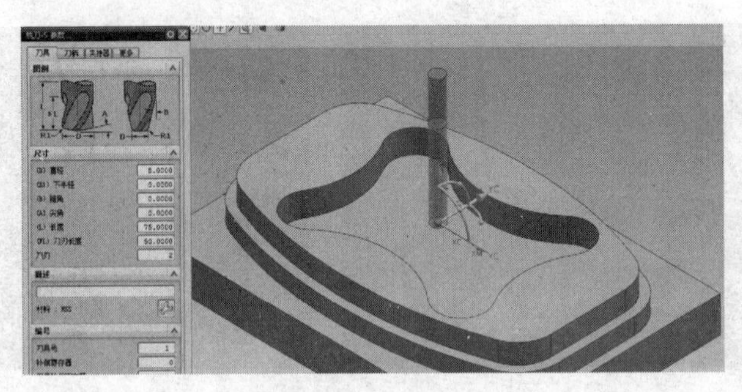

图 1.6.26 创建刀具

2. 粗加工槽

程序视图，创建工序，选择 FACE MILLING，刀具为 8，ROUGH，在这里用粗加工来铣侧壁。因为作为精加工来说它是只铣最后一刀，所以无法直接对侧壁进行加工，是 ROUGH，还是 14，确定。指定面边界，首先粗加工，将中间的区域加工完毕，选择（见图 1.6.27 选择加工面），选择跟随周边模式，毛坯距离为 14，每刀深度为 2，底面余量为 1，生成（见图 1.6.28 刀具路径）。这是对中间的腔槽进行一步粗加工，模拟一下（见图 1.6.29 加工模拟）。

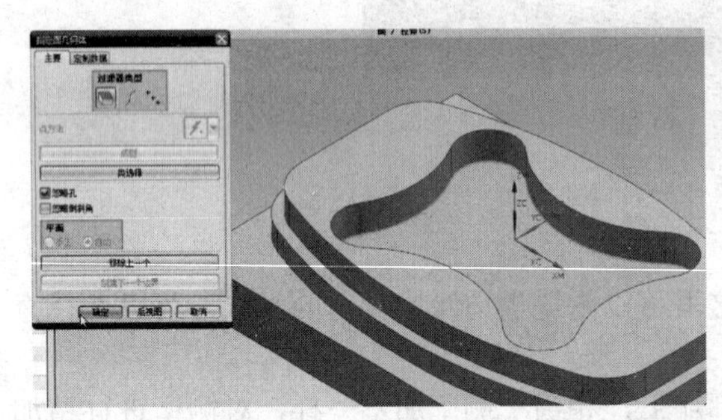

图 1.6.27 选择加工面

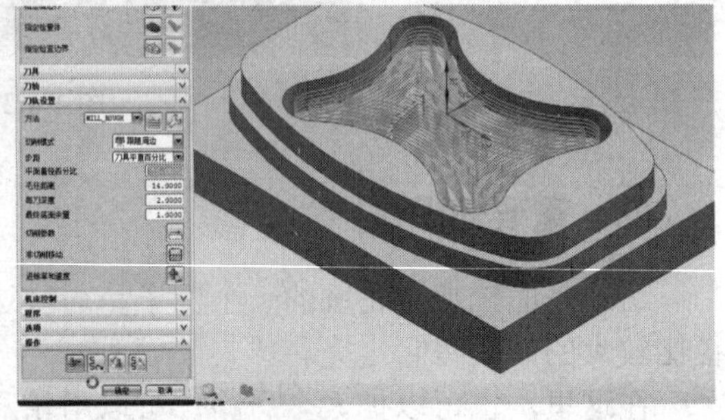

图 1.6.28 刀具路径

图 1.6.29 加工模拟

3. 精加工侧壁

下面要对侧壁进行精加工，而不对底面进行精加工，也就是说仅仅是对侧壁进行加工而已。仍然是创建工序，选择粗加工。14 在后面加个标注 JING，用于区分，确定。选择轮廓加工的方式，毛坯距离还是 14，每刀深度为 2，底面余量为 0，即可。然后在切削参数当中看一下余量（见图 1.6.30 参数设置）。

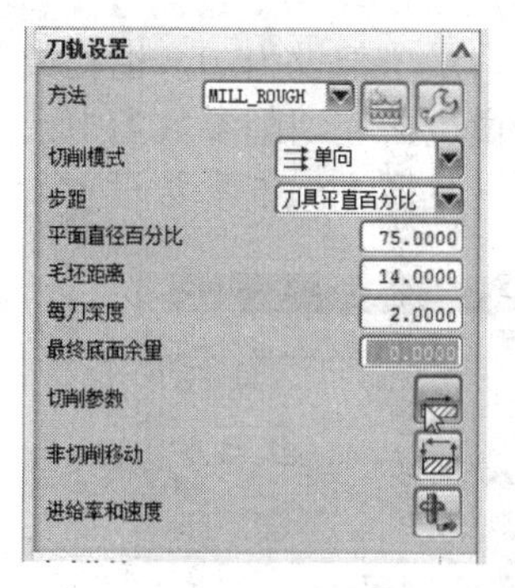

图 1.6.30　参数设置

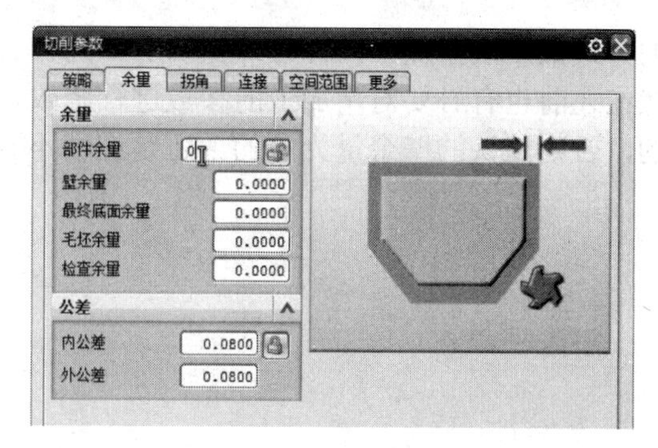

图 1.6.31　余量设置

将部件余量关闭，也就是说这个部件余量包含了壁余量，如果不关闭，壁余量依然是 1，没有任何效果，都是 0，确定（见图 1.6.31 余量设置）。指定面边界，选择底面，确定（见图 1.6.32 选择加工面），生成一下（见图 1.6.33 刀具路径），模拟看一下，确定（见图 1.6.34 加工模拟）。

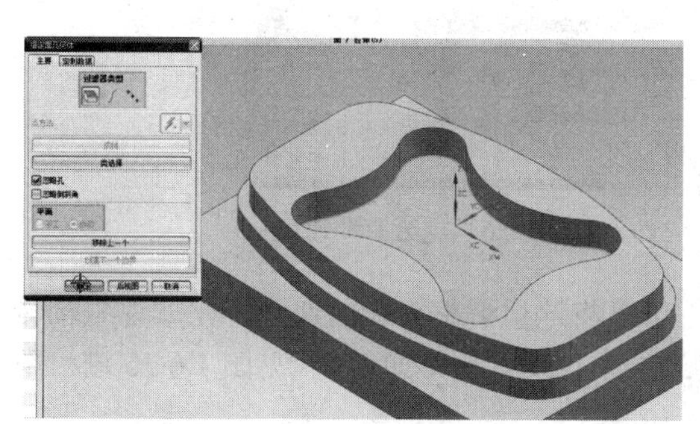

图 1.6.32　选择加工面

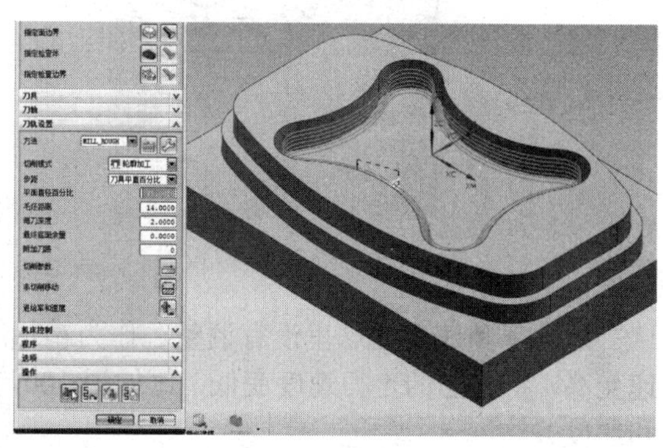

图 1.6.33　刀具路径

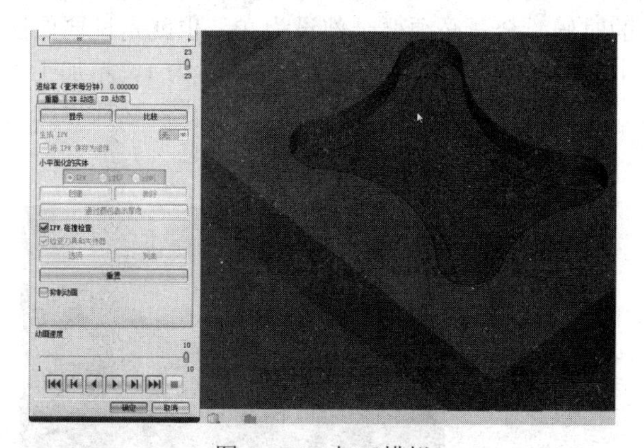

图 1.6.34　加工模拟

五、经验总结

通过刚才的实例，可以看得出来采用粗加工的方式，每一刀下刀为 2，1 层，2 层，3 层……总共加工了 7 层，通过这 7 层度侧壁的加工来形成精加工方式。可以很明显地看出，底面的余量并没有加工到，因为外轮廓只针对最外面一圈的轮廓进行加工。也就是说有时候可以用粗加工的方式来形成精加工，作为外轮廓加工的方式，将余量全部设为 0，也就类似于精加工，当然在之前也有必要对精加工的参数进行修改，比如说进去在切削参数当中余量全部要设为 0 的，否则默认的壁余量为 1 的话还是切削不到位的（见图 1.6.35 参数设置）。

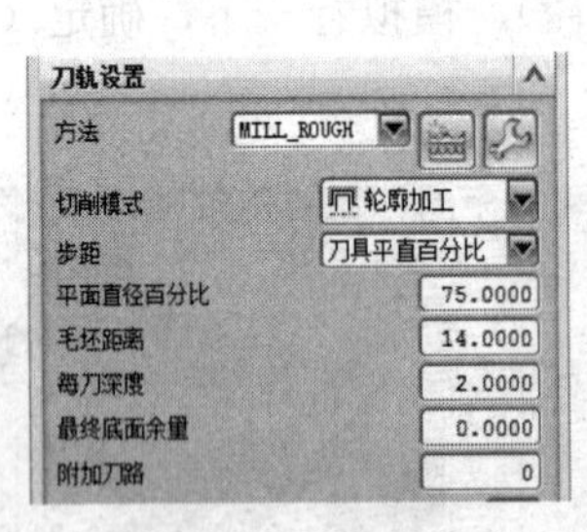

图 1.6.35 参数设置

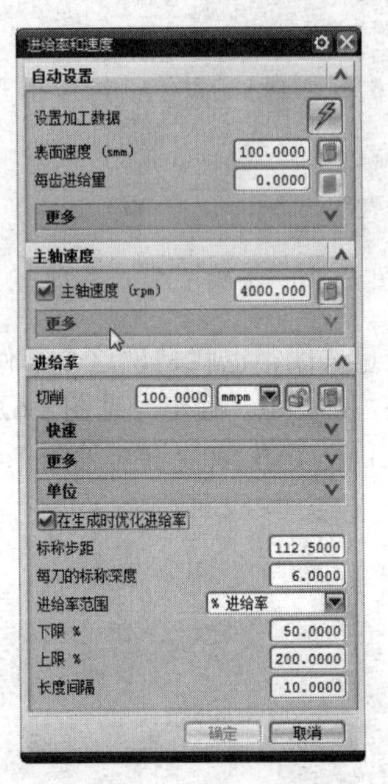

图 1.6.36 进给率和速度

进给率和速度在这里没有调整。作为精加工可以将这里调整为新的速度，比如说主轴转速变高，将表面的走刀速度变低，比如说 100，进给率也变低，比如 100（见图 1.6.36 进给率和速度）。

通过这些修改以后，可以用粗加工的加工方式直接进行精加工。要注意余量，用粗加工的方式去模拟精加工的时候，余量必须要全部设为 0。也就是说要保证精加工到位。再看一遍模拟的效果（见图 1.6.37 加工模拟），粗加工底面余量为 1，精加工没有留余量。同样在这里还是斜向下刀，每一刀深度为 2，直到加工到底面为止，这样也就是用粗加工的方式产生了精加工的刀路。

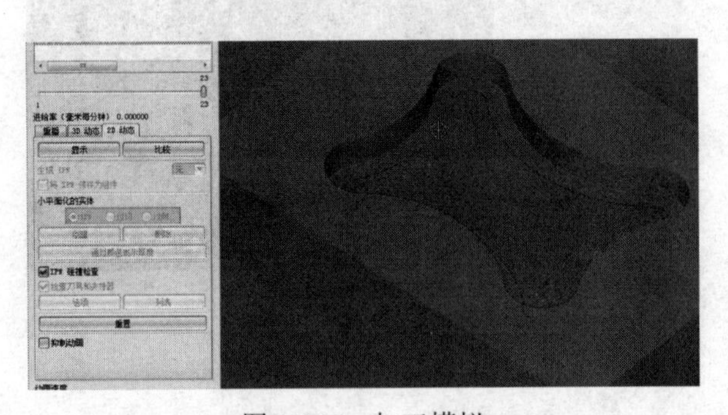

图 1.6.37 加工模拟

这一节的内容讲的主要是面铣的轮廓加工，从基本概念上了解轮廓加工的一些主要用途，主要是用于侧壁的加工或者用于边缘比较少的加工。另外一点比较重要的是，用于面铣的轮廓铣做侧壁的精加工操作，相应地要在精加工的参数里进行一些修改，比如加工余量都要设为 0，还有要调整主轴转速和走刀速度等。这些内容在以后讲型腔铣、平面铣、固定轴的轮廓铣的时候还会再一次碰到。

第七节　面铣加工实例 5——多槽零件

一、工艺分析

首先看一下零件图，零件图上由多个封闭槽和两个开放性的不规则的槽组成。槽的概念在 UG 里面并不提倡，UG 里面的概念是腔体或者型腔，作为这种形状在 UG 里面一般叫做腔体，槽的概念一般在 MASTERCAM 或者 PROE 等软件当中，或者在实际操作当中直接讲槽，不过在 UG 里面更多的会把它称之为型腔，作为一个腔体使用。本书对于这里的情况一般也不是很明显地区分出腔和槽的概念。还是按照实际加工当中的称呼来进行讲解。

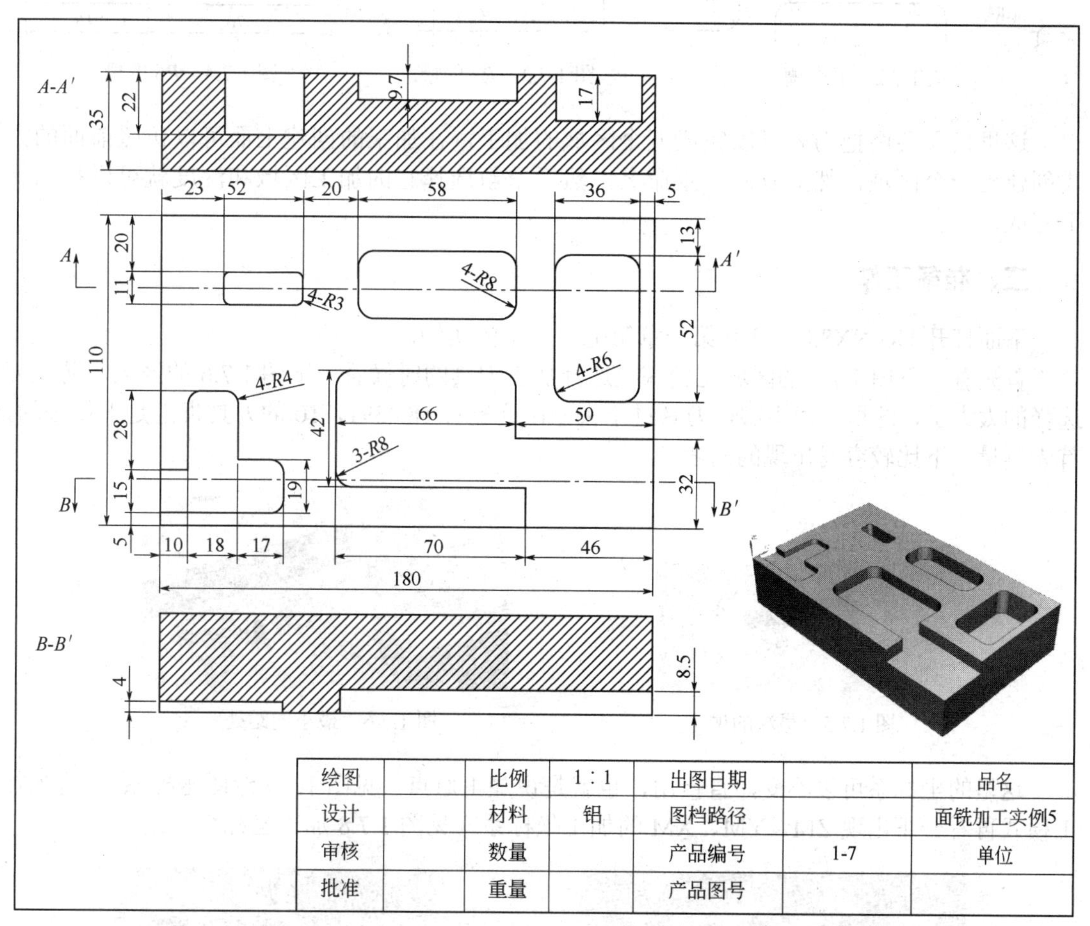

图 1.7.1　面铣加工实例 5

在这里首先看，总共有三个封闭的槽和两个开放的槽（见图 1.7.2 五个槽），这个概念在 UG 加工的时候选择的方式有两种，一种是绕着周边加工，另外一种就是绕着工件加工。很明显在这里沿着周边加工的情况比较好。看一下题目当中它出现的圆角半径的值都不同。有 *R*3、*R*4、*R*6 和 *R*8，要考虑到少换刀，保证加工精度的原因，在这里半径比较小的采用一把刀，比如说这里是 *R3* 的区域（见图 1.7.3 *R*3 的槽），它的直径就是ϕ6，在这里不能选用ϕ6 的刀，因为选用ϕ6 的刀在程序粗加工的时候在这边会有一个余量值，余量值不管是 0.5 还是 1，除去这个余量，ϕ6 的刀就进不去了，在这里选用ϕ5 的刀加工这个区域和下面的区域。在这里同样最小的区域是 *R*6（见图 1.7.4 *R*6 的槽)，在这里不能选择ϕ12 的刀，否则去掉加工余量进不去，在这里选择的是ϕ10 的刀具，加工这一个、两个、三个区域。

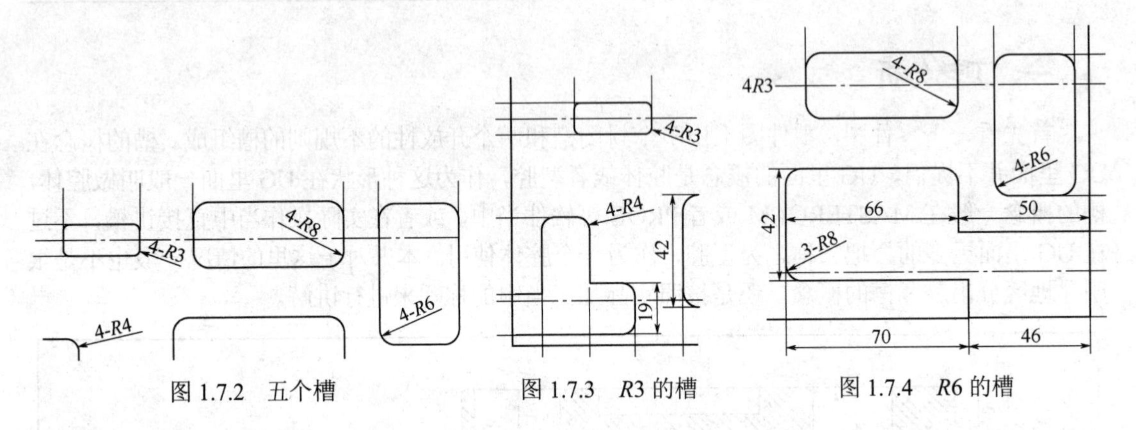

图 1.7.2　五个槽　　图 1.7.3　*R*3 的槽　　图 1.7.4　*R*6 的槽

这里只需要两把刀就可以完成五个区域的加工，在加工的创建上面可以仿照前面的方式创建出一个区域，然后复制，重命名，然后重新选择它的加工区域和深度就可以把它加工完成。

二、准备工作

下面打开 UG NX8.0。打开第一章第七节加工的实例。

首先看一下图 1.7.5 的区域比较深在选择加工刀具的时候看一下图 1.7.6 的区域。防止刀选择的太大了，这里距离不够，刀具过不去，在这里看 18.4391，10 的刀具肯定是下得去的，首先测量一下比较容易出现的问题。

图 1.7.5　最深的槽

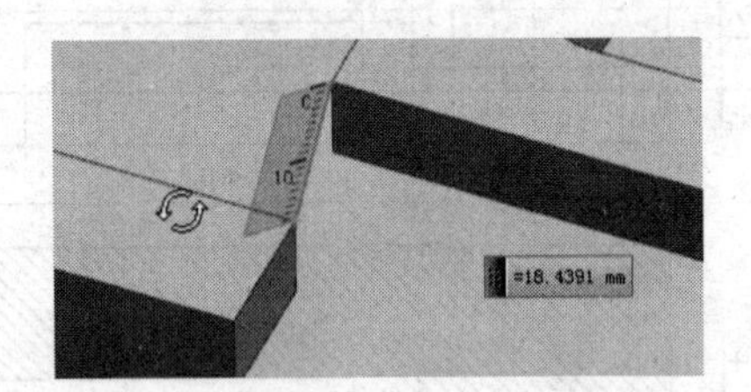

图 1.7.6　最小间距处

这里的坐标系可以不变，直接用，也就是说加工原点（见图 1.7.7 绘图坐标系），进入加工模式再看一下出现 ZM、YM、XM 的加工坐标系（见图 1.7.8 加工坐标系）。

图 1.7.7　绘图坐标系

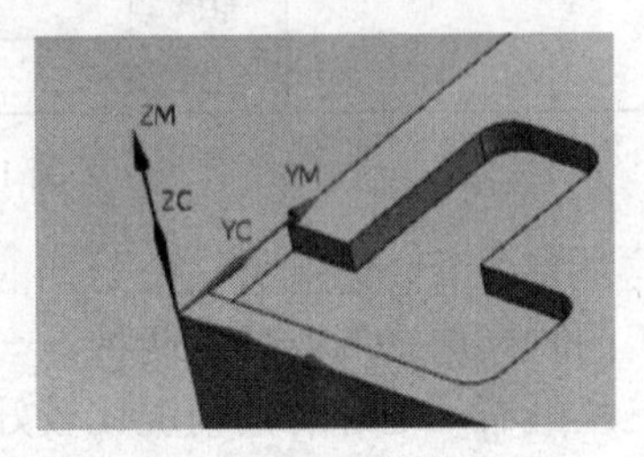

图 1.7.8　加工坐标系

1. 创建刀具

加工环境，通用的平面，确定。机床视图，刚才说了创建两把刀具，一把直径为 5 的，一把是直径为 10 的。创建刀具，刀具为 5 的命名为 D5，确定。直径选择为 5，刀具号为 1，确定（见图 1.7.9 创建刀具）。旋转看一下圆角半径可以下得去了，确定（见图 1.7.10 比较半径大小）。

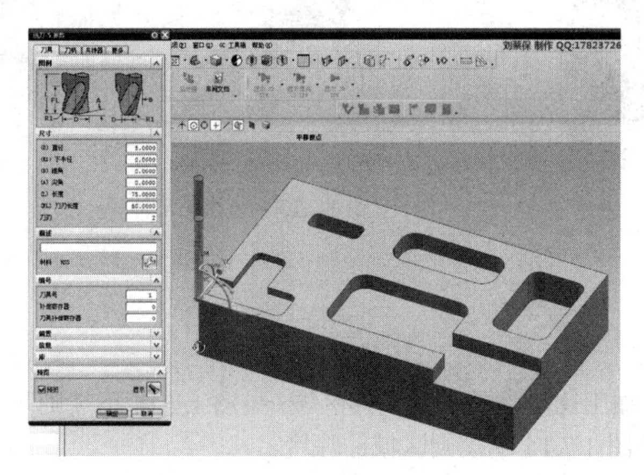

图 1.7.9　创建刀具

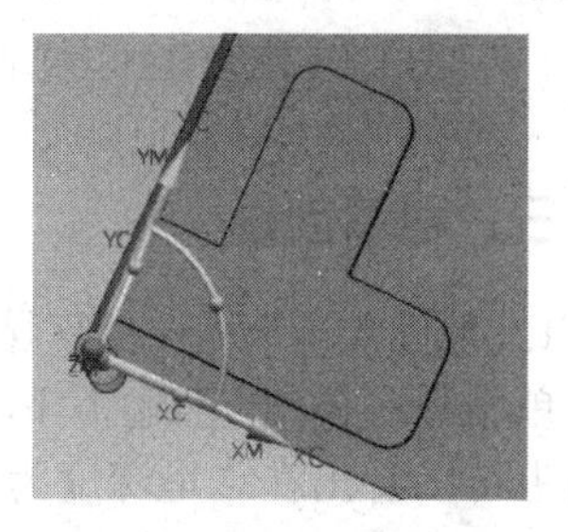

图 1.7.10　比较半径大小

再创建一把直径为 10 的刀具，D10，确定。直径改成 10，这里的刀具号改成 2 号刀，确定（见图 1.7.11 创建第二把刀具）。旋转看一下，如果刀具在加工的时候觉得偏大，那在这里也可以重新再设置一把刀具来进行加工。设置完毕后设置毛坯。

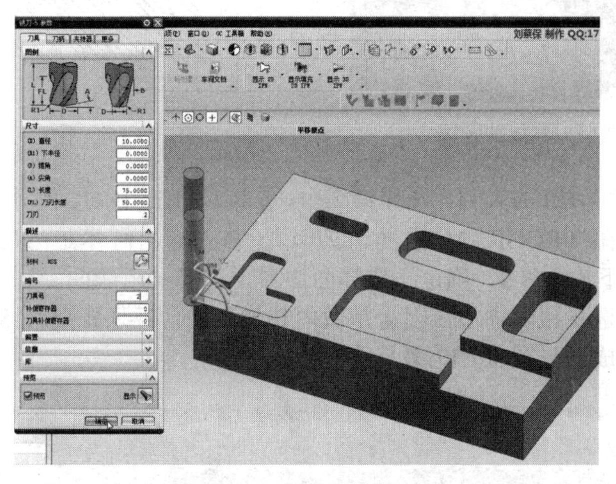

图 1.7.11　创建第二把刀具

2. 创建毛坯

单击几何视图，打开 MCS-MILL，双击一下，将它的安全距离设置得小一点，也就是抬刀的距离小一点，设为 2，确定。双击 WORKPIECE，指定部件，选择物体，确定（见图 1.7.12）。指定毛坯，单击制定毛坯的按钮，选择包容块，最小化地包括它，依次确定（见图 1.7.13），前期工作就差不多做完了。

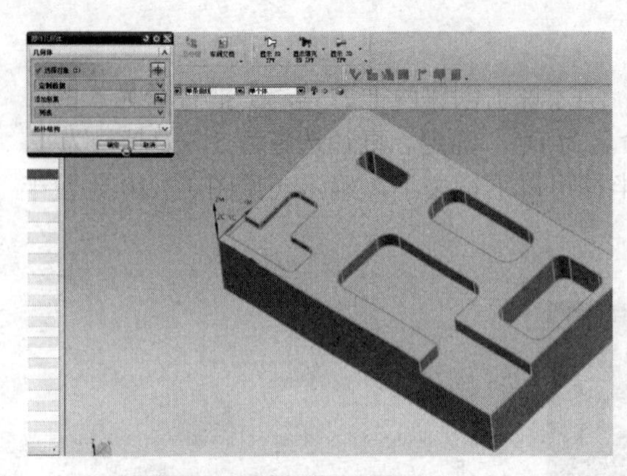

图 1.7.12 选择加工部件

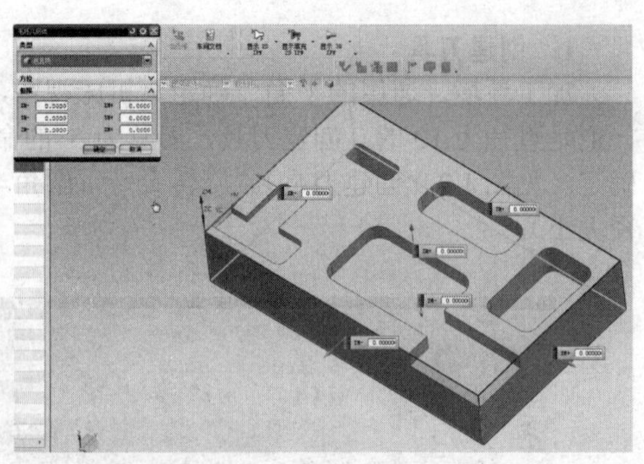

图 1.7.13 选择几何体

三、程序创建

1. 加工深度为 8.5 的区域

单击程序视图，创建工序，首先要加工比较大的不规则的区域（见图 1.7.14 不规则区域），从图上可以看出在这里深度为 8.5（见图 1.7.15 不规则区域的深度）。

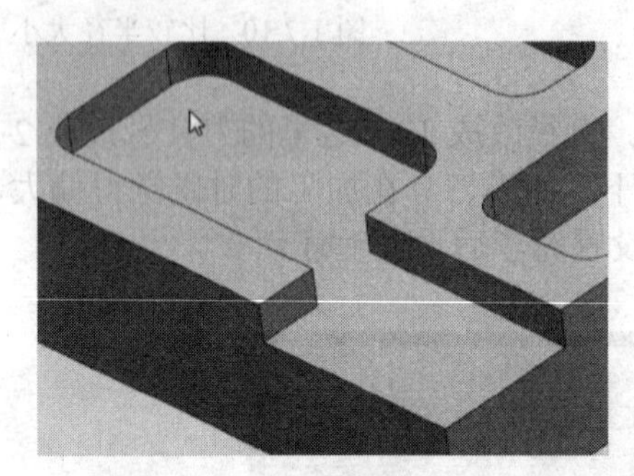

图 1.7.14 不规则区域

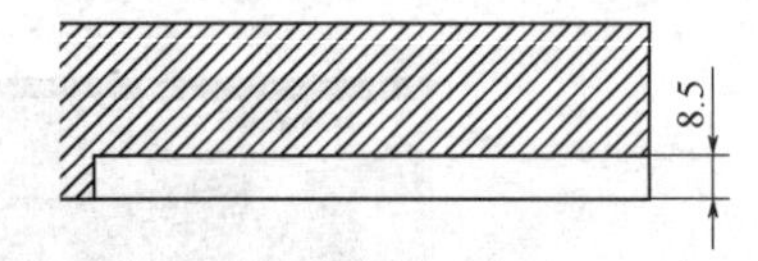

图 1.7.15 不规则区域的深度

这里用的是直径为 10 的大刀，选择第二个，FACE MILLING，刚才忘记选择，参数仍然是这些参数，程序在 PROGRAM 里面，刀具是 D10，几何体是 WORKPIECE，方法是 MILL-ROUGH，底下输入 8.5，确定。选择面边界，选择一下底面，确定（见图 1.7.16 选择加工面）。然后这里选择跟随周边，因为是做内部加工的，毛坯距离为 8.5，每刀深度为 2，底面余量为 0.5，生成（见图 1.7.17 刀具路径）。

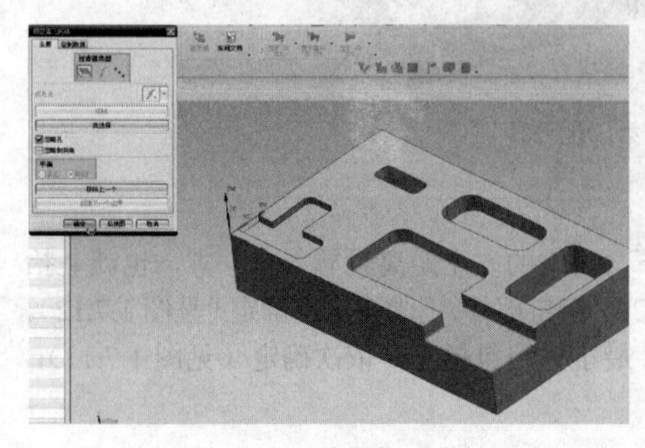

图 1.7.16 选择加工面

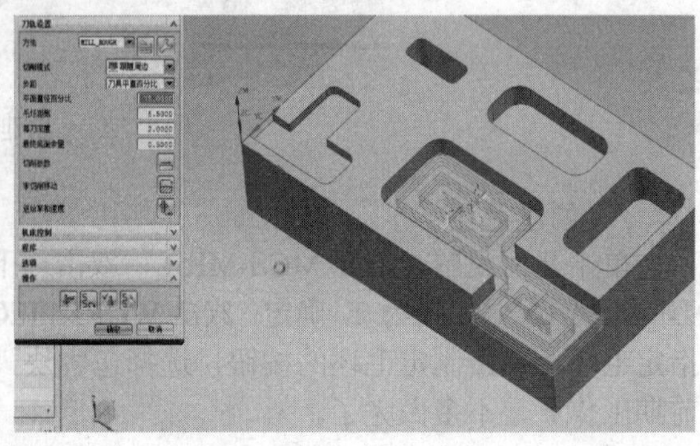

图 1.7.17 刀具路径

由于选择的是跟随周边进行内部加工，系统默认给它做一个斜降的下刀走刀（见图 1.7.18 斜降下刀），也就是说刀具先斜向地走过来，而不是直接往下加工，确定。

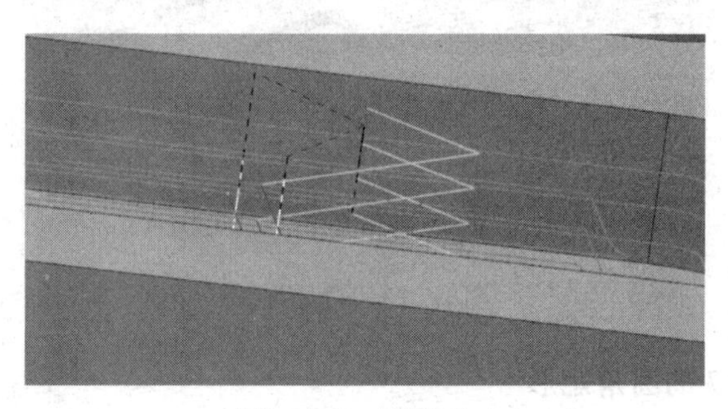

图 1.7.18　斜降下刀

2. 加工深度为 17 的圆角矩形槽

下面要进行复制的创建。先做这里 17 的区域（见图 1.7.19 深 17 的槽），右击，复制 5，右击，粘贴，右击，改个名字，重命名 17，然后双击进去（见图 1.7.20 复制并且重命名）。

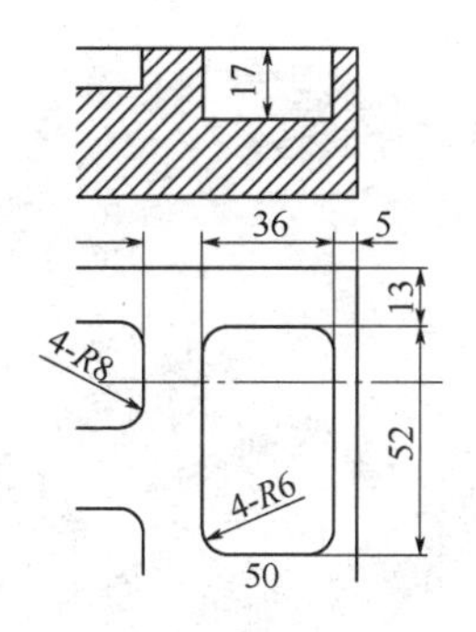

图 1.7.19　深 17 的槽

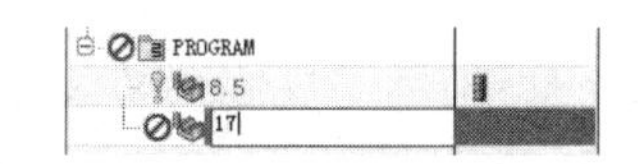

图 1.7.20　复制并且重命名

指定面的边界，当单击进来后出现原来的路径，不管它，全部重选，确定（见图 1.7.21 全部重选），附加，面边界，点一下底面，依次确定（见图 1.7.22 选择加工面）。在这里修改毛坯距离就可以，改为 17，其他的都不要变，复制了其他的属性生成，生成完毕，确定（见图 1.7.23 刀具路径）。

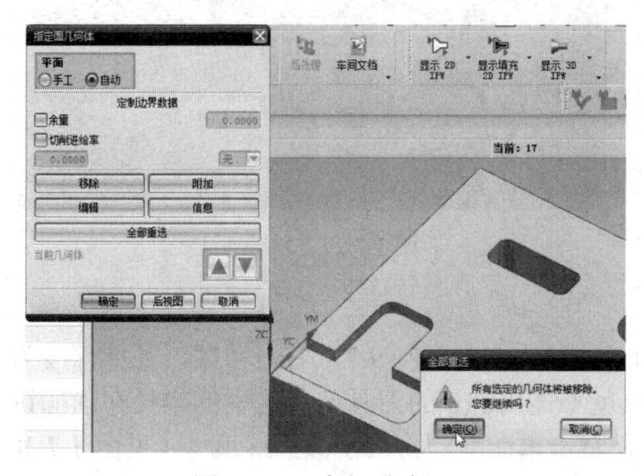

图 1.7.21　全部重选

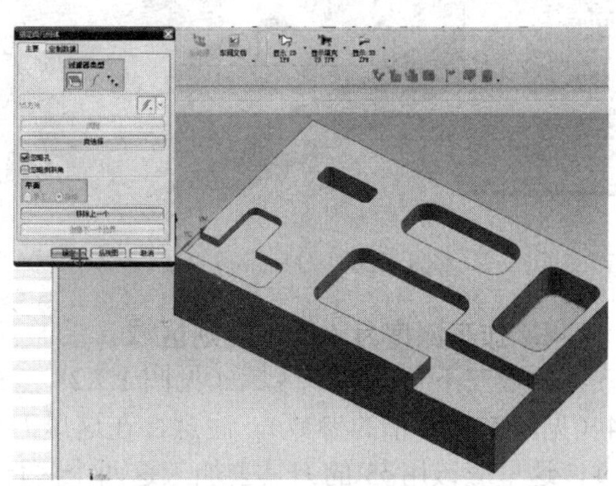

图 1.7.22　选择加工面

图 1.7.23 刀具路径

3. 加工深度为 9.7 的圆角矩形

复制 17，再粘贴，右击重命名 9.7，双击（见图 1.7.24 复制并且重命名）。

指定面边界，全部重选，把它去掉，确定，附加，默认值面边界，依次确定（见图 1.7.25 选择加工面）。毛坯距离改为 9.7，生成（见图 1.7.26 刀具路径）。现在可以看出在前面改变重命名的时候，命名深度有一个好处，也就是说在这里不用反复调回工件图上面去查看，只需跟这个名字一样就可以，生成。从这里看也是比较明显的，它是属于斜降下刀的一种，确定（见图 1.7.27 斜降下刀）。

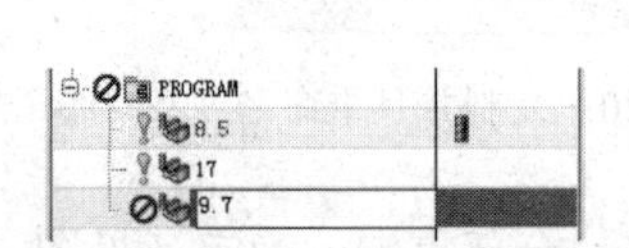

图 1.7.24 复制并且重命名

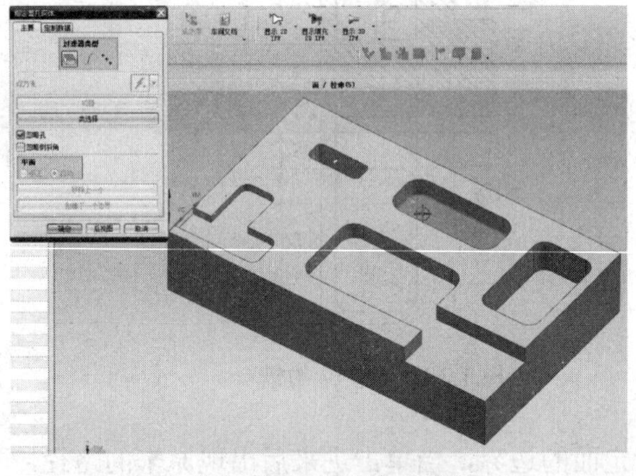

图 1.7.25 选择加工面

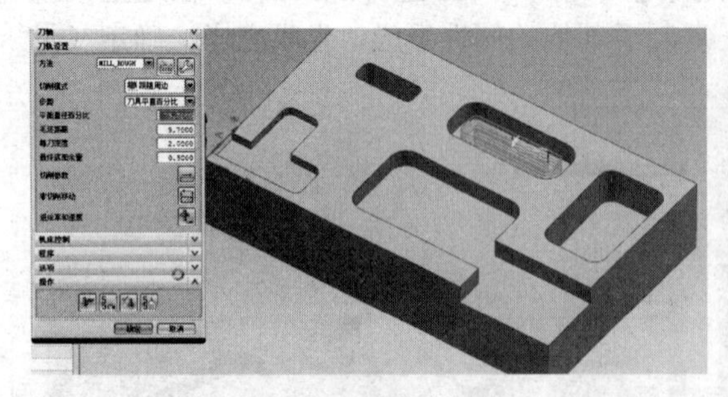

图 1.7.26 刀具路径

图 1.7.27 斜降下刀

4. 加工深度为 4 的不规则区域

再做左下角槽这个区域（见图 1.7.28 左下角槽），右击复制 9.7，右击粘贴，区域深度为 4（见图 1.7.29 槽的参数），注意，在这里刀具就不能用$\phi 10$的刀具，看这里的半径在前面讲过，这里应该用$\phi 5$的刀具去加工这两个区域，右击重命名，将名字改为深度 4（见图 1.7.30 复制并且重命名）。

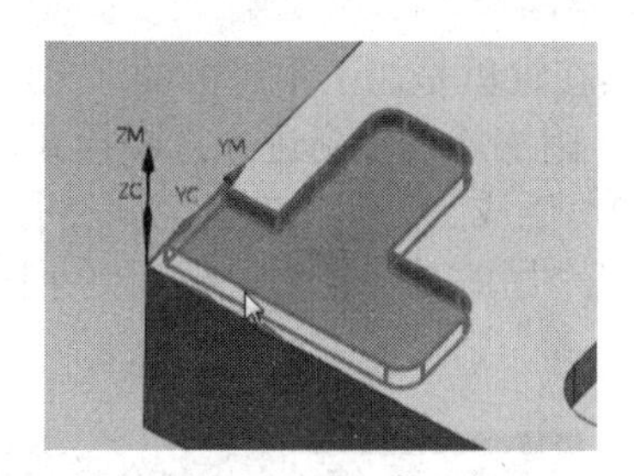

图 1.7.28　左下角槽

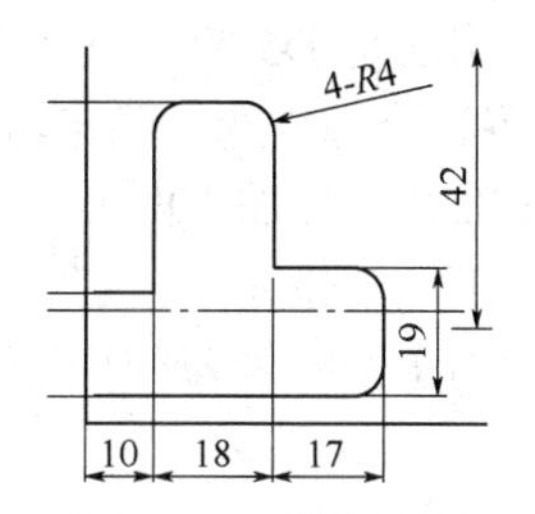

图 1.7.29　槽的参数

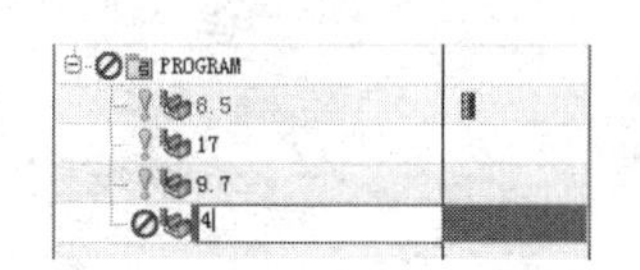

图 1.7.30　复制并且重命名

图 1.7.31　重新选择刀具

双击进去以后，首先其他不变，在刀具里面先重新选择一下$\phi5$的刀具（见图 1.7.31 重新选择刀具），然后重新指定边界，上一次的，全部重选，确定删除，附加，单击这里，依次确定（见图 1.7.32 选择加工面）。改一下深度即可，生成（见图 1.7.33 刀具路径）。在这里看加工了两层（见图 1.7.34 放大观察），也就是说毛坯距离为 4，每刀深度为 2，留个余量为 0.5，也就是说加工的深度分别是 2mm 和 1.5mm，最后留 0.5 是作为精加工的余量，确定。

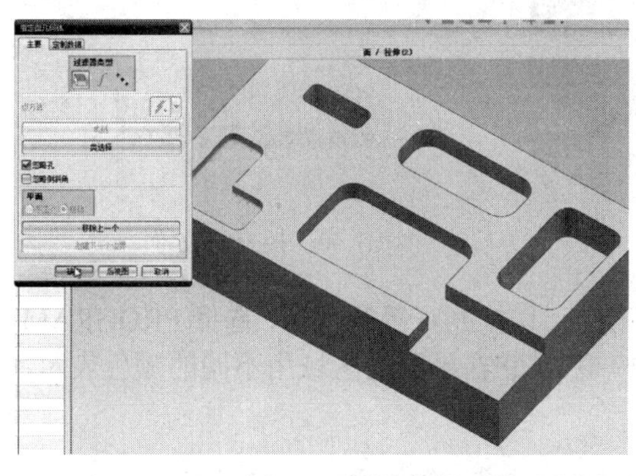

图 1.7.32　选择加工面

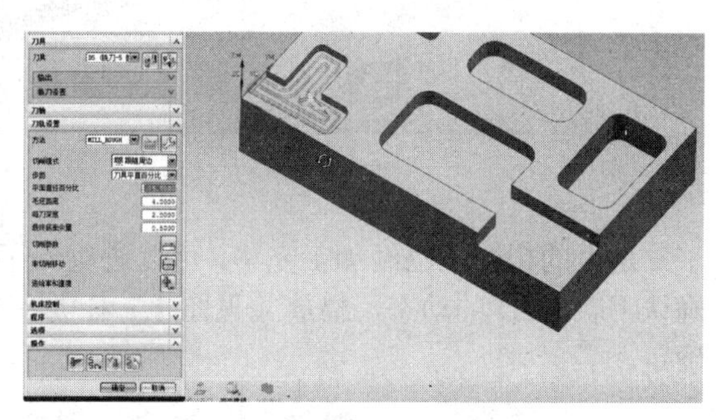

图 1.7.33　刀具路径

5．加工深度为 22 的圆角矩形区域

还剩下最后一个区域，深度为 22 的区域，4-*R*3（见图 1.7.35 深 22 的槽），先看一下刀具能不能加工进去，右击复制 4，右击粘贴，右击重命名为 22，双击（见图 1.7.36 复制并且重命名）。

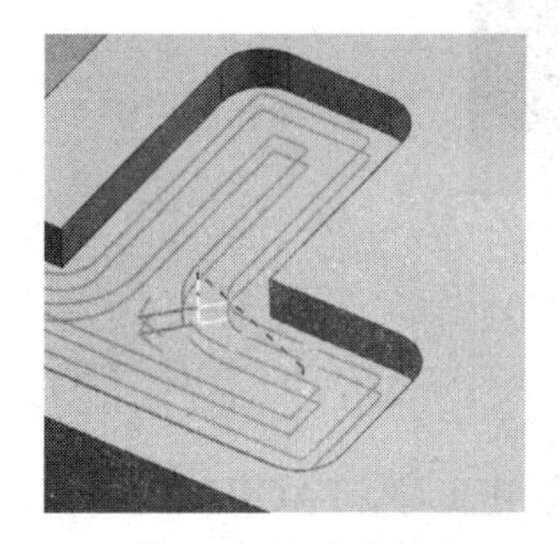

图 1.7.34　放大观察

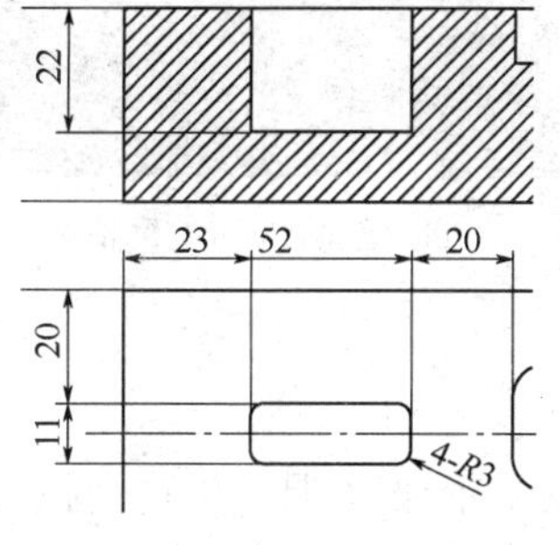

图 1.7.35　深 22 的槽

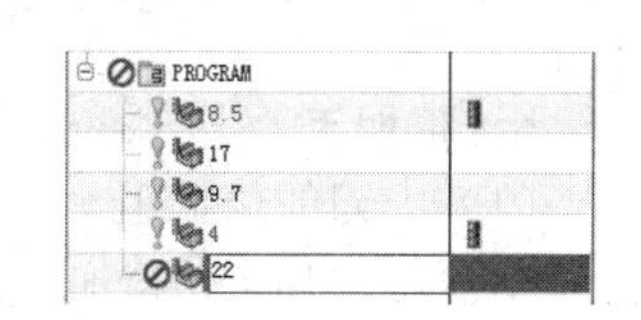

图 1.7.36　复制并且重命名

看刀具，采用的是 D5 的刀具，D10 的刀具在这里是加工不进去的（见图 1.7.37 确认刀具）。指定面边界，全部重选，确定，附加一下，附加就是重新进入选择模式，单击底面，依次确定（见图 1.7.38 选择加工面）。选择深度 22，生成（见图 1.7.39 刀具路径），这样刀具也能生成进去，粗加工就做完了。也就是说前面三个用的是一把刀，然后到小圆角处换了另外一把小刀具（见图 1.7.40 换刀的位置）。

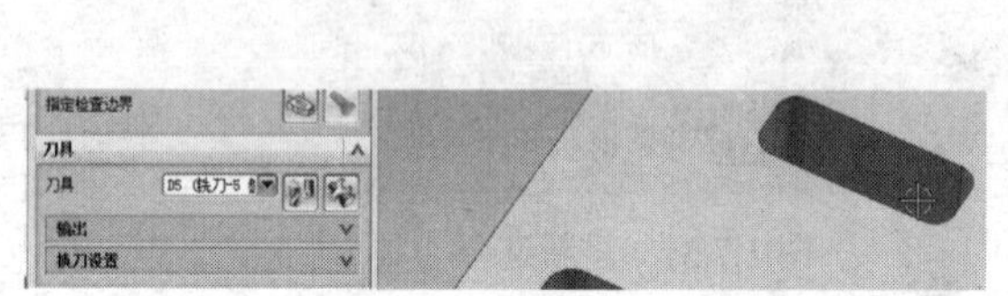

图 1.7.37 确认刀具

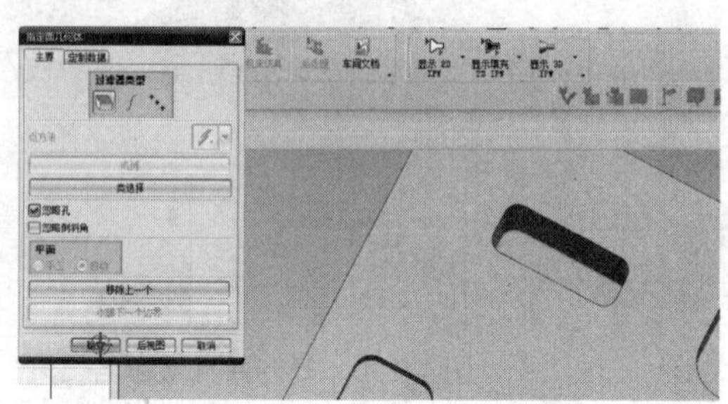

图 1.7.38 选择加工面

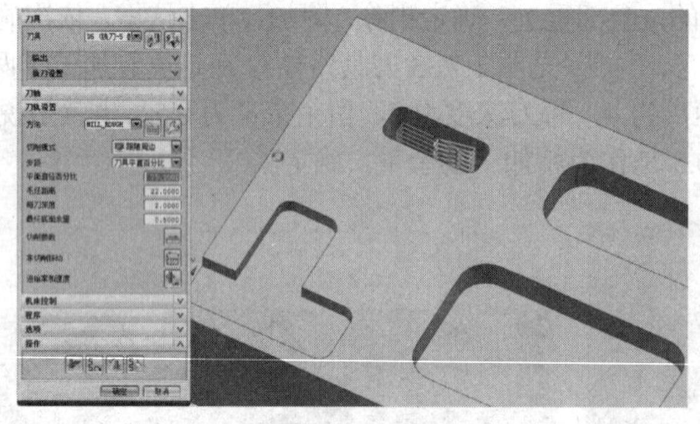

图 1.7.39 刀具路径

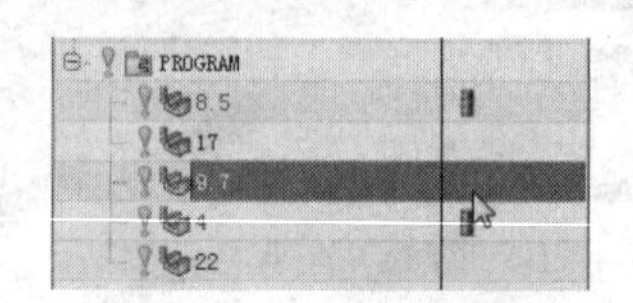

图 1.7.40 换刀的位置

这里的粗加工已经加工完毕，可以进行一下模拟。切换回正等测视图，选择 PROGRAM，确认刀轨，2D 的动态，播放（见图 1.7.41 加工模拟），它在不同的区域用不同的颜色表示，确定。

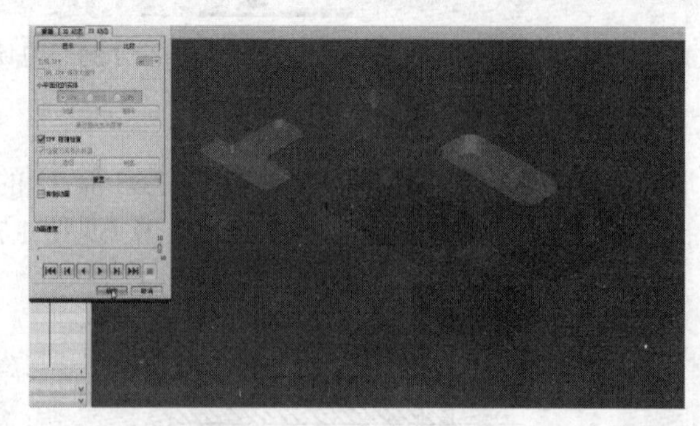

图 1.7.41 加工模拟

6. 精加工

（1）大刀的精加工

下面做精加工，精加工仍然是用两把刀具，用这两把刀具。创建工序，FACE MILLING，10 的刀具，ROUGH 改掉，改为 FINISH，名称改为 JING1，确定（见图 1.7.42）。

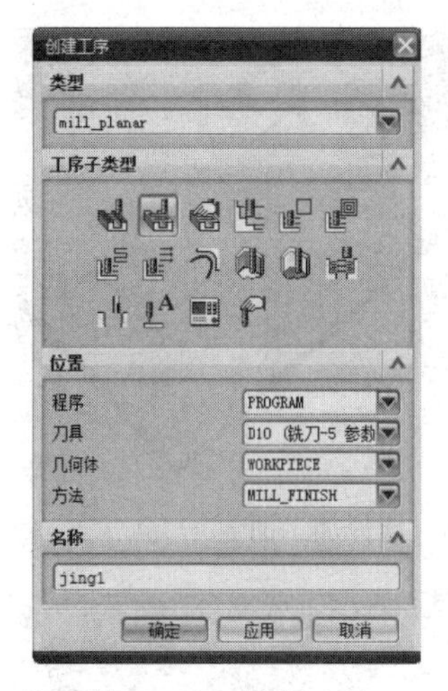

图 1.7.42 创建工序

图 1.7.43 选择加工面

选择面边界，三个大圆角的矩形的边界（见图 1.7.43 选择加工面），将毛坯深度的值先改为 0，还是跟随周边，改为 0 以后也就是说只让它加工到位，打开切削参数看一下余量为零可以了，确定（见图 1.7.44 余量设置）。直接生成一步刀路（见图 1.7.45 刀具路径），它生成的刀路是加工最终的余量，看这里是沿着底面显示的（见图 1.7.46 沿底面的路径）。

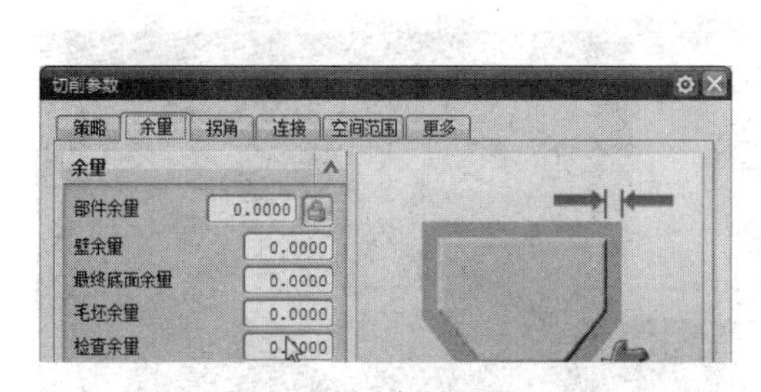

图 1.7.44 余量设置

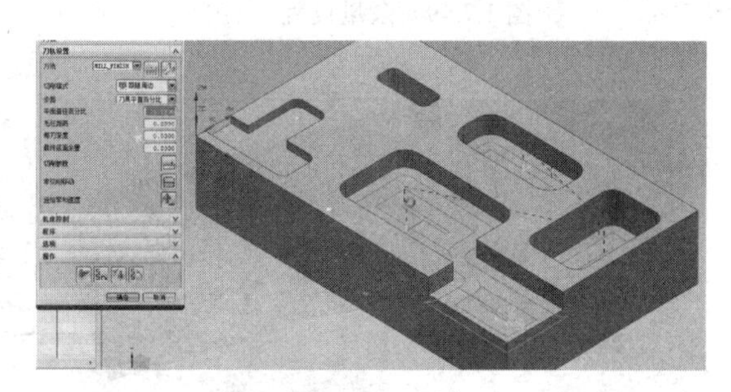

图 1.7.45 刀具路径

图 1.7.46 沿底面的路径

（2）小刀的精加工

下面做精加工（见图 1.7.47 小刀区域的精加工），在这里可以直接进行创建，比复制的时候稍微省事一点。创建工序，一样的改为 D5，名字改成 JING2，确定。

选择面边界，一个面，两个面，依次确定（见图 1.7.48 选择加工面），毛坯距离还是将这边改为 0，选择跟随周边，看一下余量都为零（见图 1.7.49 余量设置），没有问题的话，确定，生成（见图 1.7.50 刀具路径）。

由于这里的深度比较深，刀具按照斜降下刀，没有一刀深入，它就采用了折回的方法（见图 1.7.51 斜降下刀），这就是进行一个精加工的步骤，可以看一下模拟的效果。右击，正二等测，选中，确认刀轨，2D 动态，速度稍微放慢一点，播放（见图 1.7.52 加工模拟）。

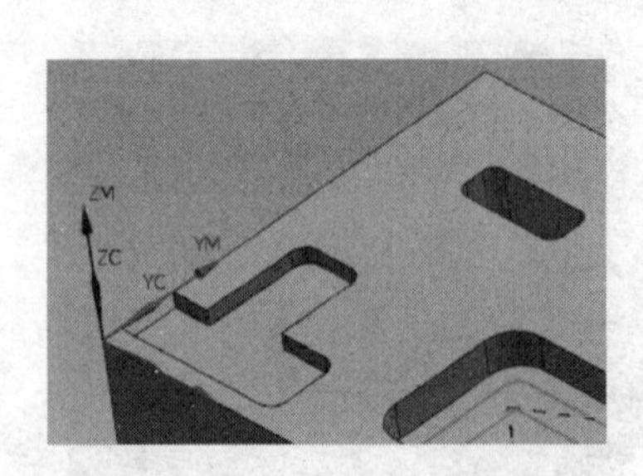

图 1.7.47 小刀区域的精加工

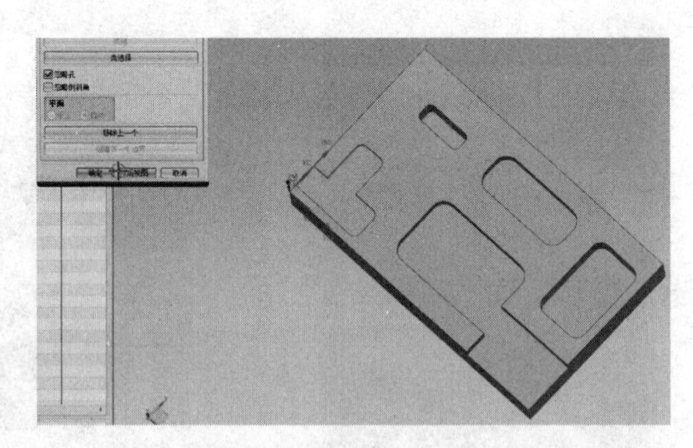

图 1.7.48 选择加工面

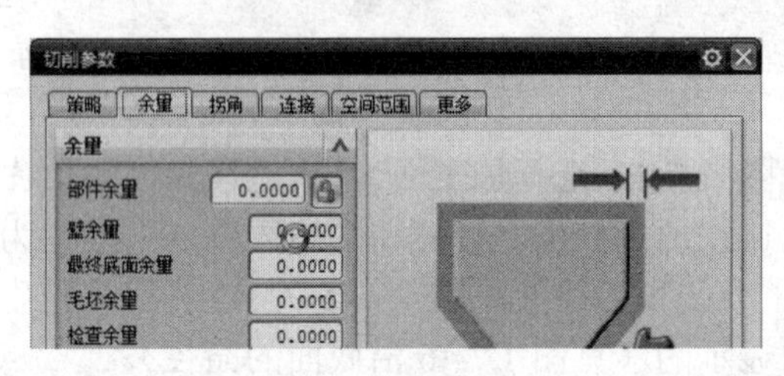

图 1.7.49 余量设置

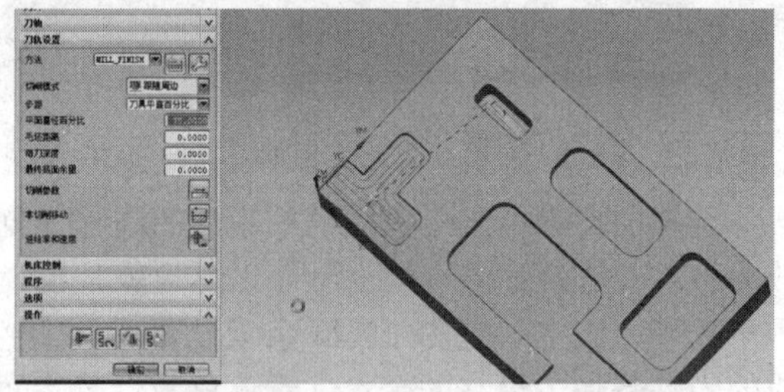

图 1.7.50 刀具路径

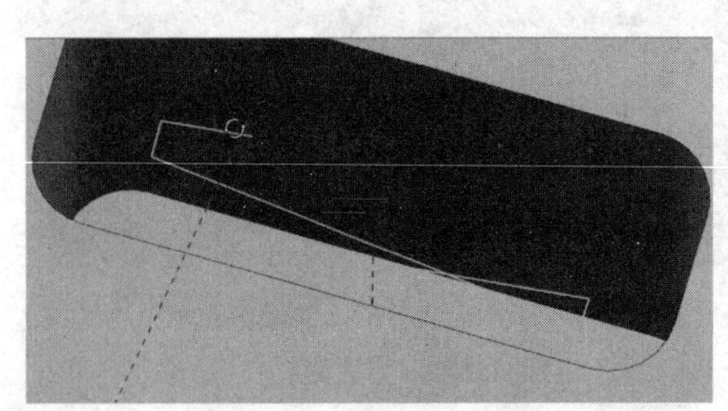

图 1.7.51 斜降下刀

图 1.7.52 加工模拟

四、经验总结

小圆角区域加工到位了。这个题目主要讲的是当图形当中出现了不同的 *R* 角半径的时候应该怎么做（见图 1.7.53 圆角的加工效果），在保证加工精度的情况下，尽量将半径值相近的区域合并到一起去加工，这样可以减少换刀次数，因为每换一次刀误差就会变大，在题目当中还是要注意在 UG 里面对于这种图形的称呼，其他的书或者教材可能直接将它叫做腔体，以后要认识到腔体和槽的概念。

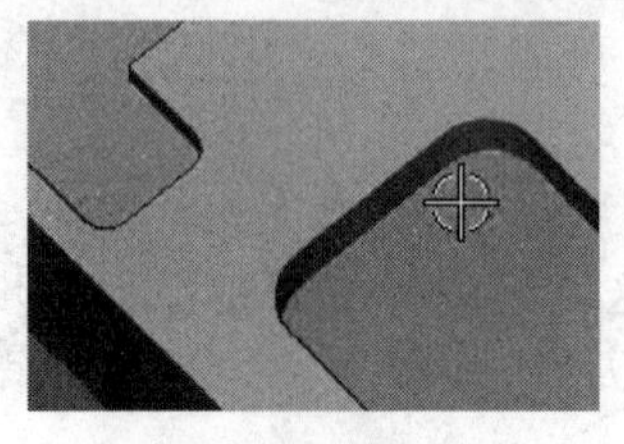

图 1.7.53 圆角的加工效果

第八节　面铣加工实例 6——小圆角加工

一、工艺分析

见图 1.8.1 面铣的加工实例 6，这一节讲解在加工的时候如果是遇到小圆角该怎样加工。首先打开工件图。从工件图可以看到目前整个深度为 12，形状比较简单，就是在加工的时候会出现一个 *R*2 的小圆角区域，放大图上这里也有个 *R* 的区域（见图 1.8.2 右侧的 *R*2 圆角）。

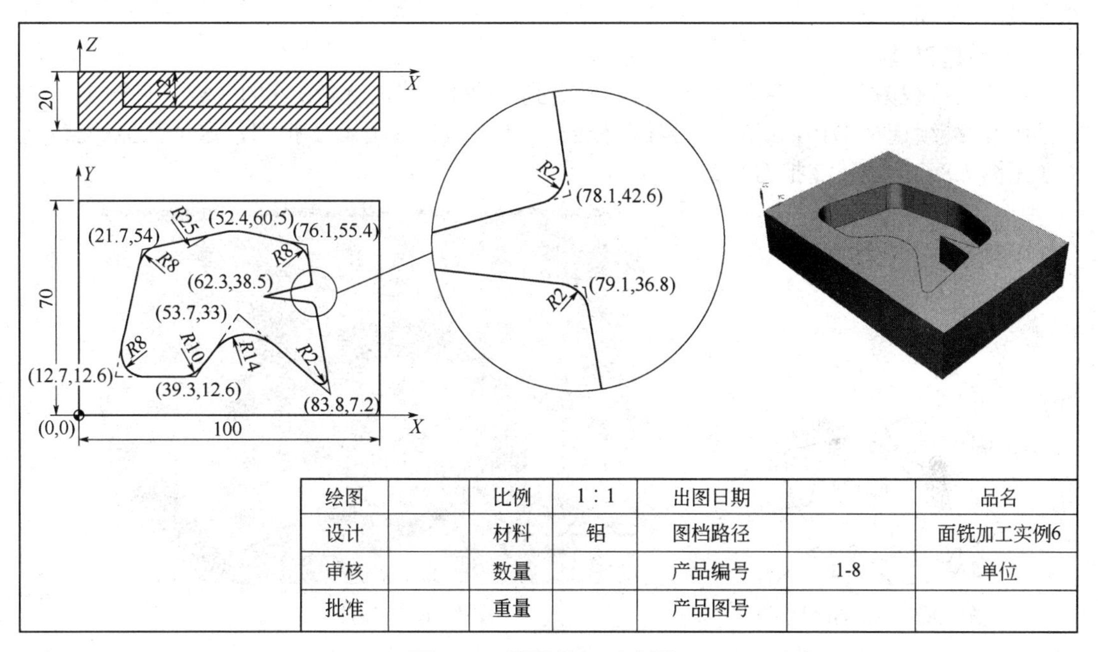

图 1.8.1　面铣的加工实例 6

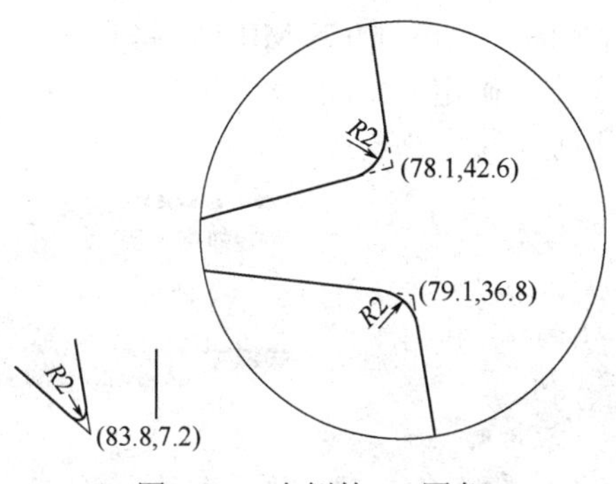

图 1.8.2　右侧的 *R*2 圆角

首先应该看一下本图当中应该如何加工。如果光考虑到这里的区域采用 *R*8（见图 1.8.3 *R*8 的圆角），可以采用ϕ15 或者ϕ14 的刀具加工的话，*R*2 可能加工不到。如果是一刀采用 *R*2 就是直径为 4，如果采用ϕ3 的刀具的话，路径可能过长。图 1.8.4 是加工原点。

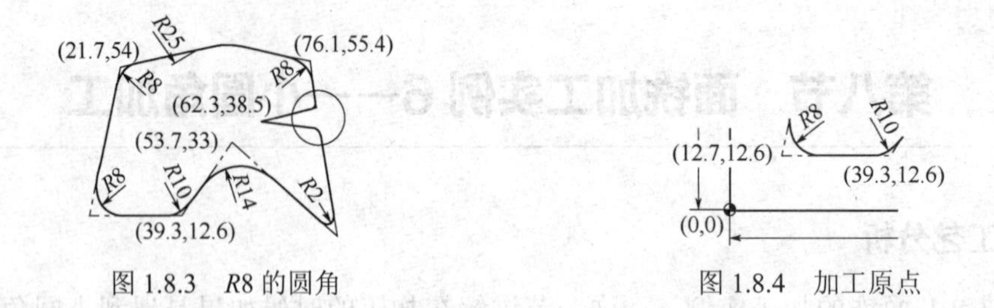

图 1.8.3 *R*8 的圆角　　图 1.8.4 加工原点

二、准备工作

打开UG NX8.0，打开第一章，第八节面铣加工的实例6。首先进入加工环境，选择GENERAL，PLANER，确定。

1. 创建刀具

打开机床视图，创建刀具，如果只是考虑到 *R*8 的区域也就是ϕ16 的区域（见图 1.8.5 *R*8 的区域），继续选择 D10，确定，刀具直径输入 10，刀具号用第 2 把刀，这里其他的就不管了（见图 1.8.6 创建第 2 把刀具）。

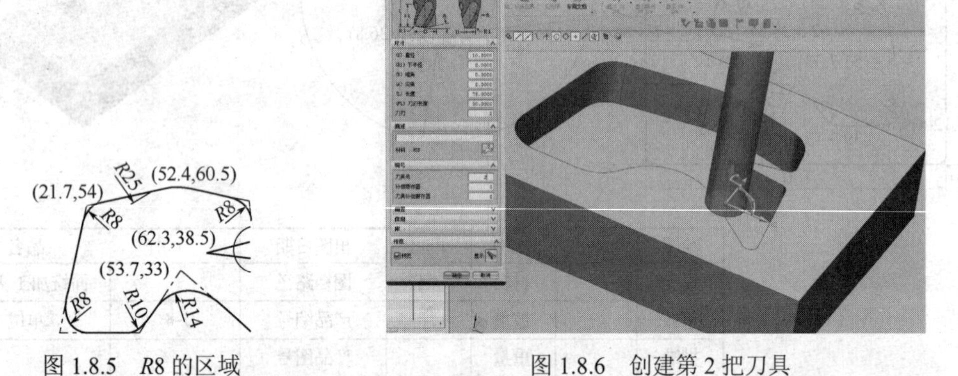

图 1.8.5 *R*8 的区域　　图 1.8.6 创建第 2 把刀具

2. 创建毛坯

然后创建几何体，几何视图，双击 MCS-MILL，将它的安全平面改为 2，确定。双击 WORKPIECE，指定部件，单击，确定（见图 1.8.7 选择加工部件）。指定毛坯，选择包容块，依次确定（见图 1.8.8 选择几何体）。

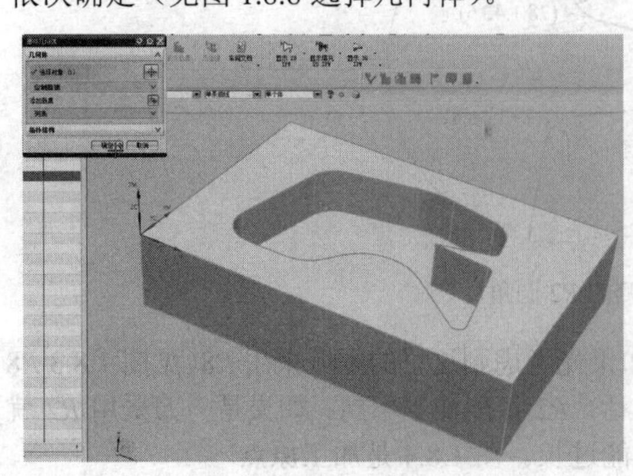

图 1.8.7 选择加工部件

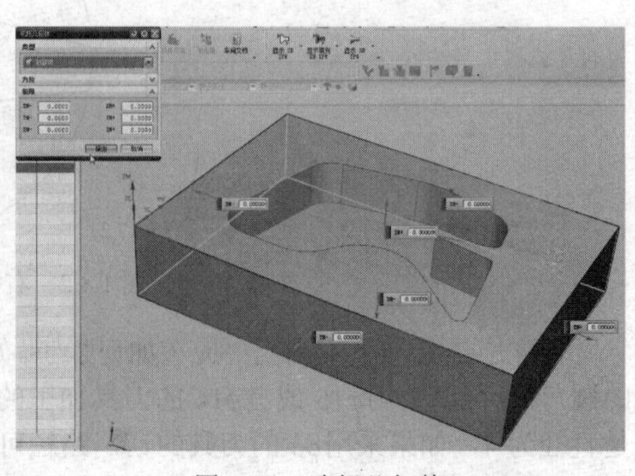

图 1.8.8 选择几何体

三、程序的试加工

1．仅用ϕ10 的刀具进行试加工

打开程序视图，创建工序，直接单击 FACE MILLING，程序选择 PROGRAM，选择刀具，一把刀 D10，几何体 WORKPIECE，方法 ROUGH，FACE-MILLING，这个值可以不改，确定（见图 1.8.9 创建工序）。

图 1.8.9　创建工序

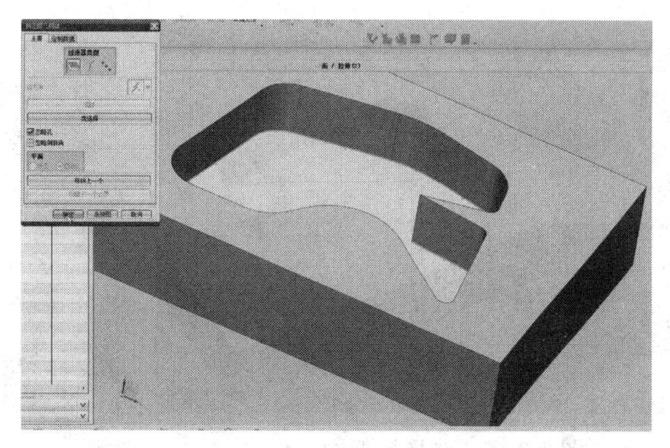

图 1.8.10　选择加工面

选择面边界，选择面，确定（见图 1.8.10 选择加工面）。跟随周边，这里的深度依然为 12，每刀深度为 2，余量 0.5 或者 0.6 都可以，选择 0.5，确定，生成（见图 1.8.11 刀具路径）。

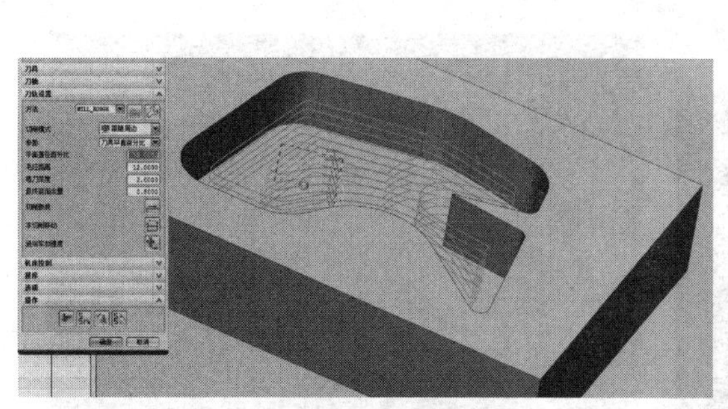

图 1.8.11　刀具路径

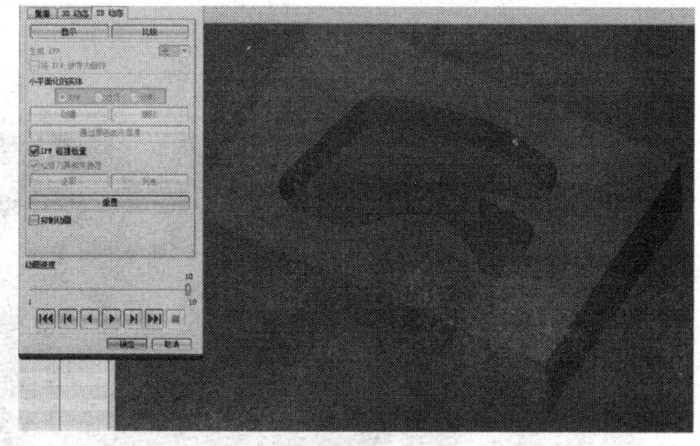

图 1.8.12　加工模拟

看这里中间的区域，模拟一下（见图 1.8.12 加工模拟），也就是说通过模拟可以看得出来这里的值并不是图中所需求的 $R2$ 的值（见图 1.8.13 $R2$ 区域的模拟效果），也就是说用单独的一把刀无法进行生成，将程序删除。

2．仅用ϕ3 的刀具进行试加工

采用一把小刀对底面进行加工，这里半径为 $R2$（见图 1.8.14 $R2$ 的区域），也就是说这三个圆角半径都为 $R2$，那就是ϕ4，选择ϕ3 或者ϕ3.5 的刀具进行加工。

机床视图，再次创建一把刀具，D3 的刀具，确定，ϕ3，也就是说半径 1.5，直径 3，刀具号为 3 的刀具，确定。单击程序视图，创建工序，还是 FACE MILLING，这里选择 D3，在这里其他参数不变，直接确定。选择面边界，选择底面（见图 1.8.15 选择加工面）

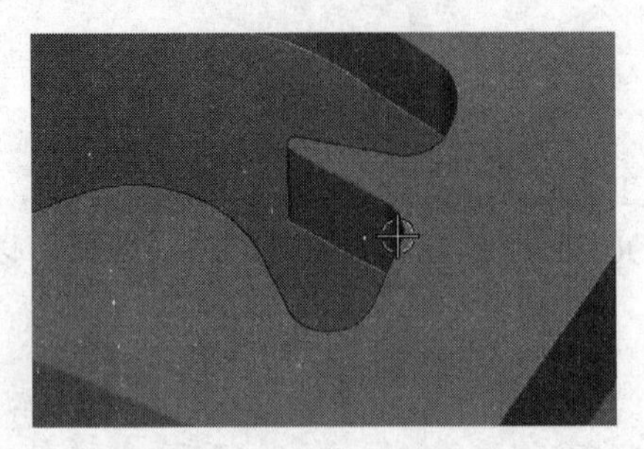

图 1.8.13 *R*2 区域的模拟效果

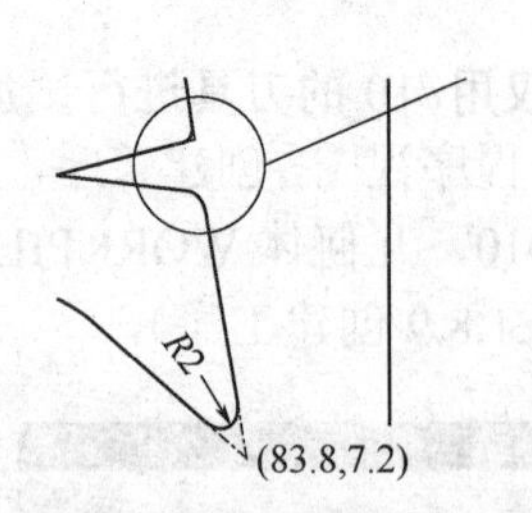

图 1.8.14 *R*2 的区域

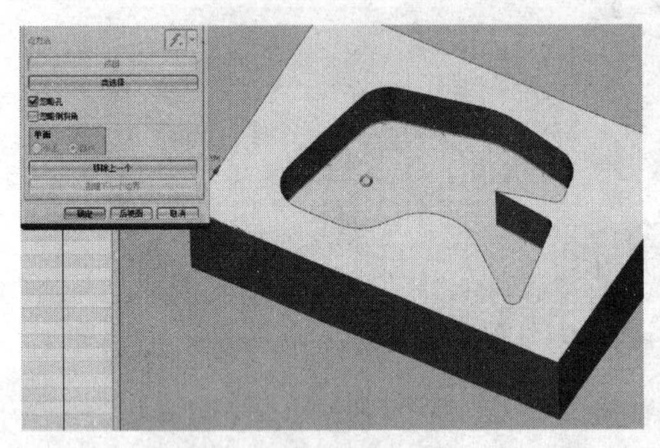

图 1.8.15 选择加工面

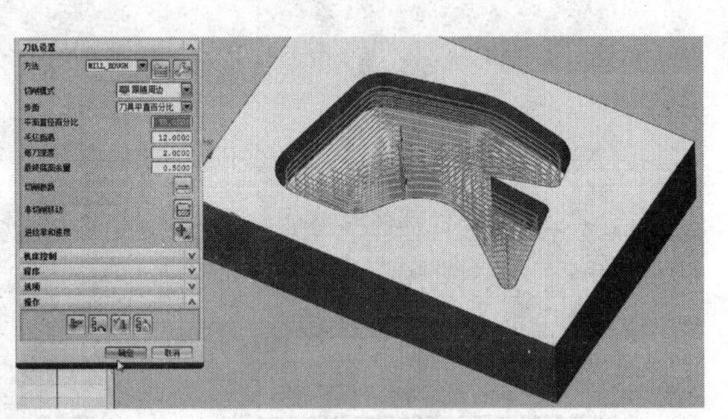

图 1.8.16 刀具路径

跟随周边，深度为 12，每刀深度为 2，最终底面余量为 0.5，确定（见图 1.8.16 刀具路径），直接看一下它模拟出来的效果，点回程序视图，选择 PROGRAM，确认，2D 动态（见图 1.8.17 加工模拟）。

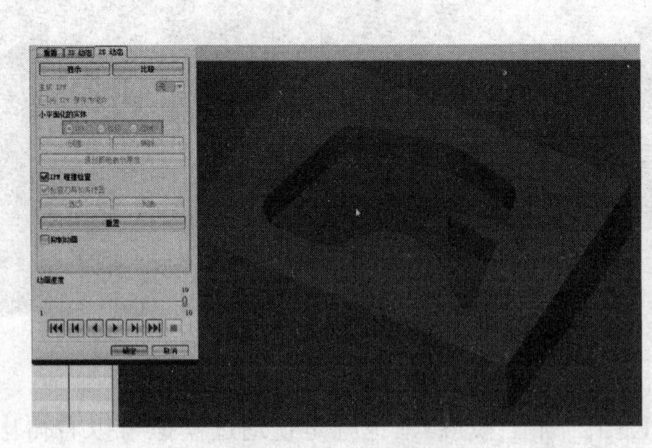

图 1.8.17 加工模拟

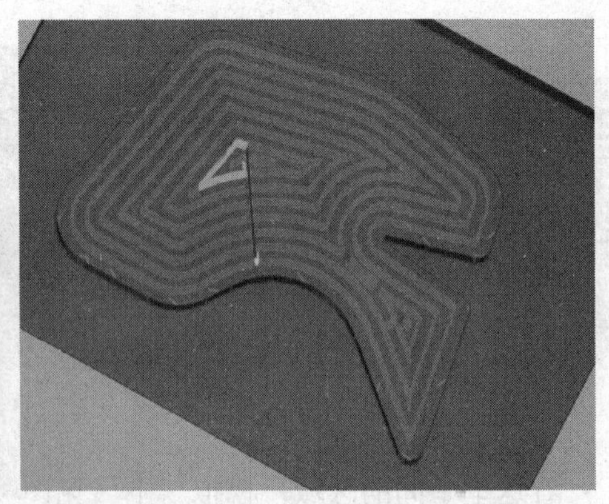

图 1.8.18 刀路查看

虽然可以把它的区域加工出来，但是很明显加工出来的刀路会非常多（见图 1.8.18 刀路查看），为了保证最小的区域选择一把小刀在大区域的时候走刀会比较多，加工的时间浪费比较多。如果说加工一件工件浪费的时间有 10min 的话，如果是 10 个，上百个多出来的时间就十分可观了，在这里有必要换一种思路去考虑一下，在加工的时候小区域用大刀加工不了，用大区域加工一部分配合小区域剩余的部分应该可以。切换到机床视图，将多余的创建过的工序删除，然后将多余的刀具删除。

四、真正的加工

1．重新进行工艺分析

准备重新开始。由图中可以得知（见图 1.8.19 完整的图形观察），大的区域圆角半径为 *R*8，*R*10 不作要求，这里就这比较小的区域 *R*8，就是说这里的值是ϕ16，只要比它小就可以，如刚才的图形可以看出如果是ϕ14 的话这里下不去（见图 1.8.20 最小间隔处），仍然采用ϕ10 的刀具进行加工。图 1.8.21 的区域采用ϕ3 的刀具进行加工。

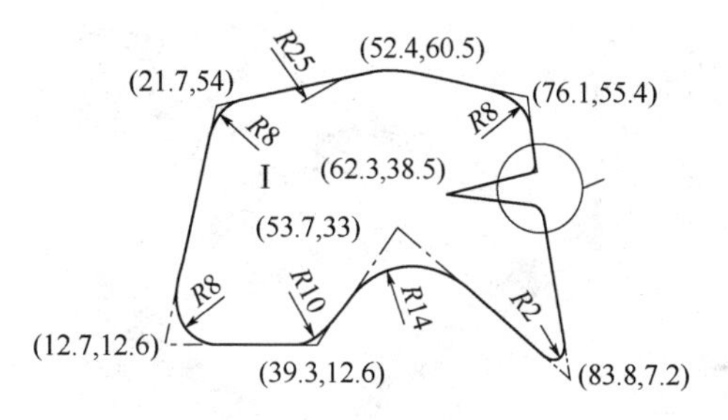

图 1.8.19　完整的图形观察

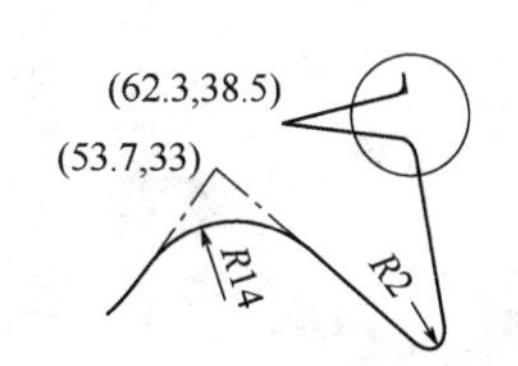

图 1.8.20　最小间隔处

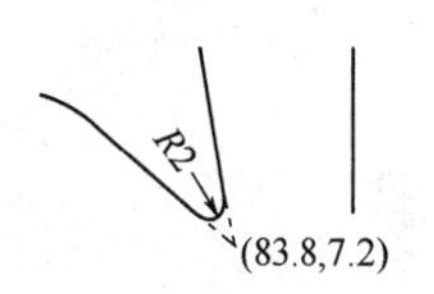

图 1.8.21　*R*2 的区域

2．创建刀具

将视图由真实着色切换到正等测视图，这样子显示的速度会快一些。

机床视图，创建刀具。首先是ϕ10 的刀具，在这里输入 D10，确定，直径为 10，刀具号为 1，确定（见图 1.8.22 创建刀具），再创建一个ϕ3 的刀具加工这样三个小圆角区域（见图 1.8.23 *R*2 的小圆角区域）。输入 D3，确定。直径为 3，2 号刀，确定（见图 1.8.24 创建第 2 把刀具）。

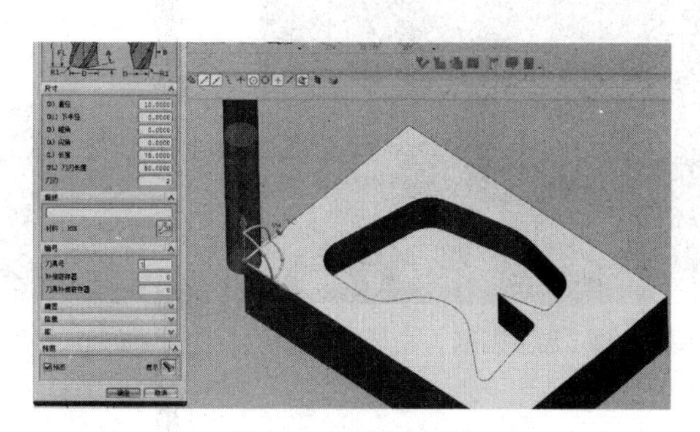

图 1.8.22　创建刀具

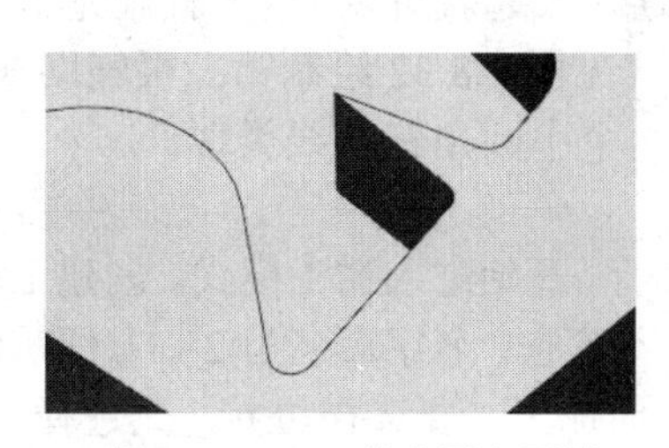

图 1.8.23　*R*2 的小圆角区域

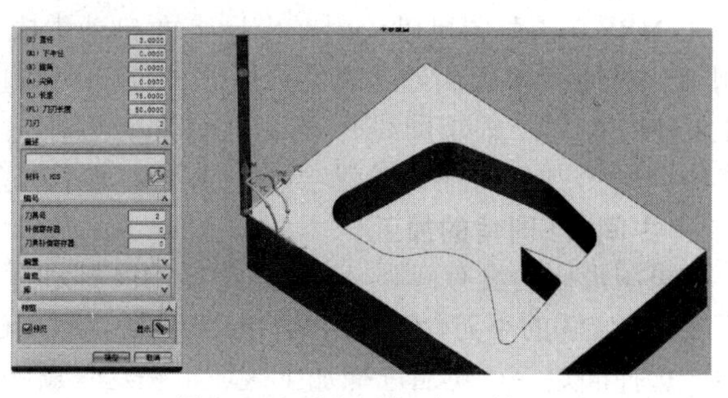

图 1.8.24　创建第 2 把刀具

3. ϕ10 的刀具加工大区域

直接切换回程序视图，创建工序，工序选择第二个 FACE MILLING，程序 PROGRAM，这里用 D10 的刀创建外面的区域，方法 ROUGH，FACE MILLING，在这里直接就写个 1，第一步，选择面边界，选择底面边界，也就是确定底面，确定（见图 1.8.25 选择加工面）。跟随周边，毛坯距离为 12，每刀深度为 2，底面余量为 0.5，生成（见图 1.8.26 刀具路径）。

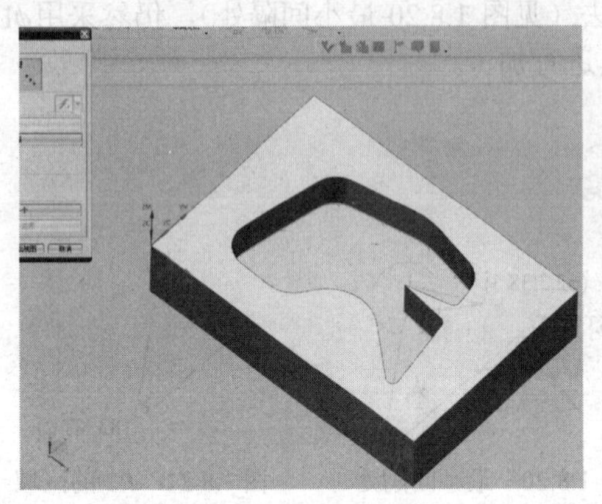

图 1.8.25 选择加工面

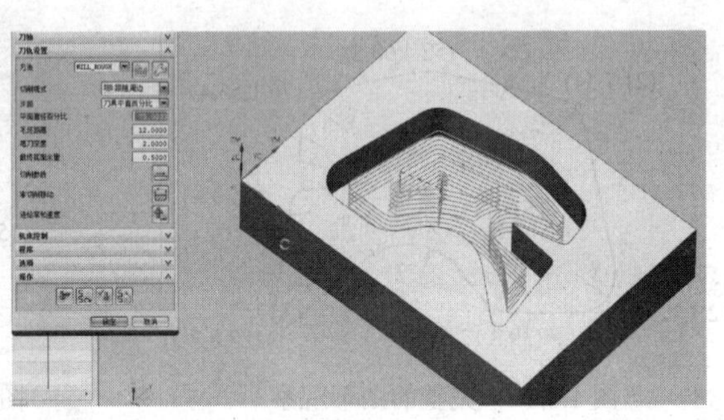

图 1.8.26 刀具路径

模拟一下（见图 1.8.27 加工模拟），在这里很明显 *R*2 的角周围是走不到的（见图 1.8.28 小圆角处的粗加工效果），下面就需要用小刀加工这个区域，由于这里创建工序是作为面铣，面铣是一个必须由封闭的线构成的区域，在这里选择的方式是进入建模里面补一段线。

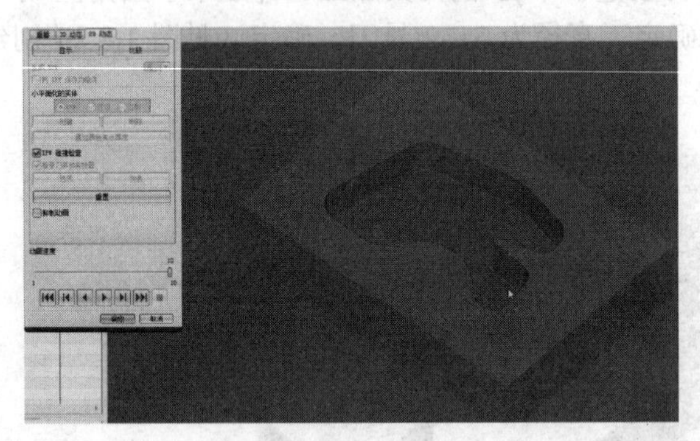

图 1.8.27 加工模拟

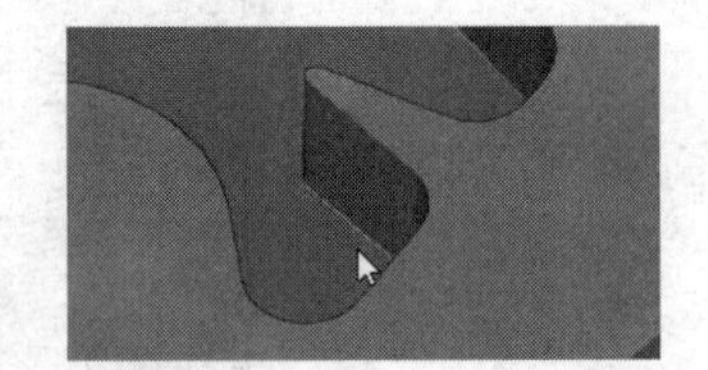

图 1.8.28 小圆角处的粗加工效果

4. 绘制辅助线

开始建模，进入草图，选择要画的底面，确定（见图 1.8.29 选择草图平面）。然后转过来，UG NX8.0 的草图可以依附在坐标上面自动生成，在这里补充一些线，确定（见图 1.8.30 绘制第一根辅助线）。保证这里的弧线和相邻的两条直线连在一起就可以，这里就做完了（见图 1.8.31 绘制第二根辅助线）。然后在另外一边补充一下（见图 1.8.32 绘制第三根辅助线）。这样中间的小圆角的辅助线就绘制完成了，上下剩余的两个小圆角辅助线类似。

5. 中间 *R*2 圆角的加工

如果图形画的没有问题，可以在封闭的区域进行加工了。开始进入加工模式。创建工序，这里要选择 D3 的小刀，底下的 WORKPIECE，ROUGH，不管它，名字命名为 2，方便辨识，确定。选择面边界，然后选择加工区域，在这里就不能用面加工，要选择边界，先选择一个（见图 1.8.33 选择加工的线）。

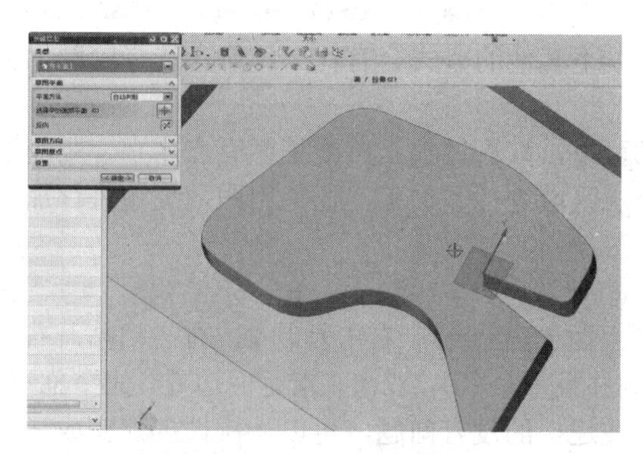

图 1.8.29　选择草图平面

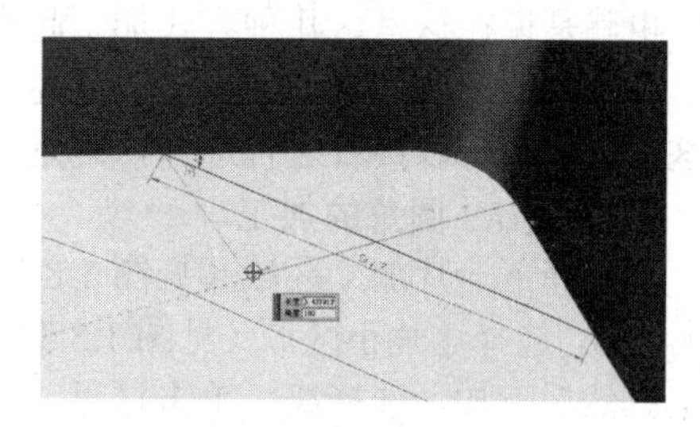

图 1.8.30　绘制第一根辅助线

图 1.8.31　绘制第二根辅助线

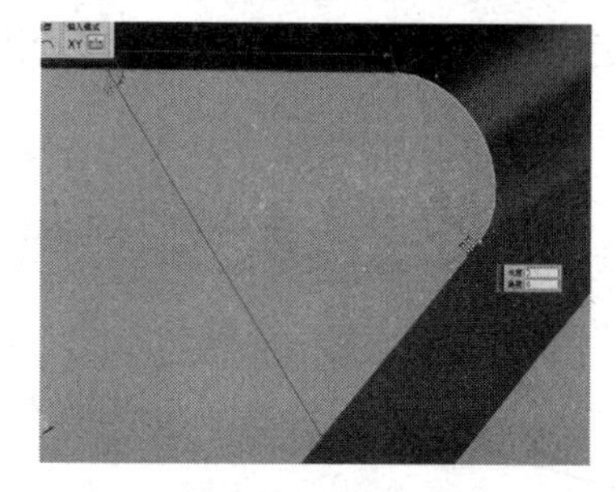

图 1.8.32　绘制第三根辅助线

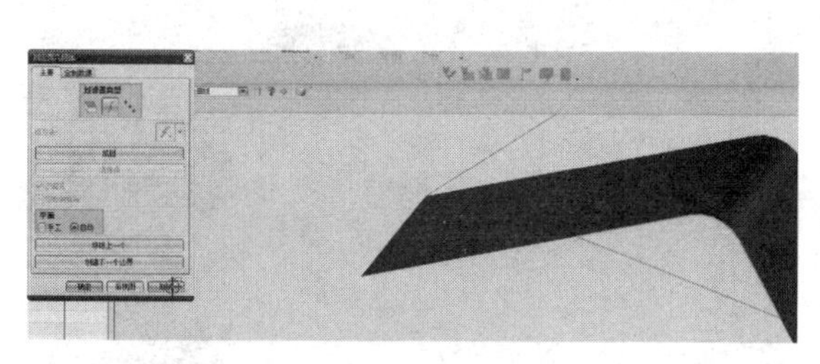

图 1.8.33　选择加工的线

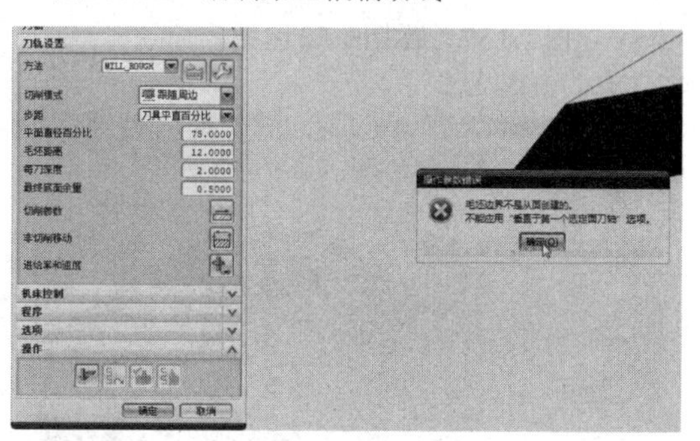

图 1.8.34　警告信息

毛坯距离是 12，每刀深度为 2，底面余量为 0.5，跟随周边，生成（见图 1.8.34 警告信息）。这时会弹出警告：毛坯不是从面创建的，也就是说在这边没有选择面，刀具无法知道它是垂直于哪个方向的，也就是说 Z 轴没有确定下来，在这里选择刀轴，改成 ZM 轴，也就是说一个垂直的轴，生成，看一下（见图 1.8.35 刀具路径）。

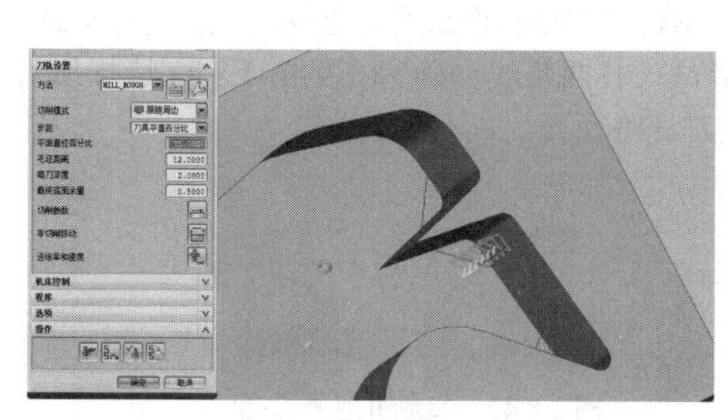

图 1.8.35　刀具路径

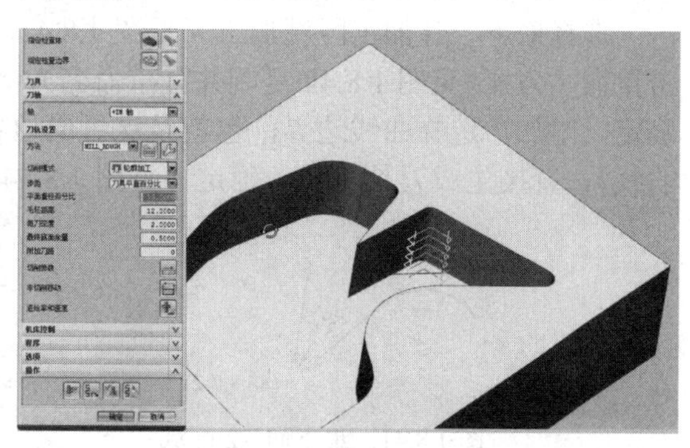

图 1.8.36　跟随周边的刀具路径

这就是跟随周边的加工方式，在这里看一下其他的方式会有什么结果，选择轮廓加工，生成图 1.8.36 跟随周边的刀具路径。

也就是说在这里这几种方式加工起来都可以，只不过加工路线稍微有点区别，跟随周边会形成一个封闭的区域，因为之前已经对这块区域进行了加工，还是用跟随周边进行加工，在这里区域还可以接着进行选择，确定。

6. 上边 *R*2 圆角的加工

再选择下一片加工区域（见图 1.8.37 最上面 *R*2 区域），右击复制 2，右击粘贴，右击重命名为 3，选择这片小区域（见图 1.8.38 复制并且重命名），双击，指定面边界，先全部重选，确定。然后附加，选择线，单击这里，只要线连接的没有问题，可以一次性创建完成（见图 1.8.39 选择加工的线）。再生成一下，这是跟随周边（见图 1.8.40 刀具路径），暂时可以不考虑它的刀路走得有多难看，只要让它加工到位就可以了。

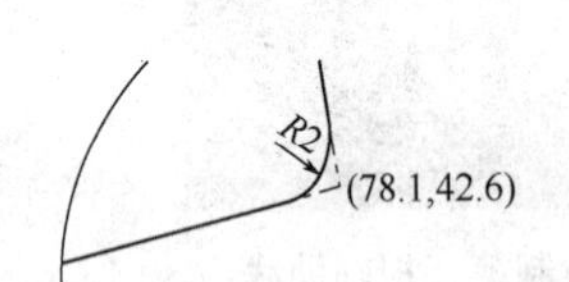

图 1.8.37 最上面 *R*2 区域

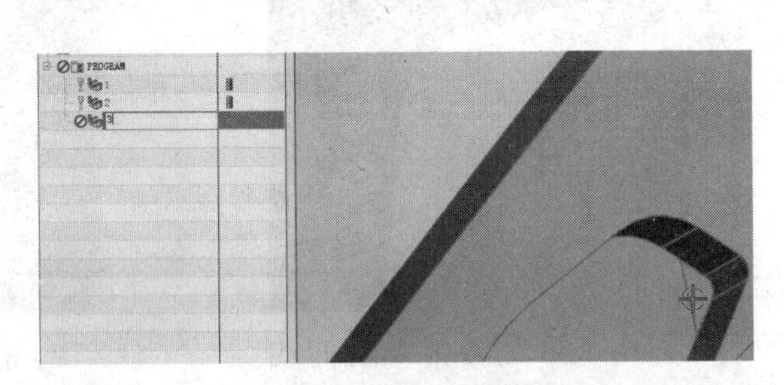

图 1.8.38 复制并且重命名

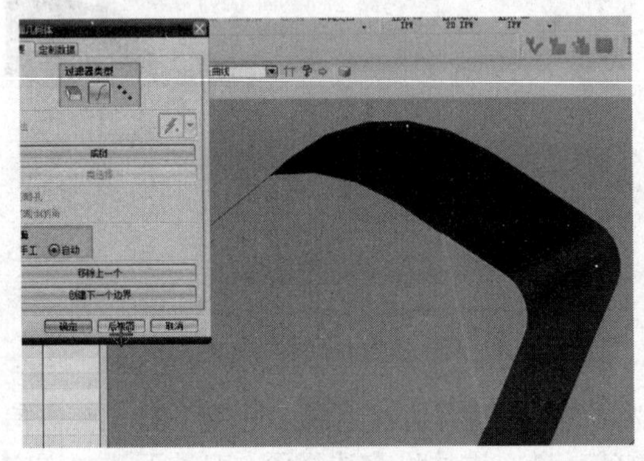

图 1.8.39 选择加工的线

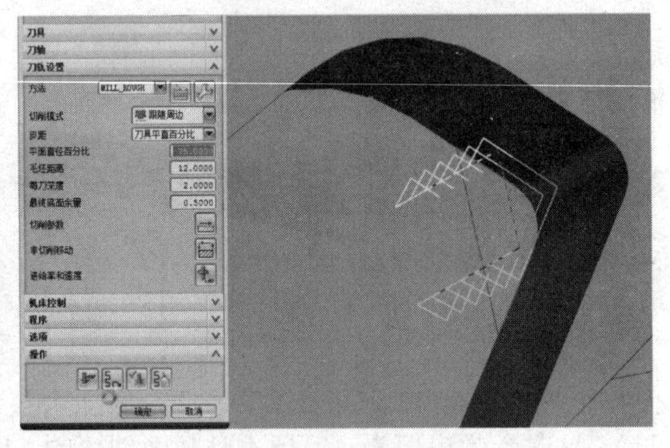

图 1.8.40 刀具路径

7. 加工下面 *R*2 圆角的区域

选择最下一片加工区域加工（见图 1.8.41 最下面 *R*2 区域），右击复制 3，右击粘贴，右击重命名为 4（见图 1.8.42 复制并且重命名），双击进去，指定面边界，首先清除，全部重选，确定，附加，选择曲线边界，也就是这里的边界，一共四条线，确定（见图 1.8.43 选择加工的线），直接生成刀具路径，确定（见图 1.8.44 刀具路径）。

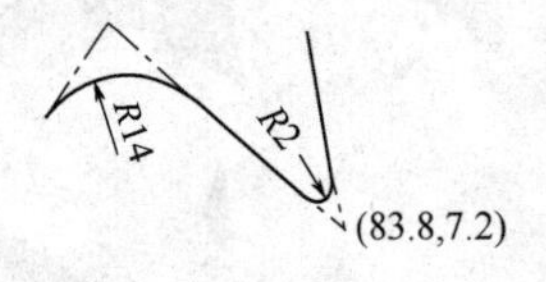

图 1.8.41 最下面 *R*2 区域

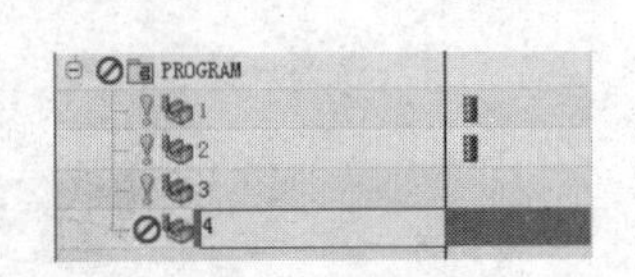

图 1.8.42 复制并且重命名

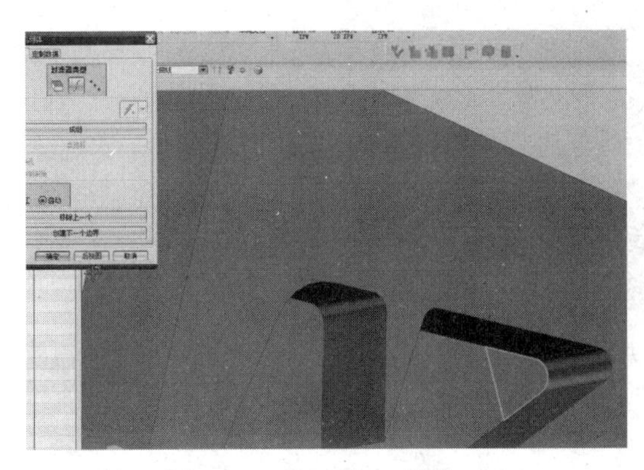

图 1.8.43 选择加工的线

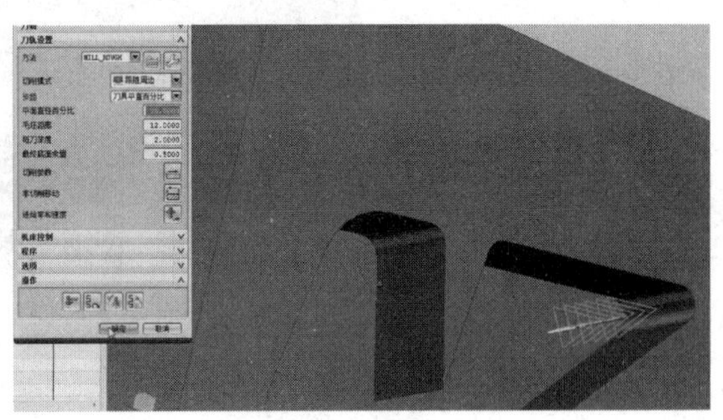

图 1.8.44 刀具路径

8. 三个 *R*2 圆角区域的综合模拟

选择 PROGRAM，确认一下刀轨，看一下最后的效果，2D 动态，播放（见图 1.8.45 加工模拟），中间有个斜降下刀的过程（见图 1.8.46 斜降下刀）。

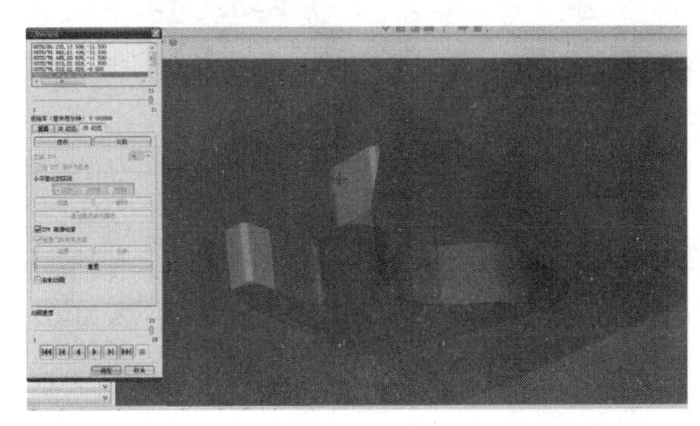

图 1.8.45 加工模拟

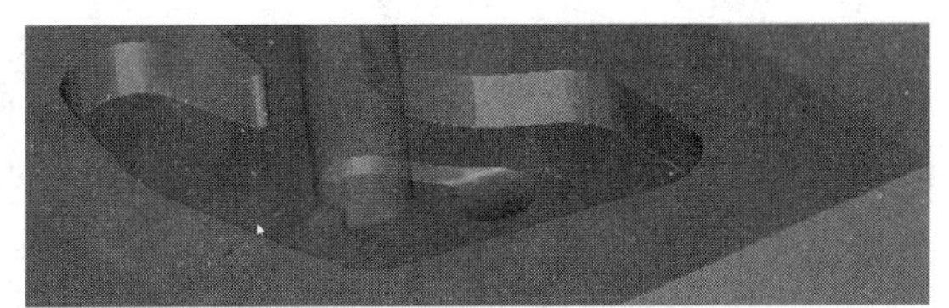

图 1.8.46 斜降下刀

9. 大区域用 ϕ10 刀具的精加工

下面把精加工完成。精加工在这里仍然是两步操作。创建工序，用 D10 的刀具进行精加工，JING1，确定。选择加工边界，单击底面，确定（见图 1.8.47 选择加工面）。作为精加工来说余量为 0，跟随部件，来看一下切削参数的余量，为 0，确定（见图 1.8.48 余量设置）。生成刀路，确定，已经完成（见图 1.8.49 刀具路径）。

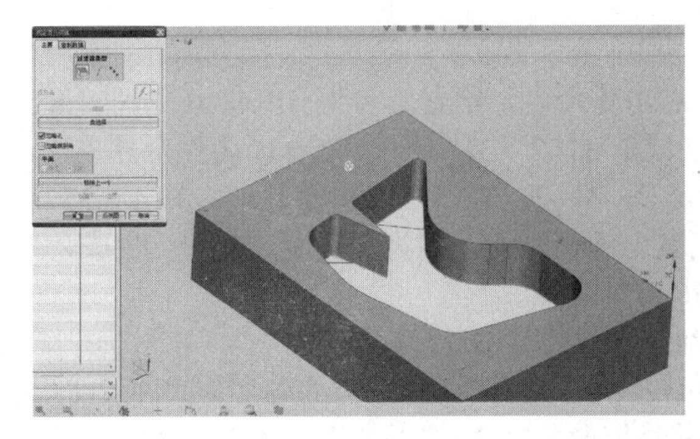

图 1.8.47 选择加工面

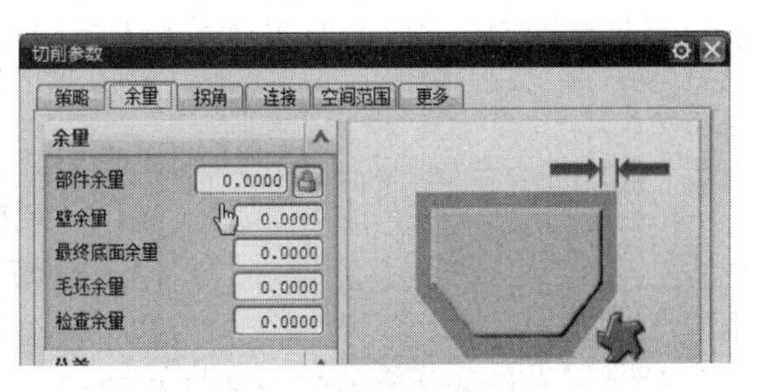

图 1.8.48 余量设置

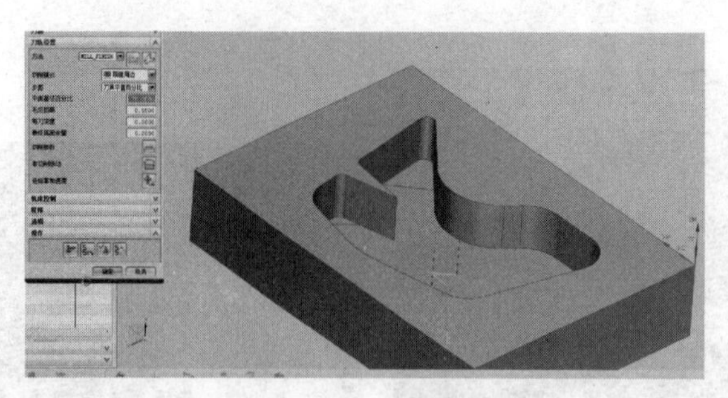

图 1.8.49 刀具路径

10. 上边 $R2$ 圆角区域的精加工

再创建工序精加工，刀具要选择 D3 的刀，这里名称为 JING2，确定。进入面边界，将这里的边界全部删除，重新选择，附加，线，确定（见图 1.8.50 选择加工的线），生成刀具路径（见图 1.8.51 刀具路径）。

图 1.8.50 选择加工的线

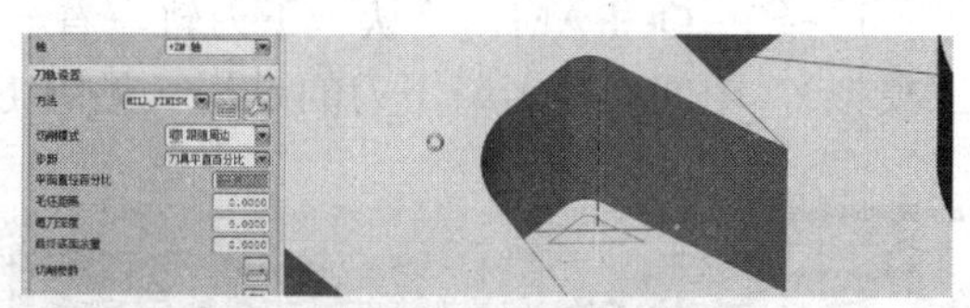

图 1.8.51 刀具路径

11. 中间 $R2$ 圆角区域的精加工

创建工序，名称为 JING2-2，之前创建的工序 JING2 就可以当作是 JING2-1 了，其他不变，选择面边界选择线，确定（见图 1.8.52 选择加工的线）。选择跟随周边，毛坯距离为 0，余量也为 0，指定，ZM 轴生成，生成刀具，确定（见图 1.8.53 刀具路径）。

图 1.8.52 选择加工的线

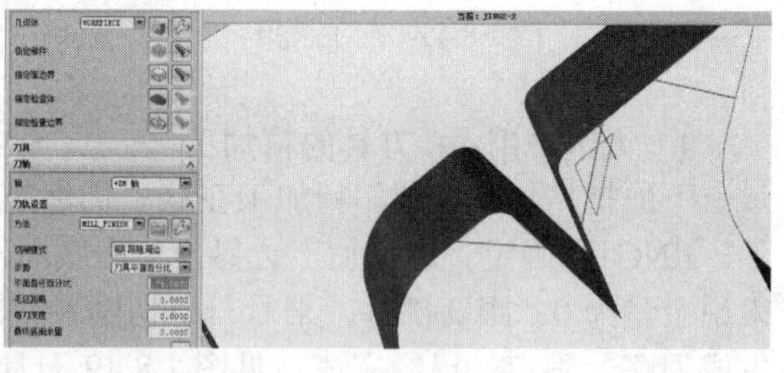

图 1.8.53 刀具路径

12. 下边圆角区域的精加工

这里的创建可以通过复制粘贴去创建，右击重命名，给它命名为 JING3（见图 1.8.54 复制并且重命名），也就是说 $R2$ 的精加工区域是 1，2，3，双击，选择面边界全部重选，确定，附加，线形，1，2，3，4，依次确定（见图 1.8.55 选择加工的线），其他参数不变，因为是复制过来的，生成，确定（见图 1.8.56 刀具路径）。

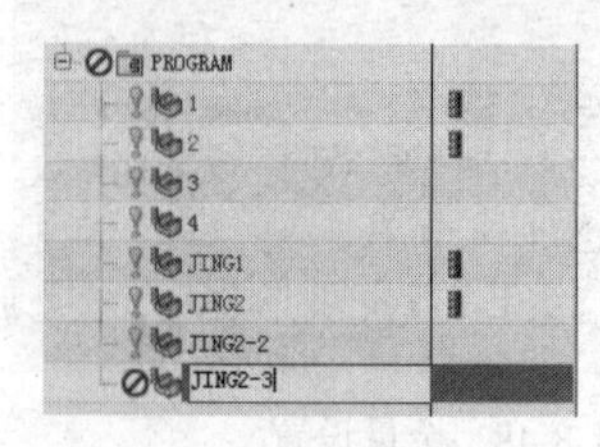

图 1.8.54 复制并且重命名

13. 对精加工操作的名称进行规范

这个就到位了，为了名称方便识别，重命名为 JING2-1（见图 1.8.57 复制并且重命名），粗加工是 1，2，3，4，精加工也是 1，2，3，4，PROGRAM，生成正等测视图，单击 Z 轴将它

图 1.8.55　选择加工的线

图 1.8.56　刀具路径

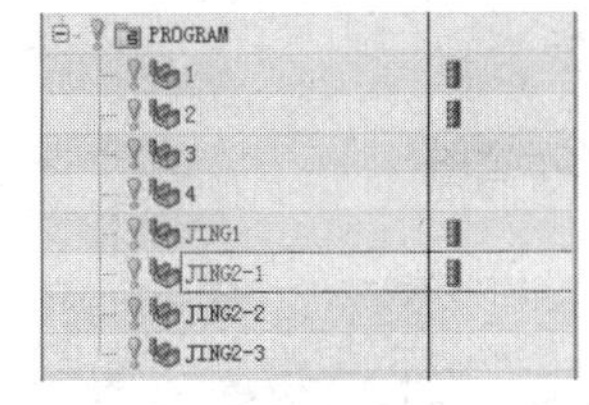

图 1.8.57　复制并且重命名

旋转一下，为了看得更清楚一点，下面确认一下刀轨，2D 动态的，将速度放得稍微慢一点，播放（见图 1.8.58 加工模拟）。仍然看到它是采用斜降下刀的方式（见图 1.8.59 斜降下刀），可以看到精加工的方式。

图 1.8.58　加工模拟

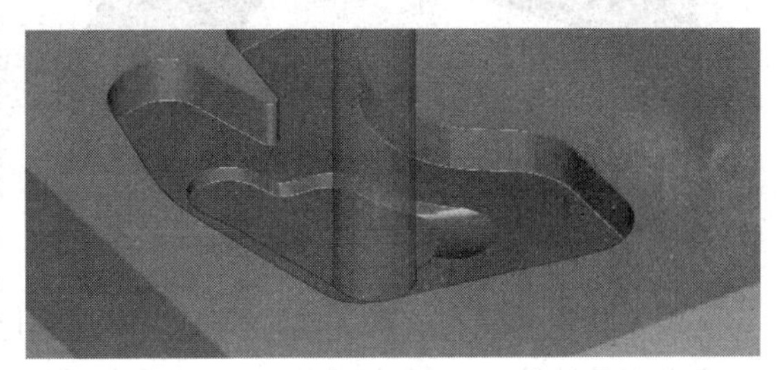

图 1.8.59　斜降下刀

五、经验总结

本节讲解的主要是小圆角矩形的创建，小圆角矩形一般用两把刀，第一把刀去除大的区域，第二把刀加工小的区域（见图 1.8.60 *R*2 的小圆角区域），在这之前，要绘制辅助线，当辅助线绘制不够的时候，仍然会出现多余的没有去除的区域，可以将辅助线不断扩大，在这里将辅助线绘制三次。

在实际应用当中经常会出现的情况：会出现个别的圆角，比如说 *R*1.7、*R*5，或者 *R*0.5 在某个区域当中，可以在加工的时候暂时不管它，直接加工大的区域，用大刀去加工，也就是说用大刀去做一个毛坯的处理，然后在精加工的时候涉及到小区域换小刀加工，也是可行的一种方法。在这个题目当中用大刀去加工 *R*8、*R*25、*R*10 的区域，用小刀去加工 *R*2，这里有放大的 2 和 2 的区域（见图 1.8.61 放大的示意图），这样可以既保证加工速度又可以保证加工质量。

另外在选择封闭面的线的时候，要保证刀能下得去（见图 1.8.62 封闭的线），否则这里的形状比较小的情况之下，有的时候无法下刀。

这就是本节例题的一个主导思想，用不同的刀具完成不同的步骤，为了考虑到刀具能够加工的情况，可以选择不同的刀具进行深入加工。虽然说本节的形状比较简单，但是在加工起来要注意的是 3 个 *R*2 区域的下刀跟走刀的速度（见图 1.8.63 *R*2 的小圆角区域）。

图 1.8.60 *R*2 的小圆角区域

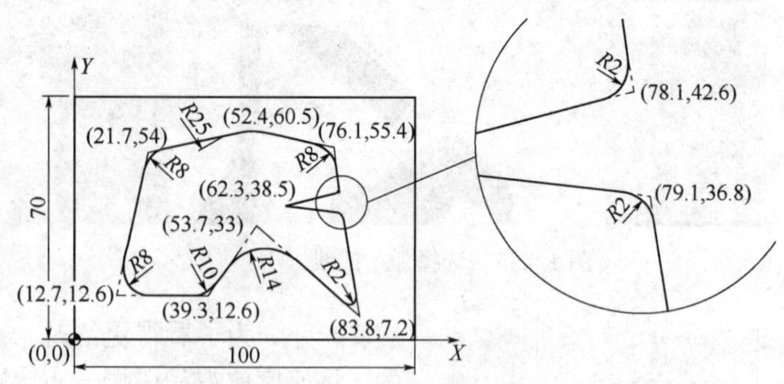

图 1.8.61 放大的示意图

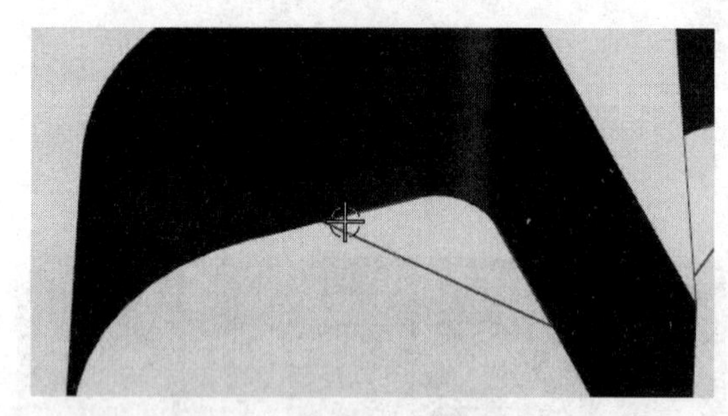

图 1.8.62 封闭的线

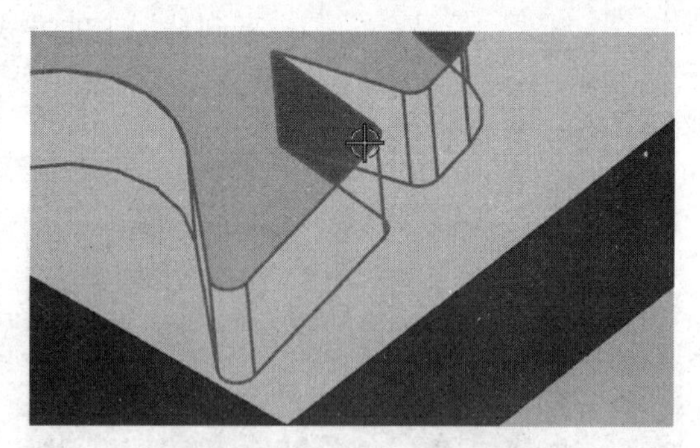

图 1.8.63 *R*2 的小圆角区域

刚才其实并没有修改。实际情况当中遇到比较细的刀，像这里$\phi3$ 的刀具的时候下刀的速度跟走刀的速度都应该有所改变。以后在遇到这种情况的时候可以适当地绘制一些辅助线，辅助线并不碍事，是配合加工使用的必要的步骤之一。

第九节 面铣加工实例 7——被忽略的壁余量

一、程序的准备

1. 前期准备

首先打开 NX8.0，将通过今天所讲的实例来了解一下对前面所忽略掉的壁的余量。首先打开第一章第九节面铣加工实例 7（图 1.9.1）。看这个图跟前面的以及第八节的图形完全一样，这里的小角的加工暂时不管（见图 1.9.2 小圆角区域）。选择加工，GENERAL，PLANER，确定。在这里选择一把较小的刀，比如说选择一把$\phi4$ 的刀进行加工，可以完成小圆角的粗加工和精加工。

2. 刀具创建

打开机床视图，创建一把刀具，名称为 D4，确定。输入直径 4，刀具号为 1，确定（见图 1.9.3 创建刀具）。

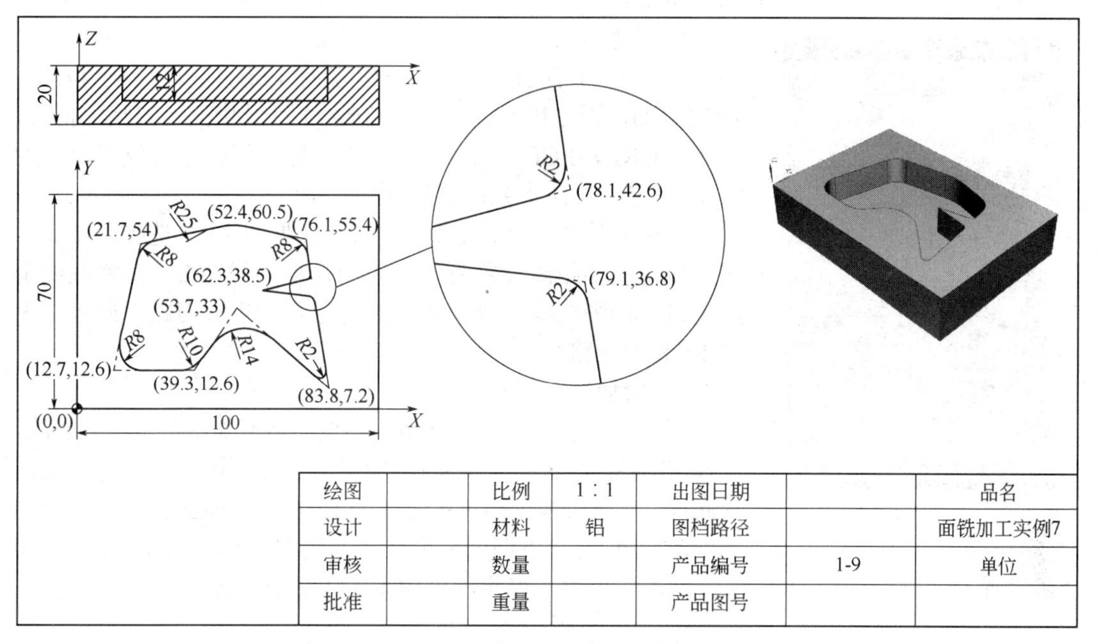

绘图		比例	1∶1	出图日期		品名
设计		材料	铝	图档路径		面铣加工实例7
审核		数量		产品编号	1-9	单位
批准		重量		产品图号		

图 1.9.1 面铣加工实例 7

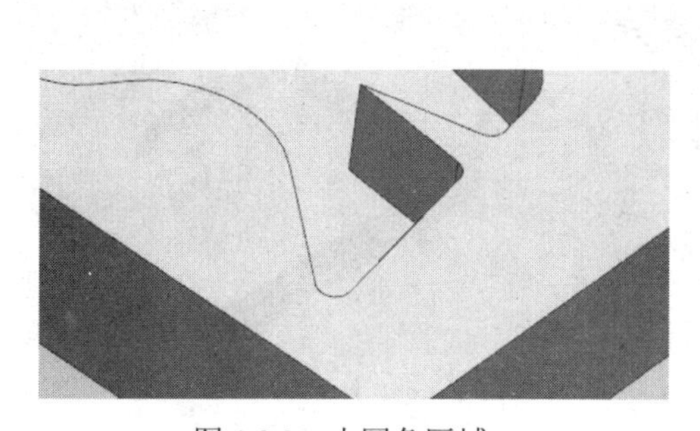

图 1.9.2 小圆角区域

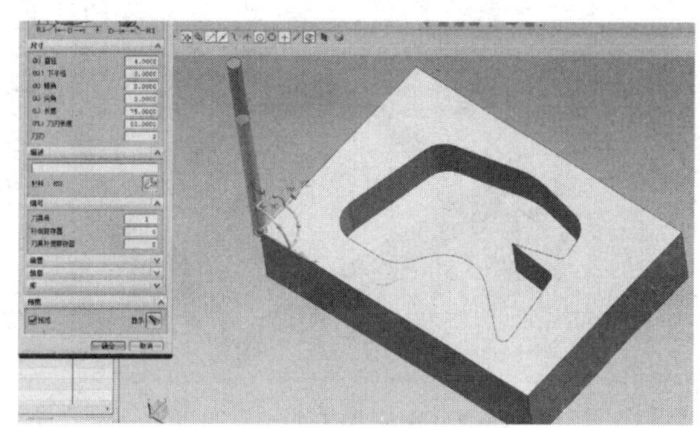

图 1.9.3 创建刀具

3. 创建毛坯

几何视图，指定它的安全距离为 2，确定。打开，双击 WORKPIECE，选择物体，确定（见图 1.9.4 选择加工部件）。选择毛坯，来指定毛坯，选择包容块，最小化物体包括，依次确定（见图 1.9.5 选择几何体）。

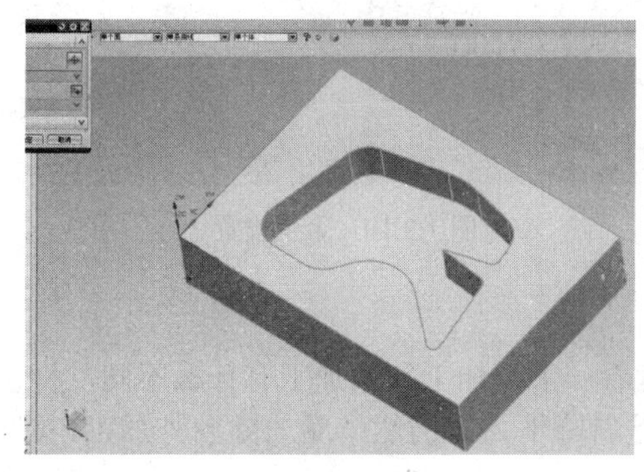

图 1.9.4 选择加工部件

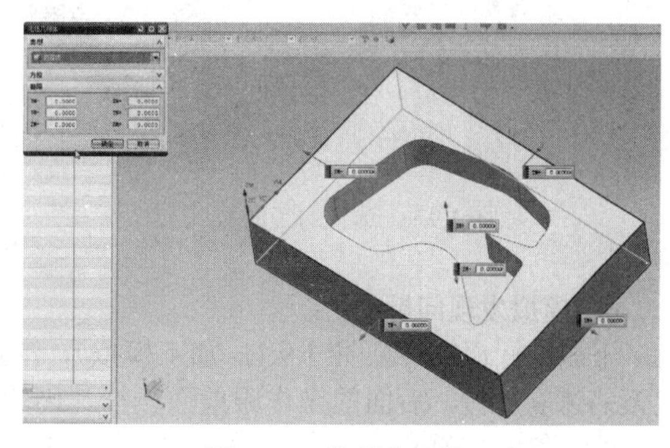

图 1.9.5 选择几何体

图 1.9.6 创建工序

4. **粗加工**

单击程序视图，选择创建工序，选择第二项 FACE-MILLING，程序仍然放在 PROGRAM 目录里面，刀具一把刀，方法 WORKPIECE，几何体粗加工，这里可以改为汉语拼音的 CU，确定（见图 1.9.6 创建工序）。

选择面边界，边界是底面，确定（见图 1.9.7 选择加工面）。在这里将毛坯距离设置为 12，每刀深度假设为 2，最终底面余量留 1，切削模式选择跟随周边的方式，生成刀路，确定（见图 1.9.8 刀具路径）。

5. **精加工**

下面再次创建工序，其他的不变，做精加工的处理，方法，选择 FINISH，名称为 JING，确定。选择面边界，同样的是选择底面，确定（见图 1.9.9 选择加工面），在前面说过将所有的数值改为 0，看一下切削参数里面余量都是 0，确定（见图 1.9.10 余量设置）。然后生成一下，这就是最后一刀，确定（见图 1.9.11 刀具路径）。

图 1.9.7 选择加工面

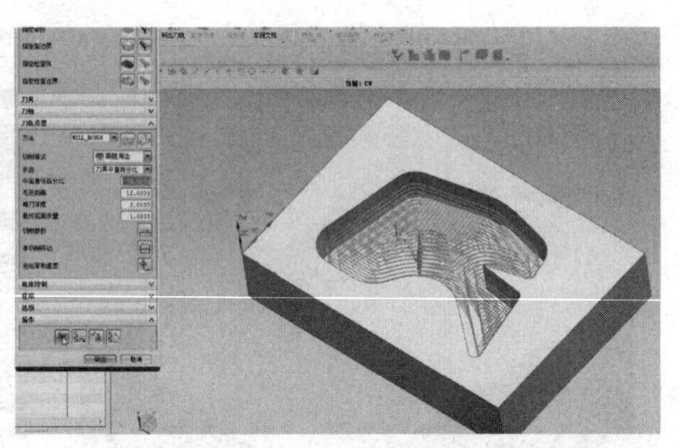
图 1.9.8 刀具路径

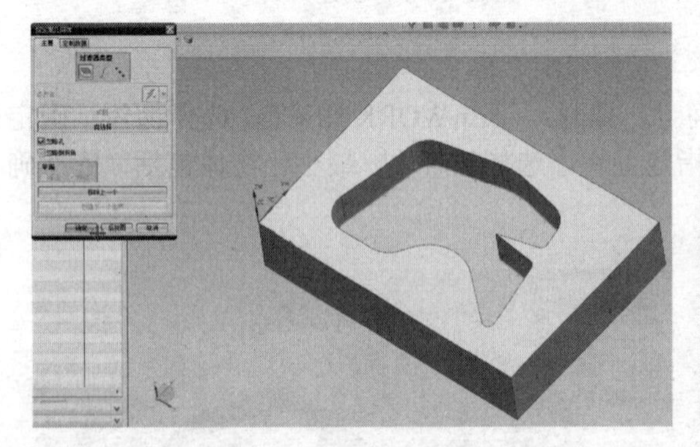
图 1.9.9 选择加工面

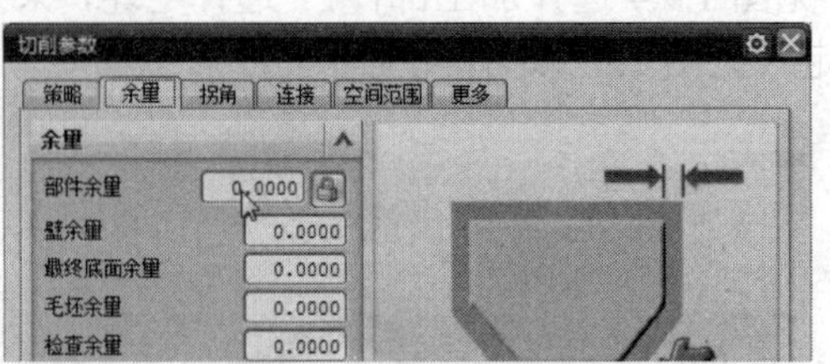

图 1.9.10 余量设置

6. **模拟发现问题**

下面进行模拟（见图 1.9.12 加工模拟），注意看一下粗加工和精加工有什么不同，将它走刀的速度放慢，后面的操作跟前面一样，仍然是斜降下刀，仍然一圈一圈向外加工，（见图 1.9.13 斜降下刀）。

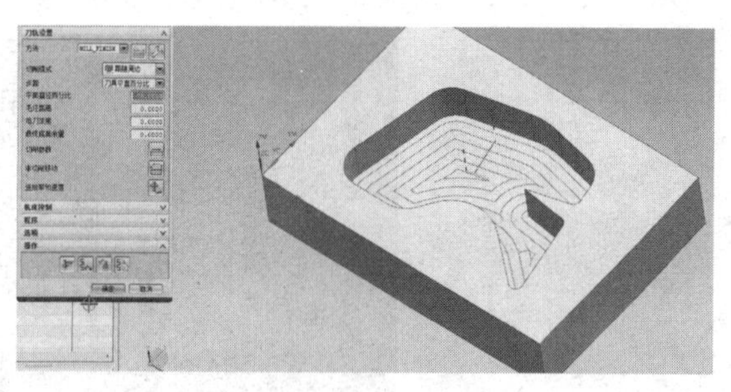

图 1.9.11　刀具路径

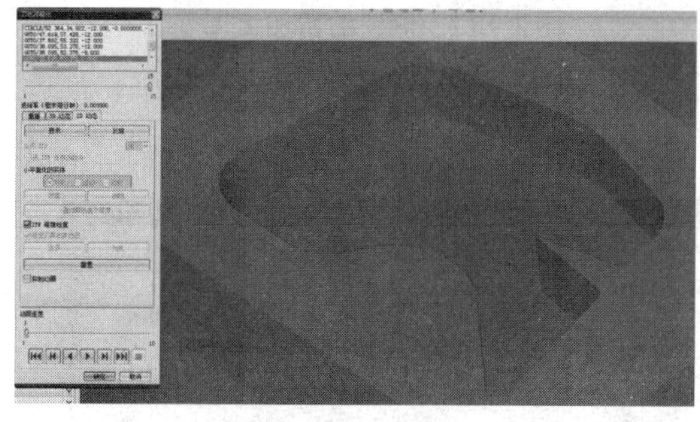

图 1.9.12　加工模拟

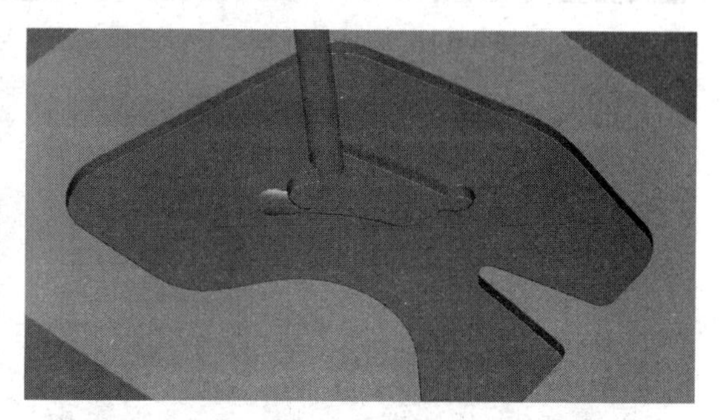

图 1.9.13　斜降下刀

在这里主要看一下最后的一刀出现的问题。当最后一刀做精加工的时候壁面留下了余量，它并没有从上到下一层一层地加工将余量去除，而是最后一刀铣外面这一圈，直接用它的刀刃带除（见图 1.9.14 侧壁的精加工），这在实际加工中是绝对不允许的。

双击打开选项，编辑显示，选择轮廓线，确定（见图 1.9.15 轮廓线方式）。生成刀具路径（见图 1.9.16 刀具路径）。也就是说粗加工给壁留了余量，而在精加工的时候并没有一层一层地向下加工，而是从内往外精加工底面。首先出现的问题就是当铣到最外面的一圈的时候，这里留的余量值会被一刀带完（见图 1.9.17 侧壁的精加工）。

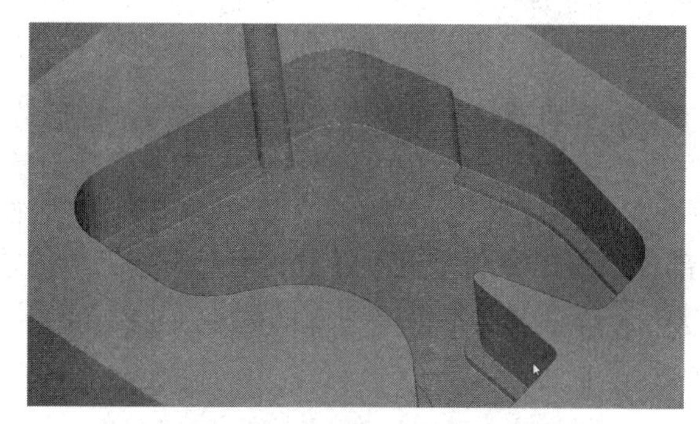

图 1.9.14　侧壁的精加工

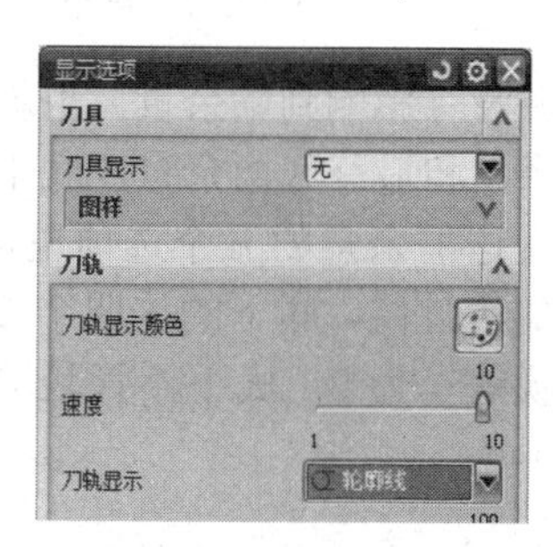

图 1.9.15　轮廓线方式

二、重要知识点——壁余量的关闭

在这里虽然没有设壁余量，但是实际当中出现了余量该怎么办？打开部件余量，将小锁解锁，单击锁，选择局部的（见图 1.9.18 局部的余量），壁余量设为 0，确定（见图 1.9.19 余量设置）。生成一遍，在这边可以看到，在这里已经开始顶边显示（见图 1.9.20 刀具路径）。

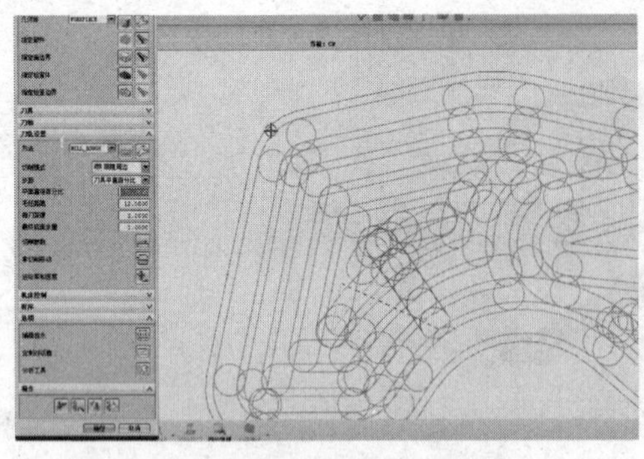

图 1.9.16 刀具路径

图 1.9.17 侧壁的精加工

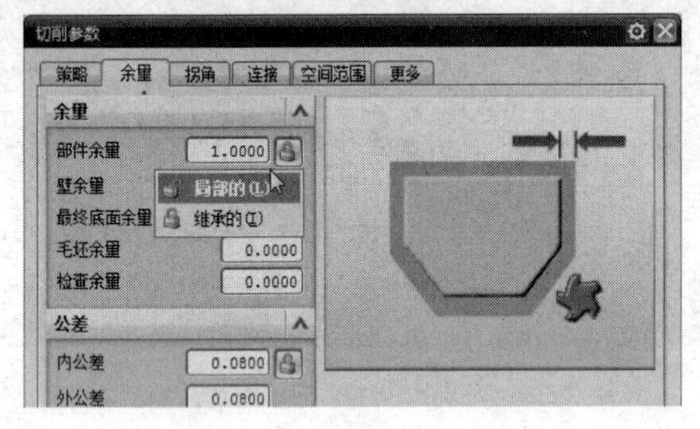

图 1.9.18 局部的余量

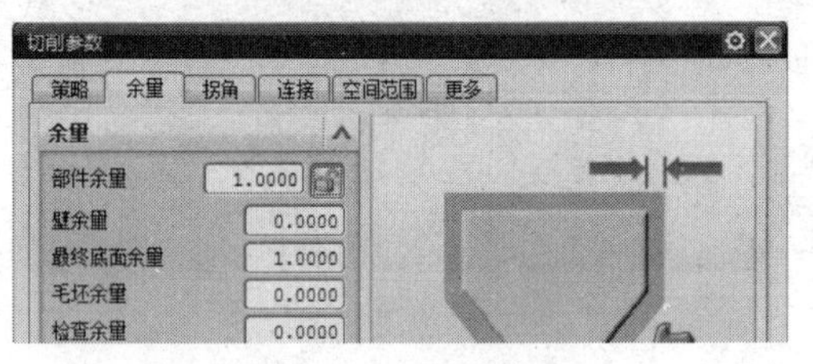

图 1.9.19 余量设置

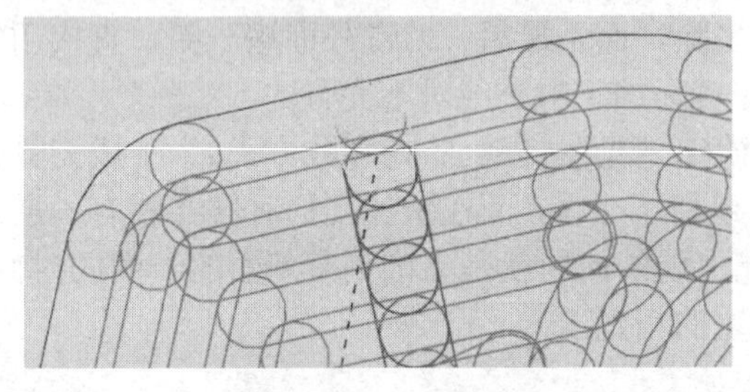

图 1.9.20 刀具路径

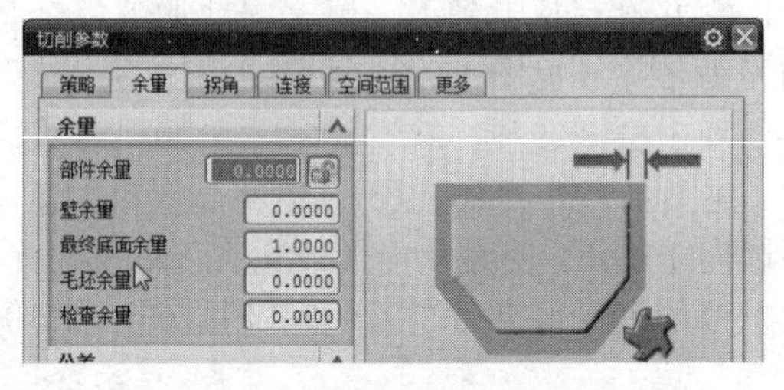

图 1.9.21 壁余量和最终底面余量

并没有影响到壁余量，也就是说对于壁余量的设置首先要将部件余量归零，然后分别设置壁余量和最终底面余量，底下余量暂时考虑不到（见图 1.9.21 壁余量和最终底面余量）。

在这里余量的五个选项里面，第一个部件余量是一个总体的值，当前面设置了部件余量数值的时候，底下的这四个参数按照部件余量的数值来进行计算，统一为它上面的数值，比如说这里为 2，底下不管是输 0 还是 1，那它留下的余量值都应该是 2（见图 1.9.22 余量设置）。

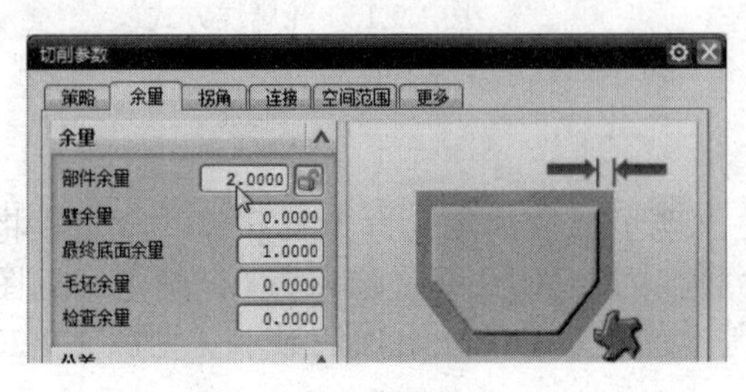

图 1.9.22 余量设置

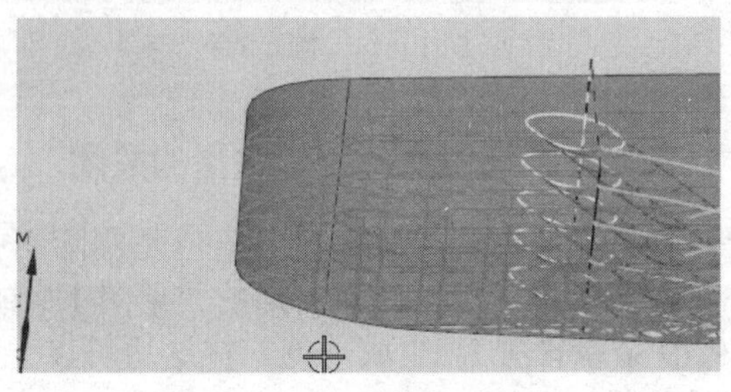

图 1.9.23 刀具路径

如果在底下想输入自己的数值，首先要将部件余量的值设为 0，然后在这里单独选择值，也就是说这题当中的壁余量不留，确定，生成。不留下壁余量，从这边看路径是顶边显示的（见图 1.9.23 刀具路径）。

也就是说在粗加工的时候考虑到精加工的最后一刀会去除壁余量的话，在粗加工时可以将它的壁余量去除。现在确认一下刀轨（见图 1.9.24 加工模拟）。

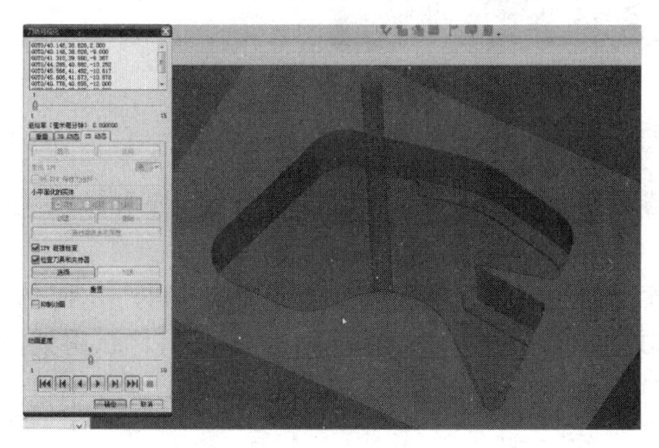

图 1.9.24　加工模拟

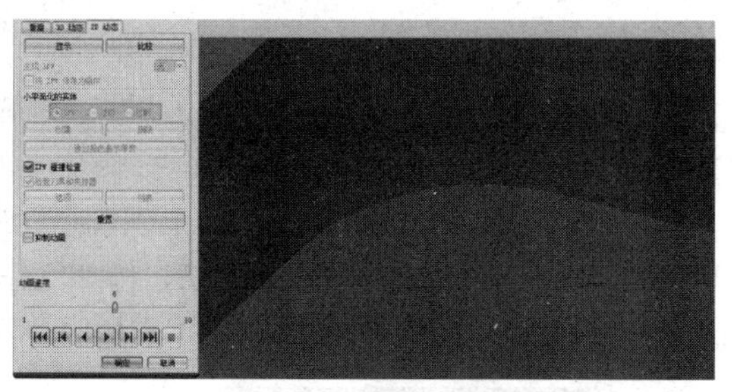

图 1.9.25　底面边缘

可以看到最后一刀就不会切除到周围的区域，看一下这个边缘就不会出现大问题，现在将它放大，将它放大之后再次模拟，注意看这个边缘，2D 动态，播放（见图 1.9.25 底面边缘）。

这里是精加工 1mm 的深度，在这里看已经把它的边缘去除了，也就是说没有壁余量，它在最后显示的绿颜色其实是精加工的深度，并没有再次加工到边缘，也就是说按照上节和本书刚开始的加工方法在精加工的最后一刀容易出现问题，也就是说会直接碰到刀刃。

三、重要知识点——侧壁的精加工及壁余量的设置

如果在加工的时候要对侧壁进行精加工，这题当中对侧壁并没有进行精加工怎么办？刚才这种方法是通过对壁余量设为零来避免了最后一刀精加工碰到边缘的问题，这是一种方法，如果对于壁的情况有精加工的要求该怎么做？

1．粗加工的准备

创建工序，还是选择 FACE-MILLING，还是选择粗加工，名称为 CU，确定。选择面边界，指定面的边界，确定底边（见图 1.9.26 选择加工面），选择跟随周边，这里的毛坯距离为 12，每刀深度为 2，底面余量为 1，切削参数当中可以不改，部件余量为 1（见图 1.9.27 余量设置），也就是说不管下面的底边还是壁都留了 1 个的量，确定，生成一下（见图 1.9.28 刀具路径）。

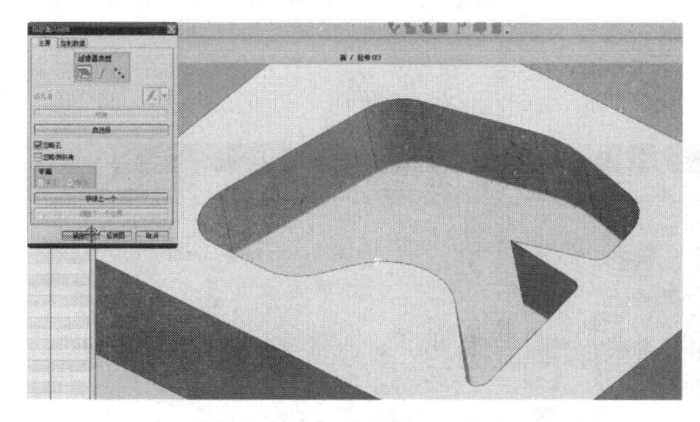

图 1.9.26　选择加工面

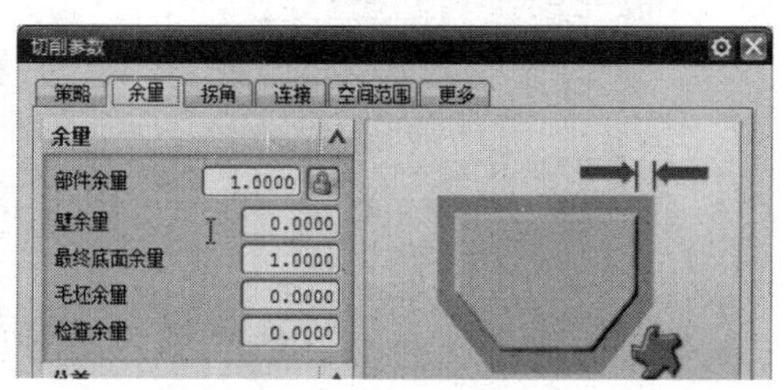

图 1.9.27　余量设置

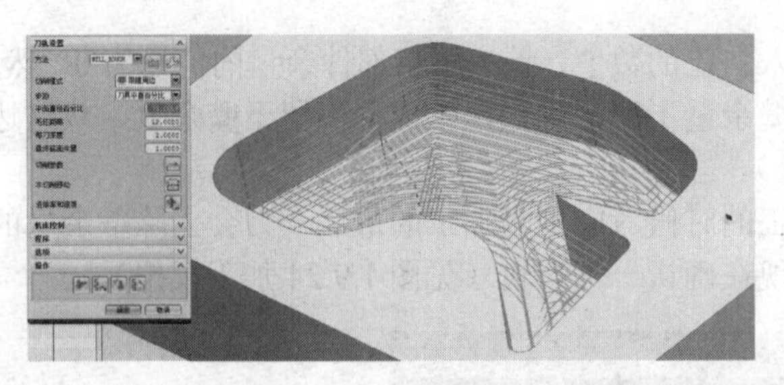

图 1.9.28 刀具路径

2. 精加工的侧壁

对于粗加工有1的余量该怎么办？并不碍事，在之前讲过了在面铣当中有一个外轮廓的加工，可以用外轮廓模拟粗加工。

创建工序，选择 FACE-MILLING，程序选择 PROGRAM，刀具选择为 D4，几何体 WORKPIECE，选择粗加工的方法，精加工它只加工一刀，也就是说最后一刀没有什么用处，选择 ROUGH，这边可以选择名字 WAILUNKUO，确定（见图 1.9.29 创建工序）。

图 1.9.29 创建工序

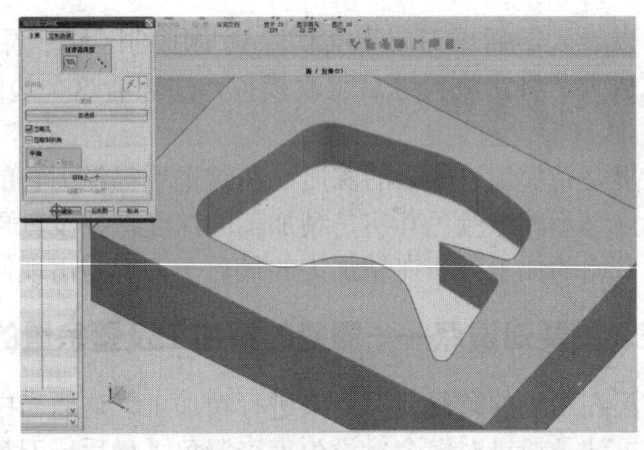

图 1.9.30 选择加工面

选择面边界，选择底面（见图 1.9.30 选择加工面），在这里要选择轮廓加工，毛坯距离为12，每刀深度为2，底面最终余量为0（见图 1.9.31 参数设置），然后把切削参数余量设为0（见图 1.9.32 余量设置），为了安全起见，把这里都改为0就可以了，也就是说它沿着表面的轮廓选择面的边轮廓将它从上到下，按照每刀为2绕着边缘将它一圈一圈地加工。在这里要注意其实是用这一次的粗加工去精加工的操作，用粗加工的方法进行精加工。

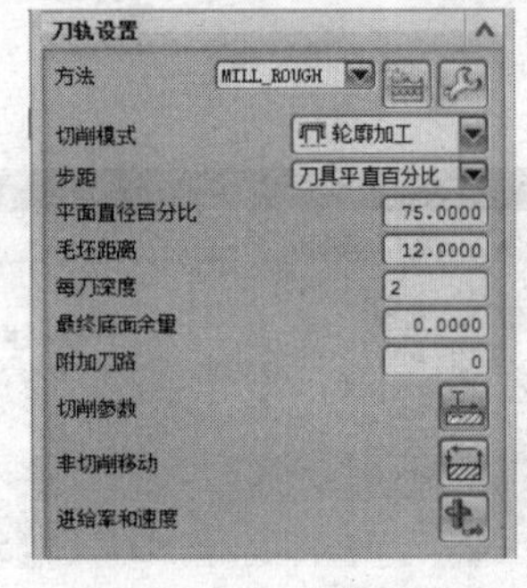

图 1.9.31 参数设置

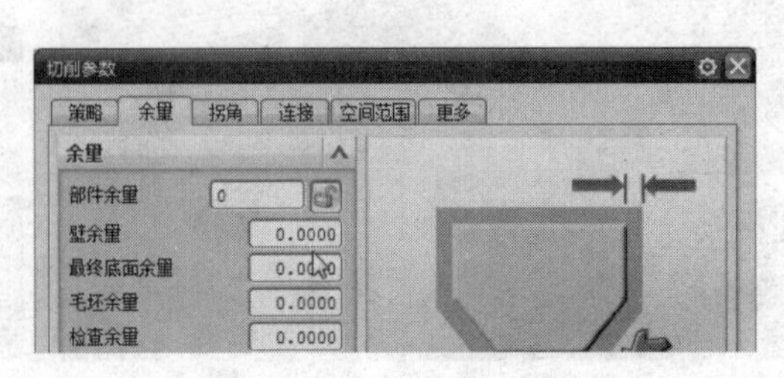

图 1.9.32 余量设置

在进给率和速度上就要将它改为精加工的参数（见图 1.9.33 进给率和速度按钮）。因为在前面没有设置加工方法，在这里，也就是举个例子，在主轴转速这里输入比如说为 4000，走刀的速度稍微降低一点比如说是 150，也就是说把它改为精加工的速度，确定（见图 1.9.34 进给率和速度设置）。用粗加工的方法进行精加工，加工的速度和进给率要改成精加工的速度和进给率，相应的主轴转速也要修改，确定，下面生成（见图 1.9.35 刀具路径）。

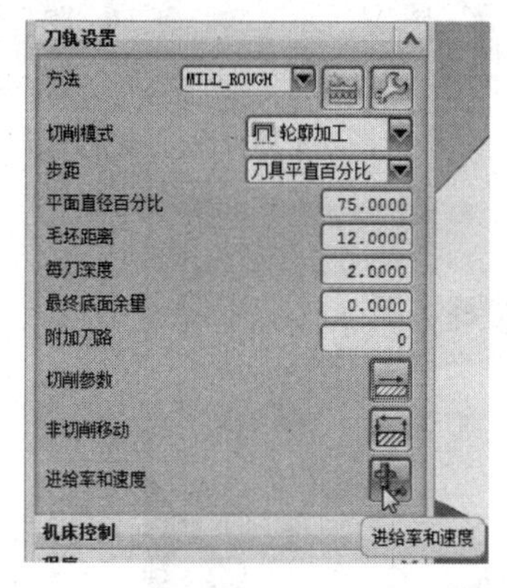

图 1.9.33　进给率和速度按钮

图 1.9.34　进给率和速度设置

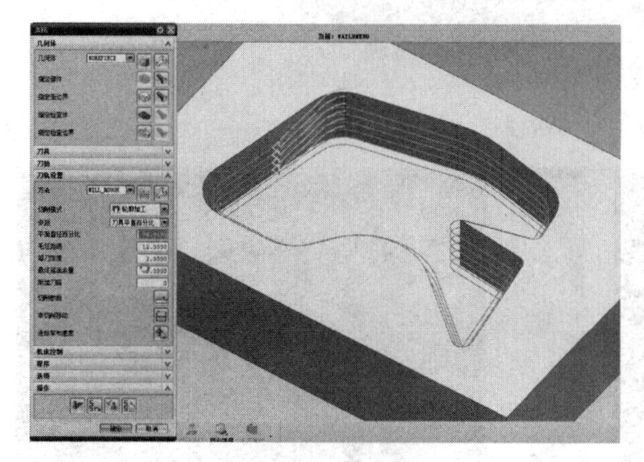

图 1.9.35　刀具路径

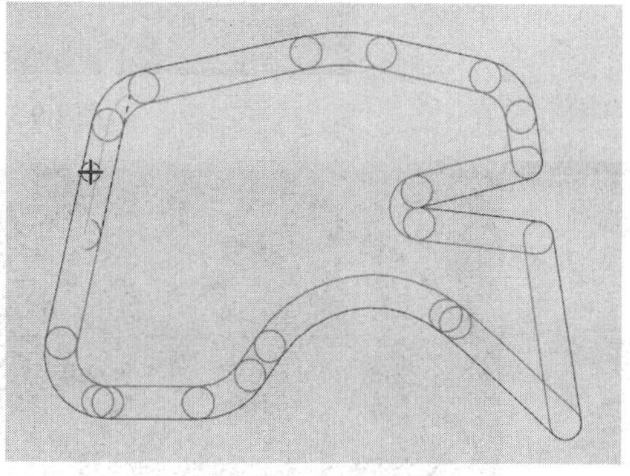

图 1.9.36　俯视图观察

看一下这里有没有加工到位，只要在这里可以通过选项用轮廓线去观察，右击，定向视图的俯视图，来看这里就已经做完了（见图 1.9.36 俯视图观察），也就是说它沿着边缘每一层切削 2mm，最终加工到底面为零的部分，它的壁有没有留余量，在这里将余量全部关闭就不会出现问题，由于它是做的精加工的处理，要在进给率和速度这个选项里面改变它的主轴转速和它的切削速度，确定。

3. 精加工底面

上面没有结束，这只是加工边缘，下面还有一步是加工底面。创建工序，就直接输入 DIMIAN，在这里可以直接选择精加工 FINISH，因为这里不是用粗加工的方式去进行精加工，确定。选择面边界选择底面（见图 1.9.37 选择加工面），选择底面，确定。切削模式选择为跟随周边，将这些数值全部都改为零，切削参数、余量全都是零（见图 1.9.38 余量设置），生成刀具路径（见图 1.9.39 刀具路径）。

4.综合的模拟

来看一下它整个的模拟过程，图 1.9.40 是第一刀的粗加工，图 1.9.41 是作为侧壁的精加工，最后黄颜色的区域是做底面的精加工（见图 1.9.42 底面的精加工模拟）。

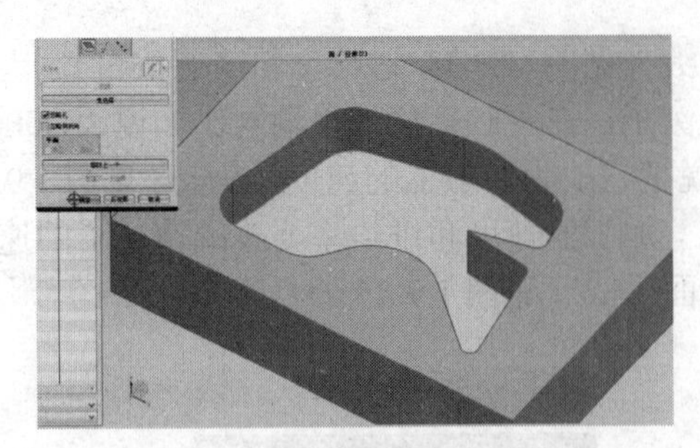

图 1.9.37 选择加工面

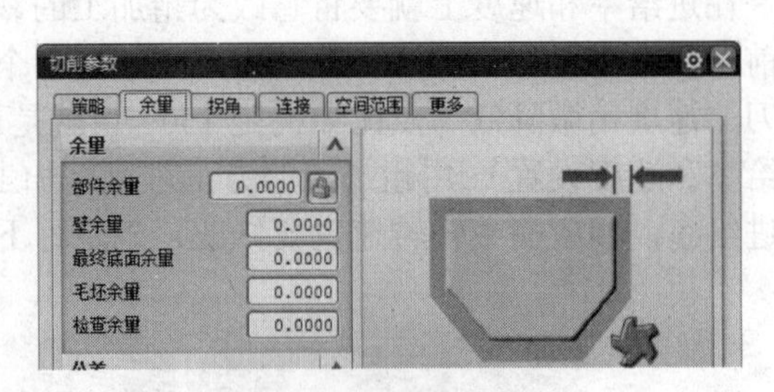

图 1.9.38 余量设置

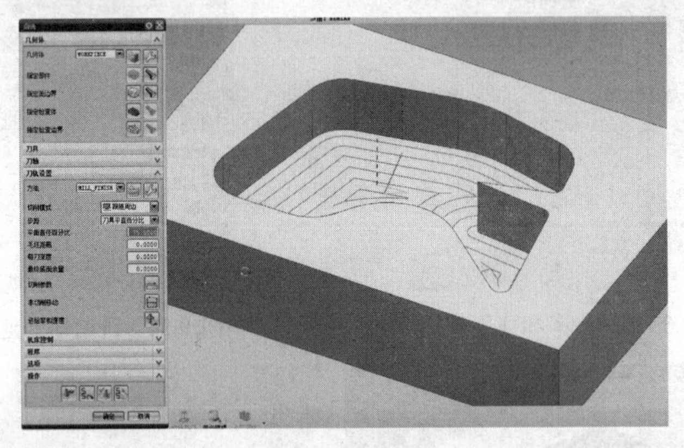

图 1.9.39 刀具路径

图 1.9.40 粗加工模拟

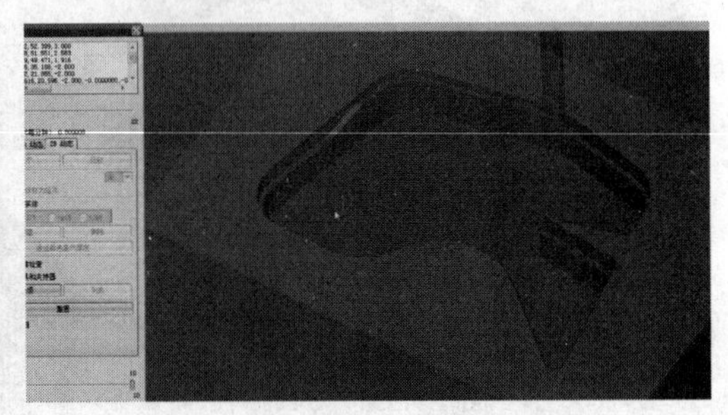

图 1.9.41 侧壁的精加工模拟

图 1.9.42 底面的精加工模拟

四、经验总结

按照上节所讲的方法直接进行粗加工，然后用底面精加工，对于这边的余量会产生问题（见图 1.9.43 侧壁的一刀加工），由于它有 1mm 的余量，刀具做最后一刀加工的时候会直接产生碰刀的情况，就要求在实际当中先粗加工完成再将壁余量删除，最后做底面的余量。

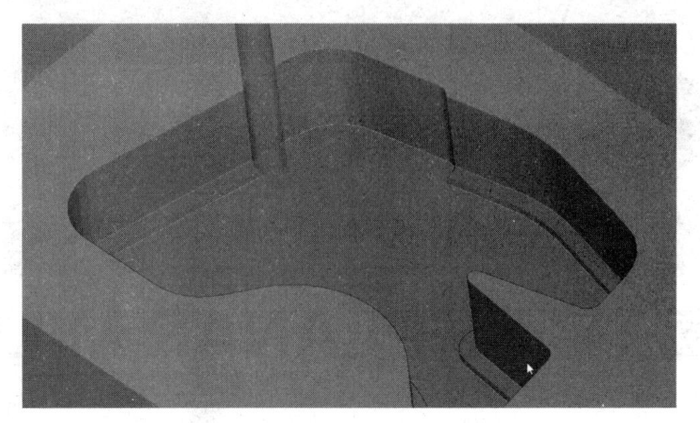

图 1.9.43　侧壁的一刀加工

中间还需要注意的一点是要进行壁余量的加工，一般采用的是轮廓的方式。轮廓的加工，轮廓的粗加工，然后设置它的最终底面余量为 0（见图 1.9.44 轮廓的方式）。

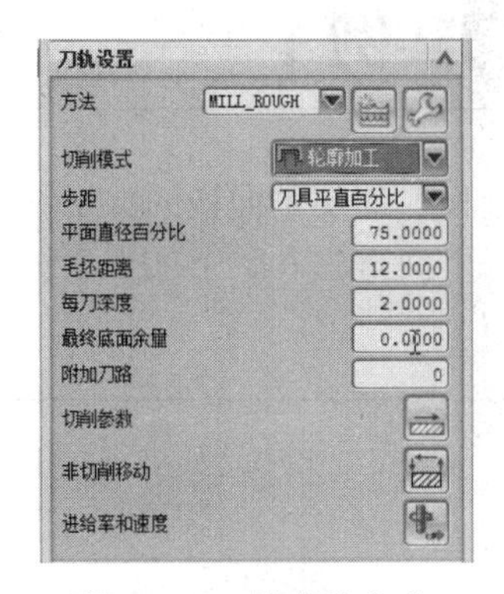

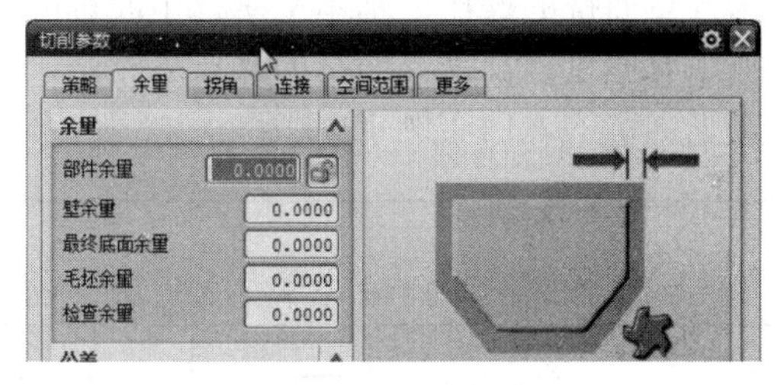

图 1.9.44　轮廓的方式

图 1.9.45　余量设置

在切削参数里面将它所有的余量都全部关闭（见图 1.9.45 余量设置），也就是说虽然是轮廓的粗加工，但是形成的方式是精加工的一种效果，所以它不会产生任何余量，要将任何和余量有关的数值全部都设为零，然后在进给率和速度对话框里面，要将它改成跟精加工的速度和进给率的切削速度一样的数值。

第二章 平面铣PLANAR MILLING

第一节 平面铣的入门实例 1

通过第一章面铣的操作，基本上掌握了面铣的加工过程，其实平面铣的加工甚至到以后曲面铣的加工有些过程都是与面铣的操作思路是一致的。下面首先看一下加工工件的平面图（见图 2.1.1 平面铣的入门实例 1）。

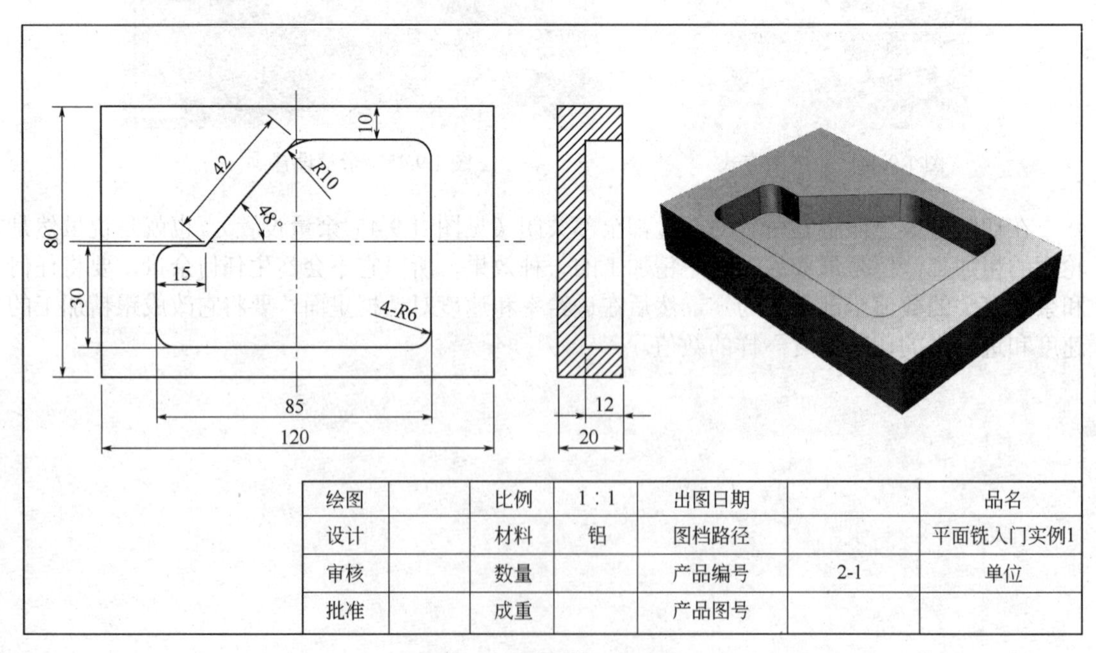

绘图		比例	1∶1	出图日期		品名
设计		材料	铝	图档路径		平面铣入门实例1
审核		数量		产品编号	2-1	单位
批准		成重		产品图号		

图 2.1.1　平面铣的入门实例 1

一、工艺分析

由图上可以看得出来，工件的形状是比较简单的，这样的题目通过面铣就能做出来，不过就这一章的内容是通过平面铣来将它的形状加工出来。首先看图中四个 *R*6 的角，一个 *R*10 的角，中间的形状并没有任何复杂的，画图也基本上可以绘制得出来。

二、准备工作

下面最小化打开 UG NX8.0，打开第二章平面铣 PLANAR MILLING，PLANAR 是平面的意思，MILLING 是铣的意思，跟前面 FACE 都是平面加工，打开第一节平面铣的入门实例 1 可以看到跟刚才的工件图相一致。由工件图上可以得知，它这里只有一个参数深度为 12 的区域（见图 2.1.2 深度 12 的区域），作为面铣，必须要指定它的深度，也就是毛坯距离为 12，作为平面铣是不需要指定这个 12 的深度的。也就是说在参数里面不必输入 12 这个值的深度。

首先进入开始，加工的模块，默认 CAM GENERAL 通用的，下面是 MILL PLANAR 平面的加工，确定。

1. 创建刀具

点击机床视图，创建刀具，在这里仍然用 8 的刀具，输入个 D8，确定。直径 8，刀具号为 1，确定（见图 2.1.3 创建刀具）。

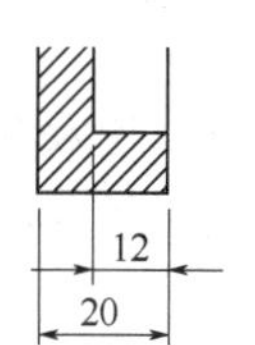

图 2.1.2　深度 12 的区域

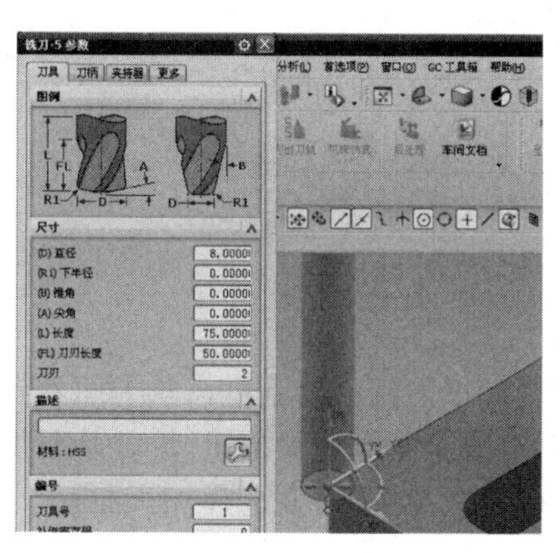

图 2.1.3　创建刀具

2. 创建毛坯

几何视图来创建坐标跟毛坯，双击 MCS MILL，输入安全距离，安全高度为 2，确定，打开+号，双击 WORKPIECE，指定部件点一下，然后选择物体，确定（见图 2.1.4 选择加工部件）。指定毛坯，类型当中选择包容块，将物体最小化地包容，依次确定（见图 2.1.5 选择几何体）。

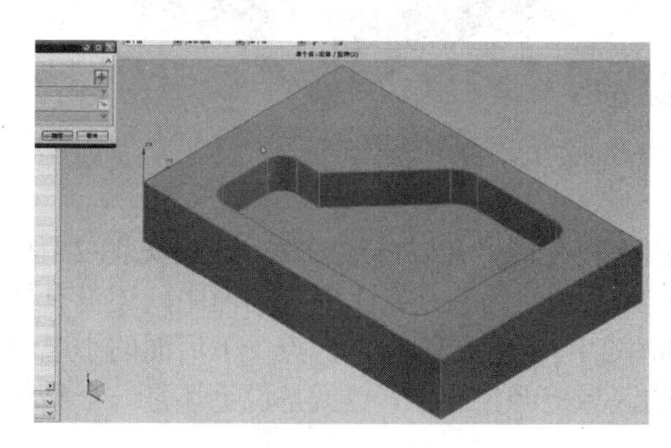

图 2.1.4　选择加工部件

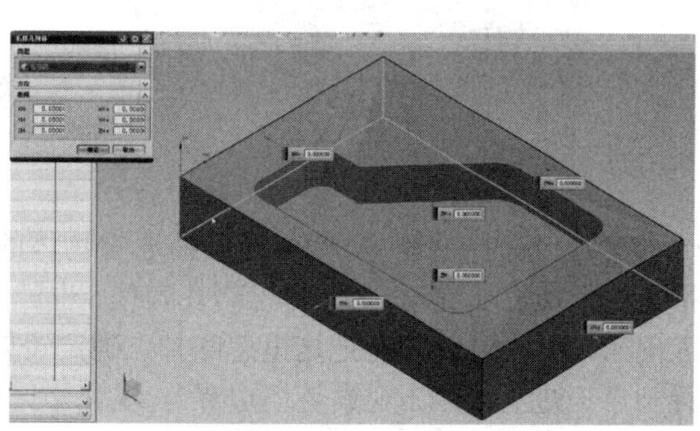

图 2.1.5　选择几何体

三、程序创建

1. 粗加工

然后点回程序视图，创建工序，上面就不是前面的这两种了，不是FACE MILLING，而是第四种PLANAR-MILL（见图2.1.6面铣按钮），程序放到PROGRAM中间，刀具D8的刀具，几何体毛坯WORKPIECE，方法是粗加工ROUGH，这里PLANAR MILL，就可以直接将它简单地命名为cu，确定（见图2.1.7创建工序）。

图2.1.6 面铣按钮

图2.1.7 创建工序

现在出现平面铣的对话框，从上面看到跟面铣有很大的不同，就本题来说首先要指定部件（见图2.1.8指定面边界按钮），就是要加工的区域，点击最上面区域，最下面区域，将平面选中，确定（见图2.1.9选择加工面）。

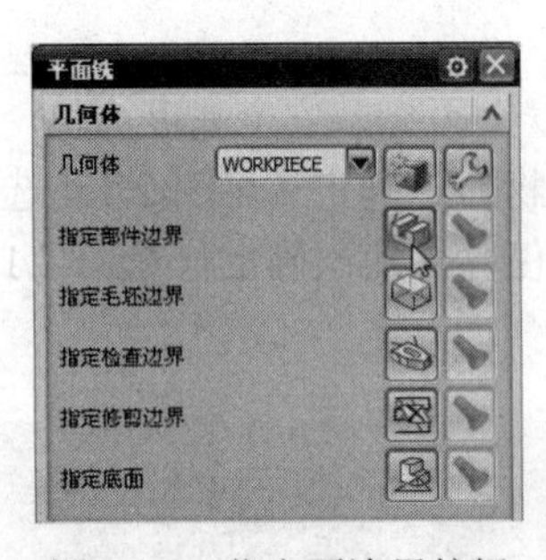

图2.1.8 指定面边界按钮

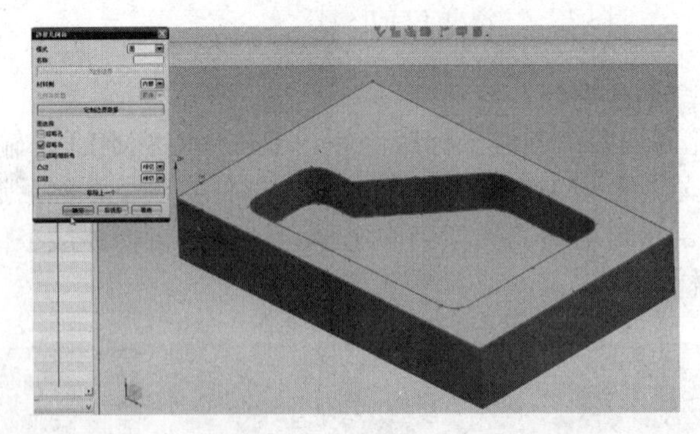

图2.1.9 选择加工面

第二步选择毛坯，虽然前面已经选中物体的毛坯，在这里又要再选一次，点击（见图2.1.10指定毛坯边界按钮），记住将忽略孔勾住，也就是说毛坯认为它是一个完整的而中间还没有加工出来，所以要忽略孔把这里忽略掉，确定（见图2.1.11选择毛坯面）。点一下后面的小电筒看一下（见图2.1.12观察毛坯边界），现在中间的区域已经没有了，也就是说毛坯是一个整体的大区域。

图 2.1.10　指定毛坯边界按钮

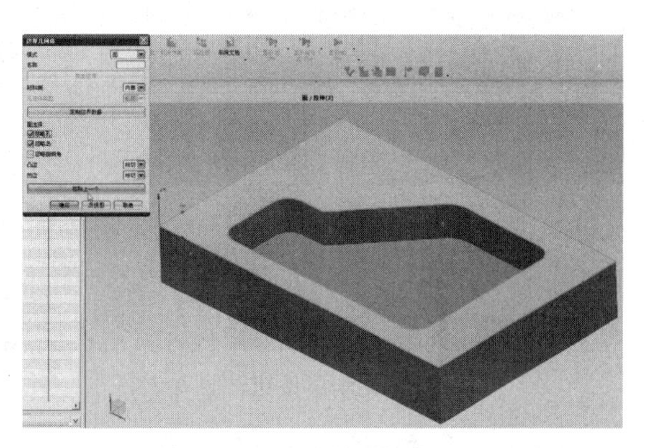

图 2.1.11　选择毛坯面

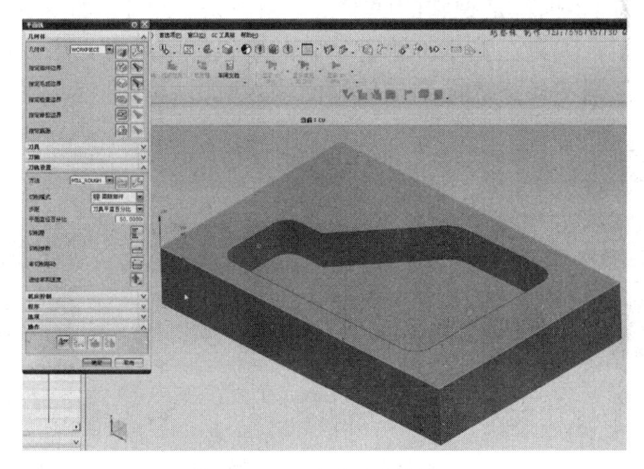

图 2.1.12　观察毛坯边界

指定底面（见图 2.1.13 指定底面按钮），这里必须要选择物体要加工的底面，也就是说加工最深的地方，确定（见图 2.1.14 选择底面）。这样确定好以后由系统自动生成从上到下的加工深度，不会像面铣一样由系统自动去指定。

图 2.1.13　指定底面按钮

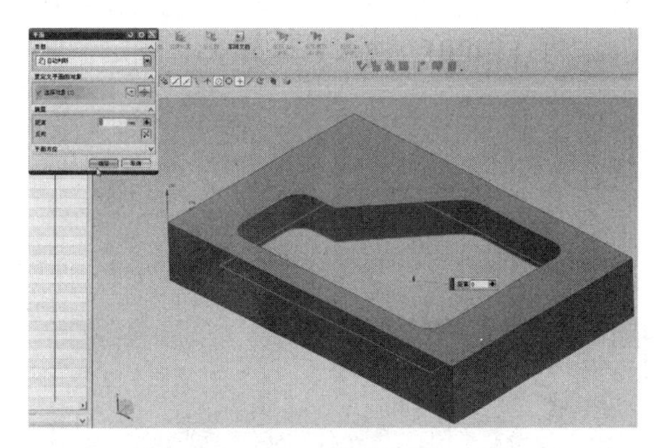

图 2.1.14　选择底面

在切削模式中选择跟随周边，因为物体加工的范围是在内部，平面直径百分比为 50，这个是平面铣默认的值，暂时也可以将它改为 75，注意，在这里还没有设置每刀的深度，每刀深度是在切削层中设置（见图 2.1.15 切削层按钮），打开切削层，在恒定的数值当中有个公共，公共指的就是每一层的深度，选择 2，确定（见图 2.1.16 切削层参数设置）。

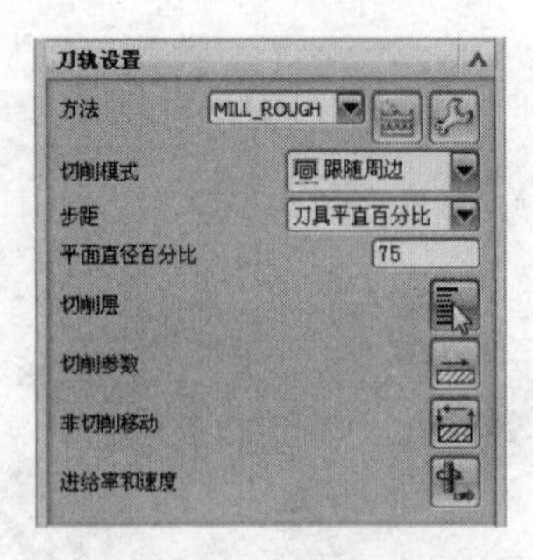

图 2.1.15 切削层按钮

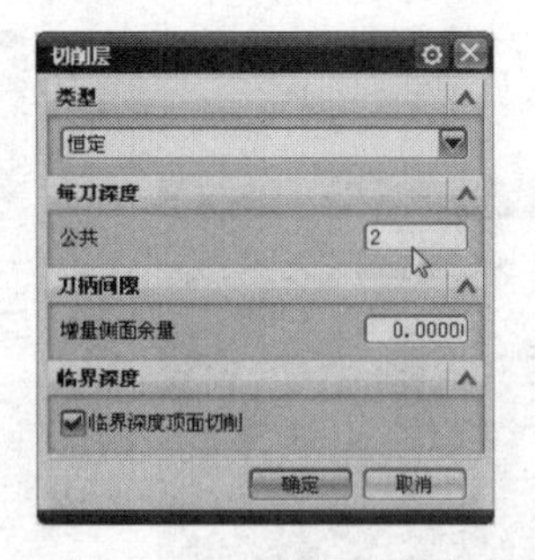

图 2.1.16 切削层参数设置

然后可以简单看一下切削参数里面，点一下（见图 2.1.17 切削参数按钮），在这里有一个余量值，部件余量为 1，也就是说它的底面余量留下来了个 1，如果说只想设底面余量，在这里输入个 1 就可以了，如果在这里不管它，它的 1 包括壁余量，所以如果不想用壁余量，只有底面余量的时候，只在最终底面余量值里面输入就可以，确定（见图 2.1.18 余量设置）。

图 2.1.17 切削参数按钮

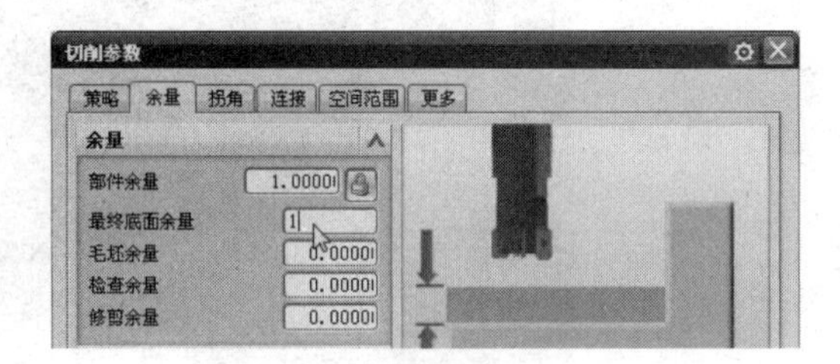

图 2.1.18 余量设置

然后生成刀具路径（见图 2.1.19 刀具路径），可以看到它的加工路径和面铣其实差不多，只不过这里用平面铣的参数有所区别，确定。

2. 精加工

下面再做一次精加工，精加工跟一般的操作都是一样的，创建工序，平面铣，只不过在方法这里改成了 FINISH，输入名称 JING，确定（见图 2.1.20 创建工序）。

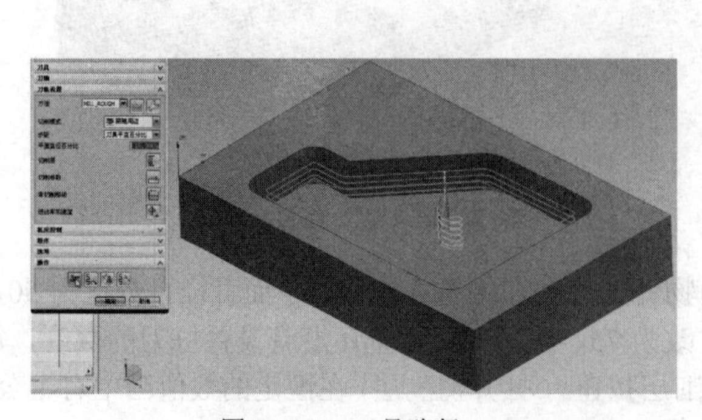

图 2.1.19 刀具路径

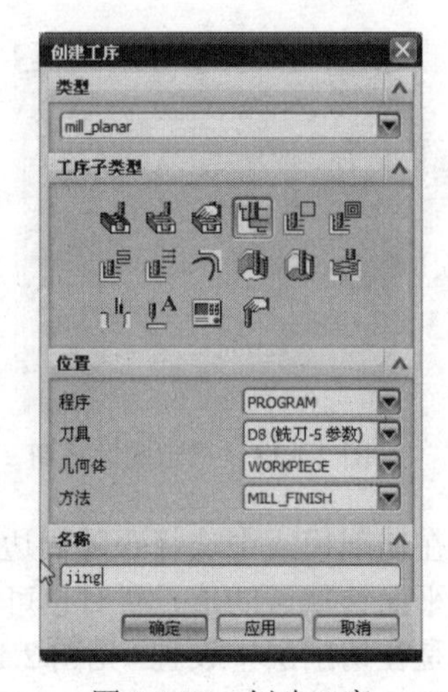

图 2.1.20 创建工序

其他基本的选择方法类似，选择部件（见图 2.21 指定部件边界按钮），1 个，2 个平面，确定（见图 2.1.22 选择加工面），选择毛坯边界（见图 2.1.23），注意是先把忽略孔选中，然后指定面，确定（见图 2.1.24 选择毛坯面），再选择一个底面，依次确定（见图 2.1.25 指定底面按钮），点击切削参数（见图 2.1.26 切削参数按钮），余量因为这里是精加工所以都设置为零（见图 2.1.27 余量设置），在切削层内选择仅底面，确定（见图 2.1.28 选择仅底面），生成刀具路径（见图 2.1.29）。

图 2.21　指定部件边界按钮

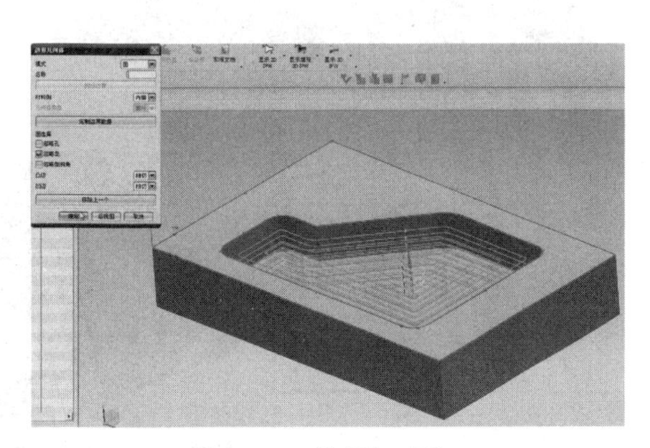

图 2.1.22　选择加工面

图 2.1.23　指定毛坯边界按钮

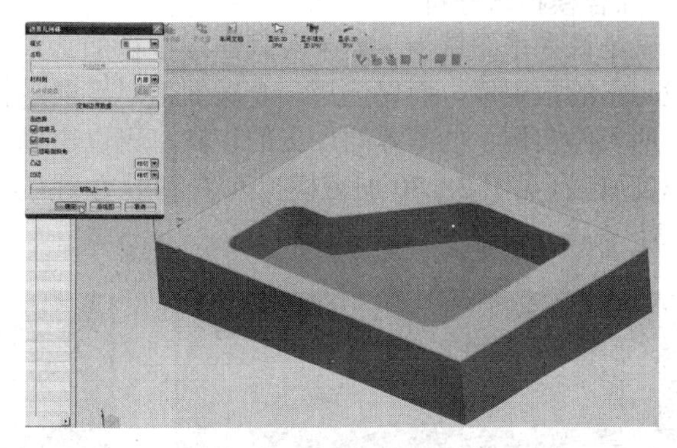

图 2.1.24　选择毛坯面

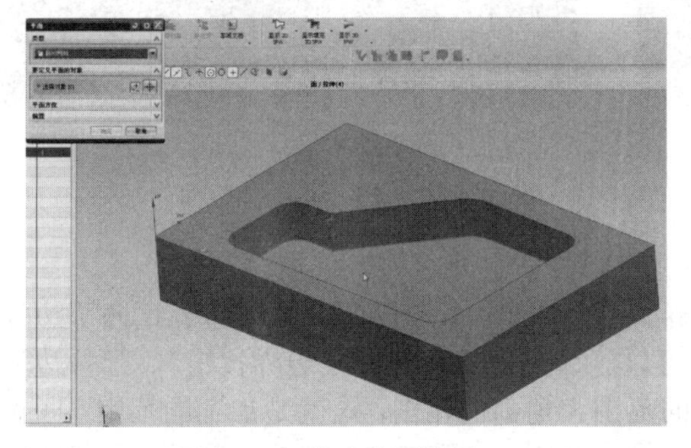

图 2.1.25　指定底面按钮

图 2.1.26　切削参数按钮

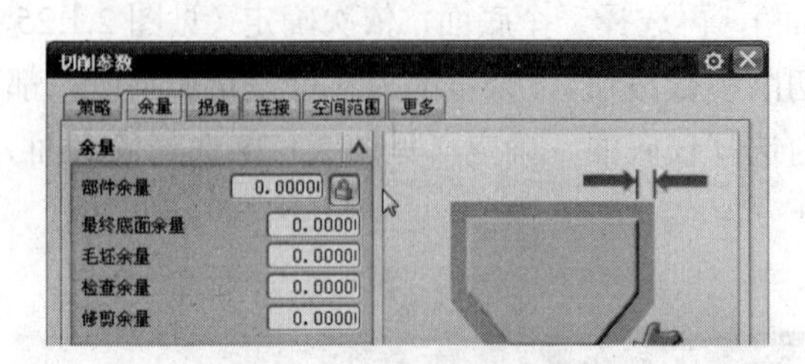

图 2.1.27 余量设置

图 2.1.28 选择仅底面

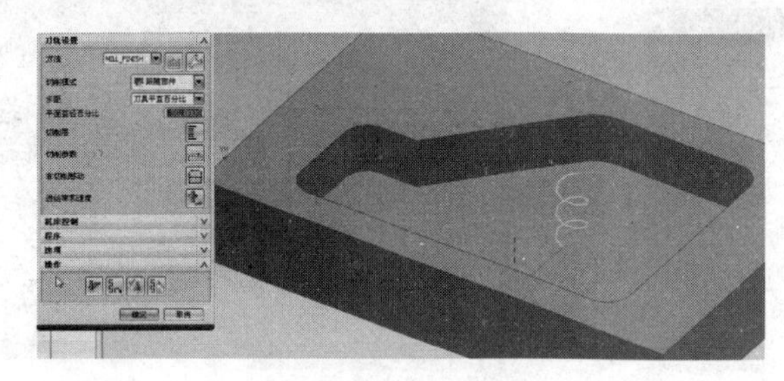

图 2.1.29 刀具路径

3. **综合模拟与分析**

也就是说在平面铣当中如果对底面进行精加工，不能设置它的每一刀的深度，也就是说不能设定它的恒定值，而仅选择一个底面值对底面进行加工，依次确定。这就是第一个例子平面铣的入门实例 1 的基本的加工的步骤，可以用确认刀轨来看一下它的模拟过程，将它的播放速度放慢（见图 2.1.30 加工模拟），看到最后一刀，它其实是带有中间的量和壁余量的（见图 2.1.31 最后一刀精加工）。

图 2.1.30 加工模拟

图 2.1.31 最后一刀精加工

四、重要知识点

点击程序进去，在这里，部件边界、毛坯边界、检查边界、修剪边界这四个边界的概念，只要注意部件边界跟毛坯边界就可以了（见图 2.1.32 指定边界按钮），部件边界指的是部件的范围，比如说要加工的底面的范围和顶部的范围，这就是加工的范围，叫做部件边界；而毛坯的边界指的是整个物体的最大范围，一般来说要忽略中间的孔，忽略中间的岛屿。

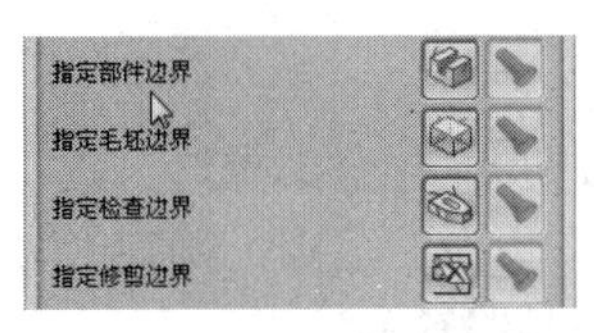

图 2.1.32　指定边界按钮

1. 毛坯边界的选择

毛坯边界的设定（见图 2.1.33 指定毛坯边界按钮），将它全部重选一下，如果不选择忽略孔会有什么结果，依次确定（见图 2.1.34 选择毛坯面），也就是说毛坯不包括要加工槽的范围在内，再重新生成，它会提示不能在任何层上面切削该部件（见图 2.1.35 警告信息）。

图 2.1.33　指定毛坯边界按钮

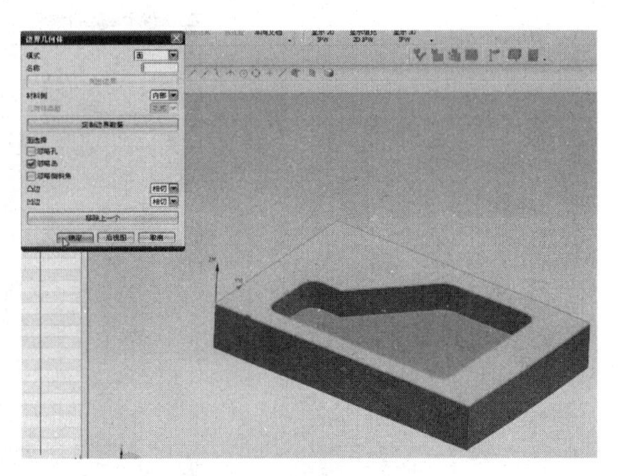

图 2.1.34　选择毛坯面

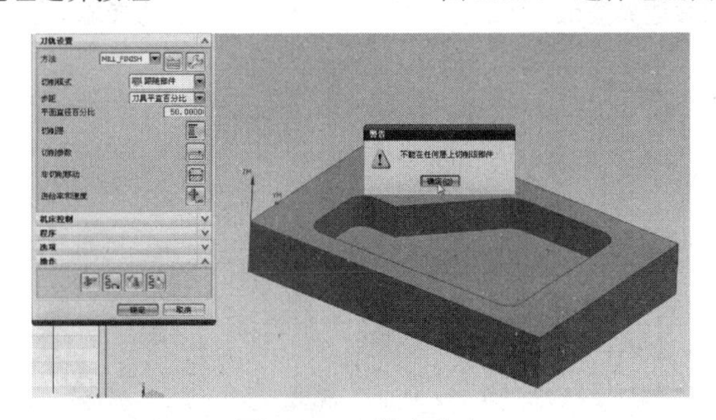

图 2.1.35　警告信息

也就是说指定的切削范围是底面中间这个范围，而毛坯是外面范围，它们中间没有任何的交集，刀具也无法产生它的路径，这是第一点，作为毛坯的选择必须要选择的是忽略孔，再次进入毛坯选择这里，再全部重选，必须要将忽略孔勾上，选中，依次确定（见图 2.1.36 选择毛坯面）。这样才可以进行操作，下面生成刀路（见图 2.1.37 刀具路径）。

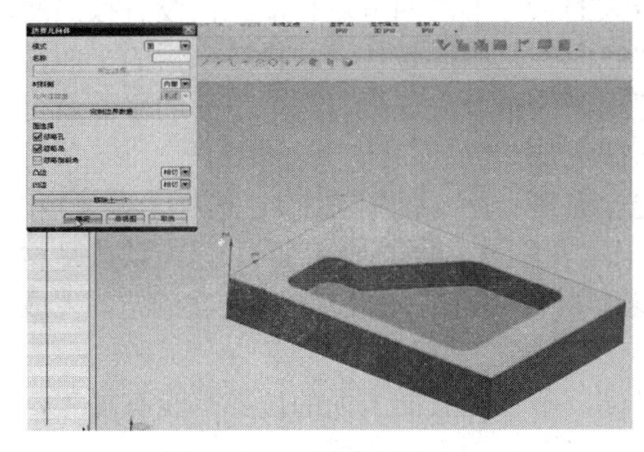

图 2.1.36　选择毛坯面

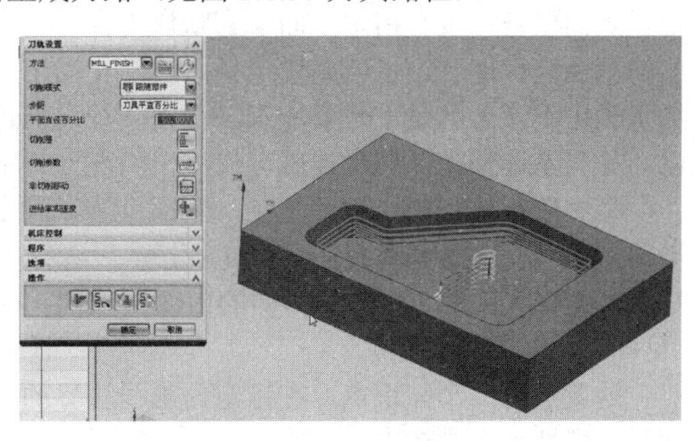

图 2.1.37　刀具路径

这是第一个知识点，毛坯里面要确定忽略孔。

2. 部件的边界选择

第二个知识点看部件的边界选择（见图 2.1.38 指定部件边界按钮），再全部重选一次，刚才是上面下面都选择，而实际上加工的只是下面的范围，点击一下下面的范围，确定（见图 2.1.39 选择加工面），上表面不点击，确定，生成（见图 2.1.40 刀具路径）。

图 2.1.38 指定部件边界按钮

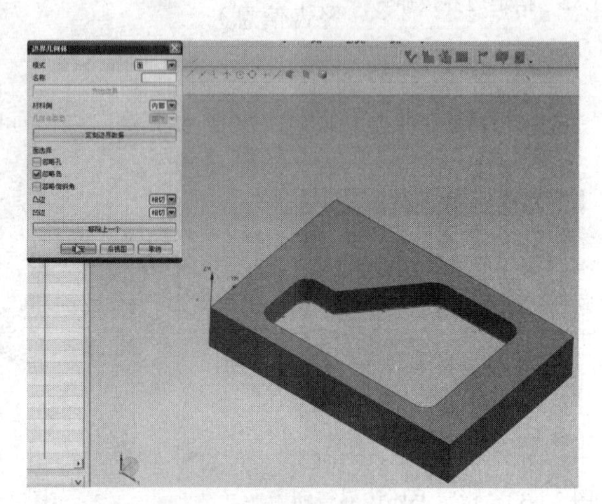

图 2.1.39 选择加工面

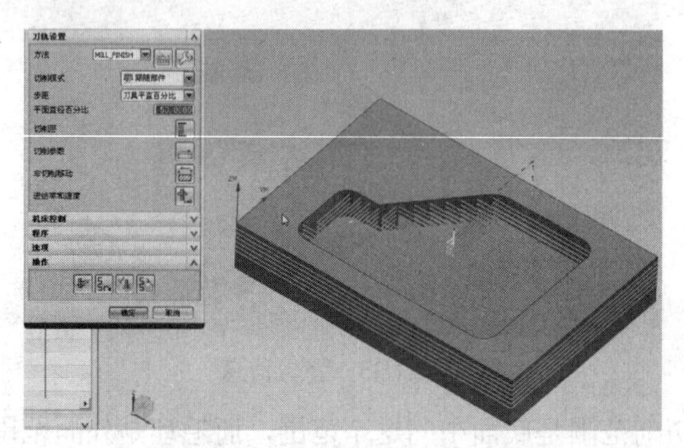

图 2.1.40 刀具路径

可以看到它类似于以中间为中心的一个大方块的加工，这样加工出现的原因是什么？指定了底面但是并没有指定上面，它默认为会有一个大的长方形的四方进行加工而没有按照底面的范围进行加工，也就是说选择两次，相当于把底面的范围固定住，这样在以后的平面铣加工当中不管上部是不是要加工，作为一种习惯把上面的平面先选中再选中下面的平面就可以，如果不选择上面的平面就会像这个情况一样从四周加工到底。

将它选回来，指定部件边界，全部重选，确定，点击上面（见图 2.1.41 选择上面），相当于用顶面将加工的大范围给框定死，然后选择下面（见图 2.1.42 选择下面）。因为默认是材料上的内部（见图 2.1.43 材料侧的内部），相当于这个材料从内部开始选择，依次确定，生成（见图 2.1.44 刀具路径）。

这就是第二个知识点，在指定内部线边界的时候，不管上底面上面的边界有没有加工，都要习惯性地将它选中。

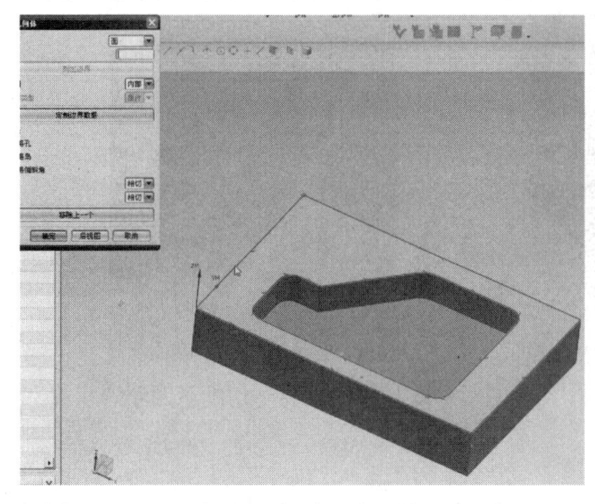

图 2.1.41 选择上面

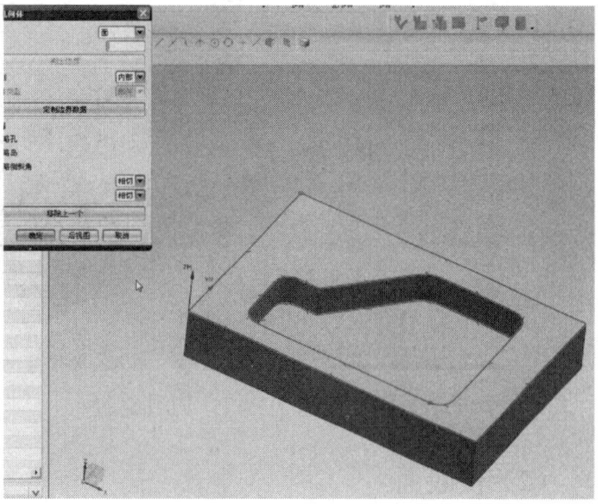

图 2.1.42 选择下面

图 2.1.43 材料侧的内部

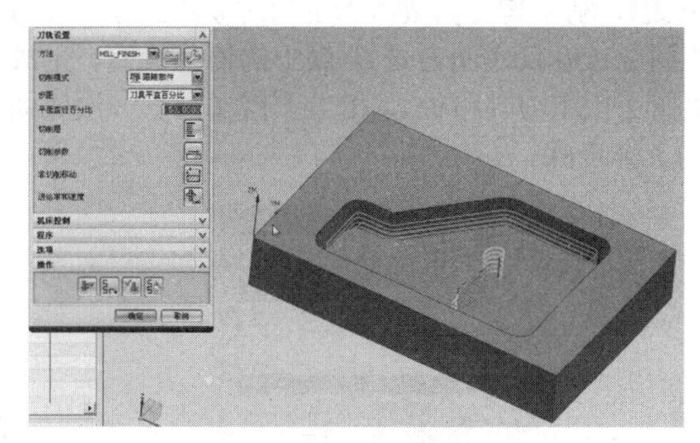

图 2.1.44 刀具路径

3. 切削层

下面的第三个知识点就是这个新出现的切削层的概念，切削层也就是说它可以像面铣一样设置每一层的 切削高度，但是它单独列出来就必须有它出现的原因，点开来看一下（见图 2.1.45 切削层按钮）。

（1）恒定

点开看一下恒定的值是 2mm，将它改大一点，设为 4mm，确定（见图 2.1.46 削层参数设置），生成刀具路径，其实这个概念差不多（见图 2.1.47 刀具路径），如果每层切削 2mm，它就切削了 6 次，如果是 4mm，它就切削了三次，所以工件厚度是 12（见图 2.1.48 切削了四层）。

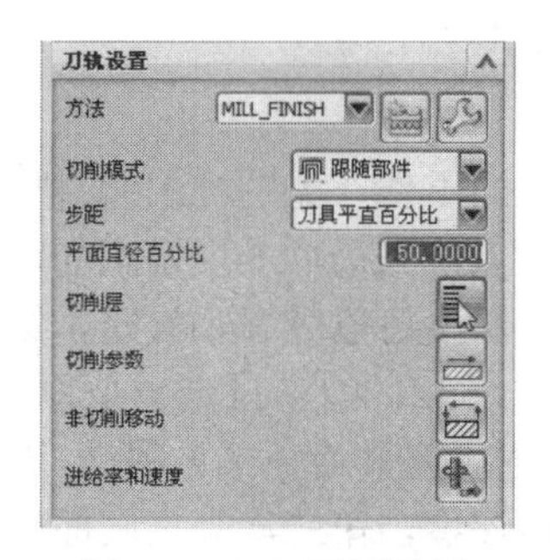

图 2.1.45 切削层按钮

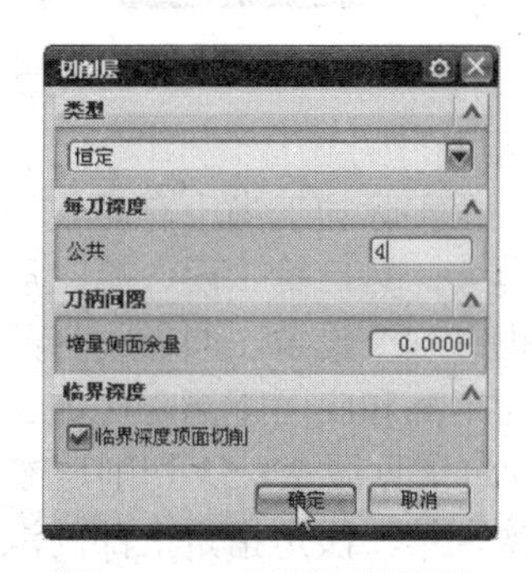

图 2.1.46 削层参数设置

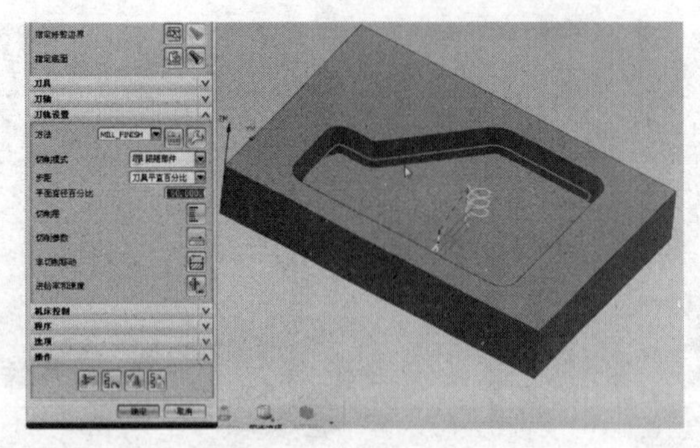

图 2.1.47 刀具路径

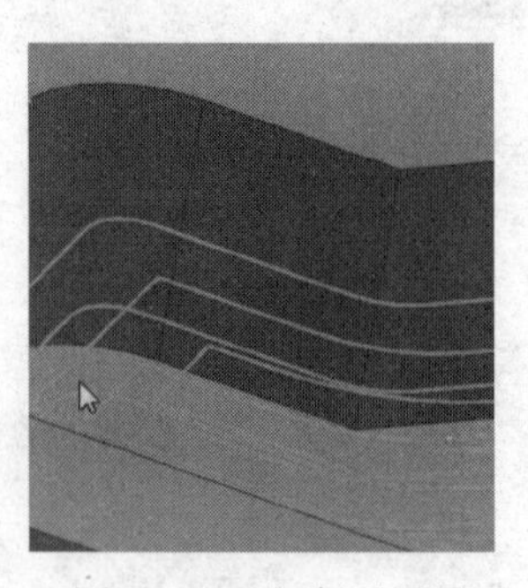

图 2.1.48 切削了四层

（2）仅底面

点击切削层，再次进去看一下这里的两个值，一个是仅底面，一个是恒定（见图 2.1.49 恒定方式），刚才其实在做精加工的时候看到了一个仅底面，看一下仅底面的值，当选择仅底面（见图 2.1.50 仅底面方式），底下的值都没有，生成一下，也就是说它仅加工一下底面的操作（见图 2.1.51 刀具路径），相当于精加工了一次底面，一般来说用仅底面的方式也是精加工操作的一个步骤。

图 2.1.49 恒定方式

图 2.1.50 仅底面方式

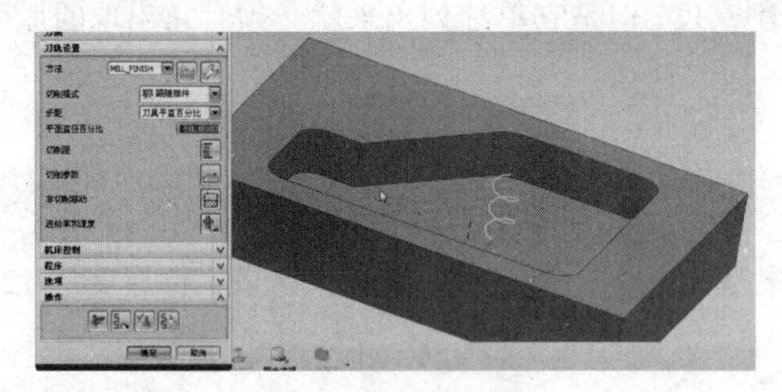

图 2.1.51 刀具路径

（3）临界深度

另外一种，在实际加工当中有时候切削这种槽形的零件（见图 2.1.52 槽形零件），在第一层的切削量会大，然后第二层、第三层会稍微小一点，到最后一层切削的时候量会更少，在切削层当中也有一个设定，叫做临界的深度，临界深度可以分开来设定，第一刀和最后一刀的数值：顶面距离和底面距离。比如说这里的深度为 12，给它设定一个顶面距离为 4，底面距离为 1，确定（见图 2.1.53 切削层参数设置），生成刀具路径（见图 2.1.54 刀具路径），这样只加工三次，第一次是指定上部的深度、顶部的深度，第二次是离底面的深度，最后一次是底面的深度。

图 2.1.52　槽形零件

图 2.1.53　切削层参数设置

图 2.1.54　刀具路径

可以通过确认刀轨来看一下它的切削效果，也就是说基本上只有这么几刀的过程，图 2.1.55 是第一层，图 2.1.56 是第二层，图 2.1.57 是第三层，也就是最后一层，其实在加工的时候也看得到，在加工的时候加工得不是很合理（见图 2.1.58 观察刀具路径），它上面虽然是设定的 4mm 的值，但是中间一层的这个值太大，在实际当中这种方法只是当深度比较浅的时候会应用，像在这题当中应用得就不大合适，选择切削值的操作，选择里面的恒定数值会比较方便，临界深度的设定，只当槽比较浅的情况下，才采取。

图 2.1.55　第一层加工模拟

图 2.1.56　第二层加工模拟

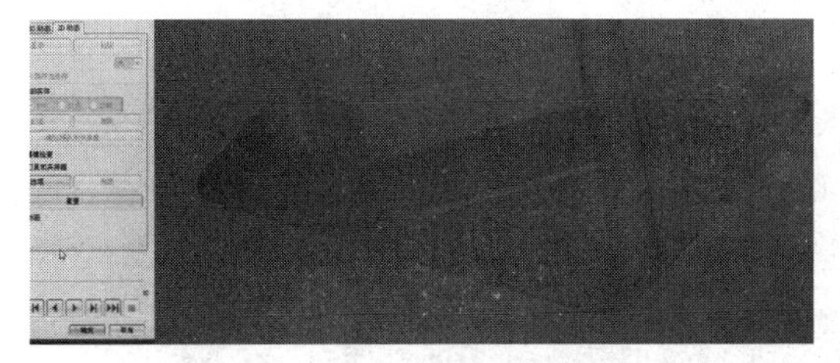

图 2.1.57　第三层加工模拟

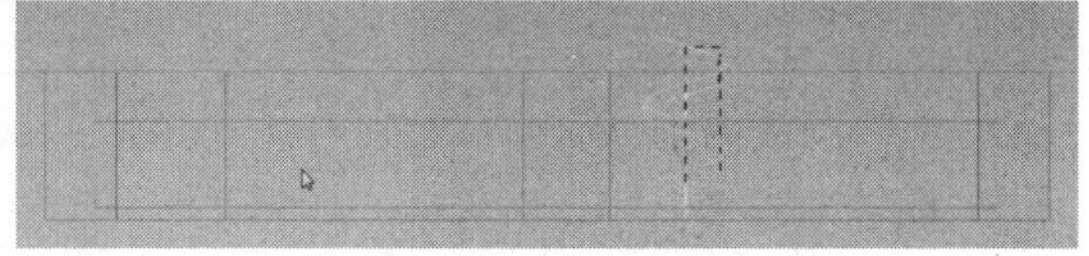

图 2.1.58　观察刀具路径

（4）底面及临界深度

在这里还有一个数值：底面及临界深度（见图 2.1.59 临界深度方式），这个数值的设定选择一下，确定，然后这边没有任何数值，生成（见图2.1.60刀具路径）。

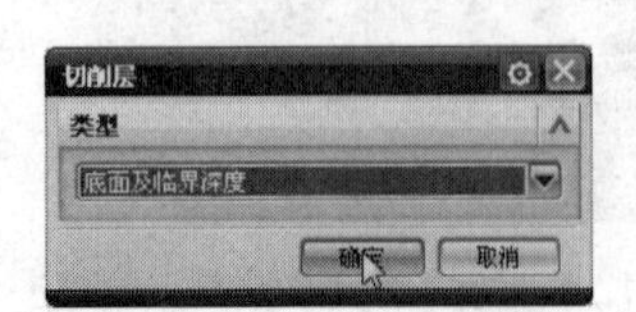

图2.1.59 临界深度方式

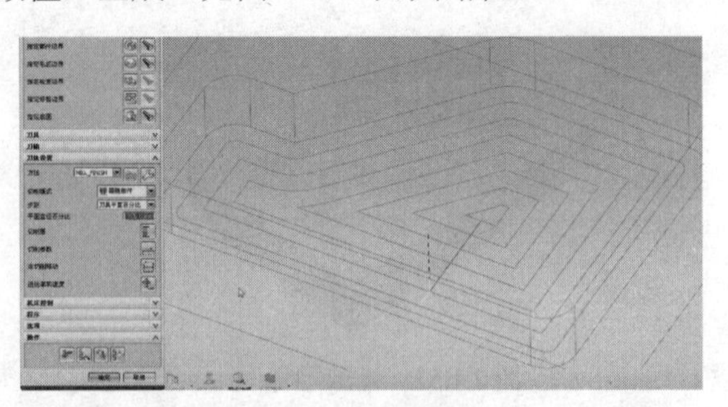

图2.1.60 刀具路径

可以看到这样的生成方法跟底面也没有太多的区别，也可以这么理解它。也可以这么理解底面及临界深度，就将它理解为仅底面，虽然它们的定义有一些不同，但实际当中效果都差不多，只记住一个就可以。

（5）用户定义

下面看一下用处最大的，选择切削层（见图2.1.61 切削层按钮），当中有一个用户的定义（见图2.1.62用户定义方式）。

图2.1.61 切削层按钮

图2.1.62 用户定义方式

用户的定义包括了前面所说的所有步骤，临界深度只能设置顶面跟底面的距离，中间不能设置，恒定值是所有的层都是一样高的，上下不能设置成递减的序列，或者是递增的深度，而仅底面也只加工最后一刀，用户定义它可以定义成每一层的加工深度，而且也可以定义出顶面的加工距离和底面的加工距离，确定选择用户定义，设定为每一层2mm，顶面距离为4mm，底面距离为1mm，确定（见图2.1.63切削层参数设置），生成刀具路径（见图2.1.64刀具路径），用静态线框的前视图来观察，可以发现第一刀是设置的4mm，然后按每一刀2mm往下降然后降到离底面1mm的时候再加工一层，然后加工一个底面（见图2.1.65静态线框观察刀具路径）。

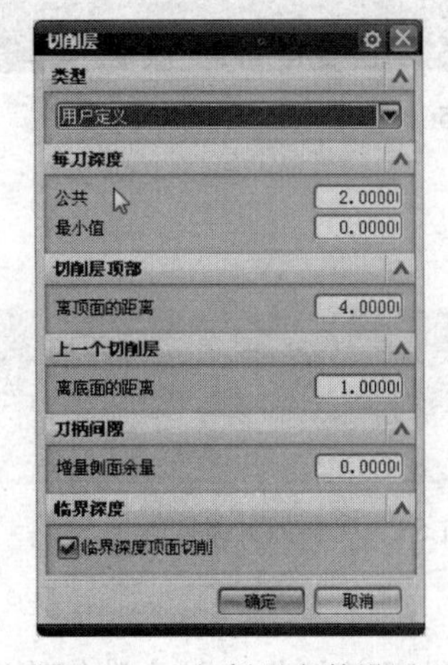

图2.1.63 切削层参数设置

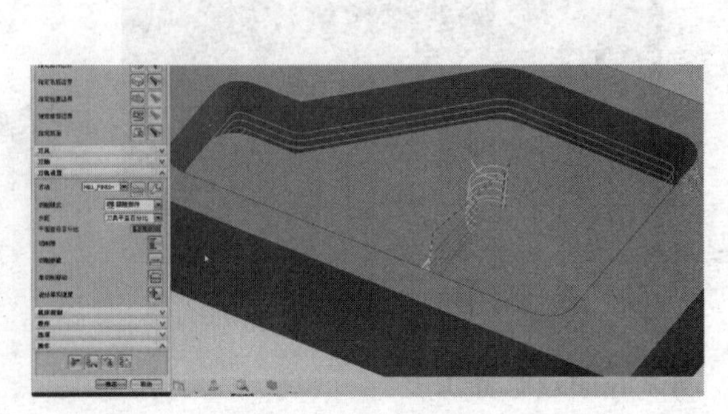

图2.1.64 刀具路径

图 2.1.65 静态线框观察刀具路径

也就是说这里中间采用的是恒定的数值，从上到下采用的是递减的数值，也就是说整体看出来是 4、2、1 这样的序列递减，4 是离顶面的距离，1 是离底面的距离，2 是中间的距离，这样加工的好处是在上面可以更多地切削到材料，节省加工时间，中间使加工过程更加稳定，到最后一层，加工 1 的时候为精加工和光底面做好准备。在实际当中采用这种方法比较多，也就是说在切削层的类型当中注意用户的定义，然后分别设定公共值，离顶面的距离和离底面的距离，下面将图形切换回带边着色。

看一下它的模拟效果，也就是说第一刀会稍微深一点（见图 2.1.66 第一刀加工模拟），然后会按照 2 的平均深度进行加工（见图 2.1.67 逐层的加工模拟），但最后光底之前是按照 1 的距离进行加工，确定（见图 2.1.68 对后一层第一刀加工模拟）。

图 2.1.66 第一刀加工模拟

图 2.1.67 逐层的加工模拟

图 2.1.68 对后一层第一刀加工模拟

这是要讲的第三个知识点，切削层里面的几个设置，也就是说要注意简单地用恒定值直接设置，然后精加工使用底面，临界深度设置上面和下面，用得不多，然后底面及临界深度可以将它直接理解为仅底面。用得最多的就是用户自定义，它可以自动设定最高的加工距离，设定第一刀的值、中间的值和最后一刀的值。

4. 底面的选择

第四个知识点底面，在指定底面时，有时候会根据加工要求，不一定加工到所设定的底面，也就是说这个底面可以有一定的高度改变。当将鼠标移到按钮上时，它在底下出现了选择或者编辑底面几何体，选中（见图 2.1.69 指定底面按钮）。

看这里，数值是可以进行修改的，比如说往上抬 2，确定（见图 2.1.70 指定底面），生成刀具路径（见图 2.1.71 刀具路径），将它设置为前视图用静态线框去观察，可以看到它的最后一刀并不是加工到底面的，而是留了一个 2 的距离（见图 2.1.72 静态线框观察刀具路径）。

图 2.1.69 指定底面按钮

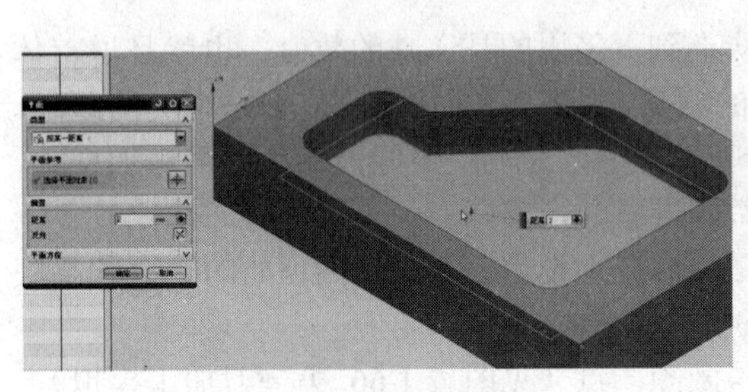

图 2.1.70 指定底面

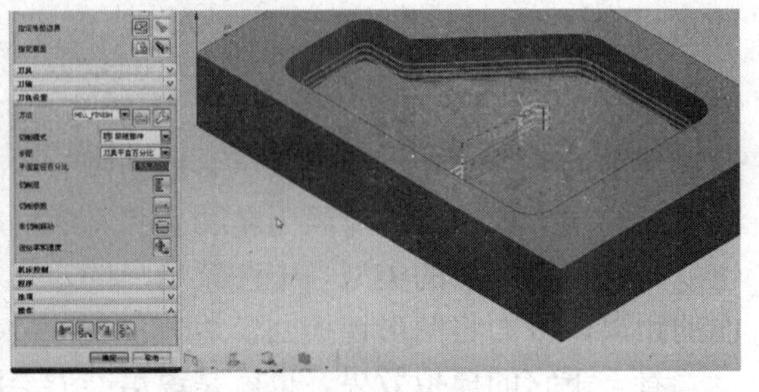

图 2.1.71 刀具路径

图 2.1.72 静态线框观察刀具路径

图 2.1.73 修改高度

在实际当中，这样应用考虑到底面的粗糙度可能和其他地方有些区别，这里将它的底面抬高，下一次加工的时候再将它加工到位。这就是要讲的第四个知识点指定底面。底面的高度可以在设定好数值以后再次点击进来进行修改（见图 2.1.73 修改高度），修改的范围是在底面之上而不是往下，往下修改很容易陷入毛坯的内部而无法进行加工。

五、经验总结

因为其他的加工参数跟前面比较类似，所以就没有必要再重复讲一遍，参照面铣的操作即可，只要注意在平面铣的选择方法中有些不同，首先要选择整个加工的范围，就是加工的面，这个面不管怎么选，第一点面肯定要选。第二点当加工的面选中以后还要选择一次毛坯的边界，这个边界不同于前面那个物体的加工边界，这是根据毛坯尺寸来选择的边界，在选择边界的时候必须要选择忽略孔，将中间图形当中已经被挖掉的槽忽略掉，认为它是个方块。第三点底面，只需要选择加工深度最深的地方就可以，它究竟有多深，不需要去管，由 UG 软件图形的深度自动去计算。再往下的切削层里面通过几个参数的设定设定好加工的深度，UG 根据这里设定的数值，然后根据指定的底面，自动计算出每一层的位置。

这就是平面铣的内容，重点的也是新增加的内容，其他的切削参数也都是一样的，包括里面的余量，切削的方向还有切削的顺序等都是跟面铣是一样的。

第二节　平面铣的入门实例 2（精加工）

本节将通过一个实例讲解平面铣的精加工，首先看一下工件图（见图 2.2.1 平面铣入门实例 2）。

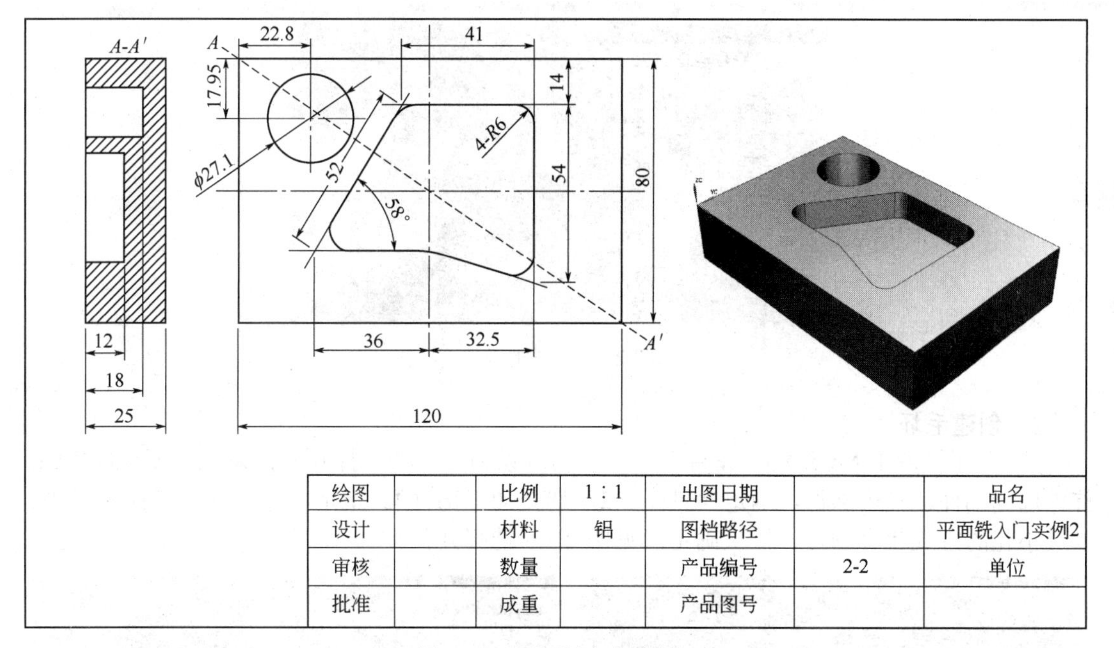

图 2.2.1　平面铣入门实例 2

一、工艺分析

从图上可以看出来它有两个基本的形状，一个是圆形的槽组成的，还有一个是不规则的槽的形状，上面这个图当中可以看出它的深度一个是−12 的区域，不规则的形状，一个是−18 的区域，圆形槽（见图 2.2.2 槽的深度和圆角区域）。它的形状也是比较单一的，看一下这里面，考虑到圆角半径为 *R*6，在取刀的时候只要满足这个值就可以了。*R*6 的半径值，直径是 12，在取刀的时候取个 8 或者 10 都可以，刀的直径为 8 或者 10 都可以。

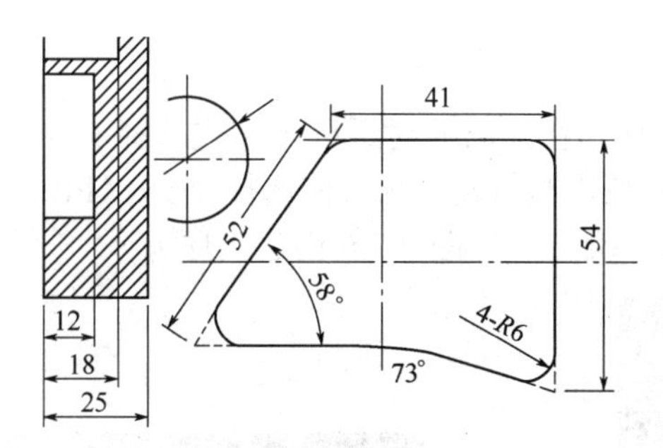

图 2.2.2　槽的深度和圆角区域

二、准备工作

现在打开 UG NX8.0，打开第二章平面铣 PLANAR-MILLING，第二节平面铣的精加工，OK。开始，加工，按照默认的 CAM GENERAL 的方式，底下是 MILL-PLANAR 的平面方式进入。

1. 创建刀具

直接选择机床视图来创建刀具，点击上面创建刀具，刚才说了选择 D8 的刀就可以了，名称为 D8，确定，右侧会显示出它的样子，在这儿将直径改为 8，刀具号改为 1 号刀，确定（见图 2.2.3 创建刀具）。

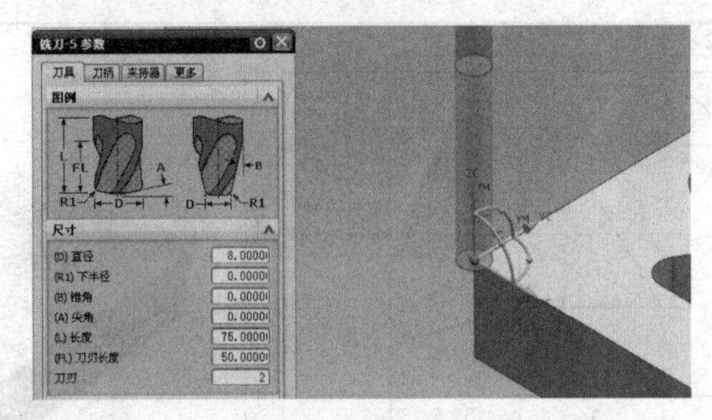

图 2.2.3 创建刀具

2. 创建毛坯

几何视图，双击 MCS-MILL，将它的安全高度设为 2，确定。打开+号，双击 WORKPIECE，首先选择部件，点击部件，确定（见图 2.2.4 选择加工部件）。指定毛坯，直接选择包容块，以最小化的方式包容物体，依次确定（见图 2.2.5 选择几何体）。

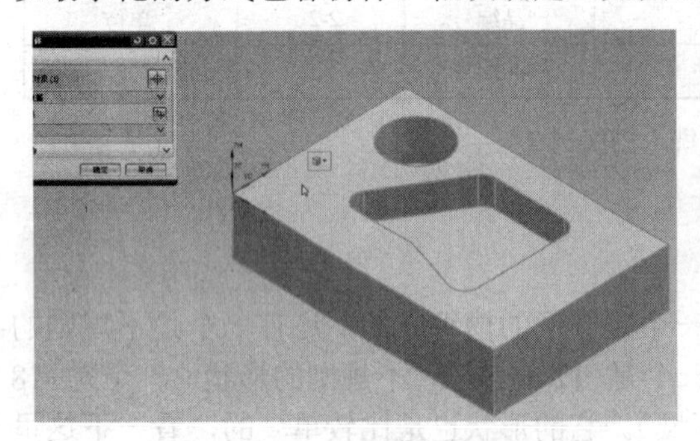

图 2.2.4 选择加工部件

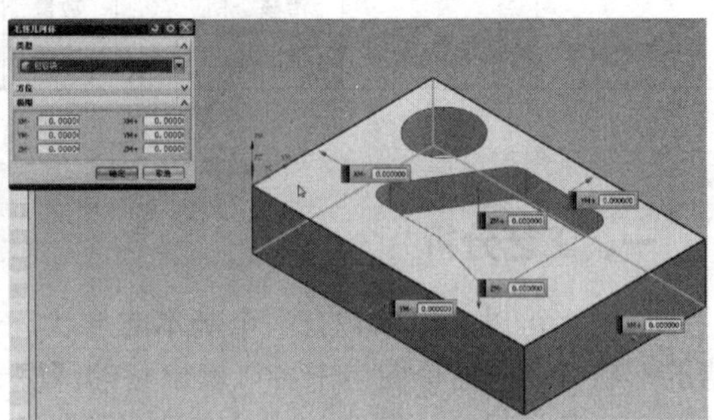

图 2.2.5 选择几何体

三、程序创建

1. 粗加工

返回程序视图，创建工序，在弹出的对话框中方式选择 PLANAR-MILL 第四个，程序放在 PROGRAM 中，刀具 D8 刚才的刀具，几何体选择 WORKPIECE，方法选择 ROUGH 粗加工，底下简单的命名为 CU，确定（见图 2.2.6 创建工序）。

图 2.2.6 创建工序

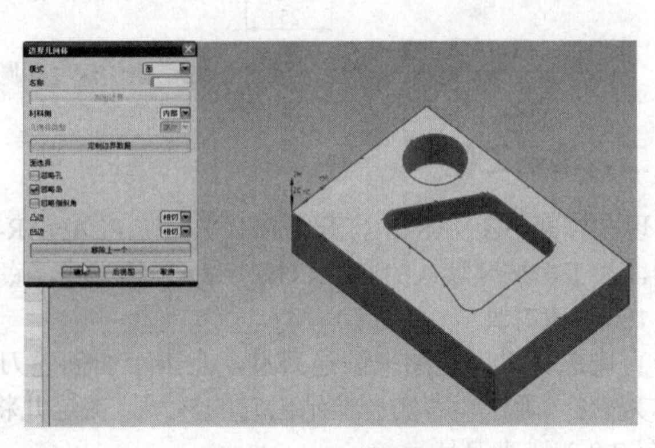

图 2.2.7 指定面边界

在弹出的对话框中一步步进行设置，首先指定部件的边界，点击进去，首先选择所有的面，确定（见图 2.2.7 指定面边界），指定毛坯，选择毛坯的边界，先选择忽略孔，直接点击顶面的忽略孔，确定（见图 2.2.8 选择毛坯面），下面指定底面，这个底面要是工件的最深处，由图形上知下面的区域是−12，圆形槽是−18，选择一下指定底面，就是说这个面，确定（见图 2.2.9 指定底面）。

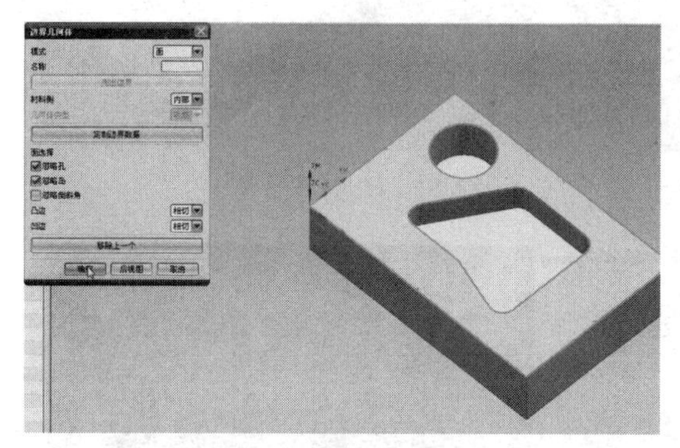

图 2.2.8 选择毛坯面

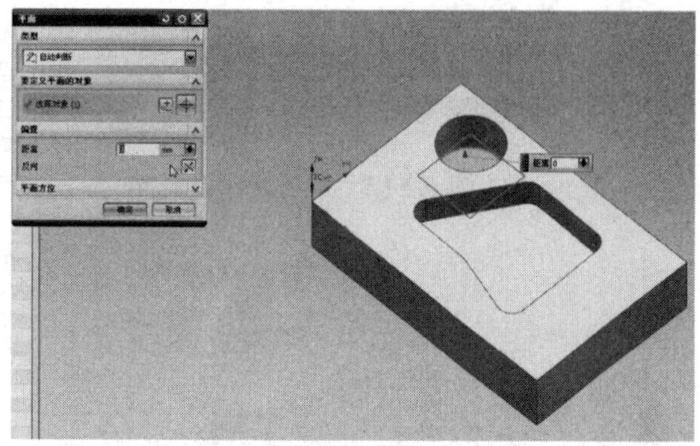

图 2.2.9 指定底面

MILL-ROUGH 粗加工这里的方法，切削模式选择跟随周边，因为刀具要在这周边进行加工，刀具百分比不变，点击切削层进入，在这里要设置它的切削的高度，输入 2，确定（见图 2.2.10 切削层参数设置）。

切削参数里面有一个余量要设置，点一下切削参数，部件的余量设为 1，也就是说底面的余量将它设为 1，将部件余量关闭，这样设置的好处就是壁不留余量，只留底面余量（见图 2.2.11 余量设置）；在策略当中要注意选择一个深度优先（见图 2.2.12 策略的深度优先），否则刀在每铣完一层都会来回跳动，确定，生成一下（见图 2.2.13 刀具路径），看一下这个粗加工就已经做完了。它在这里采用的是类似于螺旋下刀的方式（见图 2.2.14 螺旋下刀）。

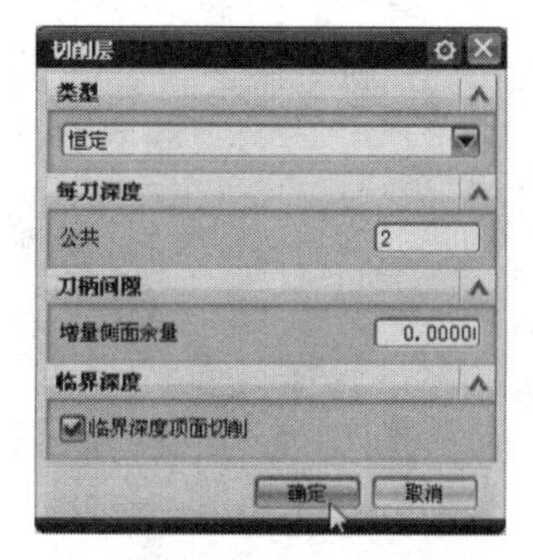

图 2.2.10 切削层参数设置

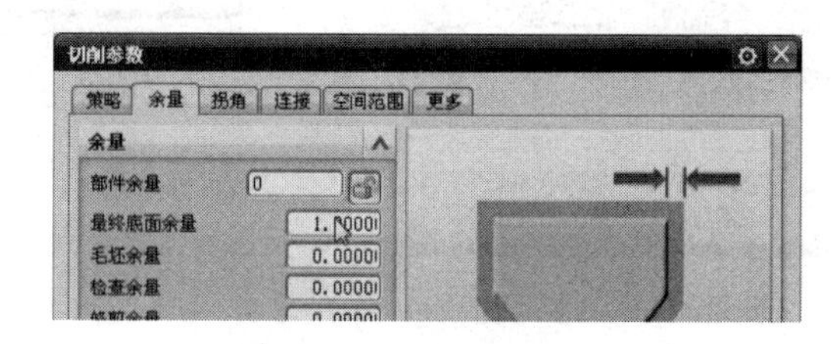

图 2.2.11 余量设置

可以给它简单地来一个模拟，确认刀轨，2D 动态，播放一下（见图 2.2.15 加工模拟）。

2. 平面铣的精加工及其分析

先创建工序，其他参数保持不变，选择 FINISH，这边选择一个 JING，确定（见图 2.2.16 创建工序）。

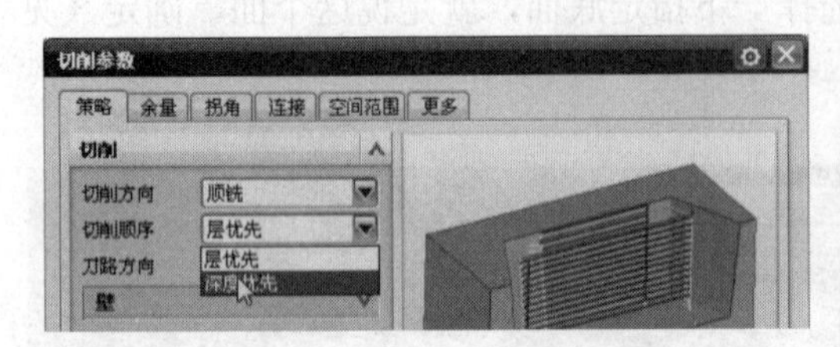

图 2.2.12　策略的深度优先

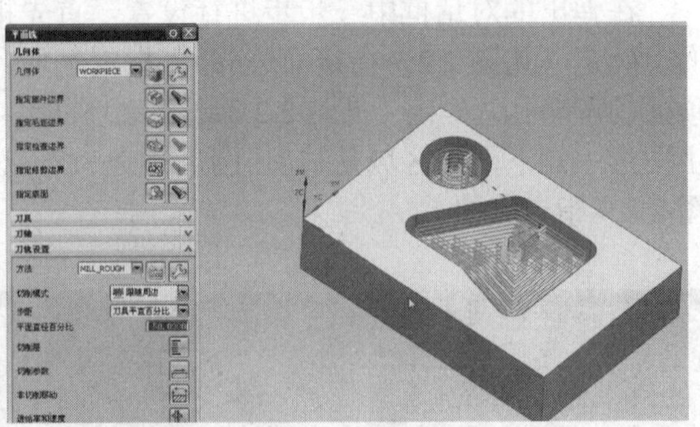

图 2.2.13　刀具路径

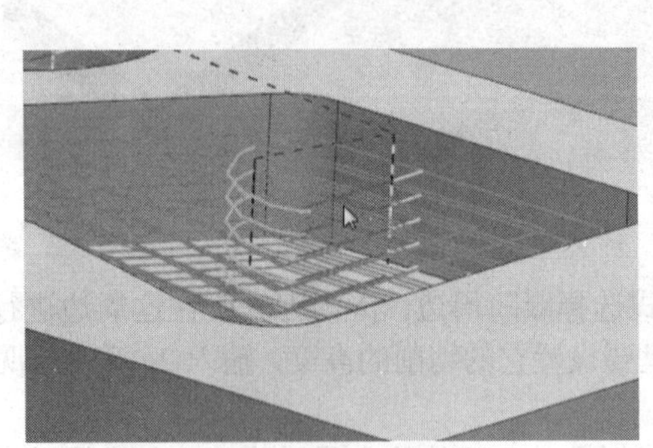

图 2.2.14　螺旋下刀

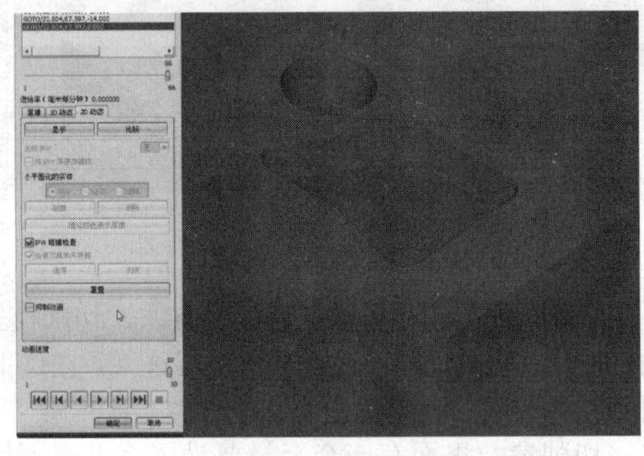

图 2.2.15　加工模拟

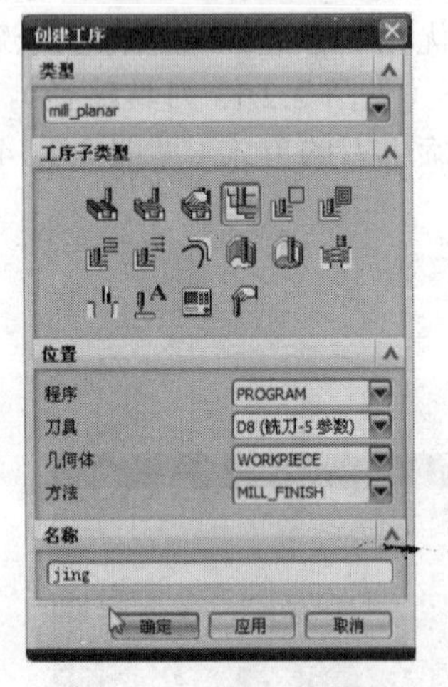

图 2.2.16　创建工序

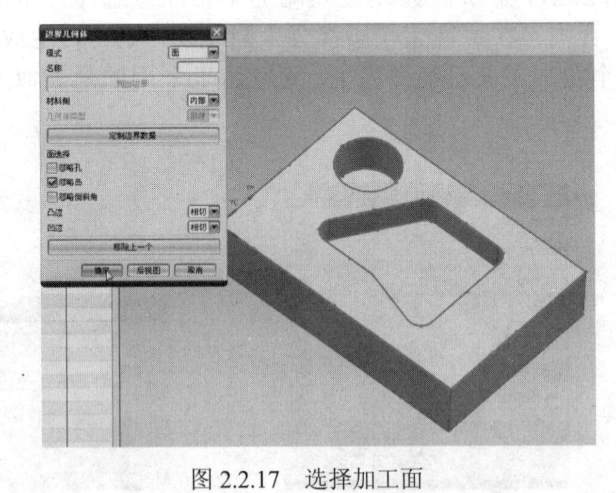

图 2.2.17　选择加工面

其他的参数再按次序选择，跟它前面的选择方法是一样的，指定部件边界，将所有的底面都选中，确定（见图 2.2.17 选择加工面），这是部件，毛坯，点一下忽略孔，点中，确定（见图 2.2.18 选择毛坯面），指定底面，点击圆形槽的底面（见图 2.2.19 指定底面），然后切削层当中，来看一下仅底面，确定（见图 2.2.20 仅底面方式），生成刀具路径，理想状态下，底面就是要选择的底面（见图 2.2.21 刀具路径），来看一下这里有没有出现问题，这里的仅底面也就是说它选择的是所指的最底的平面，并没有选择所有的平面。

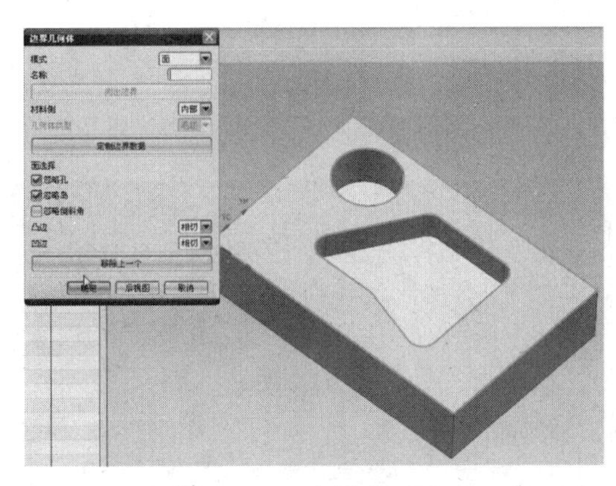

图 2.2.18　选择毛坯面

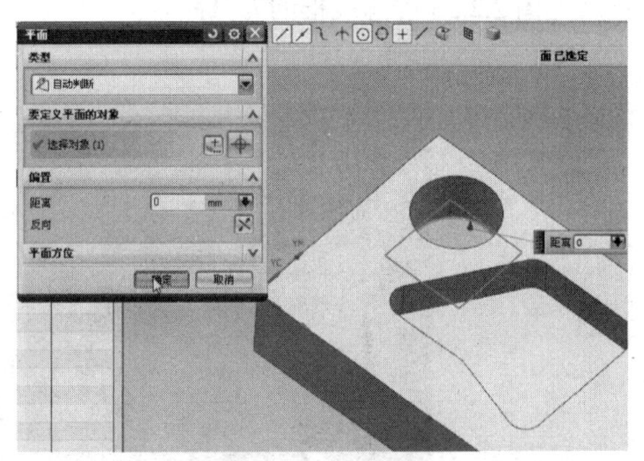

图 2.2.19　指定底面

图 2.2.20　仅底面方式

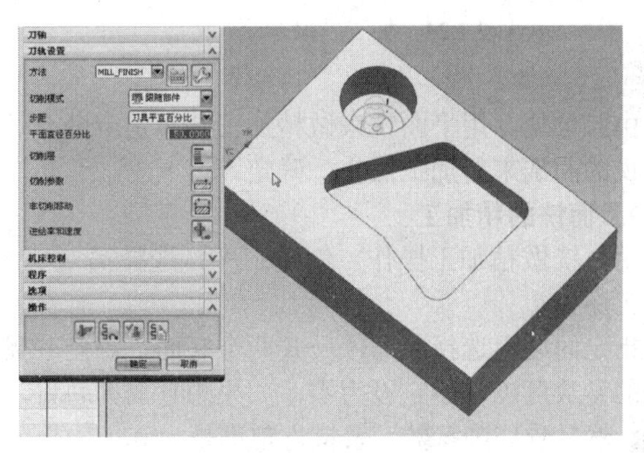

图 2.2.21　刀具路径

再看选择其他参数是否可以，点击切削层，选择底面及临界深度，确定（见图 2.2.22 底面及临界深度），生成。现在它将所有的面都加工完毕（见图 2.2.23 刀具路径）。

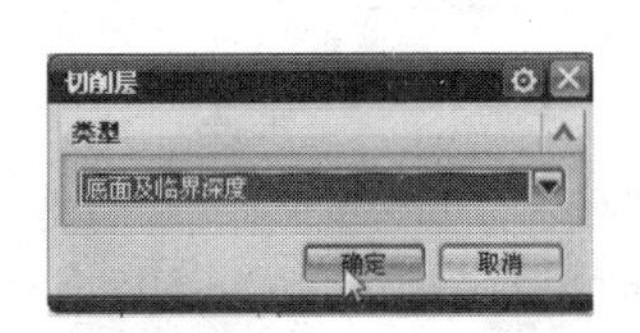

图 2.2.22　底面及临界深度

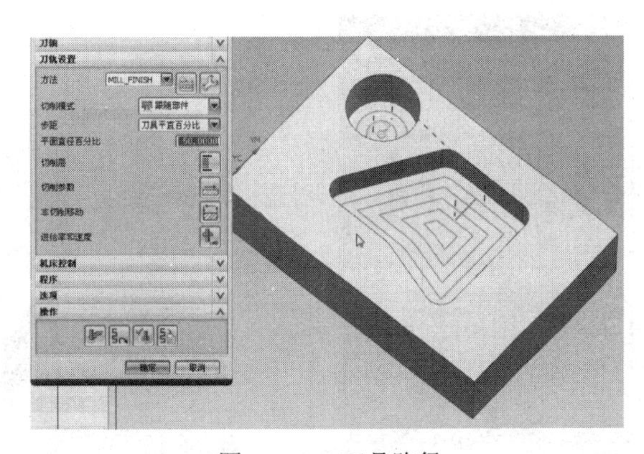

图 2.2.23　刀具路径

下面来看一下它是否可以真正做到加工效果，选择 PROGRAM，确认刀轨，将它放大一点，2D 动态，将速度放慢，播放一下，来看一下它精加工的效果，这是粗加工，下面的是精加工，来看一下这里的精加工仍然出现问题，它并没有加工到位（见图 2.2.24 加工模拟），用静态线框来看，这里放大了来看，好像是刀具已经到了底面，它在刚才模拟的时候并没有到位（见图 2.2.25 静态线框的刀具路径）。

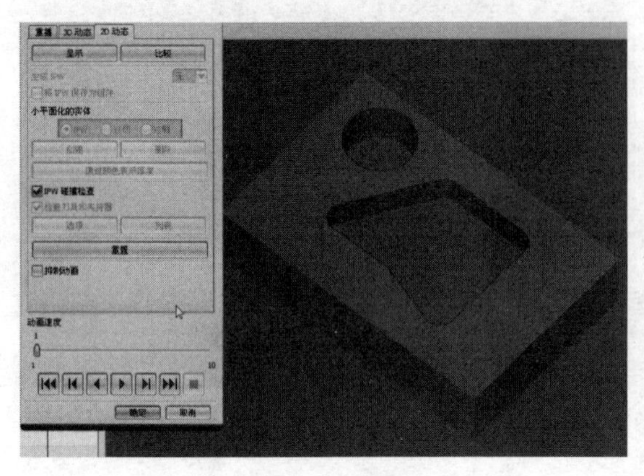

图 2.2.24 加工模拟

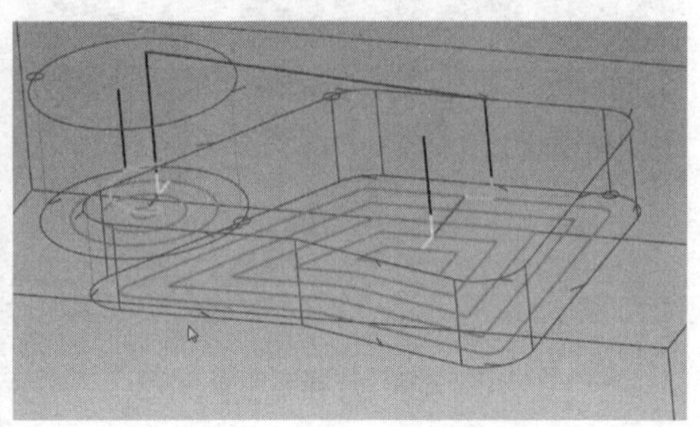

图 2.2.25 静态线框的刀具路径

由此可见，用平面铣来做精加工并不是十分合适，在实际的情况当中，最多的是采用前面所说的面铣来精加工操作，确定。

3. 面铣的精加工

用面铣做精加工操作。创建工序，选择第二项面铣，名称为 JING，确定（见图 2.2.26 创建工序）。

指定面边界选择底面，一共两个底面，确定（见图 2.2.27 选择加工面），选择跟随周边，其他的参数可以都将它设为零，如果想它的刀轨好看一点的话，可以将它的刀具百分比调低一点，然后看切削参数，余量肯定都是为 0，生成一下（见图 2.2.28 刀具路径），这个它就是沿着底面走了一刀，它在底面是圆形周围的情况下选择的是螺旋下刀的方式（见图 2.2.29 底面的刀具路径），在大范围不规则的情况下采用的是斜降下刀的方式，确定（见图 2.2.30 斜降下刀）。

图 2.2.26 创建工序

图 2.2.27 选择加工面

来看一下它的效果，确认刀轨，放大一点，2D 动态，播放（见图 2.2.31 加工模拟）。

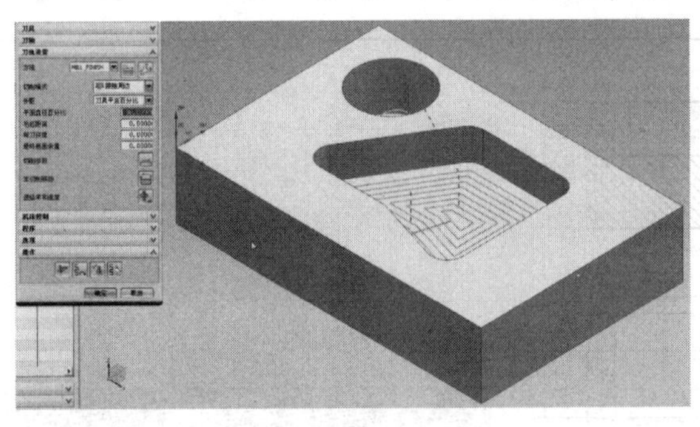

图 2.2.28　刀具路径

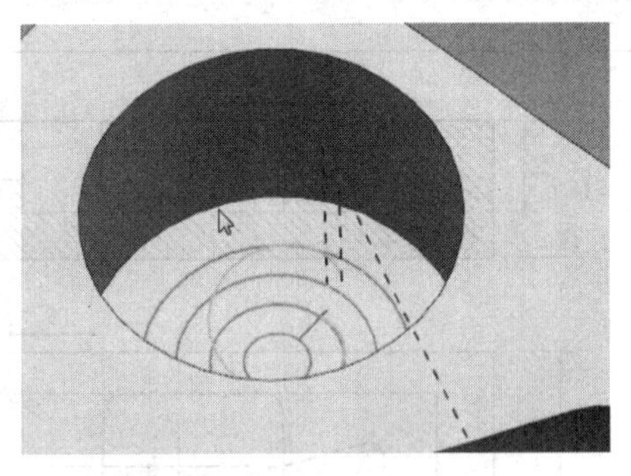

图 2.2.29　底面的刀具路径

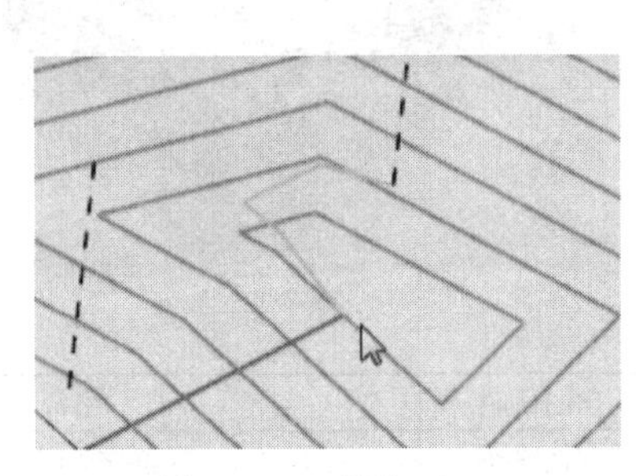

图 2.2.30　斜降下刀

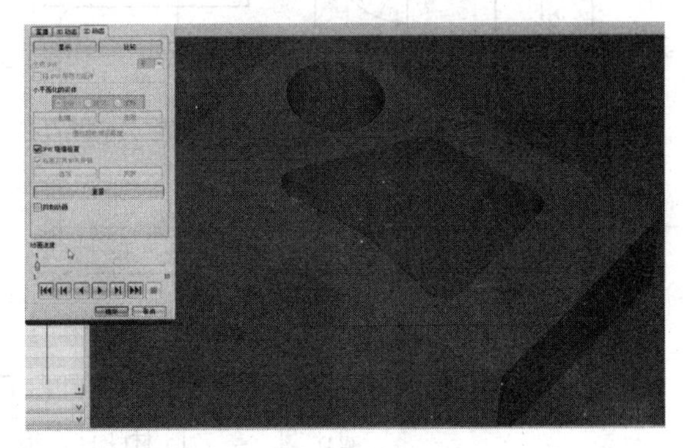

图 2.2.31　加工模拟

四、经验总结

由这个题目当中可以知道，在做平面铣精加工的时候，尽量是按照面铣的精加工去操作，因为平面铣精加工有时候在选择面的时候它考虑的不是很周到，而且在做精加工的时候一般的想法是：要精加工按照所设定的加工顺序去加工层或者加工的面按次序去加工，平面铣无法去具体掌握，而面铣则是通过指定的顺序去加工，比如说先选择不规则的槽型的区域，它就会先做不规则的区域，这个就是这节平面铣精加工的主要内容，将通过下面一节再来看一下在中间形状多样的情况下是如何处理的。

第三节　平面铣的入门实例 3

一、工艺分析

首先看一下工件图（见图 2.3.1 平面铣入门实例 3），由图上可以看得出来，工件的基本深度情况是 6、11、17（见图 2.3.2 工件的深度分析），相应地看一下三维图形，有一个大的凹槽，其他的是类似于台阶样的小凹槽，也就是开口的形状（见图 2.3.3 内部形状和半径），在图上可以看出一个半径的数值，8-*R*3 的圆角，也就是说它有 8 个 *R*3 的角，在实例当中取刀具要比 *R*3 要小就可以了，*R*3，也就是ϕ6，在这里采用ϕ4、ϕ5 的刀具都可以，如果是取 5 的话，要在它默认的余量 1 的时候就要改一下壁余量将它设为零，如果是ϕ5 的话，留 1 的时候这个角肯定加工不到位。

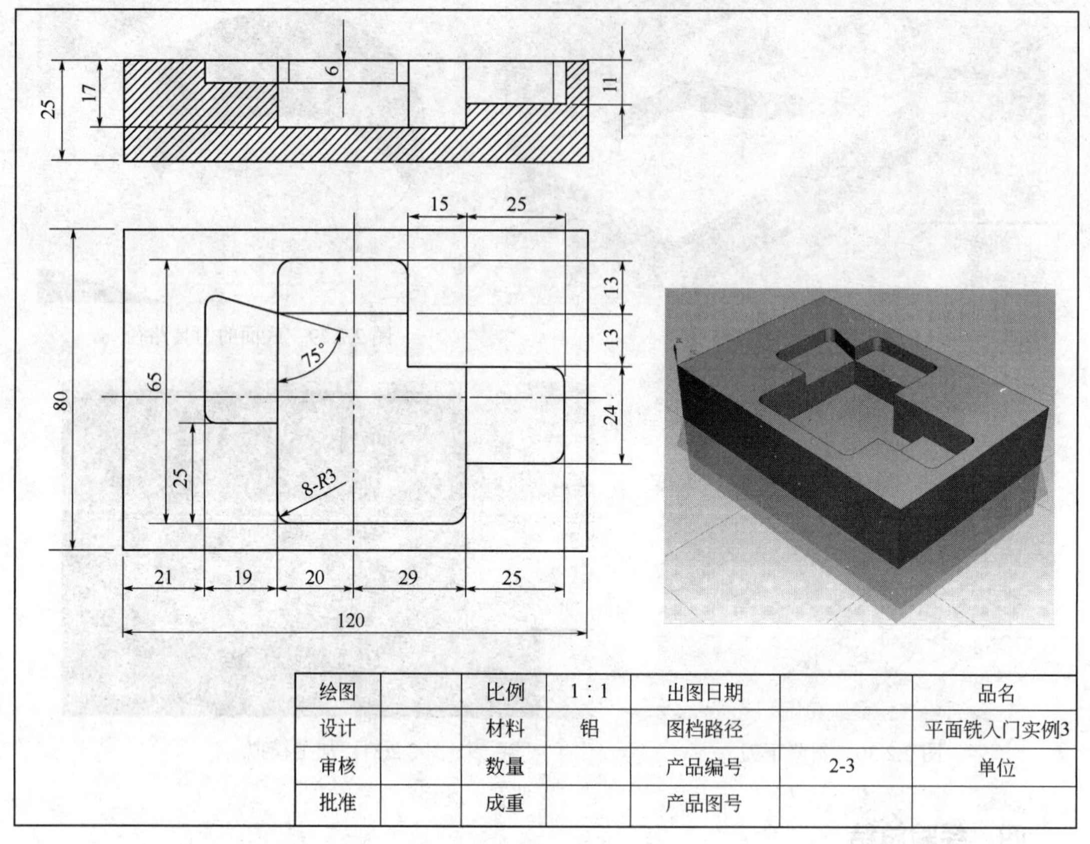

绘图		比例	1∶1	出图日期		品名
设计		材料	铝	图档路径		平面铣入门实例3
审核		数量		产品编号	2-3	单位
批准		成重		产品图号		

图 2.3.1 平面铣入门实例 3

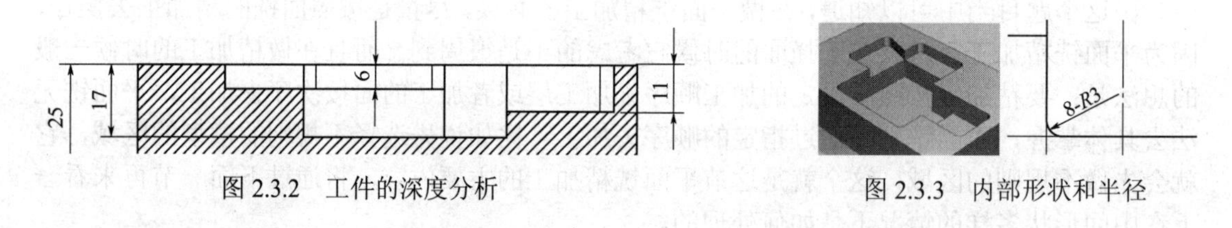

图 2.3.2 工件的深度分析　　图 2.3.3 内部形状和半径

二、准备工作

下面打开 UG NX8.0，打开第二章平面铣，第三节平面铣的入门实例 3，OK。开始，进入加工的模式，默认的对话框，确定。

1. 创建刀具

机床视图，创建刀具，在这里选择一把ϕ4 的刀具，在这里输入 D4，确定。

因为暂时只是入门实例，不考虑到时间，尽量一次性用一把刀加工完成。D4，确定。刀具直径为 4，看到刀具是比较小的，很明显圆角区域是可以一刀走完的，刀具号为 1，确定（见图 2.3.4 创建刀具）。

2. 创建毛坯

几何视图，双击 MCS-MILL，将安全高度设为 2，确定。打开+号，双击 WORKPIECE，指定部件，选择物体，确定（见图 2.3.5 选择加工部件），然后指定毛坯，选择包容块的方式，依次确定（见图 2.3.6 选择几何体）。

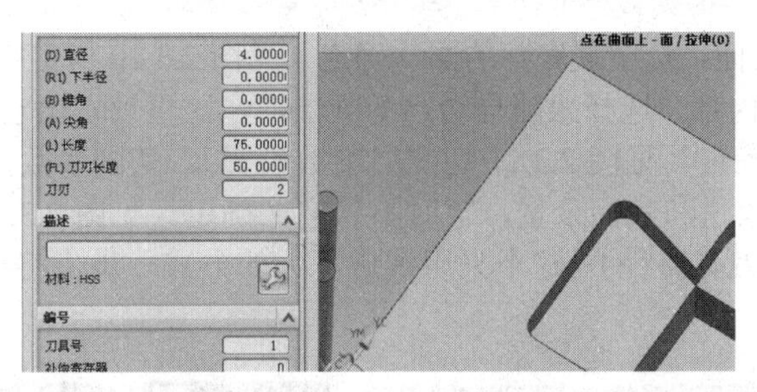

图 2.3.4　创建刀具

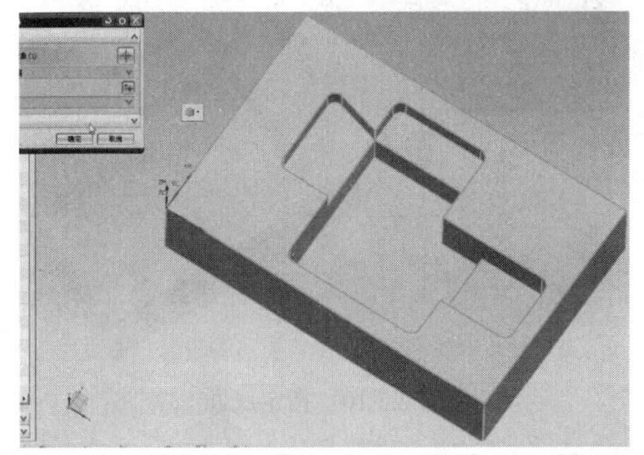

图 2.3.5　选择加工部件

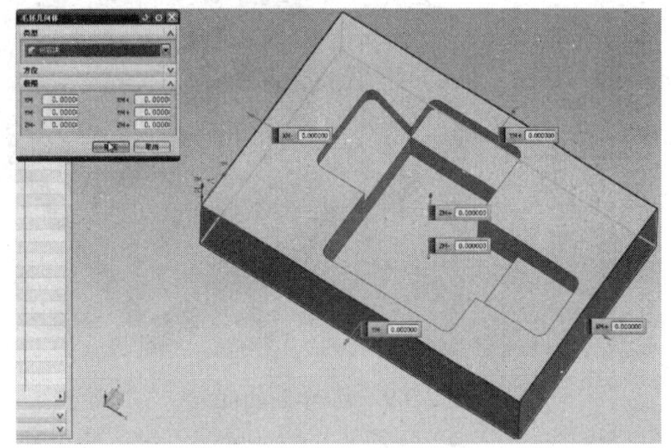

图 2.3.6　选择几何体

三、程序创建

1. 粗加工

下面创建粗加工操作，返回程序视图，点击创建工序，这边的参数第一行工序子类型中选择第四个 PLANAR-MILL，程序选择 PROGRAM，刀具选择 D4，几何体选择 WORKPIECE，方法这里是粗加工 ROUGH，名称选择一个 CU，确定（见图 2.3.7 创建工序）。

图 2.3.7　创建工序

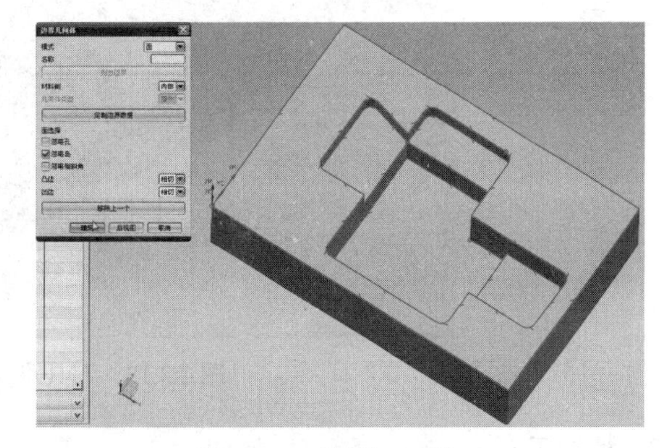

图 2.3.8　选择加工面

一步步进行选择，首先选择部件，点一下，将所有的面都选中，上面所有的台阶加底面，确定（见图 2.3.8 选择加工面）。指定毛坯的边界，勾选忽略孔，选择顶面，确定（见图 2.3.9

选择毛坯面），指定底面，选中最底部的面，确定（见图2.3.10指定底面），然后看一下切削模式，因为是在工件内部，选择跟随周边，切削层，在这里设定出它加工的深度，点一下，每一层的深度为2，确定（见图2.3.11切削层参数设置）。切削参数，余量这边有值，部件余量为1，包括侧壁余量和底面余量，暂时不管它，确定（见图2.3.12余量设置）。生成刀具路径（见图2.3.13刀具路径）。这个采用螺旋下刀的方式一步步将形状做出来的，确定退出对话框。

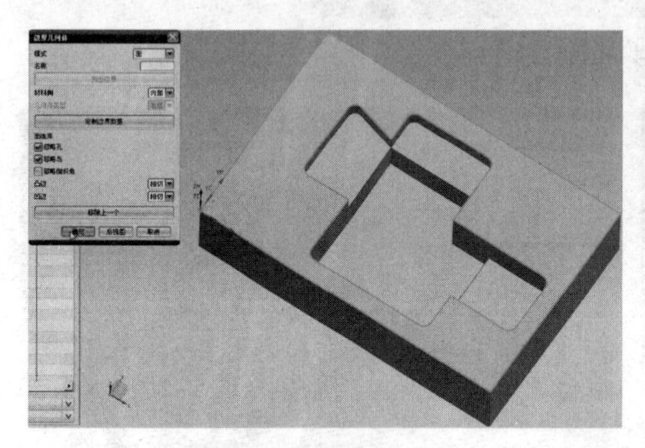

图2.3.9 选择毛坯面

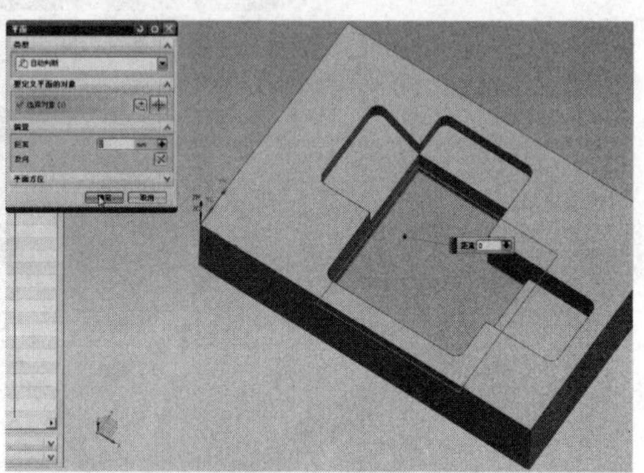

图2.3.10 指定底面

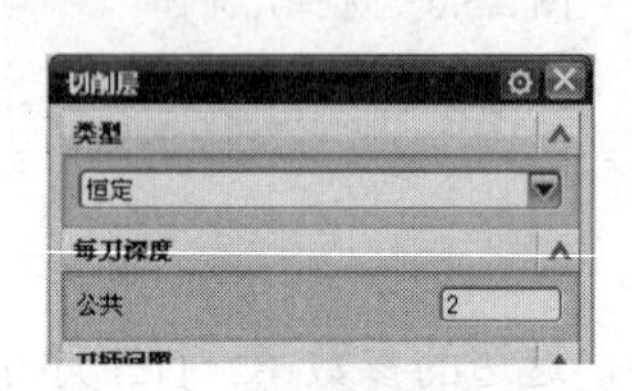

图2.3.11 切削层参数设置

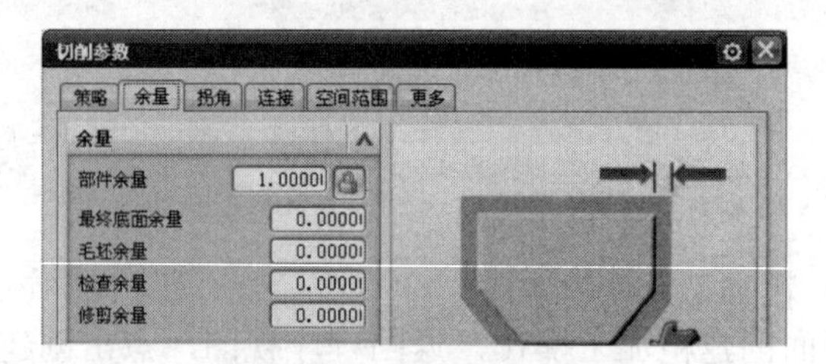

图2.3.12 余量设置

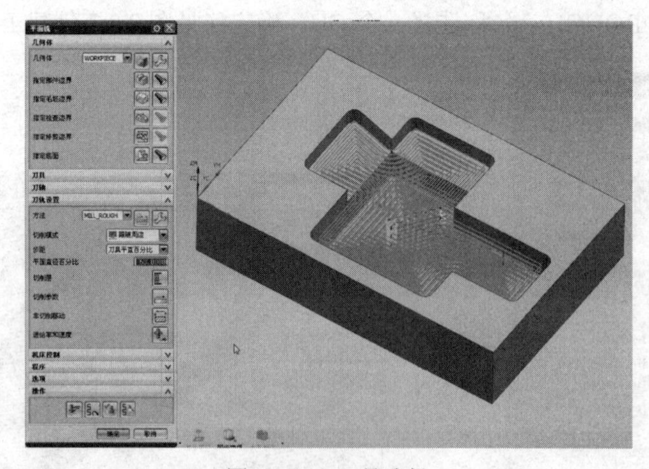

图2.3.13 刀具路径

2. 精加工

下面进行精加工，精加工像上次一样采用面铣的方式进行，创建工序，选择FACE-MILLING，名称为JING，确定。精加工的选择，面铣的精加工要比平面铣的选择要方便，点击一下面边界，选择所有的面就可以了，确定（见图2.3.14选择加工部件）。选择跟随周边，然后在这边毛坯距离直接改为 0，参余量为 0，生成（见图 2.3.15 刀具路径）。它在所有的面上走了一刀，确定。

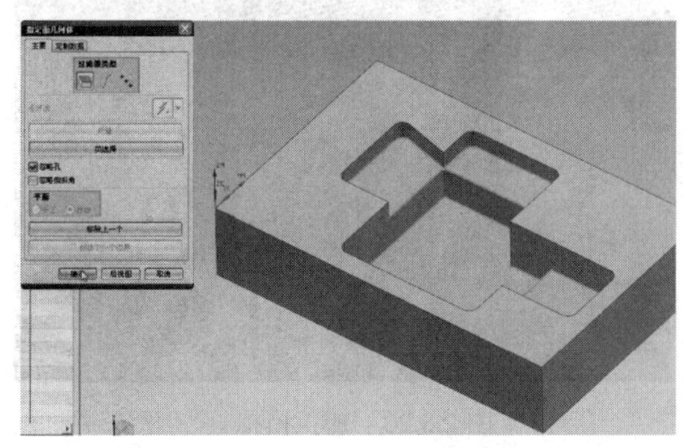

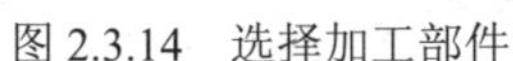

图 2.3.14　选择加工部件

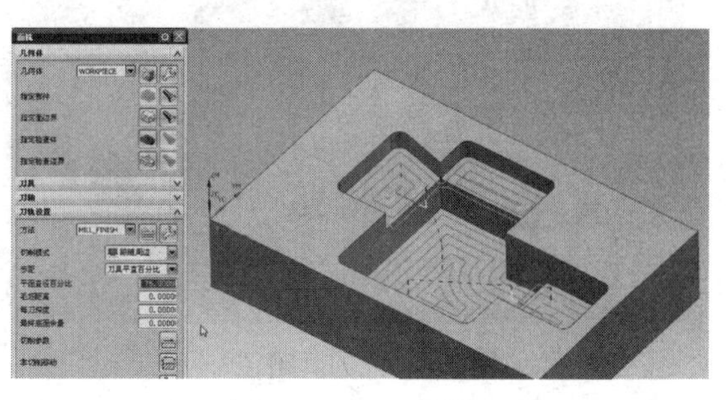

图 2.3.15　刀具路径

3. 综合模拟及分析

下面来看一下它的走刀的方法，播放一下（见图 2.3.16 加工模拟）。

图 2.3.16　加工模拟

这就是说它快速走刀的方法，因为它的底面余量并没有进行设定，确定。是按照平面铣进行粗加工余量的设定，它默认的方式底面是将它加工到位的，实际当中，粗加工的速度和刀具选择与精加工是不一样的，在精加工可以将粗加工快速走刀的毛刺之类的都走刀到位，确定。

下面双击进去（见图 2.3.17 双击 CU），切削参数，将底面设置余量设置为 1，确定（见图 2.3.18 切削参数设置），生成一下（见图 2.3.19 刀具路径），确认刀轨，2D 动态，播放（见图 2.3.20 加工模拟），可以看到它在底部留了一个余量，也就是说在这里设置的底面余量类似于最后一层的余量。

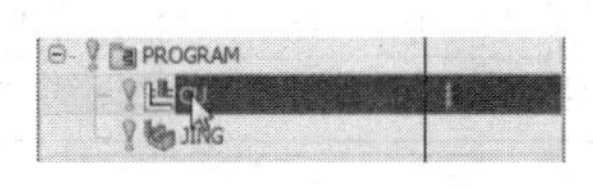

图 2.3.17　双击 CU

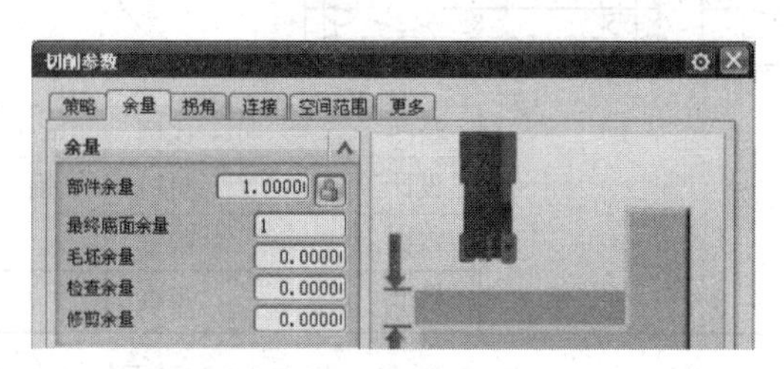

图 2.3.18　切削参数设置

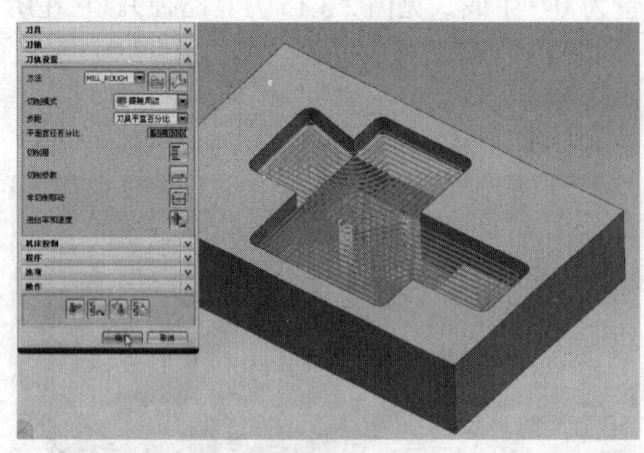

图 2.3.19 刀具路径

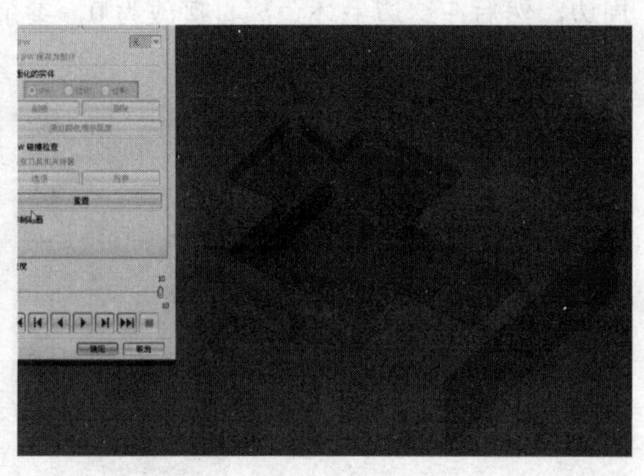

图 2.3.20 加工模拟

四、经验总结

这个就是第三节的内容，第三节的内容比较短，就是说可以知道通过平面铣进行粗加工的选择比面铣要方便得多，精加工仍然是用面铣操作。也就是说以后碰到题目的时候对于不同的平面的深度，可以用平面铣一次性加工完毕，对于精加工，可以用面铣将它做完，也就是说要用平面铣的粗和面铣的精将一个平面零件加工完毕。

第四节 平面铣加工实例 1——小圆角区域

从这一节开始就不再讲解平面铣的入门实例，开始讲平面铣的加工实例。首先看工件图（见图 2.4.1 平面铣的加工实例 1）。

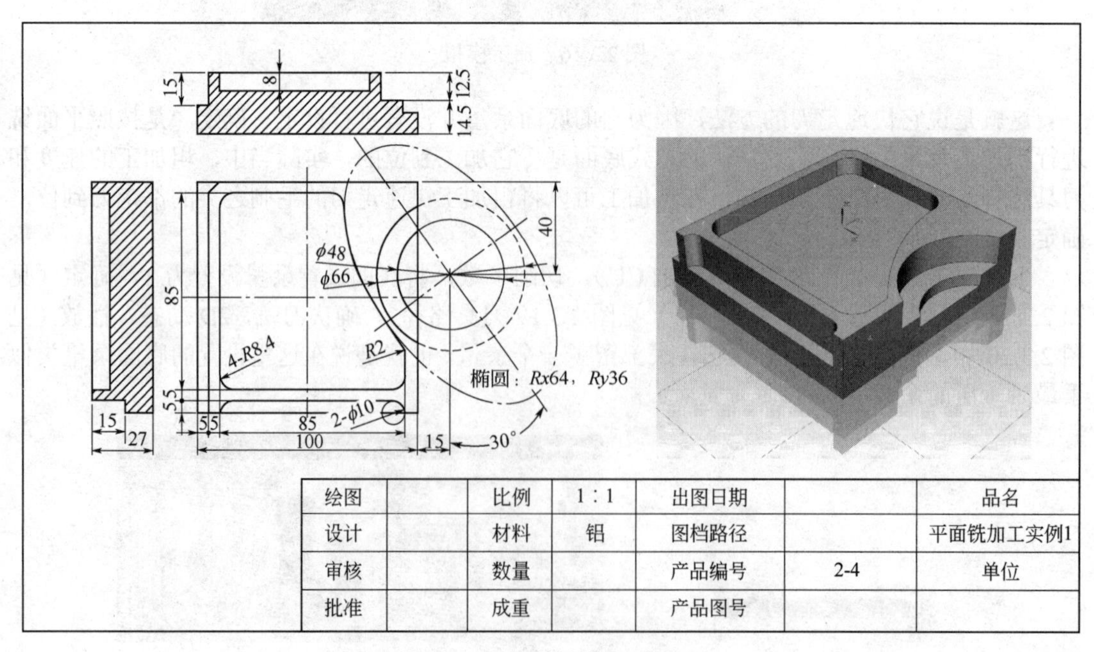

绘图		比例	1∶1	出图日期		品名
设计		材料	铝	图档路径		平面铣加工实例1
审核		数量		产品编号	2-4	单位
批准		成重		产品图号		

图 2.4.1 平面铣的加工实例 1

一、工艺分析

从三维图上可以看得出来，零件基本上由一个不规则的凹槽组成，然后左边还有一个小的类似于台阶的形状，右边有一个椭圆形和一个圆形构成的基本面。从图中可以看得出来，一个 *Rx*64、*Ry*36 的椭圆，然后一个ϕ66 和一个ϕ48 的圆形构成图形当中的两种台阶，它们基本的深度，侧面是 15，两个 15 的区域表示三维图形的下面和左部，然后在右边两个深度为 12.5，然后最底下到 14.5（见图 2.4.2 工件的深度）。

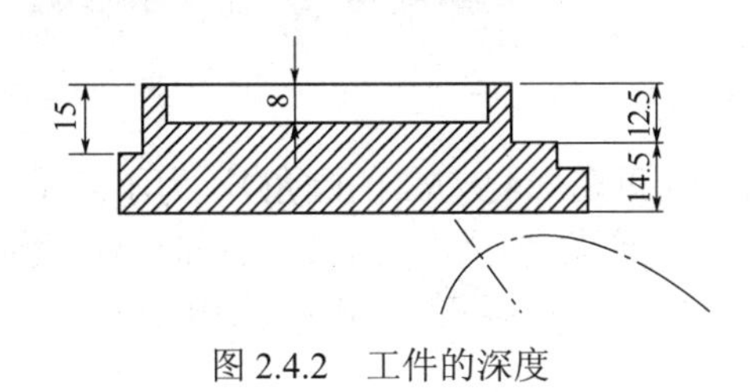

图 2.4.2　工件的深度

二、准备工作

首先打开 UG NX8.0，打开第二章平面铣，第四节平面铣加工实例 1，确定。

1. 深度和刀具选择的分析

首先看一下图上，坐标系已经在中间，没有必要再进行修改。这里左边的深度和下面的深度是一致的（见图 2.4.3 左边和下面区域），右边的各个深度有高度差（见图 2.4.4 右侧台阶区域），中间也是一个深度（见图 2.4.5 中间槽形区域）。

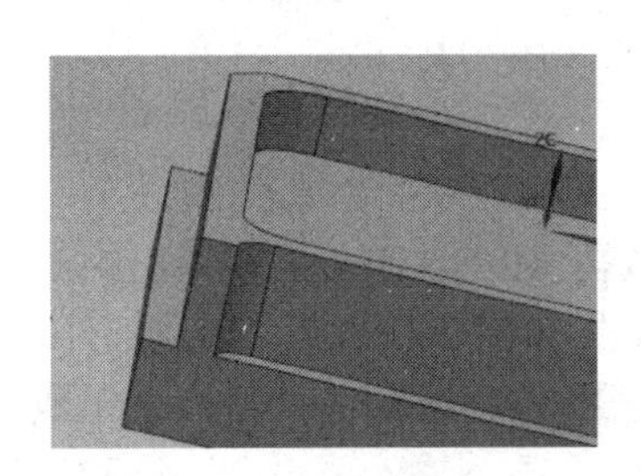

图 2.4.3　左边和下面区域

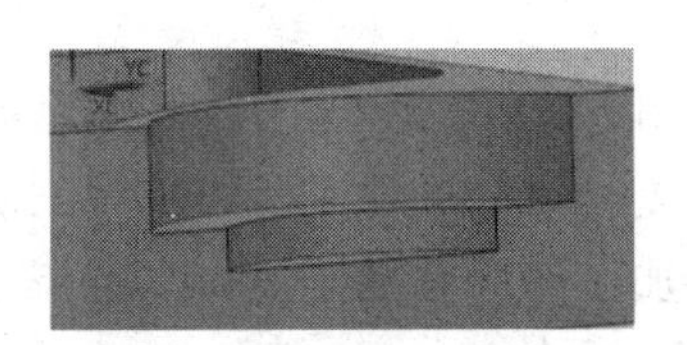

图 2.4.4　右侧台阶区域

图 2.4.5　中间槽形区域

在题目当中作为平面铣来说深度不需要具体知道，只需要知道最低的深度就可以了。在题目当中还需要注意的是圆角刀，就是铣刀要取的半径值是多大，首先要看一下题目当中有没有需要注意的最小的地方，看工件图，*R*8.4，ϕ10，也就是这里可以取小于ϕ10 的刀具，这边 *R*2 的圆角，可以在最后通过补线让它单独走完（见图 2.4.6 圆角的区域）。首先用平面铣去进行粗加工操作。

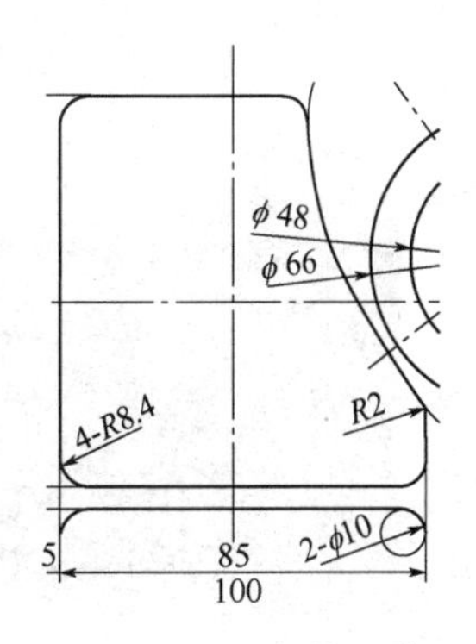

图 2.4.6　圆角的区域

2. 创建刀具

首先选择机床视图，创建刀具，第一把刀，由于这里的半径是 *R*5 也就是ϕ10（见图 2.4.7 *R*5 的圆角），取小于ϕ10 的刀具就可以了，选择 D8，直径为 8 的刀具，确定。这边刀具直径为 8，刀具号为 1 号刀，旋转观察一下，完全可以满足条件，确定（见图 2.4.8 创建刀具）。

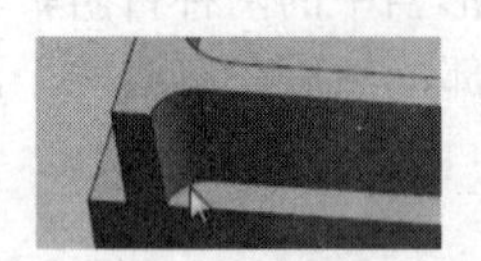

图 2.4.7 *R*5 的圆角

图 2.4.8 创建刀具

这边有一个 *R*2 的小圆角（见图 2.4.9 *R*2 的圆角），为了满足 *R*2 的小圆角的条件。在这里取小于 *R*2 即 $\phi3$ 的小刀把这边给做完。创建刀具，名称 D3，确定，刀具直径为 3，刀具号为 2，基本上小于这个圆弧就可以了，确定（见图 2.4.10 创建刀具）。

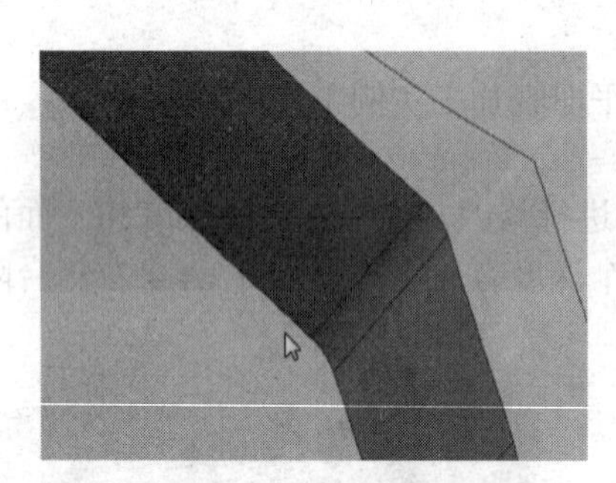

图 2.4.9 *R*2 的圆角

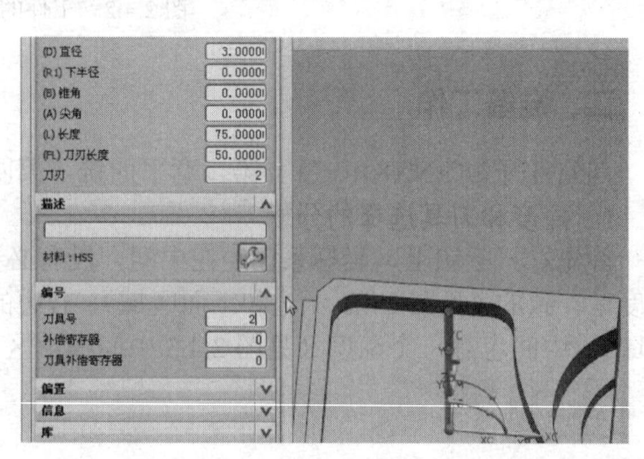

图 2.4.10 创建刀具

3. 创建毛坯

这样子刀具创建完毕，下面创建坐标系。点击几何视图，双击 MCS-MILL，在弹出的对话框中设置安全距离也就是说安全高度为 2，确定。打开+号，双击 WORKPIECE，指定部件，选择物体，确定（见图 2.4.11 选择加工部件），指定毛坯，直接选择包容块，将对象最小化地包容进去，确定（见图 2.4.12 选择几何体）。

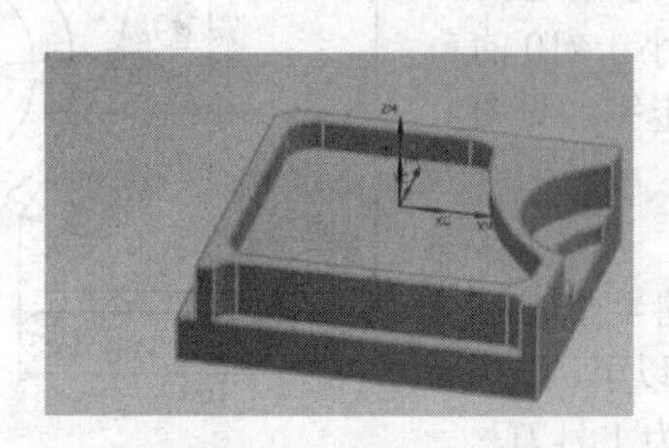

图 2.4.11 选择加工部件

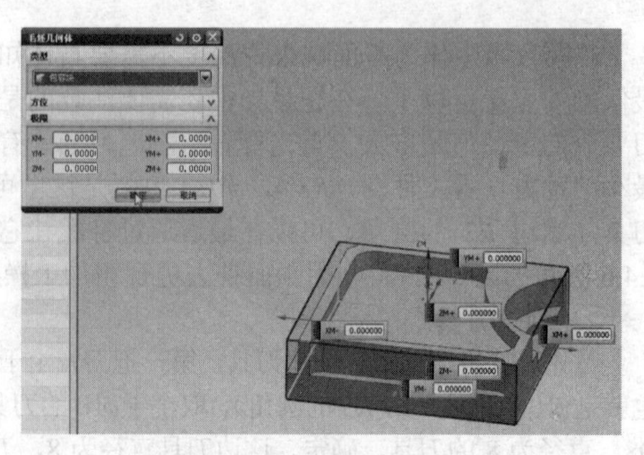

图 2.4.12 选择几何体

三、程序创建

1. 绘制毛坯的辅助线

此时要回到建模的方式到上面补一些线，首先退出来，开始建模，通过草图进行操作，点击草图，在其顶面绘制一个矩形，在顶面就创建了一个矩形（见图 2.4.13 绘制辅助线），下面接着回到加工环境去创建。

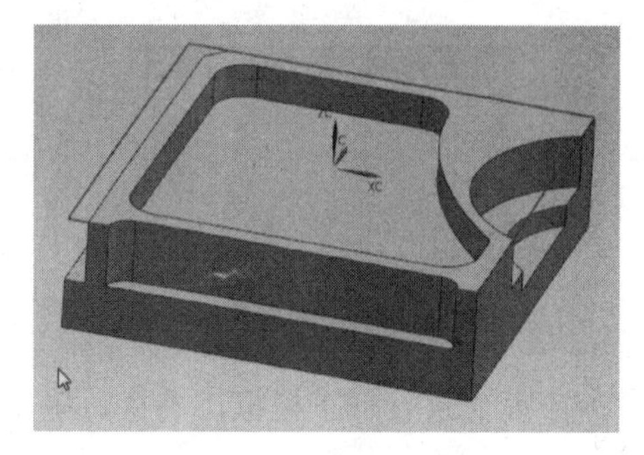

图 2.4.13　绘制辅助线

2. 粗加工

下面开始创建粗加工操作，程序视图，创建工序，还是默认的 PLANAR，工序类型选择第四种平面铣，程序放到 PROGRAM 里面去，刀具选择 D3，几何体选择 WORKPIECE，方法选择 ROUGH，名称 CU，确定。

同样地要指定部件边界，全部要选中，其实是指定部件的所有平面，通过平面去指定物体的边界，确定（见图 2.4.14 选择加工面）。下面注意选择毛坯的边界，就不能直接点击了，在上面的模式当中选择曲线和边（见图 2.4.15 曲线和边），选择边线，边线此处选择要注意按照顺序选择，依次确定（见图 2.4.16 选择毛坯的边线）。然后指定底面，选择最低的地方，确定（见图 2.4.17 指定底面）。粗加工选择切削模式

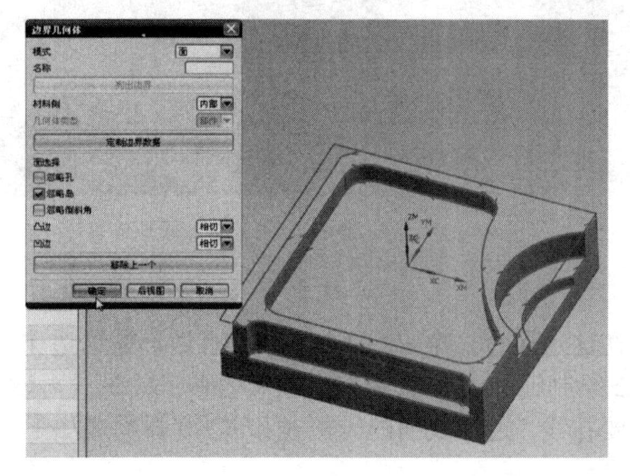

图 2.4.14　选择加工面

图 2.4.15　曲线和边

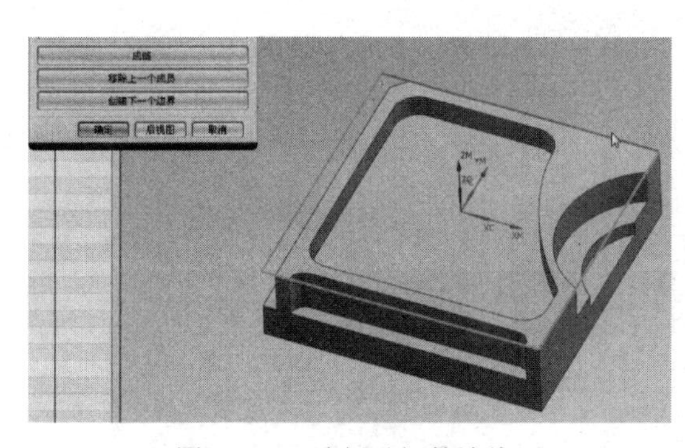

图 2.4.16　选择毛坯的边线

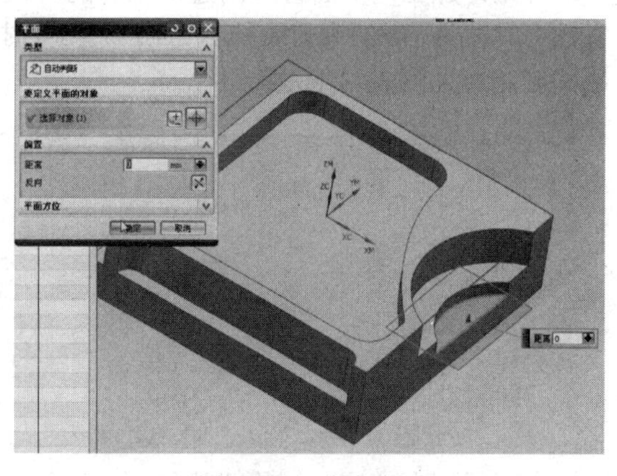

图 2.4.17　指定底面

改为跟随周边，先按照默认的跟随部件去看，选择切削层，给它指定每一层的深度为 2，每一层铣 2 的深度（见图 2.4.18 切削参数按钮），切削参数当中余量可以看一下余量留一个 1，部件余量留 1，确定（见图 2.4.19 余量设置）。生成刀具路径（见图 2.4.20 刀具路径）。

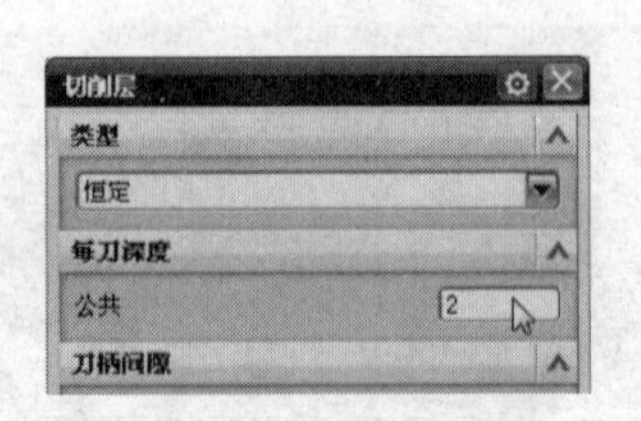

图 2.4.18　切削参数按钮

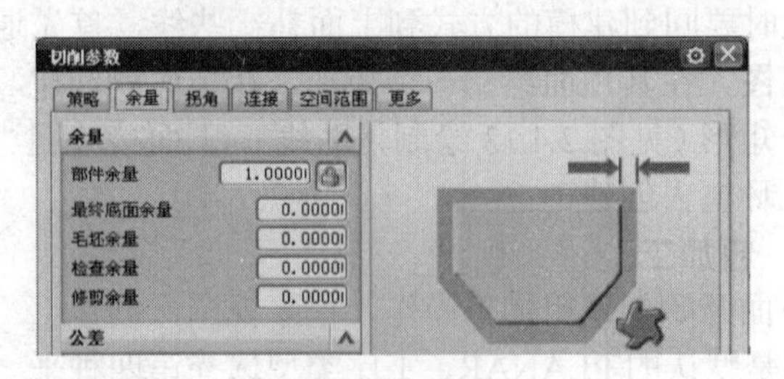

图 2.4.19　余量设置

下面先进行一下模拟，确认，确认刀轨，2D 的动态，播放一下（见图 2.4.21 加工模拟）。

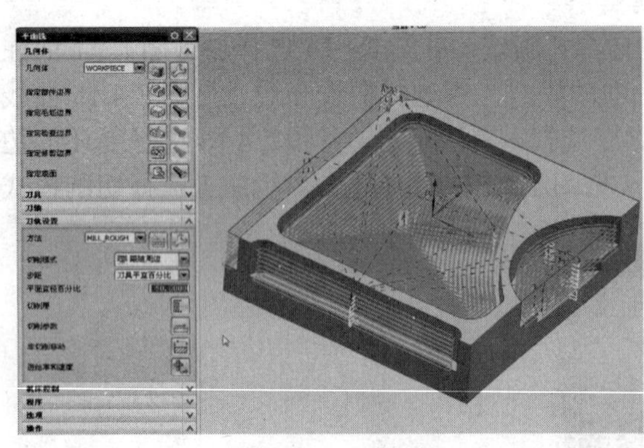

图 2.4.20　刀具路径

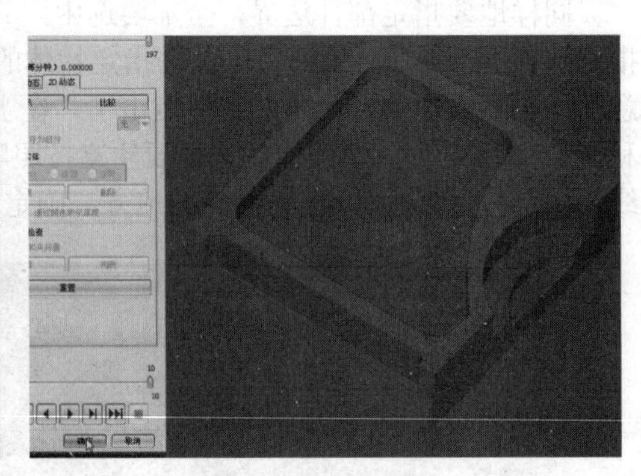

图 2.4.21　加工模拟

3. **绘制 *R*2 圆角区域的辅助线**

这样粗加工基本上就达到了要求，在这边还有一个 *R*2 的小区域没有做，在这边作为 *R*2 的小区域要在这里补一些线（见图 2.4.22 绘制辅助线），就类似于在做粗加工的时候再做前面面铣的时候补的线一样，做小圆角时需要补线。通过底面的一根线和 *R*2 圆弧构成加工平面。

4. **修改不合适的道具**

开始，加工，下面再次创建，创建的时候发现前面粗加工创建刀具有误，双击 CU，将它的刀具改为 D8 的大刀（见图 2.4.23 重新选择刀具），生成一下，看一下，这样没有什么问题，确定（见图 2.4.24 刀具路径）。

图 2.4.22　绘制辅助线

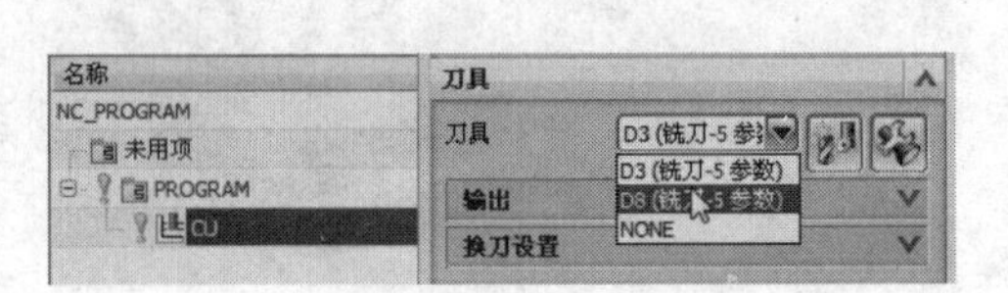

图 2.4.23　重新选择刀具

确认刀轨，2D 动态，播放，基本满足要求（见图 2.4.25 加工模拟）。

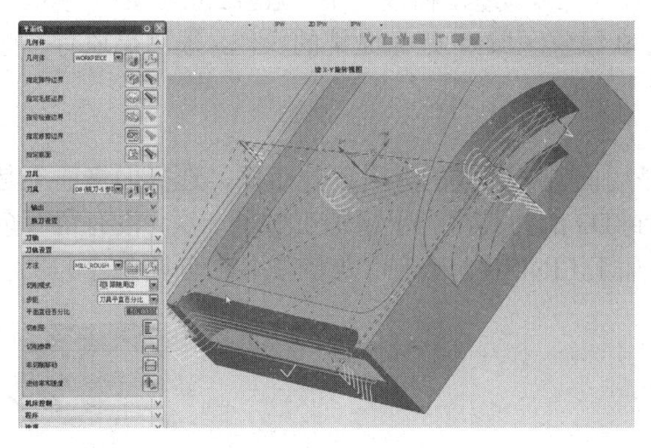

图 2.4.24　刀具路径

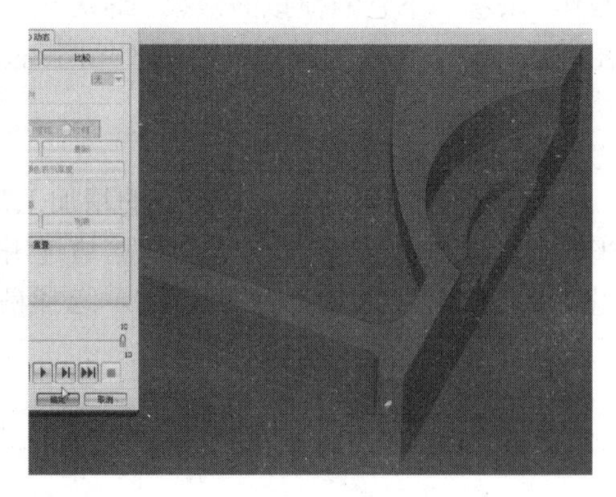

图 2.4.25　加工模拟

5．*R*2 圆角的加工

下面通过小刀开始。开始创建工序，选择 D3 的刀具，还是 ROUGH，确定。指定面边界，指定线，1、2、3、4、5 共 5 根线，确定（见图 2.4.26 选择加工的线），这边的深度是需要知道的，毛坯距离为 8，指定跟随周边，毛坯的距离为 8，每刀深度为 2，因为这边比较细（见图 2.4.27 *R*2 的圆角），暂时就不留余量了，并且将打开切削参数，将余量关闭，都改为零，刀轴指定一下，指定 ZM 轴，生成（见图 2.4.28 刀具路径）。

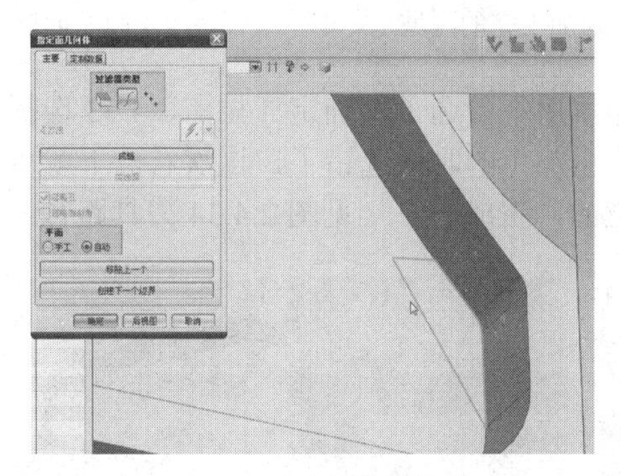

图 2.4.26　选择加工的线

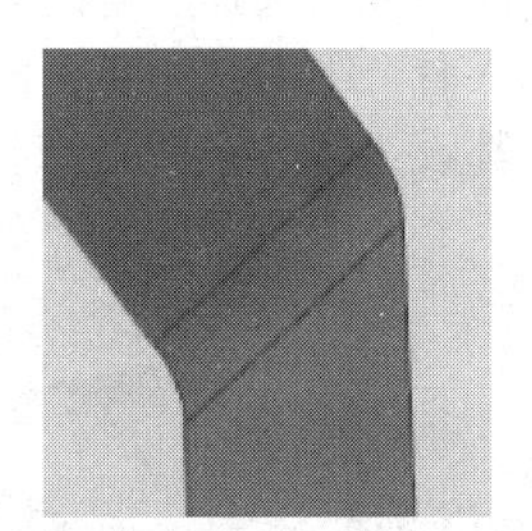

图 2.4.27　*R*2 的圆角

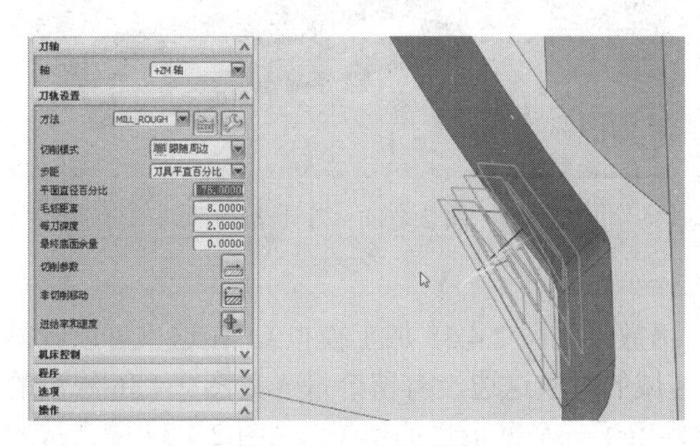

图 2.4.28　刀具路径

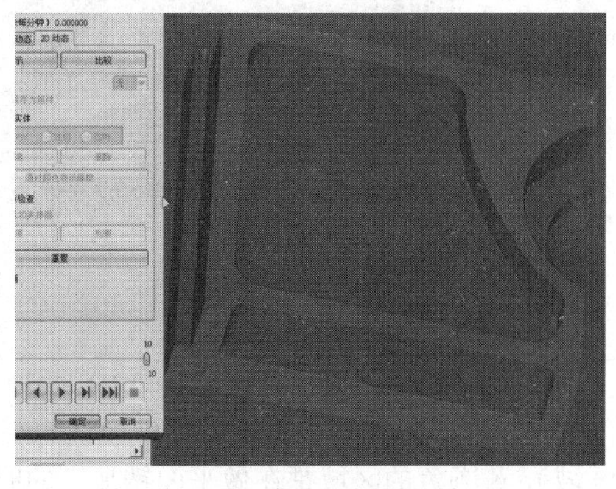

图 2.4.29　加工模拟

可以看到通过这样一个刀路将这边的小圆角进行修剪，将它加工成功，确定。这是面铣操作，来看一下它的模拟的效果，确认一下刀轨，2D 动态，播放一下（见图 2.4.29 加工模拟），在最后这边有一个绿颜色的区域（见图 2.4.30 绿色区域），是做面铣的操作，很明显还有一些精加工没有做。

6. 精加工

精加工在前面讲过，平面铣的精加工是用面铣去完成的，看创建工序，选择面铣而不是平面铣，选择 D8 的刀具，因为在这边选用到 D3 的刀具相当于精加工做了一次，没有留有余量（见图 2.4.31 未加工完的区域），选择精加工 FINISH，确定（见图 2.4.32 创建工序）。

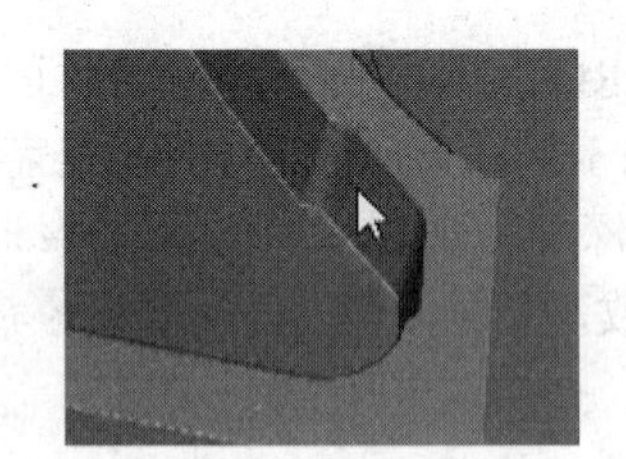

图 2.4.30 绿色区域

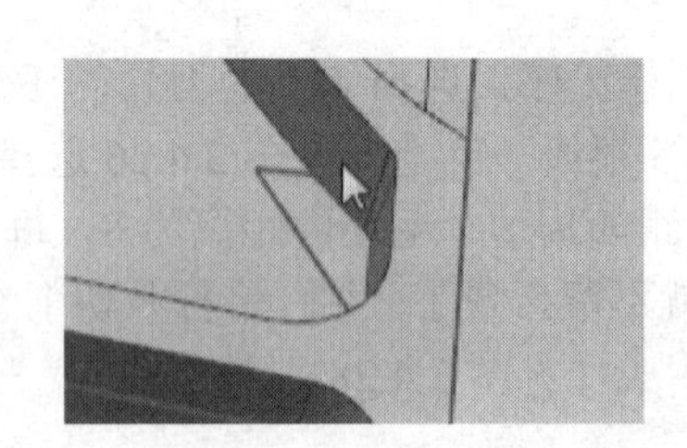

图 2.4.31 未加工完的区域

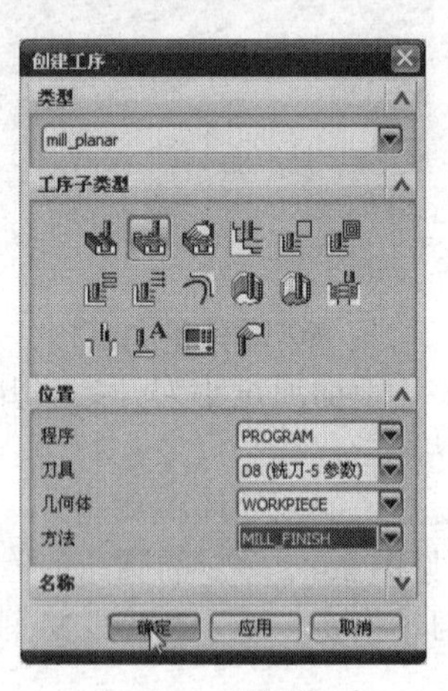

图 2.4.32 创建工序

选择面边界，选择所有的面，这次顶面就用不着选了，确定（见图 2.4.33 选择加工面），跟随周边，看一下刀具是 D8 的刀具，刚才粗加工的时候选错了，这次看一下就可以了，毛坯距离全都设为零，它就是一次性加工到位的，生成一下（见图 2.4.34 刀具路径）。

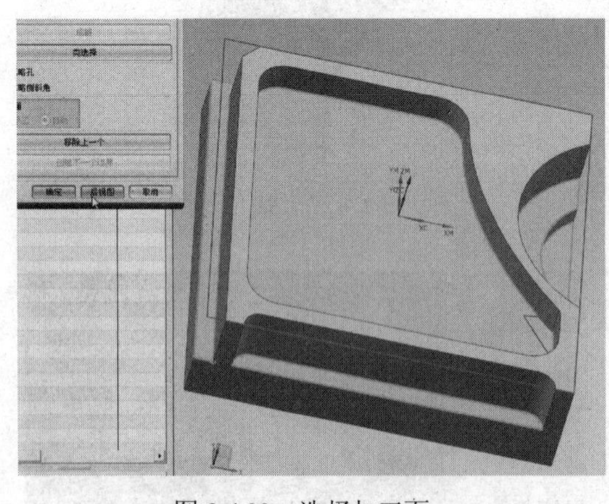

图 2.4.33 选择加工面

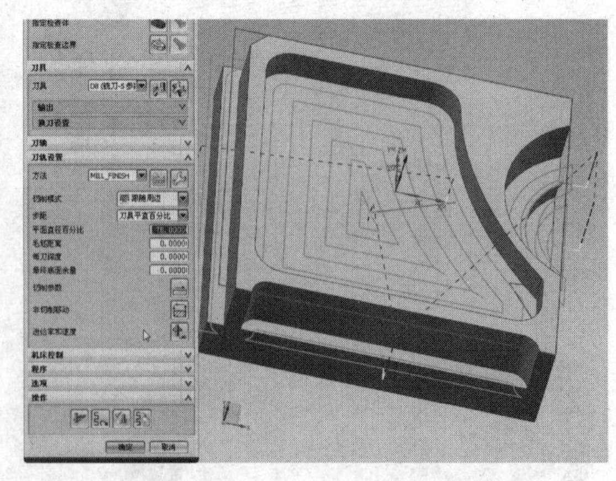

图 2.4.34 刀具路径

7. 综合模拟

点击 PROGRAM，确认刀轨，2D 动态，播放（见图 2.4.35 加工模拟），在这里可以看得出来这个绿颜色区域，是由于在做面铣的小区域的时候这边没有留余量（见图 2.4.36 绿色的区域），黄颜色的区域是在做平面铣加工的时候留了一个壁余量的结果（见图 2.4.37 壁余量的加工），这种效果就是所需要的真正达到加工要求的效果。

图 2.4.35　加工模拟

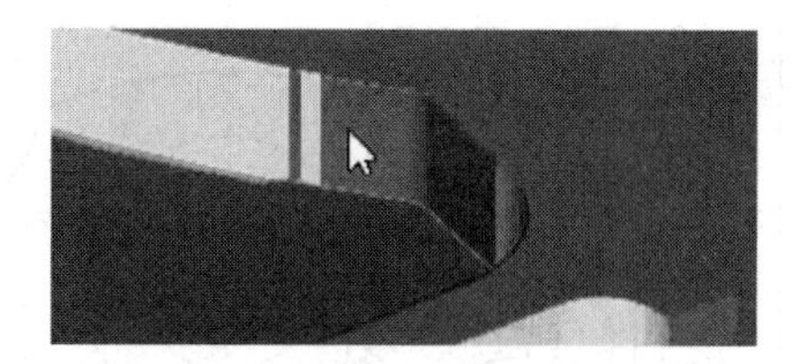
图 2.4.36　绿色的区域

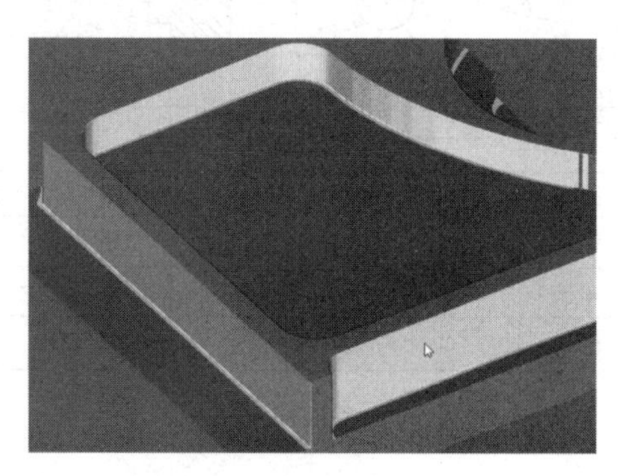
图 2.4.37　壁余量的加工

四、经验总结

本节主要内容就是出现小区域的时候仍然是需要通过面铣去进行操作的，通过绘制一些辅助线，通过面铣的毛坯的指定来加工出小区域，通过平面铣是无法加工一个单独的小区域的，平面铣是作为平面粗加工的一种简便的方法，有些区域它并不是完全可以加工得到的，如果这题选择直径为 3 的刀具的话，它虽然可以全部一次性加工完毕，但是所花费的时间将会比ϕ8 的刀具花费的时间多得多。

第五节　平面铣加工实例 2——带有孔的零件

在面铣当中带有孔的零件的加工是比较烦琐的，但其实并不复杂，就是一步步地通过复制修改进行操作的，作为平面铣来说它也无法对孔进行一次性选中，因为作为孔来说它底部是没有平面来做选择的。看一下工件图（见图 2.5.1 平面铣加工实例 2）。

一、工艺分析

工件图上中间的区域并不是个孔，是个圆形的槽，在周围出现了四个孔，由于用的是平面铣加工，对于图的审视，不必像面铣那样严格，平面铣可以将平面一次性选中，将所有平面一次性全部选中，同样这个题目跟上节的题目类似，需要在顶部补一条辅助线来作为毛坯的四周来进行使用。

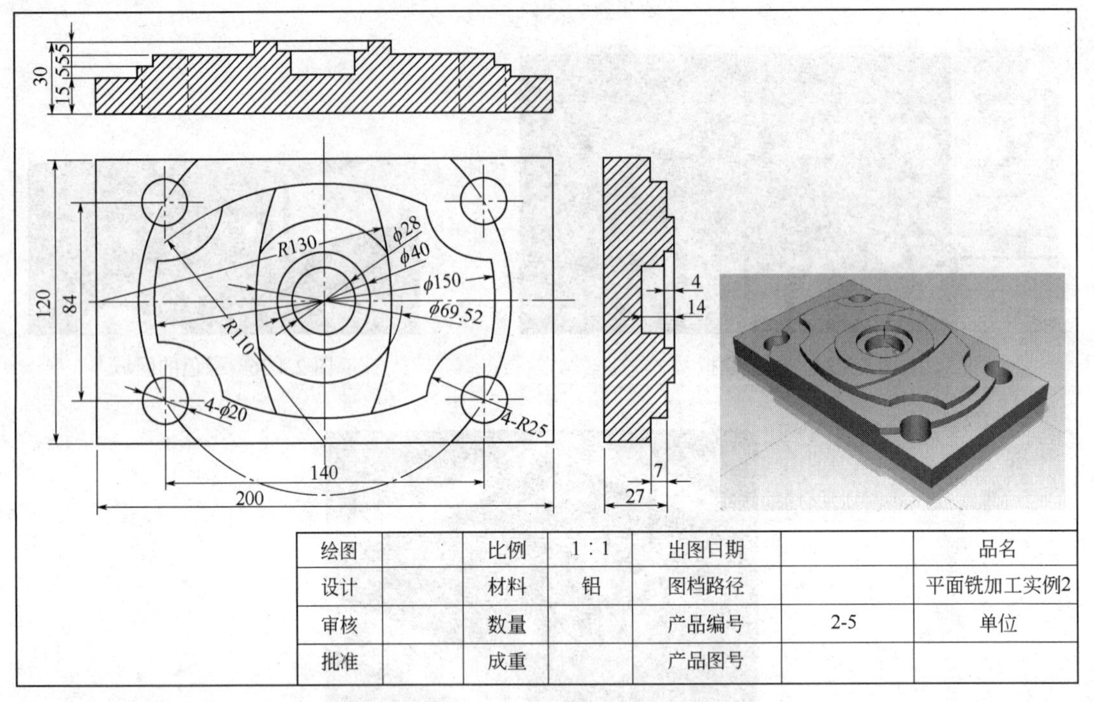

图 2.5.1 平面铣加工实例 2

二、准备工作

首先打开 UG NX8.0，打开第二章平面铣第五节平面铣加工实例 2——带有孔的零件，OK。从图上可以看出来，中间其实是个槽，四周是孔。

作为通孔的选择无法通过平面铣进行选中，因为平面铣它的部件要求是平面，而底下并没有面，操作方法很多，在这里首先看一种比较常用的方法。开始，加工，默认的方法，确定。

1. 创建刀具

机床视图，创建刀具，这边的刀具因为孔比较大，只需要照顾它的最小半径就行了，通过工件图上可知最小的直径是$\phi 20$，中间的孔是$\phi 28$，在这里取一个$\phi 10$ 的刀具是没有问题的，甚至可以取到$\phi 16$，$\phi 18$。在这里取$\phi 10$ 的刀具，为了方便观察，所以在这里输入 D10，确定。刀具直径为 10，刀具号为 1，确定（见图 2.5.2 创建刀具）。

图 2.5.2 创建刀具

2. 创建毛坯

几何视图，双击 MCS-MILL，将安全高度设置为 2，确定，打开+号，双击 WORKPIECE，指定部件，选择部件，确定（见图 2.5.3 选择加工部件），然后指定毛坯，选择包容块（见图 2.5.4 选择几何体），在这里指定的毛坯在进行平面铣操作的时候四周的顶边是无法进行选中的，依次确定。

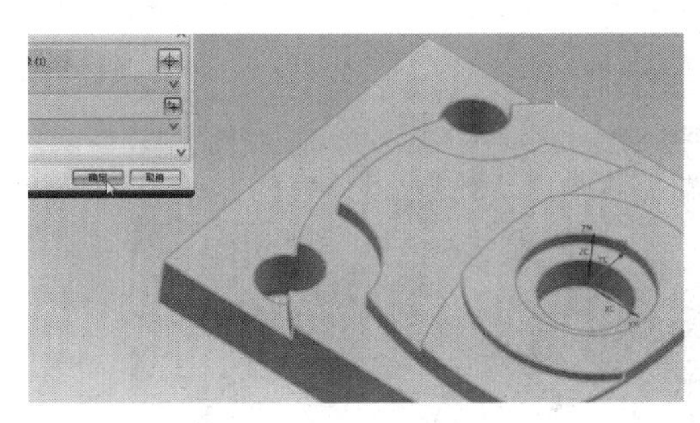

图 2.5.3　选择加工部件

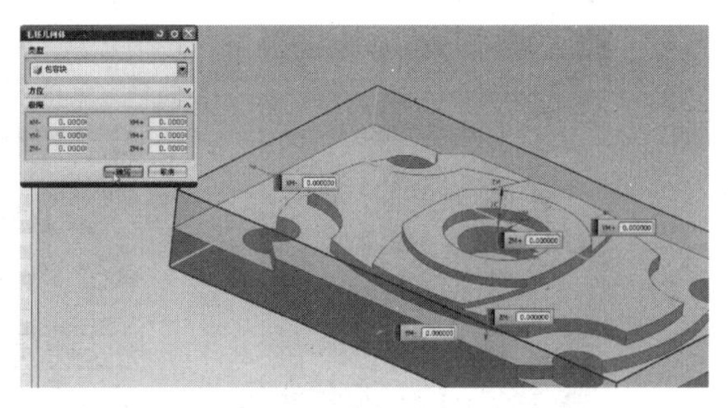

图 2.5.4　选择几何体

三、程序创建

1. 绘制毛坯的辅助线

下面要进入到建模里面创建一下毛坯的四边，因为坐标在顶面上，所以进入建模，直接选择草图，物体从一个角拉到另外一个角上，创建出顶面的图形，将蓝颜色的线作为毛坯的边界使用（见图 2.5.5 绘制辅助线）。

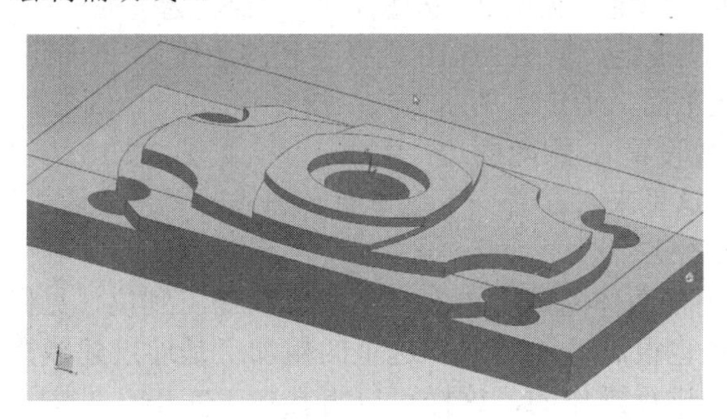

图 2.5.5　绘制辅助线

2. 圆孔补平面

在这里还需要通过补片的方法将孔补成一个面，在加工的时候就会被选中了。补面的方法有很多，通过 *N* 边曲面、曲面补片的方法都是可以的，打开曲面工具栏的 *N* 边曲面（见图 2.5.6 *N* 边曲面按钮），选择边界，看看设置里面选择要修剪的边界，否则点的曲面它是一个方形，然后分别选择 4 个孔，应用（见图 2.5.7 补孔）。

图 2.5.6　*N* 边曲面按钮

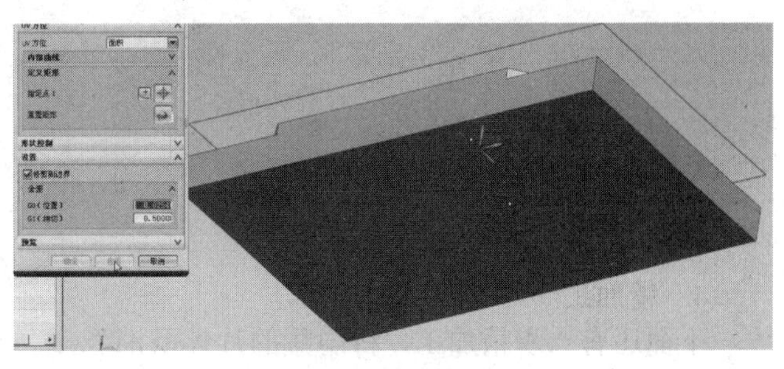

图 2.5.7　补孔

3. 粗加工

开始，加工，创建工序，平面铣，名称 CU，其他的刀具参数都是不变的，确定（见图 2.5.8 创建工序）。

图 2.5.8　创建工序

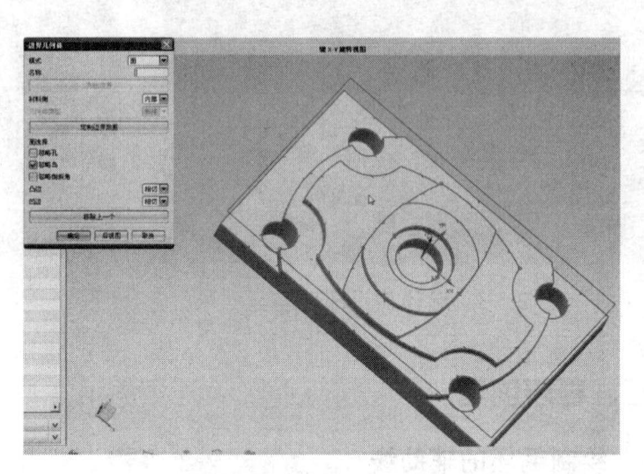

图 2.5.9　选择加工面

指定部件边界，关键是看部件边界能否选中孔，从现在可以看得出来，部件边界是完全可以选中刚才画的孔的，确定（见图 2.5.9 选择加工面），选中毛坯的边界，仍然是线，曲线和边，选择四条边，依次确定（见图 2.5.10 选择毛坯的边线）。下面指定底平面，底面现在就不是两个侧面了，是底平面，确定（见图 2.5.11 指定底面），切削参数，公共参数为 2，确定（见图 2.5.12 切削层参数设置），跟随周边，生成一下（见图 2.5.13 刀具路径），孔的加工位置看得不是太清楚，通过这里来看，看一下这里有一道线就表示最后一刀已经加工到位了（见图 2.5.14 孔底的刀具路径）。

将 *N* 边曲面补的小平面体隐藏，再看一下，已经加工到位（见图 2.5.15），这样就符合要求，而且得出的路径也很满意，确定。这里的粗加工是通过建模里面的 *N* 边曲面将它补完，作为一个辅助面去进行操作的，这样可以将孔加工完毕（见图 2.5.15 仰视图观察刀具路径）。

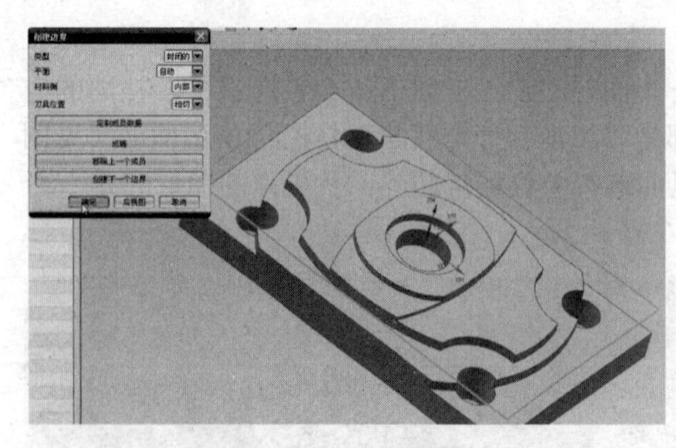

图 2.5.10　选择毛坯的边线

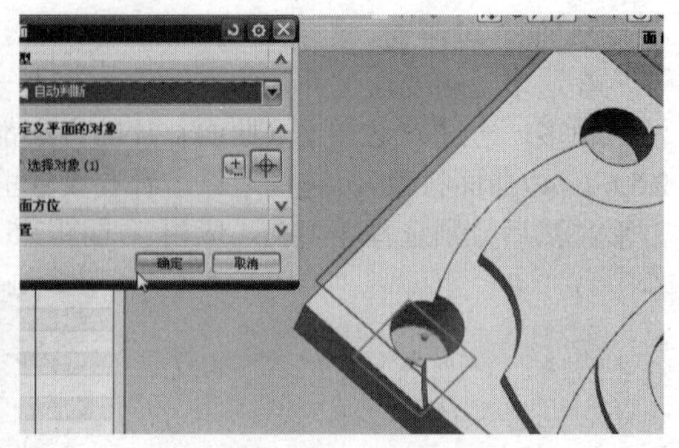

图 2.5.11　指定底面

4. 精加工

下面还有一步精加工，将隐藏的片体取消隐藏。创建工序，FACE-MILLING，其他的不变，将名称改为 JING，确定。

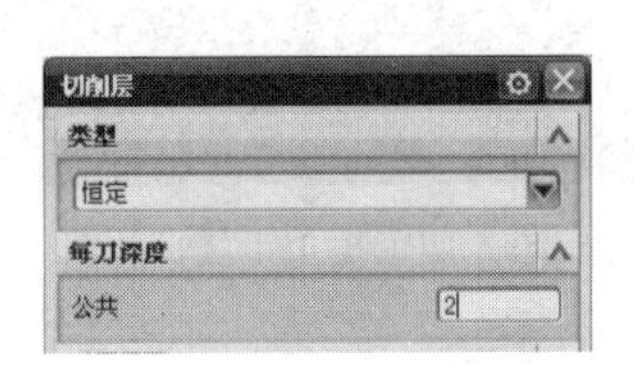

图 2.5.12 切削层参数设置

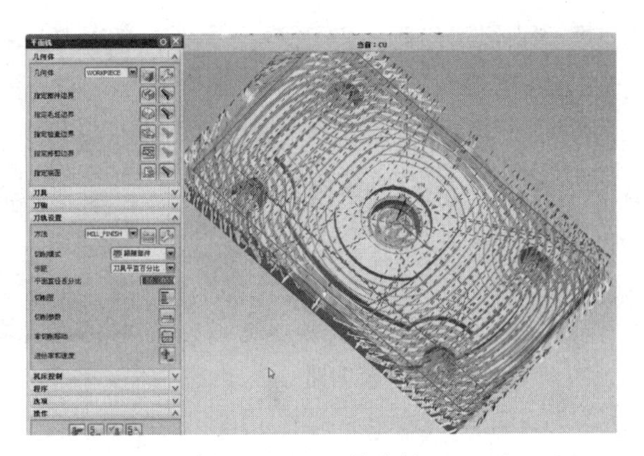

图 2.5.13 刀具路径

图 2.5.14 孔底的刀具路径

图 2.5.15 仰视图观察刀具路径

指定面边界，所有的面，这里也没有办法进行框选，确定（见图 2.5.16 选择加工面），跟随周边，这边的毛坯距离改不改其实都无所谓的，因为底下的每刀深度都是为零的，其实作为一个习惯将它改为零更好，生成（见图 2.5.17 刀具路径），这里是进行下刀的螺旋形的刀路，底下是一刀（见图 2.5.18 螺旋刀路），也就是说通过补片可以将面 操作一次性做完，确认刀轨。

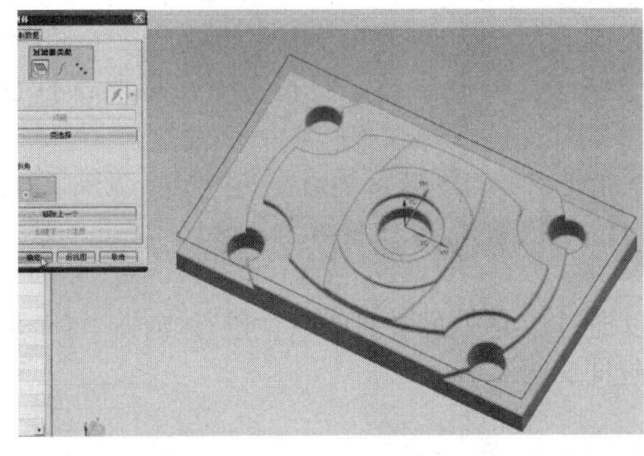

图 2.5.16 选择加工面

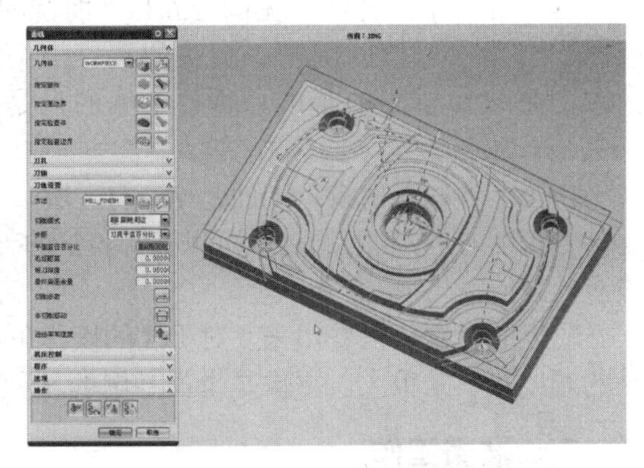

图 2.5.17 刀具路径

2D 动态，播放（见图 2.5.19 加工模拟），现在可以看到它的孔其实是加工到位的。

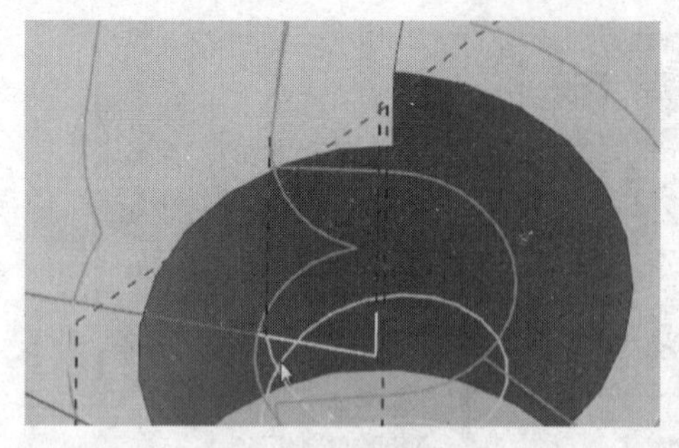
图 2.5.18 螺旋刀路

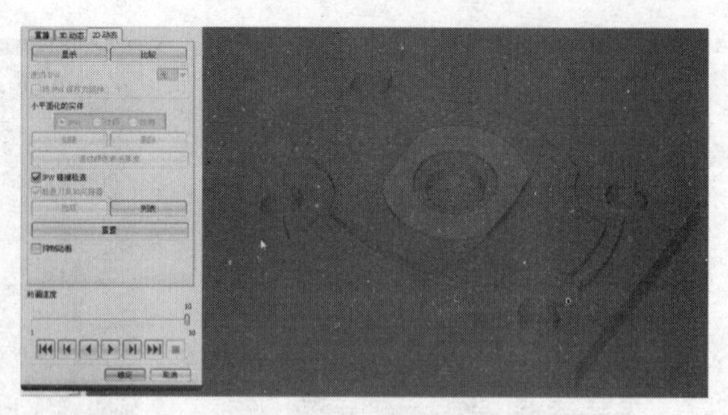
图 2.5.19 加工模拟

四、经验总结

这是做图形当中的另外一个特点，像本章第四节讲的是通过绘制一条辅助线对小圆角进行加工，这一节通过曲面操作的 *N* 边曲面对它的孔进行补片，从而构成一个可以选中的面。这种方法作为平面铣的操作，一般应用的比较多，因为平面铣作为平面粗加工的一种方便的方式，尽量地选中更多的面，如果孔出现很多的情况下，如果用面铣去做，显得非常烦琐，就建议用 *N* 边曲面，先将孔补起来，然后通过平面铣一次性把它加工完毕，这就是这节的主要内容。第一，一般的思路是加工平面，加工四个孔，分别加工四个孔，再精加工。第二，通过这节新讲的 *N* 边曲面，知道了通过 *N* 边曲面将它的孔补起来，一次性进行平面的粗加工，然后进行精加工。回想到上一节的内容，上一章的面铣，由于面铣是要一个一个进行深度的，一个一个指定平面的，没有办法才用 *N* 边曲面，也就是说 *N* 边曲面是配合着平面加工而进行使用的，这个就是这节的内容，希望读者对本题好好地融会贯通。

第六节 平面铣加工实例 3——综合应用

一、工艺分析

首先看一下工件图（见图 2.6.1 平面铣的加工实例 3），三维图形由基本的几个凸台、凹槽、台阶、开口的键槽、沉头的孔、一个大圆孔组成，作为平面铣的粗加工，一般不需要对形状做过多的了解，所要了解的只是一些深度、孔、最小直径可不可以一次性加工完毕。

由图上可以看出来，上面是 *R*8 的区域，下面是ϕ14 的区域，是最小的区域（见图 2.6.2 工件分析图），在取刀的时候可以选择ϕ12 的刀具，给它的边缘余量留个 1mm、0.5mm 都是没有问题的。

由上面一题可以看出来，对于孔的操作可以通过 *N* 边曲面补孔一次性进行操作，这个题目的难度并不是很大，更像是上面一题的一种延伸。

二、准备工作

打开 UG NX8.0，打开第二章平面铣，第六节平面铣加工实例 3——综合应用，OK。开始，加工，默认的方式，确定，等一会儿，它在加载规则。

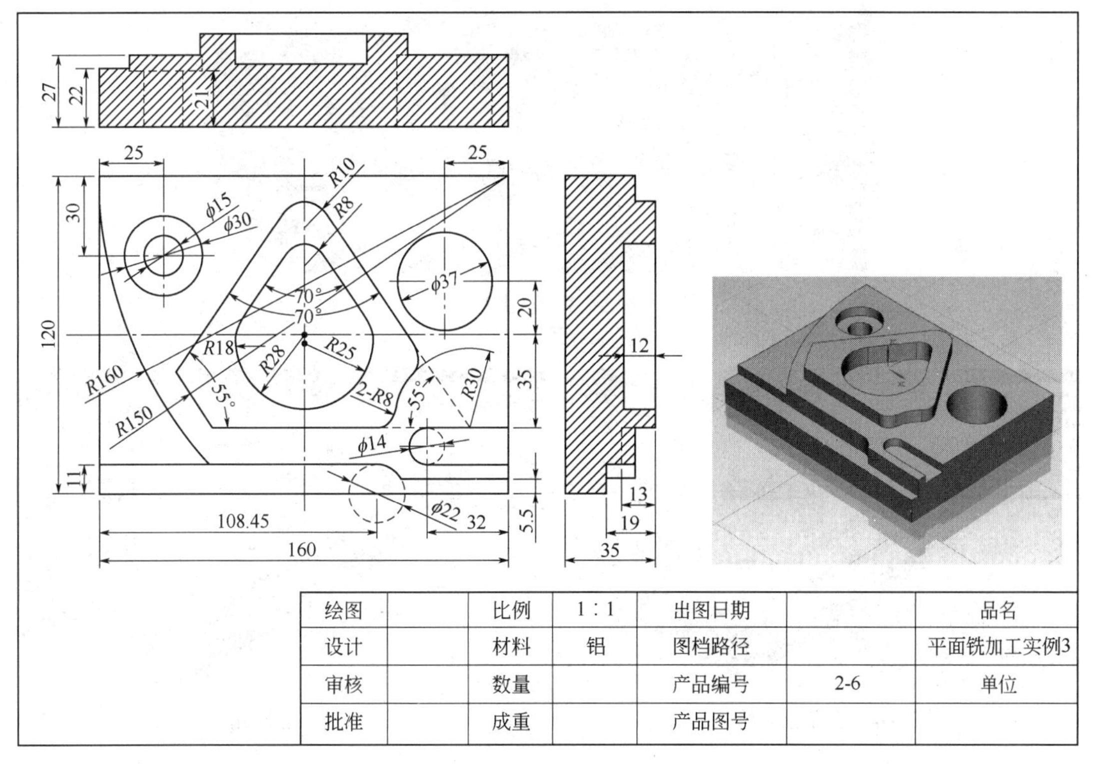

绘图		比例	1∶1	出图日期		品名
设计		材料	铝	图档路径		平面铣加工实例3
审核		数量		产品编号	2-6	单位
批准		成重		产品图号		

图 2.6.1 平面铣的加工实例 3

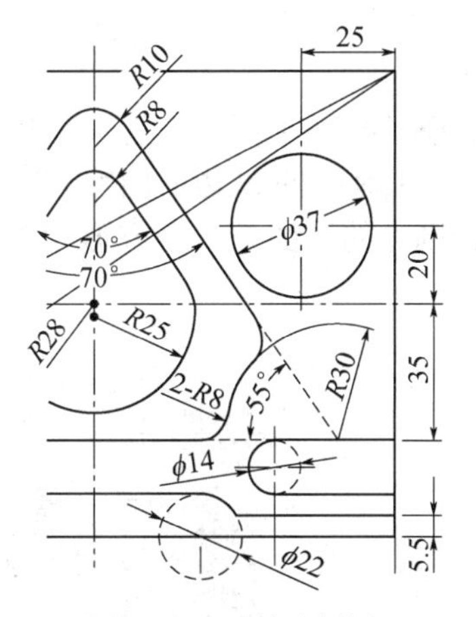

图 2.6.2 工件分析图

1. 创建刀具

进入机床视图，创建刀具，选择 D12 的刀具，确定。这边刀具直径 12，刀具号为 1，确定（见图 2.6.3 创建刀具）。

2. 创建毛坯

下面进入几何视图，双击 MCS-MILL，设定安全高度为 2，确定，点击+号，双击 WORKPIECE，选择部件，点击，选择部件，确定（见图 2.6.4 选择加工部件），指定毛坯，选择自动块的方式，也就是说包容块，将物体全部包中，在 8.0 以前的版本，包容块翻译为自动块，依次确定（见图 2.6.5 选择几何体）。

图 2.6.3　创建刀具

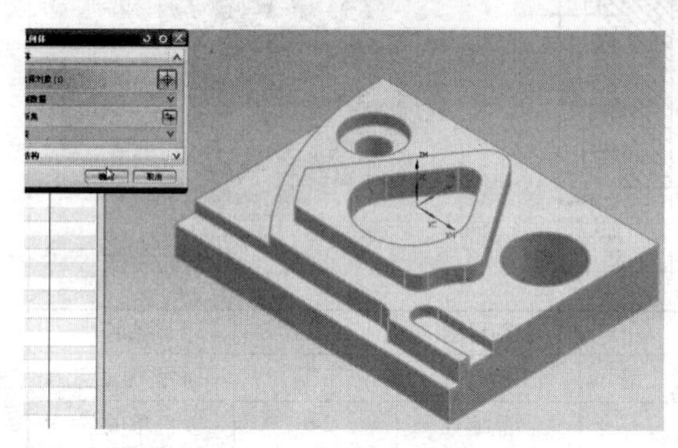

图 2.6.4　选择加工部件

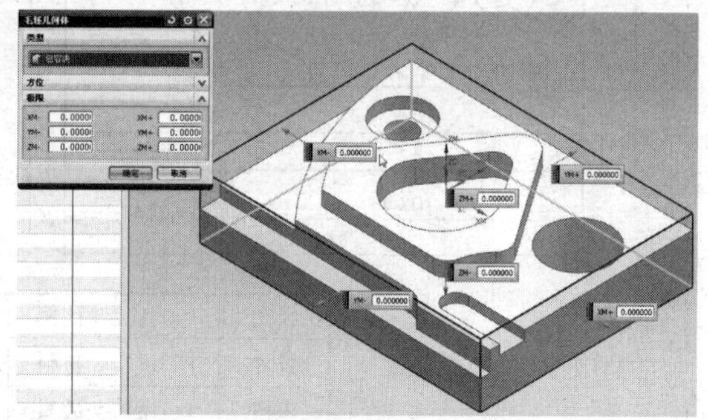

图 2.6.5　选择几何体

三、程序创建

1. 圆孔补片

现在可以进入平面铣加工，但是孔加工不了。进入到开始，建模，通过 *N* 边曲面、曲面补片的方法都是可以的，打开曲面工具栏的 *N* 边曲面（见图 2.6.6 *N* 边曲面按钮），选择边界，设置里面要选择修剪的边界，否则点的曲面是一个方形，然后分别选择 2 个孔，应用（见图 2.6.7 孔底补片）。

图 2.6.6　*N* 边曲面按钮

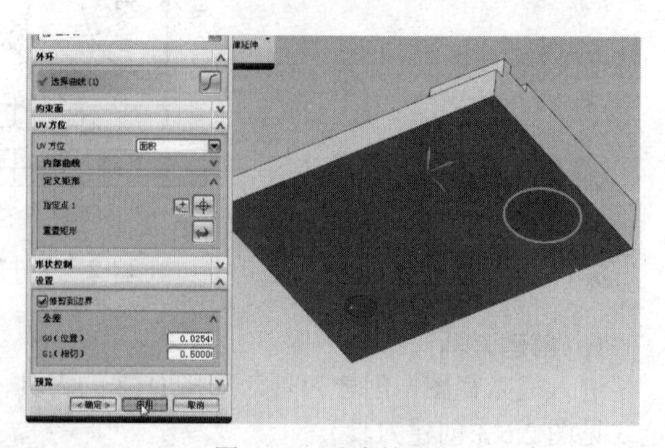

图 2.6.7　孔底补片

2. 毛坯边界绘制辅助线

还有个问题，毛坯的选择必须要有线在上方，那再次到建模，进行绘制，有时候在做加工的时候都是一步步考虑到的，并没有一次性把所有的问题都考虑足，可以再次返回进行操作。在草图的俯视图中绘制毛坯边界，选择矩形，从上绘制到下，绘制了一个长方体在工件的上面（见图 2.6.8 绘制辅助线）。

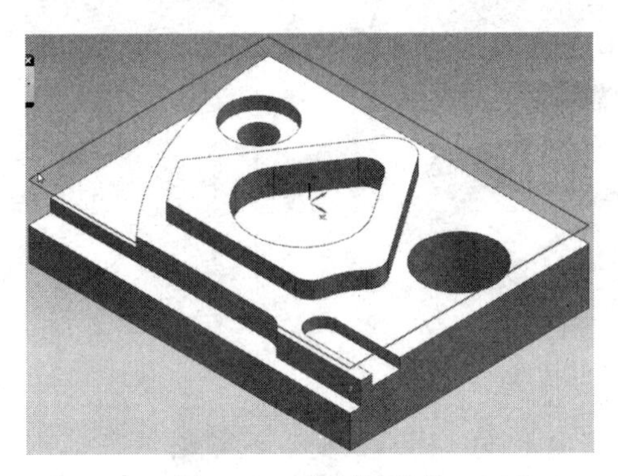

图 2.6.8　绘制辅助线

3．粗加工

进入到加工方法，点击程序视图，创建工序，选择第四个 PLANAR-MILLING，程序选择 PROGRAM，刀具选择 D12，几何体选择 WORKPIECE，方法选择 MILL-ROUGH，选择粗加工，名称为 CU，确定（见图 2.6.9 创建工序）。

图 2.6.9　创建工序

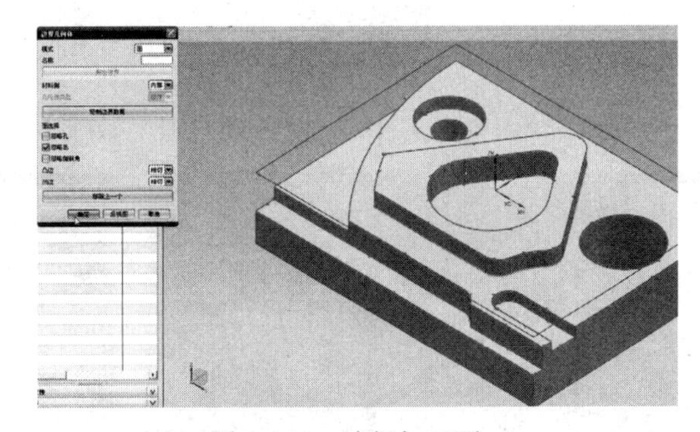

图 2.6.10　选择加工面

指定部件，将所有的平面都选中，包括用 N 边曲面创建的两个辅助的底面，确定（见图 2.6.10 选择加工面）。指定毛坯的边界，曲线和边，点中刚刚添加的矩形，依次确定（见图 2.6.11 选择毛坯的边线），指定底面，就是刚才补的一个面，点中，确定（见图 2.6.12 选择底面）。下面点击切削层，对它每一层的深度进行设定，设定公共深度为 2，确定（见图 2.6.13 切削层参数设置）。然后进入切削参数，将它的余量设为 0.5，考虑到这边的ϕ14 的区域（见图 2.6.14 ϕ14 的区域），如果刚好为 1 的话，刀具这里正好进得去，为了让刀具有一个活动的空间，将这里设为 0.5，确定（见图 2.6.15 余量设置），生成一下刀具路径（见图 2.6.16 刀具路径）。

现在是跟随部件，等一会儿再看一下另外的方式，这样基本上能加工出来了，但是红色的线看上去还是有一点点多，就是空走刀会有一点多。将它改为跟随周边，生成一下（见图 2.6.17 跟随周边的刀具路径），空走刀方式可以得到明显的改善，确定。还是跟以前的思路一样，如果一步空走刀浪费了 2s，如果空走刀有 40 步的话那就会有 80s，如果生产 100 个工件，这样的时间就是非常可观了。

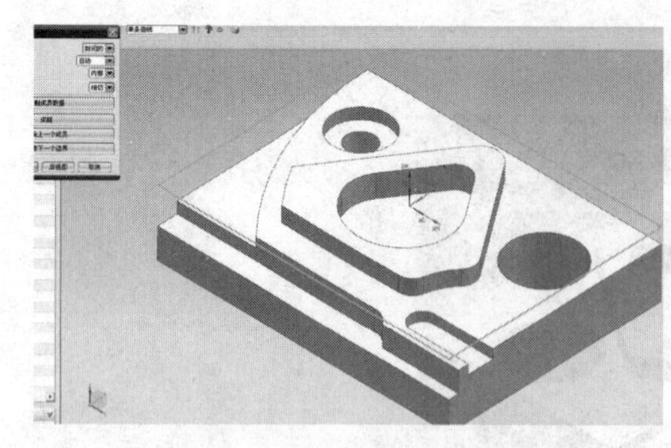

图 2.6.11 选择毛坯的边线

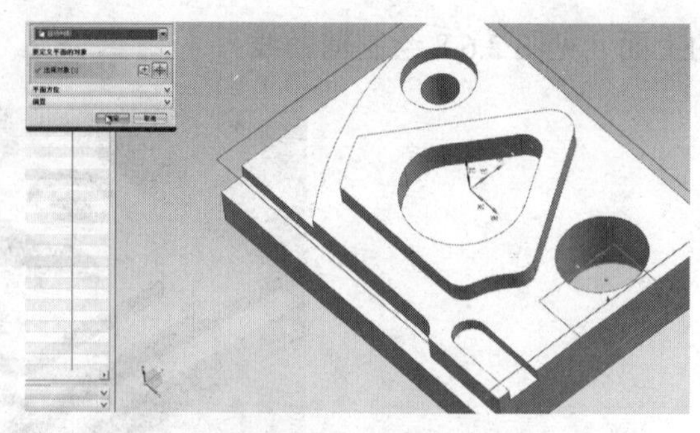

图 2.6.12 选择底面

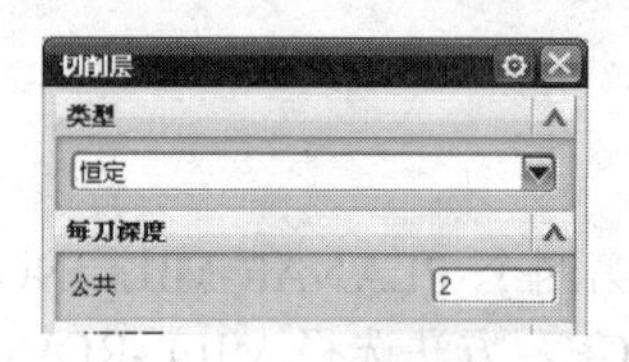

图 2.6.13 切削层参数设置

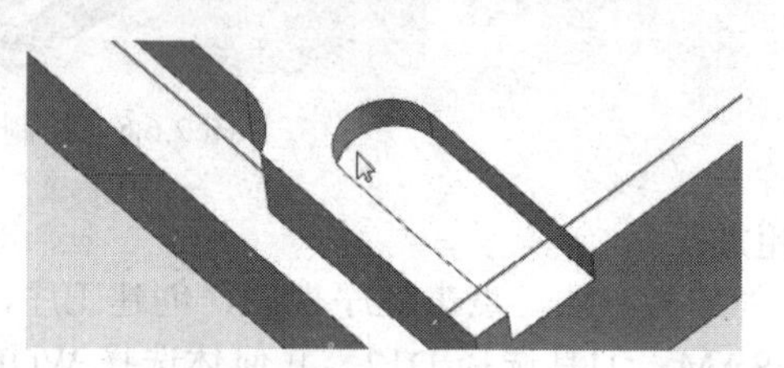

图 2.6.14 $\phi 14$ 的区域

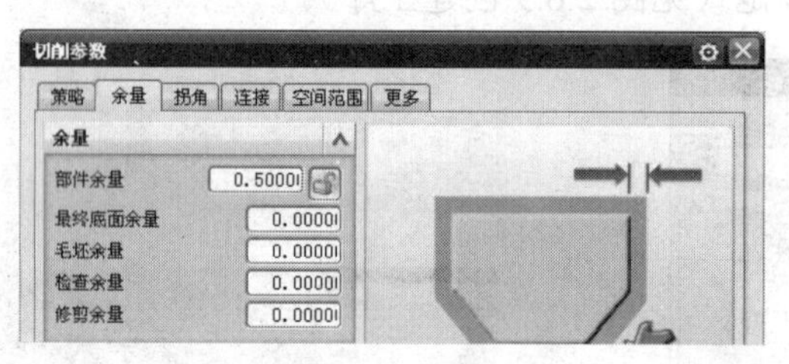

图 2.6.15 余量设置

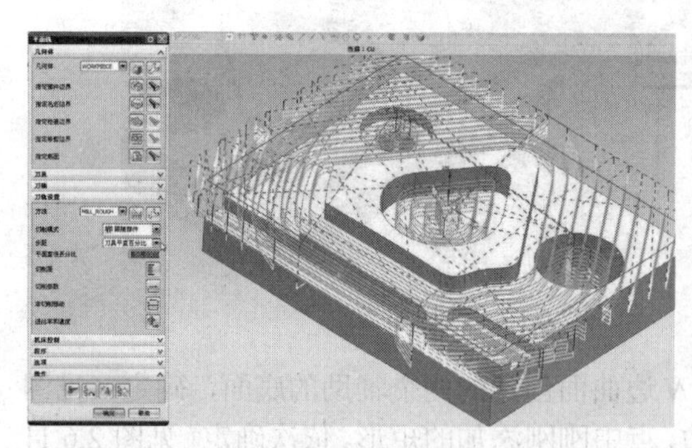

图 2.6.16 刀具路径

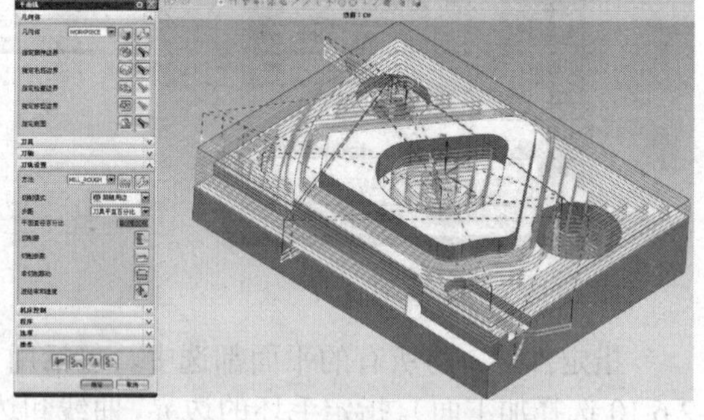

图 2.6.17 跟随周边的刀具路径

4. 精加工

通过平面铣加上辅助的面将形状做出来了。下面进行精加工，精加工选择创建工序，第二个面铣操作，底下参数只要在方法当中选择 FINISH 就可以了，名字为 JING，确定。

指定面边界，指定物件的所有的平面就行了。这里的所有平面包括辅助的 N 边曲面，确定（见图 2.6.18 选择加工面）。选择跟随周边，毛坯距离为 0，切削参数当中的余量可以不看的，作为精加工的 FINISH 它的默认都是为零的，生成刀具路径（见图 2.6.19 刀具路径）。

刀轨出现了警告，确定，看一下是什么地方出现警告（见图 2.6.20 警告信息），警告有些切削区域太小而无法进刀，确定。一般出现这种情况考虑到最深的区域（见图 2.6.21 沉头孔的位置），可能是由于螺旋下刀的方式使它产生无法下刀的情况。

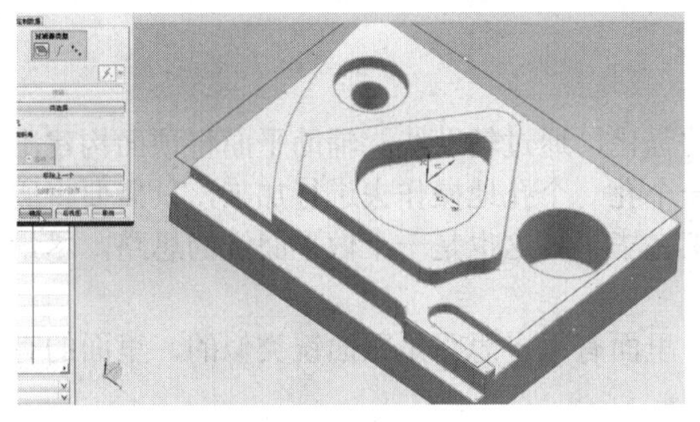

图 2.6.18 选择加工面

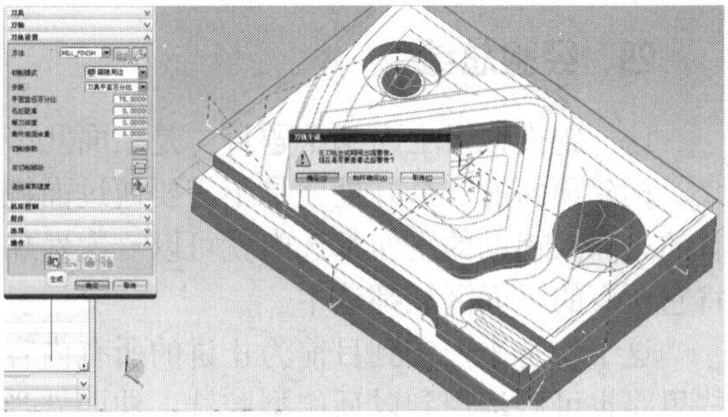

图 2.6.19 刀具路径

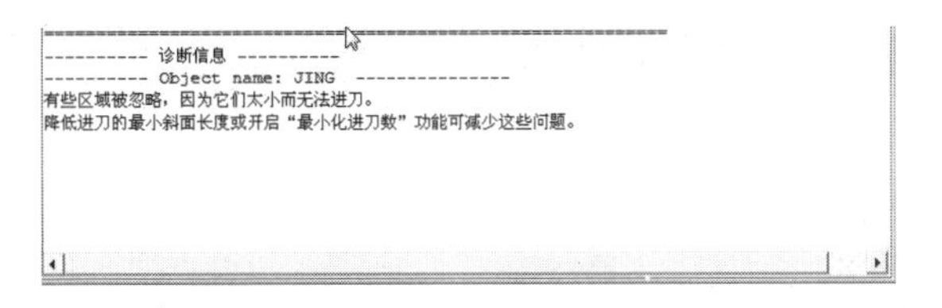

图 2.6.20 警告信息

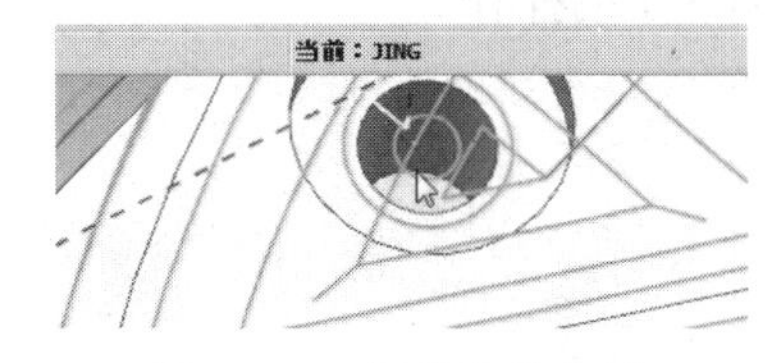

图 2.6.21 沉头孔的位置

打开非切削参数，将非切削移动当中的沿形状斜进刀改为插削或者无，一般都不会出现问题，确定（见图 2.6.22 非切削参数设置），生成刀具路径（见图 2.6.23 刀具路径）。刀具可以下刀了，也不会再弹出那种无法进刀的警告，确定（见图 2.6.24 沉头孔的位置）。

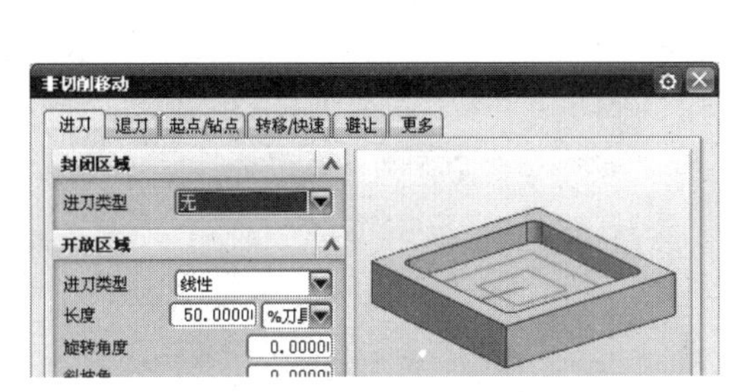

图 2.6.22 非切削参数设置

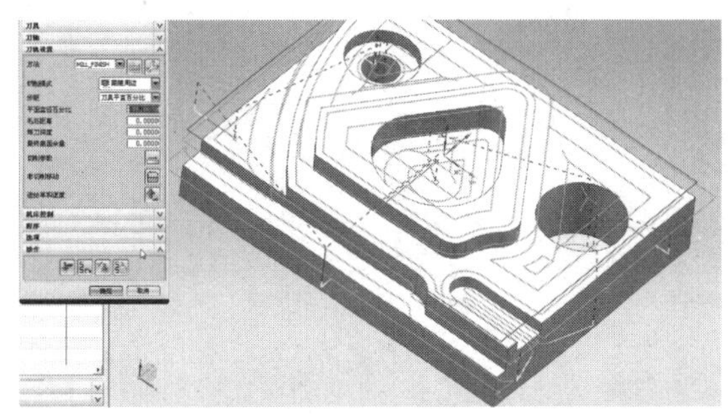

图 2.6.23 刀具路径

5. 综合模拟

选择 PROGRAM，确定刀轨，2D 动态，播放（见图 2.6.25 加工模拟），这样最基本的形状就已经加工完毕了。

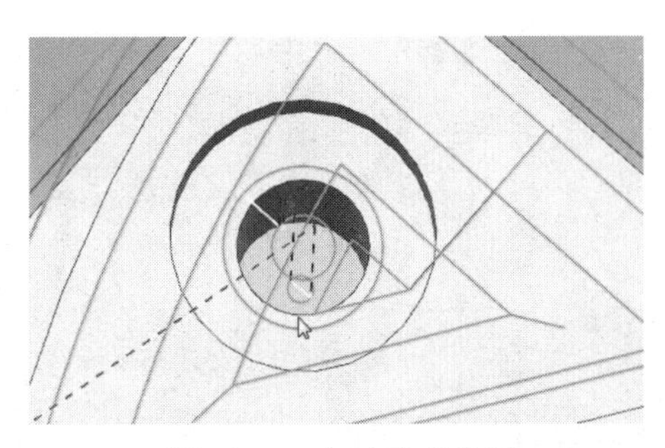

图 2.6.24 沉头孔的位置

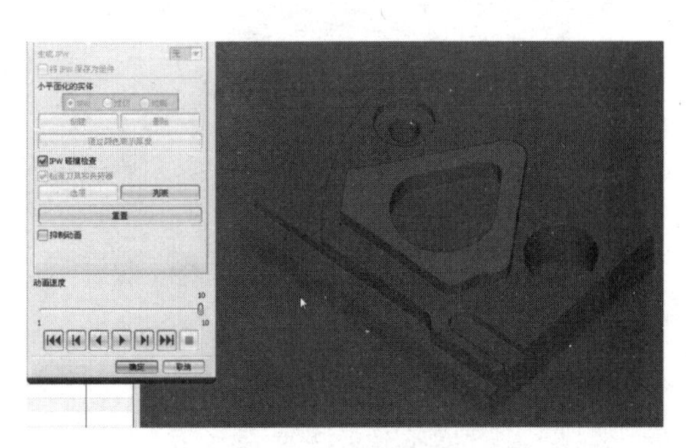

图 2.6.25 加工模拟

四、经验总结

这一题类似于上面那个题目，是上面几节的强化，通过辅助线、辅助平面将顶面构建出来，构建顶面的一个好处就是不需要通过面铣一个孔一个孔地操作去进行加工，只需要将所有的平面跟辅助的平面都选中就可以一次性加工完毕了。这也是一个做平面铣的思路，尽量将它所有的平面区域都选中。

这个就是平面铣到目前为止讲的所有内容，里面有很多思路是跟面铣类似的，里面的有些思路也可以运用到以后的型腔铣、曲面铣当中。

下一节将讲解曲面铣当中的型腔铣，型腔铣也是操作的一个重点，它几乎可以加工所有的粗加工的操作。

中篇 UG数控编程的曲面加工

第三章　型腔铣CAVITY MILLING

第一节　型腔铣入门实例 1——平面的加工

从这一节开始将进入型腔铣的学习，型腔铣是 UG 软件当中非常重要的一个功能。简单的工件完全可以通过型腔铣一次性进行粗加工和精加工。

一、工艺分析

见图 3.1.1 型腔铣入门实例 1 这个题目通过型腔铣可以一次性将它选中，而且不必考虑到它的每一层的深度，比如说中间的 10 和 22 是不必考虑到的。图形的形状比较简单，有一个圆角矩形的槽，还有一个 L 形的槽，加上最中间圆角矩形的槽组成。

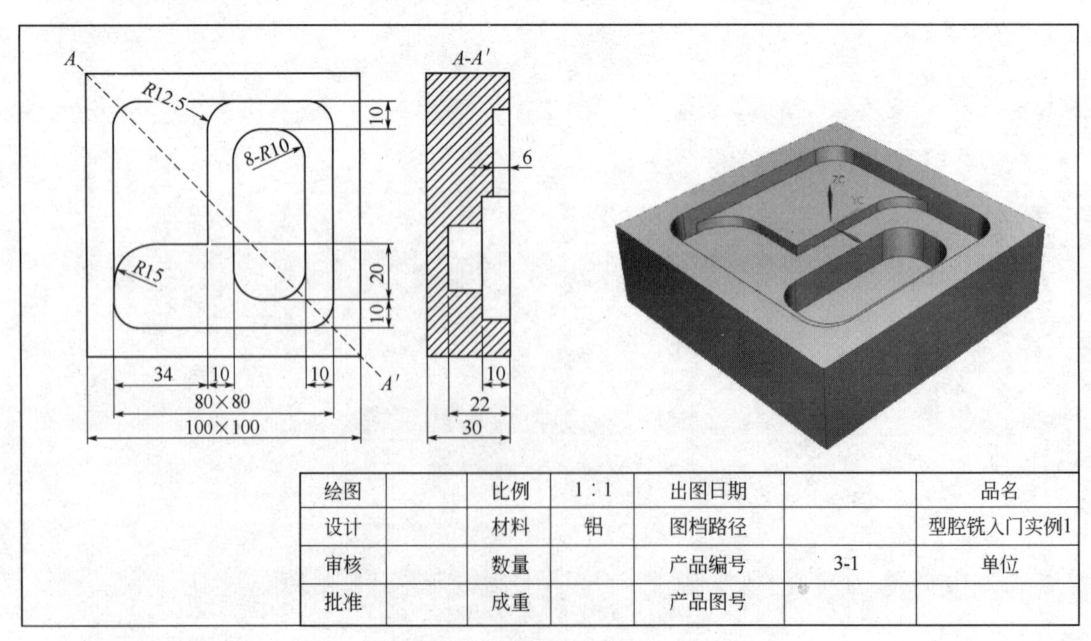

绘图		比例	1∶1	出图日期		品名
设计		材料	铝	图档路径		型腔铣入门实例1
审核		数量		产品编号	3-1	单位
批准		成重		产品图号		

图 3.1.1　型腔铣入门实例 1

二、准备工作

下面打开 UG NX8.0，打开第三章型腔铣 CAVITY-MILLING，选择第一节型腔铣入门实例 1——平面的加工。由于型腔铣是属于平面铣的内容，从开始加工的时候要选择一下。首先上面是 CAM-GENERAL，这个是通用的方式，不管它。下面是 MILL-PLANAR，第二项是 MILL-CONTOUR，CONTOUR 是曲面的加工，在这里为了方便显示只选择 CONTOUR，直接选择下来，确定（见图 3.1.2 加工环境）。

1. 创建刀具

下面也是按照前面的次序来选择刀具，由于这里只有平面的区域，因此只要选择一把平底刀就可以了，机床视图，创建刀具。

刀具的选择还是根据图上来取，最小的圆角稍微大一点就可以，最小的值是 $R10$，在这里只要取刀具半径要比 $R10$ 小一点就可以了，取一把 $\phi10$ 的刀就完全可以，名称命名为 D10，确定，刀具直径设为 10，刀具号为 1，确定（见图 3.1.3 创建刀具）。

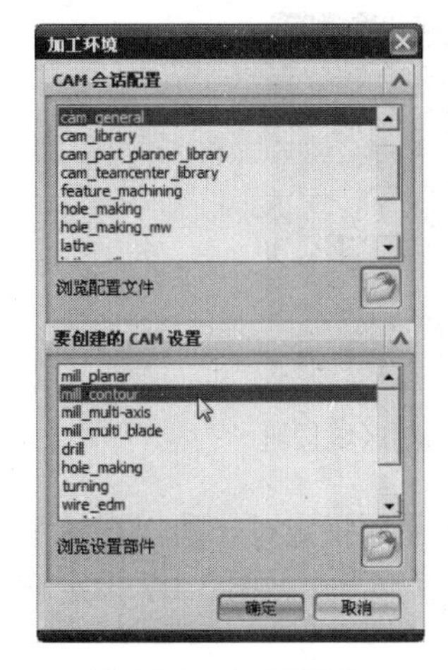

图 3.1.2　加工环境

图 3.1.3　创建刀具

2. 创建毛坯

设置毛坯和部件。点击几何视图，首先，双击 MCS-MILL，在弹出的对话框中设置安全高度为 2，确定。打开“+”双击 WORKPIECE，设置毛坯，首先在这个几何体当中点击按钮选择部件，点击物体，确定（见图 3.1.4 选择加工部件），指定毛坯，直接选择包容块的方式将对象最小化地包容进去，依次确定（见图 3.1.5 选择几何体），这样刀具和毛坯就创建好了。

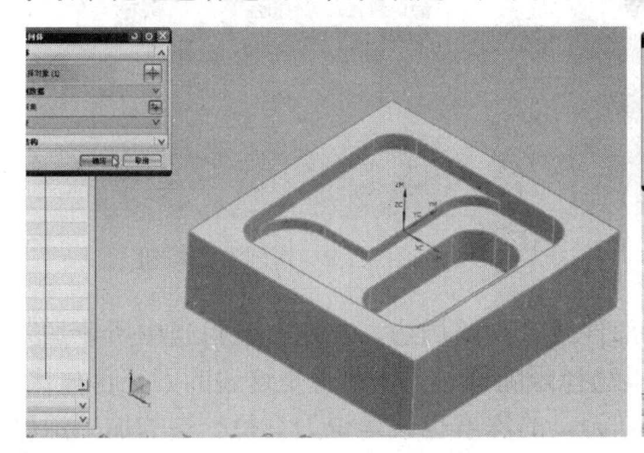

图 3.1.4　选择加工部件

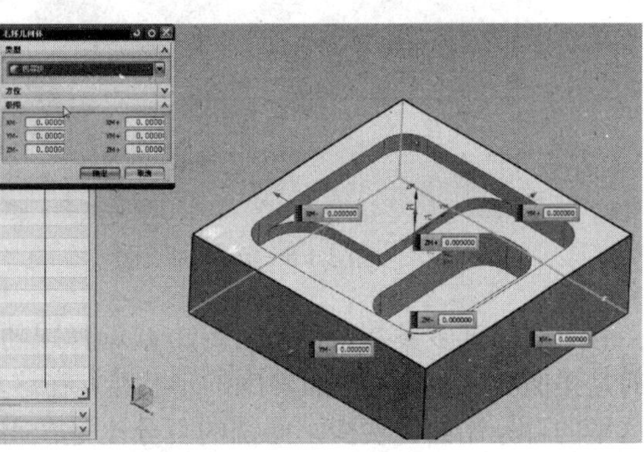

图 3.1.5　选择几何体

三、程序创建

1. 不选择侧壁的型腔铣的粗加工

下面直接进入程序视图，创建工序，这里的工序的子类型和前面的会有所不同，因为前面是在平面的加工模块，现在是在曲面的加工模块当中，进入第一项 CAVITY-MILL，程序放到 PROGRAM 内，刀具选择 D10 的刀具，几何体选择 WORKPIECE，方法选择 ROUGH，粗加工在这里给它命名为 CU，确定（见图 3.1.6 创建工序）。

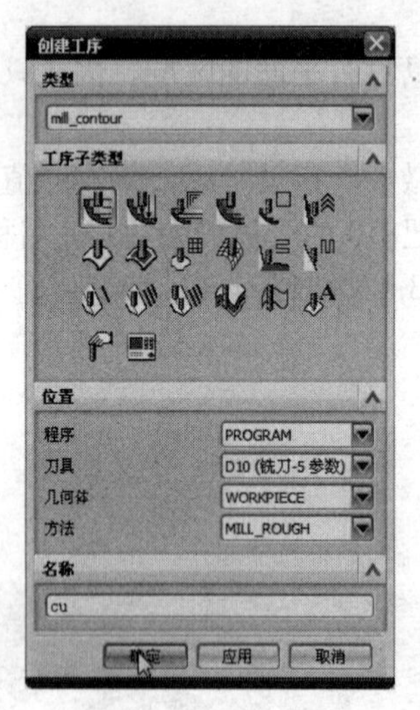

图 3.1.6 创建工序

图 3.1.7 指定切削区域按钮

进去以后可以首先看到它的几个界面还是比较简单的，部件在前面指定过，所以在这里是灰色的，毛坯也是灰色的，在这里首先要考虑的就是指定区域，点一下（见图 3.1.7 指定切削区域按钮）。

这里切削区域是将所有要加工的面都选中，一个面，两个面，三个面，也就是说所加工的整个的三个深度就可以了，确定（见图 3.1.8 选择加工面）。

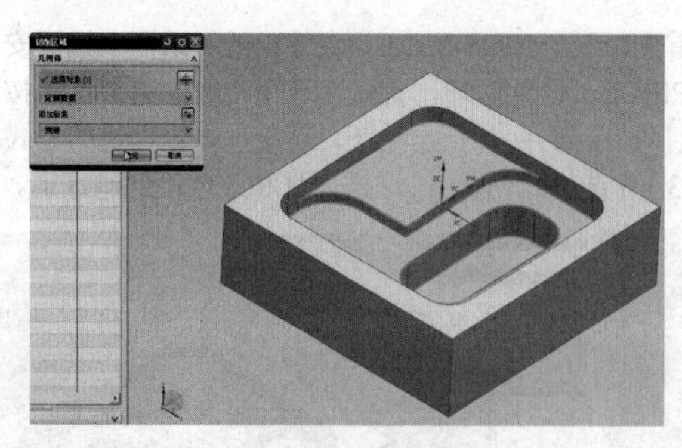

图 3.1.8 选择加工面

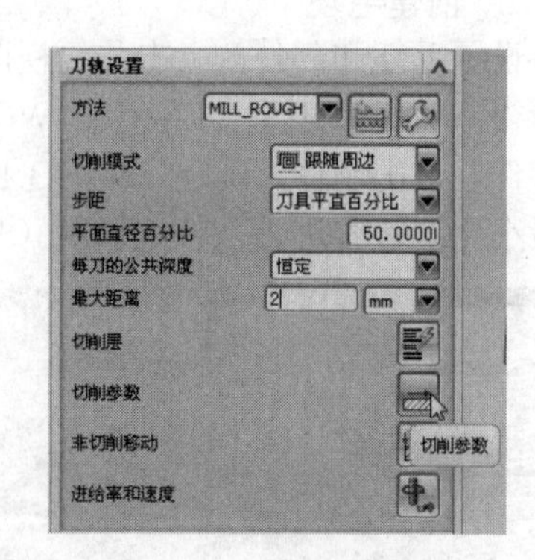

图 3.1.9 切削参数按钮

下面的许多参数暂时不管，方式选择跟随部件或者跟随周边，在这个题目当中所要加工的是里面的区域，要按照外围的形状走，在这里选择跟随周边，步距就是这边的刀径百分比，这里的百分比面铣要少，面铣的百分比是 75%，刀具的深度也就是说刀具每一层的加工深度给它一个 2，也就是说每一层切削为 2，切削层暂时不管，切削参数通过切削参数里面主要是看一下它的余量设置，点一下切削参数（见图 3.1.9 切削参数按钮），看一下余量，在这里为 1，部件的余量（见图 3.1.10 余量设置）。

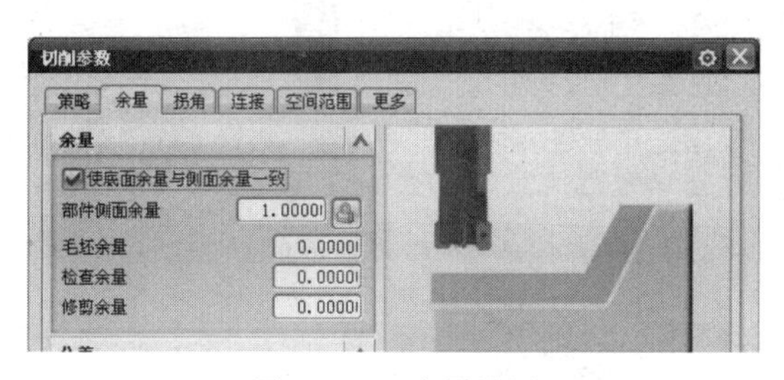

图 3.1.10　余量设置

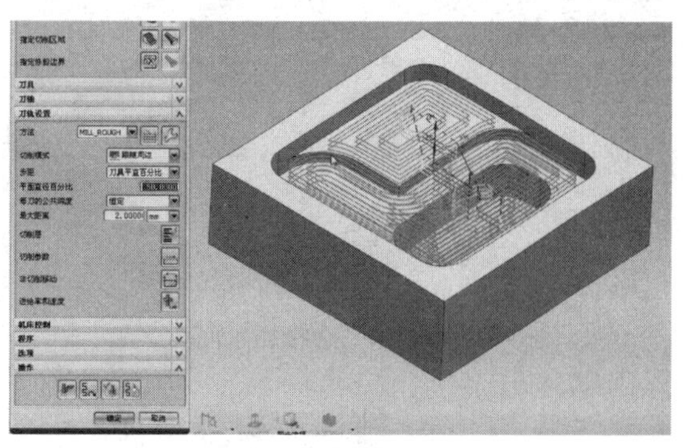

图 3.1.11　刀具路径

部件余量包括下面侧壁的余量跟它的底余量，因为前面勾上了这个选项：使底面余量和侧面余量一致。一般这个不要改动，直接确定，也就是说底面余量会留个 1，直接生成就可以了（见图 3.1.11 刀具路径）。

可以看到它这样自动形成了加工的区域，确定，可以模拟看一下，播放（见图 3.1.12 加工模拟）。

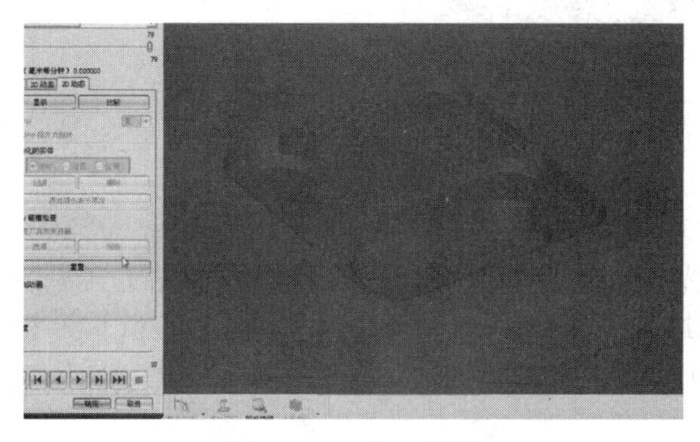

图 3.1.12　加工模拟

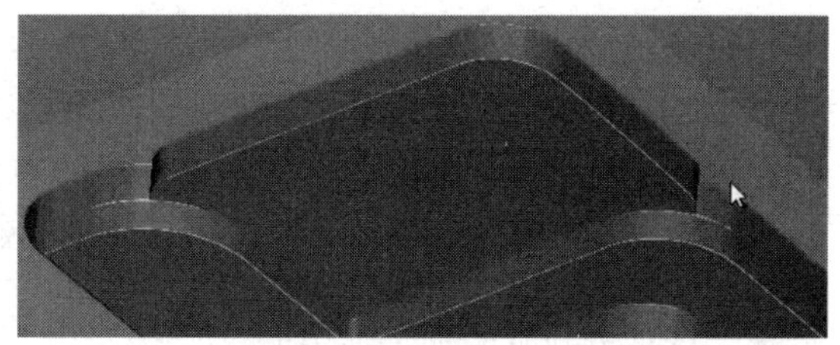

图 3.1.13　接刀的位置

这是用最简单的方法去做的一个选择，这样选择其实还是有问题的，比如说在这里的接刀的区域（见图 3.1.13 接刀的位置）。

由于型腔铣铣的是腔的内部，作为腔的主层不仅仅是它的底平面还有侧壁，在选择的时候就尽量把侧壁和底面一起选中，所以在这里选择面的时候会出现一定的问题，从头再开始选一遍，确定。

2. 选择侧壁的型腔铣的粗加工

重新创建工序，参数不用修改，名称为 CU，确定，直接指定切削区域，这里的切削区域是包括所有的侧壁在内的切削区域，因为在刚才还记得讲到余量的时候它有一个使底面余量和侧面余量一致的选项，如果不选的话就对于侧壁就没有任何效果了，现在将侧壁也选中了，确定（见图 3.1.14）。

直接设置距离为 2，最大距离也就是说最大的切深，点击切削参数，切削参数看一下余量是 1，确定（见图 3.1.15 余量设置），直接生成刀具路径（见图 3.1.16 刀具路径）。

图 3.1.14 选择加工面

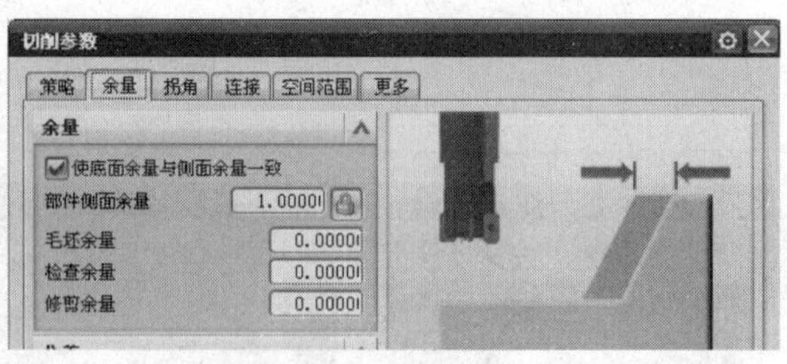

图 3.1.15 余量设置

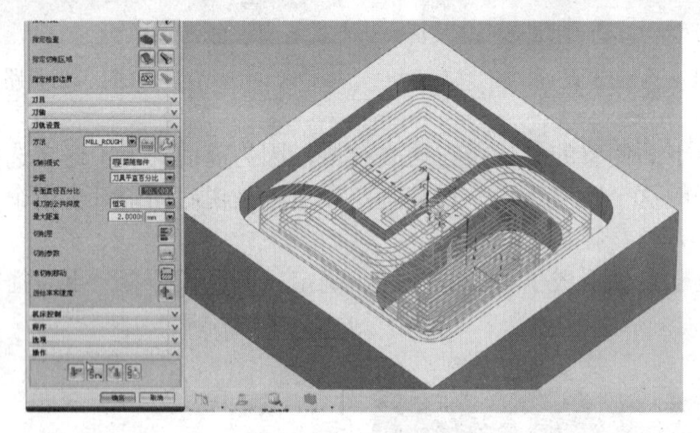

图 3.1.16 刀具路径

3. 模拟加工及分析

看一下它的刀轨的形状，播放一下（见图 3.1.17 加工模拟）。

这才是符合实际加工要求的刀轨路径。首先在上面大的区域作为一整块进行加工（见图 3.1.18 最上面区域的模拟加工），底下 L 形的区域分开来进行加工（见图 3.1.19 L 形区域的模拟加工），最后槽的区域单独进行加工的（见图 3.1.20 底面的模拟加工），这才是真正的加工方法，这种方法是粗加工使用的。

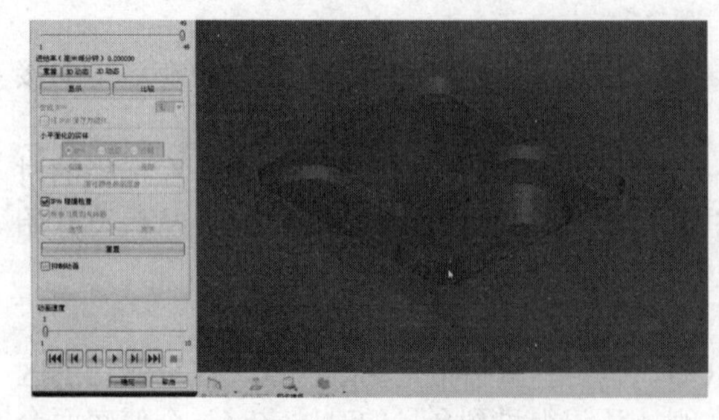

图 3.1.17 加工模拟

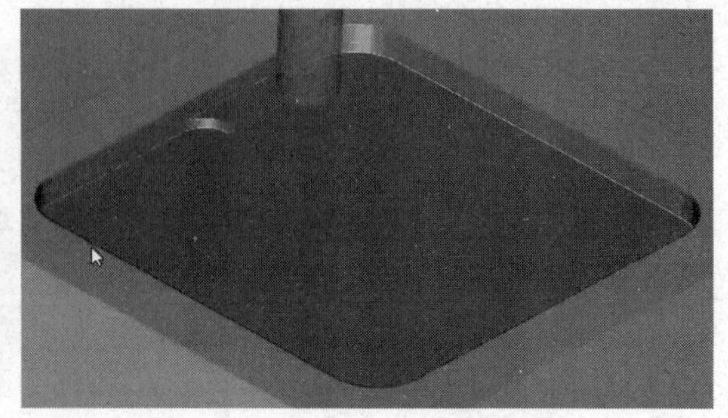

图 3.1.18 最上面区域的模拟加工

4. 精加工

下面再看精加工应该怎么修改，仍然是创建工序，这些参数改掉，将方法改为 FINISH，仍然用的是 CAVITY 去做，名称命名为 JING，确定（见图 3.1.21）。

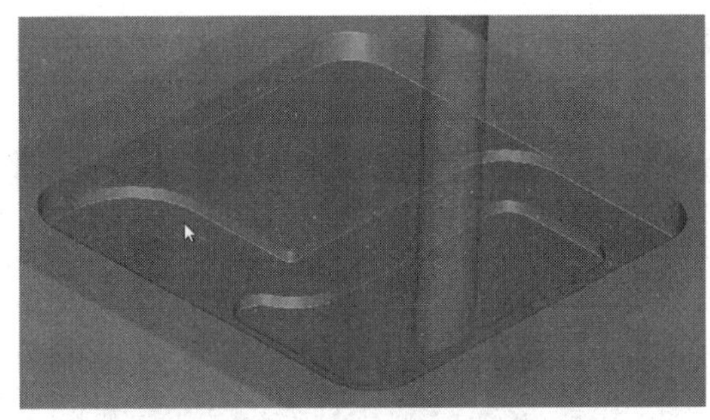

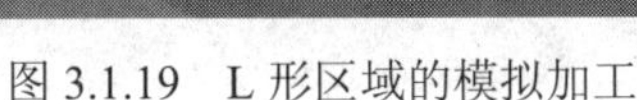

图 3.1.19　L 形区域的模拟加工　　　　图 3.1.20　底面的模拟加工

指定切削区域，这个区域要注意，刚才在底面和壁都留有了余量，在这里底面和壁都要选中，如果壁不选的话，壁余量也是无法去除的，到现在是所有的面都把它选中了，确定（见图 3.1.22 选择加工面）。

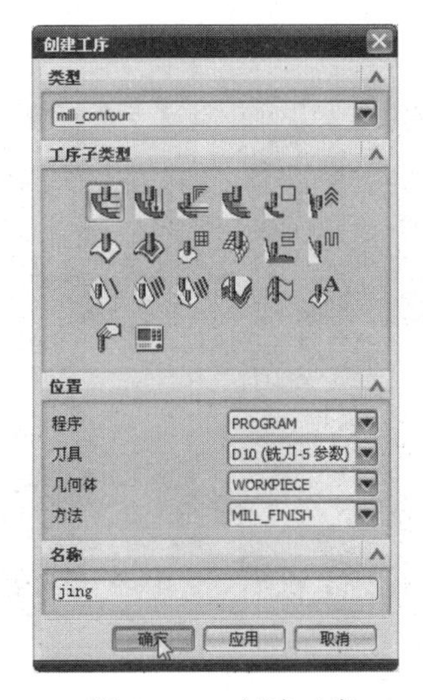

图 3.1.21　创建工序

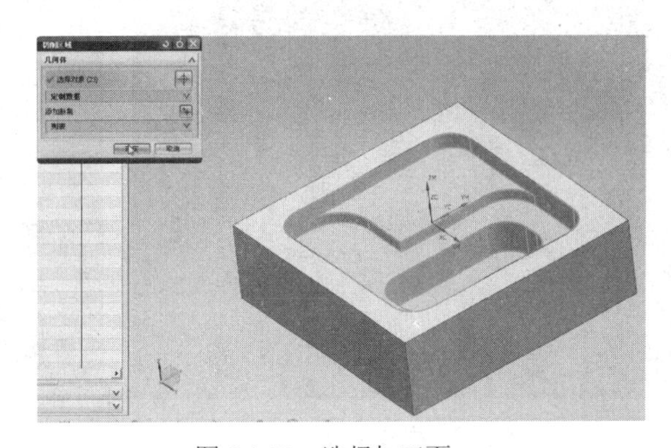

图 3.1.22　选择加工面

这里最大距离是精加工的距离，值 6 暂时不改，在切削参数当中要修改一个数值，余量为 0，确定（见图 3.1.23 余量设置）。

然后打开切削参数，在空间范围当中处理中的工件选择使用 3D 的方式，确定（见图 3.1.24 空间范围选择使用 3D），生成刀具路径（见图 3.1.25 刀具路径）。

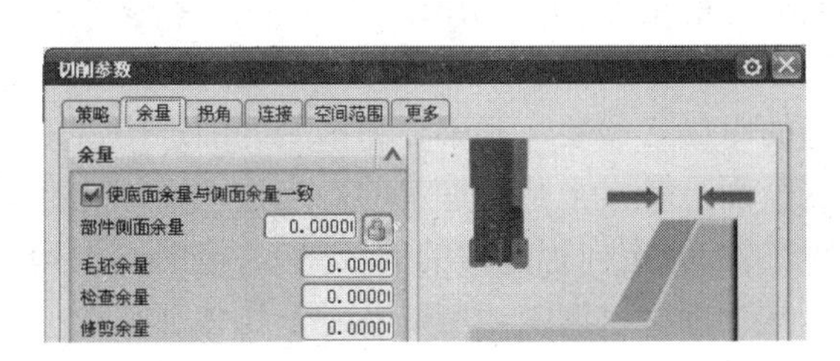

图 3.1.23　余量设置

图 3.1.24　空间范围选择使用 3D

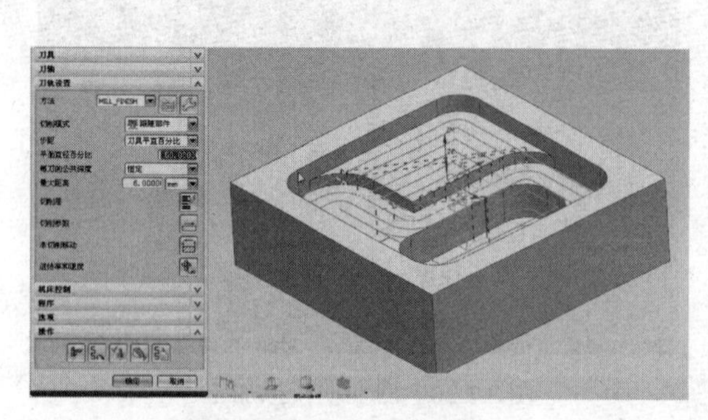
图 3.1.25 刀具路径

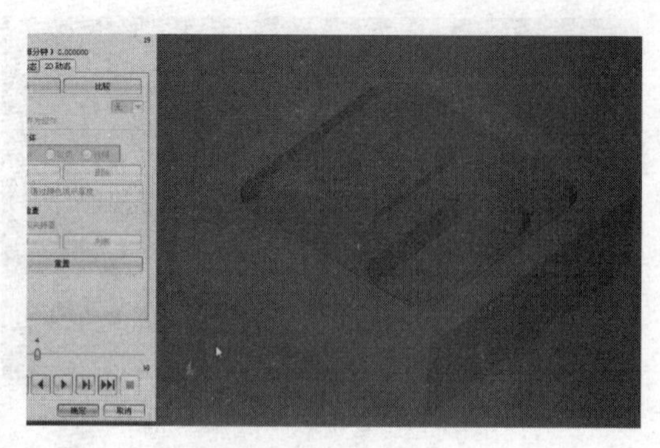
图 3.1.26 加工模拟

3D 是沿着表面路径进行走刀的，确定。切削参数选择 3D，然后生成路径，这就是形成精加工的方法。下面将它全部选中模拟一下，确认刀轨，2D 动态，播放一下（见图 3.1.26）。

这是粗加工（见图 3.1.27 粗加工模拟），紧接着精加工（见图 3.1.28 精加工模拟）。

图 3.1.27 粗加工模拟

图 3.1.28 精加工模拟

四、重要知识点

精加工完全将粗加工剩余的蓝颜色区域加工完毕。由此可见做型腔铣的精加工和粗加工都是比较方便的，不需要指定部件的范围，不需要指定毛坯的范围，也不需要知道深度，只需要将加工范围和侧壁选中就可以了。在选择的时候也会发现，这个题在选择的时候点击的面是比较多的，有没有办法将它直接全部选中？这个办法是有的。

将之前的程序删除，创建一下工序，跟前面一样的 CAVITY-MILL 型腔铣，这些参数不变，方法当中选择 ROUGH，就是说重新再做一遍程序，名称是 CU，确定，在选择的时候直接选择切削区域，用框选是可以的，但是用框选的时候必须要注意不要将多余的面选中，顶部选中一般是没有问题，因为毛坯的顶面就是这个面，基本上是不加工的。当进入区域选择的时候，右击，将区域视图切换回前视图（见图 3.1.29 定向视图中的前视图），按图 3.1.30 框选物体，由于这个题目当中没有通孔，因此基本上都可以选中。可以看一下物体都被选中了，确定（见图 3.1.31 选中的效果）。

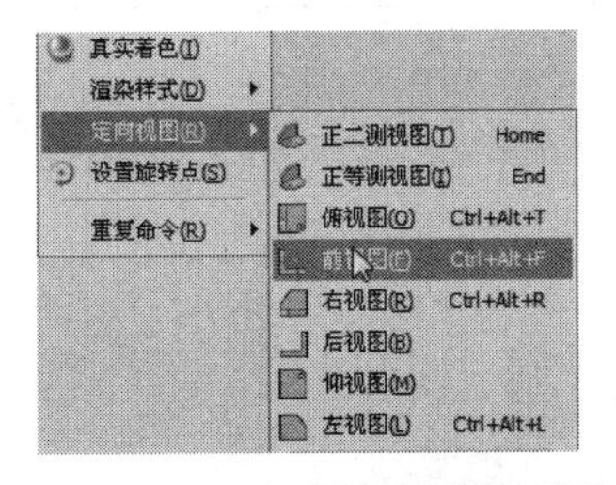

图 3.1.29　定向视图中的前视图

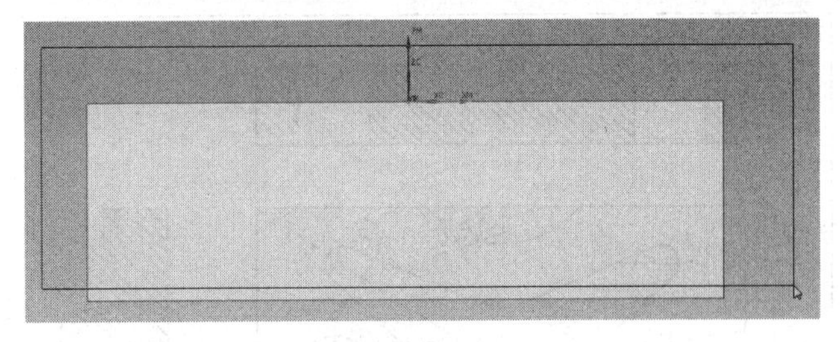

图 3.1.30　框选物体

图 3.1.31　选中的效果

五、经验总结

也可以看得出来这样做是非常好的一种方法，也是比较简单的。也就是说型腔铣的操作可以加工前面面铣的零件、平面铣的零件，再往后它可以加工很多曲面的工件，这一节的内容主要讲解型腔铣的入门实例，通过一个平面工件的讲解知道型腔铣加工的方法、区域选择的方法，以及为以后的讲解做一个铺垫。

第二节　型腔铣入门实例 2——孔的加工

一、工艺分析

首先看一下工件图（见图 3.2.1 型腔铣入门实例 2），工件图上最基本的一个图形有一个类似于 X 形的凸台，还有两个圆的一部分的凹槽组成，这是开口槽，很明显这里还有两个ϕ20 的圆孔组成，圆孔作为前面讲的平面铣和平面铣当中那是要单独做的，用的是面铣的方法去做，或者是用平面铣当中的 *N* 边曲面将它补片才能进行选择。

首先要知道型腔铣不需要知道它的深度信息，比如说右边这里的 12、30 和上面的 22（见图 3.2.2 深度 12、30 和 22 的区域），这些是不需要知道的。

二、准备工作

下面进入 UG 来做这道题目。打开第三章型腔铣 CAVITY-MILLING 的第二节型腔铣入门实例 2——孔的加工，OK。这个题目以前也是可以用面铣加工出来的。开始，加工 GENERAL，CONTOUR，其实前面有 PLANAR，通过 PLANAR 进去跟 CONTOUR 进去是一样的，只不过它要多一步选择过程，确定。

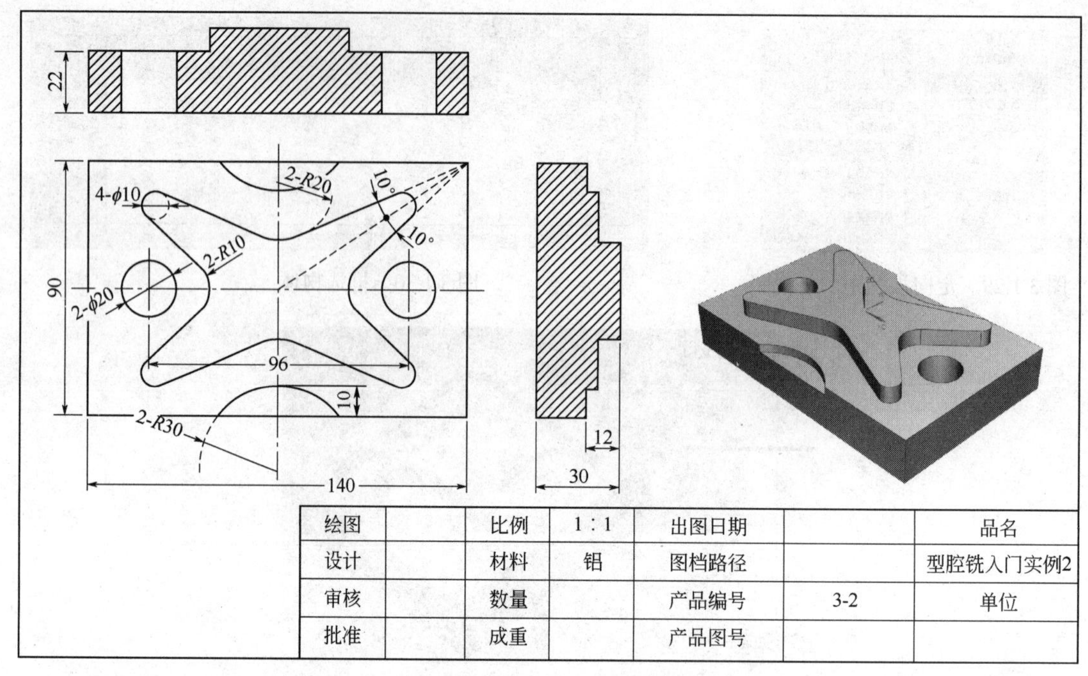

绘图		比例	1：1	出图日期		品名
设计		材料	铝	图档路径		型腔铣入门实例2
审核		数量		产品编号	3-2	单位
批准		成重		产品图号		

图 3.2.1　型腔铣入门实例 2

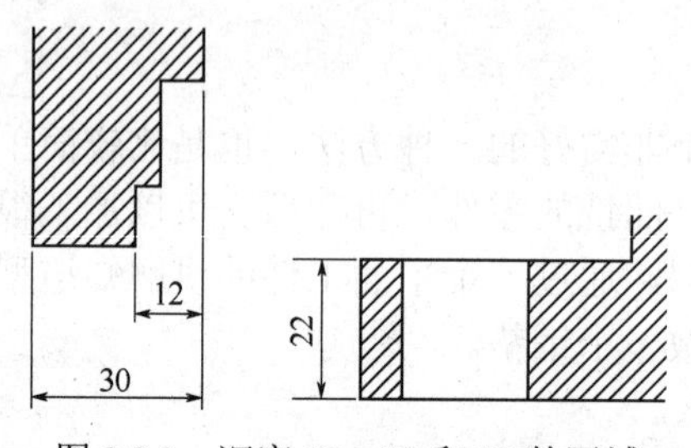

图 3.2.2　深度 12、30 和 22 的区域

1. 创建刀具

机床视图，创建刀具，在刀具只要比孔小就可以了，保证它能进得去，孔的尺寸通过前面可以看得出来是ϕ20（见图 3.2.3 ϕ20 的孔），ϕ20 选择的刀具要比它小，暂时还是用小一点的，为 D12，确定，刀具直径为 12，刀具号为 1，这样简单看一下肯定是比它小得多，确定（见图 3.2.4 创建刀具）。

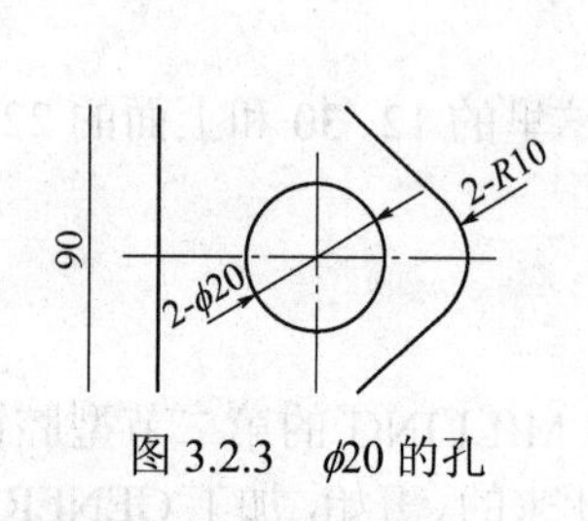

图 3.2.3　ϕ20 的孔

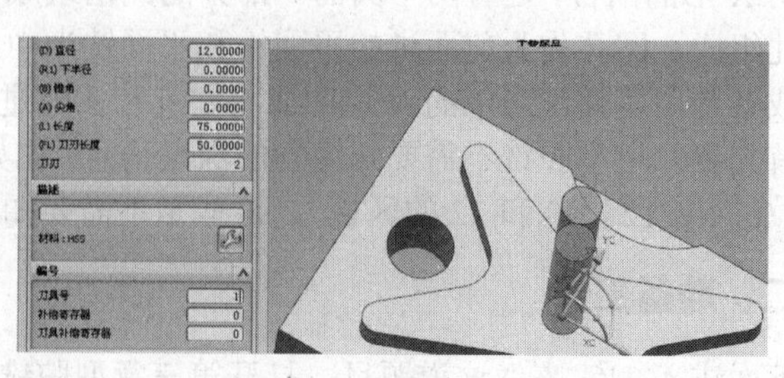

图 3.2.4　创建刀具

2. 创建毛坯

设置几何坐标和部件，点击几何视图，双击 MCS-MILL，将安全高度设为 2，确定。

打开“+”，双击 WORKPIECE，指定部件，点一下物体，确定（见图 3.2.5 选择加工部件），指定毛坯，直接选择包容块，将物体最小化地包进来，依次确定（见图 3.2.6 选择几何体）。

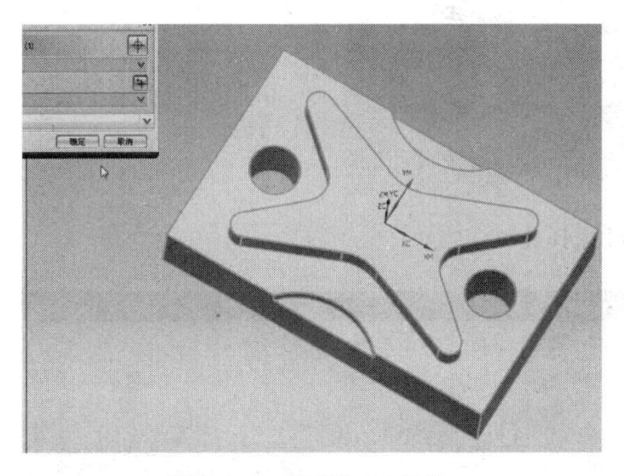

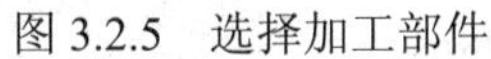

图 3.2.5　选择加工部件

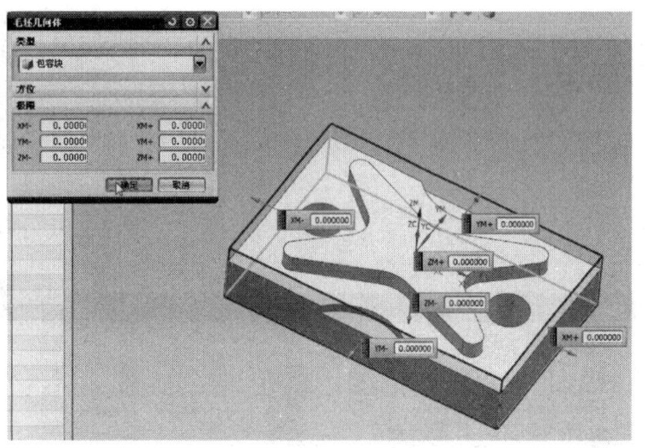

图 3.2.6　选择几何体

三、程序创建

1. 粗加工

然后就可以直接创建型腔铣。由于型腔铣的选择方法和操作的方法也是比较简单的，就直接进去。程序视图，创建工序，选择 CAVITY-MILL，程序为 PROGRAM，刀具直径为 12，几何体 WORKPIECE，方法 ROUGH，名称为 cu，确定。

指定切削区域，注意切削区域的选择仍然可以用前面的前视图的方法去做，右击选择前视图，框中物体，注意不要全框，因为这个外面是不需要加工的（见图 3.2.7 框选物体）。

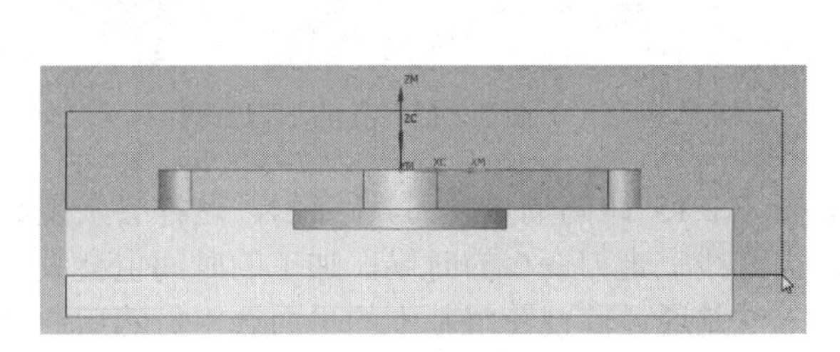

图 3.2.7　框选物体

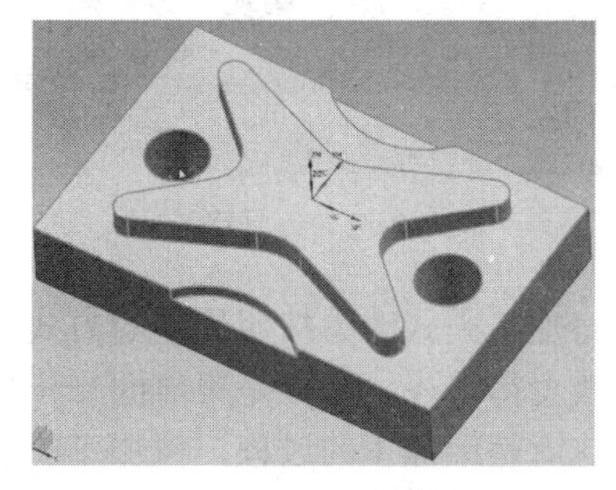

图 3.2.8　框选的结果

然后选择的时候注意将它转到正等测视图方式，会发现中间的两个孔没有被选中（见图 3.2.8 框选的结果），点中物体，这边的物体就是孔的侧壁，因为没有底面可以选，只能选择侧壁，确定（见图 3.2.9 继续选择孔）。设置最大的距离，这边为 2，切削参数，主要是一个余量的设置，为 1，确定（见图 3.2.10 余量设置），将螺旋下刀改为无（见图 3.2.11 进刀类型设置），也就是说直接下刀，生成一下（见图 3.2.12 刀具路径），这样看到了两个螺旋下刀的方式（见图 3.2.13 孔的下刀方式）。

其实这个不是螺旋的方式，是直接下刀，然后转圈地加工，看下面已经到底了，注意看一下，在这里的加工方法是不是很合适，主要是看这里空走刀的路径，看这里红颜色的线会有很多（见图 3.2.14 侧面观察空刀）。

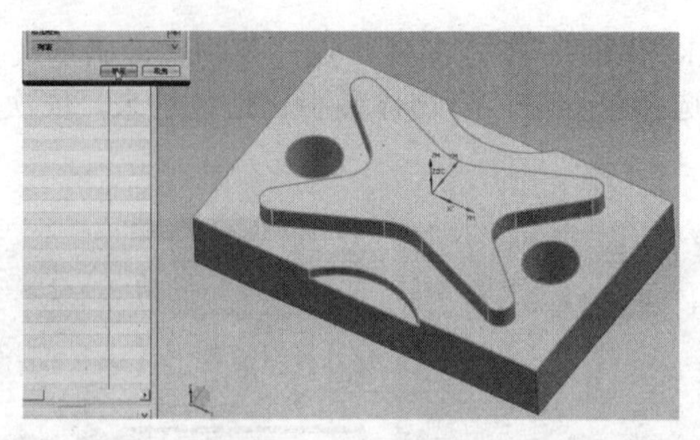

图 3.2.9 继续选择孔

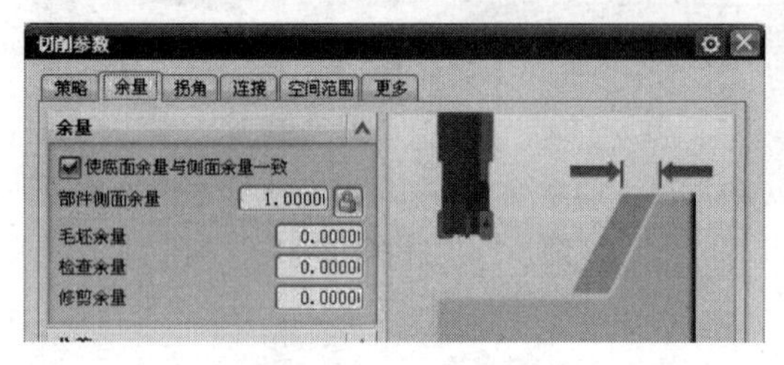

图 3.2.10 余量设置

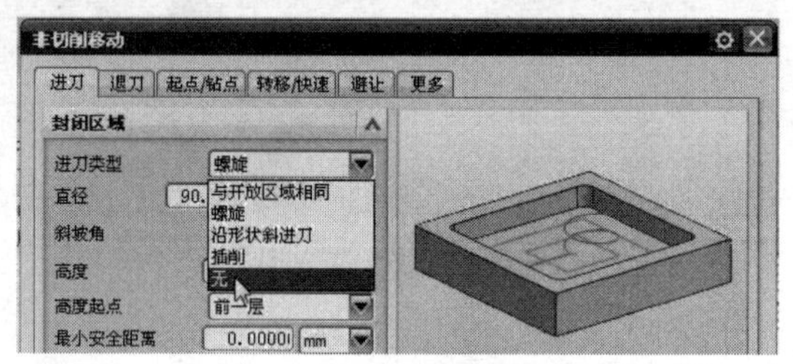

图 3.2.11 进刀类型设置

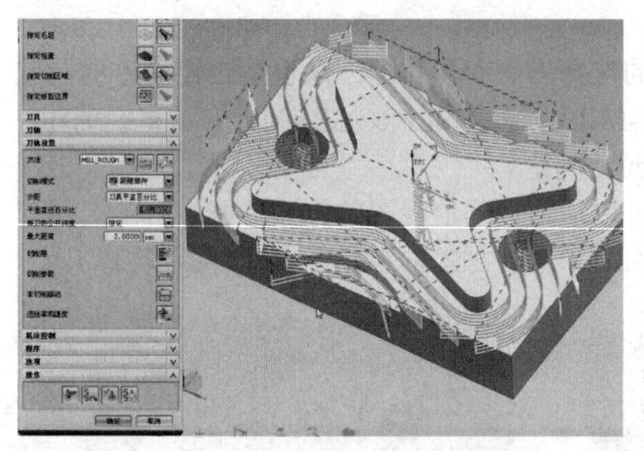

图 3.2.12 刀具路径

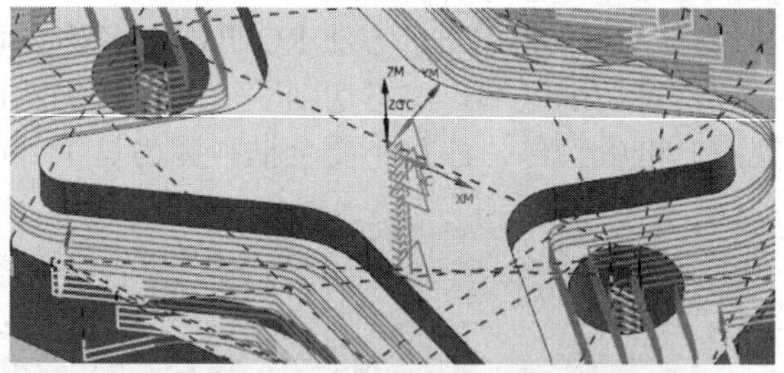

图 3.2.13 孔的下刀方式

将加工模式改为按照周围的方式（见图 3.2.15 跟随周边的刀具路径）。这样会发现红颜色的线变得很少，同样是跟前面一样的，当红线空走刀变少的时候，加工的时间也会大大减少，这就是粗加工的过程，粗加工的加工方法是通过前视图将基本的平面选中，然后通过侧壁的附加的选择将孔的位置选中，确定，这是粗加工的方式。

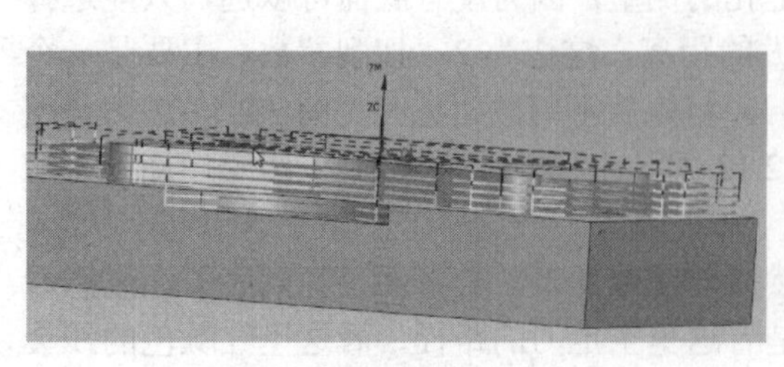

图 3.2.14 侧面观察空刀

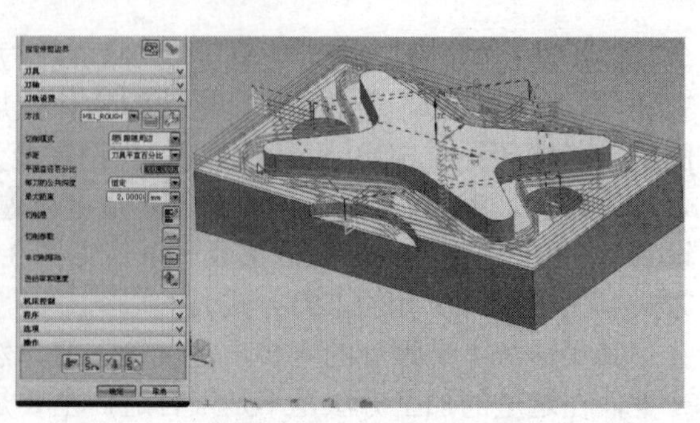

图 3.2.15 跟随周边的刀具路径

2. 精加工

精加工就直接右击复制 CU，右击粘贴，右击重命名，改为 JING（见图 3.2.16 复制并且重命名）。

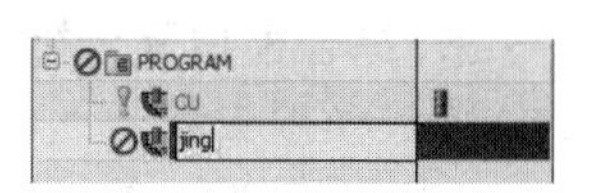

图 3.2.16 复制并且重命名

双击进入，其他参数应该没有什么变化，方法直接改为 FINISH，因为之前的区域已经选择完毕了，这些距离当中也不会出现太大的问题，切削参数点击进去（见图 3.2.17 切削参数按钮），在空间范围里选择一个 3D，确定（见图 3.2.18 空间范围选择使用 3D），生成一下（见图 3.2.19 刀具路径），生成的这个路径就是沿着最表面走了一刀，可以仔细看一下这边的 4 层的形状（见图 3.2.20 侧壁区域的刀具路径）。

图 3.2.17 切削参数按钮

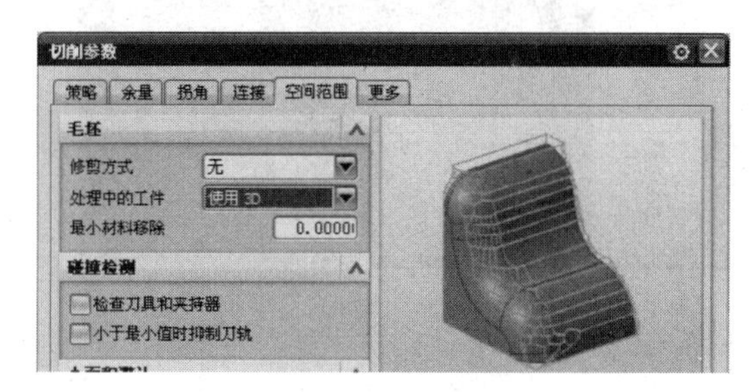

图 3.2.18 空间范围选择使用 3D

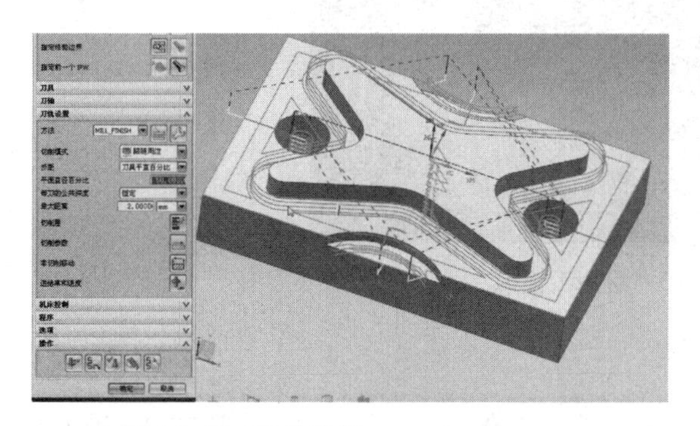

图 3.2.19 刀具路径

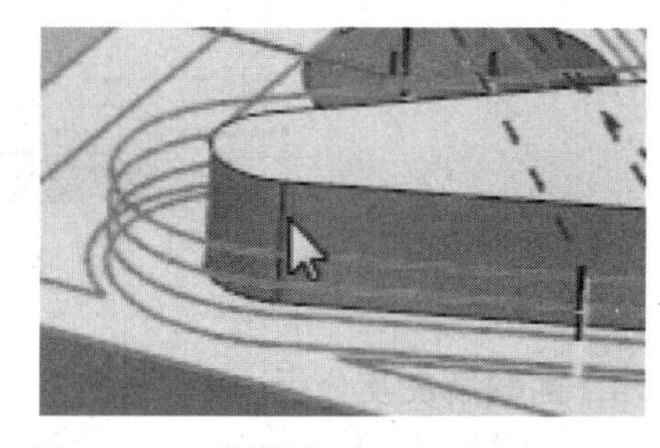

图 3.2.20 侧壁区域的刀具路径

4 层相当于侧壁的加工，而在这里在底下的开口槽部分用了三层进行加工（见图 3.2.21 开口槽区域的刀具路径），底下的圆槽的部分按照设定的数值一层一层地进行加工（见图 3.2.22 圆槽区域的刀具路径），也就是 2 的数值，一层一层地进行侧壁的加工，确定。

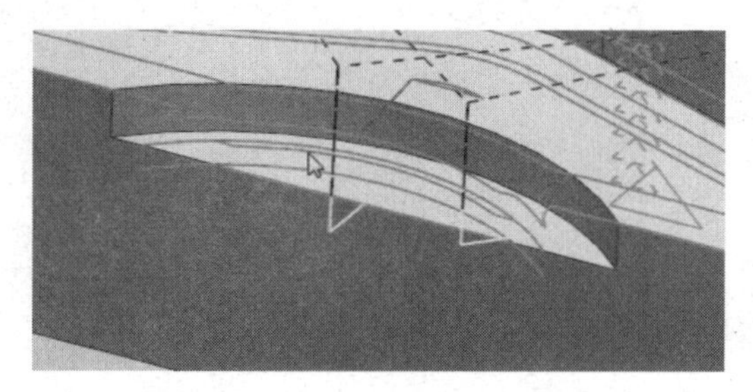

图 3.2.21 开口槽区域的刀具路径

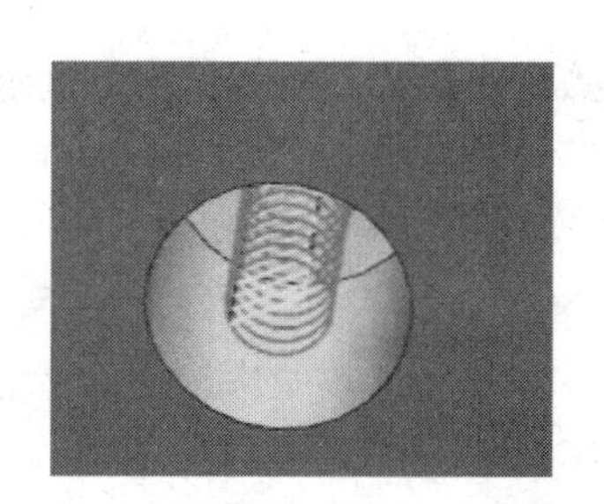

图 3.2.22 圆槽区域的刀具路径

3. 综合模拟及分析

通过模拟去看一下，稍微旋转一下，将孔显示出来，确认刀轨，2D 动态，播放（见图 3.2.23 加工模拟），首先看一下在这里会不会出现问题，刚才在模拟的时候这里出现了一个圆孔，出现了一个红颜色的区域，确定（见图 3.2.24 红色区域）。单独对粗加工进行模拟操作，确定（见图 3.2.25 粗加工模拟）。

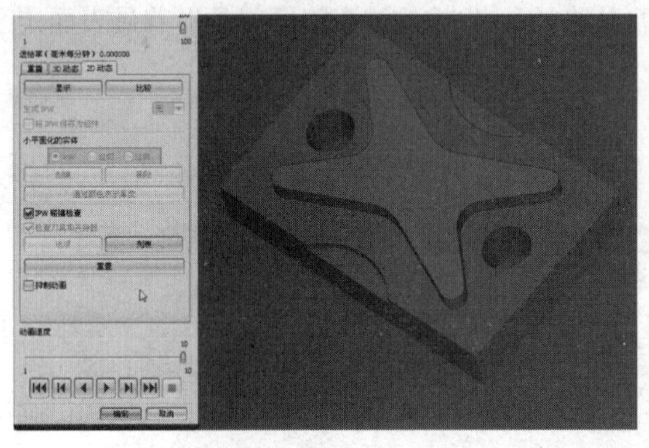

图 3.2.23 加工模拟

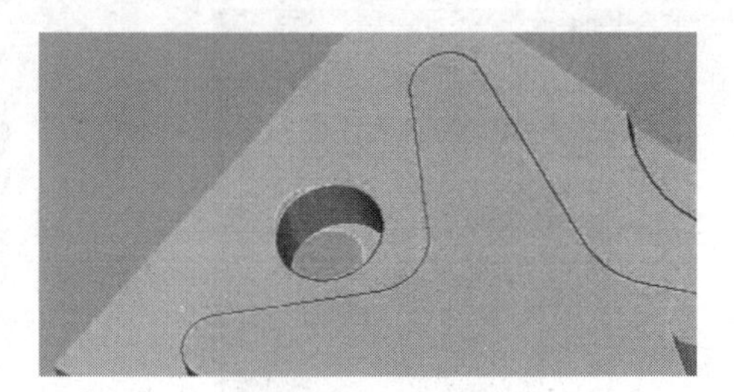

图 3.2.24 红色区域

图 3.2.25 粗加工模拟

4. 问题解决及分析

双击 CU，打开，点击非切削移动，在进刀类型中选插削，确定（见图 3.2.26 进刀类型设置），生成刀具路径，确定（见图 3.2.27 刀具路径），顺便将 JING 也改一下，双击，选择非切削移动，将进刀类型改为插削的类型，确定（见图 3.2.28 进刀类型设置），生成刀具路径，确定（见图 3.2.29 刀具路径）。

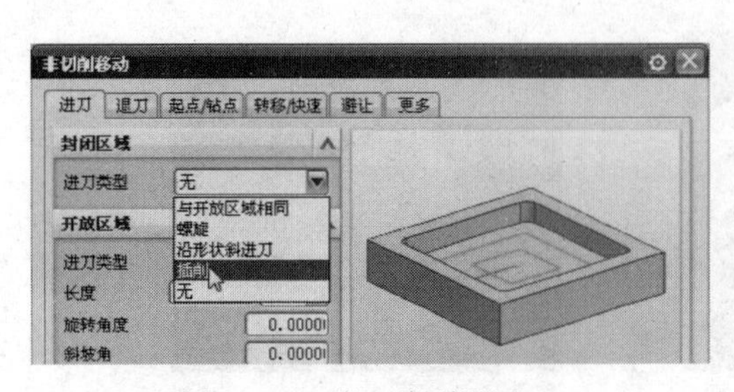

图 3.2.26 进刀类型设置

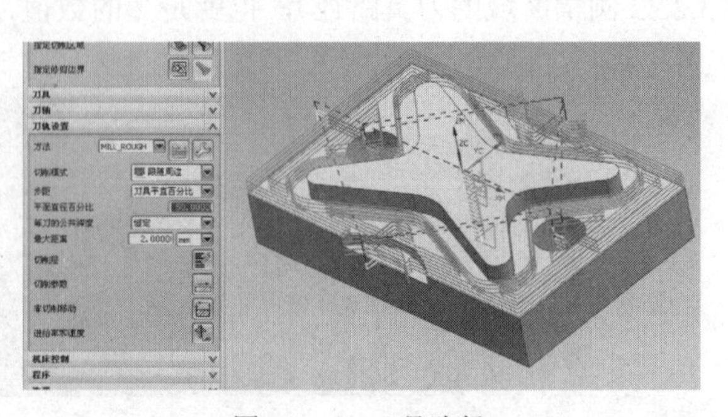

图 3.2.27 刀具路径

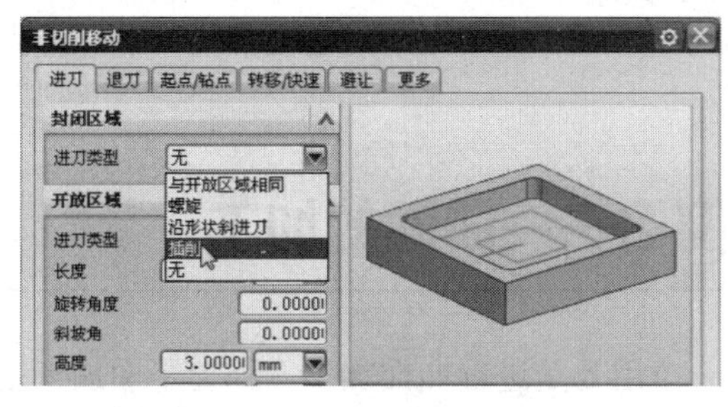

图 3.2.28　进刀类型设置

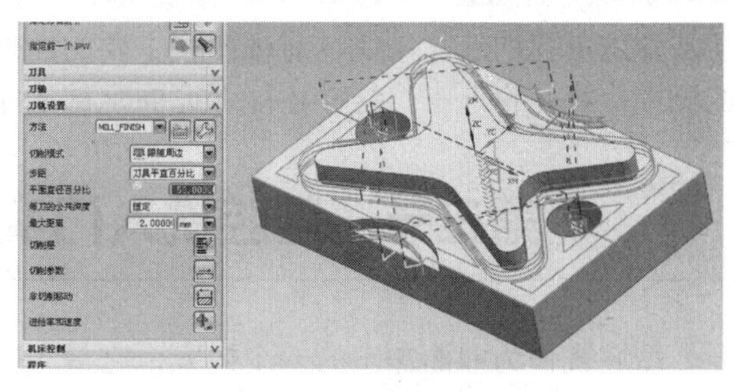

图 3.2.29　刀具路径

再看一下，播放，现在就可以看出来在这里并没有出现那个红颜色的问题（见图 3.2.30 加工模拟）。出现红颜色的问题是因为前面选择进刀的方式是无，当选择无的时候刀具将会以 G00 的方式接触到工件，再以 G01 的方式下刀，当用 G00 接触工件的时候由于机床具有惯性的运动，它并没有办法立即停止，所以它会产生一个红颜色的区域，在这个时候将它改为插削的方式就可以避免这种情况的产生，插削方式它会到安全高度 2 的高度时将 G00 走刀变为 G01 的加工方式。

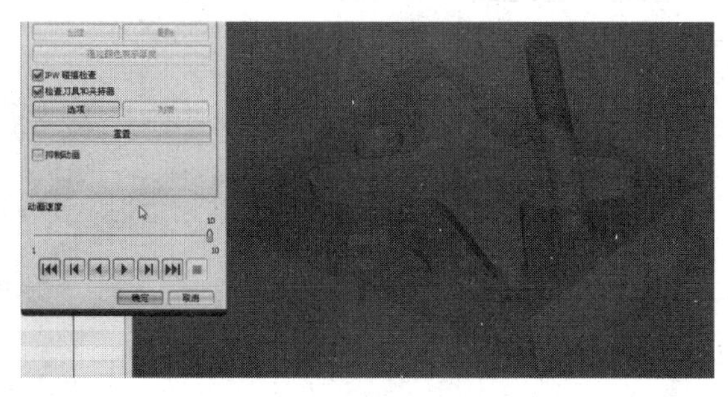

图 3.2.30　加工模拟

四、经验总结

这节的内容并不是很多，所需要知道的孔的选择方法，型腔铣不同于其他的加工，型腔铣可以将所有的面都加工出来，也就是说将所有的面一次性选中，孔的选中必须要选中侧壁，因为底下是没有底平面的，在这里也没有必要通过 *N* 边曲面去补片，只需要将侧壁选中，在型腔铣当中有一个选择是它的侧壁的余量，一般来说不改变它的底面余量和侧壁余量，也就是说不将底面余量和侧壁余量分开来选中，一次性将它设置就可以了，可以双击任意一个程序查看，切削参数当中（见图 3.2.31 切削参数按钮），余量一般不将它分开来使用，就直接设置一个部件的余量就行了（见图 3.2.32 余量设置）。

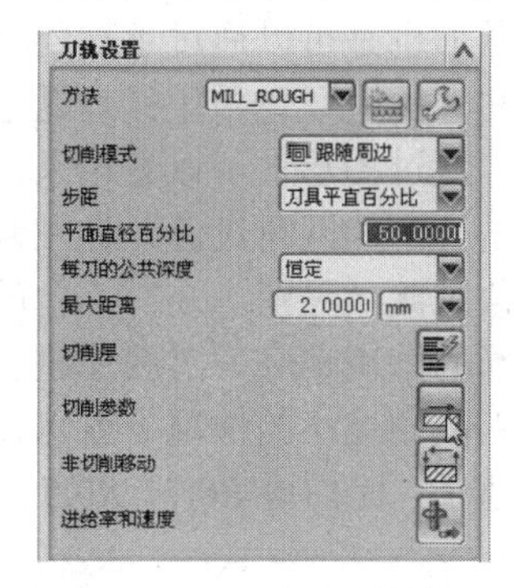

图 3.2.31　切削参数按钮

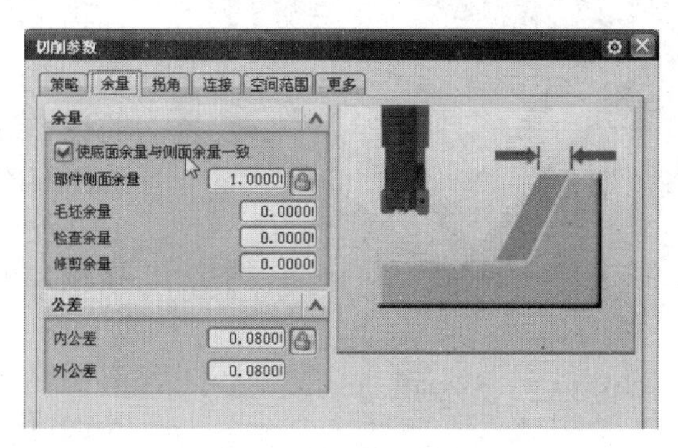

图 3.2.32　余量设置

注意下孔的选择，通过前视图将主要的面框选出来以后不要立即确定，然后附加选择孔的侧壁，将孔也选中，这样才能保证面全部选完。

第三节　型腔铣入门实例 3——曲面的加工

型腔铣作为曲面加工的一个内容，它最大的一个用处是进行曲面加工，因为平面加工是通过面铣或者平面铣去完成，型腔铣当然也能经过平面加工但是最主要的是进行曲面的加工。首先看一下工件图（见图 3.3.1 型腔铣的入门实例 3）。

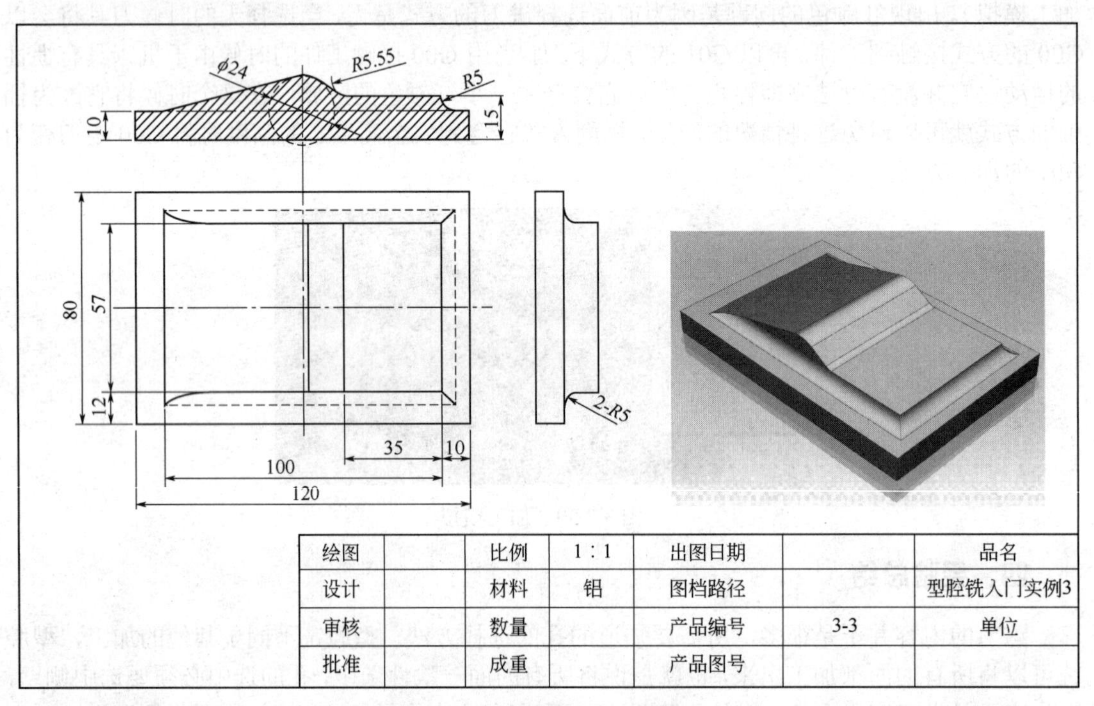

图 3.3.1　型腔铣的入门实例 3

图 3.3.2　凸台的周边区域

一、工艺分析

图 3.3.1 中的零件从侧面上看基本上是由曲面构成的，这种图形也是可以通过手动绘制出来的，在没有 UG 文件的时候也希望读者通过手绘将图形绘制出来。通过图形上可以看出来，这边上下右的三边，是 *R*5 的圆角过渡，在左侧这里它并没有产生圆角过渡（见图 3.3.2 凸台的周边区域），在做的时候应该用平底刀对底面进行一个加工。有的时候当圆角过小的情况下就可以直接忽略掉它的圆角值了，比如说 *R*0.7，*R*0.5 这样很小的值的时候。

二、准备工作

打开 UG，打开第三章型腔铣 CAVITY-MILLING，第三节型腔铣入门实例 3——曲面的加工，OK。进入加工环境，开始加工，第二项 CONTOUR，确定。

1. 创建刀具

选择刀具的时候要注意，因为涉及到曲面，来看一下应该用什么刀具，刀具不一定要在开始的时候全部创建完毕，也可以在做加工的时候遇到什么刀具创建什么刀具。图形当中会有一些角度的变化，首先要考虑到最小的半径值，比如说这里的 *R*5 的值，上面是 *R*5.55，肯定是按照 *R*5 来选择的（见图 3.3.3 *R*5 的圆角），刀具半径就要比它要小，这个半径其实指的是圆角刀的半径，而不是球刀的半径，在这个题目当中用球刀当然也可以。因为题目当中出现了大量的平面区域，采用圆角刀就可以了。

机床视图，创建刀具，在 UG 当中一般不选择软件自带的成形刀具进行加工，而直接选择平底刀然后改变它的圆角半径就可以了，比如说题目是 *R*5 的，取一个 ϕ15 的刀具，给它一个圆角值为 2 的区域或者 3 的区域就可以了，在命名的时候为 D15R3，这样命名表示出刀具的直径是 15，半径为 3，确定。相应地就要在这里设置刀具的直径为 15 半径为 3，通过这样设置，刀具的底部就会有一个圆角的形状，通过这样就看得出来，刀具号为 1，确定（见图 3.3.4 创建刀具）。

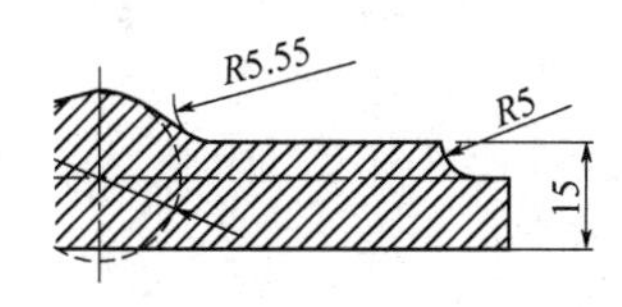

图 3.3.3 *R*5 的圆角

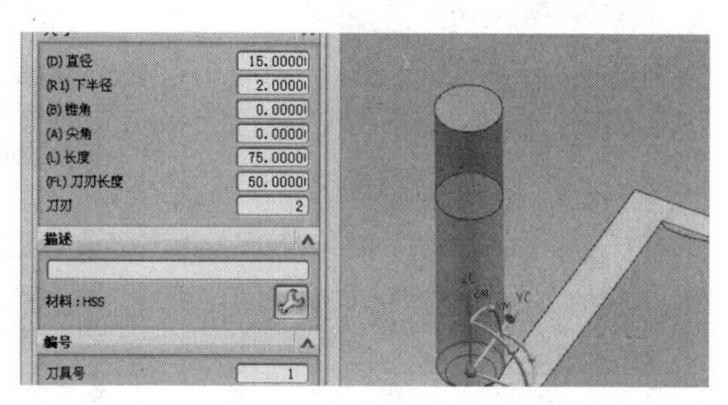

图 3.3.4 创建刀具

2. 创建毛坯

几何视图，双击 MCS-MILL，设置安全距离为 2，确定。打开“+”号，双击 WORKPIECE，点击指定部件，选择物体，确定（见图 3.3.5 选择加工部件）。指定毛坯，直接选择包容块，这里就不需要选择物体了，为了演示的方便，在这里就把毛坯稍微设置得高一点点，依次确定（见图 3.3.6 选择几何体）。

图 3.3.5 选择加工部件

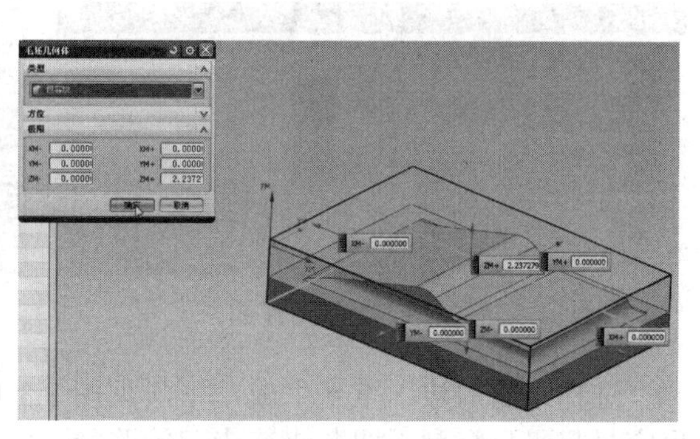

图 3.3.6 选择几何体

三、程序创建

1. 粗加工

程序视图，创建工序，在这里还是 CAVITY-MILL，要知道 CAVITY-MILL 型腔铣可以做粗加工也可以做精加工，这个题目尽量使用型腔铣将它做完。程序放到 PROGRAM 内，刀具 D15R3，几何体要 选择 WORKPIECE，方法选择 ROUGH，这里是选择 CAVITY-MILL，名称改为 CU，确定（见图 3.3.7 创建工序）。

下面选择区域，点中，这里因为涉及到圆弧区域，可能会出现比较多的切削区域的时候，右击定向视图选择前视图，将对象全部框住，确定（见图 3.3.8 框选物体），然后设定它的最大距离，为 2，切削参数可以简单看一下，余量为 1，确定（见图 3.3.9 余量设置）。直接生成，只是看一下切削模式是否符合要求，这里的切削模式基本的都可以加工得完，只不过看它加工的时间和走空刀的次数，注意效率等。这样加工出来基本可以看出来这里的红线是很多的（见图 3.3.10 刀具路径）。

图 3.3.7 创建工序

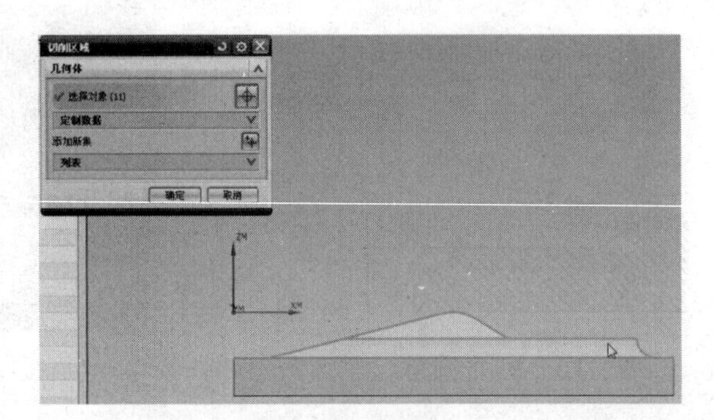

图 3.3.8 框选物体

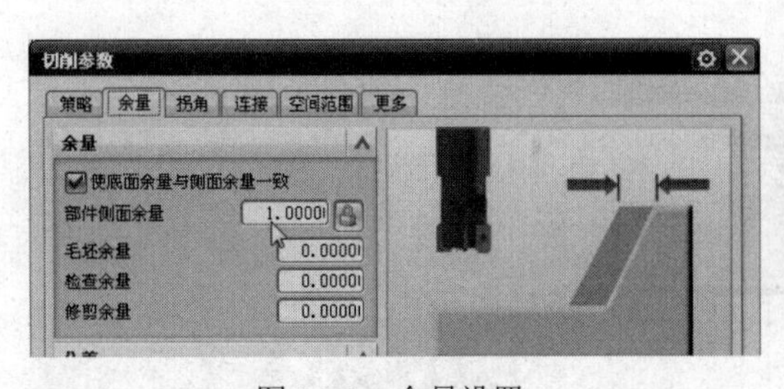

图 3.3.9 余量设置

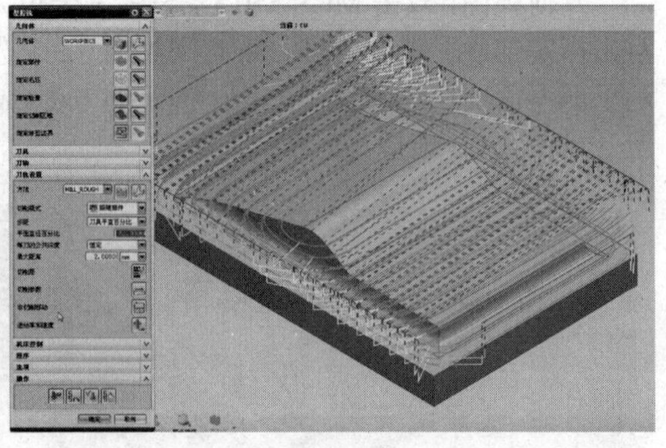

图 3.3.10 刀具路径

选择跟随周边，重新生成一下（见图 3.3.11 刀具路径）。这样是比较符合要求的，这里它最起码只会剩下四条快速走刀的路径，肯定比之前的线要快得多，确定。可以模拟一下看一下它的效果，效果肯定不会很好，因为涉及到曲面，那边接刀的台阶会很多（见图

3.3.12 加工模拟)，看到了在斜面当中出现了很多接刀的台阶，确定。这个就是留给精加工使用的。

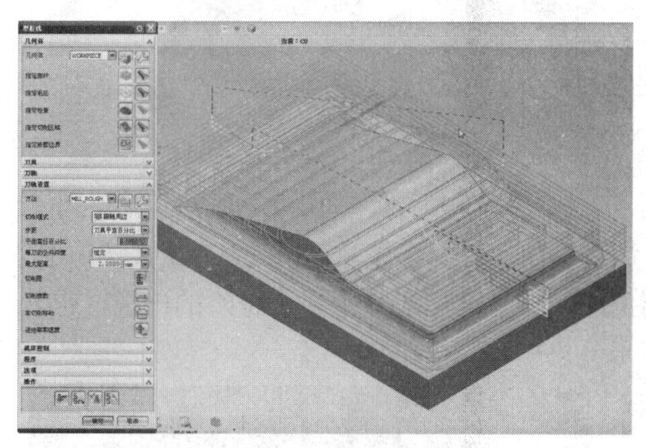

图 3.3.11　刀具路径

图 3.3.12　加工模拟

2. 精加工

在 UG 当中它的精加工其实还有前面的预备步骤叫做半精加工，半精加工一般是对于模具图形的要求，如果是对数控的零件，一般是做粗加工、精加工就可以了，下面做精加工的处理。

创建工序，其他选择不变，刀具仍然是这把刀具，方法还是 FINISH，这边选择 JING，就不通过复制去创建了，确定（见图 3.3.13 创建工序）。

还是选择切削区域，选择所有的区域，选择一个前视图方式，框选物体，确定（见图 3.3.14 框选物体）。

图 3.3.13　创建工序

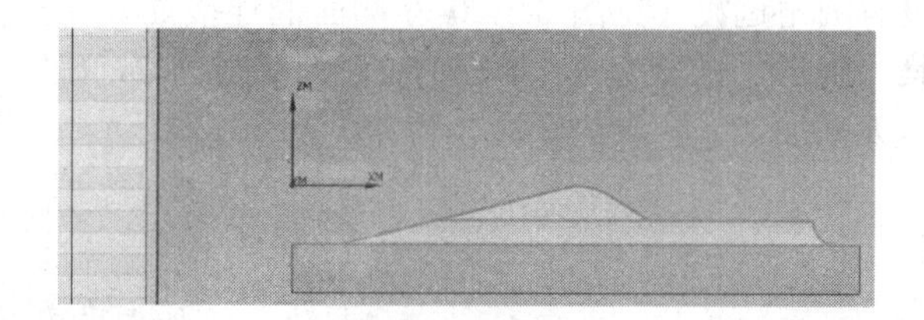
图 3.3.14　框选物体

由于 CAVITY-MILL 在加工的时候平面是加工最后一刀，侧壁和曲面是按照最大距离去设定的，在这里将它设置为低一点，比如说 0.5，也就是说深度为 0.5mm，切削参数看一下，余量为零（见图 3.3.15 余量设置），工件范围设置一个 3D 的范围，确定（见图 3.3.16 空间范围选择使用 3D），修改切削模式为跟随周边，生成一下（见图 3.3.17 刀具路径）。首先会发现通过加工模式的修改上部的很多的空刀已经没有了，这就是跟随周边的一个优势。

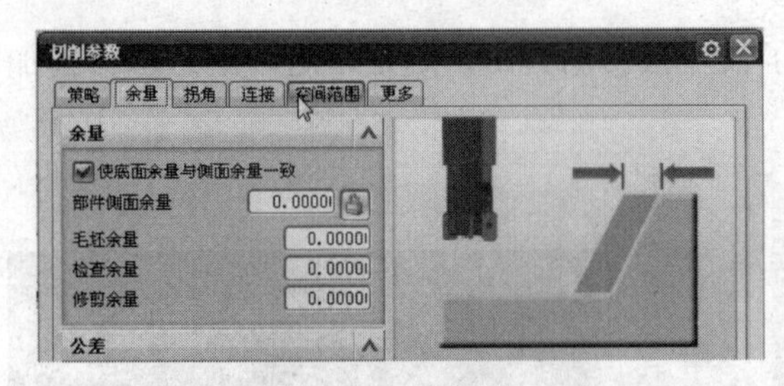

图 3.3.15　余量设置

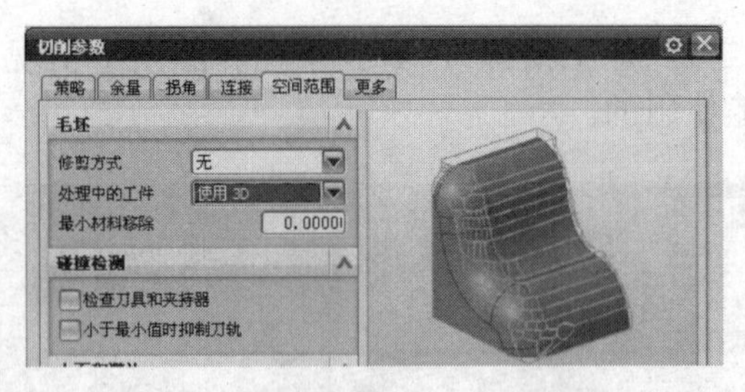

图 3.3.16　空间范围选择使用 3D

再通过 PROGRAM 去看一下，2D 动态播放（见图 3.3.18 加工模拟），这个就是精加工，看精加工有没有加工到位，是肯定没有加工到位的，因为这里还有很多小台阶的出现，也就是说曲面部分（见图 3.3.19 曲面的加工模拟效果）。

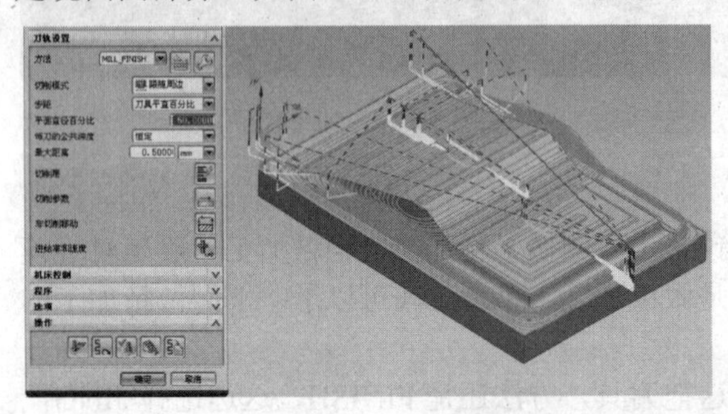

图 3.3.17　刀具路径

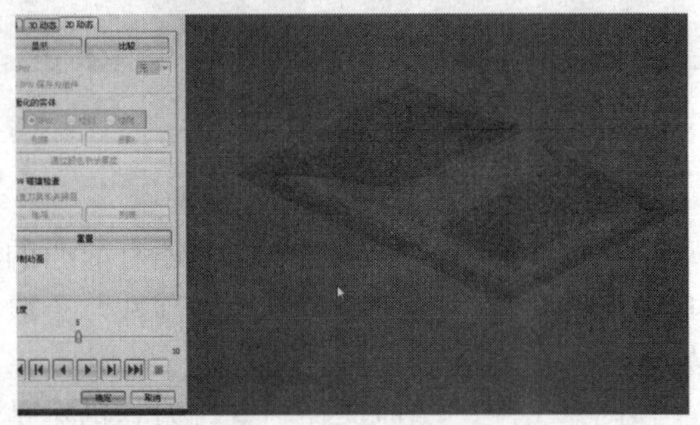

图 3.3.18　加工模拟

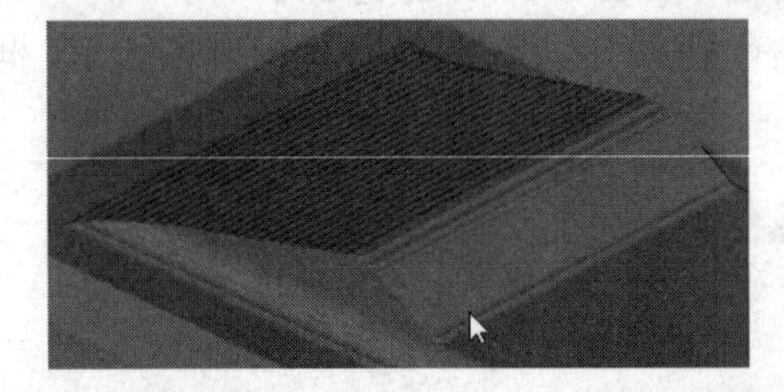

图 3.3.19　曲面的加工模拟效果

3. 创建球刀

还需要创建一把刀具，就是球刀，通过球刀将曲面部分加工完毕。

回到机床视图，创建刀具，选择一把球刀，稍微小一点的球刀，因为这边的交界的地方它并没有圆角过渡（见图 3.3.20 左侧面的连接处），用稍微小一点的刀，比如说是 4，D4R2 的刀具，确定。直径为 4，半径为 2，刀具号为 2，确定（见图 3.3.21 创建刀具），通过这么一个球刀来加工完剩余的区域，确定。

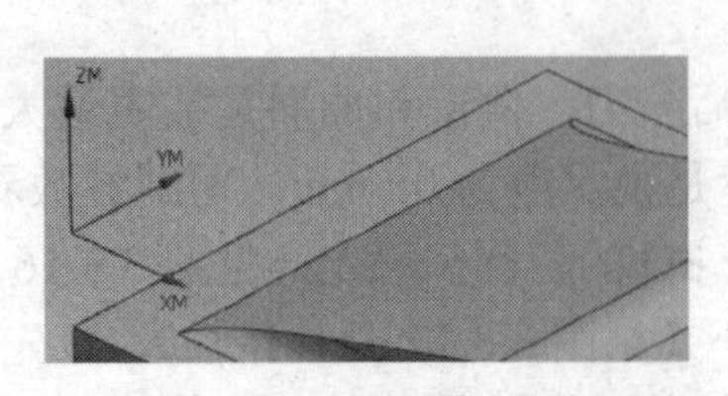

图 3.3.20　左侧面的连接处

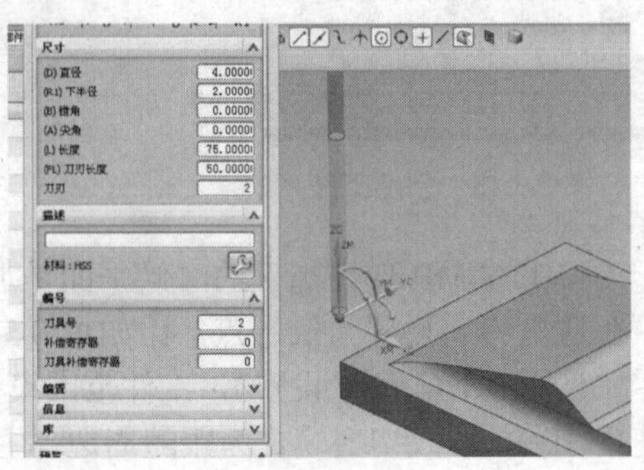

图 3.3.21　创建刀具

4．球刀的进一步精加工

回到程序视图，创建工序，只要将刀具改掉就可以了，D4R2，选择 FINISH，可以命名为 JING2，确定（见图 3.3.22）。

切削区域需要单独改正了，在这里是不需要加工的，平面已经加工到位了，点击制定切削区域，切削区域直接选择曲面部分就可以了，确定（见图 3.3.23 选择加工面）。

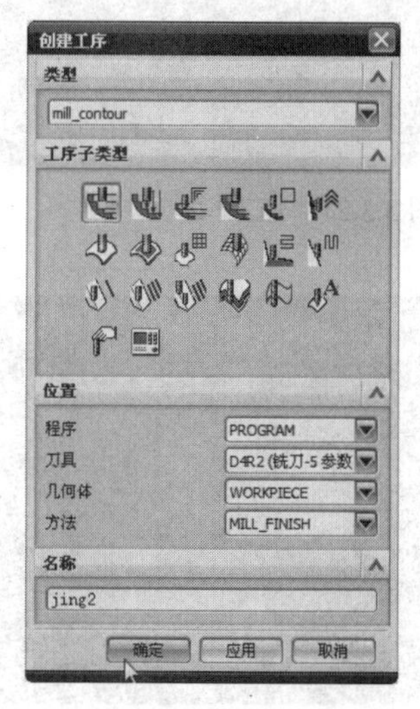

图 3.3.22　创建工序

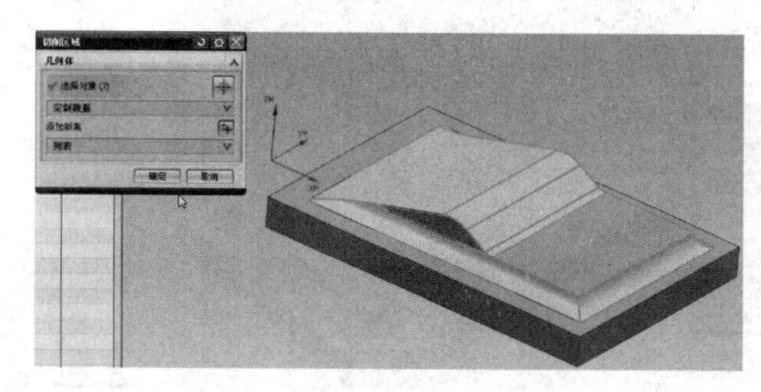

图 3.3.23　选择加工面

首先要看一下不同的加工方式，是否可以将加工区域加工完毕，刚才用的是跟随周边，现在仍然用跟随周边的方式，忘记设置最大距离，将它设置为 0.5，进入切削参数，空间范围选择 3D 的方式，确定（见图 3.3.24 空间范围选择使用 3D）。生成一下刀具路径（见图 3.3.25 刀具路径）。很明显这样的走刀无法避免这个区域的出现，仍然无法避免台阶的出现（见图 3.3.26 曲面的刀具路径）。

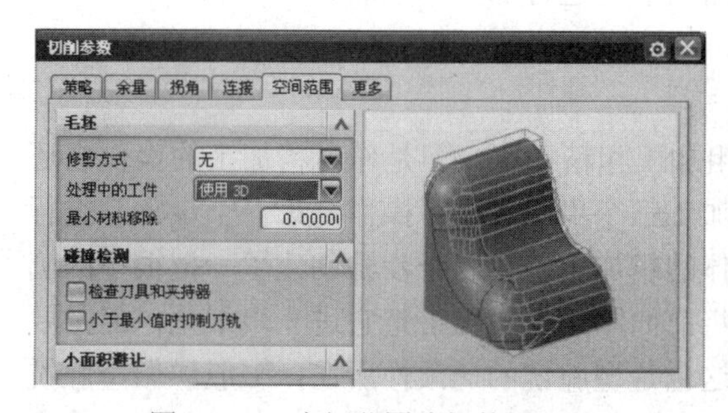

图 3.3.24　空间范围选择使用 3D

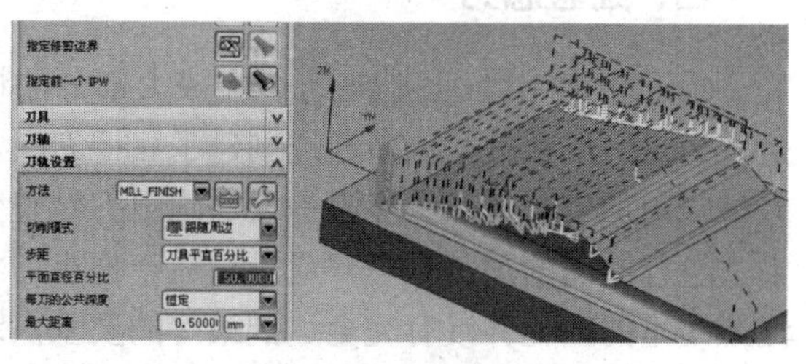

图 3.3.25　刀具路径

通过模拟去看一下就知道了，确认刀轨，2D 动态，播放一下（见图 3.3.27 加工模拟）。

5．分析与问题解决

绿色部分是圆角刀做的，然后往下黄色区域才是圆刀做的，虽然有一部分把它加工到位了，但是实际上还是没有完全加工完成。通过修改加工方法，可以实现这里区域的加工，双击 JING2，将这边的加工距离再改小一点，改为 0.2，然后将切削模式改为跟随周边，生成一下（见图 3.3.28 跟随周边的刀具路径）。

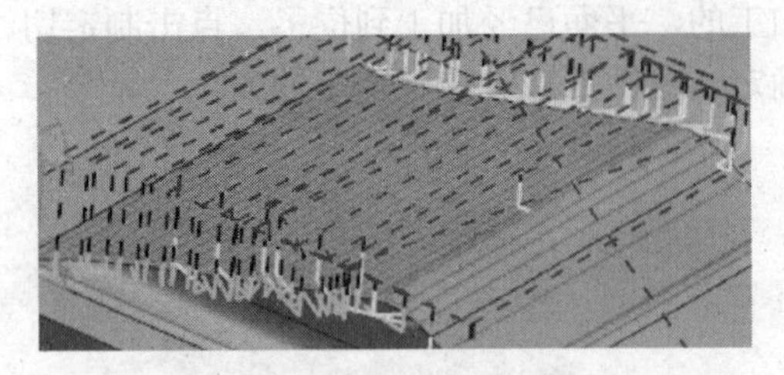

图 3.3.26 曲面的刀具路径

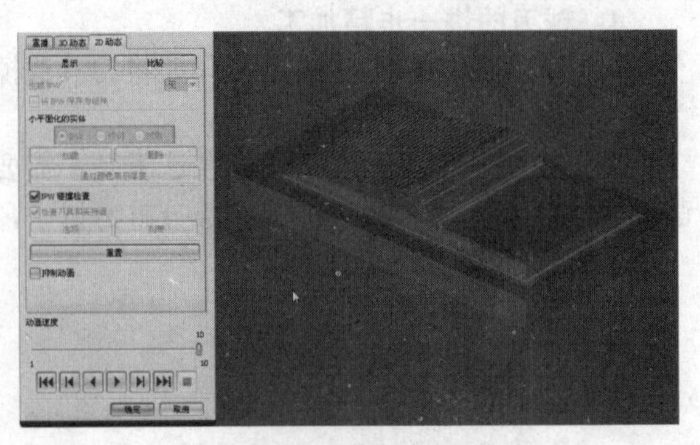

图 3.3.27 加工模拟

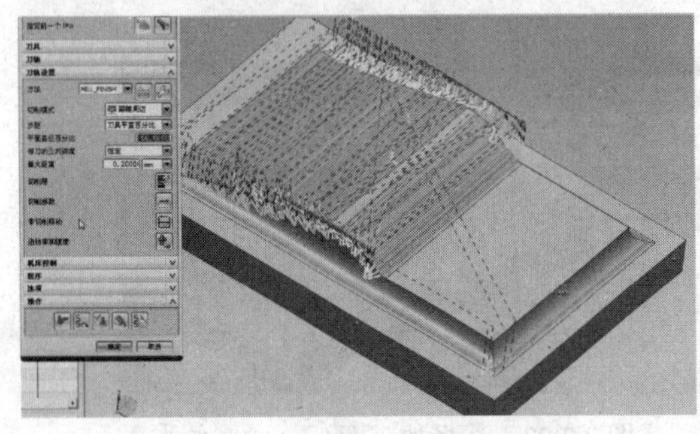

图 3.3.28 跟随周边的刀具路径

图 3.3.29 加工模拟

恒定的方式为 0.2，切削参数余量设为零，工件使用 3D 的方式，确定，在这里设置的应该没有什么问题了，确定，确认刀轨，播放一下，2D 的动态，播放（见图 3.3.29 加工模拟），由题目当中其实可以看到最后的绿颜色和黄颜色是精加工的部分，前面的蓝颜色基本上精加工加工到位，是被精加工切削完成了，也就是说图形当中还会有一些剩余的区域没有加工到位，这个是通过后面专门做曲面的精加工的曲面轮廓铣进行加工完成的。

四、经验总结

CAVITY-MILL 虽然说可以完成大部分的粗加工和精加工，但是作为精加工的操作它还是有一定的局限性，这节通过创建了三把刀具加工三个步骤来进行操作，第一个步骤是进行整体的粗加工，第二个步骤是通过圆角刀做整体的精加工，第三个步骤创建了一把很小的圆刀去进行曲面的加工处理，通过最后一把小刀将前面圆角刀的加工把它进一步细化，但是要注意这里的细化并没有完全达到最终的要求，这也是型腔铣的局限性所在，一般说做型腔铣是做开粗使用的，真正做到精加工尽量是用很多种方法配合使用，比如说型腔铣的 JING，还有以后等高轮廓系的精加工，加上最后固定轴曲面轮廓铣的加工。

注意在做题目的时候不一定要在刚开始将刀具创建完毕，可以边做边创建，在做精加工的时候也不一定是一次性的精加工，像这题就做了两次，第一次精加工类似于将大概的曲面和平面做完，第二次将剩余的部分加工到位。

第四节 型腔铣加工实例 1——刀具的配合使用

一、工艺分析

由图 3.4.1 可以看出，图形的基本形状由两个构成回字形的壁还有一个底下带有圆底的凸台构成，从图上基本可以看出来在圆角过渡的地方是圆弧曲面，所需要的刀具就是圆角刀或者球头刀，在四周侧壁的地方底部由于是直角只能用平底刀进行加工。在这个题目当中就涉及到圆底刀和平底刀的配合使用，看一下图上最上面的深度图，其实对于深度来说型腔铣加工倒没有什么特别要注意的，主要是如果是用到面铣来做精加工的时候。再看中间两个大的回字形构成，壁是$\phi5$的，这个时候速度注意控制得不要太快那就可以了。

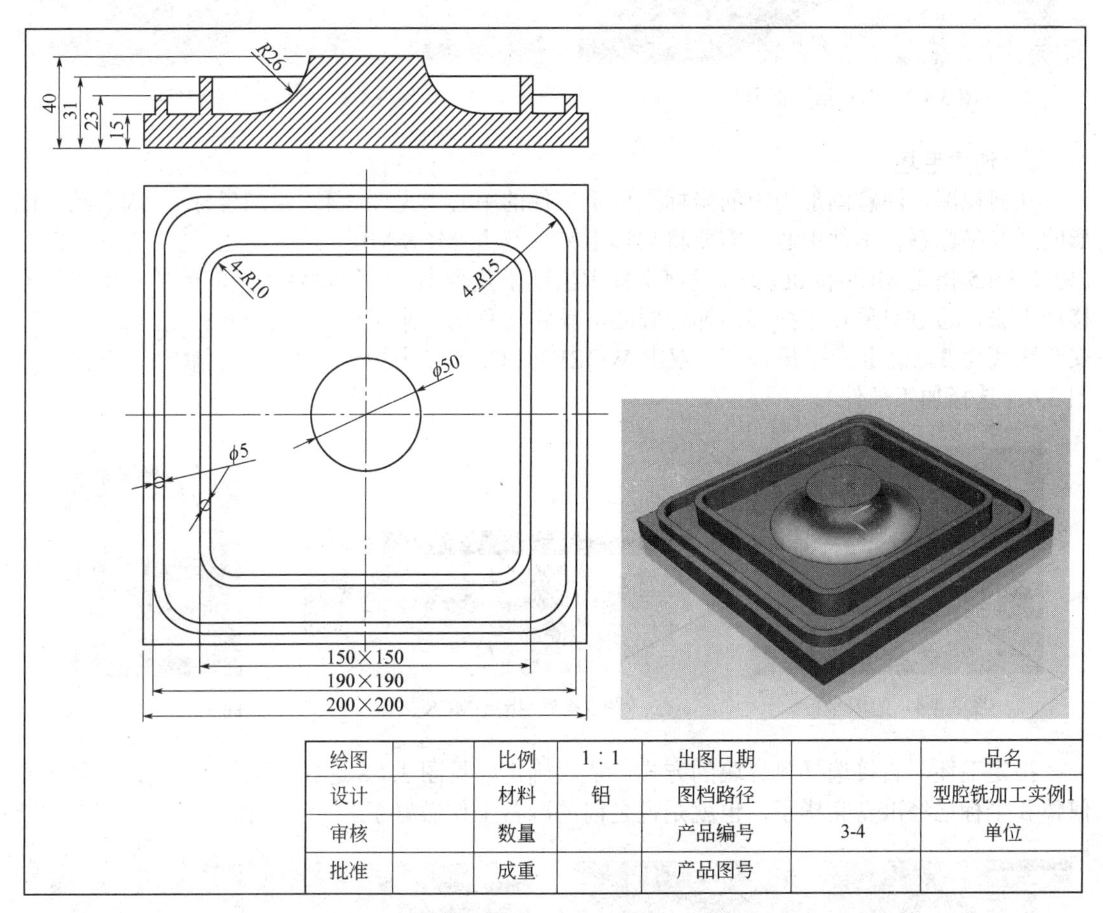

图 3.4.1 型腔铣的加工实例 1

二、准备工作

下面打开 UG 的软件。首先打开第三章 CAVITY-MILLING，第四节型腔铣加工实例 1——刀具的配合使用，OK。从开始进入到加工模块里面，选择第二项 MILL-CONTOUR，确定。

1. 创建刀具

其实图形当中的圆角区域是很大的，首先机床视图，创建刀具，创建一把圆角刀具，圆角刀具所加工的区域一般是做精加工的时候将它去除掉的，比如说创建一个 D12R4 的刀具，确定。刀具直径为 12，第二行下半径要输入 4，刀具号为 1，确定（见图 3.4.2 创建第一把刀具）。

下面再创建下一把刀具，直接创建一个 D12 的刀具，就是一个平底刀具，确定。直径为 12，没有下半径，2 号刀，确定（见图 3.4.3 创建第二把刀具）。

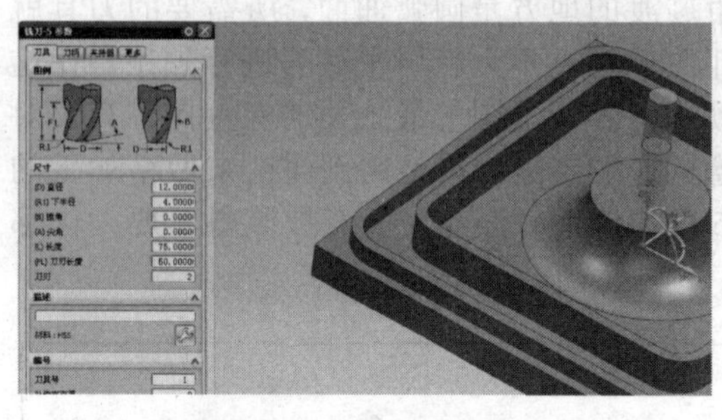

图 3.4.2 创建第一把刀具

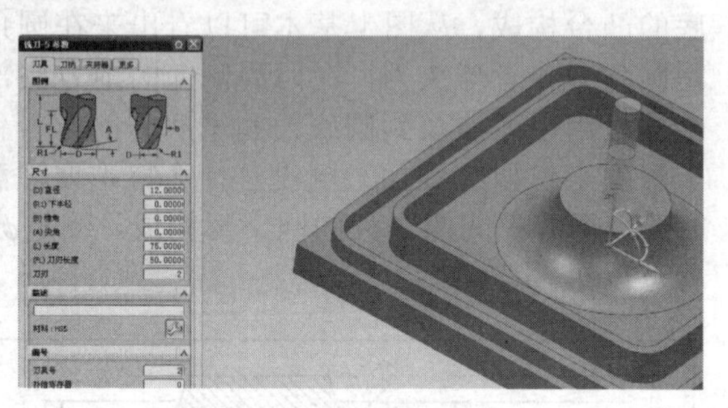

图 3.4.3 创建第二把刀具

2. 创建毛坯

几何视图，注意图形当中的坐标是位于工件的中心（见图 3.4.4 绘图坐标），因为绘制图形的时候坐标系在工件中心，需要将它移上来。双击 MCS-MILL，指定 MCS，点一下图标（见图 3.4.5 指定 MCS 按钮）。会发现坐标上出现了几个小点，通过移动中间的原点可以将它移动上去，通过对象点的捕捉，捕捉圆心，就将它移动上来了（见图 3.4.6 移动坐标）。设定安全距离为 2，确定。打开“+”，双击 WORKPIECE，点击指定部件，选择物体，确定（见图 3.4.7 选择加工部件）。

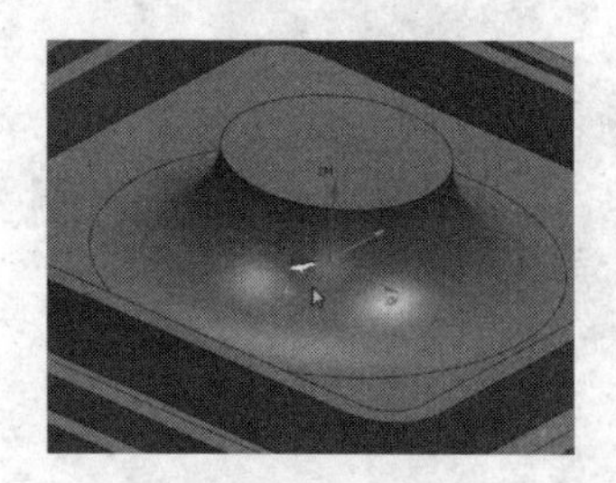

图 3.4.4 绘图坐标

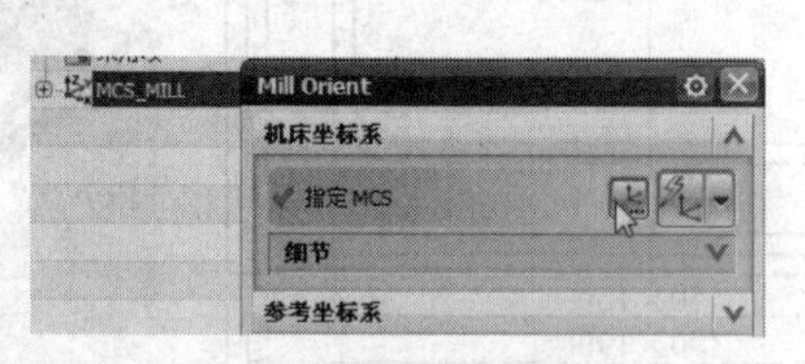

图 3.4.5 指定 MCS 按钮

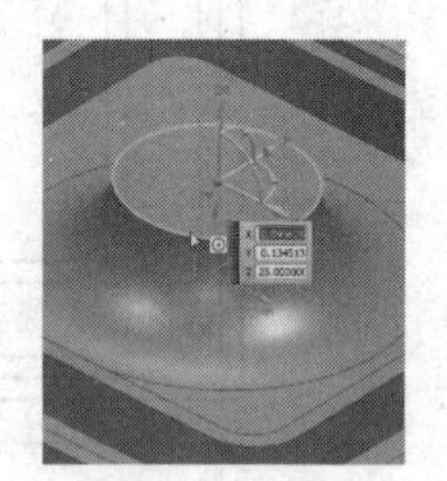

图 3.4.6 移动坐标

指定毛坯，直接选择包容块的方式，依次确定（见图 3.4.8 选择几何体）。到此刀具跟几何体和坐标已经准备完毕了，也就是说之前的准备工作做好了。

图 3.4.7 选择加工部件

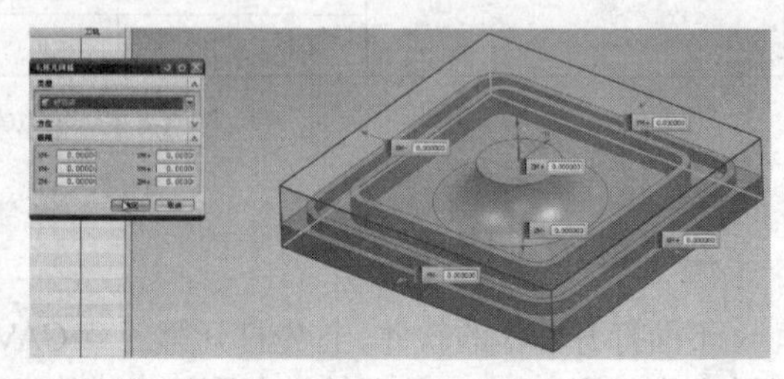

图 3.4.8 选择几何体

三、程序创建

1. 粗加工

下面可以进行程序的加工，程序视图，创建工序，作为粗加工来说用圆底刀或者是用平底刀都没有什么特别的要求，只需要将它的粗加工的样子做出来就可以了。在这里直接选用平底刀去做，MILL-CONTOUR 的第一项 CAVITY-MILL，选择 PROGRAM，刀具选择 D12，几何体选择 WORKPIECE，方法选择 ROUGH，名称为 CU，确定（见图 3.4.9 创建工序）。

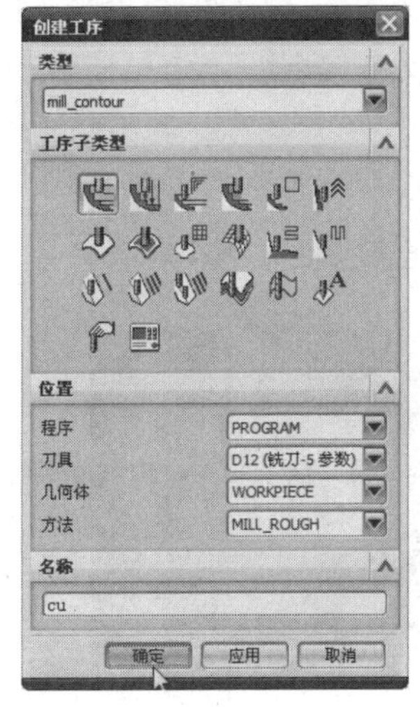

图 3.4.9　创建工序

图 3.4.10　框选物体

进去以后还是按照前面讲的首先指定切削区域，在指定的时候右击选择定向视图中的前视图，采取框选的方式，确定（见图 3.4.10 框选物体）。这样方便与观察，下面的参数改的一般都是切削模式，将跟随部件改为跟随周边，暂时先不改，看一下它的效果怎么样。最大的距离将它设为 2，切削参数可以不看，因为它默认的余量留的是 1 就可以了，生成刀具路径（见图 3.4.11 刀具路径）。很明显用跟随周边的方式在顶部的快速走刀会比较少，这样会节省大量的时间，确定，看一下模拟的效果，确认刀轨，播放（见图 3.4.12 加工模拟）。在看到它加工的时候样子也可以基本上满足需求，下面进入精加工。

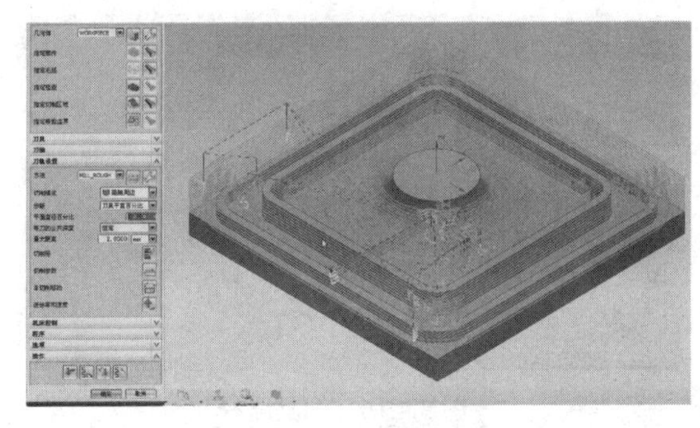

图 3.4.11　刀具路径

图 3.4.12　加工模拟

2. 圆角区域的精加工

精加工要分成两步，一步是圆角刀做圆弧的曲面，一步是做所有的平面。首先，创建工序，接着可以选择 CAVITY-MILL 去做，刀具要选择 D12R4 的圆角刀，方法选择 FINISH 精加工，名称命名为 JING-YJ，名字自己可以命名，确定（见图 3.4.13 创建工序）。

指定切削区域，这个区域就不是所有的区域了，只选择这一块区域就行了，依次确定（见图 3.4.14 选择加工面）。因为是 FINISH，切削参数里面的余量是为零的，最大距离要设定一下，比如说设置为 0.5，也就是说它的切深是一层一层往下来的，0.5 的深度，切削参数空间范围选择一个 3D 的方式，确定（见图 3.4.15 空间范围选择使用 3D），生成走刀路径。

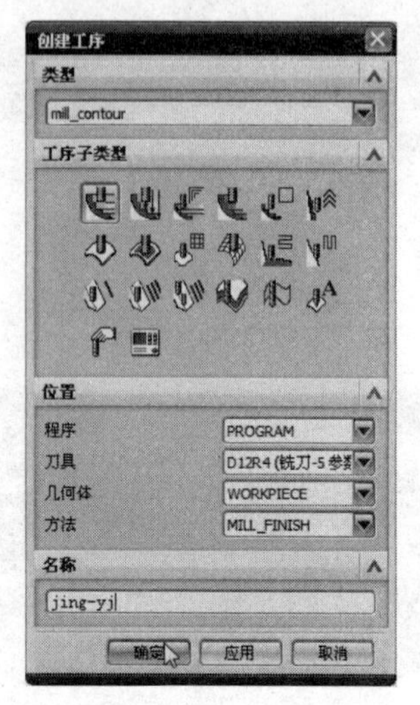

图 3.4.13 创建工序

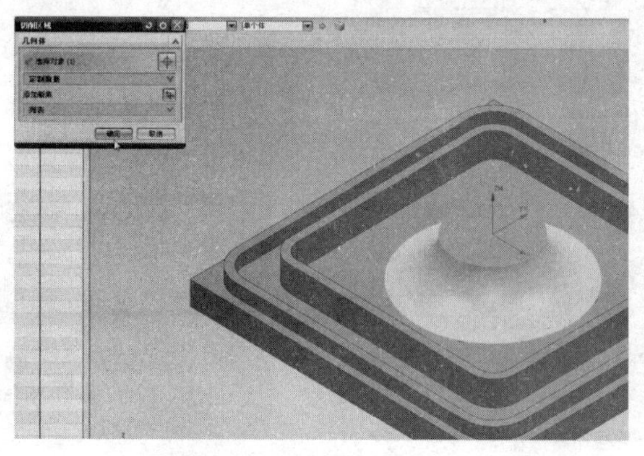

图 3.4.14 选择加工面

这边因计算的时间比较长所以要等待一下（见图 3.4.16 刀具路径），仔细看一下，这样看刀路有点问题，它并没有沿着物体的表面走一刀，而是从上到下类似于粗加工的走刀，这个并不要紧，有时候型腔铣在改变它的空间范围的时候不会马上生成，点击切削参数只需要进去重新选择一下方式，选择使用基于层（见图 3.4.17 空间范围选择基于层），生成刀具路径（见图 3.4.18 刀具路径）。它就可以绕过来了，为了它的精度关系，还是要进入切削参数再选择 3D 看一下（见图 3.4.19 空间范围选择使用 3D），再次生成一下刀具路径（见图 3.4.20 刀具路径），现在看 3D 就没有问题了。

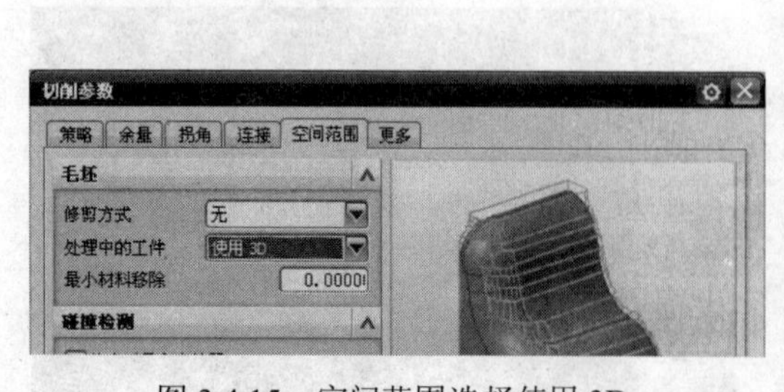

图 3.4.15 空间范围选择使用 3D

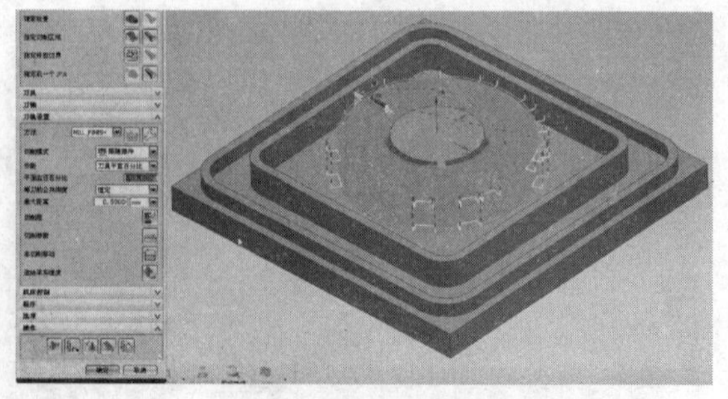

图 3.4.16 刀具路径

这个是由于型腔铣一般是用于粗加工使用的，作为粗加工来说它是从上到下去除整个毛坯的，作为精加工来说有时候刀路没有反应过来，只需要点进去换一种方法生成再换回来就可以了，这是做圆角的操作，下面要做平面的操作。

图 3.4.17 空间范围选择基于层

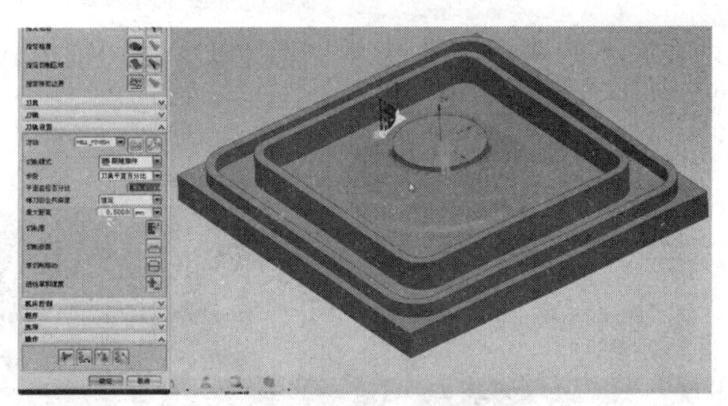

图 3.4.18 刀具路径

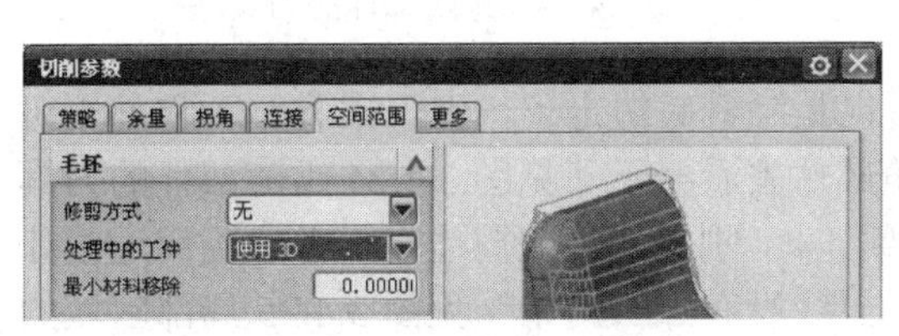

图 3.4.19 空间范围选择使用 3D

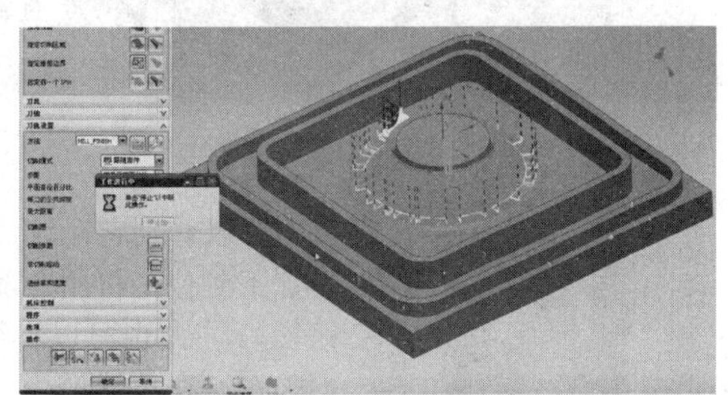

图 3.4.20 刀具路径

3. 平面的精加工

创建工序，这里就不要选择 MILL-CONTOUR 了，这是曲面加工，在这里要选择 MILL-PLANAR 平面加工，第一项是 FACE-MILLING-AREA，这里选择第二项 FACE-MILLING，其实做平面加工型腔铣也可以，这是根据个人习惯来定的，由于用型腔铣做平面加工的话速度和面的选择一次性选完，没有办法一个个掌握，作为一种习惯用面铣去做比较有利于掌控，程序选择 PROGRAM，还是 D12 的刀具，注意这是平底刀几何体 WORKPIECE，方法 FINISH，名称为 JING-PM，确定（见图 3.4.21 创建工序）。

图 3.4.21 创建工序

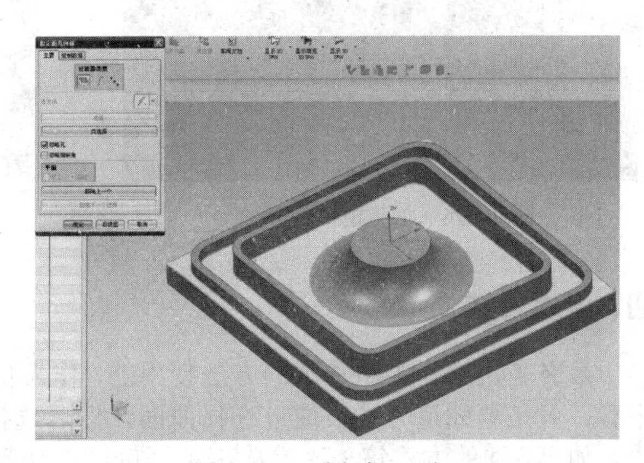

图 3.4.22 选择加工面

下面要选面边界，点击所有的平面就可以了，总共也就是三个平面，确定（见图 3.4.22 选择加工面）。参数可以不管，也就是毛坯距离在这里不管设为 3 还是设为零都是无所谓的，只要底下的两个深度设为零就可以了，切削模式选择跟随周边，生成一下（见图 3.4.23 刀具路径）。

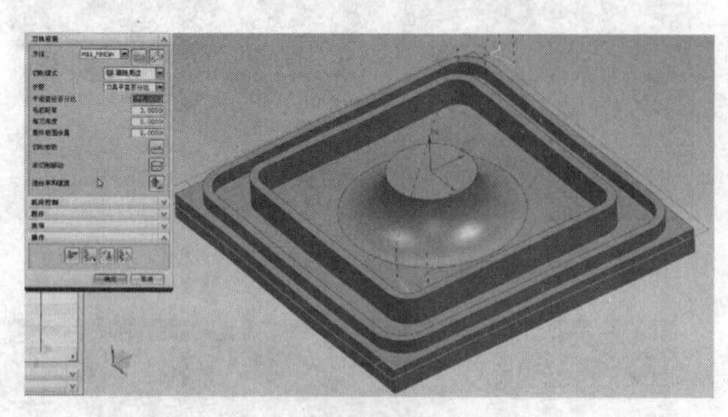

图 3.4.23 刀具路径

图 3.4.24 跟随部件的刀具路径

图 3.4.25 局部区域的刀具路径

可以看到它在这边也是绕着底边走了一刀，来看一下它是否可以加工到位，再用跟随部件去看一下（见图 3.4.24 跟随部件的刀具路径）。由此也可以看得出来，刚才的跟随周边由于考虑到周边的让刀关系，在角这里少了根线没有加工出来（见图 3.4.25 局部区域的刀具路径），所以这个题目采用跟随部件的方式，确定。

4. 综合模拟及分析

下面点击 PROGRAM，确认刀轨来看一下它的最终演示的效果，2D 动态，播放一下（见图 3.4.26 加工模拟）。

粗加工将中间的毛坯去除，最后黄色区域是精加工的区域。由图上可以看出来作为型腔铣的曲面的精加工仍然有一定的不足（见图 3.4.27 曲面精加工区域）。

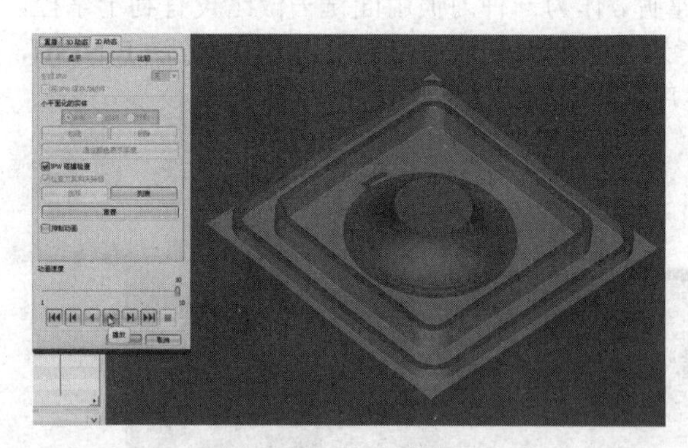

图 3.4.26 加工模拟

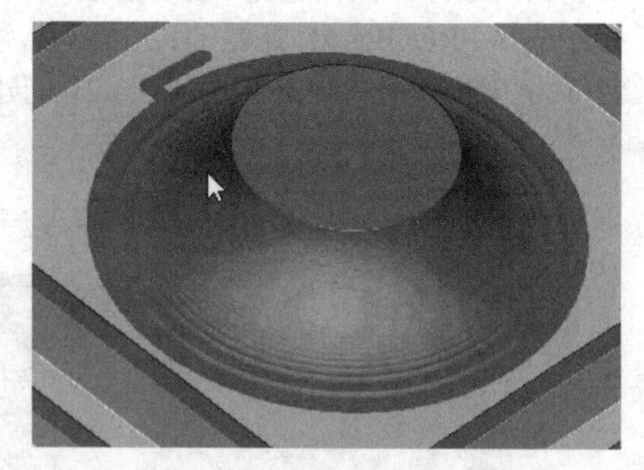

图 3.4.27 曲面精加工区域

四、经验总结

由于最终是用它作为粗加工的方法使用的，作为精加工这里还有一些缺陷存在，暂时可以不管，但是要知道方法，通过选择曲面，然后选择 FINISH，再选择基于 3D 的方式去操作，如果 3D 的方式第一次完成不了，可以选择隔壁的基于层，然后切换回 3D 的方式就可以了。在这一题当中由于回字形的四周用的全是 90° 的角，采用的方式是面铣，单独选择平底刀进行加工。在这个题目当中还有一个小小的问题，题目当中换刀涉及两次，第一次由平底刀换到圆角刀，第二次由圆角刀换到平底刀去做面的精加工。在这里要注意在加工的时候能尽量少换刀就少换刀，在题目当中可以将它的加工顺序改变一下，直接拖动最后的JING-PM到CU下面去（见图3.4.28 调整程序顺序）。

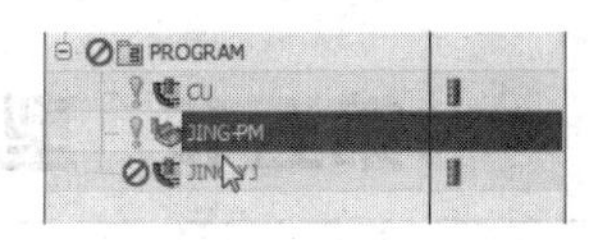

图 3.4.28 调整程序顺序

这样可以少一次换刀，在实际加工当中由于是机械的部件，机床是采用刀库或者是机械手或者是手动换刀，这个在换刀过程中或多或少会产生误差，就要求尽量能少换刀就少换刀，在这个题目当中先用平底刀粗加工，然后做平面的精加工，最后用圆角刀做曲面的精加工，这样通过减少换刀次数保证了加工精度，保证了工件的加工精度，JING-YJ 出现红色的叉叉符号并不要紧，直接点击生成就可以了（见图3.4.29 生成刀具路径）。

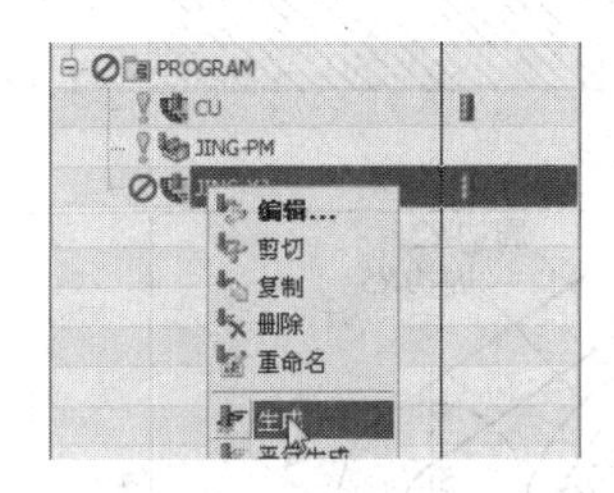

图 3.4.29 生成刀具路径

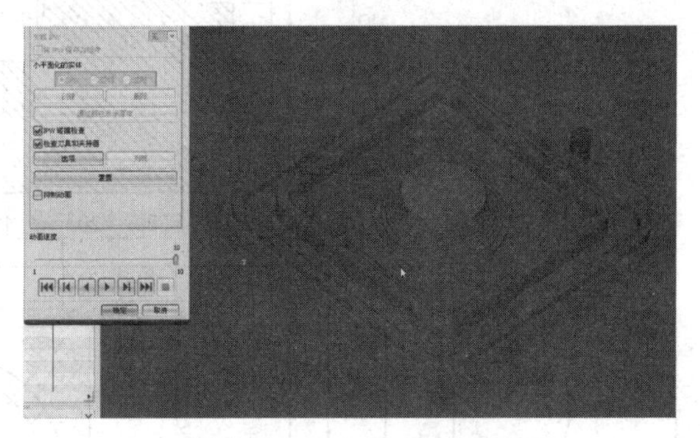
图 3.4.30 大平面的粗加工

点击 PROGRAM 再次看一下生成效果，再次模拟一下效果，2D 动态，播放。第一步做大平面的粗加工（见图3.4.30 大平面的粗加工），第二步做平面的精加工（见图3.4.31 平面的精加工），第三步做曲面的精加工（见图3.4.32 曲面的精加工）。

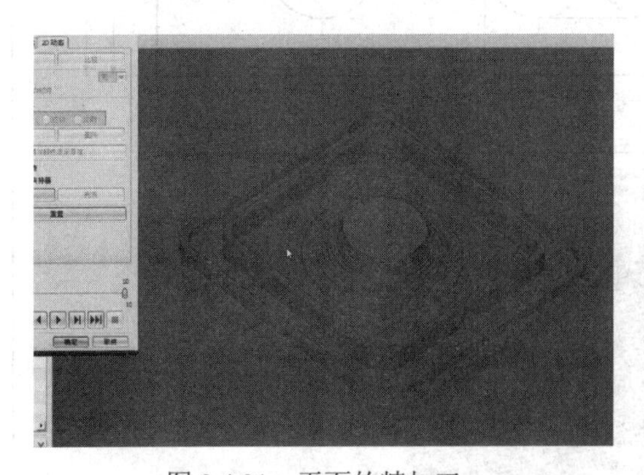
图 3.4.31 平面的精加工

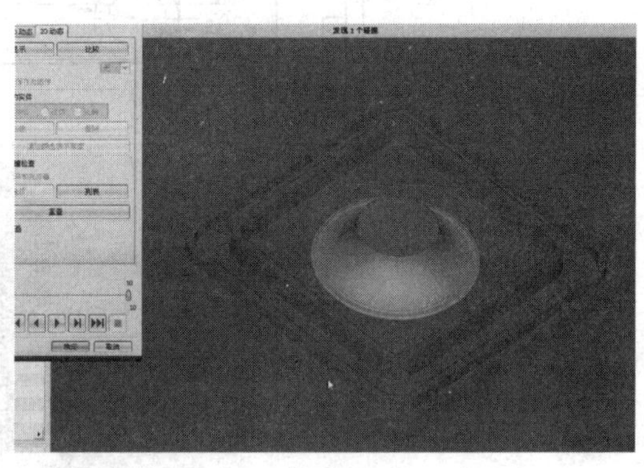
图 3.4.32 曲面的精加工

可以看到最终它黄颜色的边和绿颜色的边是相接的，这边的余量都为零，在型腔铣当中由于它设定的是深度，对于这个位置的操作，对这里台阶的操作不大好操作，在这里以后通过固定轴轮廓铣将它去除掉，作为型腔铣掌握到这里就可以了。

本节需要掌握的第一点：通过不同刀具的配合来加工出工件。第二点：在同一个程序当中要尽量避免重复换刀，也就是能少换刀就尽量要少换刀，用同一把刀具尽可能地加工更多的步骤，这样可以通过减少换刀来保证工件的加工精度。

第五节 型腔铣加工实例 2——基于层和基于 3D

首先看一下工件图（见图 3.5.1 型腔铣加工实例 2）。

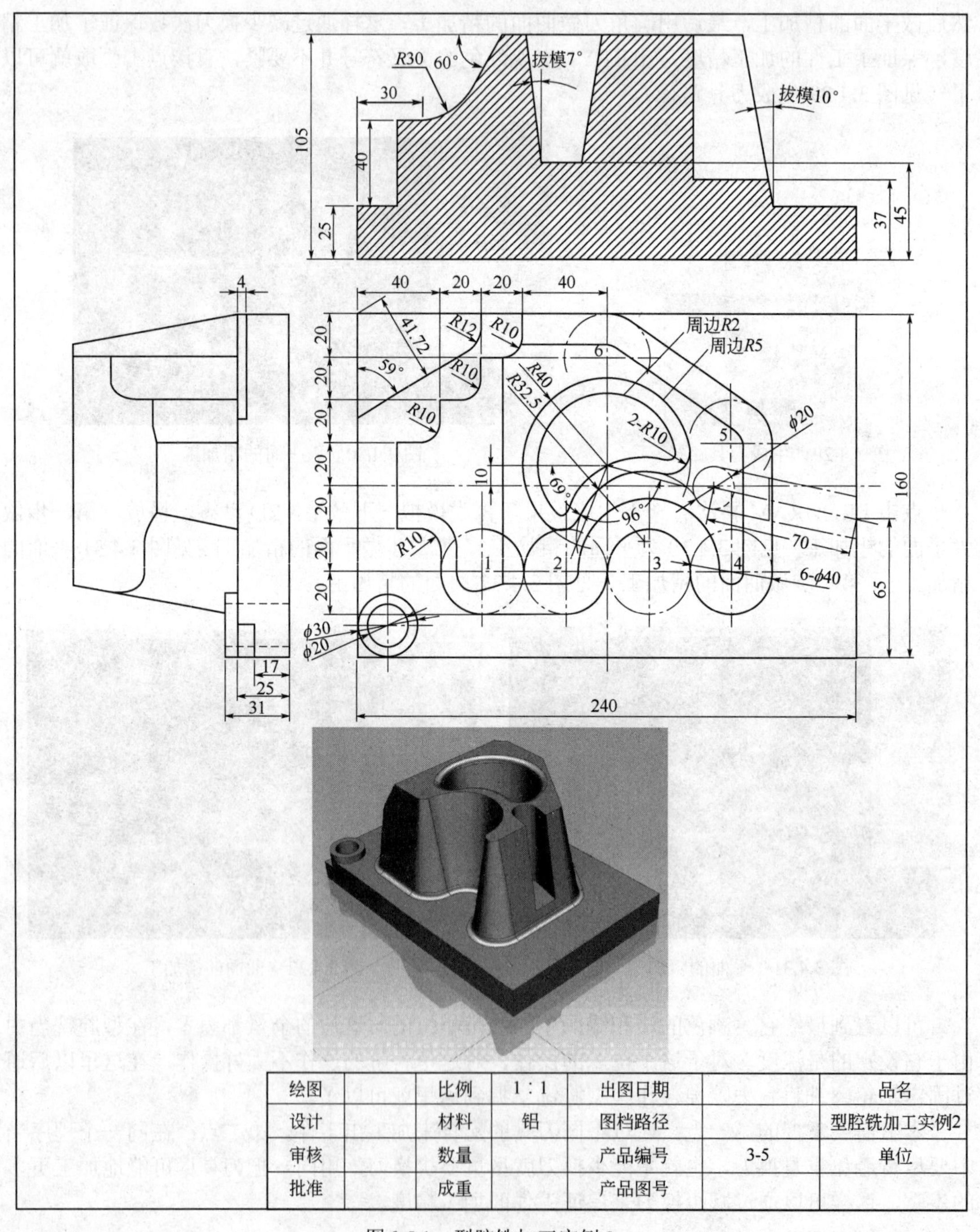

绘图		比例	1：1	出图日期		品名
设计		材料	铝	图档路径		型腔铣加工实例2
审核		数量		产品编号	3-5	单位
批准		成重		产品图号		

图 3.5.1 型腔铣加工实例 2

一、工艺分析

由工件图上可以看出来，基本上本图形由几大块组成，左下角由两个圆形组成，也就是ϕ30 和ϕ20 的孔，左上角是一块凹下去的区域，从左边可以看出来深度为 4（见图 3.5.2 工件分析），这两块都是比较简单的，通过面铣和平面铣都可以操作加工。

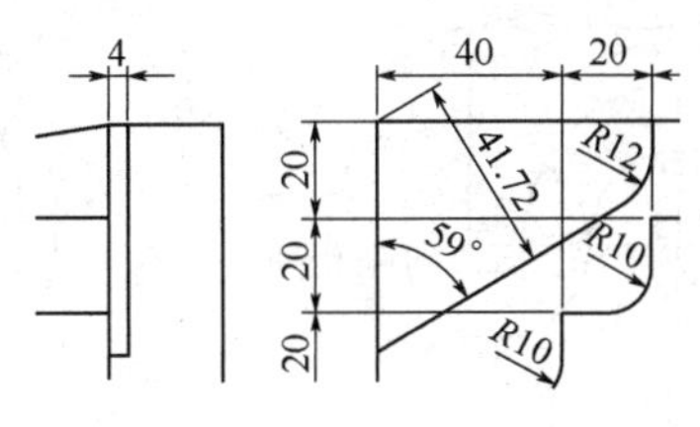

图 3.5.2 工件分析

中间的这一大块区域由右侧的图形可以看出，它是一个比较复杂的型腔（见图 3.5.3 中间形状的分析），由最上面的图形可以看出来，内部的拔模为 7°，外部的拔模为 10°（见图 3.5.4 斜面区域的分析），而这里的拔模为 10° 的范围也不是全部的拔模，由中间的工件图可以看出来（见图 3.5.5 拔模区域的分析），它也是在下边、右边和上面的拔模，在左上角这一处区域连续的 *R*10 的区域，它并没有拔模，也就是说它的角度是一个垂直的角度，作为加工除了面铣平面铣需要知道深度之外，在做型腔铣的时候是不需要知道深度的。

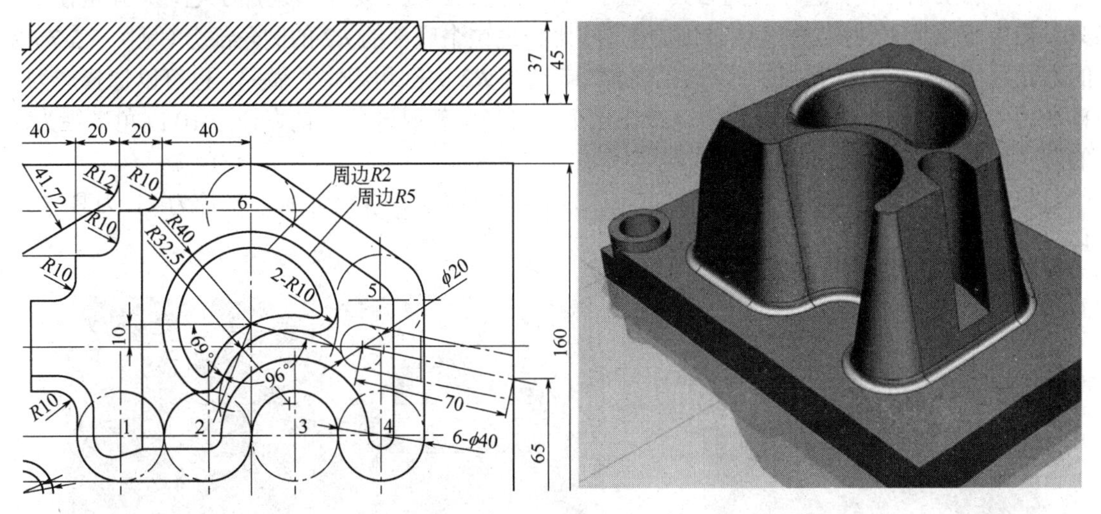

图 3.5.3 中间形状的分析

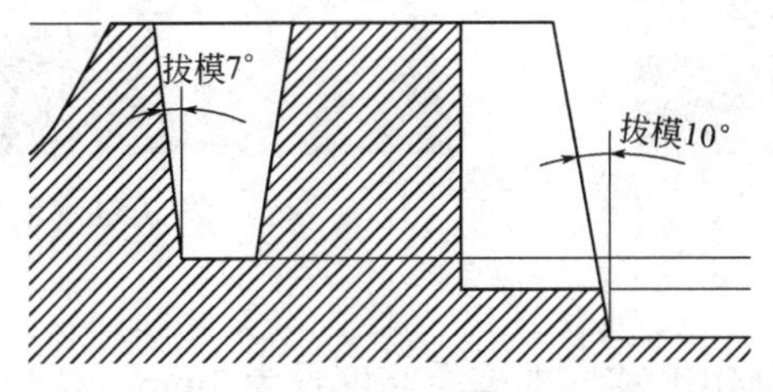

图 3.5.4 斜面区域的分析

题目当中由于涉及一些角度，比如说这里有周边 *R*2，也就是说底部的形状是 *R*2 的角，周边 *R*5 也就是说零件的顶部还有底下最外面这一圈的边是 *R*5 的边（见图 3.5.6 圆角的分析）。

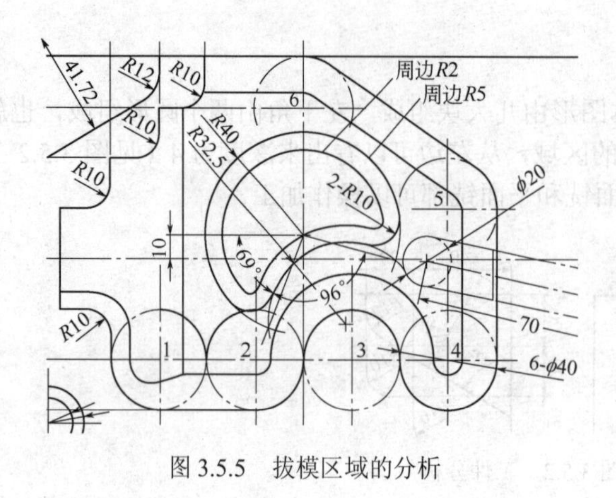

图 3.5.5　拔模区域的分析

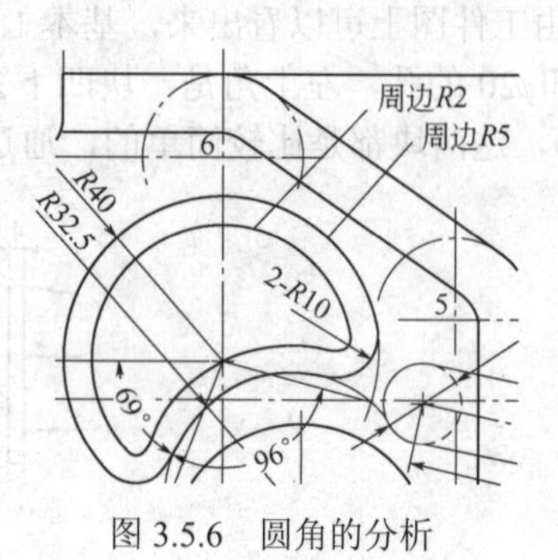

图 3.5.6　圆角的分析

二、准备工作

下面打开 UG 的软件，打开第三章 CAVITY-MILLING，第六节型腔铣加工实例 3，OK。开始进入到的加工状态。

1．创建刀具

为了加工的方便，选择一把刀具，这个刀具选择的原则是尽量多地加工毛坯，开粗使用。第二步是做精加工使用，加工比较细的部分，比如说这个底部的 *R*2 的圆角部分（见图 3.5.7 *R*2 的圆角区域），在选择的时候可以选择圆角刀，选择 *R*2 的圆角刀将它做完，也可以选择球刀，直径为 4，半径为 2 的球刀将它做完。在这个题目当中暂时选用一把直径为 10 圆角半径为 2 的圆角刀去做，为了照顾右边 *R*10 的区域。

机床视图，创建刀具，选择刀具的名称为 D10R2 确定，直径为 10，半径为 2，刀具号为 1，确定（见图 3.5.8 创建刀具）。

图 3.5.7　*R*2 的圆角区域

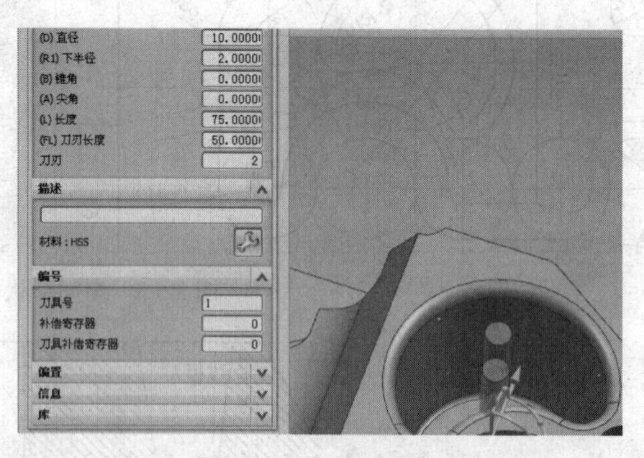

图 3.5.8　创建刀具

2．创建毛坯

几何视图，双击 MCS-MILL 将它的安全高度设为 2mm，双击 WORKPIECE，指定部件，选中部件，确定（见图 3.5.9 选择加工部件），指定毛坯，选择包容块，最小化地将物体包容进来，依次确定（见图 3.5.10 选择几何体）。

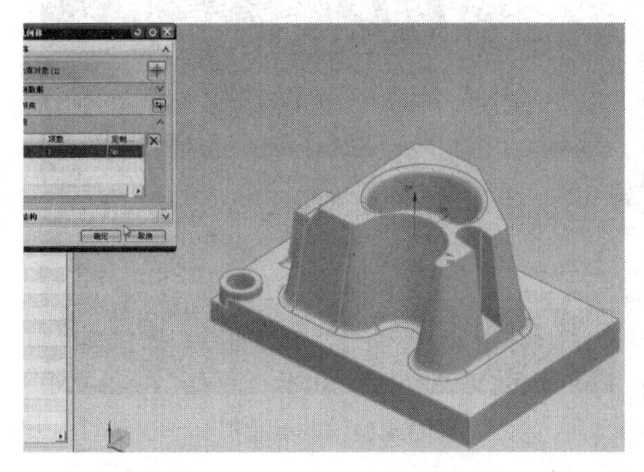

图 3.5.9 选择加工部件

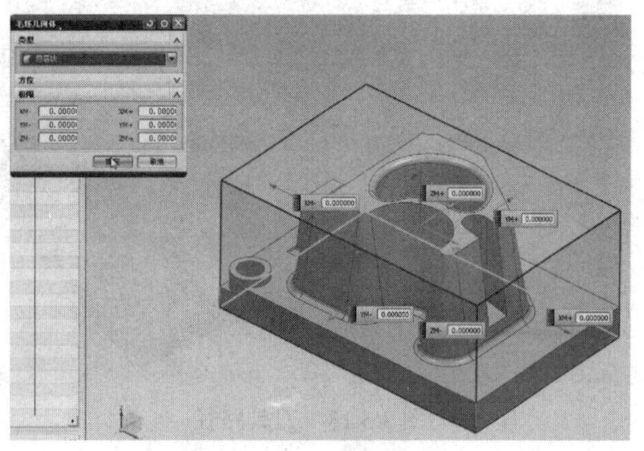

图 3.5.10 选择几何体

三、程序创建

1. 粗加工

程序视图，创建工序，选择 MILL-CONTOUR，CAVITY-MILL，程序要放在 PROGRAM 中，不放在 NC-PROGRAM 中，刀具选择 D10R2，刚才创建的刀具，几何体要选择创建的 WORKPIECE，也就是说包容块的方式，方法选择 ROUGH 粗加工，名称命名为 CU，确定。

在型腔铣里面粗加工都是比较简单的操作，点击切削区域，右击，选择定向视图中的前视图，框选就可以了（见图 3.5.11 框选物体），将它旋转过来可以看看有没有区域未选中，中间没选中的区域，可以再点击补选一下，确定（见图 3.5.12 补选孔）。

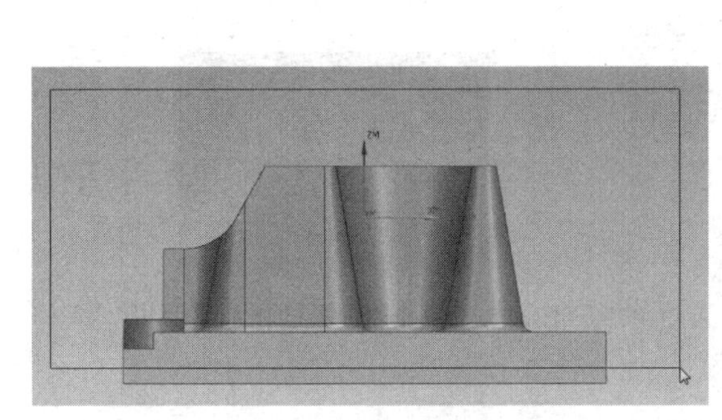

图 3.5.11 框选物体

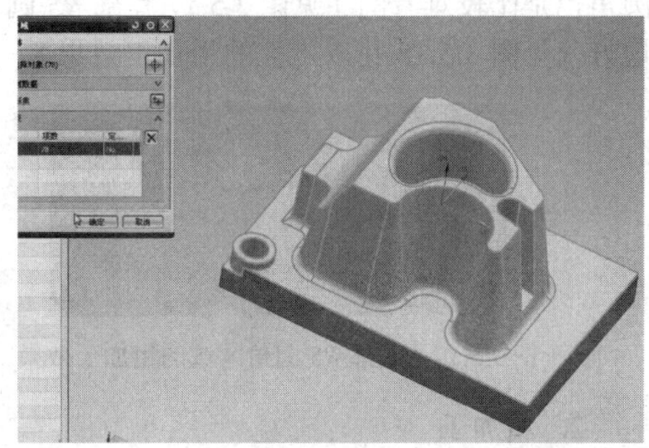

图 3.5.12 补选孔

这就是说粗加工的面已经选完了，只需给它设定它最大的切削距离就可以了，将最大距离设置为 2，这是加工的深度，切削模式改为跟随周边，生成一下（见图 3.5.13 刀具路径），只要能保证它基本的形状能出得来，在基本形状有保证的情况下，要选择更优化的刀路，更短的时间，确定。点一下 CU，确认一下刀轨，看一下它模拟的情况，2D 动态的播放（见图 3.5.14 加工模拟）。

它的加工方法是从里向外的加工，这个是个粗加工，由粗加工也可以看到在高度的上面斜坡比较大的地方，会出现一些刀痕（见图 3.5.15 陡峭区域的加工效果），慢慢地等待加工完毕，刀痕在这里已经看得比较清楚了（见图 3.5.16 粗加工剩余的台阶效果）。

图 3.5.13 刀具路径

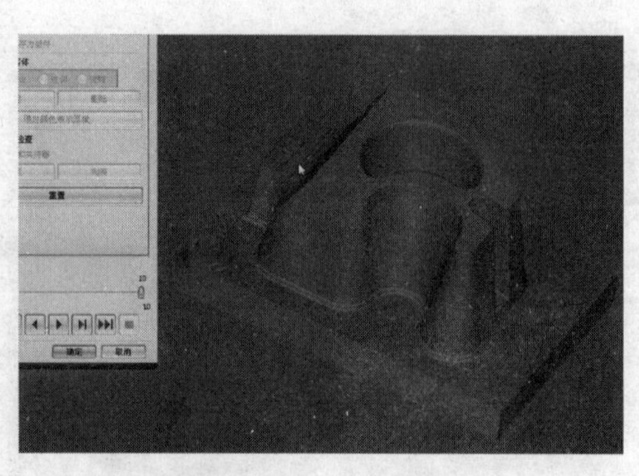

图 3.5.14 加工模拟

图 3.5.15 陡峭区域的加工效果

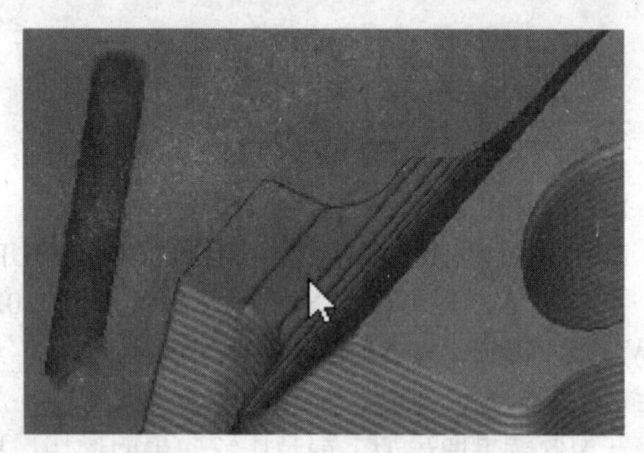

图 3.5.16 粗加工剩余的台阶效果

这是粗加工，粗加工肯定是有些地方没有加工完的，刀痕比较粗，最后这个底面 *R*5 的圆角也是比较难看的（见图 3.5.17 底部 *R*5 圆角区域的粗加工效果），在这边还有未加工到的地方（见图 3.5.18 孔周围处的粗加工效果）。

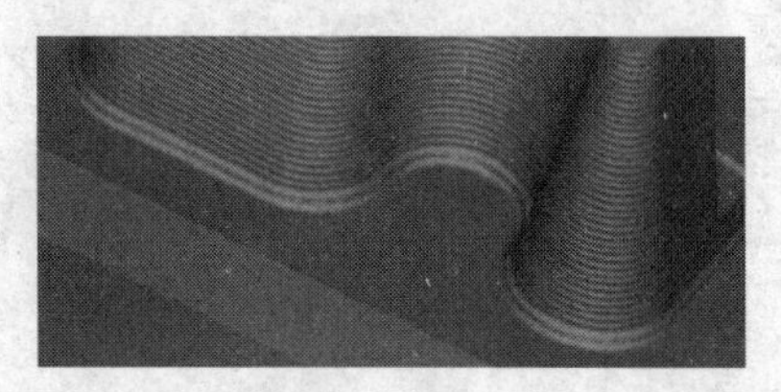

图 3.5.17 底部 *R*5 圆角区域的粗加工效果

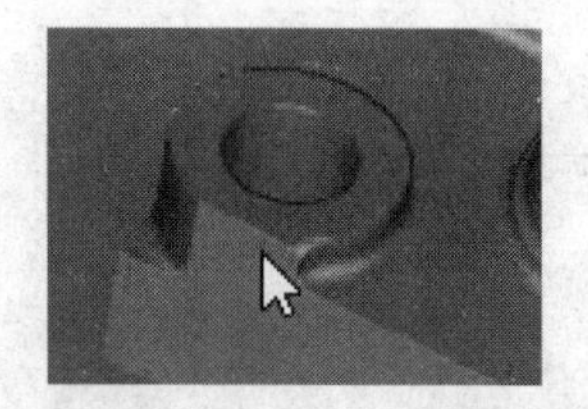

图 3.5.18 孔周围处的粗加工效果

2. 精加工

确定一下，进入型腔铣的精加工，也就是这一节的重点内容：基于 3D 的方式和基于层的方式。创建工序，还是 CAVITY-MILL，底下参数保持不变，在方法当中选择 FINISH，名称命名为 JING，确定。

指定切削区域，仍然选择所有的面，右击，选择定向视图中的前视图，在前视图中框选所有的面（见图 3.5.19 框选物体），在这里是否要设置最大的距离，肯定是要设置的，输入 1，假设每一层的深度为 1，在前面的粗加工当中设置的是 2，切削模式选择跟随周边，切削层这边不要修改，点击进入切削参数，当中需要修改，将它改为基于层和基于 3D 的方式，策略不管它，余量在精加工是默认的都是零，重点看空间范围，处理中的工件如果在这里选择无（见图 3.5.20 空间范围选择无），就会类似于切削毛坯的操作，将周边的整个区域认为是需要加工的区域。

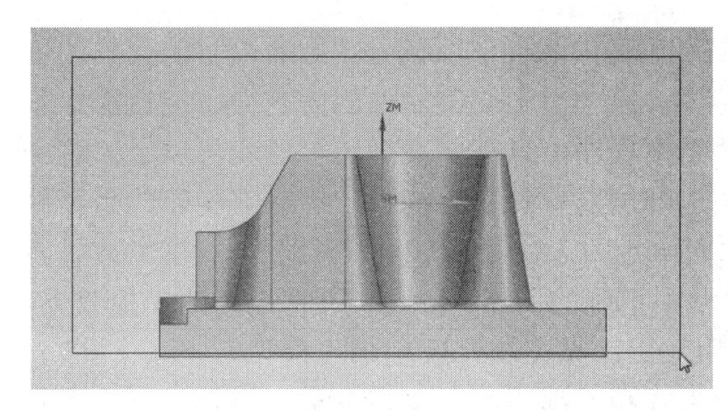

图 3.5.19　框选物体

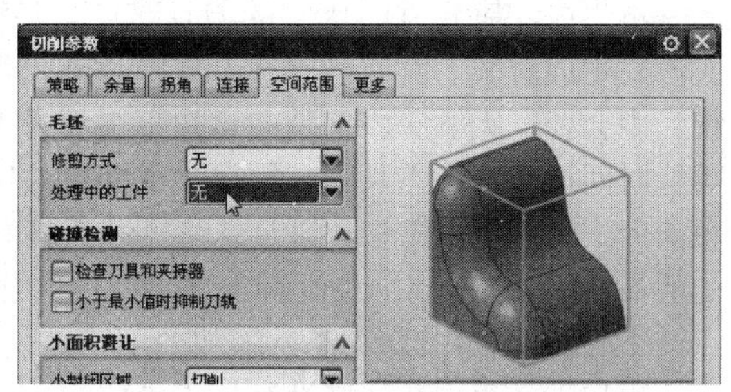

图 3.5.20　空间范围选择无

四、重要知识点

在这里需要选择基于 3D 或者是基于层。

1．基于层的加工方式

紧接着上面的操作，首先选择基于层的方式看会不会出现问题，确定（见图 3.5.21 空间范围选择基于层）。

图 3.5.21　空间范围选择基于层

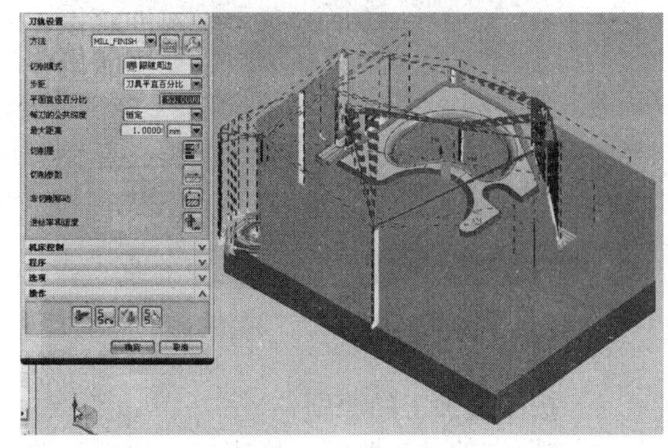

图 3.5.22　刀具路径

准备生成程序，由于这种方式，由于它的精加工所涉及的面的形状稍微有点复杂，它的刀路形成可能会比较长，生成一下（见图 3.5.22 刀具路径），来看一下现在基于层的精加工方式生成了，很明显它的刀路在它的四周都沿着边走了一刀，这种方式肯定是不对的。

2．使用 3D 的加工方式

在切削参数当中将它改为基于 3D 的方式，确定（见图 3.5.23 空间范围选择使用 3D）。

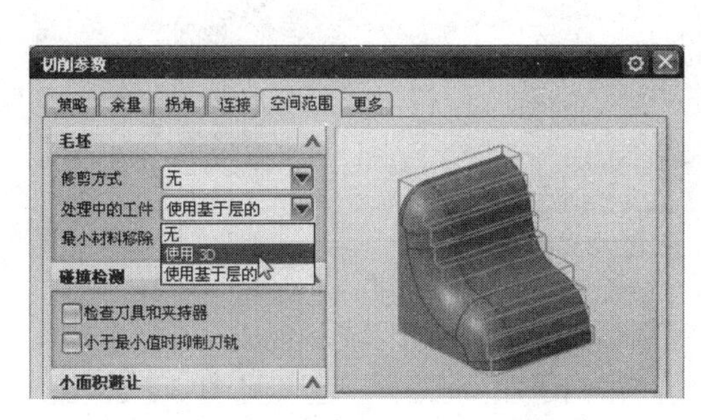

图 3.5.23　空间范围选择使用 3D

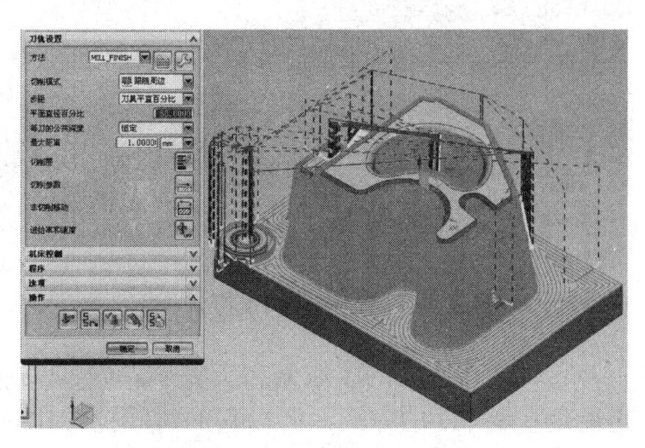

图 3.5.24　刀具路径

再生成，基于 3D，因它的刀具路径是紧贴着工件的表面进行的加工，所以它的刀具的生成方式生成时候的时间会比基于层的时间长得多，这个由于 UG 软件的问题很可能在操作系统当中会警告无响应，但是在这边不需要马上结束程序，只需要安静地等待就可以了，这个等待时间可能会有点长。在程序生成的时候在上部可以看到它的构建轨迹，它构建的是工件表面的三维区域。现在看到刀具路径沿着表面向下走刀（见图 3.5.24 刀具路径），这个方式就是所需要的，它在周围也没有出现沿四周的那种不正确的刀路，来看一下它最终的模拟效果，点一下确认刀轨，2D 动态，播放一下，这是粗加工（见图 3.5.25 粗加工模拟）。

粗加工是有一些区域没有加工到位的，因为底和壁都留有了 1 的余量，没有设置，它留的余量都是 1，下面进入精加工，在精加工中有些路径的选择并不是很正确，比如说在里面和外面肯定是按照层优先（见图 3.5.26 精加工模拟）。

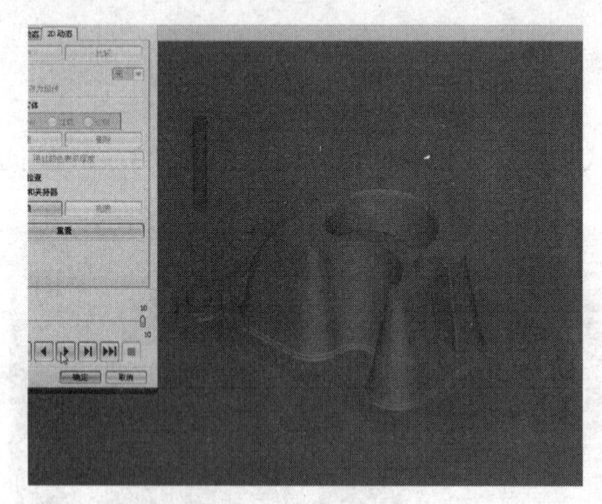

图 3.5.25　粗加工模拟

图 3.5.26　精加工模拟

3. 按深度加工的原则

必须要做的是按照深度优先，如果是按照层优先的话，在同一个深度时里面中间的区域加工完一个刀路再跳到外面的区域，来回地跳刀这样会增加走刀时间。双击 JING，在切削参数中第一个选项里策略里面将切削顺序选择为深度优先（见图 3.5.27 切削参数的深度优先）。

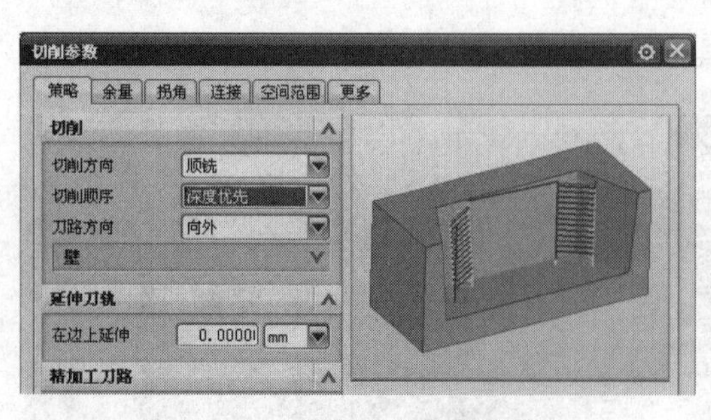

图 3.5.27　切削参数的深度优先

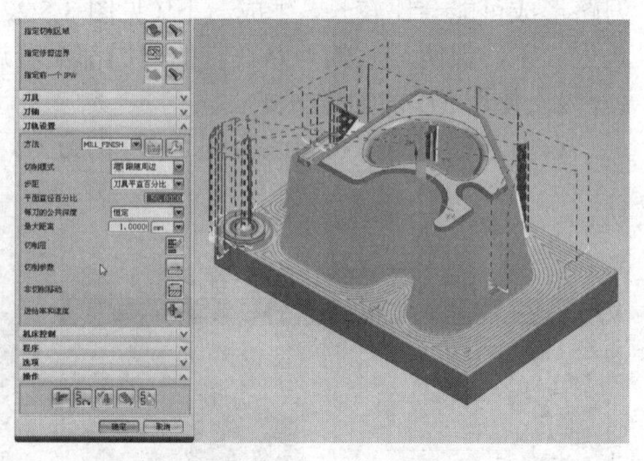

图 3.5.28　加工模拟

它就会将中间的区域先加工完毕，先加工到底然后加工四周的区域，生成一下，同样，它也是基于 3D 的方式，所以它的时间也会比较长，相当于重新做了一遍（见图 3.5.28 加工模拟）。

程序现在生成完毕，在程序生成的时候也可以发现，它是先将外面的深度从上到下加工完毕以后再加工里面的区域（见图 3.5.29 刀具路径的生成顺序），也就是说它在这里分成了两个连续的区域。

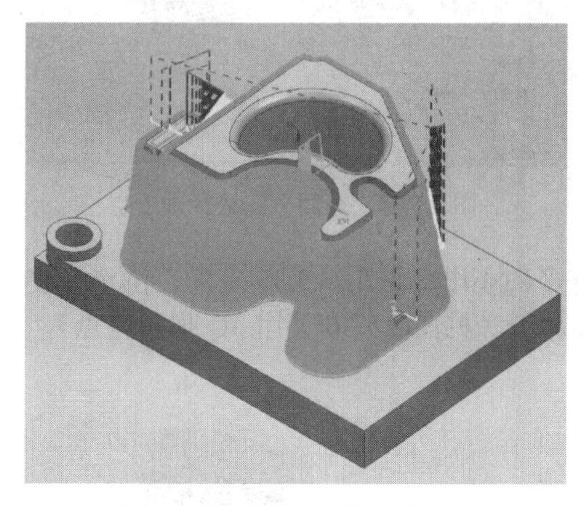

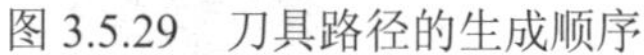

图 3.5.29　刀具路径的生成顺序

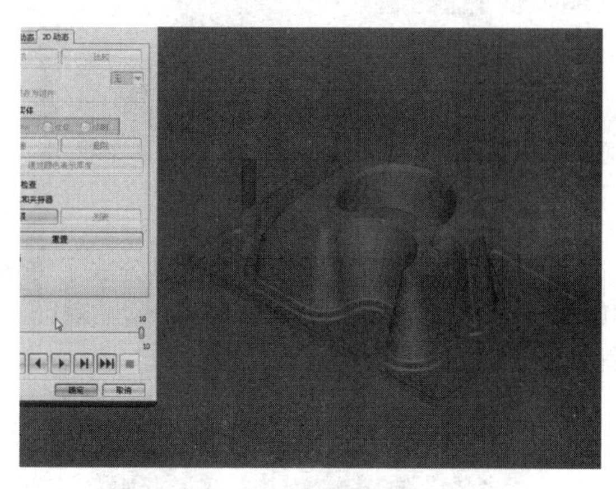

图 3.5.30　加工模拟

点击 PROGRAM，确认刀轨，来模拟一下看一下它的效果。播放，首先仍然是粗加工（见图 3.5.30 加工模拟），粗加工的时间会比较长，因为涉及粗加工的过程，当然在实际加工操作当中做粗加工的时候可能选择的是一把更大的刀具。

进入精加工的方式，它首先是将所有的连续的面的深度加工完毕（见图 3.5.31 先精加工外侧曲面），再加工另外一个面的深度（见图 3.5.32 再精加工内侧曲面），这样就防止了刀具到安全距离来回跳动的问题，确定。这个就是作为这个题目的精加工和粗加工的过程。

图 3.5.31　先精加工外侧曲面

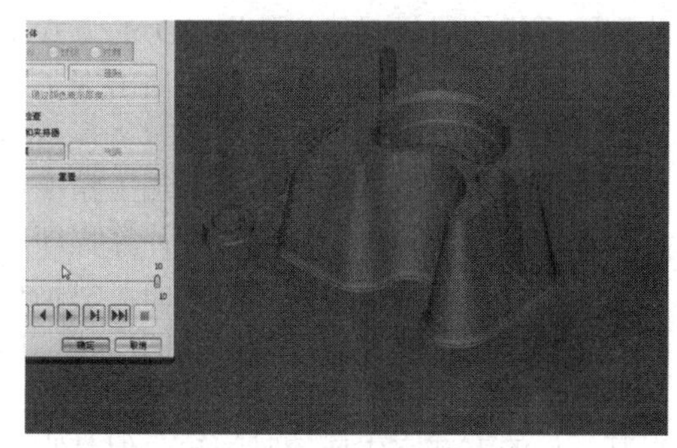

图 3.5.32　再精加工内侧曲面

五、经验总结

在题目当中要注意，双击进入 JING，再看一下切削参数当中的空间范围，如果没有这个范围，是无，来看一下做粗加工操作的方式（见图 3.5.33 空间范围选择无），图形当中那种波浪形的黄色区域是毛坯的最终的形状，这种红色的区域是毛坯，所去掉的就是红颜色的区域减去黄色区域的部分。

如果选择基于层（见图 3.5.34 空间范围选择基于层），它就能直接用红色的区域表示出粗加工剩余的区域，就不需要有毛坯的区域了，在这里只需要用粗加工剩余区域减去最终形状，也就是说剩余的是精加工的余量。在这里使用基于层或者基于 3D，在图形当中可以看得出来，基于层这边有很多很多的直线，周围它也并没有围绕着曲面形状进行构件图形。

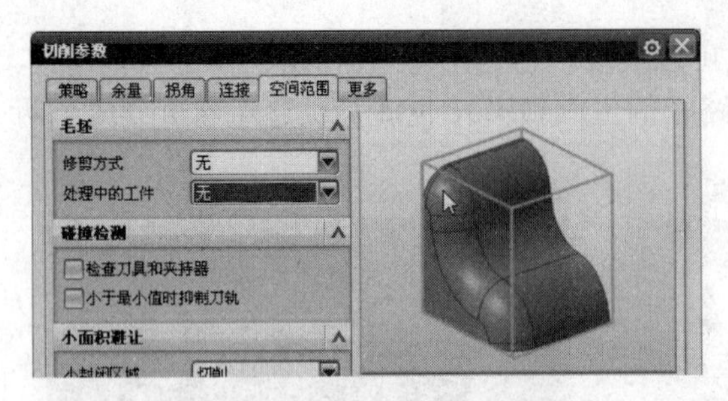

图 3.5.33 空间范围选择无

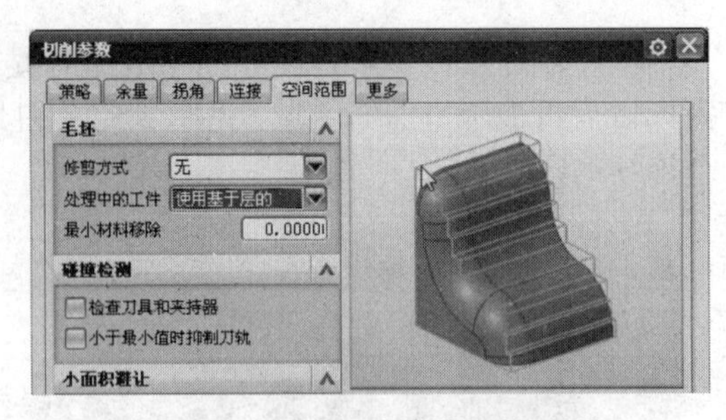

图 3.5.34 空间范围选择基于层

基于 3D 它的线比较细，在这里分成了许多许多的小段（见图 3.5.35 空间范围选择使用 3D），在拐角处分成了许多的小段，紧贴着面进行加工（见图 3.5.36 使用 3D 拐角特点），这就是基于 3D 的一个特点。

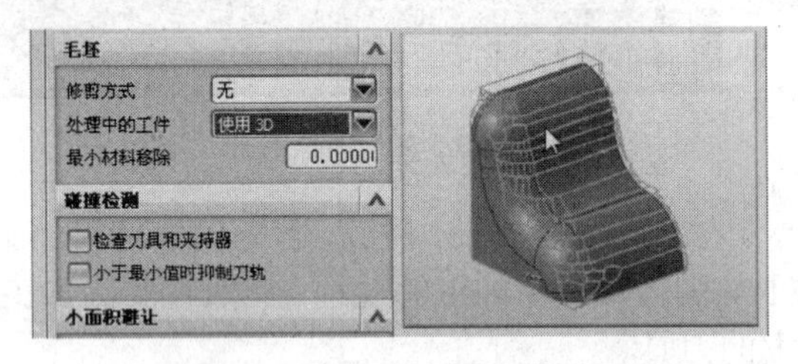

图 3.5.35 空间范围选择使用 3D

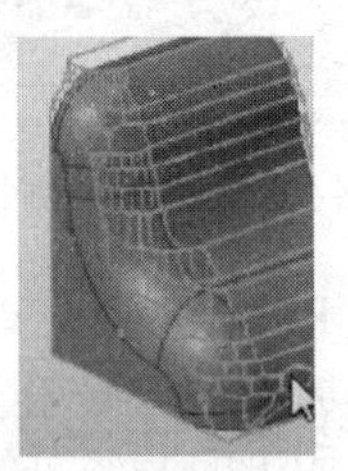
图 3.5.36 使用 3D 拐角特点

在较简单的数控加工当中编程的时候基于层和基于 3D 效果是一样的，这里的较简单也就是形状比较简单，不会出现大范围的曲面、圆弧或者拐角比较大的圆弧等。但是当遇到复杂的型腔形状的时候就建议使用 3D 的方式了，就像本题当中。本题当中使用基于层的时候它的走刀出现了一定的问题，在四周出现了一些不正确的走刀方式，采用 3D 的方式，刀具就紧贴着工件的表面进行走刀了。

因为使用 3D 的方式得出来的加工精度更高，所以在使用 3D 加工的时候，UG 的软件计算程序所用时间也会更长，它计算的依据是程序的表面，包括程序类似于平面的这种形状，或者是圆弧过渡的形状，曲面的形状等（见图 3.5.37 曲面的形状）。

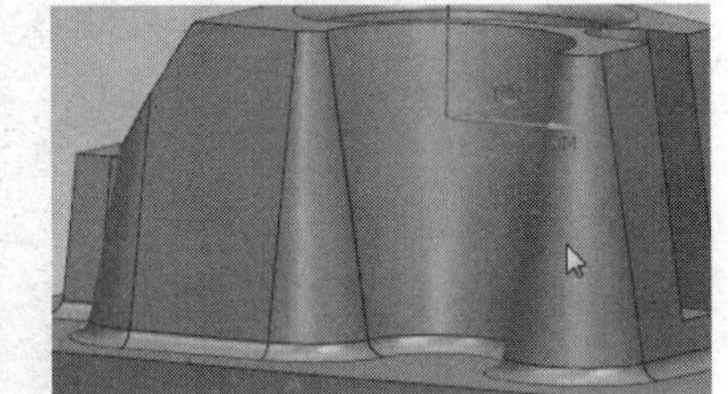
图 3.5.37 曲面的形状

基于层的方式它生成的时间短，但是它的加工精度就比较低了，而且有时候它的走刀路径会出现不正确的情况，但是要注意这种不正确情况它并不是 UG 软件走错了，而是根据基于层的方式计算出来的，它的走刀路径是按照一定的规则出现的，就比如说在本题当中在四周出现的线，按照基于层方式它是必须会出现的，但是并不是软件出错。

由此可以看得出来在做数控精加工的时候，基于层的方式和基于 3D 的方式使用的范围有所不同。如果是简单的工件，两者都可，如果是形状比较复杂的工件使用 3D 的方式会保证工件加工的精度，也就是说它的走刀路径会更精细一点。

这个就是本节的主要内容，工件的基于 3D 和基于层的操作，一般情况下两者不区分，如果是工件曲面比较复杂的情况下使用 3D 的方式，可以大大地保证表面的精度。

第四章　固定轴曲面轮廓铣FIXED COUNTER

第一节　固定轴曲面轮廓铣——入门实例

本章主要讲解的是对于曲面的精加工的操作，在第三章的时候讲到的是型腔铣，型腔铣也可以是通过 3D 的方式或者是基于层的方式做精加工，但是它有一定的局限性，不能完全达到精加工的要求，也就是说它可以做一些半精加工的操作。首先看一下工件图 4.1.1 固定轴曲面轮廓铣——入门实例。

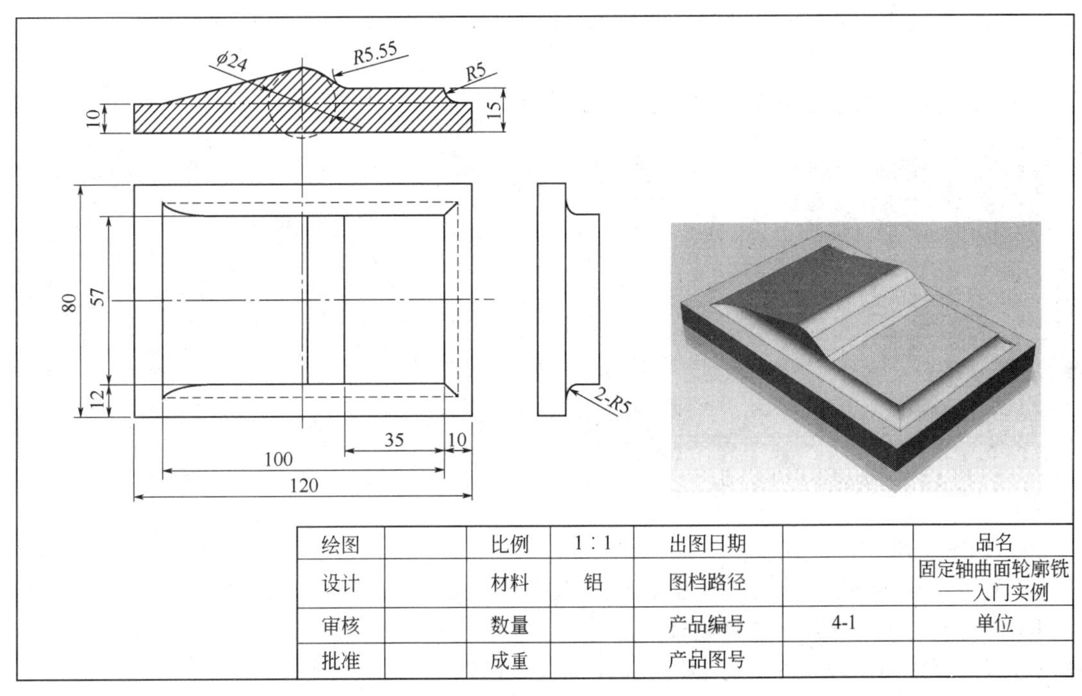

绘图		比例	1 : 1	出图日期		品名
设计		材料	铝	图档路径		固定轴曲面轮廓铣——入门实例
审核		数量		产品编号	4-1	单位
批准		成重		产品图号		

图 4.1.1　固定轴曲面轮廓铣——入门实例

一、工艺分析

零件基本是由两个部分组成，中间是一个方形的凸台，底下是一个方形的区域，上面是一个带有曲面的凸台，这个区域上面的区域其实有很多面都是平的，比如说左边的斜面，然后弯过来向右的斜面都是平的，四周到底面有一个圆角的过渡，差不多是三个方向的。

二、准备工作

首先打开 UG NX8.0，再打开第四章第一节固定轴去满轮廓铣——入门实例，点击“OK”。

基本的形状也可以看出来了，由于在左边的交界处这里没有圆角的过渡（见图 4.1.2 左边的连接处），而实际上加工的时候这里或多或少会出现一个圆角，为了使圆角值更小，可以在做底面精加工的时候采用一把平底刀。

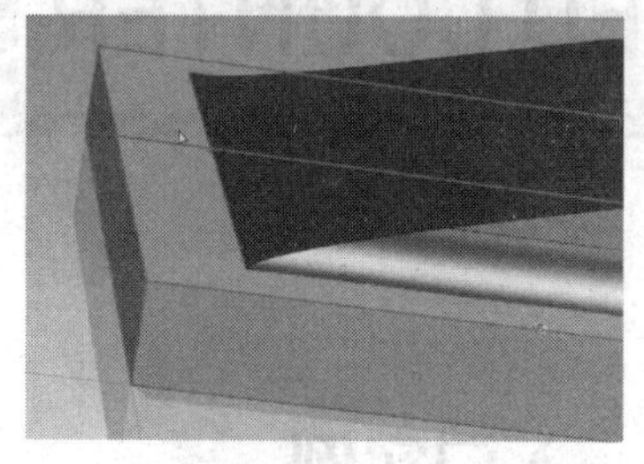

图 4.1.2　左边的连接处

开始进入到加工的环境当中，选择 MILL-CONTOUR 进去，上面 CAM-GENERAL 不变，确定。首先是要进入机床视图创建刀具，本题当中给它创建刀具一把是圆角刀，一把是球刀，一把是平底刀，其中圆角刀是做粗加工使用的，球刀是做上面的曲面部分，平底刀是做最后的底面部分。

1. 创建刀具

点击机床视图，创建刀具，这里选择 12 的刀具，为 D12R3，去做它的粗加工操作，确定。刀具直径为 12，下半径为 3，刀具号为 1，确定（见图 4.1.3 创建第一把刀具）。继续创建刀具，这个采用的是球刀 D8R4 的刀具去做，确定。直径为 8，下半径为 4，这就是球刀，刀具号为 2，确定（见图 4.1.4 创建第二把刀具）。再创建一把刀具，平底刀，直接采用 D8 的刀具进行操作，确定。直径为 8，这里的刀具号为 3 号刀，确定（见图 4.1.5 创建第三把刀具）。通过这三把刀的创建可以把零件基本上加工出来。

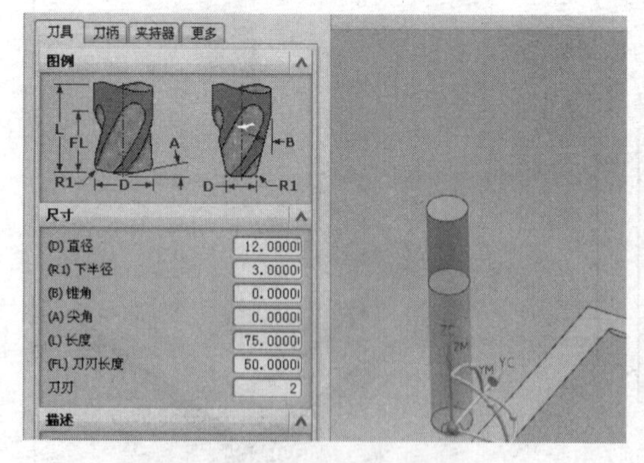

图 4.1.3　创建第一把刀具

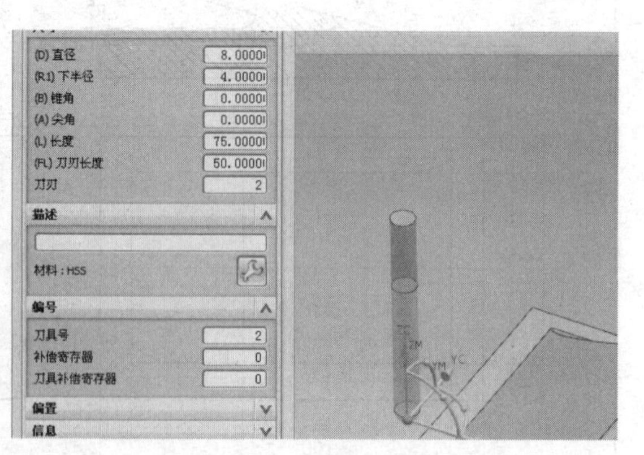

图 4.1.4　创建第二把刀具

2. 创建毛坯

下面进入几何视图，双击 MCS-MILL，设置它的安全高度为 2，确定。打开“+”，双击 WORKPIECE，指定部件，选择物体，确定（见图 4.1.6 选择加工部件）。然后指定毛坯，选择包容块，直接将对象最小化地包容在内，依次确定（见图 4.1.7 选择几何体）。几何体跟刀具都选择完毕，下面就要进行程序的创建。

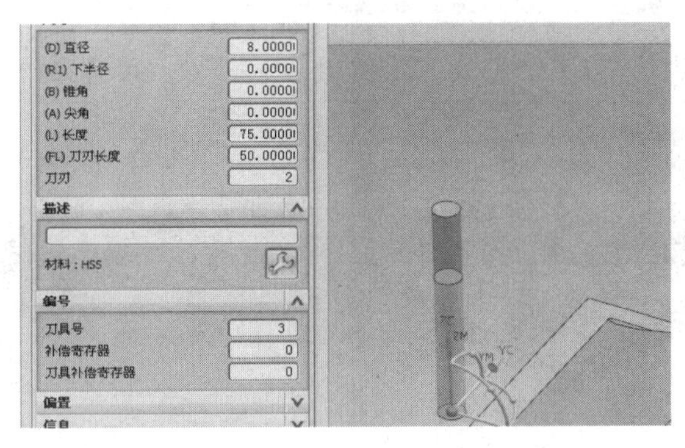

图 4.1.5 创建第三把刀具

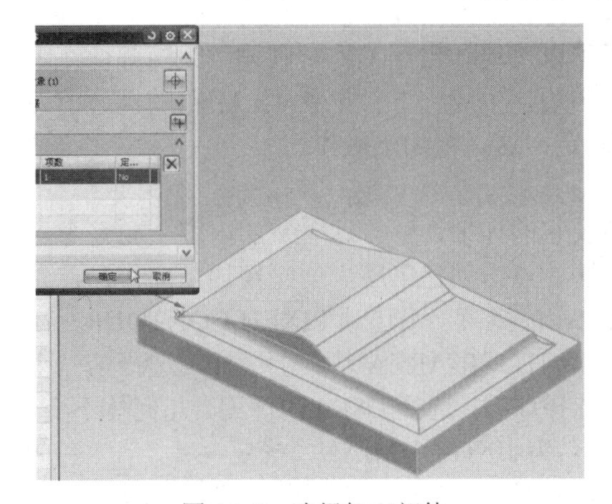

图 4.1.6 选择加工部件

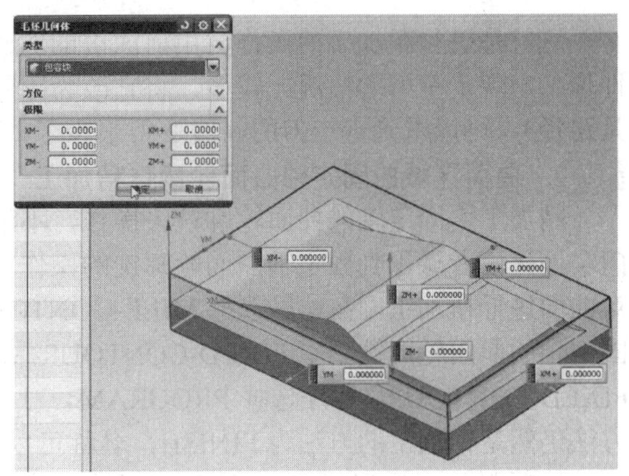

图 4.1.7 选择几何体

三、程序创建

1．型腔铣的粗加工

程序视图，创建工序，首先作为粗加工来说可以用 CAVITY-MILL 型腔铣将它加工完毕，程序放置在 PROGRAM 里面，刀具选择 D12R3 的刀具，几何体要选择 WORKPIECE，方法是粗加工 ROUGH，这边命名为 CU，确定。

首先指定切削区域，这个区域将顶面区域全部选中，右击，选择定向视图中的前视图，将对象全部框起来就可以了，确定（见图 4.1.8）。然后将视图换回，可以点一下手电筒看一下（见图 4.1.9 观察选中的物体）。对象的上部完全被选中，下面就可以设置粗加工的方式，在这边主要是设置一个最大的距离，将最大距离设为 2，生成一下（见图 4.1.10 刀具路径）。

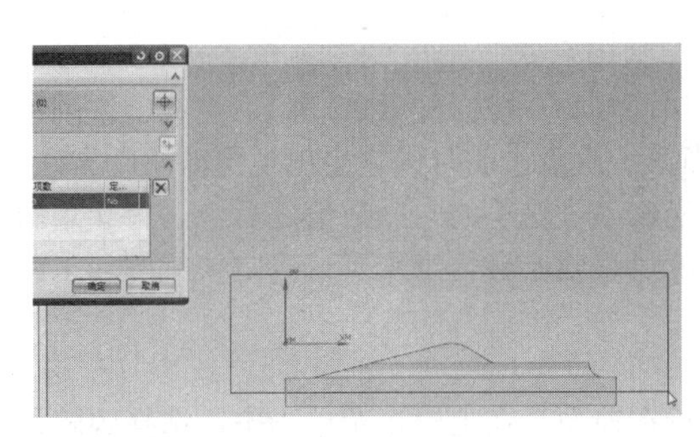

图 4.1.8 框选物体

图 4.1.9 观察选中的物体

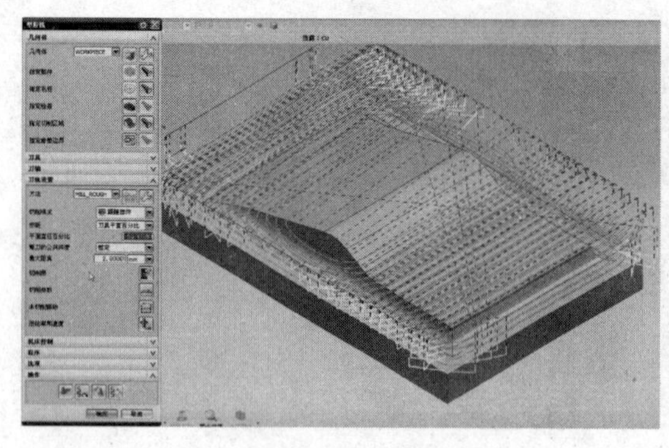

图 4.1.10 刀具路径

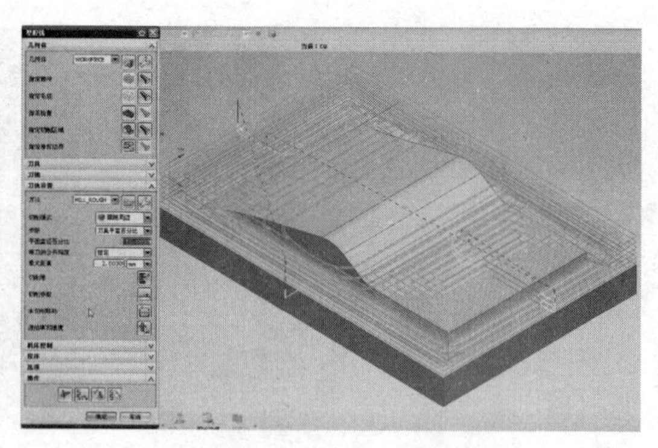

图 4.1.11 跟随周边的刀具路径

这就是进行粗加工的操作，由前面讲的例子可以发现，粗加工的时候采用跟随部件在工件顶部出现走空刀的情况比较多，将它改为跟随周边，生成一下（见图 4.1.11 跟随周边的刀具路径），可以看到走空刀的红线变得很少了，确定，这是粗加工操作。

2. 曲面区域的固定轴曲面轮廓铣精加工

精加工用固定轴的曲面轮廓铣去操作，不涉及它的详细讲解，这一节的内容主要是个入门实例让读者认识到固定轴曲面轮廓铣的操作方法。点击创建工序，创建精加工操作，首先对曲面进行精加工，在这里选择 MILL-CONTOUR，选择第一个选项 FIXED-CONTOUR，在固定轴的曲面轮廓铣当中 FIXED-CONTOUR 和 CONTOUR-AREA 基本上一样，选择第一个 FIXED-CONTOUR，程序选择 PROGRAM，刀具选择球刀，选择 D8R4 的球刀，几何体不变，方法仍然是精加工的方法为 FINISH，名称可以命名为 JING-QUMIAN，确定。

选项跟前面看到的有所不同，但是仍然是一步步选择就可以了，指定切削区域（见图 4.1.12 指定切削区域按钮），将要加工的面选中，确定（见图 4.1.13 选择加工面）。

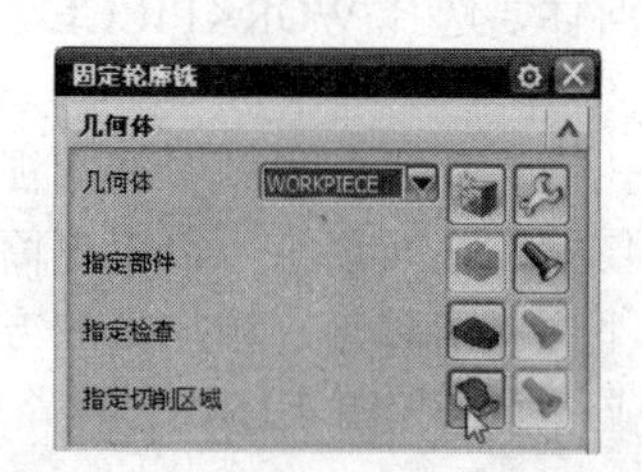

图 4.1.12 指定切削区域按钮

图 4.1.13 选择加工面

然后驱动方法当中选择区域铣削（见图 4.1.14 驱动方法选择区域铣削），当选中铣削以后它会按照指定的切削区域进行全部加工。首先当第一次点击的时候它会出现更改驱动方法，将要重置一些驱动几何体和一些参数，也就是说当修改了这里的一些数值之后，它会让重新选择它的选择范围，可以点击勾以后不要再显示，以后就不会再出现了，确定（见图 4.1.15 弹出的确认对话框）。

3. 跟随周边的走刀方式

在这里切削的模式跟前面都是一样的，只不过在前面是在上一个菜单当中，选择跟随周边，向内或者逆铣，向内是刀路由外向内一圈一圈地加工，向外就是从里向外一圈一圈地加

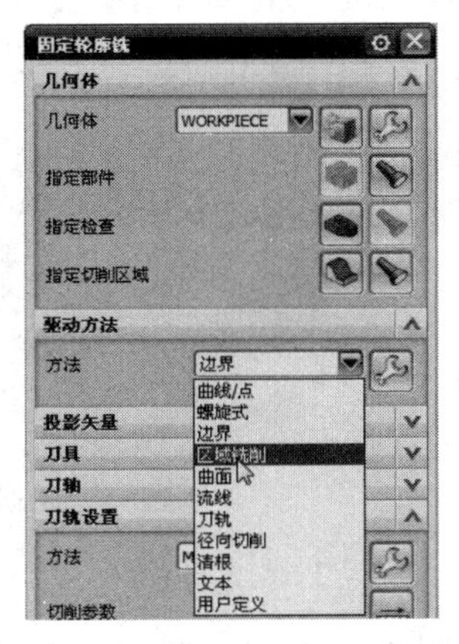

图 4.1.14 驱动方法选择区域铣削

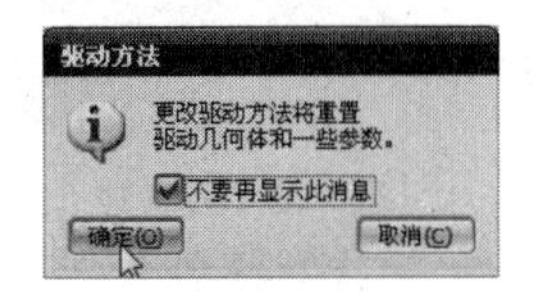

图 4.1.15 弹出的确认对话框

工，这个区别不是很大，主要是作为精加工它采用的方法是逆铣的，固定轴轮廓铣为了保证工件的精度采用的是逆铣的方式进行加工的，步距设置为 50%，点击预览（见图 4.1.16 刀具路径预览）。

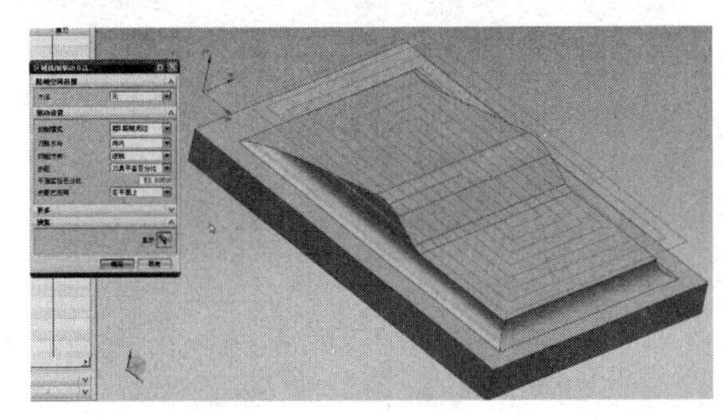

图 4.1.16 刀具路径预览

图 4.1.17 刀具路径

通过这里看一下好像有点别扭，它是怎么回事呢？首先在 *XY* 平面上生成路径，然后将生成的路径投影到平面上，从而形成刀具路径，首先生成的是平面的路径，然后在物体上投影，再在物体上形成一些线的时候就会形成刀具路径了，暂时先确定，生成看一下（见图 4.1.17 刀具路径），它就是将 *XY* 平面的路径投影到物体上形成路径的。很明显这样不符合要求。点击小扳手编辑一下（见图 4.1.18 区域铣削的编辑），将它的平面直径百分比改为 5，也就是说刀具的间距为刀具的 5%，下面显示一下（见图 4.1.19 刀具路径预览），会发现路径已经很密了，它能不能达到要求，再看，生成，确定（见图 4.1.20 刀具路径）。很明显在陡峭区域由于是直线的走刀，在这里会跳动得比较大（见图 4.1.21 间距大的刀路）。

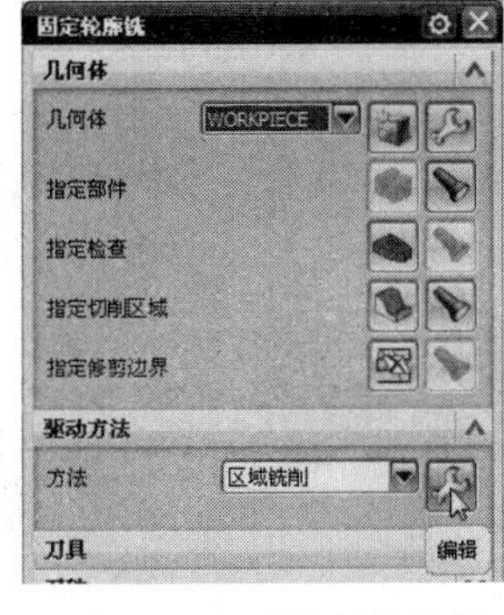

图 4.1.18 区域铣削的编辑

图 4.1.19 刀具路径预览

图 4.1.20 刀具路径

图 4.1.21 间距大的刀路

首先通过确认刀轨去看一下，2D 动态，播放（见图 4.1.22 加工模拟），在大部分区域不会产生接刀痕，但是在陡峭的区域很明显能看到出现了接刀痕（见图 4.1.23 接刀痕区域），这不是所需要的，确定。

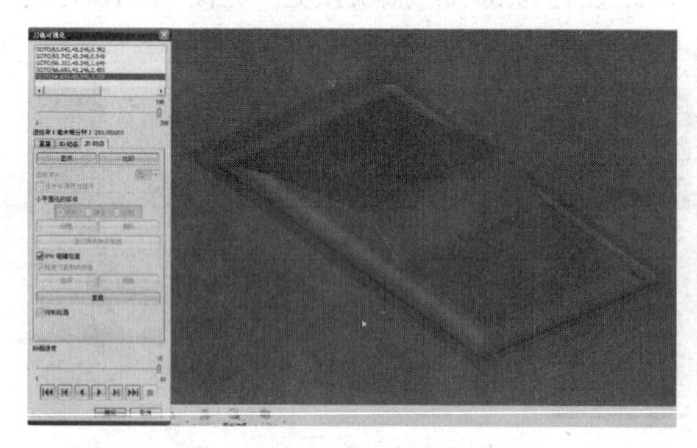

图 4.1.22 加工模拟

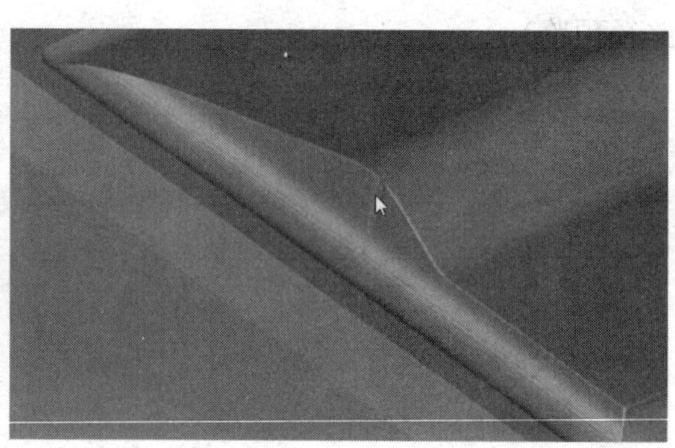

图 4.1.23 接刀痕区域

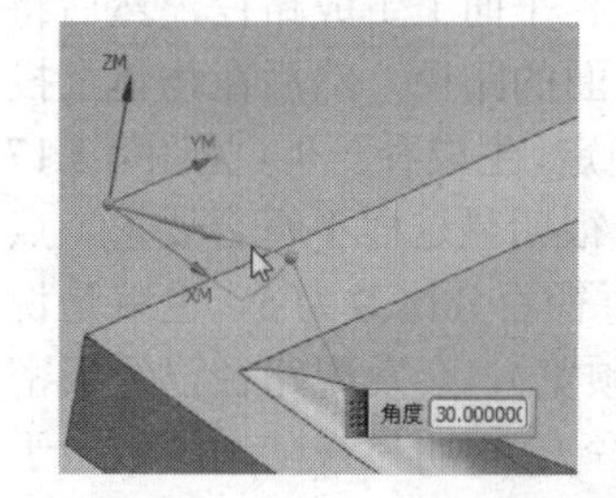

图 4.1.24 设定角度

2. 30° 往复的走刀方式

双击 JING-QUMIAN，点击扳手进去。将跟随周边改为往复的方式，设定一个切削角度，指定 30°，回车一下就能看到了，在它的坐标系中间会出现一个角度的符号，30°（见图 4.1.24 设定角度），点击预览显示一下（见图 4.1.25 刀具路径预览 1），这个是以 30°的方向进行加工，现在很密，不利于观察，将它的参数改为 50，显示（见图 4.1.26 刀具路径预览 2）。现在看得比较清楚，它以 30°往复的直线生成路径，然后投影到工件上，还是将它改为 5%，显示，确定（见图 4.1.27），生成刀具路径（见图 4.1.28）。

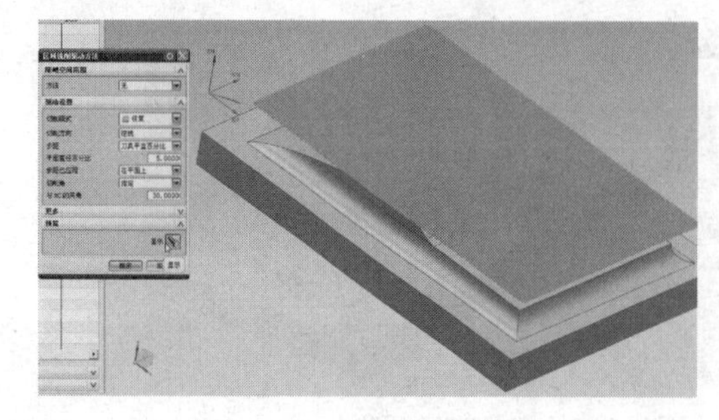

图 4.1.25 刀具路径预览 1

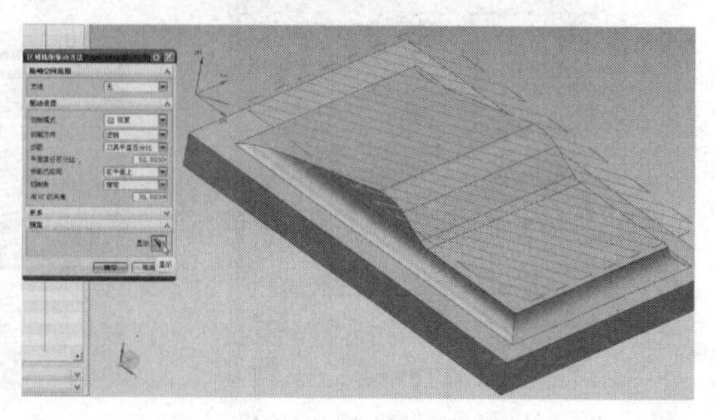

图 4.1.26 刀具路径预览 2

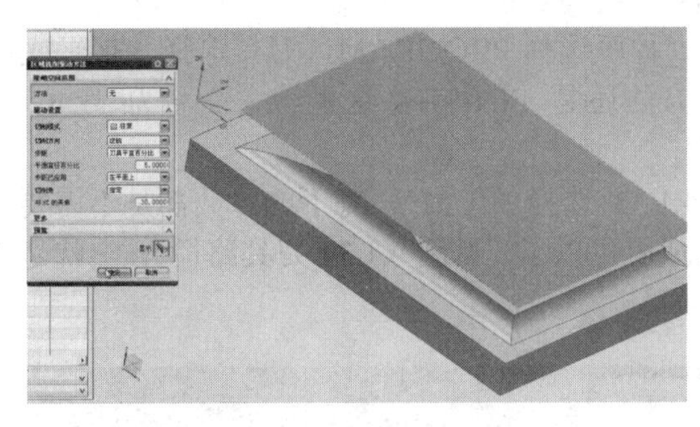

图 4.1.27 刀具路径预览 3

图 4.1.28 刀具路径

这样可以看到在陡峭的区域的刀具仍然能走到（见图 4.1.29 接刀痕区域），走刀的地方就不会产生刚才看到的接痕情况，确定。PROGRAM，确认刀轨来看一下，2D 动态，播放，现在第一步仍然是粗加工型腔铣（见图 4.1.30 粗加工模拟）。

图 4.1.29 接刀痕区域

图 4.1.30 粗加工模拟

下面是固定轴曲面轮廓铣的精加工，在这里很明显可以看到由于型腔的壁跟底面都留有余量（见图 4.1.31 精加工模拟），所以固定轴曲面轮廓铣无论是底面还是侧面是都能切削到工件的（见图 4.1.32 侧面陡峭区域），在这里很明显地可以看到它的刀具并不会产生接刀痕，也没有出现任何过切的情况。

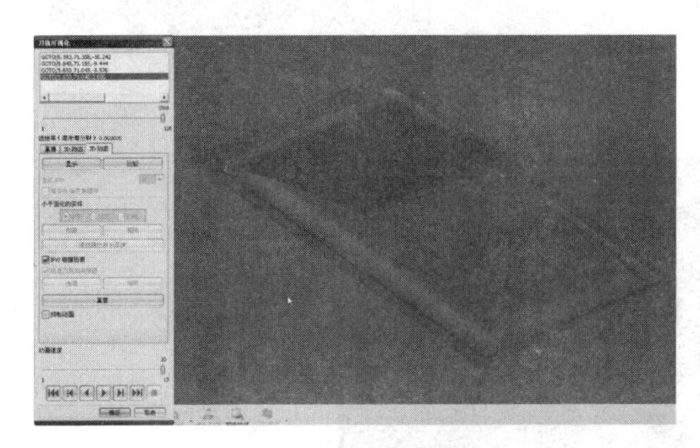
图 4.1.31 精加工模拟

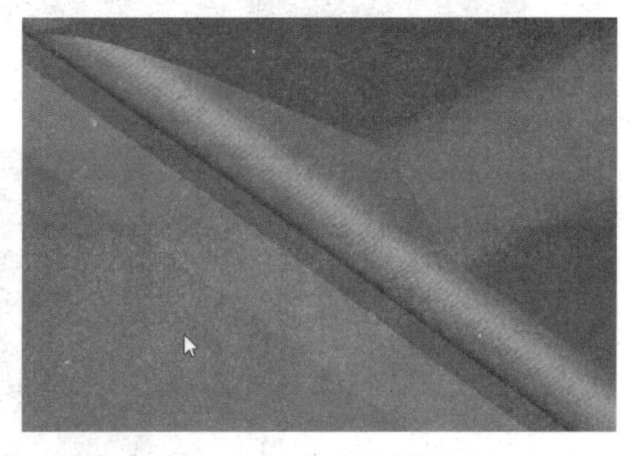
图 4.1.32 侧面陡峭区域

3. 底面的面铣精加工

下面还有一步就是针对于底面的操作。在这里尽量不要用球刀进行平面操作，因为球刀的顶端是尖的，无论怎么精细都会有接刀痕产生。创建工序，选择 MILL-PLANAR，选择第二项 FACE-MILLING，这是第一章的内容，程序选择 PROGRAM，刀具选择一把平底刀，D8 的刀具，几何体选择 WORKPIECE，方法还是 FINISH，这里给它命名为 JING-DIMIAN，确定。

直接指定面边界，选择底面，确定（见图 4.1.33 选择加工面），底下的参数都是不需要修改的，可以将切削模式换掉改为跟随周边，生成就可以了（见图 4.1.34 刀具路径），它就是沿着底面走了一刀，确定。

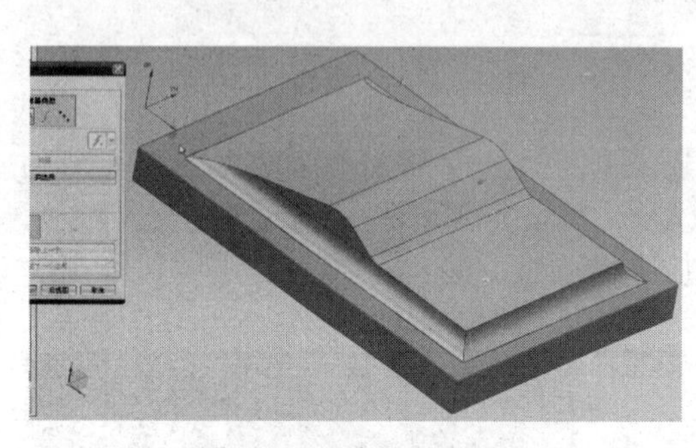

图 4.1.33 选择加工面

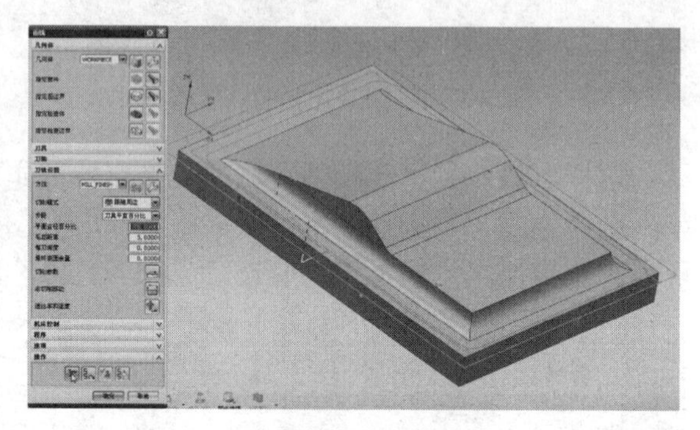

图 4.1.34 刀具路径

下面确认刀轨看一下，2D 动态，播放，首先是粗加工（见图 4.1.35 粗加工模拟），紧接着是做精加工操作，也就是说对于曲面做的操作（见图 4.1.36 曲面的精加工），最后很快的走刀方式就是底面的精加工，生成出来是黄颜色的区域（见图 4.1.37 底面的精加工）。

图 4.1.35 粗加工模拟

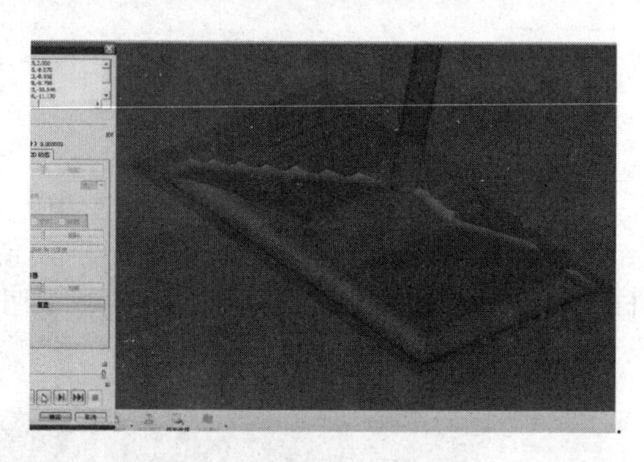

图 4.1.36 曲面的精加工

图 4.1.37 底面的精加工

由这三种方式可以将带有曲面的区域加工完毕，这个就是这节的主要内容。

第二节　固定轴曲面轮廓铣——区域铣削

首先看一下工件图（见图 4.2.1 固定轴曲面轮廓铣——区域铣削）。

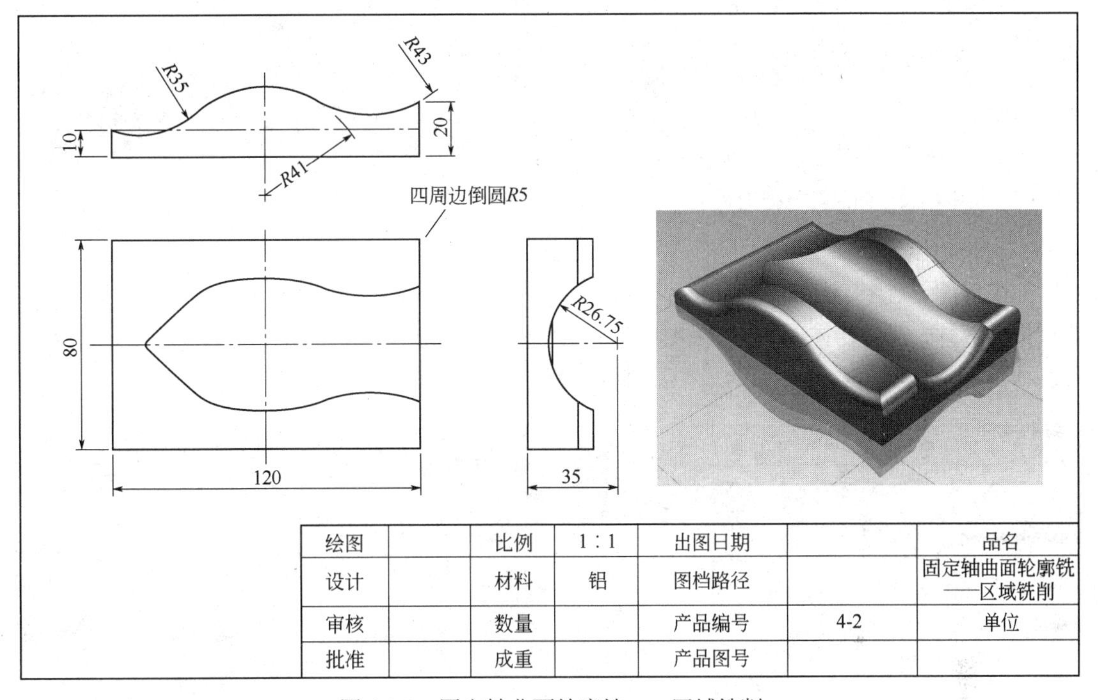

图 4.2.1　固定轴曲面轮廓铣——区域铣削

一、工艺分析

零件的基本形状，四周都是倒了圆角的形状，中间是一个 *R*26.75 整个凹进去的形状，整个上表面都是曲面形状，很显然在加工的时候精加工是采用的固定轴曲面轮廓铣。

二、准备工作

这节主要讲解的就是固定轴曲面轮廓铣的多种加工方法。打开第四章的第二节固定轴曲面轮廓铣——区域铣削，开始，进入到加工的模式，上面选择 CAM-GENERAL，下面选择 MILL-COUNTER，确定。

1. 创建刀具

机床视图，在这里采用的是两把刀具，一把大刀做它的型腔铣粗加工，一把小刀做它的精加工。粗加工的时候，在这里对刀的要求倒不是太高。

创建刀具，选择的刀具为 D12R3，确定，刀具直径为 12，下半径为 3，刀具号为 1，确定（见图 4.2.2 创建第一把刀具）。创建刀具为 D6R3，确定，它的直径为 6，下半径为 3，也就是说这样形成一把球刀，在这里选择一把比较小的刀具方便观察，刀具号为 2，确定（见图 4.2.3 创建第二把刀具）。

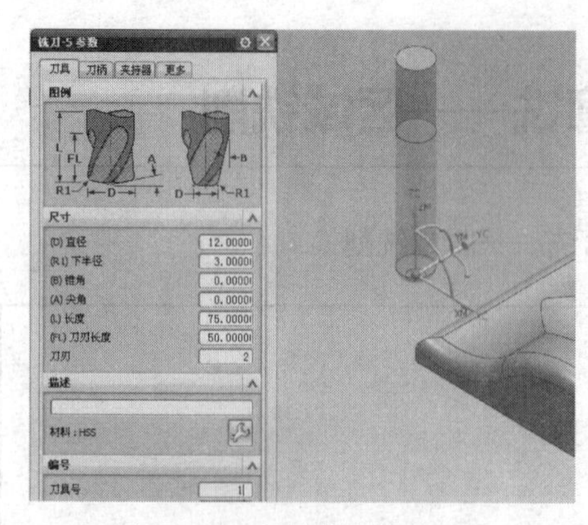

图 4.2.2 创建第一把刀具

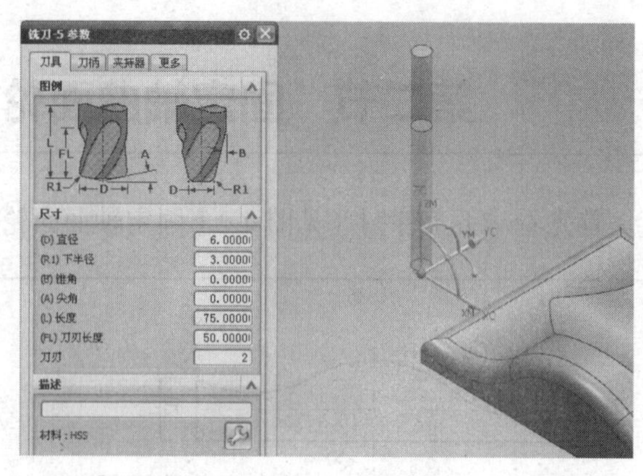

图 4.2.3 创建第二把刀具

2. 创建毛坯

几何视图，双击 MCS-MILL，将它的安全高度设为 2，确定。打开“+”，双击 WORKPIECE，选择指定部件，选择物体，确定（见图 4.2.4 选择加工部件），指定毛坯，这个时候不要选择物体，直接选择包容块即可，会将对象最小化地包容在内，依次确定（见图 4.2.5 选择几何体）。

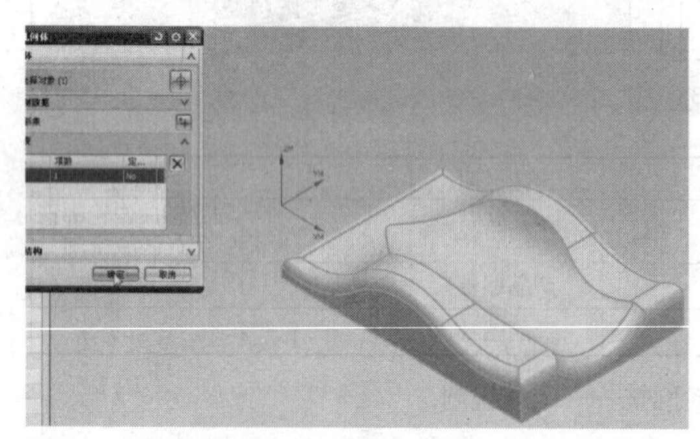

图 4.2.4 选择加工部件

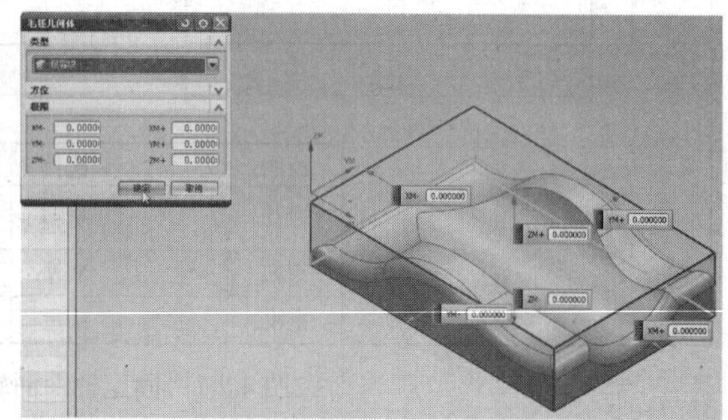

图 4.2.5 选择几何体

三、程序创建

1. 型腔铣的粗加工

程序视图，创建操作，首先是进行粗加工操作，粗加工操作用的是型腔铣，MILL-CONTOUR 的第一项 CAVITY-MILL 型腔铣，程序 PROGRAM，刀具 D12R3，几何体 WORKPIECE，方法 ROUGH，这里输入个 CU，确定。

型腔铣指定切削区域，这里将上表面全部选中，简单方法仍然是右击，选择定向视图中的前视图，将它的大部分框选住（见图 4.2.6 框选物体）。注意在这里侧面和底面不要完全框选，因为侧面和底面一般是不需要加工的，确定。然后设置深度，在这里设置为 2，切削方法在这里选择跟随周边，这样它的空走刀路线就会少，生成（见图 4.2.7 刀具路径），这是它的粗加工，下面就要进入精加工，精加工是这节和后面几节的重点。

首先可以确认刀轨看一下粗加工的效果，2D 动态，播放（见图 4.2.8 加工模拟），由于采用的是圆角刀，圆角刀的底面仍然是平面，曲面出现了好多层的台阶（见图 4.2.9 粗加工的效果）。

2. 固定轴曲面轮廓铣的精加工

通过精加工的区域加工来加工出最后结果，创建工序，选择 FIXED-CONTOUR，后面选项不变，方法选择 FINISH，名字命名为 JING，确定（见图 4.2.10 创建工序）。

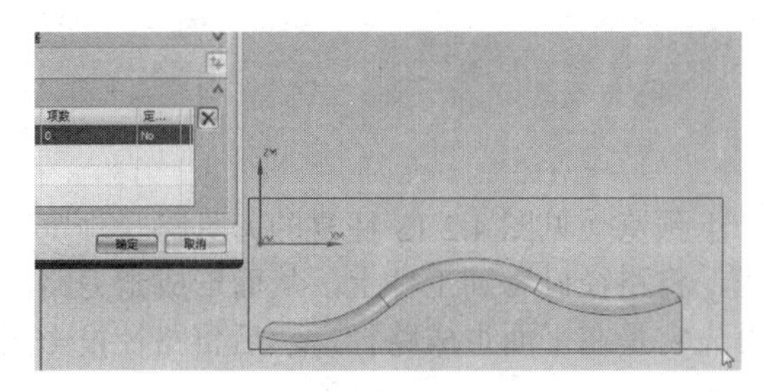

图 4.2.6　框选物体

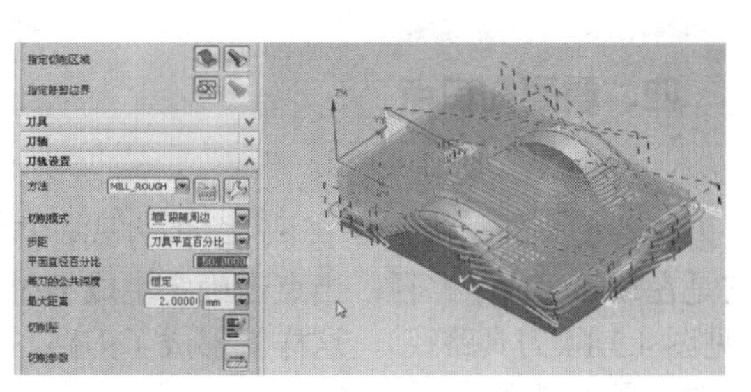

图 4.2.7　刀具路径

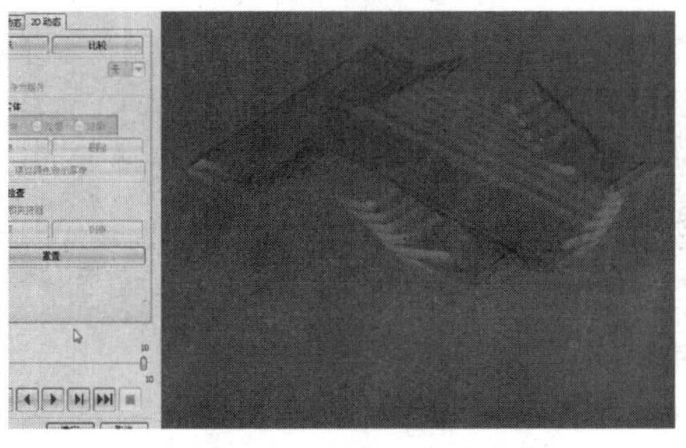

图 4.2.8　加工模拟

图 4.2.9　粗加工的效果

进入到固定轴轮廓铣当中，首先指定切削区域，这个切削区域如果将区域全部选择完毕，仍然是像型腔铣一样，点击，将区域都选中，都选中点选可以，框选也是可以的，当曲面比较多的情况下，没有办法一个个选，或者一个个选比较麻烦的时候采用的是框选，点选也完全可以的，选中后确定（见图4.2.11）。方法选择区域铣削（见图 4.2.12 驱动方法选择区域铣削），其他的方法在后面的学习当中会逐一地介绍。点击区域铣削，会弹出区域铣削的对话框，区域铣削的对话框类似于前面的型腔铣的对话框或者是平面铣的对话框，基本的参数设置在这里都会有，首先区域铣削驱动方法的意思是在平面生成路径，然后投影到工件上。

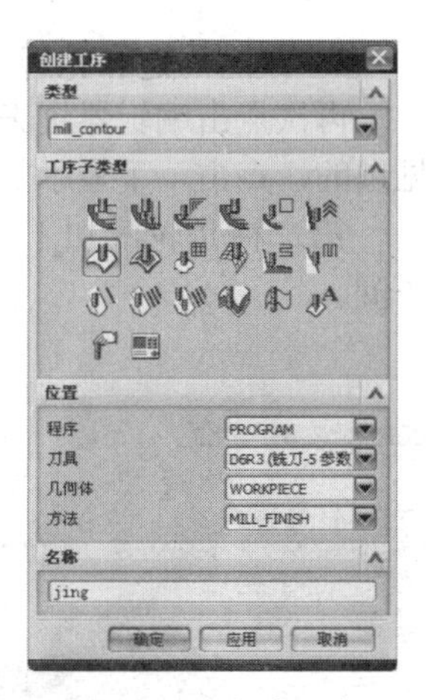

图 4.2.10　创建工序

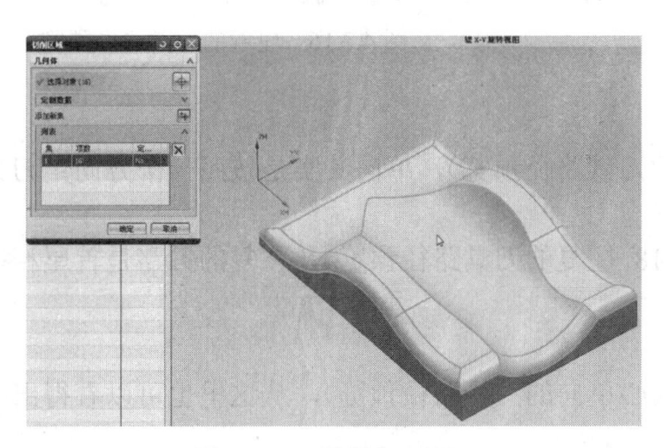

图 4.2.11　选择加工面

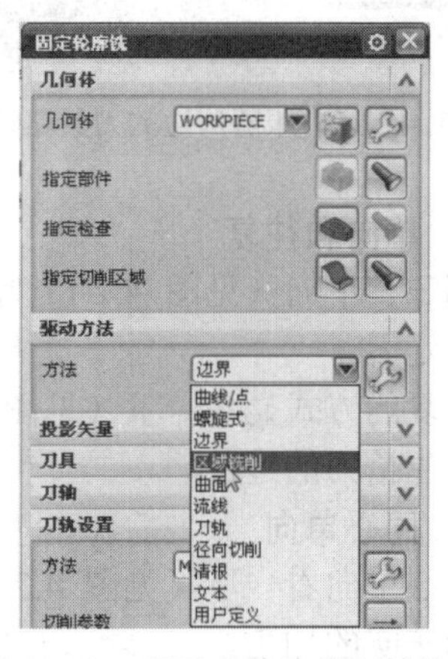

图 4.2.12　驱动方法选择区域铣削

四、重要知识点

1. 往复

接着上一步，首先看一下往复的方式，点一下预览（见图4.2.13往复的刀具路径预览），它是在顶部生成了路径，当点击确定生成的时候，将路径投影到工件上，从而形成走刀路径（见图4.2.14刀具路径），这样就形成了刀路。首先它是在平面生成路径，然后将路径投影到工件上形成刀路。

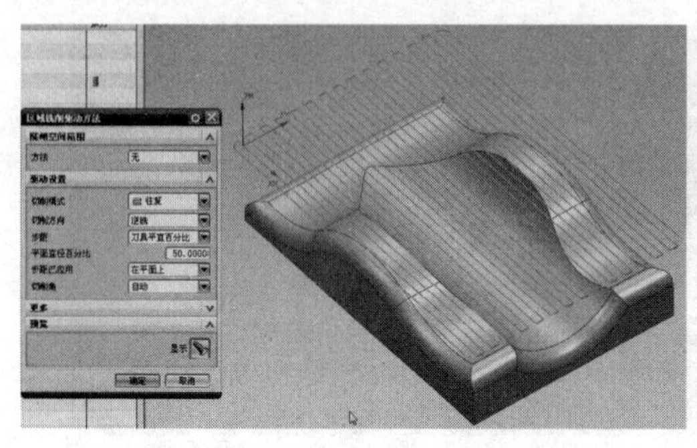

图4.2.13 往复的刀具路径预览

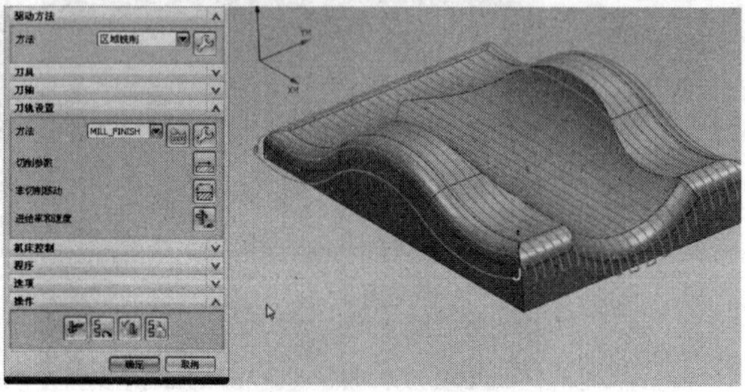

图4.2.14 刀具路径

2. 跟随周边和轮廓

再次点击编辑器进去。来看一下这几种方式有什么不同。第一种方式跟随周边其实是看见过的，点击一下显示的方式（见图4.2.15跟随周边的刀具路径预览）。

第二种是轮廓加工（见图4.2.16轮廓的刀具路径预览），轮廓加工只在它的周围加工一圈。

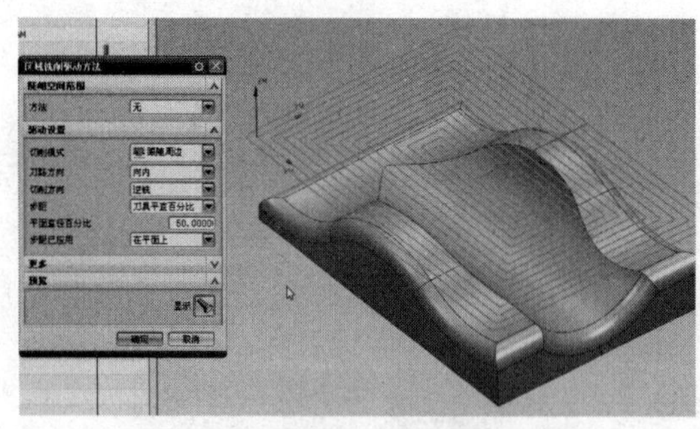

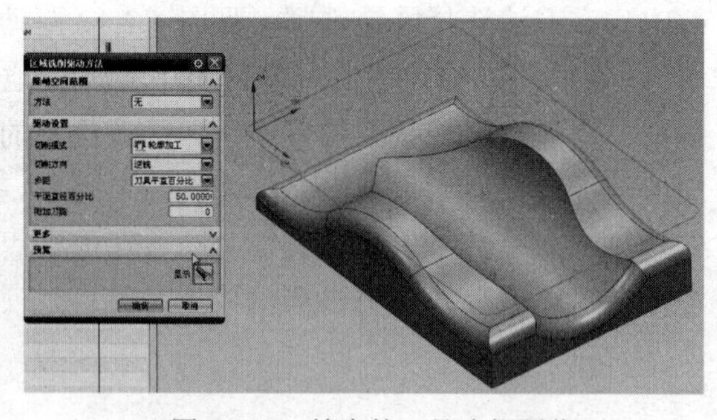

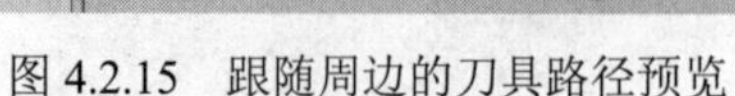

图4.2.15 跟随周边的刀具路径预览

图4.2.16 轮廓的刀具路径预览

3. 单向和往复

第三种单向（见图 4.2.17 单向的刀具路径预览），单向其实是按照一个方向走刀到底然后快速走刀。

往复的方式显示一下（见图 4.2.18 往复的刀具路径预览），往复的刀路是首尾相接的，不会产生抬刀的过程。

4. 同心单向

同心单向看一下（见图 4.2.19 同心单向的刀具路径预览），从这里也可以看得出来，它是一圈一圈的加工。

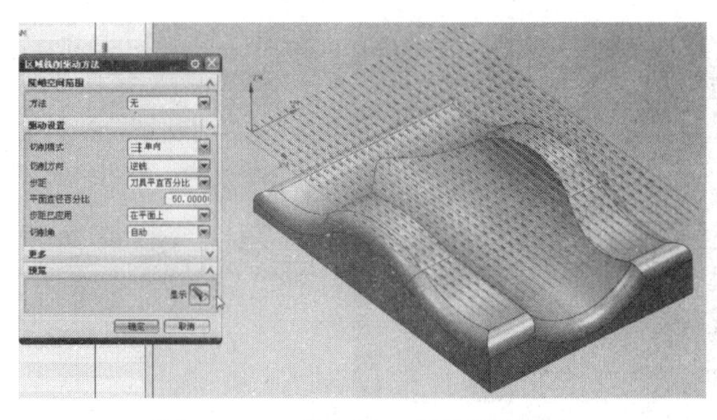

图 4.2.17　单向的刀具路径预览

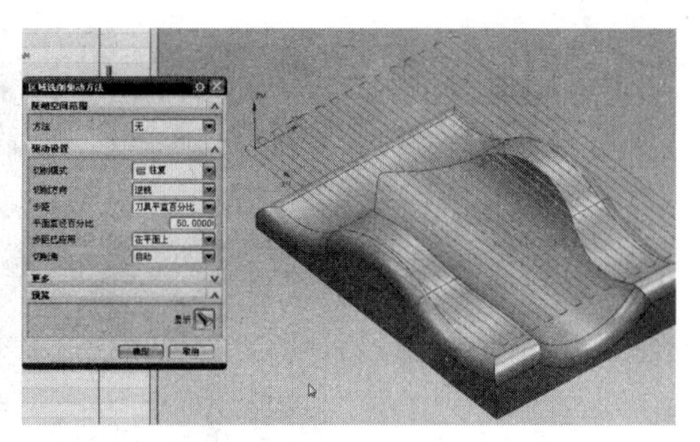

图 4.2.18　往复的刀具路径预览

5. 同心往复

同心往复其实是加工完一圈然后掉回头再加工另外一圈（见图 4.2.20 同心往复的刀具路径预览）。

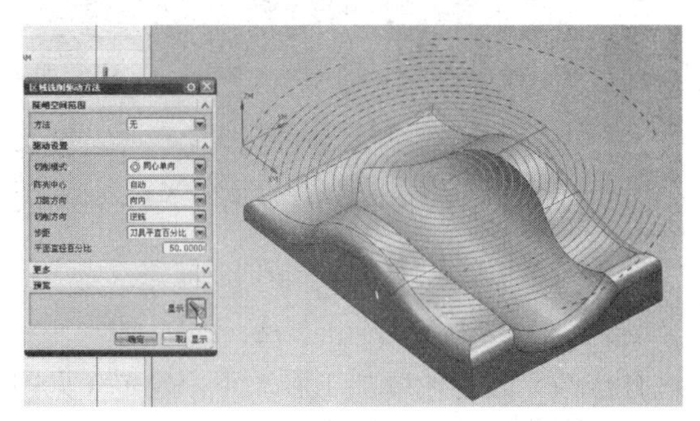

图 4.2.19　同心单向的刀具路径预览

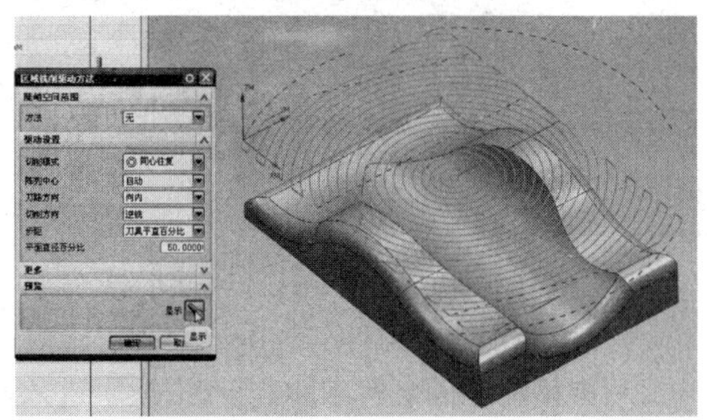

图 4.2.20　同心往复的刀具路径预览

6. 跟随周边精加工及模拟

首先选择跟随周边看一下它的加工效果，将平面直径百分比改为 5，将它改小，预览（见图 4.2.21 跟随周边的刀具路径预览），如果是 50 的话就像图形当中这样，它走刀的形状是比较粗糙的，因为刀采用的是球头刀，生成一下，这是跟随周边，预览，生成一下刀具路径看一下效果（见图 4.2.22 刀具路径），将路径投影到工件上形成刀路了，确定，选择 PROGRAM，确认一下刀轨，来看一下它的效果如何，点击 2D 动态，播放，粗加工一样（见图 4.2.23 粗加工模拟），主要看精加工的操作，它是一圈一圈向内进行加工的，由图形当中也可以看得出来，它是一圈一圈向内进行加工的（见图 4.2.24 跟随周边的精加工模拟），确定（见图 4.2.25 精加工完成的效果）。

图 4.2.21　跟随周边的刀具路径预览

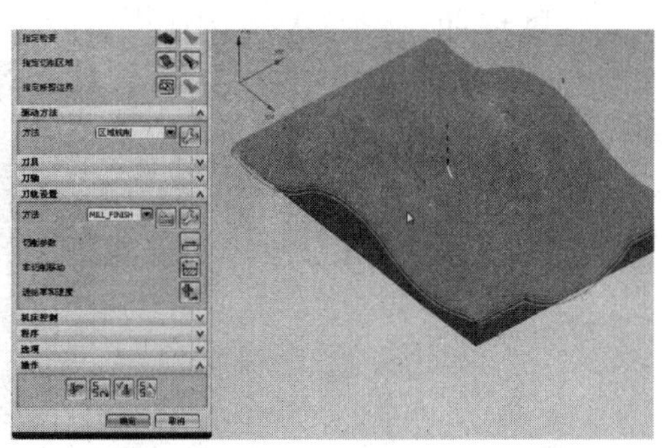

图 4.2.22　刀具路径

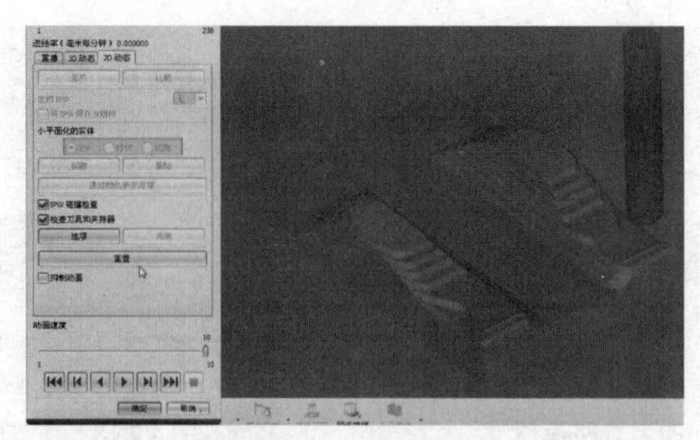

图 4.2.23 粗加工模拟

图 4.2.24 跟随周边的精加工模拟

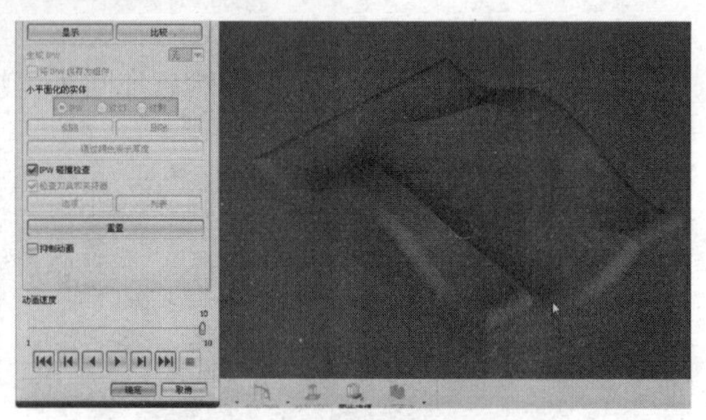

图 4.2.25 精加工完成的效果

7. 轮廓加工

双击精加工的名称 JING，点击扳手进入，进行修改，改为轮廓加工看一下，确定（见图 4.2.26 轮廓方式的区域铣削），生成刀具路径，确定（见图 4.2.27 刀具路径），播放一下（见图 4.2.28 加工模拟），轮廓加工只加工曲面区域的轮廓，也就是说按照零件周围走了一刀，这个一般不做什么要求。

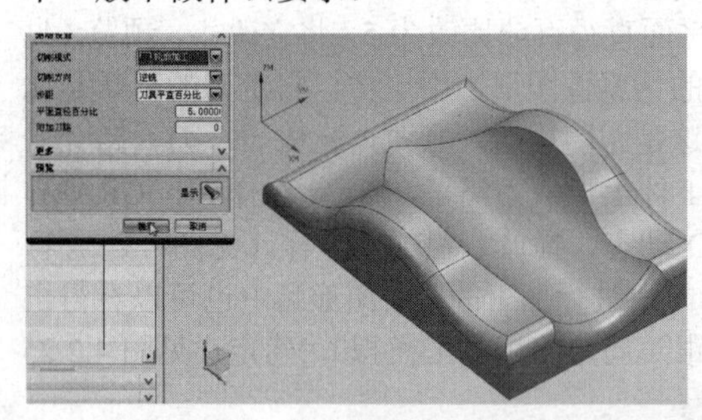

图 4.2.26 轮廓方式的区域铣削

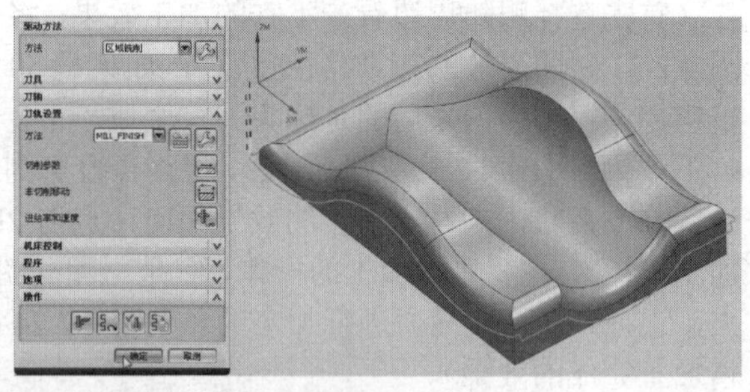

图 4.2.27 刀具路径

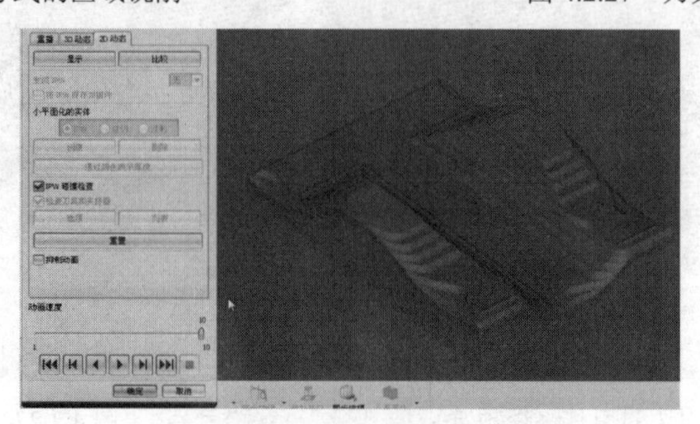

图 4.2.28 加工模拟

8. 真正的加工方法——带角度的单向

双击进入精加工，继续修改。看一下单向，一般来说用单向或者往复的话 都是要设定它的角度的，选择指定，指定一个30°角或者 45°角，这样看得比较清楚一点。30°在这里可以看到它的角度（见图 4.2.29 设定角度），在这里有一个动态的，可以拖动显示的，预览一下（见图 4.2.30 刀具路径预览），这个是单向的 30°角，看到有许多红线了，确定，生成（见图 4.2.31 刀具路径）。

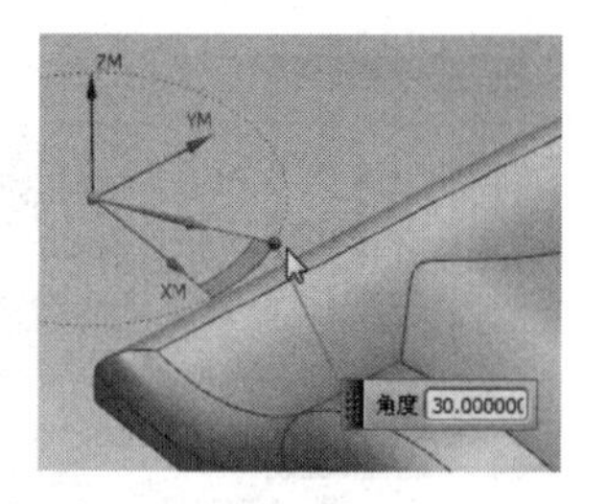

图 4.2.29　设定角度

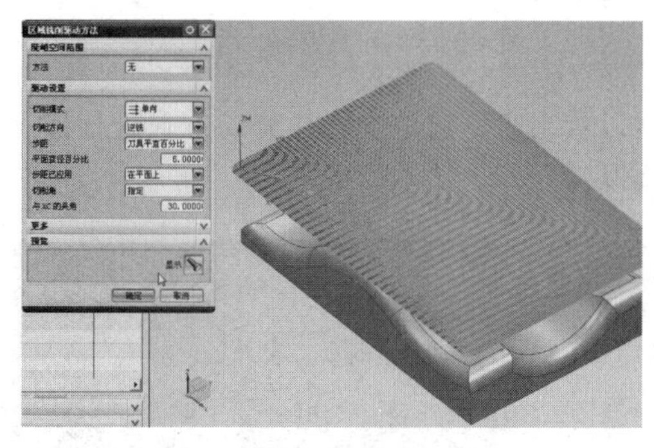

图 4.2.30　刀具路径预览

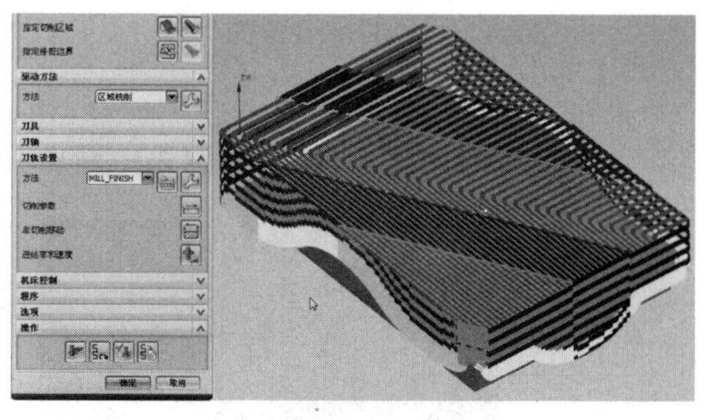

图 4.2.31　刀具路径

它也是将形状投影到工件上，可以发现这个投影的方式它的红线和蓝线都比较多，这个究竟是不是所需要的，可以通过确认刀轨看一下，2D 动态，播放一下，粗加工依然，看一下单向的精加工，将它的速度放慢一点来观察，它其实每次在加工到尾巴的时候都会抬刀，回到起始点再加工（见图 4.2.32 精加工模拟），再抬刀回到起始点然后再加工，这样就会浪费一个抬刀和快速回起始点的时间，这个并不是所需要的，需要的是抬刀而直接往回加工的过程，最终的效果如图 4.2.33 所示，确定。

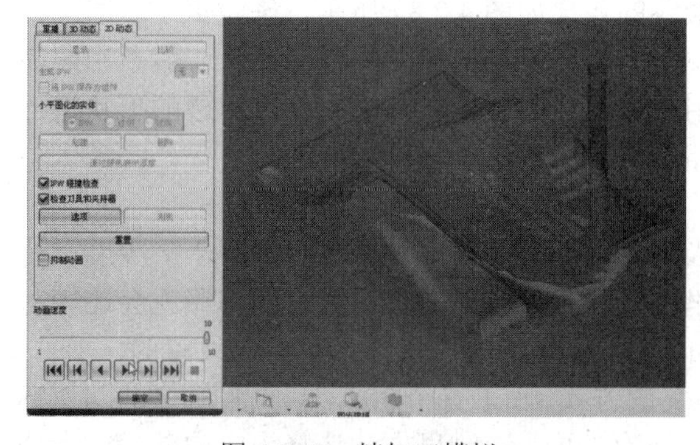

图 4.2.32　精加工模拟

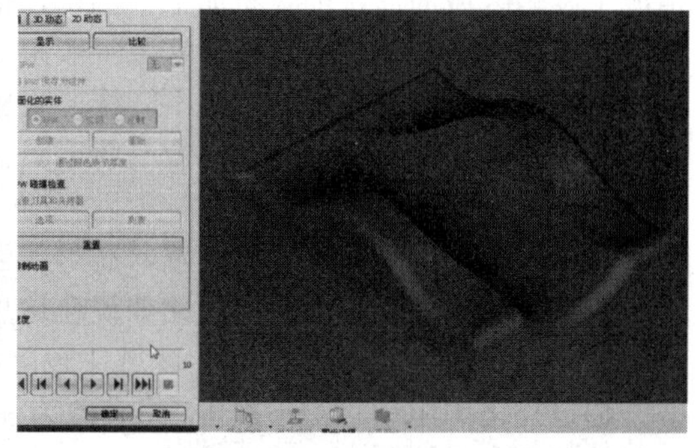

图 4.2.33　最终的效果

9. 真正的加工方法——带角度的往复

这样操作只需小做修改即可大大减少加工时间，双击 JING 将方式改变一下。还是点击小扳手进入，改成往复的方式就可以了，显示一下，确定（见图 4.2.34 刀具路径预览），生成刀具路径（见图 4.2.35 刀具路径），从现在的样子可以看得出来，采用往复的形式它就不会产生红颜色的过程，也就是抬刀的过程，从而大大减少加工时间，确定。

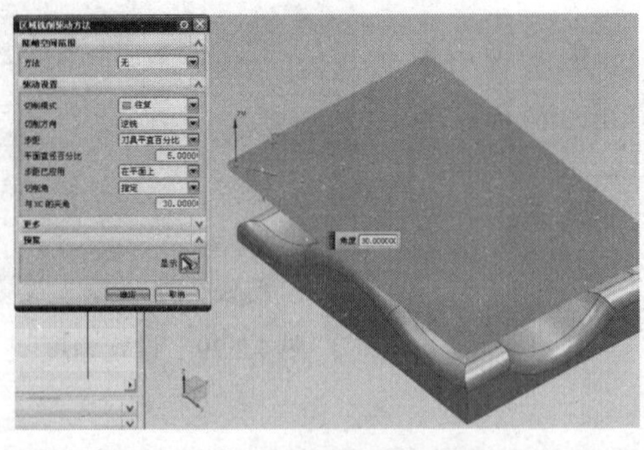

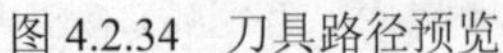
图 4.2.34 刀具路径预览

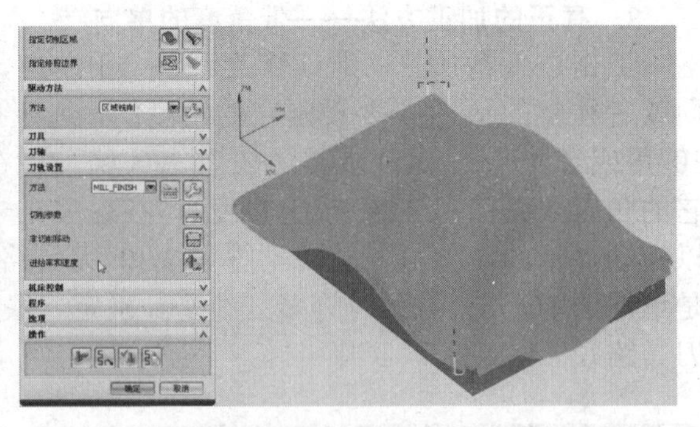

图 4.2.35 刀具路径

来看一下，确认刀轨，2D 动态，播放，由此可以看出来，它是采用往复的方式进行加工的，这样可以减少加工时间（见图 4.2.36 精加工模拟）。

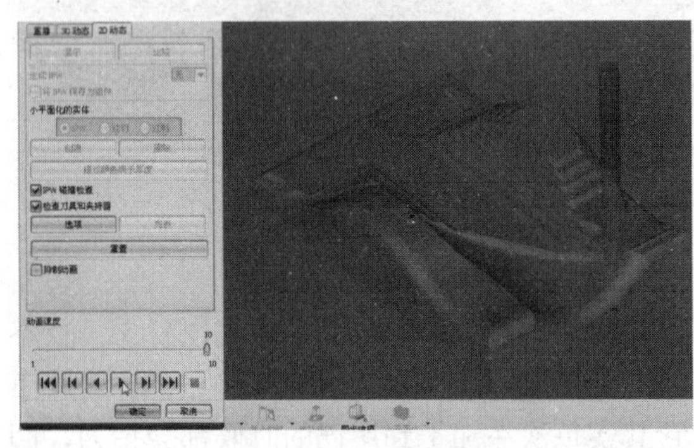

图 4.2.36 精加工模拟

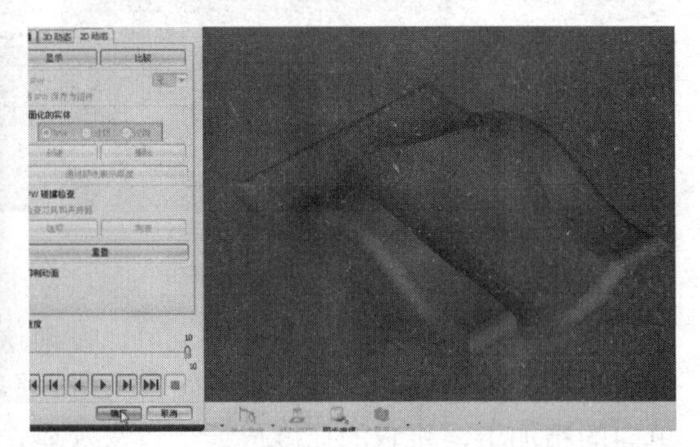

图 4.2.37 最终的效果

在做曲面精加工的时候，固定轴轮廓铣一般都是采用带有角度的往复方式。将角度设为 30°或者 45°，然后采用往复的方式进行加工，因为如果是采用跟随周边的话在角度比较陡的情况下陡峭区域的形状很容易加工不到位，最终的效果如图 4.2.37 所示，确定。

这就是做区域加工的几种方法，一般来说用的是往复加上角度进行加工，一般不用跟随周边，跟随周边由于物体的形状不一样，采用跟随周边的话，它有时候就按周边的形状进行轮廓的偏移操作，这样有时候不容易将刀具路径保证一致。

10. 陡峭角的设置

接下来要讲的是陡峭角的设置，在形状当中会出现有的角度大于多少度小于多少度，有时候可以将它分开来进行加工，比如说在这里区域面积比较平的时候给它的刀路就会比较密一点，比如说刀具间距为 2mm，区域比较陡的时候就为 1mm，这样都是可以设置的。

通过点击 JING，点击小扳手，将它改为往复的方式，底下有个 30°，这样预览（见图 4.2.38 刀具路径预览），如果什么都不选，它加工的是所有的面，在这里方法选择为定向陡峭或者非陡峭（见图 4.2.39 陡峭空间范围），它们的区别，定向陡峭就是比下面设置的角度要大，它才加工，如果是非陡峭，就是要比设置的角度小它才会加工，就用默认的 65°进行操作，预览，确定（见图 4.2.40 非陡峭 65°的刀具路径预览），生成一下刀具路径（见图 4.2.41 刀具路径），看到图形当中有些区域加工不了，比如说图 4.2.42 的区域，旋转一下，还有图 4.2.43 的区域，因为这里的区域大于 65°了，所以它不加工，还有四周的圆角区域它也没有加工到底，确定（见图 4.2.44 未生成刀具路径的区域之三）。

图 4.2.38　刀具路径预览

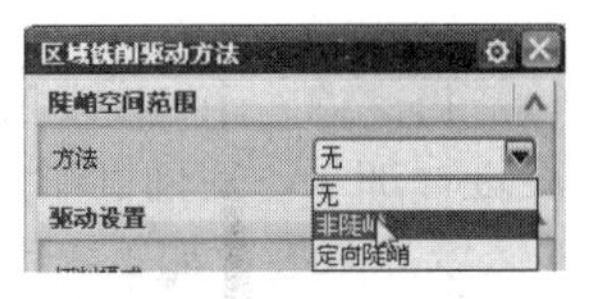

图 4.2.39　陡峭空间范围

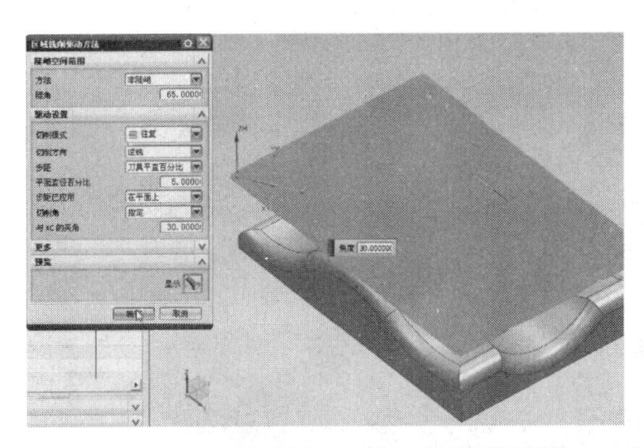

图 4.2.40　非陡峭 65°的刀具路径预览

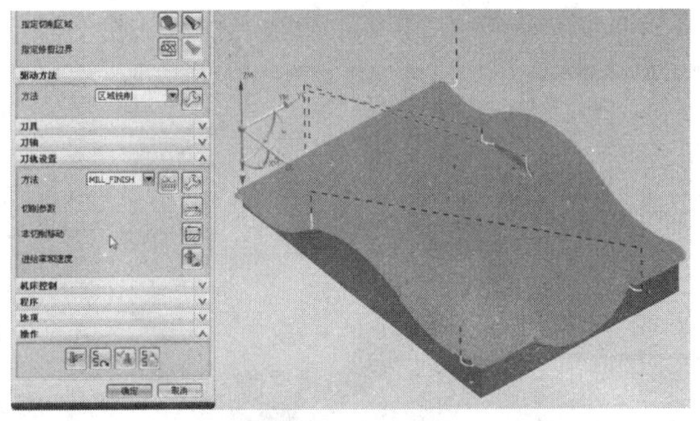

图 4.2.41　刀具路径

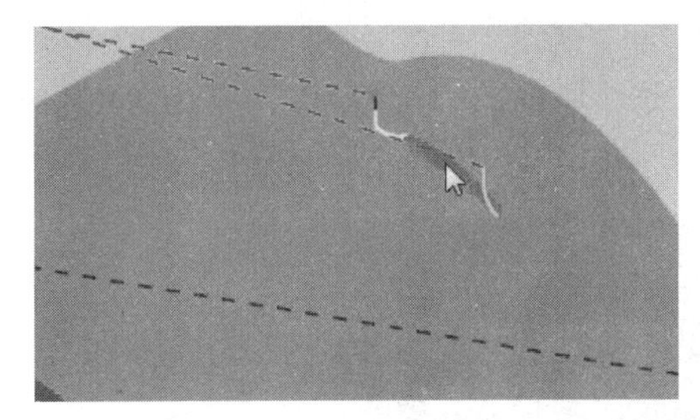

图 4.2.42　未生成刀具路径的区域之一

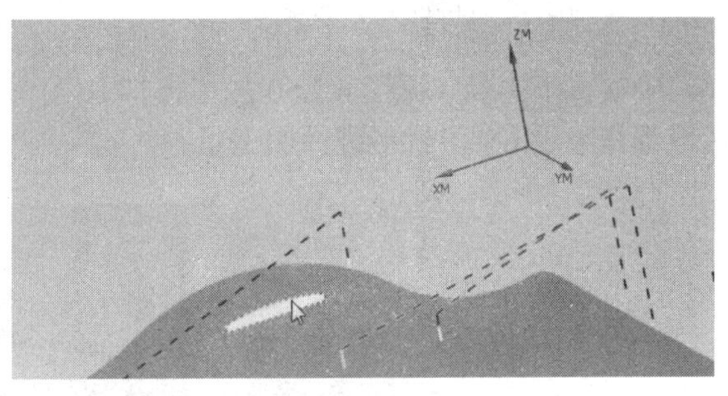

图 4.2.43　未生成刀具路径的区域之二

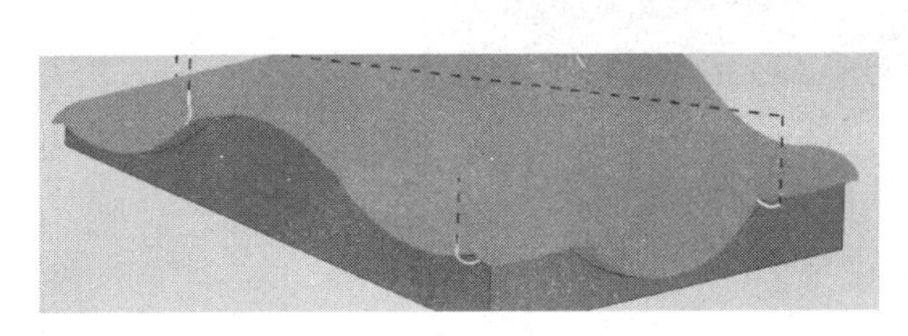

图 4.2.44　未生成刀具路径的区域之三

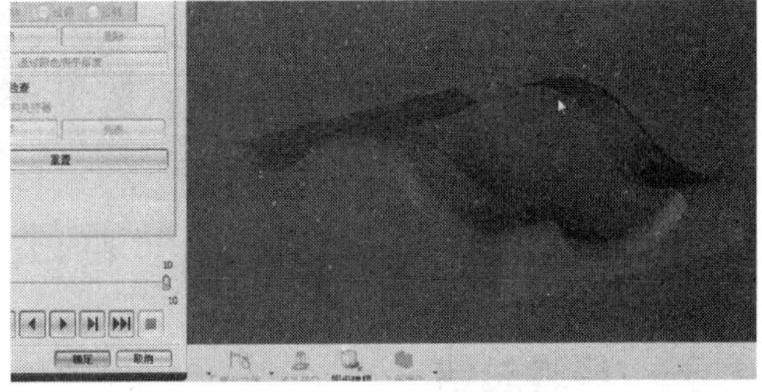

图 4.2.45　加工模拟

点击 PROGRAM，确认刀轨，2D 动态，播放一下（见图 4.2.45 加工模拟），注意看圆角区域就可以了，很明显，圆角区域并没有加工到位，在圆角区域的边缘还能看到棱角的产生（见图 4.2.46 圆角区域的边缘），在右边上部的区域这里也是有一点区域没有加工到，确定（见图 4.2.47 右边上部的区域）。

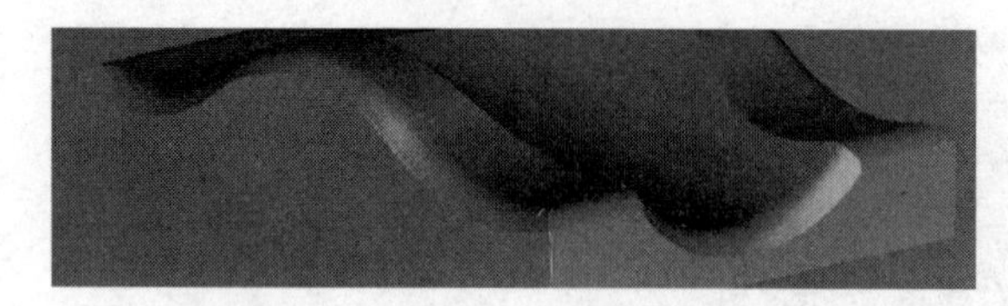

图 4.2.46 圆角区域的边缘

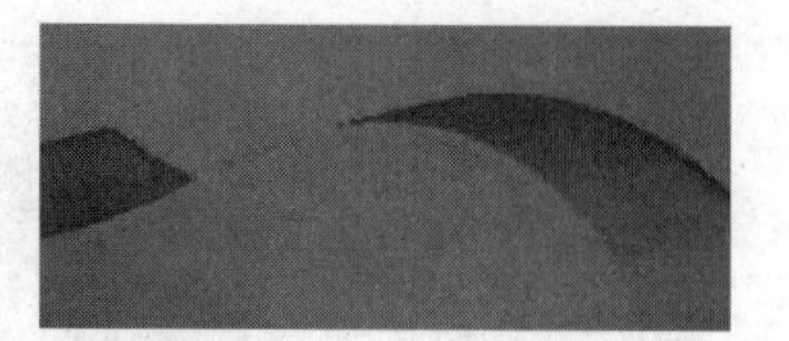

图 4.2.47 右边上部的区域

双击，再次改一下，点一下小扳手进去，如果将这里的非陡峭改为定向陡峭，非陡峭是小于角度进行加工，定向陡峭是大于角度进行加工，选择定向陡峭，仍然是 65°，它就是大于 65°的区域，来进行加工，暂时不预览了，确定（见图 4.2.48 非陡峭 65°的设定），生成一下刀具路径（见图 4.2.49 刀具路径），这个区域在生成当中不是很多，它只默认生成的这一点，确定。

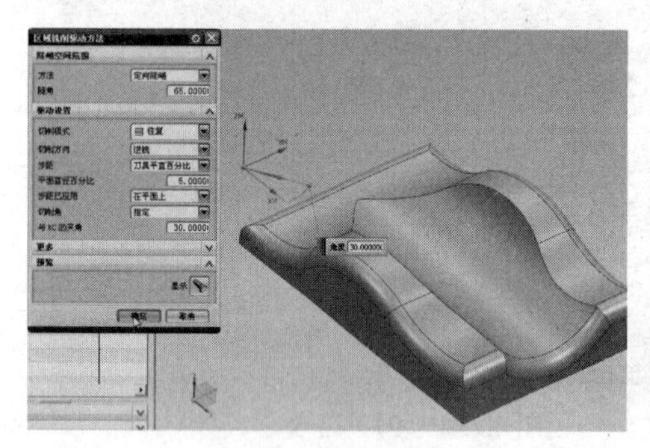

图 4.2.48 非陡峭 65°的设定

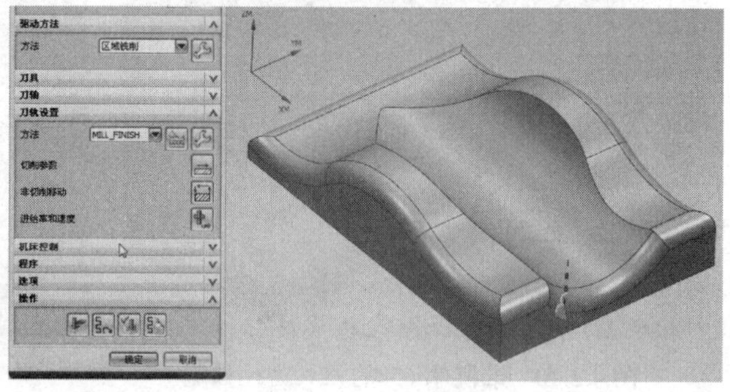

图 4.2.49 刀具路径

确认一下刀轨（见图 4.2.50 加工模拟），好了，这就是 UG 认为的区域，它认为的其他的区域都是小于 65°，就不进行加工了。

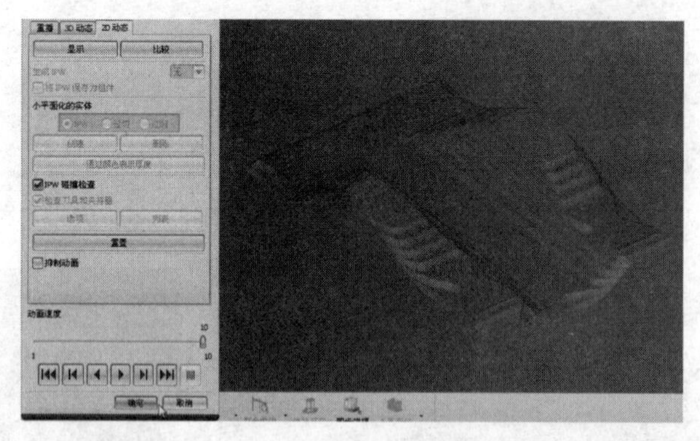

图 4.2.50 加工模拟

五、经验总结

这节主要讲解的就是区域铣削的切削模式里面的一些方法。包括跟随周边、轮廓加工、单向、往复、同心单向、同心往复、径向单向、径向往复（见图 4.2.51 各种切削模式）。

其次着重强调了往复当中的角度设置（见图 4.2.52 往复的角度设置），如果设置了往复，一般来说一定要设置角度，在以后，不管是练习还是在做实际加工的时候，要养成一个习惯，做往复的时候在后面必须指定角度，不指定角度在做陡面区域的时候会产生很明显的接刀痕。

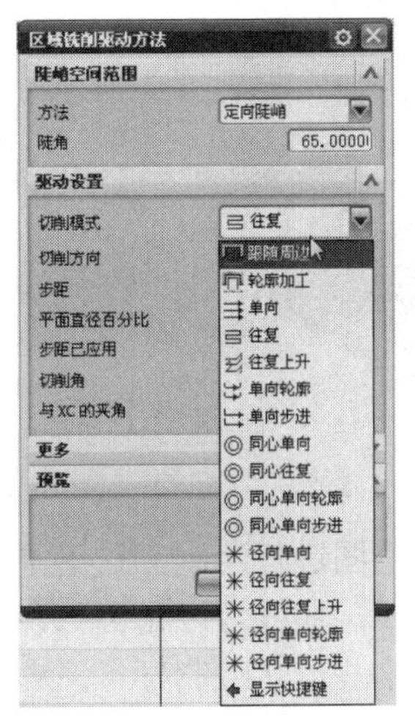

图 4.2.51　各种切削模式

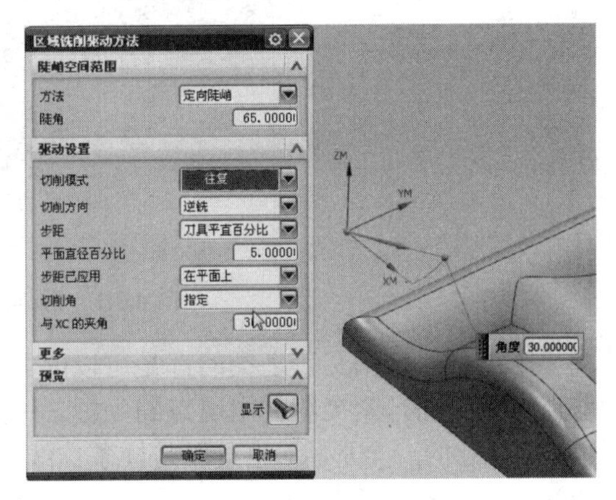

图 4.2.52　往复的角度设置

最后讲解了陡峭的意思，陡峭空间范围在这里的设定（见图 4.2.53 陡峭空间范围），也就是两种方法，非陡峭设置值小于角度的情况下，陡峭是设置大于这个角度才进行加工。

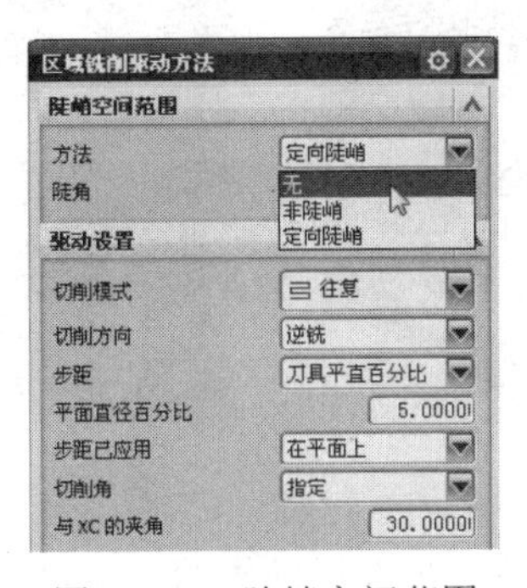

图 4.2.53　陡峭空间范围

第三节　固定轴曲面轮廓铣——曲线和点

通过前面两节讲的区域加工和边界加工，可以将几乎绝大部分的曲面区域加工完毕，还有一些细微的操作，将通过下面几节进行讲解。

一、准备工作

下面打开 UG NX8.0，打开第四章固定轴曲面轮廓铣第三节固定轴曲面轮廓铣——曲线和点的方式。

首先进入到加工的模式，来看一下，它的粗加工已经加工完成，点击一下程序 CU（见图 4.3.1 刀具路径）。

1. 绘制辅助线

这个题目主要讲解点的方式，点和曲线的方式，首先进入建模的方式，开始建模，在高度上创建一些形状，基准平面，选择底面，将它的基准平面选择得稍微高一点，方便观察，确定，基准平面定好了，点击草图，选择对象，确定（见图 4.3.2 绘制基准平面），在对象上

图 4.3.1 刀具路径

可以绘制一个形状，包括文字之类的都是可以的。点可以通过草图进行绘制，这里是点，首先将一些点点到上面，紧接着会出现点的坐标。下面看一下曲线，曲线可以是圆弧，可以是直线，可以是任意的一个形状，也可以是样条曲线，应用一下，这些形状绘制好了（见图 4.3.3 绘制曲线）。

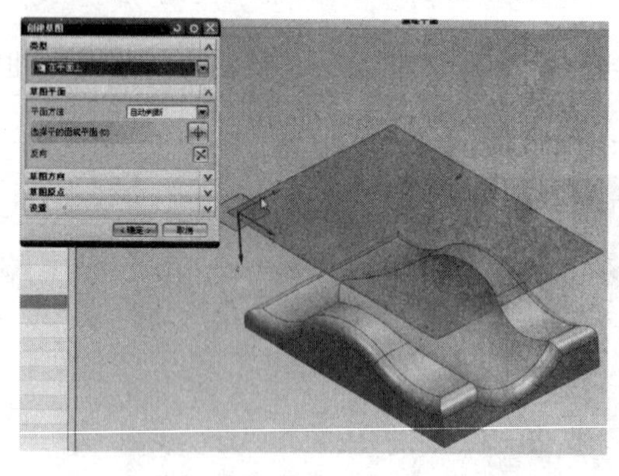

图 4.3.2 绘制基准平面

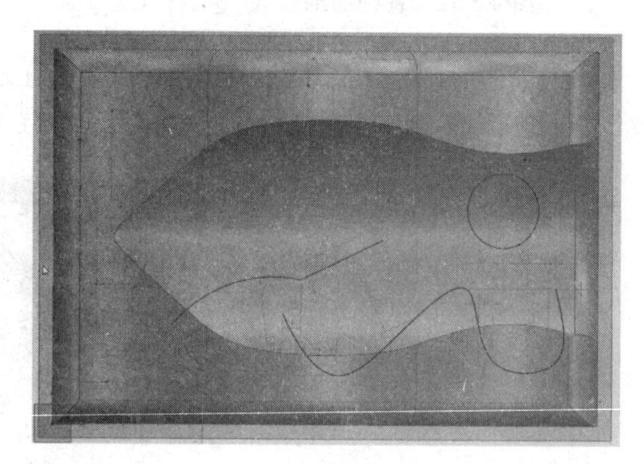

图 4.3.3 绘制曲线

看一下作为曲线和点的方式是怎么进行操作的，完成草图。

2. 创建刀具

首先看一下这边的线是怎么做出来的，开始，加工，因为粗加工已经加工完毕了，精加工的时候它的刀具也有了，来看一下机床视图，在这里的时候那把 D8R4 的刀具觉得有点大了（见图 4.3.4 D8R4 的刀具）。

双击 D8R4，将它变小一点，注意在这里只是讲到它的曲线和点的方式，不涉及底面精加工，首先右击 D8R4 进行重命名，改为 D3R1.5（见图 4.3.5 重命名为 D3R1.5），双击将它改掉，保持一致，直径为 3，下半径为 1.5，刀具号为 2，确定（见图 4.3.6 更改刀具）。

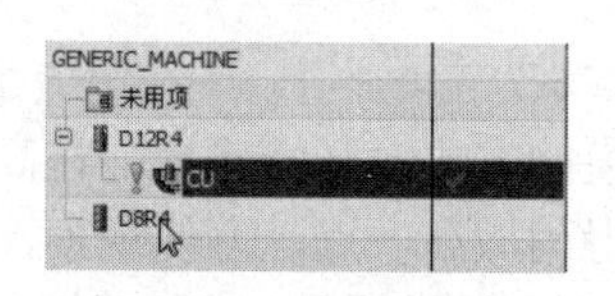

图 4.3.4 D8R4 的刀具

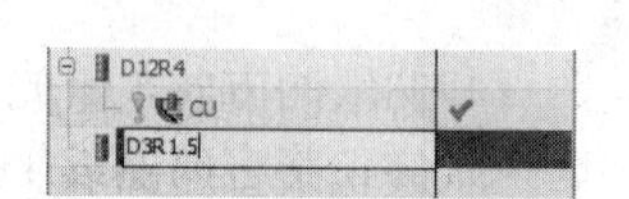

图 4.3.5 重命名为 D3R1.5

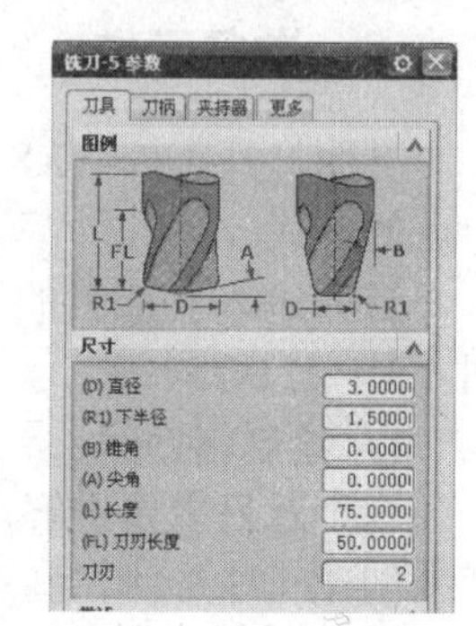

图 4.3.6 更改刀具

二、重要知识点——曲线的加工

1. 曲线加工——一条曲线的选择

点击程序视图，创建工序，仍然选择 MILL-CONTOUR 里面的 FINEX-CONTOUR，程序选择 PROGRAM，刀具选择 D3R1.5 的小刀，几何体选择 WORKPIECE，方法选择 ROUGH，名称命名为 JING，这里的这个 JING 也不一定是完全将它的形状做出来，确定。下面选择曲线和点（见图 4.3.7 驱动方法选择曲线和点）。

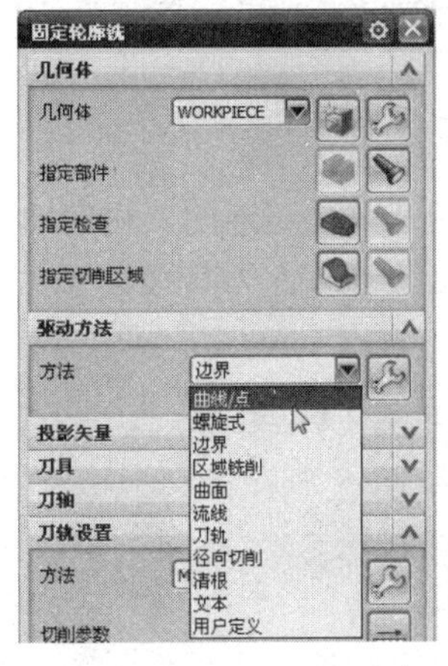

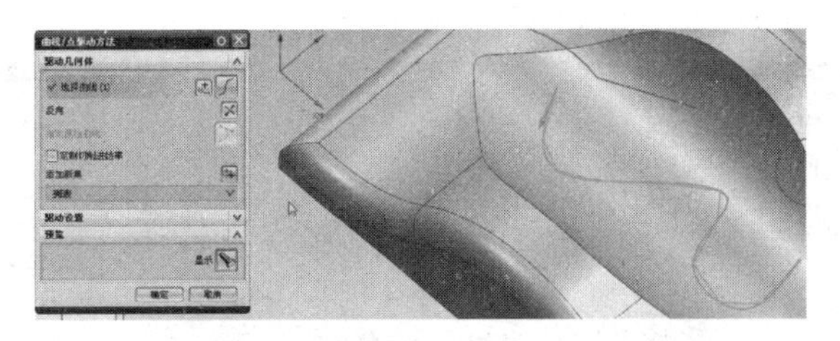

图 4.3.7　驱动方法选择曲线和点　　　　图 4.3.8　选择线

在这里选择的东西是比较少的，直接出现了曲线方式，在前面点击可以直接选择点的方式，如果是曲线的话直接选择曲线就可以了，比如这一根线，点击一下预览，确定（见图 4.3.8 选择线），它就相当于做一个边界，预览的时候可以发现它相当于做一条边的选择，在这里放大了看，这边有一些直线（见图 4.3.9 放大观察），看一下投影出来会是什么样子，确定，生成（见图 4.3.10 刀具路径），旋转观察生成的时候对形状几乎没有什么影响（见图 4.3.11 旋转观察）。

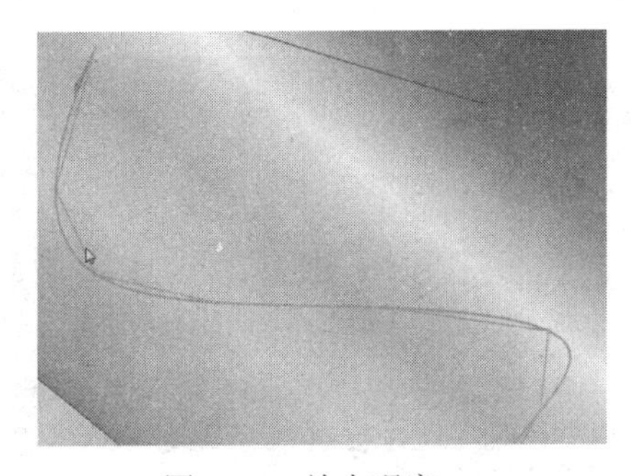

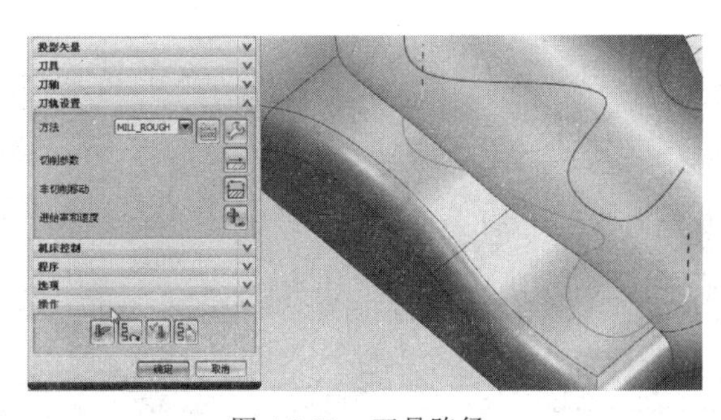

图 4.3.9　放大观察　　　　图 4.3.10　刀具路径

来看一下它的模拟效果，确认刀轨，2D 动态，播放，粗加工仍然是必需的，下面就是精加工操作（见图 4.3.12 加工模拟），这就是它沿着线走了一刀的效果，注意它只是沿着线走了一刀。

2. 曲线加工——多条曲线的选择

下面看进入到多个线的选择方法该怎么做，刚才只是这一根线的选择。双击 JING，点击编辑进入，在这个时候可以直接点击线，创建（见图 4.3.13 选择线），可以先预览一下，显示

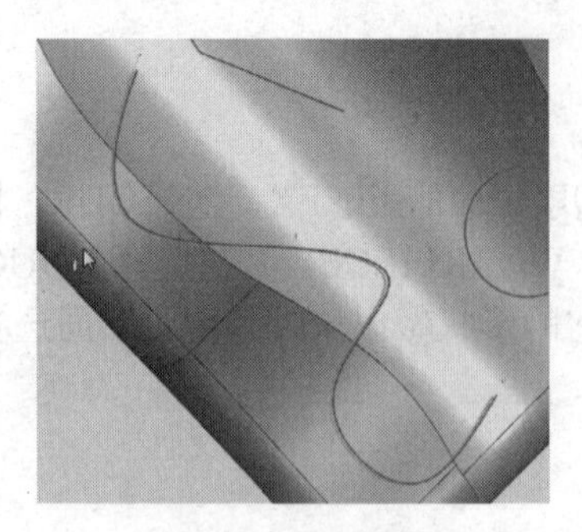

图 4.3.11 旋转观察

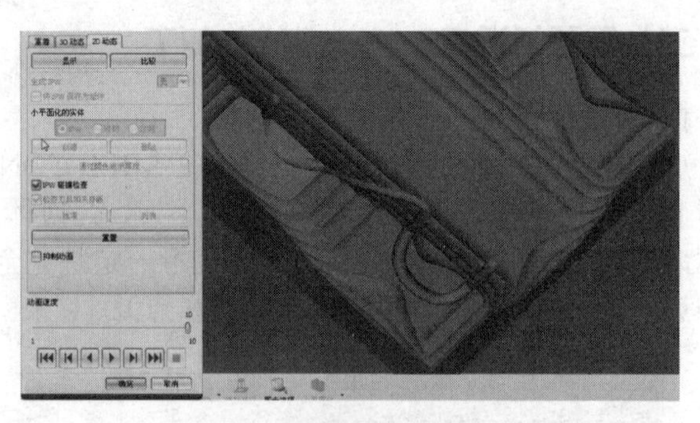

图 4.3.12 加工模拟

（见图 4.3.14 刀具路径预览），在显示的时候会发现，它的路径其实是相连的，相应地可以考虑到投影出来也是有一点问题的，生成刀具路径来看一下（见图 4.3.15 刀具路径）。

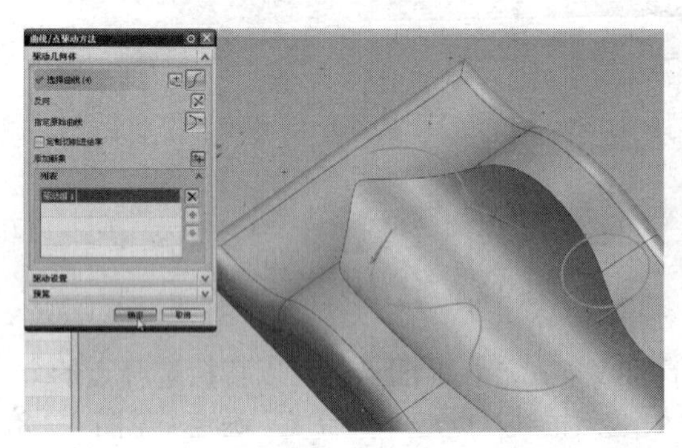

图 4.3.13 选择线

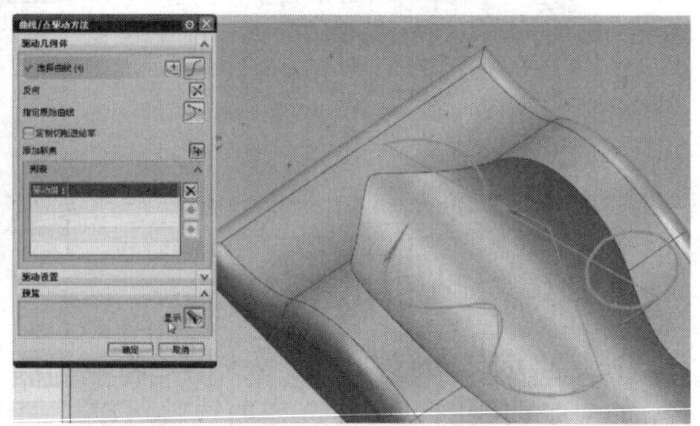

图 4.3.14 刀具路径预览

注意，投影的路径包括直线移动的路径，都是一种颜色显示，就是说默认会形成深度的加工，确定。PROGRAM，确认刀轨来看一下，2D 动态，播放（见图 4.3.16 加工模拟）。

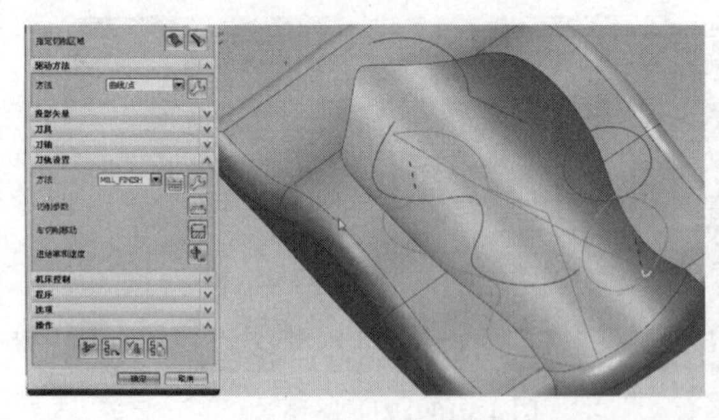

图 4.3.15 刀具路径

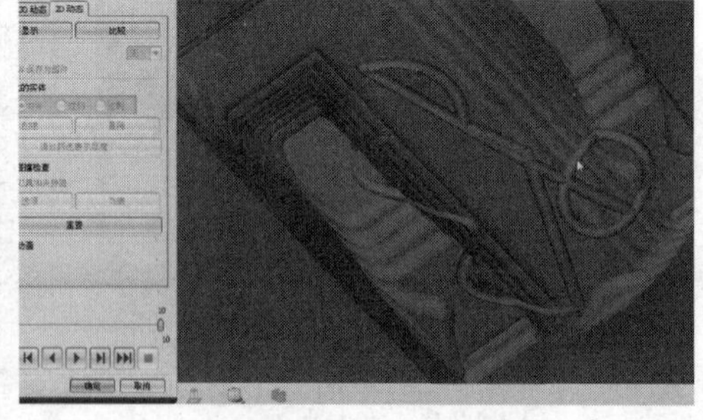

图 4.3.16 加工模拟

3. 曲线加工——多条曲线的正确选择方法

前面的粗加工都是一样的，不管是什么操作，粗加工一般也是用型腔铣来操作。下面看一下，线由三段组成，由题目当中可以看到这里如果直接点击选择会出错，在这里有必要将这里的三组线段分成不同的三根线进行选择，确定。

双击 JING，点击编辑，注意看，这里有个驱动组，先将它删除（见图 4.3.17 删除驱动组）。

这个如果没有打开的话，可以双击列表将它打开，首先选择这个线，这个线已经将它选择完毕了，那应该怎么办，选择这里添加新集（见图 4.3.18 添加新集），这边会出现一个新建，选择一根线，注意要选择第二根线，因为它们是连在一起的，然后选择第三根线，两根线选择完以后（见图 4.3.19 选择前两根线），点击新集，再添加第三根线（见图 4.3.20 选择第三根线），现在它们就是分开来的线段，通过预览来看（见图 4.3.21 刀具路径预览）。注意，它们每一组线中间相连的就是曲线，虚线在实际的加工当中它是属于走空刀的过程，确定，生成一下（见图 4.3.22 刀具路径），可以看到它在投影出来以后在它们每个线相邻的地方都有红颜色的线，也就是说它将会抬刀到安全高度进行移动，就不会在底下带到了，确认刀轨，2D 动态，播放（见图 4.3.23 加工模拟），加工的形状基本上已经完成了。

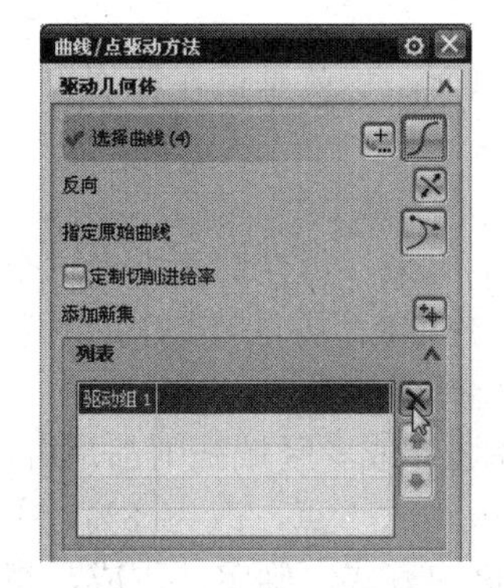

图 4.3.17　删除驱动组

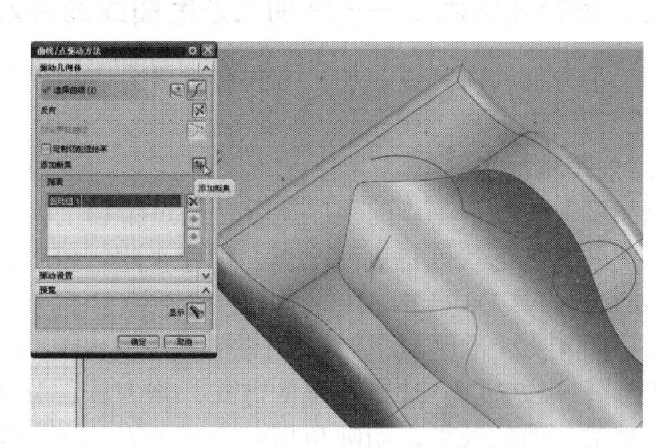

图 4.3.18　添加新集

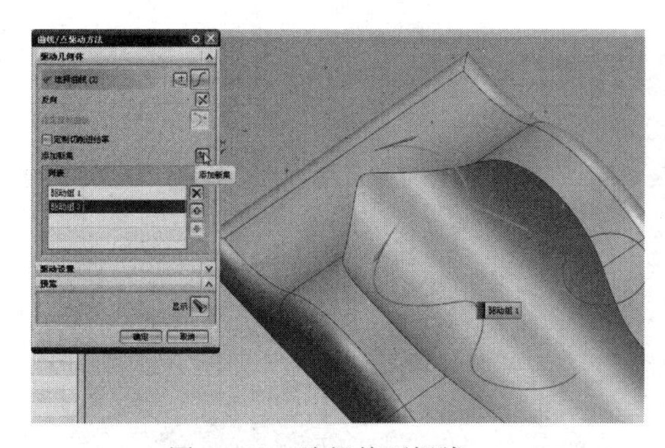

图 4.3.19　选择前两根线

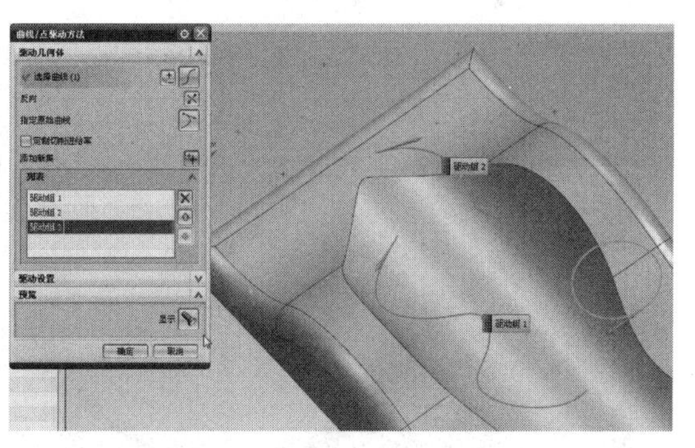

图 4.3.20　选择第三根线

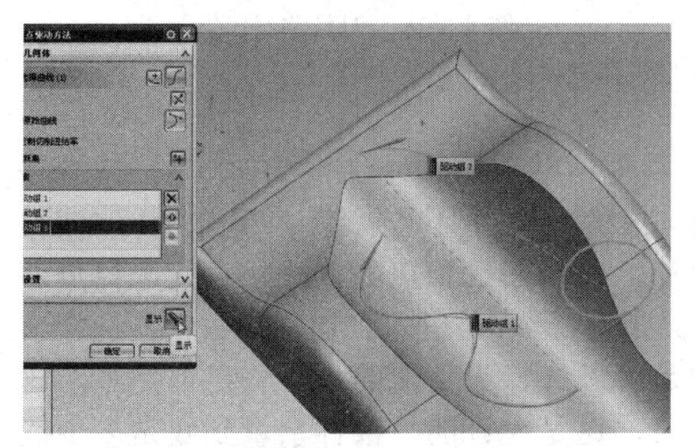

图 4.3.21　刀具路径预览

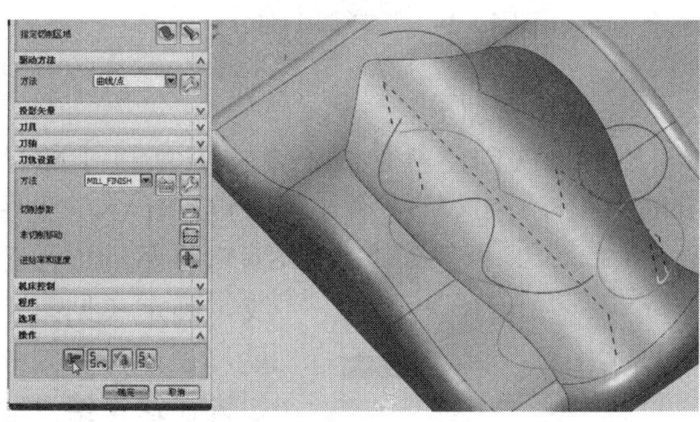

图 4.3.22　刀具路径

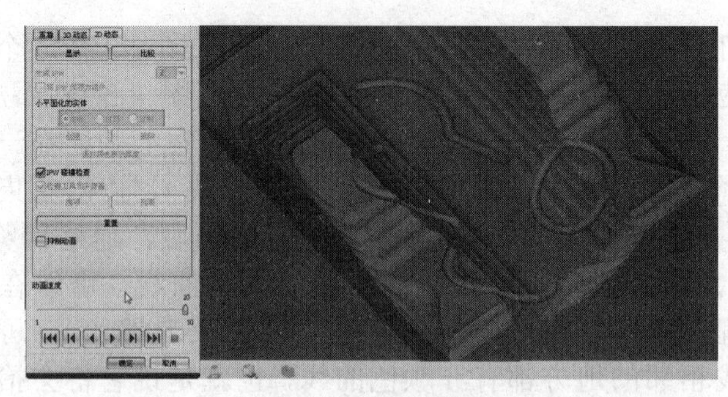
图 4.3.23 加工模拟

三、重要知识点二——精加工之后曲线的刻入

第二个方面的内容说的加工方式有时候会应用到精加工里面，也就是说在精加工以后应该再走一刀，确定。

1. 创建精加工

精加工首先将上一步的程序删除，通过精加工将曲面加工出来，再在曲面上做这个形状的刻入，就是把形状刻得更深一点。创建工序，FIXED-CONTOUR，方法 FINISH，名称输入为 JING，刀具 D3R1.5，其他地方暂时不管它了，确定，选择切削区域。

选择图 4.3.24 的区域，确定，方法还是 FINISH，在这选择边界或者区域铣削都是可以的，在这里选择区域铣削，选择往复的方式，将刀具百分比稍微改得大一点，改为 8%，主要不是看它精加工面的效果，切削角指定一下，为 30°，选择预览的方式，确定，生成，将刀路投影下来，投影出来了，确定（见图 4.3.25 刀具路径）。

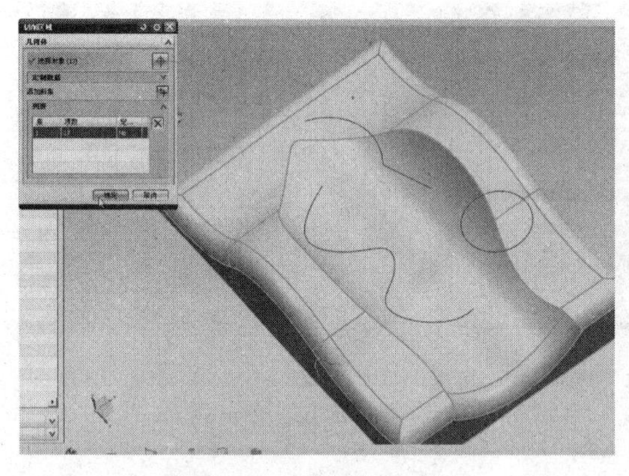
图 4.3.24 选择加工面

图 4.3.25 刀具路径

2. 曲线精加工

然后再次创建就是线了，右击复制 JING，右击粘贴，右击重命名为 JING2 或者是 JINGXIAN，在这里就输入为 JING-XIAN（见图 4.3.26 复制并且重命名），双击进入，直接编辑将驱动方法改掉，选择曲线和点的方式，直接选择点曲线，确定（见图 4.3.27 选择线）。进入到切削参数中，选择余量，在部件余量中是可以选择为负值的，不一定都是零，比如说在这里给一个−1，这是允许的，部件余量到底是多少取决于刀宽，它一般不能大于刀径的半径值，在这里取−1 是完

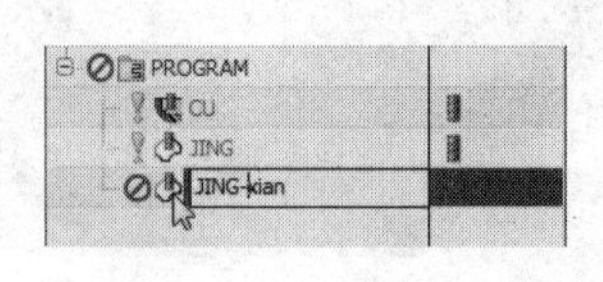

图 4.3.26 复制并且重命名

全没有问题的，确定（见图 4.3.28 余量设置），生成一下刀具路径（见图 4.3.29 刀具路径）。

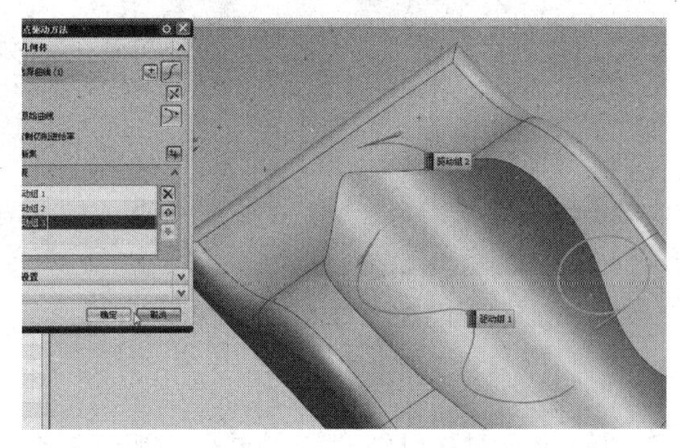

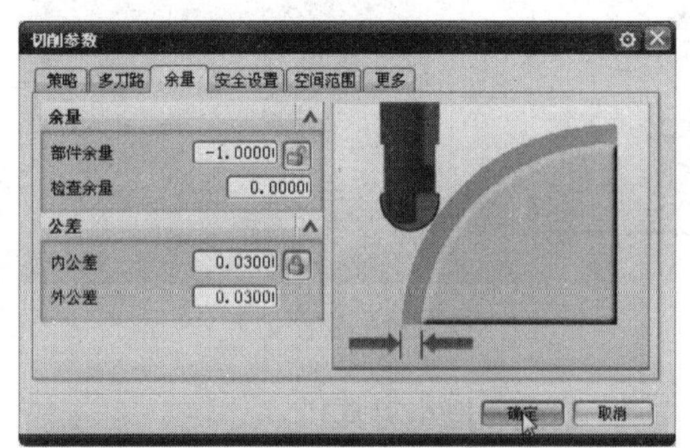

图 4.3.27 选择线　　图 4.3.28 余量设置

现在看不到是因为刀具路径已经到里面了，确定。下面再看一下它模拟的效果，确认刀轨，2D 动态，播放一下，前面也是类似，精加工时间也是会长一点的，看到它最后的形状是加工出来了（见图 4.3.30 加工模拟），这个平面的深度是-1 的深度，由此可见，作为精加工的一种操作，它是可以复制加工的，当在一些已经精加工的曲面刻上一些图形的时候，可以采用这种方式操作，确定。

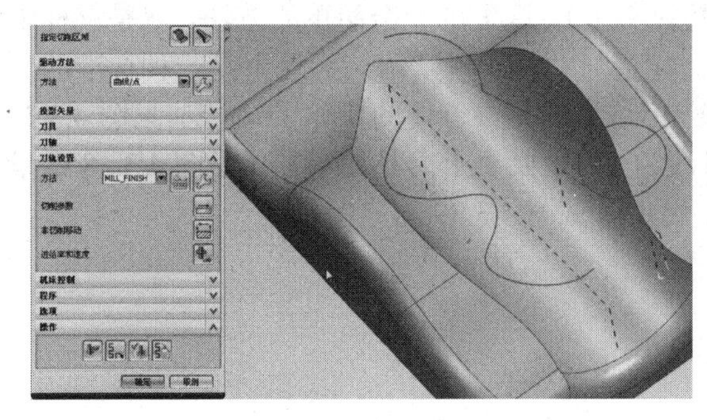

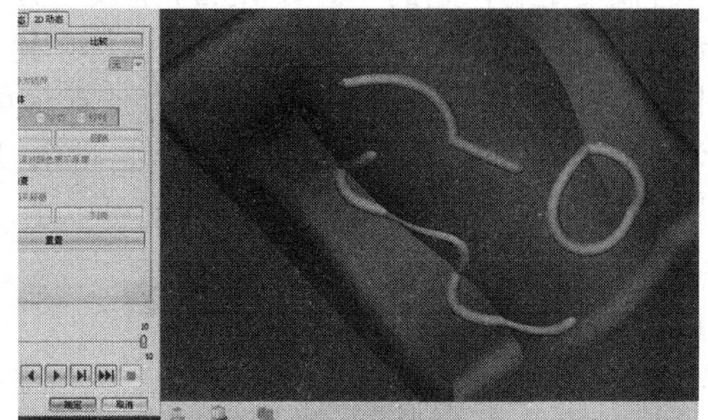

图 4.3.29 刀具路径　　图 4.3.30 加工模拟

四、重要知识点三——文字的加工

接着往底下考虑，既然可以加工线，它就可以对文字进行一定的投影加工，在 UG 里面文字是分成两种：一种是曲线中的文字，一种是制图中的文字。制图中的文字通过固定轴曲面轮廓铣的文字进行加工，曲线中的文字可以将它理解为是一种曲线，可以进行直接的操作。

1. 输入曲线中文字

首先回到建模的方式底下，将它放在合适的位置，这里为了显示方便，就放在这个圆弧的位置上面（见图 4.3.31 放置文字），可以打出随意的文字，比如“UG NX8.0 中文版”，文字在这里可以改变它的字体，字体是很多的，根据电脑里面的字体在这里采用横放的一种字体，选择华文的“新魏”，确定（见图 4.3.32 修改文字内容），现在形状基本上就可以出来了。

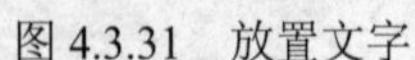
图 4.3.31 放置文字

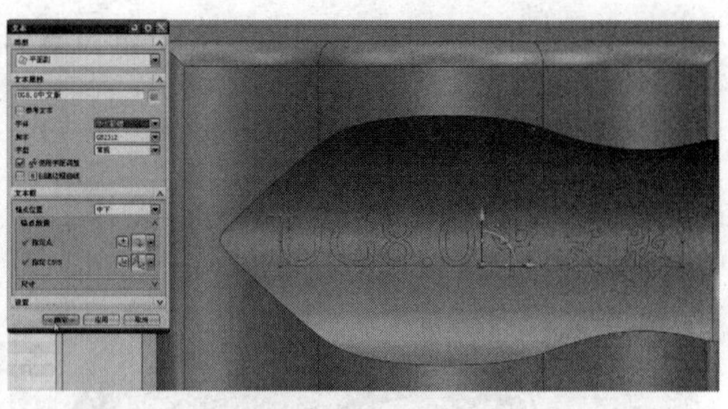
图 4.3.32 修改文字内容

2. 创建一把小刀具

回到加工的方式，由于刀具是比较粗的，在细的地方刀具可能会产生重合，那该怎么办呢？那只需要重新建一把刀具就可以了，机床视图，创建刀具，创建一把更细的刀具，只是为了演示的方便，选一把 D1R0.5 的刀具，有时候是需要在工件表面刻一些明文说明的，直径为 1，下半径为 0.5，确定（见图 4.3.33 创建刀具）。

3. 曲线加工——文字的加工

程序视图，直接双击 JING-XIAN 将它改掉就可以了，首先将刀具改为小刀，D1R0.5 的（见图 4.3.34 更换刀具），然后点击编辑直接进入将线重新选择一遍，首先选择 U，这是驱动组 1，已经完成了（见图 4.3.35 选择第一个文字），注意这里的 8 要分开来选，否则它们连续的时候还是有问题的（见图 4.3.36 继续选择其他文字），这里讲一个简单的方法，就是鼠标中键的使用，点击一个，然后按一下鼠标中键，它会自动将它确定，因为这不是一种标准的文本的选择，所以选择的时候可能会有一点麻烦，但这已经是很方便的操作了，确定（见图 4.3.37 文字选择完毕），进入切削参数这里，将余量改为−0.4，要小于刀具的半径（见图 4.3.38 余量设置）。生成一下刀具路径，这样就可以了，确定（见图 4.3.39 刀具路径）。

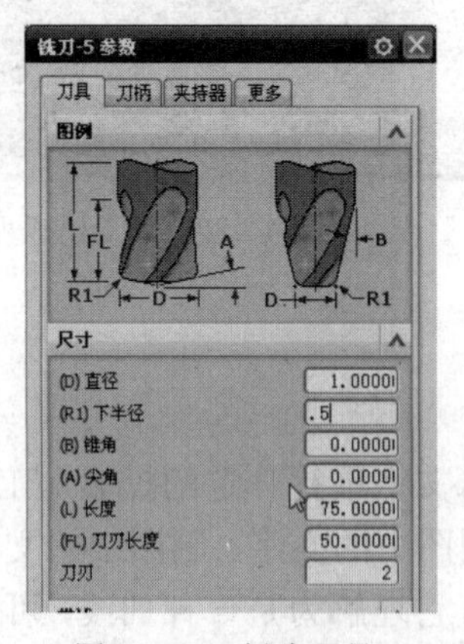

图 4.3.33 创建刀具

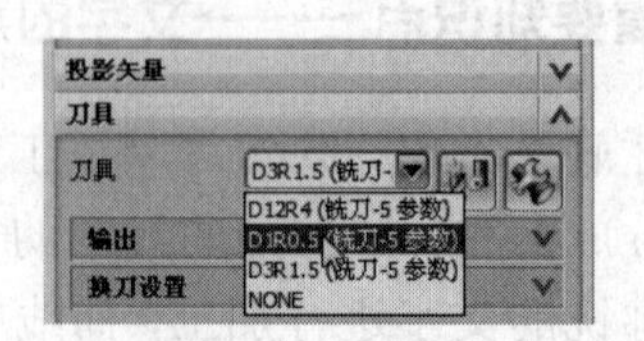

图 4.3.34 更换刀具

点击一下 PROGRAM，确认刀轨，来看一下它加工的效果如何，重点看文字的部分，2D 动态，播放（见图 4.3.40 加工模拟）。

精加工以后看文字，其实这里的文字也就是说曲面，刀具将沿着边缘走一刀，实际加工当中在铣这种小文字的时候有时候用的是球刀，有时候用的是尖角刀，只要加工出形状就可以，一般它的切削量是很小的，这是精加工，其实这样已经可以看到文字了，文字是向下 0.4 的位置，它显示的会比较大一点，这并不要紧，这就是曲线的加工方式。

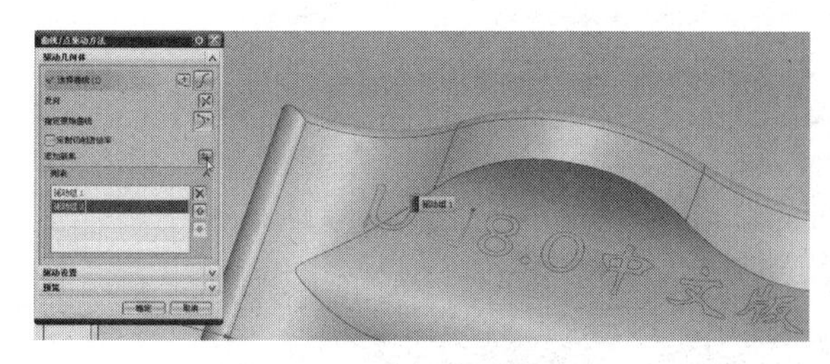

图 4.3.35　选择第一个文字

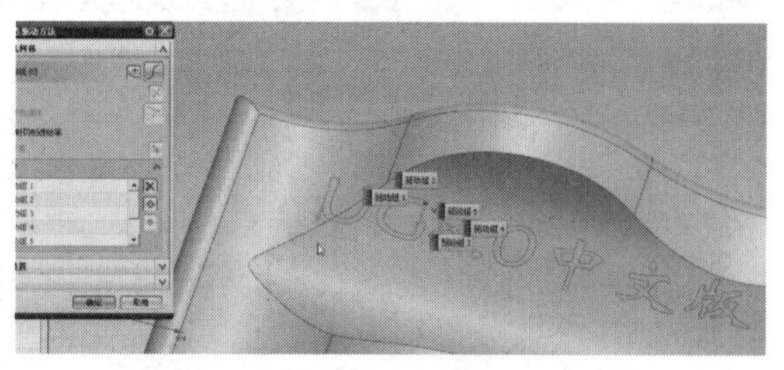

图 4.3.36　继续选择其他文字

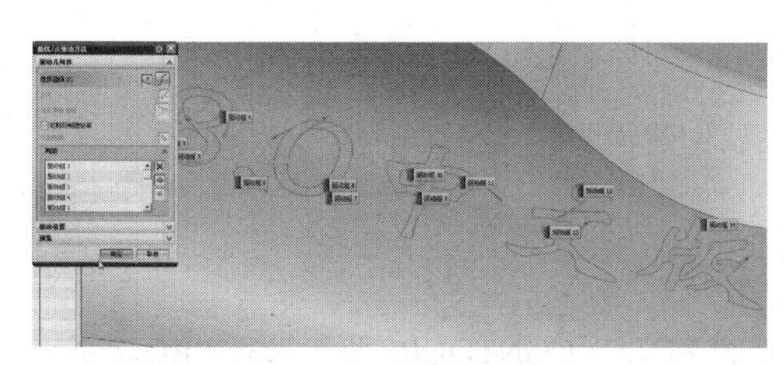

图 4.3.37　文字选择完毕

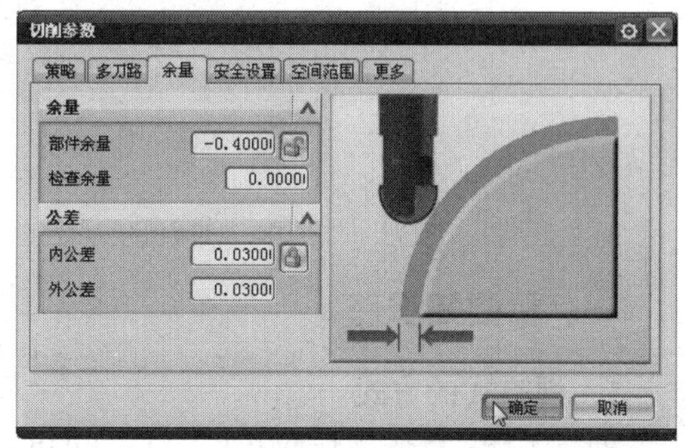

图 4.3.38　余量设置

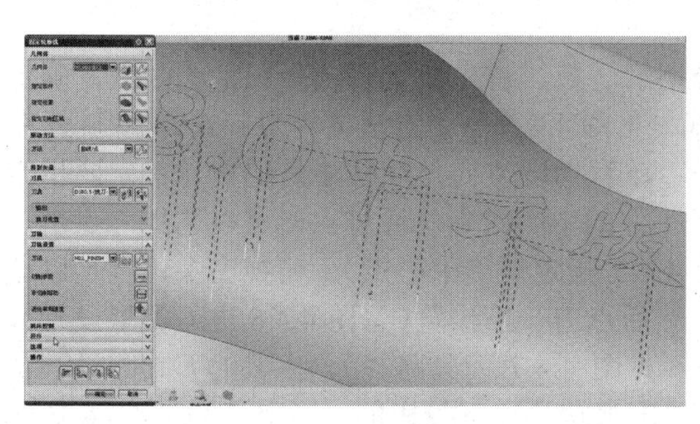

图 4.3.39　刀具路径

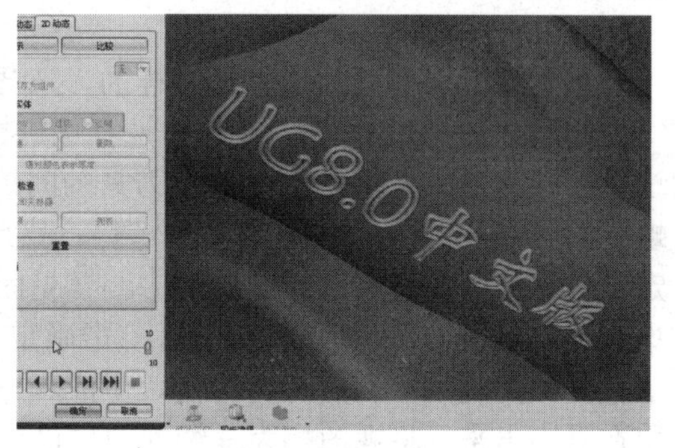

图 4.3.40　加工模拟

曲线加工连续的区域、不连续的区域，还有文字，它们的加工方式都一样，对于不连续的区域，必须要创建不同的曲线的组合，也就是驱动组中的驱动组 1、驱动组 2、驱动组 3 等来选择线，相当于每一组线走完，它会抬一次刀，然后进入到下一个驱动组上面加工。

五、经验总结

这节讲解了这几个方面：第一，通过线、通过曲面的投影来加工出精加工之后的范围，也就是精加工完成，再加一些线的操作，相当于精修一下线；第二，文字的操作，也就是曲面的另外一种方式，通过在精加工的面上，再往下投影一点点的距离，比如说-1、-0.5，刻一些字出来，刻一些图案出来都是可以的。

第四节　固定轴曲面轮廓铣——螺旋式

打开 UG 软件，打开第四章固定轴曲面轮廓铣第五节固定轴曲面轮廓铣——螺旋式，点击 OK。在之前它的粗加工已经做完，就省去了粗加工的过程（见图 4.4.1 粗加工刀具路径）。

图 4.4.1　粗加工刀具路径

螺旋的加工方法很简单，螺旋的方法不需要创建辅助的线、点等。

一、重要知识点

1. 螺旋式的方式一

创建工序，直接选择 MILL-CONTOUR，选择 FIXED-CONTOUR，程序选择 PROGRAM，刀具选择一把 D8R4 的圆刀，几何体选择 WORKPIECE，方法选择 FINISH 精加工，名称选择一个 JING，确定。

螺旋的方法前面的选择是一样的，选择切削区域，首先还是要选择加工的区域，确定（见图 4.4.2 选择加工面）。在这里选择螺旋式（见图 4.4.3 驱动方法选择螺旋式），螺旋式在这里要选择最大螺旋半径，还有刀具的间距，还有切削方向是顺铣还是逆铣。首先要指定螺旋的中点（见图 4.4.4 指定点按钮），就是工件的中心，中心通过点击可以选择，点击指定点按钮可以任意点选择螺旋的中心（见图 4.4.5 指定螺旋中心点）。俯视图中，就是以这里为圆心然后一步步地向外扩散，点击确定，然后点击一下预览（见图 4.4.6 进刀类型设置），这就是做螺旋的一种方式，确定，生成一下（见图 4.4.7 刀具路径），生成的刀具路径其实现在看不出来，将视图换为三维视图可以看得出来它是往下投影的，确定（见图 4.4.8 旋转观察刀具路径）。

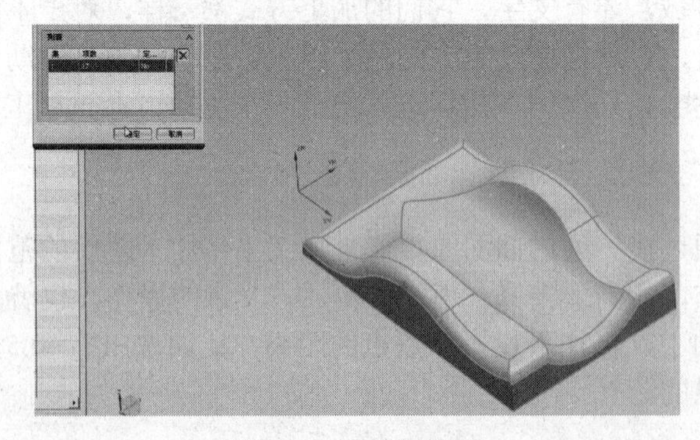

图 4.4.2　选择加工面

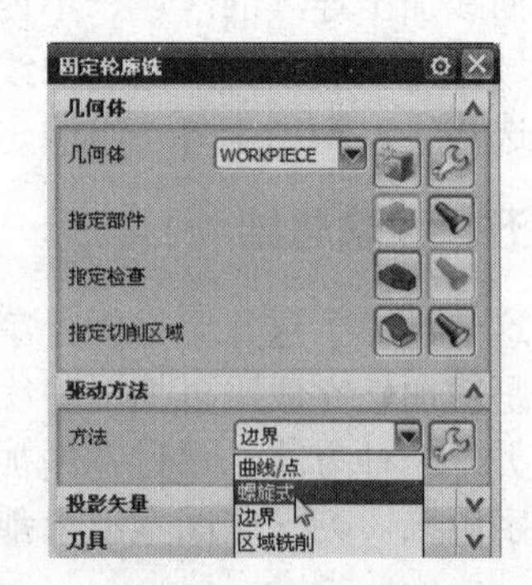

图 4.4.3　驱动方法选择螺旋式

通过播放看一下它的效果（见图 4.4.9 加工模拟），可以看得出来它是螺旋形地向外扩散加工，如果将刀具的间距变小，变成 5%或者 10%的话就相当于一圈圆形的精加工了。双击 JING，点击后面的小扳手，将直径百分比改为 5%，显示一下（见图 4.4.10 刀具路径预览），在顶部看上去也就是一个圆，确定，生成（见图 4.4.11 刀具路径）。

图 4.4.4　指定点按钮

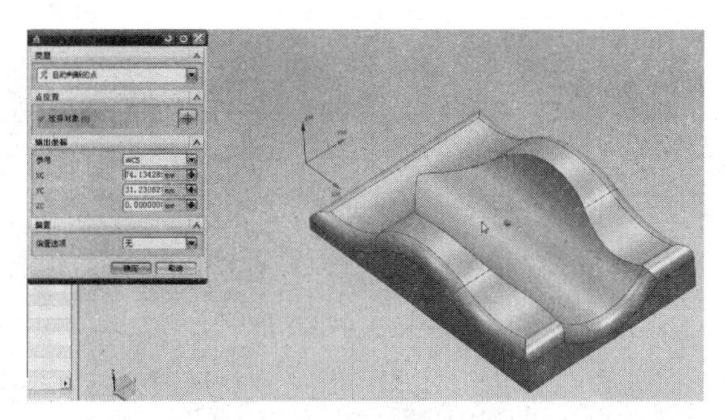

图 4.4.5　指定螺旋中心点

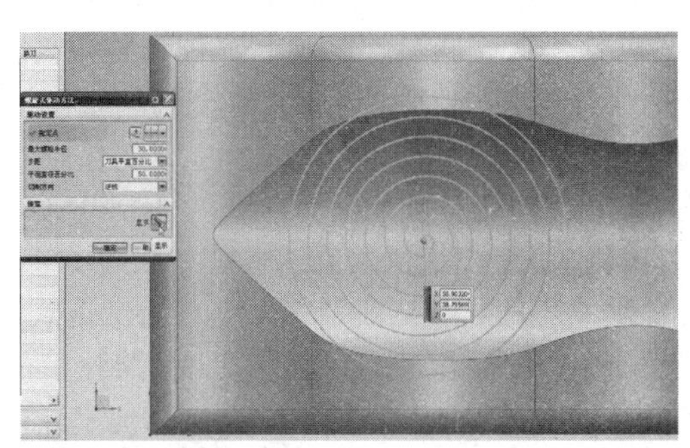

图 4.4.6　进刀类型设置

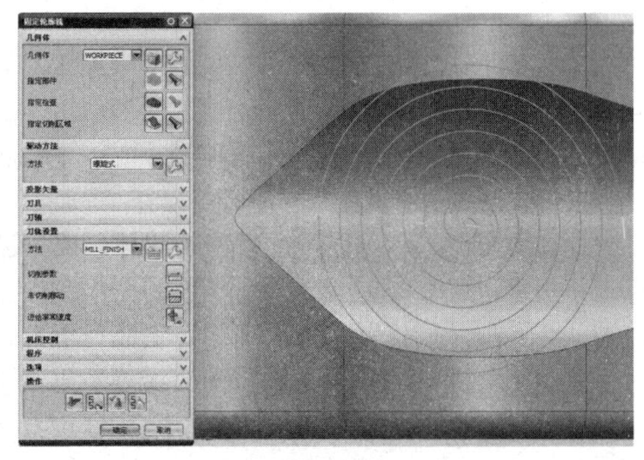

图 4.4.7　刀具路径

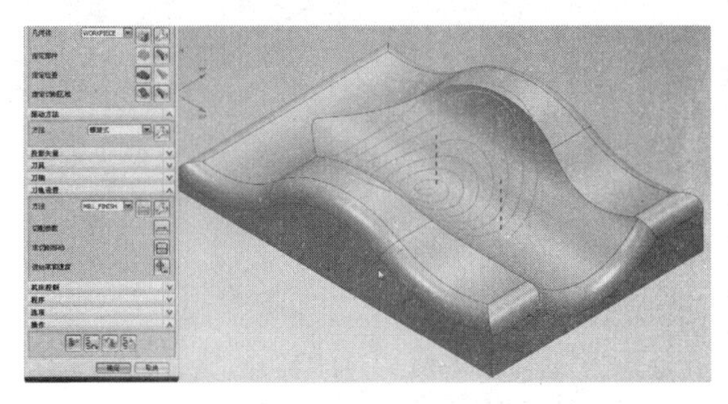

图 4.4.8　旋转观察刀具路径

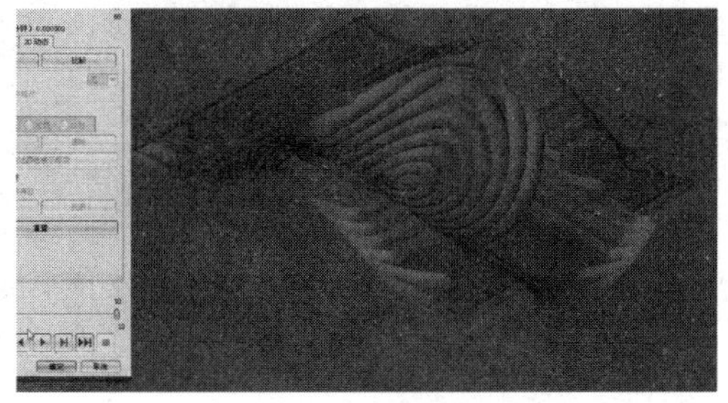

图 4.4.9　加工模拟

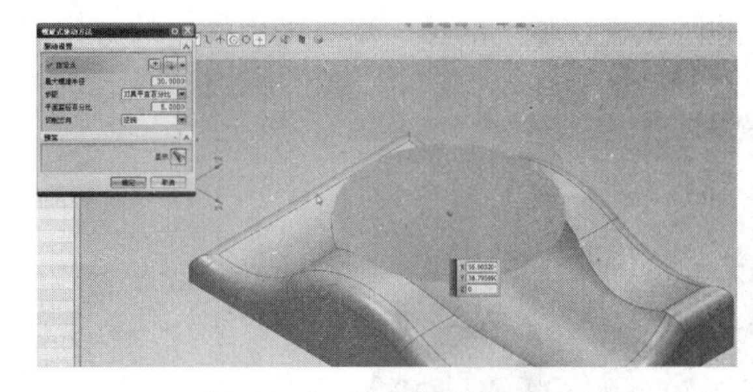

图 4.4.10　刀具路径预览

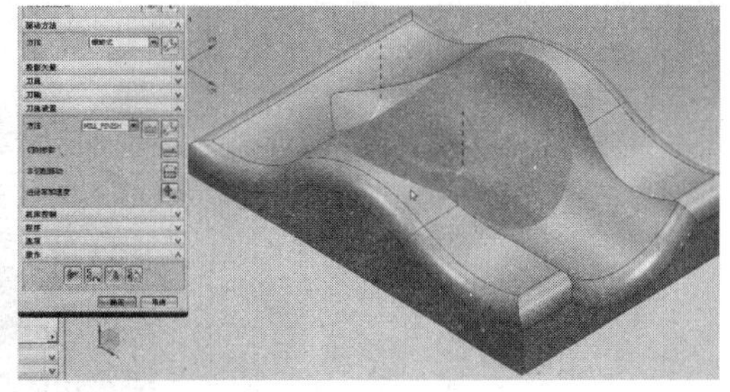

图 4.4.11　刀具路径

往底下投影也就是一种圆的形状，PROGRAM，确认刀轨，2D 动态，播放（见图 4.4.12 加工模拟），粗加工做完后，可以看一下精加工，它就类似于一圈一圈向外加工的圆的形状（见图 4.4.13 类似于一圈一圈向外加工），当螺旋足够密的情况下，能看出来的也就是一个圆。

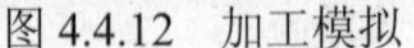

图 4.4.12 加工模拟　　　　图 4.4.13 类似于一圈一圈向外加工

为什么在这里会出现一种螺旋式的加工方法呢？螺旋加工方法和前面区域铣削里面的同心圆有所区别，同心圆无法任意定义它的圆心，也就是说在选择的时候，那种只是刀具路径的生成方法，那种方法是要根据曲面的选择而来的。

2. 螺旋式的方式二

而在这里的形状可以进行自由的选择，比如说在这里不想进行圆的操作，可以双击 JING，点击小扳手进去，重新点击一下位置，点击指定点可以将它选择在任意一个方位上，比如说选择在图 4.4.14 所示的位置，依次确定，生成一下刀具路径（见图 4.4.15 刀具路径），螺旋的方式就加工到这个位置，但是因为比较密，可以看出来也是一个圆的操作，确定，生成刀具路径。

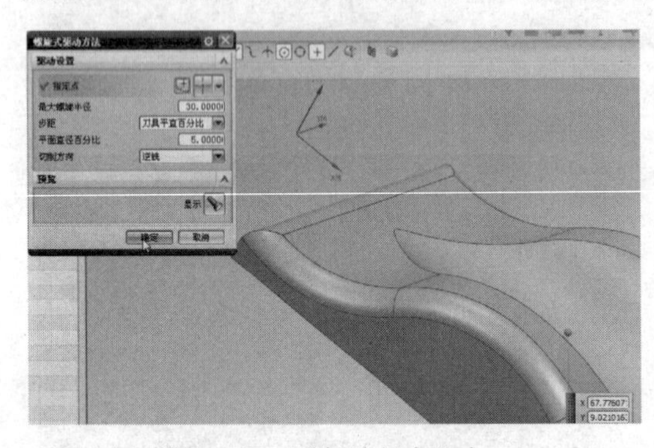

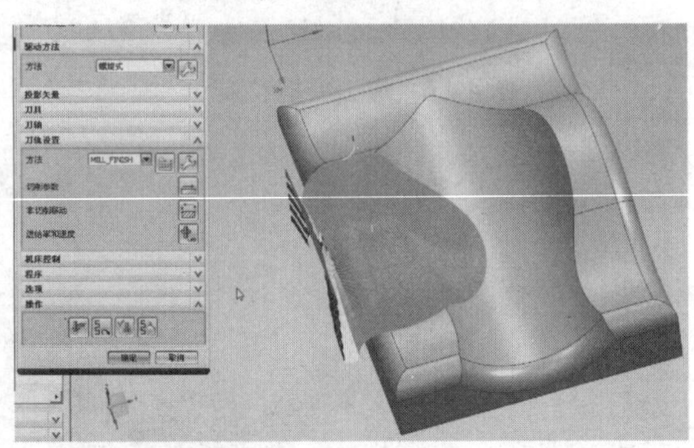

图 4.4.14 重新选择中心点　　　　图 4.4.15 刀具路径

确认刀轨，2D 动态，播放一下（见图 4.4.16 加工模拟），精加工已经做完。由工件的形状可以看得出来，以后如果仅仅是对于圆的区域进行加工的话，尽量采用螺旋的方式进行操作。

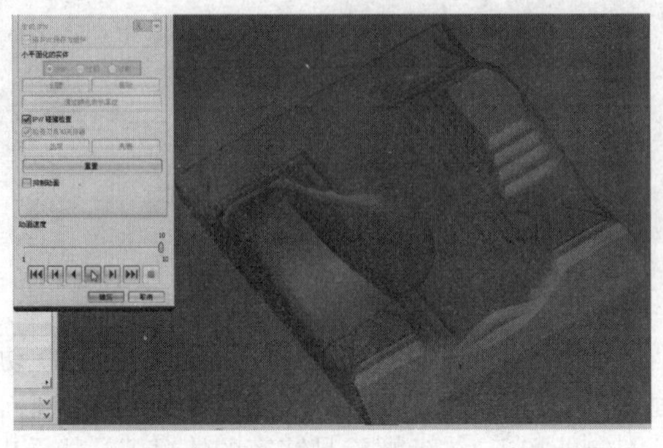

图 4.4.16 加工模拟

3. 螺旋式的加工半径

螺旋的方式还有一个特点，好控制加工范围的大小。比如这个题目当中再次双击 JING，直接点击螺旋式，编辑，可以通过这里的半径值来改变加工范围的大小，比如说将这里改成一个 10，再看一下它的值就这么大（见图 4.4.17 刀具路径预览）。

通过生成一个刀具路径投影方式来看（见图 4.4.18 刀具路径），只有这么一点点，缩小一点，确认刀轨，2D 动态，播放一下（见图 4.4.19 加工模拟），可以看到加工的范围就比刚才的 30 小了很多，只加工到这里为止，刚才是加工很大一片区域的，确定。

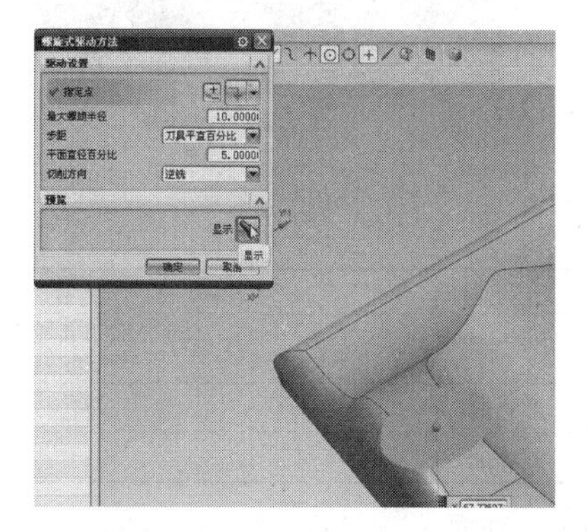

图 4.4.17　刀具路径预览

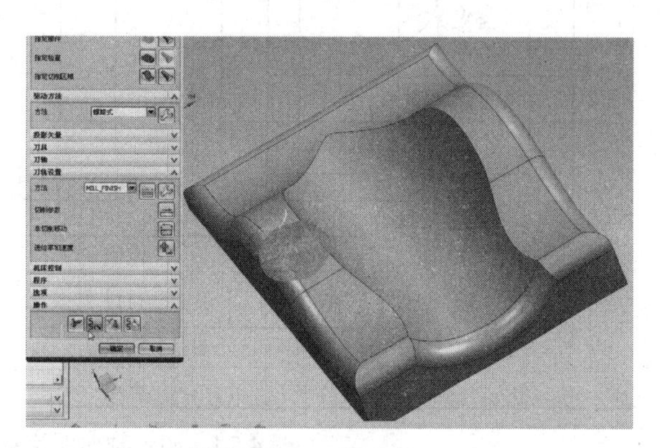

图 4.4.18　刀具路径

图 4.4.19　加工模拟

二、经验总结

这个就是螺旋式的一个特点，通过螺旋式间距的修改来确定范围大小，通过点的位置来确定螺旋式的位置关系。螺旋式在实际加工当中应用的范围有限，但是有时候用到它会大大地方便操作。在这一章的实例操作当中，很明显方向螺旋式的加工方法优于区域铣削的同心加工方法。

第五节　固定轴曲面轮廓铣——曲面

固定轴曲面轮廓铣的曲面加工方式是轮廓铣精加工里面的另外一种方式，这种方式用得并不是很多，但是必须要掌握。首先看工件图图 4.5.1 固定轴曲面轮廓铣——曲面。

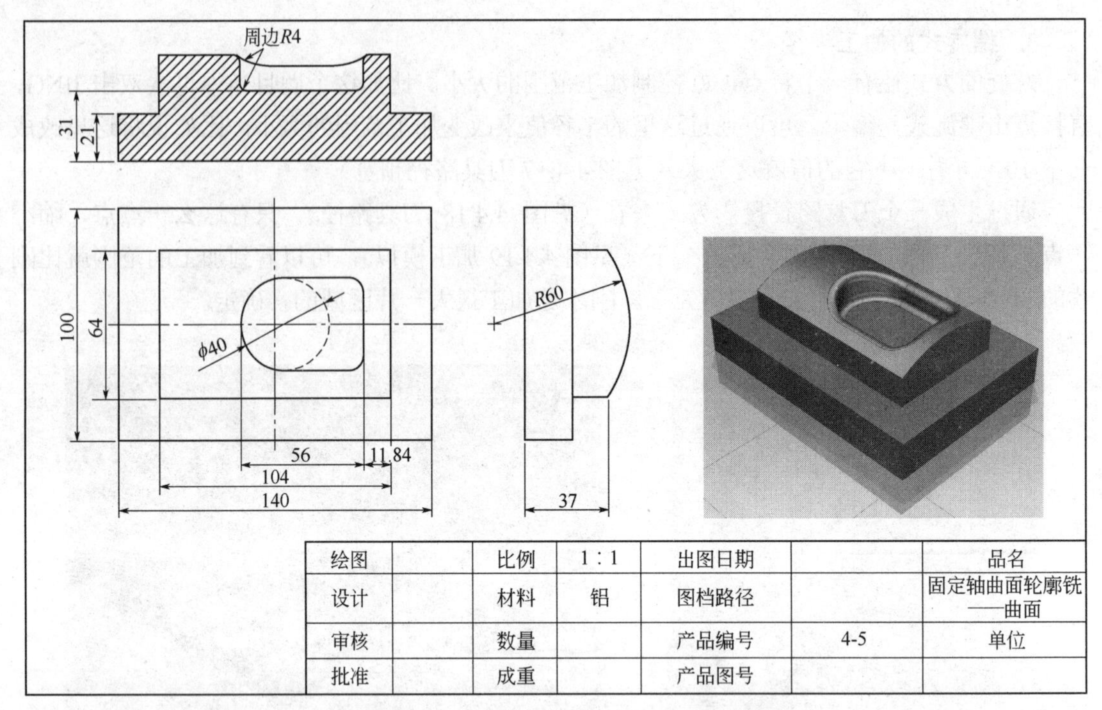

绘图		比例	1∶1	出图日期		品名
设计		材料	铝	图档路径		固定轴曲面轮廓铣——曲面
审核		数量		产品编号	4-5	单位
批准		成重		产品图号		

图 4.5.1 固定轴曲面轮廓铣——曲面

一、工艺分析

工件图上的工件由两大块组成，第一部分就是底座，第二部分是上面圆弧状的凸台，在圆弧状的凸台中间还有一个凹下去的形状，凹下去的形状周边有 *R*4 的倒角，这个从工件图上的剖视图可以看得出来，整个凸台部分很明显是一个曲线的一部分，侧面看是一个弯曲的圆弧。整个来看是一个有规律的曲线，这个完全可以用固定轴曲面轮廓铣的曲面加工方式把它加工出来。

二、准备工作

首先打开 UG NX8.0，打开第四章固定轴曲面轮廓铣第五节固定轴曲面轮廓铣的曲面方式，OK。工件打开首先可以看到基本的形状（见图 4.5.2 工件的三维图），底下是一个底座，上面是一个凸台组成，这个凸台是一个圆弧的大形状，中间有一部分凹下去的形状，周边倒角是 *R*4。

首先直接进入到它的加工方式，开始，加工，上面选择 CAM-GENERAL 通用的方式，下面选择 MILL-CONTOUR，直接从曲面加工进去，确定。

1. 创建刀具

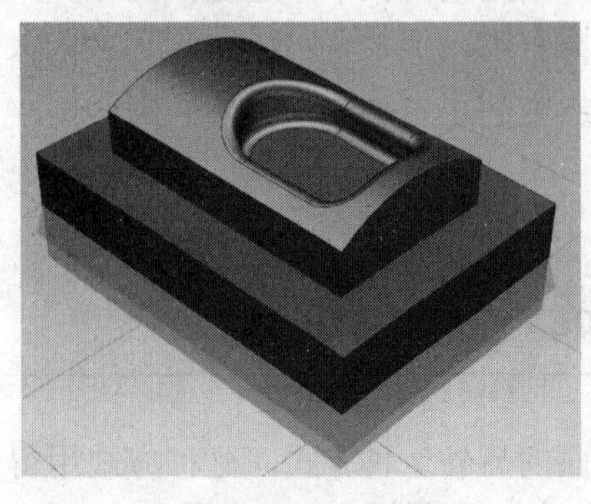

图 4.5.2 工件的三维图

创建刀具，这个题目当中到底要用几把刀具，由于只是重点讲解它的固定轴轮廓铣的曲面加工，因此暂时只用两把刀就可以了。用第一把刀具去开粗，用第二把刀具去加工它的曲面区域。

点击机床视图，去创建刀具，首先创建一把 D12 的平刀，确定，刀具直径为 12，刀具号为 1，确定（见图 4.5.3 创建第一把刀具）。

再创建一把球刀，选择一把 D8R4 的刀具，确定，刀具直径为 8，下半径为 4，这就是一把球刀，刀具号为 2，确定（见图 4.5.4 创建第二把刀具）。

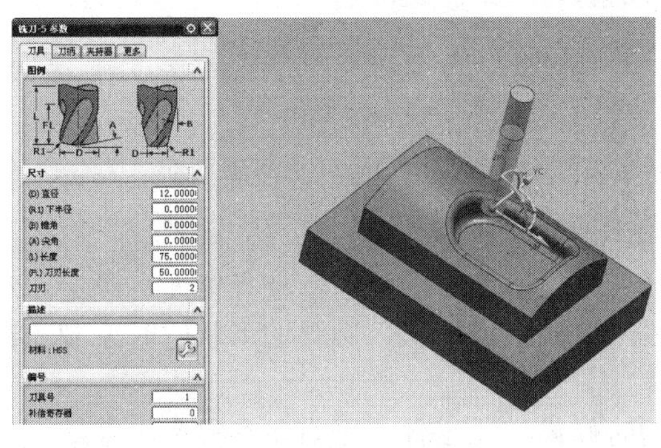

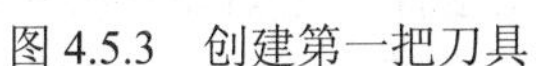

图 4.5.3　创建第一把刀具

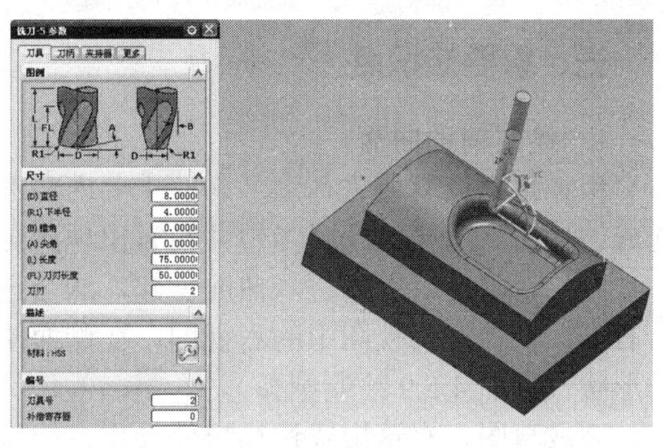

图 4.5.4　创建第二把刀具

2．创建毛坯

几何视图，双击 MCS-MILL，将安全高度设为 2，确定，打开“+”，双击 WORKPIECE，点击指定部件按钮，选择物体，确定（见图 4.5.5 选择加工部件）。指定毛坯，点一下，选择包容块的方式，依次确定（见图 4.5.6 选择几何体）。这样毛坯跟几何体就创建好了。

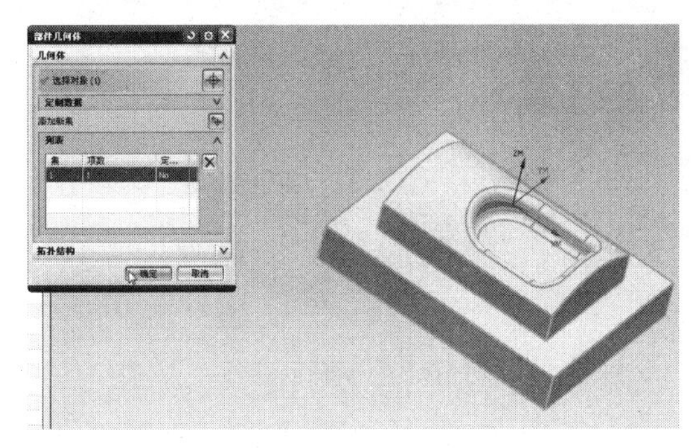

图 4.5.5　选择加工部件

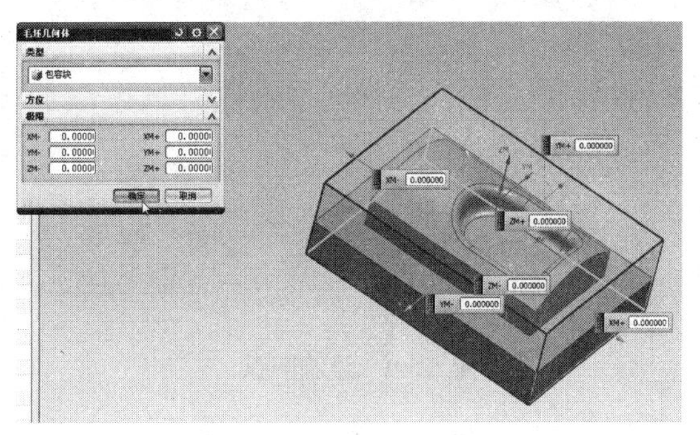

图 4.5.6　选择几何体

3．型腔铣的粗加工

回到程序视图，直接进行程序加工。首先创建工序，第一次做粗加工一般来说使用型腔铣就可以了，点击 CAVITY-MILL，程序选择 PROGRAM，刀具选择 D12 的平底刀，几何体选择 WORKPIECE，方法选择粗加工 ROUGH，名称命名为 CU，确定。

首先第一步指定切削区域，右击，选择定向视图中的前视图，然后框选物体，确定（见图 4.5.7 框选物体），将切削模式改变为跟随周边，因为跟随周边可以根据前面的很多的题目看得出来它的空走刀路径要比跟随部件要少得多，刀具的直径百分比按照 50%不变，将刀具的每层深度设为 2，其他参数保持不变，生成（见图 4.5.8 刀具路径），这是粗加工的过程。

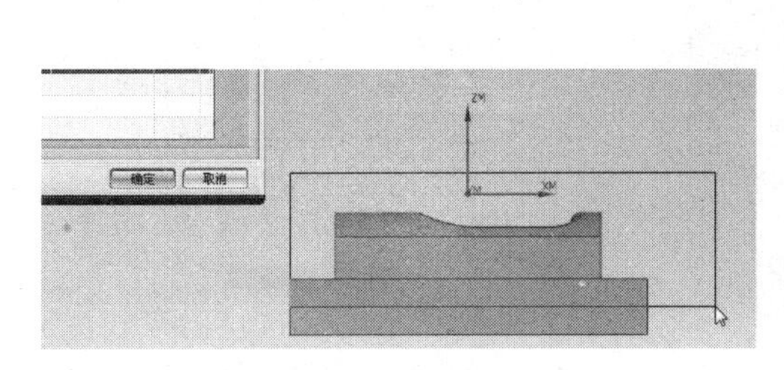

图 4.5.7　框选物体

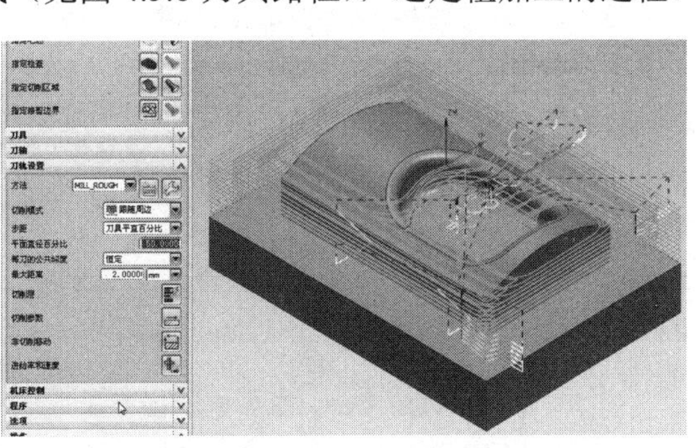

图 4.5.8　刀具路径

三、重要知识点

1. 绘制辅助曲面

粗加工完成就要进入这节讲的主要内容曲面加工了，作为曲面加工来说，它必须有一个现成的曲面供选择，题目当中并没有出现，这并不要紧，进行创建。

开始，建模，首先进入曲面创建，这个选择方式，点击草图按钮，选择侧面，确定，然后右击，选择定向视图中的右视图，在侧面绘制一个圆弧的形状，圆弧的形状暂时绘制随机的形状（见图 4.5.9 绘制圆弧）。

完成草图，对这根线进行拉伸操作，拉伸的时候最好比工件大一点，它投影出来就不会变小，并且修改透明度，将草图隐藏。 这就是要做的一个曲面的参考，通过曲面生成刀具路径（见图 4.5.10 绘制辅助曲线）。

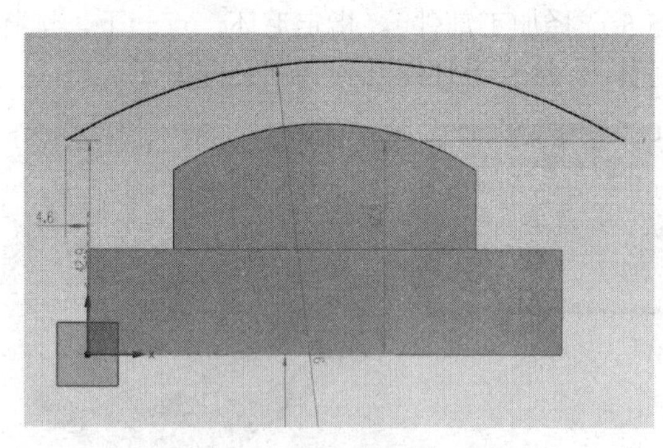

图 4.5.9 绘制圆弧

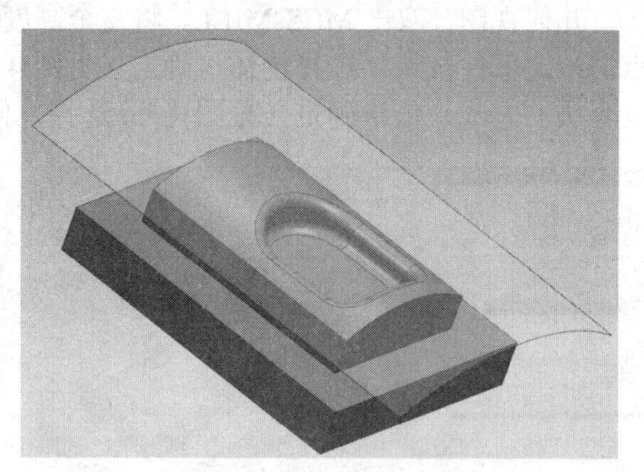

图 4.5.10 绘制辅助曲线

2. 固定轴曲面轮廓铣——曲面加工

返回到加工方式加工，下面进行程序创建，创建工序，选择 FIXED-CONTOUR 固定轴的曲面轮廓铣，下面刀具要选择 D8R4 的球刀，方法是 FINISH 精加工，名称也要输入个 JING 相对应，确定。

切削区域关系到做题目加工的时候刀路是只加工上面的曲面区域还是包括底下所有的区域，在这里暂时只加工曲面区域，点击切削区域，右击，选择定向视图中的前视图，框住顶部就可以了，注意不要将圆弧的区域全部框住，因为上面的曲面是做刀具路径时使用的，确定（见图 4.5.11 框选物体）。方法注意在这里选择的是曲面的方法，选择曲面（见图 4.5.12 驱动方法选择曲面）。

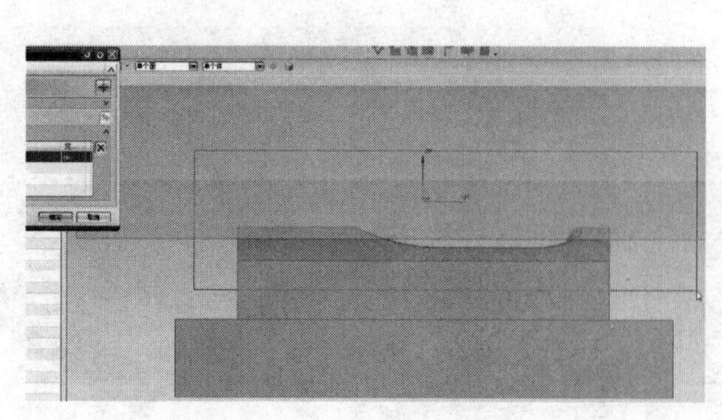

图 4.5.11 框选物体

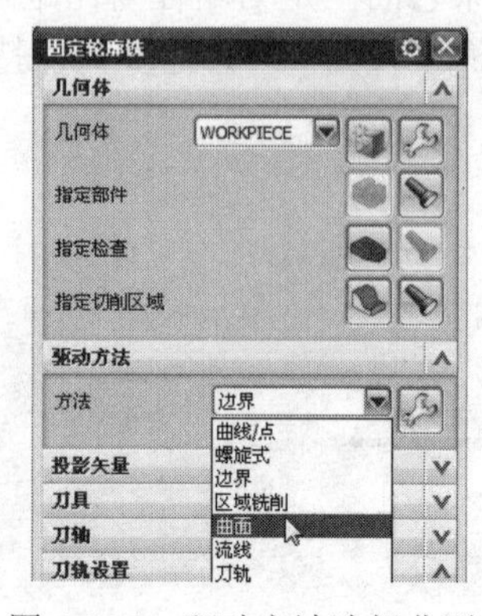

图 4.5.12 驱动方法选择曲面

上部指定驱动几何体，点击这个按钮（见图 4.5.13 指定驱动几何体按钮），选择曲面，确定（见图 4.5.14 选择曲面），在这里它的曲面会显示出中间有一个坐标，这里暂时不管它（见图 4.5.15 曲面上的坐标），点击切削方向按钮（见图 4.5.16 切削方向按钮），当点完切削方向以后，在它的角上面 会出现 8 个箭头，这 8 个箭头就确定了刀具路径的方向，点击其中任意的一个箭头，左部的箭头，点击（见图 4.5.17 选择左侧的箭头），下面点击显示接触点看一下（见图 4.5.18 接触点），接触点就表示刀具接触到曲面往底下投影的一个过程。打开预览看一下（见图 4.5.19 刀具路径预览 1）。

图 4.5.13　指定驱动几何体按钮

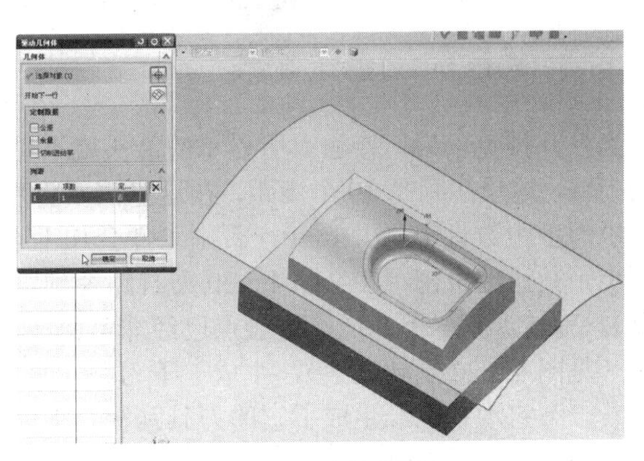

图 4.5.14　选择曲面

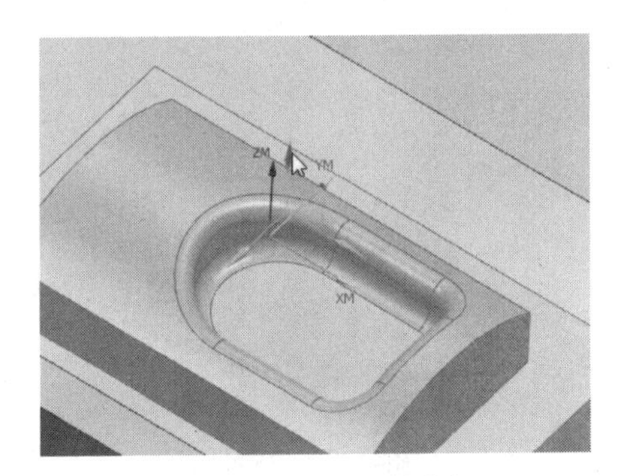

图 4.5.15　曲面上的坐标

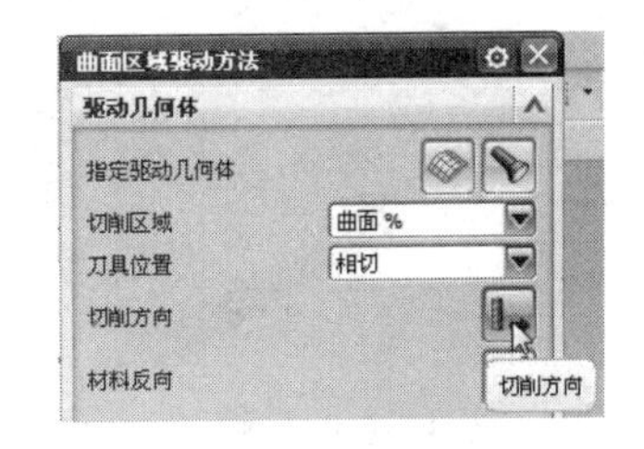

图 4.5.16　切削方向按钮

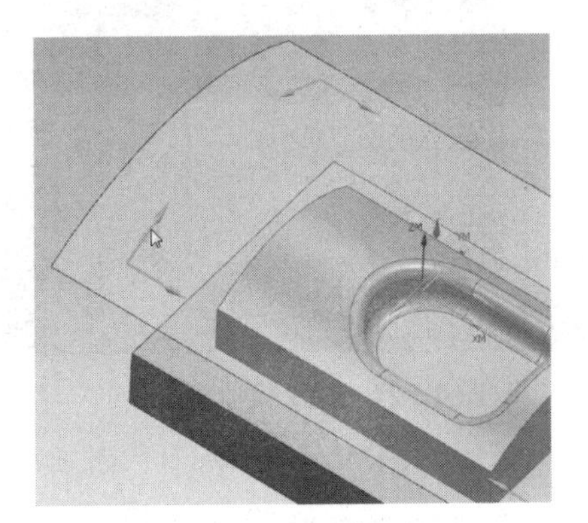

图 4.5.17　选择左侧的箭头

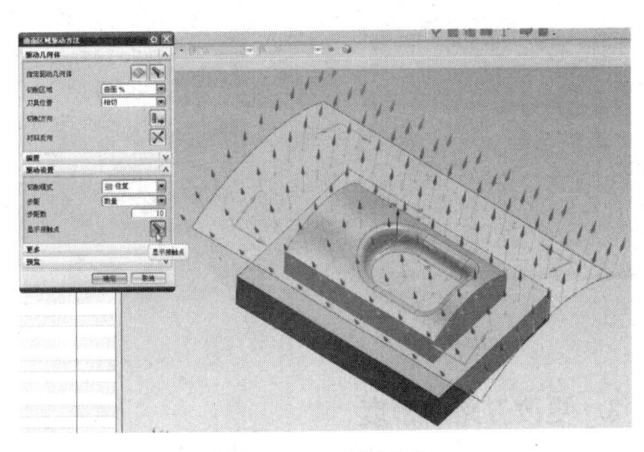

图 4.5.18　接触点

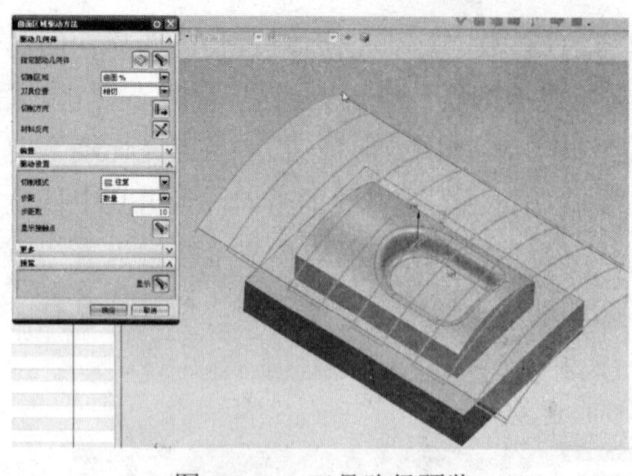

图 4.5.19 刀具路径预览 1

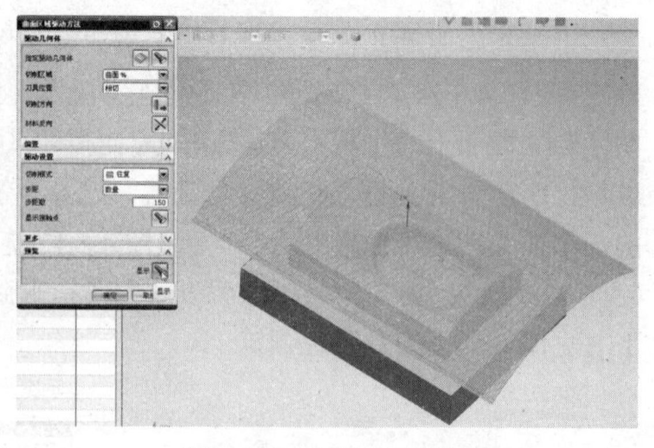

图 4.5.20 刀具路径预览 2

当打开预览以后，接触点所显示的箭头就不见了，相应地就是按照往复的方式，走的往复的刀路，这里步距是 10 个步距，在这里需要将步距数变大，相应地就会变得很密，题目当中要求的步距数肯定要大于 60，否则工件会加工不到位，在这里取 150，再显示一下，现在看到步距数已经很密了（见图 4.5.20 刀具路径预览 2），下面显示一下接触点（见图 4.5.21 接触点），旋转观察一下，现在接触点已经非常密，这个接触点显示的就是刀具路径的接触点，确定（见图 4.5.22 旋转观察），生成一下刀路（见图 4.5.23 刀具路径）。

看一下它现在已经生成了它的刀具路径，下面通过模拟来看一下它的效果怎么样。点击 PROGRAM，确认刀轨，2D 动态，播放（见图 4.5.24 加工模拟）。

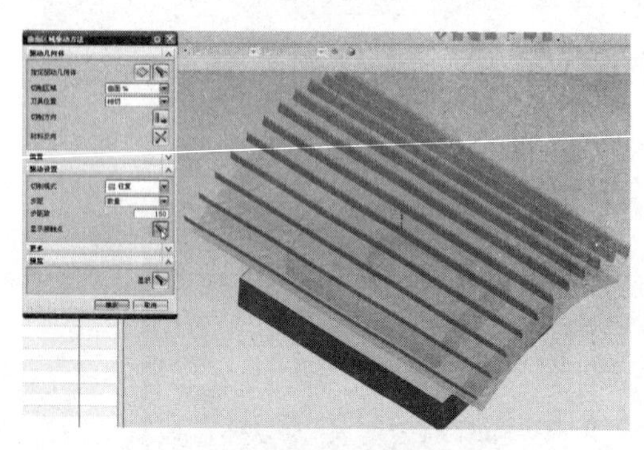

图 4.5.21 接触点

图 4.5.22 旋转观察

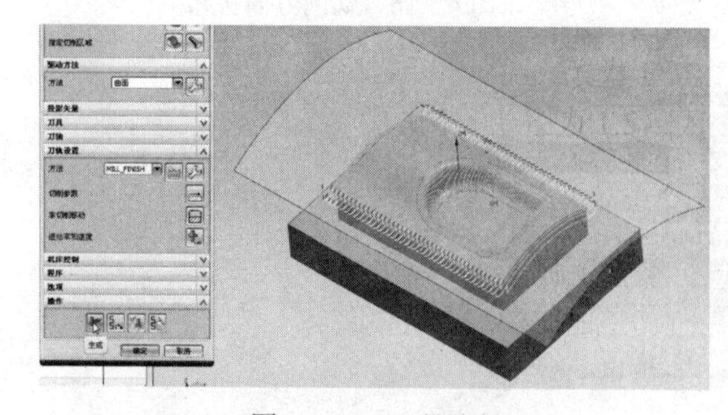

图 4.5.23 刀具路径

图 4.5.24 加工模拟

3. 更改刀路的密度

可以看到它的刀具路径还是比较粗糙的，这个时候可以将程序重新进入编辑，双击 JING，点击曲面后面这个小扳手，可以将步距数调整，这里的步距数调整得越高，它形成的刀具也会越密，显示一下，将它调整为 400，显示（见图 4.5.25 刀具路径预览），现在显示的并没有投影到刀具上，只是显示出曲面上的刀具路径，看到现在应该是比较密的了，确定，生成，确定（见图 4.5.26 刀具路径）。

点击 PROGRAM，确认刀轨，2D 动态，播放，基本形状加工出来了，也基本上可以满足要求（见图 4.5.27 加工模拟）。

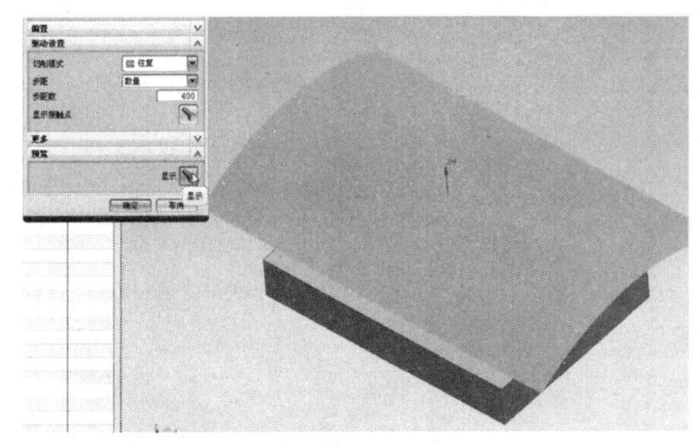

图 4.5.25　刀具路径预览

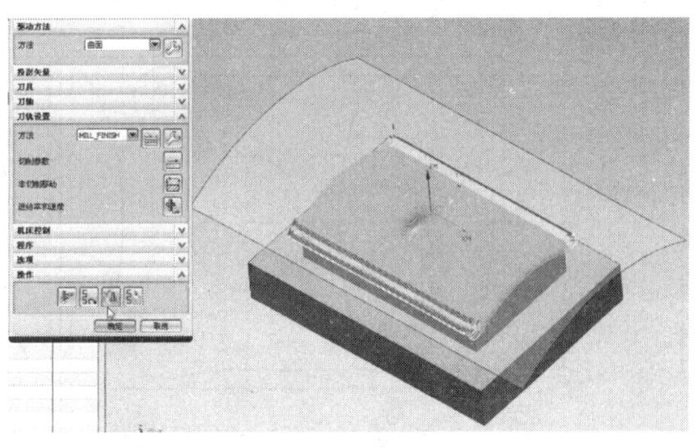

图 4.5.26　刀具路径

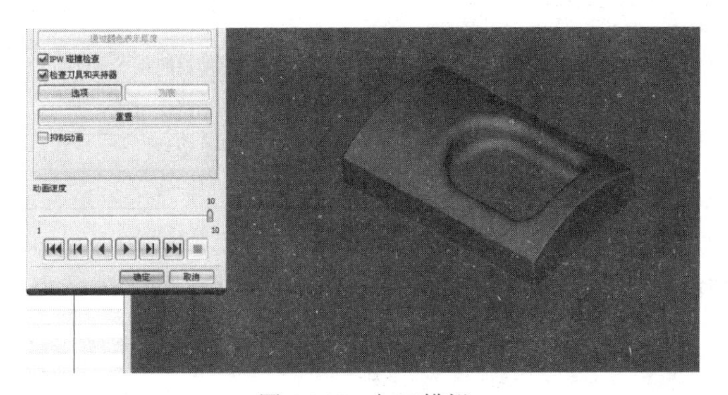

图 4.5.27　加工模拟

四、经验总结

曲面加工时曲面的方式，是固定轴轮廓铣里面一种常见的辅助方式，用的可能没有区域或者边界多，但是也要知道如何使用，特别是当表面出现一些特定的形状，比如说此题当中凸出来的形状或者遇到凹的形状的时候，可以通过创建曲面很好地掌握刀具的路径。

第六节　固定轴曲面轮廓铣加工实例——多曲面凸台

本节将通过多曲面凸台的讲解，熟悉曲面加工当中的精加工配合的使用，首先看一下工件图（见图 4.6.1 固定轴曲面轮廓铣加工实例）。

一、工艺分析

工件图上面除了一个底座之外，上部区域都是三个大的圆弧曲面，底座的加工用型腔铣，用面铣加工也可以，三个凸台的区域基本上是由一个大圆弧区域还有左右两个对称的椭圆圆弧的区域构成。

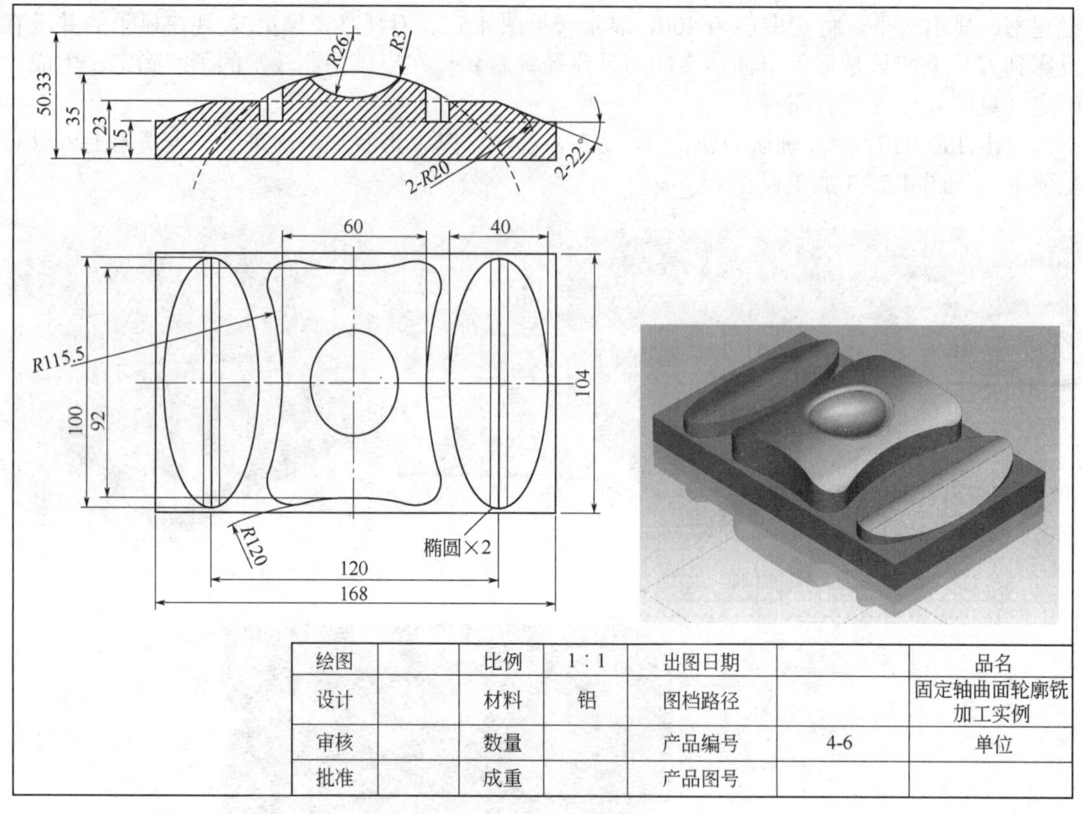

绘图		比例	1∶1	出图日期		品名
设计		材料	铝	图档路径		固定轴曲面轮廓铣加工实例
审核		数量		产品编号	4-6	单位
批准		成重		产品图号		

图 4.6.1 固定轴曲面轮廓铣加工实例

二、准备工作

首先打开 UG NX8.0，打开第四章固定轴曲面轮廓铣，第六节固定轴曲面轮廓铣加工实例——多曲面凸台，OK。

首先看到工件图上有几块区域等待加工，最明显的一个特征，中间是一个凹下去的形状，在加工的时候从外向内加工，比较方便。开始，进入到加工环境，选择 CAM-GENERAL，下面选择 MILL-CONTOUR，确定。

1. 创建刀具

机床视图，创建刀具，在创建刀具的时候要注意由于图形当中平面的区域不是很多，就需要注意，让刀具可以加工到工件的任何一个角度去，比如说椭圆和中间区域的中间（见图 4.6.2 间隙区域），可以通过分析简单地查找，分析菜单，测量距离，距离大概是 10 的位置（见图 4.6.3 测量距离）。

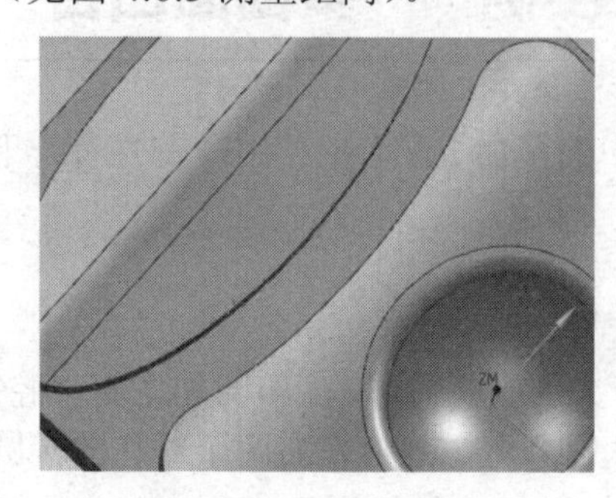

图 4.6.2 间隙区域

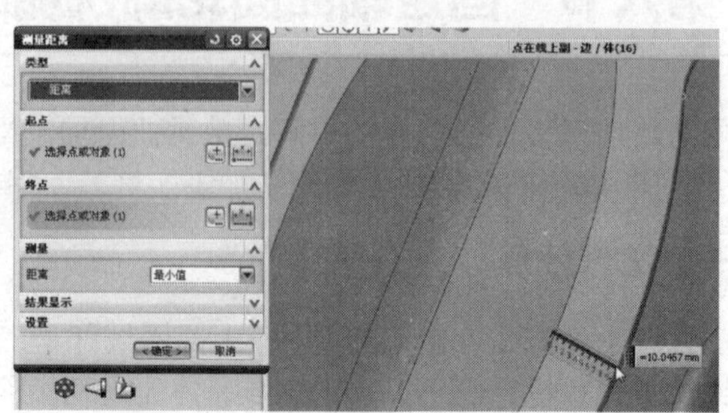

图 4.6.3 测量距离

在这里取一把稍微小一点的刀具就可以了，比如 D8 的刀具，确定，刀具直径为 8，刀具号为 1，确定，要注意椭圆间距离为 10，这里取 D8 的刀具，尽量不要留下壁余量，确定（见图 4.6.4 创建第一把刀具）。

下面选择一把球刀做曲面的精加工操作，创建刀具，在这里创建一把 D5R2.5 的刀具，确定，刀具直径为 5，下半径为 2.5，刀具号为 2，确定（见图 4.6.5 创建第二把刀具）。

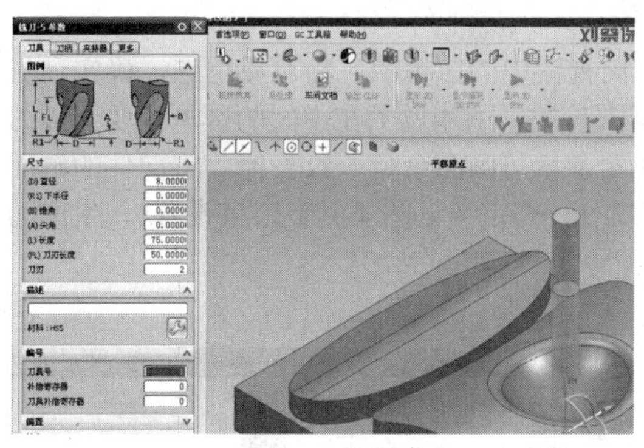

图 4.6.4　创建第一把刀具

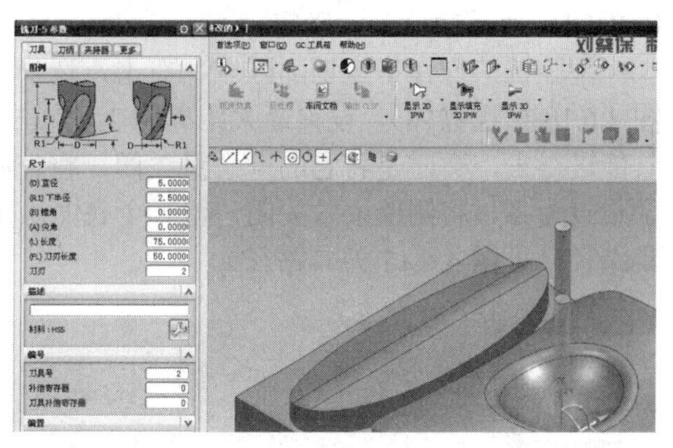

图 4.6.5　创建第二把刀具

2. 创建毛坯

几何视图，首先通过工件图可以看出来加工坐标系仍然是在底座的平面上（见图 4.6.6 默认的加工坐标系位置），这样做的一个缺点是在对刀的时候 Z 的高度无法进行对刀。

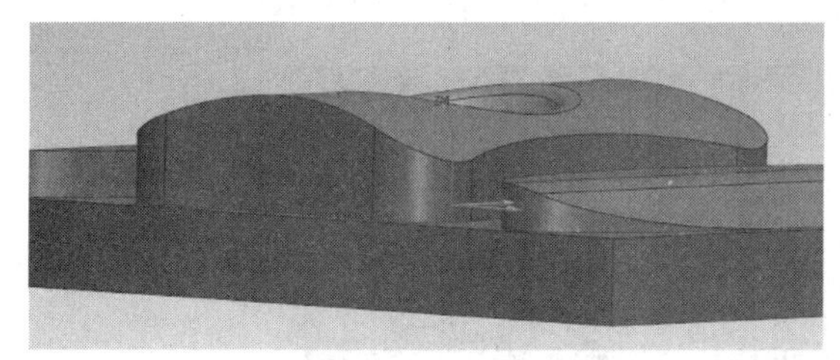

图 4.6.6　默认的加工坐标系位置

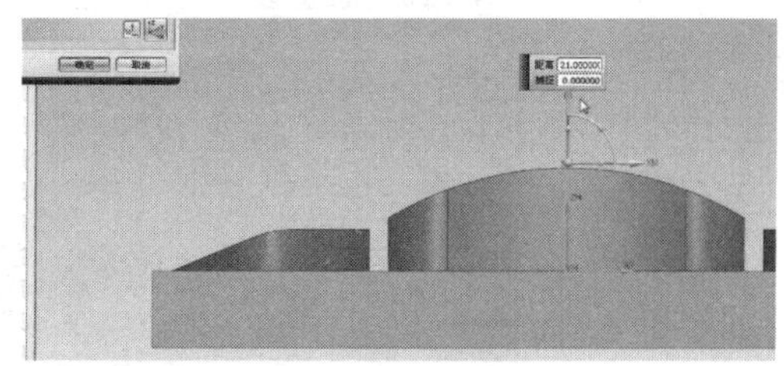

图 4.6.7　移动加工坐标系

首先双击 MCS-MILL，指定 MCS，将它的高度拉到平面上，拉到顶面的平面上，在定向视图中的前视图中进行观察，这样很方便地将它拉上去，确定（见图 4.6.7 移动加工坐标系），然后指定它的安全距离为 2，确定。下面选择毛坯，打开“+”双击 WORKPIECE，指定部件，点击物体，确定（见图 4.6.8 选择加工部件），指定毛坯，选择包容块，依次确定（见图 4.6.9 选择几何体）。

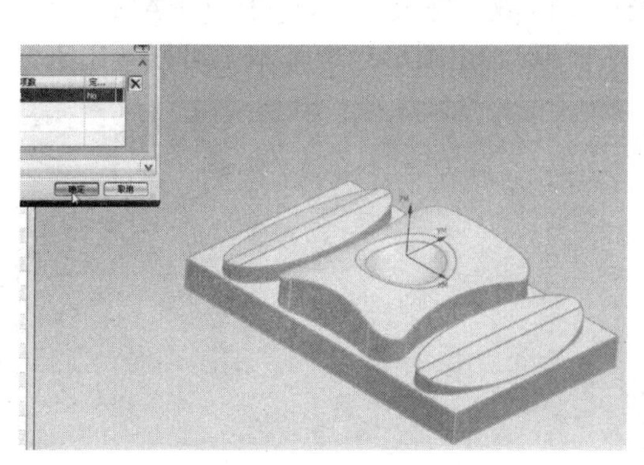

图 4.6.8　选择加工部件

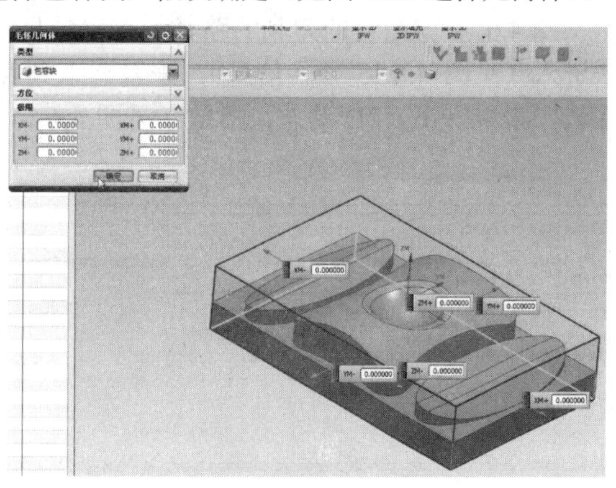

图 4.6.9　选择几何体

三、程序创建

1. 型腔铣的粗加工

程序视图，创建工序，第一步做粗加工操作，粗加工用型腔铣就可以完成了，选择CAVITY-MILL，程序选择 PROGRAM，刀具 D8 的刀具，几何体是 WORKPIECE，方法选择 ROUGH，名称为 CU，确定。

型腔铣的操作指定切削区域，右击，选择定向视图中的前视图，将对象框选，确定（见图 4.6.10 框选物体），设置最大距离为 2，点击切削参数。刚才说了在中间的区域，要保证刀具能进得去，暂时是将它的壁余量关闭，将使底面余量与侧面余量一致去掉，将部件的侧面余量设为零，将侧壁余量关闭，留一个底面余量为 1，确定（见图 4.6.11 余量设置），生成刀具路径（见图 4.6.12 刀具路径）。

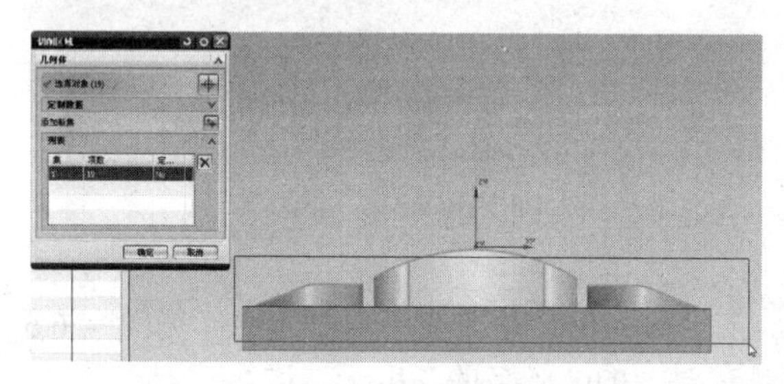

图 4.6.10　框选物体

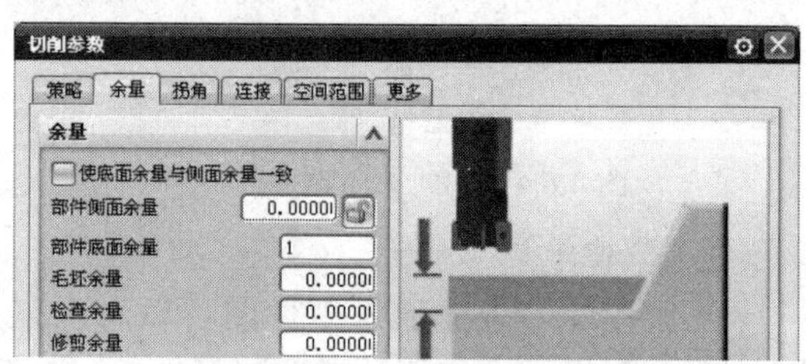

图 4.6.11　余量设置

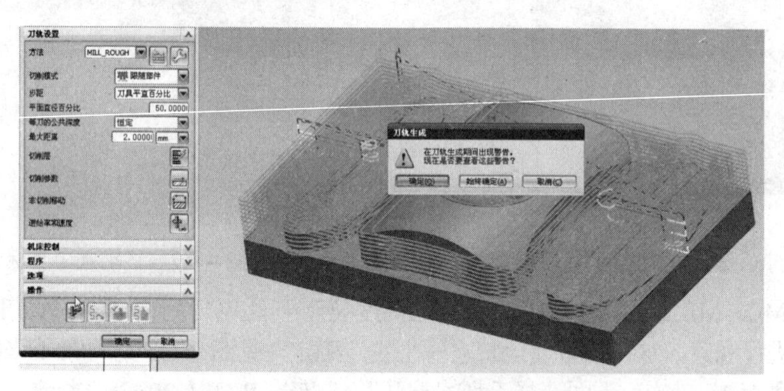

图 4.6.12　刀具路径

图 4.6.12 就是它的刀具的路径，弹出的警告可以看一下，确定，有些区域太小，刀具无法进入（见图 4.6.13 警告信息），来看一下到底是什么区域，确定，选择 PROGRAM，确认刀轨，来看一下，2D 动态，播放（见图 4.6.14 加工模拟）。由图形当中基本上可以看出来区

信息

文件(F)　编辑(E)

信息列表创建者：　Administrator
日期：　2013-7-4 22:25:42
当前工作部件：　E:\UG数控加工源文件\第四章 固定轴曲面轮廓铣\12、第十二节 固定轴曲面轮廓铣加工实例二
节点名：　huahua

---------- 诊断信息 ----------
---------- Object name: CU ----------
有些区域被忽略，因为它们太小而无法进刀。
降低进刀的最小斜面长度或开启“最小化进刀数”功能可减少这些问题。

图 4.6.13　警告信息

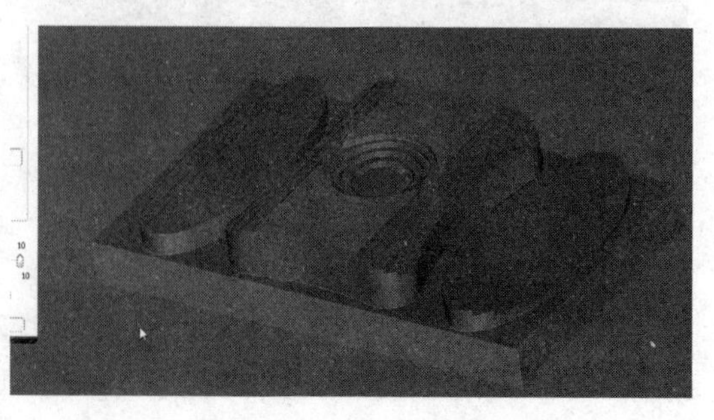

图 4.6.14　加工模拟

域基本上加工完毕了，也就是说它提出的区域太小无法下刀的位置其实是不存在的，通过模拟可以将它忽略掉，确定。

2. 面铣的底面精加工

下面进入精加工，做精加工的时候注意在这里有两个部分，一个部分是平面的精加工，一个是底面的曲面部分的精加工，平面部分的精加工用面铣可以完成，还是这把刀具，创建工序，选择 MILL-PLANAR，选择第二项 FACE-MILLING，其他的参数将方法当中的 ROUGH 改为 FINISH，名称命名为 JING1，做底面的精加工，确定。

指定面边界，选择底面，确定（见图 4.6.15 选择加工面），因为已经没有壁余量了，可以这样直接选择，切削模式看一下跟随部件，其他的参数都可以不改，直接生成，它围绕着底面走了一圈，确定（见图 4.6.16 刀具路径）。

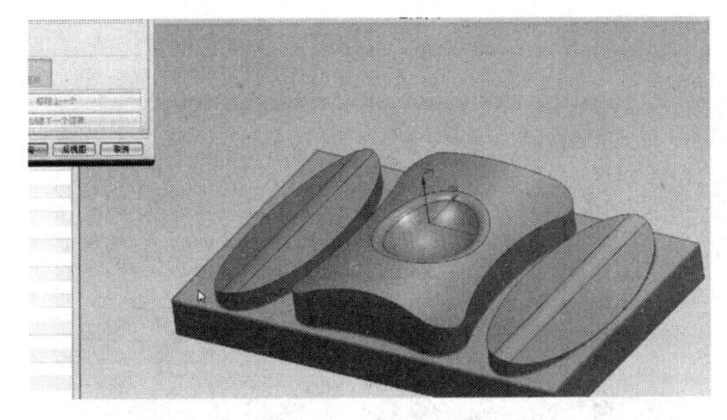

图 4.6.15　选择加工面

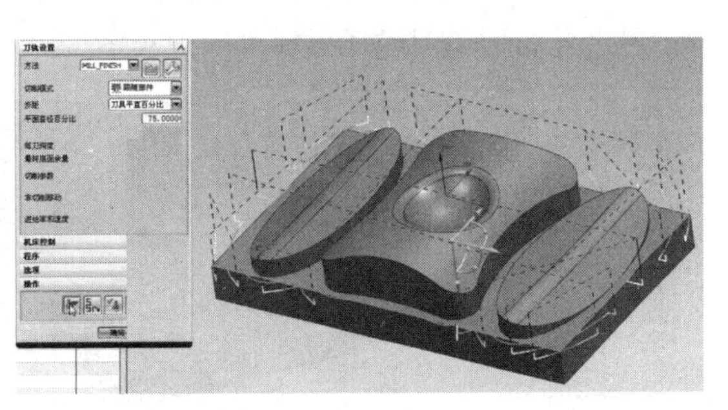

图 4.6.16　刀具路径

确认刀轨，看一下（见图 4.6.17 加工模拟），现在它的基本形状就做完了，它是精加工的底面，下面就开始顶面的操作，确定。

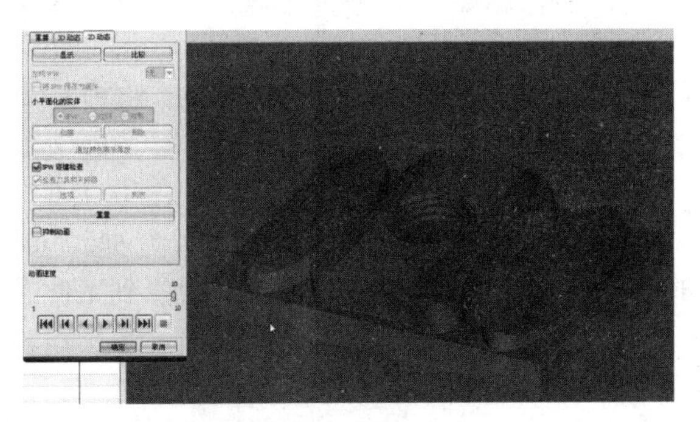

图 4.6.17　加工模拟

3. 固定轴曲面轮廓铣的区域精加工三个凸台区域

创建工序，选择 MILL-CONTOUR，选择 FIXED-CONTOUR，刀具选择 D5R2.5 的球刀，几何体选择 WORKPIECE，方法选择 FINISH，名称命名为 JING2，确定。

下面指定加工区域，这个加工区域是顶面的区域，顶面的区域可以点选，注意中间的区域，要分开来选择，刚才说的是用区域铣削里面的圆形的区域方式，将它分开来选择，确定（见图 4.6.18 选择加工面），方法选择区域铣削，切削模式选择往复的方式，切削方向不管它，平面直径百分比将它设为 5%，切削角度指定一下，指定为 30°的角度，可以预览一下，见图 4.6.19 刀具路径预览，它就是按照 30°的投影角度进行生成的，由于 *XY* 的平面在底面上，因此看得就不是太清楚了，确定，通过刀轨的生成可以看到，它是做一个投影到加工面上的，确定（见图 4.6.20 刀具路径预览）。

图 4.6.18 选择加工面

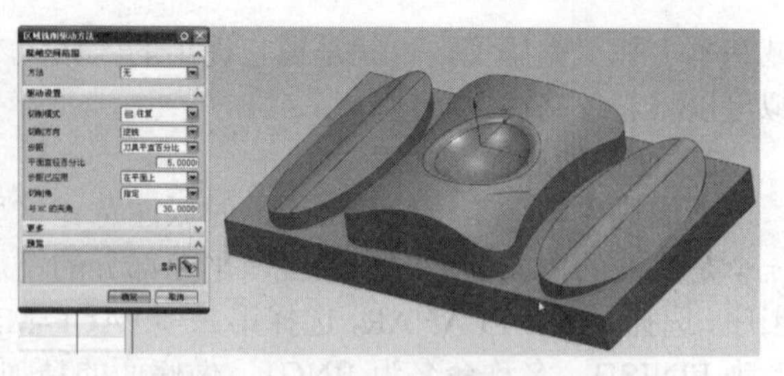

图 4.6.19 刀具路径预览

现在可以进行一些模拟，看一下到目前为止的加工过程（见图 4.6.21 加工模拟），这个就是目前为止精加工的过程，在最后还有一个精加工的过程，同样的方法还是区域铣削里面的，只不过它的走刀路径是往复而不是圆形。

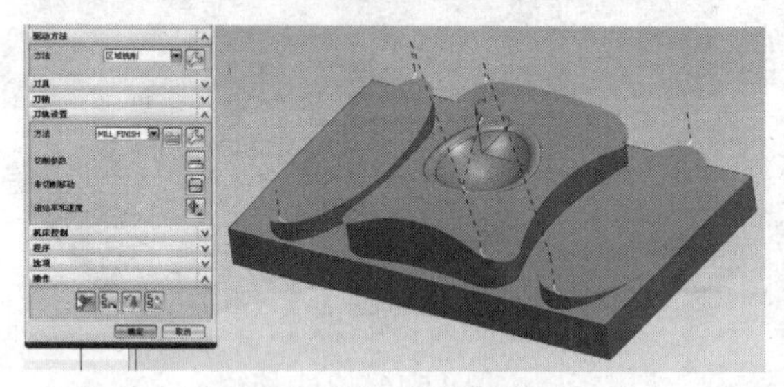

图 4.6.20 刀具路径预览

图 4.6.21 加工模拟

4. 固定轴曲面轮廓铣的区域精加工圆的区域

直接右击 JING2 复制，右击粘贴，右击重命名，名称为 JING3（见图 4.6.22 复制并且重命名）。

做中间圆形的区域。双击 JING3，进入修改切削区域，将列表区域全部删除，选择中间的两块圆弧区域，确定（见图 4.6.23 选择加工面），方法当中，区域铣削里面点击编辑，在这里注意由于是凹进去的图形，一般是从外向内加工，这样保证刀具的下部的刀刃接触到工件，选择同心单向，选择向内的刀路发现，刀具直径百分比设置为 5%，可以显示一下（见图 4.6.24 刀具路径预览），这里的显示可能会显示不清楚，因为它投影到工件的底座上，刚好被物体挡住，确定，生成一下，这样就会形成刀路（见图 4.6.25 刀具路径），确定。

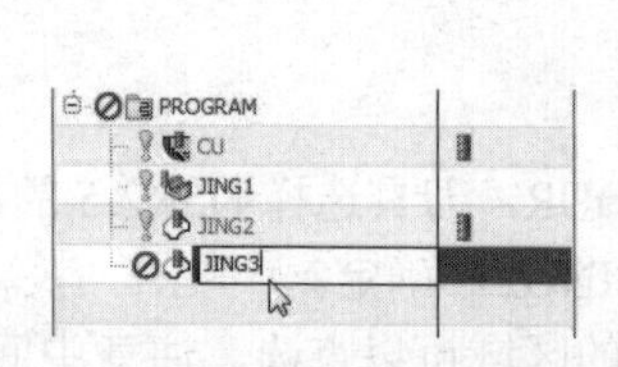

图 4.6.22 复制并且重命名

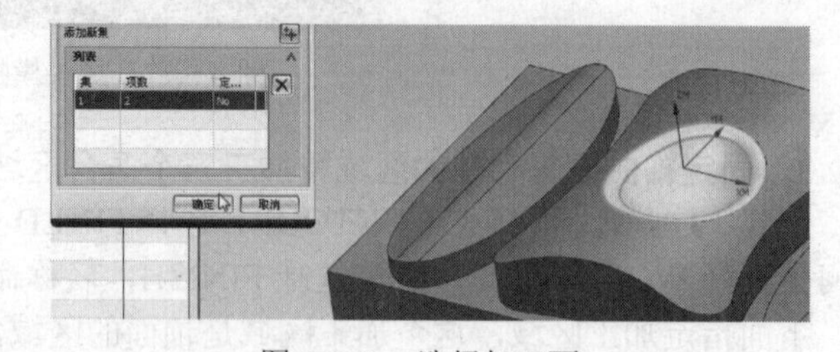

图 4.6.23 选择加工面

四、综合模拟

看一下只要模拟正确，这个题目就可以达到最终的效果了。点击 PROGRAM，确认刀轨，2D 动态，播放，这是用平底刀做粗加工的过程（见图 4.6.26 粗加工模拟），紧接着是面铣做精加工的（见图 4.6.27 面铣的精加工），下面是用固定轴的曲面轮廓铣区域方式里面的往复去

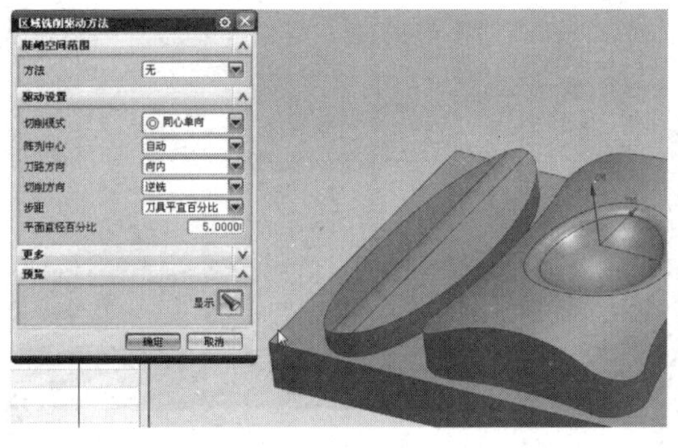

图 4.6.24　刀具路径预览

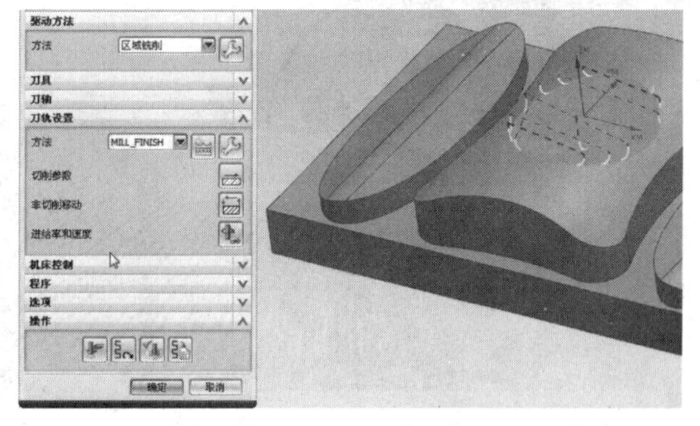

图 4.6.25　刀具路径

做大区域的加工（见图 4.6.28 曲面区域的精加工），最后是用的圆形的往复去做中间的精加工（见图 4.6.29 圆形的精加工）。

图 4.6.26　粗加工模拟

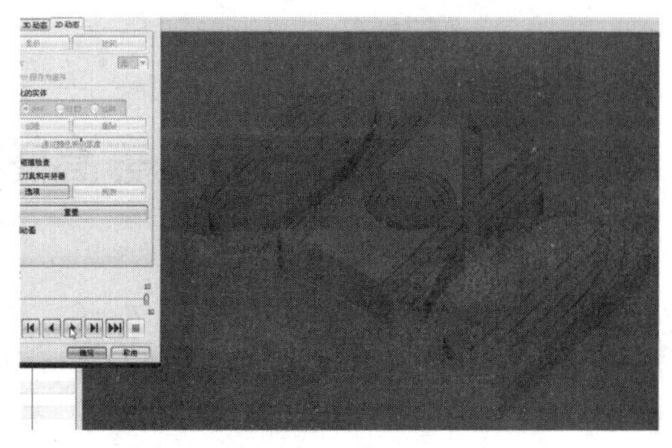

图 4.6.27　面铣的精加工

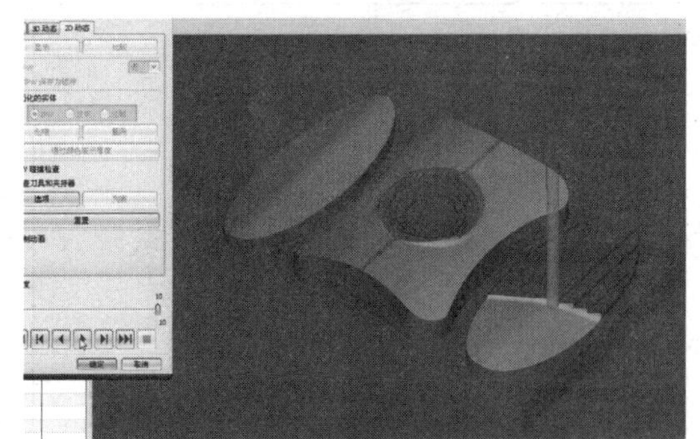

图 4.6.28　曲面区域的精加工

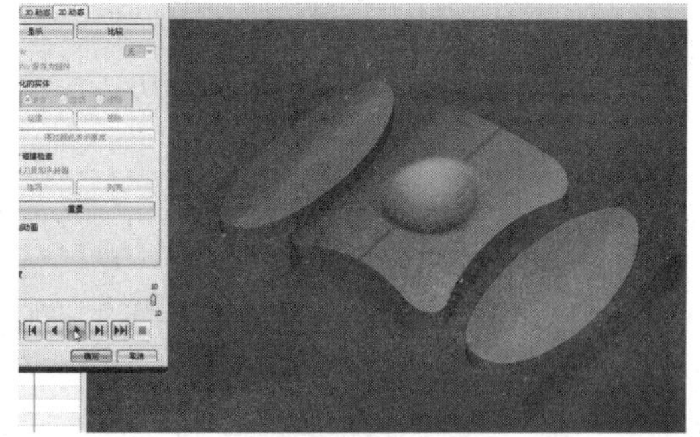

图 4.6.29　圆形的精加工

五、经验总结

由这个题目可以看出来同一个题目做精加工的时候不一定都是用一种方法，如果这个题目当中全部都是用往复的曲面加工方法，中间的圆形区域精度可能达不到要求，而且在加工的时候很容易产生接刀痕，在这边有必要进行两种方式的组合应用。

第五章　等高轮廓铣ZLEVEL PROFILE

第一节　等高轮廓铣入门实例 1

一、工艺分析

图 5.1.1 中工件的基本形状由两个区域组成，下面是底座的区域，上面是一个类似于轮台的区域，在轮台的周围都是 *R*3 的倒角，轮台类似于长方体的拔模，拔模斜度为 13°，形状是比较简单的，将通过两种加工方式来比较一下等高轮廓铣的特点。

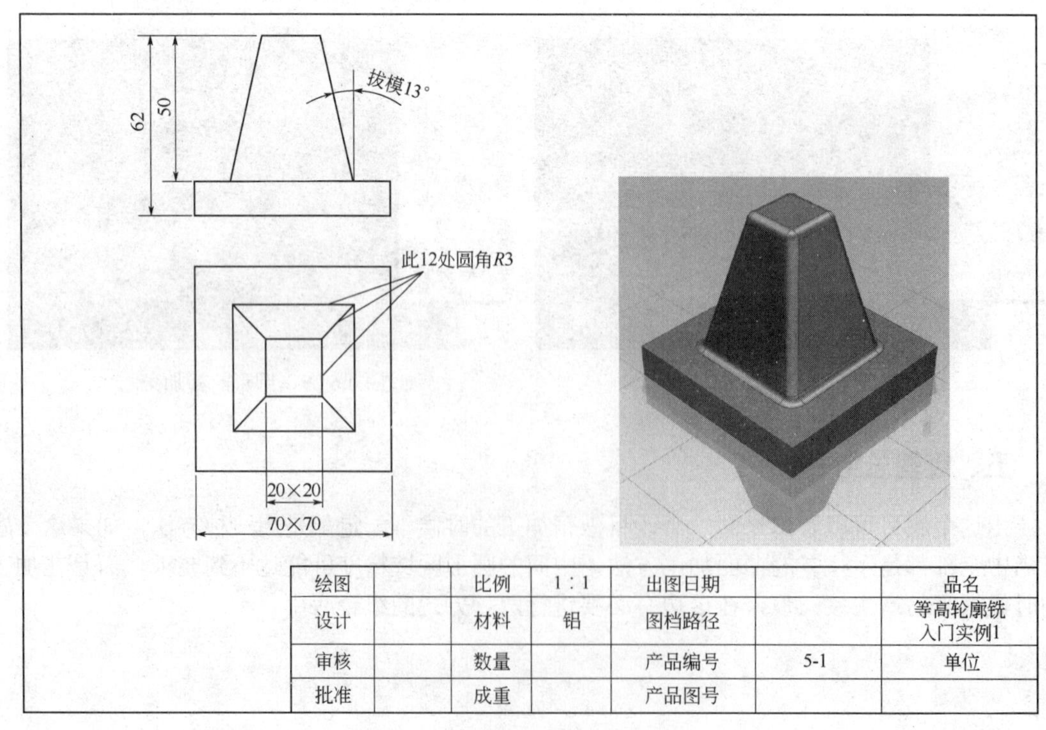

绘图		比例	1∶1	出图日期		品名
设计		材料	铝	图档路径		等高轮廓铣 入门实例1
审核		数量		产品编号	5-1	单位
批准		成重		产品图号		

图 5.1.1　等高轮廓铣的入门实例 1

二、准备工作

首先打开 UG NX8.0，打开第五章等高轮廓铣，第一节等高轮廓铣入门实例 1。开始，进入到加工的环境当中，上面选择 CAM-GENERAL，下面选择第二项 MILL-CONTOUR，确定。

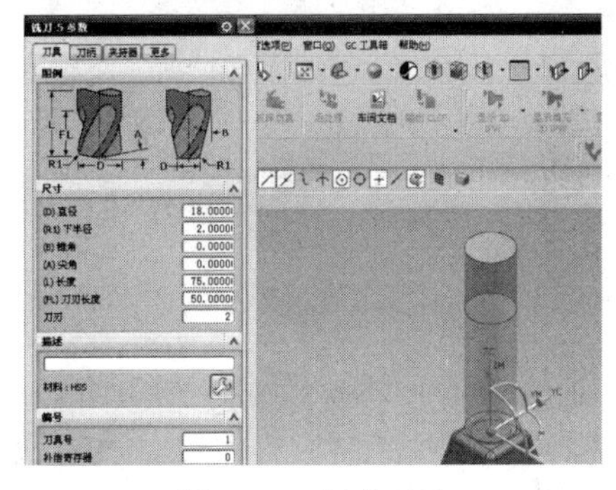

图 5.1.2　创建刀具

1. 创建刀具

首先创建刀具，通过创建刀具可以看出来在创建刀具的时候只是用一把刀就可以加工到位，使用一把圆角刀具就可以了，圆角刀具取的值要比底边角的圆小就可以了，在这里取 *R*2 的圆角，点击机床视图，创建刀具，选择一把 D18R2 的圆角刀，确定，刀具直径为 18，下半径为 2，刀具号为 1，确定，仅用这一把刀具就可以加工完毕（见图 5.1.2 创建刀具）。

2. 创建毛坯

点击几何视图，双击 MCS-MILL，设定它的安全高度为 2，确定，打开“+”，双击 WORKPIECE，指定部件，选择物体，确定（见图 5.1.3 选择加工部件），指定毛坯，选择包容块，依次确定（见图 5.1.4 选择几何体）。

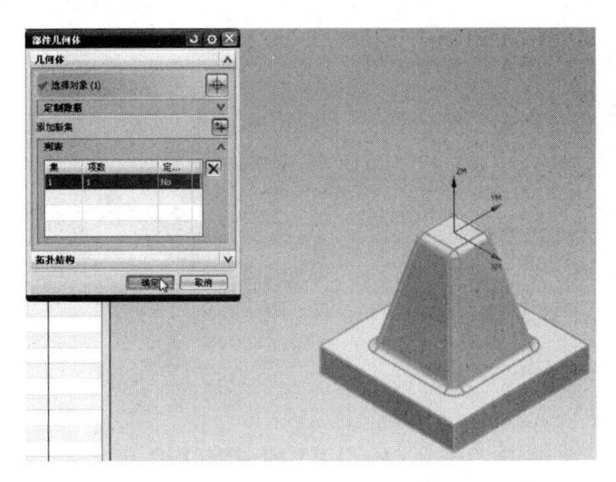

图 5.1.3　选择加工部件

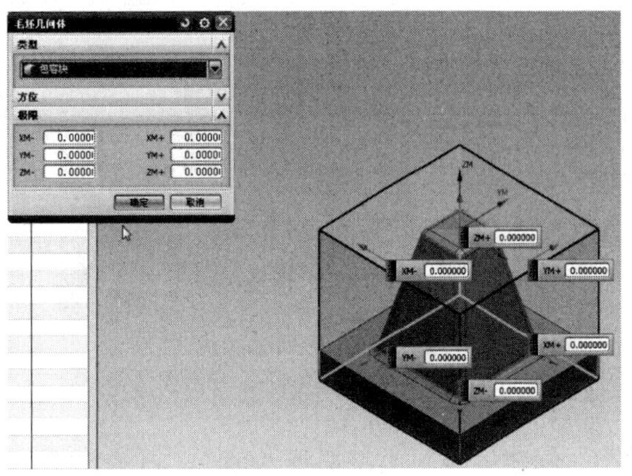

图 5.1.4　选择几何体

三、程序创建

1. 型腔铣的粗加工

返回程序视图，直接回到加工过程，创建工序，选择第一项 CAVITY-MILL 做粗加工，程序选择 PROGRAM，刀具 D18R2，几何体 WORKPIECE，方法 ROUGH 粗加工，名称命名为 CU，确定。

首先第一步指定切削区域，将所有的区域都选中，右击，选择定向视图中的前视图，框选物体，确定（见图 5.1.5 框选物体）。将切削模式选择为跟随周边，因为跟随周边在上部的走空刀会比较少，最大距离设为 2，刀具的距离为 2，生成（见图 5.1.6 刀具路径），这样就生成了粗加工的刀路，确定。

2. 底面区域的精加工

下面进行精加工，首先对底面进行精加工，创建工序，对底面的精加工，暂时用 MILL-PLANAR 当中的面铣去做，方法选择 FINISH 精加工，命名为 JING-DIMIAN，确定。

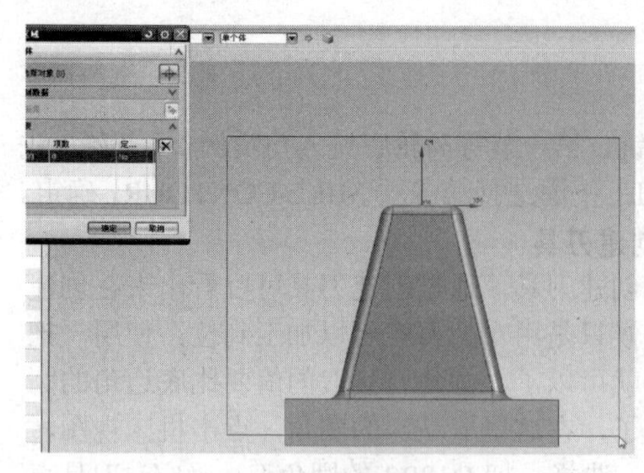

图 5.1.5 框选物体

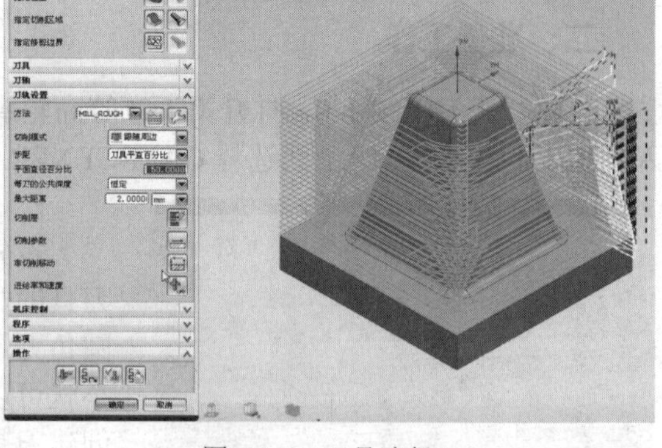

图 5.1.6 刀具路径

指定面边界，点击，确定（见图 5.1.7 选择加工面），切削模式选择跟随周边，底下的参数一样都不需要改变，生成（见图 5.1.8 刀具路径），这是对底面的精加工，下面就注意对侧面的精加工，对于侧壁的精加工使用的是等高轮廓铣的操作。

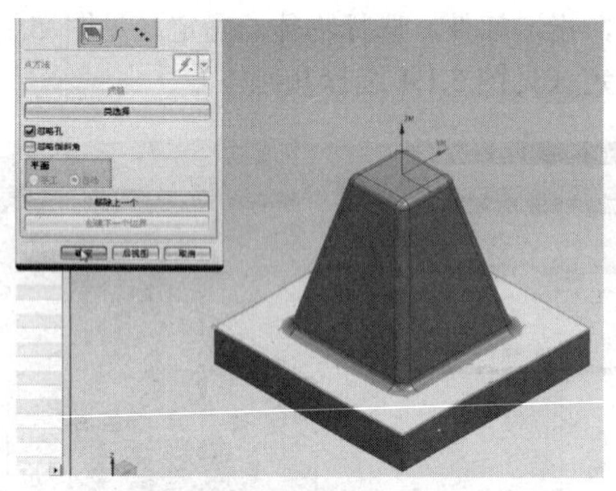

图 5.1.7 选择加工面

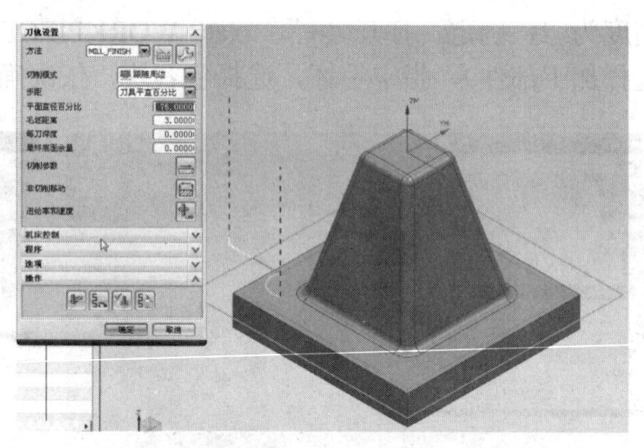

图 5.1.8 刀具路径

3. 侧壁的精加工

创建工序，类型选择 MILL-CONTOUR，在子类型当中选择 ZLEVEL-PROFILE 等高轮廓铣，底下的参数仍然不变，将名称命名为 JING-CEMIAN，确定（见图 5.1.9 创建工序）。

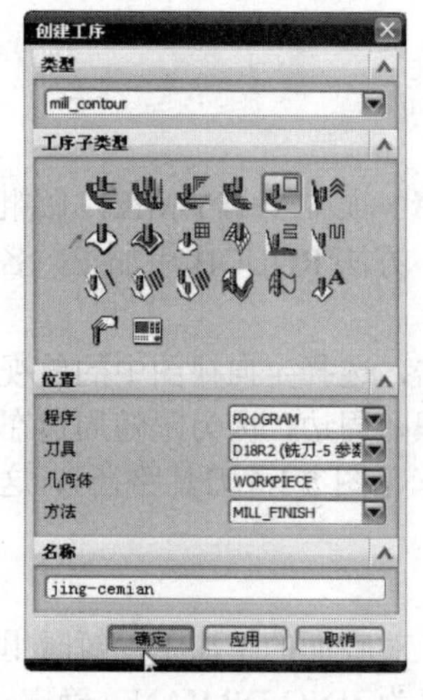

图 5.1.9 创建工序

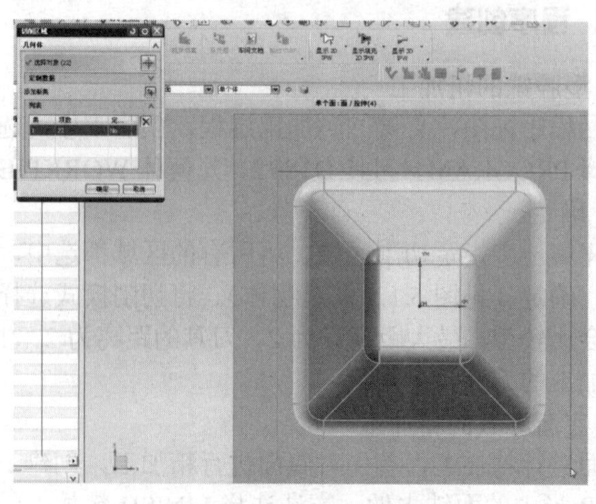

图 5.1.10 框选物体

等高轮廓铣是用于加工侧面比较陡的区域的，单独把平面放出去用平面进行加工，这样对刀路形成有好处，现在指定切削区域，指定所有的圆弧的区域，右击，选择定向视图中的俯视图，框选，确定（见图 5.1.10 框选物体）。

下面的参数暂时只设定它的最大距离，因为是等高轮廓铣，它涉及的是每一层的深度，在这里设定一个比较小的深度，把最大距离设置一个 0.5mm，直接生成刀路（见图 5.1.11 刀具路径），将刀路往下移动一下，看一下，它在每一层都有一个圆弧状的进刀，确定。

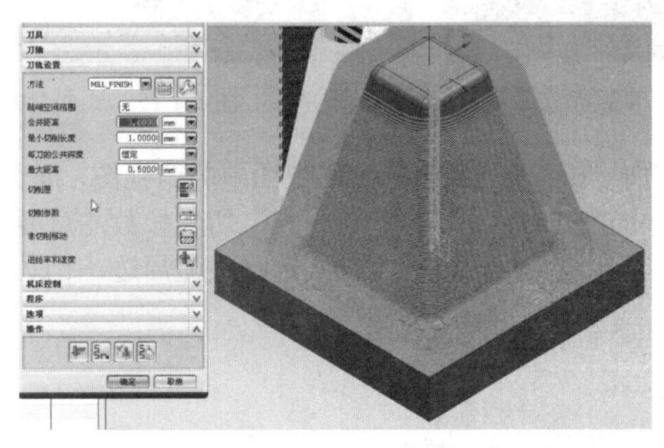

图 5.1.11　刀具路径

4. 综合模拟

点击 PROGRAM，确认刀轨，2D 动态，播放，看一下它的模拟效果，这是第一步的型腔铣的粗加工，也就是平常所说的开粗（见图 5.1.12 型腔铣的粗加工）。

第二步也是用同一把刀具做的平面的精加工（见图 5.1.13 面铣的精加工）。

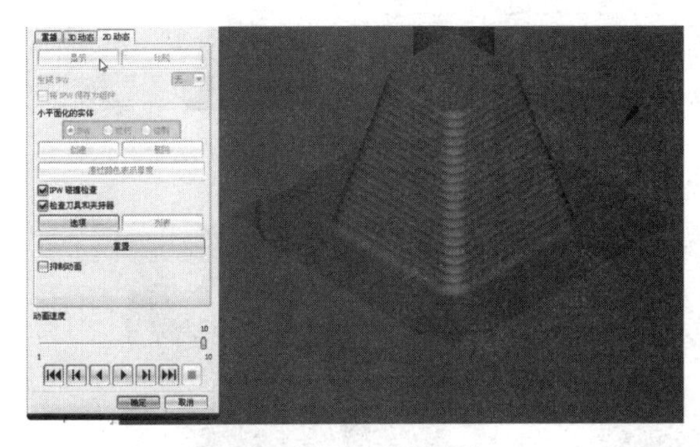

图 5.1.12　型腔铣的粗加工

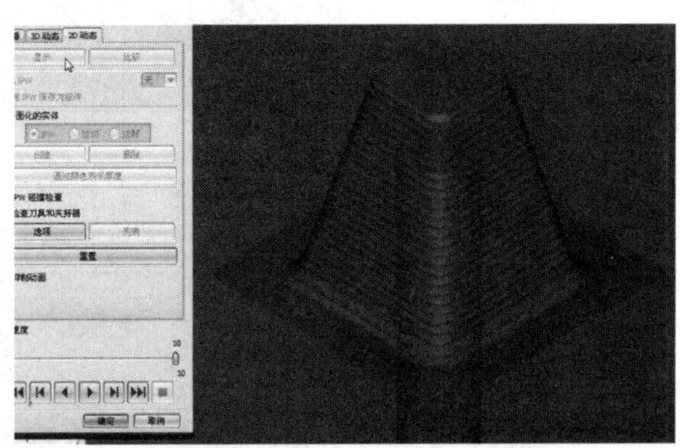

图 5.1.13　面铣的精加工

再接下来就是做整个侧面区域的精加工，用等高轮廓铣的方式做侧壁的精加工（见图 5.1.14 等高轮廓铣的侧壁精加工），看到在最后它的黄色和绿色区域相接的地方已经没有间隙了，那就表明它已经完全加工到位（见图 5.1.15 底面交接的区域）。

四、重要知识点——型腔铣加工的缺点

下面采用型腔铣的精加工做一下侧壁的精加工，看一下有什么不同。创建工序，做型腔铣的精加工，子类型选择 CATITY_MILL，参数基本上不变，名称命名为 JING-XINGQIANG，为了区别，确定。

图 5.1.14 等高轮廓铣的侧壁精加工

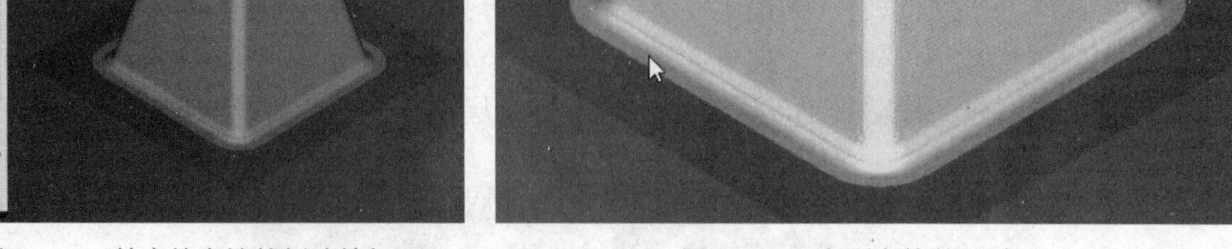

图 5.1.15 底面交接的区域

切削区域选择和前面一样，右击，选择定向视图中的俯视图，框选内部的区域，确定（见图 5.1.16 框选物体），设定它的最大距离为 0.5mm，切削参数注意要选择基于层的方式，确定（见图 5.1.17 空间范围选择基于层），切削模式选择跟随周边，生成刀路，确定（见图 5.1.18 刀具路径）。

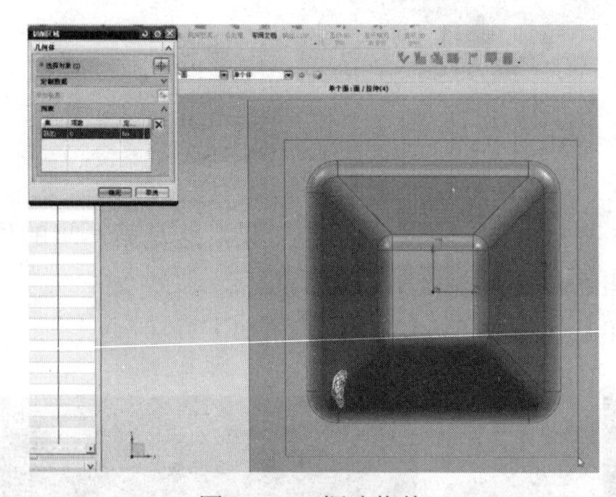

图 5.1.16 框选物体

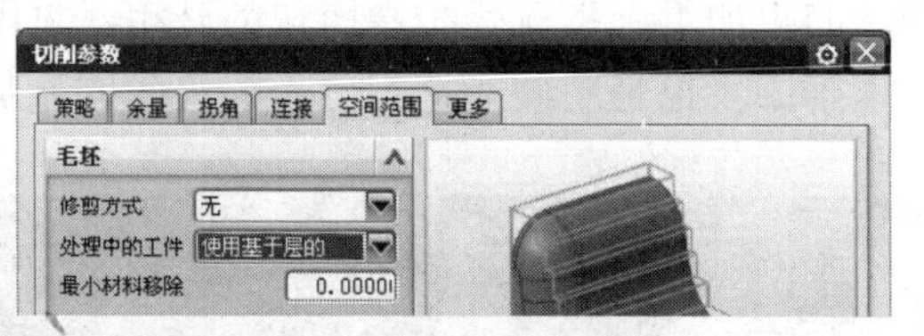

图 5.1.17 空间范围选择基于层

图 5.1.18 刀具路径

图 5.1.19 直线型的进刀和退刀

看到它的刀路跟等高轮廓铣有很大一部分不同，是在于它进刀的区域，等高轮廓铣是采用圆弧状的进刀和退刀，型腔铣是采用直接型的进刀和退刀（见图 5.1.19 直线型的进刀和退刀），看一下效果有什么不一样，2D 动态，播放（见图 5.1.20 加工模拟），由现在精加工完成的区域也可以看出来，作为型腔铣的精加工对于陡峭的区域它会有很明显的接刀痕出现，因为型腔铣它作为深度的加工，是以平面作基础参照的，以横向刀的移动作为它的参照对象，而等高轮廓铣是以纵向作为参照对象，也就是说等高轮廓铣设置的 0.5 其实是它的深度，每一圈往下面加工 0.5 的深度，而型腔铣是往平面的移动为 0.5，这就是它们最大的区别。

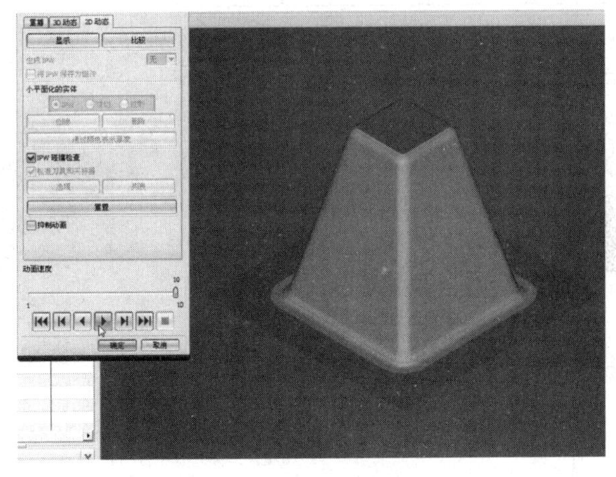

图 5.1.20 加工模拟

五、经验总结

通过本节知道了在陡峭区域的时候必须要采用等高轮廓铣进行加工，这样才能保证精度，而型腔铣主要是用于加工大曲面或者角度不是很大的曲面，在实际加工当中，经常是两种加工方法结合起来应用。

第二节 等高轮廓铣入门实例 2 和参数设置

一、工艺分析

图 5.2.1 中的工件由这么几大块组成，一个类似于圆台的区域，分成两个部分，一部分角度为 60°，一部分为 70°，另外是一个 *R*55 的外圆弧的凸台，一个是 *R*45 的内圆弧的凸台，由中间的图形可以得出来它们并不是一个完整的球形（见图 5.2.2 工件的前视图俯视图），在最左边的凸台中间的区域可以用小刀将它加工完成，这个加工的方法跟面铣是一样的，通过补线是可以完成的。

二、准备工作

打开 UG NX8.0，打开第五章等高轮廓铣第二节等高轮廓铣入门实例 2 和参数设置，OK。开始，进入到加工环境，选择 MILL-CONTOUR，确定，题目当中的几大块区域，首先有一个大平面，还有圆弧的面，圆弧的面用圆角刀或者球刀可以完成，平面可以用平底刀去做。

1．创建刀具

机床视图，下面创建几把刀具，第一把刀具是创建一把 D18R3 的刀具做圆弧面的加工和底面的加工，确定，刀具直径为 18，下半径为 3，刀具号为 1，确定（见图 5.2.3 创建刀具）。

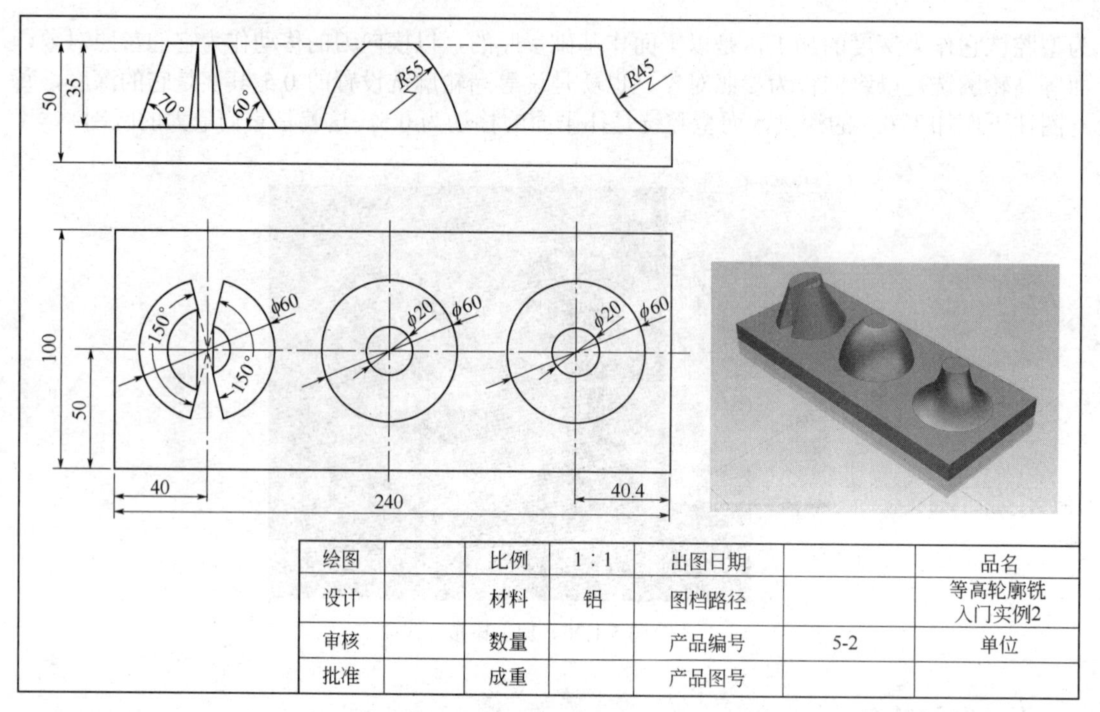

图 5.2.1 等高轮廓铣的入门实例 2

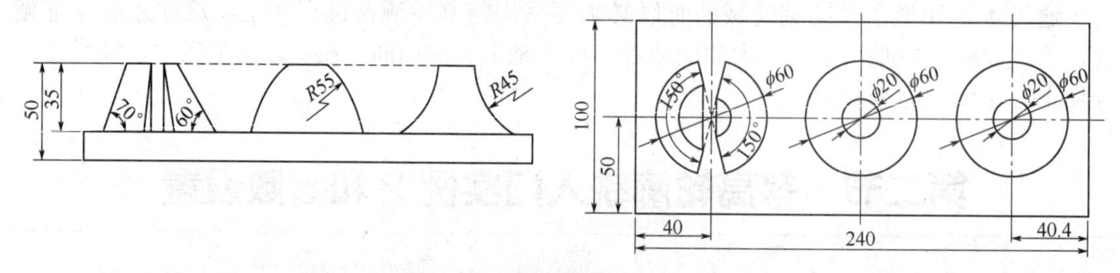

图 5.2.2 工件的前视图俯视图

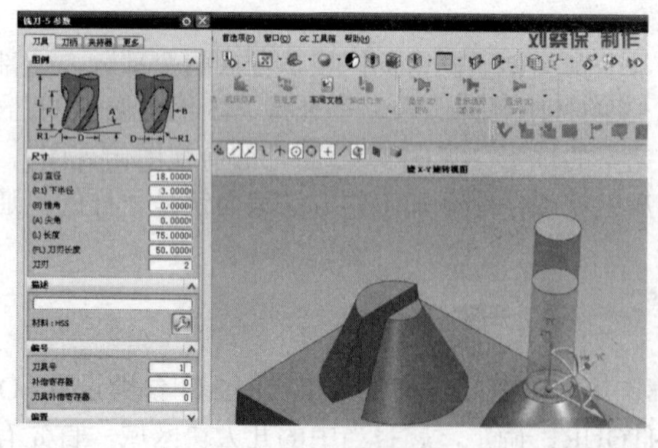

图 5.2.3 创建刀具

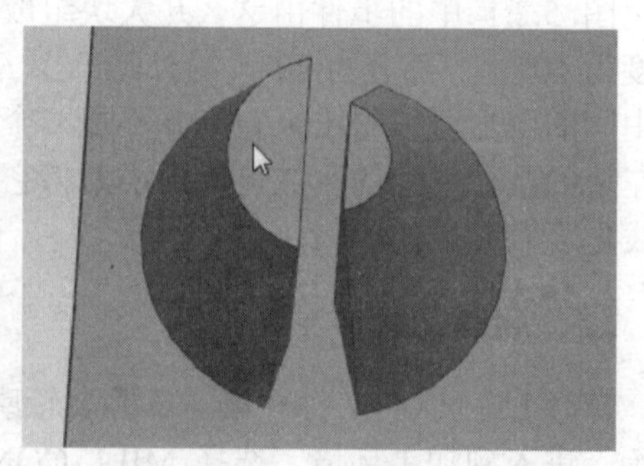

图 5.2.4 凸台区域

作为题目加工还有一个地方需要注意的：凸台中间的区域（见图 5.2.4 凸台区域），还可以通过分析当中的测量工具去测量一下它中间的直径，从斜面来看是 10.0532，从正面看直径可能更小（见图 5.2.5 测量距离），就取一把直径为 4 的小刀具就可以了，创建第二把刀具，为 D4 的平底刀，确定，刀具直径为 4，刀具号为 2，确定（见图 5.2.6 创建刀具）。

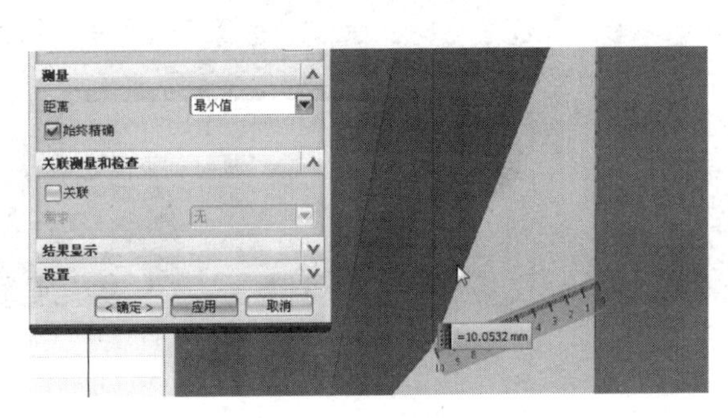

图 5.2.5　测量距离

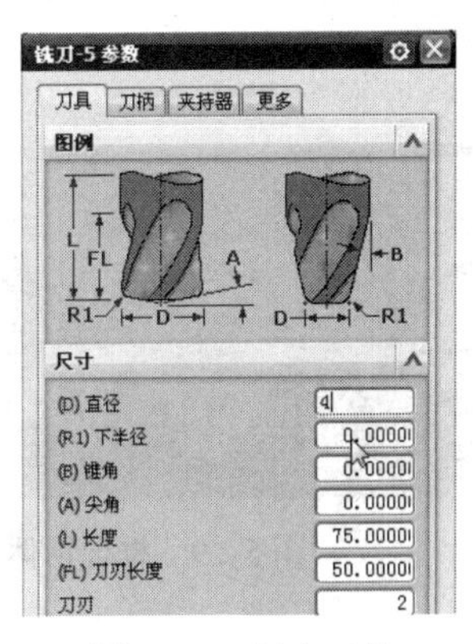

图 5.2.6　创建刀具

2. 创建毛坯

下面点击几何视图，双击 MCS-MILL，设定它的安全高度为 2，确定，打开“+”双击 WORKPIECE，指定部件，选择物体，确定（见图 5.2.7 选择加工部件），指定毛坯，选择包容块的方式，依次确定（见图 5.2.8 选择几何体）。

图 5.2.7　选择加工部件

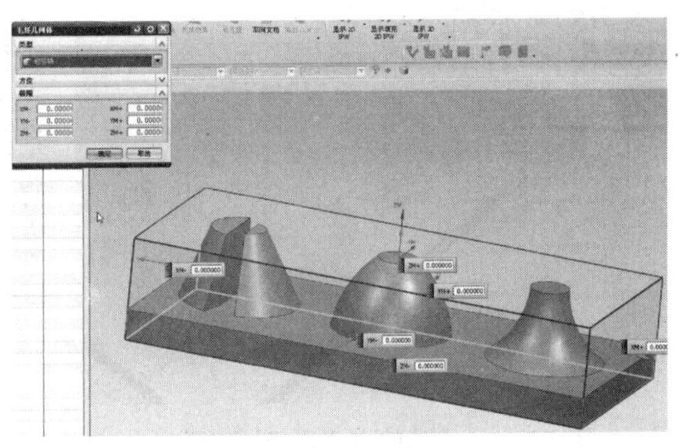

图 5.2.8　选择几何体

三、程序创建

1. 型腔铣的粗加工

点击程序视图，创建工序，首先仍然是用型腔铣去开粗，选择 CAVITY-MILL，程序选择 POGRAM，刀具 D18R3，几何体选择 WORKPIECE，方法选择 ROUGH，名称命名为 CU，确定。在做粗加工的时候有时候系统会弹出警告，警告当刀具过大的情况下，凸台中间的区域是加工不到的，这种警告方式是可以忽略的。

指定切削区域，右击，选择定向视图中的前视图，框选物体，确定（见图 5.2.9 框选物体），设定它的最大距离为 2，切削模式选择跟随周边，其他参数不变，生成（见图 5.2.10 警告信息），当采用这种方式加工范围比较复杂的区域的时候，UG 软件有时候会弹出“在存储管理器当中试图释放一个已经释放的内存”，这是 UG 的计算方式的错误，通过确定更改一个方法就可以重新进行加工。

再次创建工序，一样的参数，名字再次命名为 CU，确定，这次在指定切削区域的时候不用框选的方式，直接点选所有的加工区域，现在完全点选完毕，确定（见图 5.2.11 点选的方式选择加工面），选择跟随周边的切削模式，最大距离设置为 2。

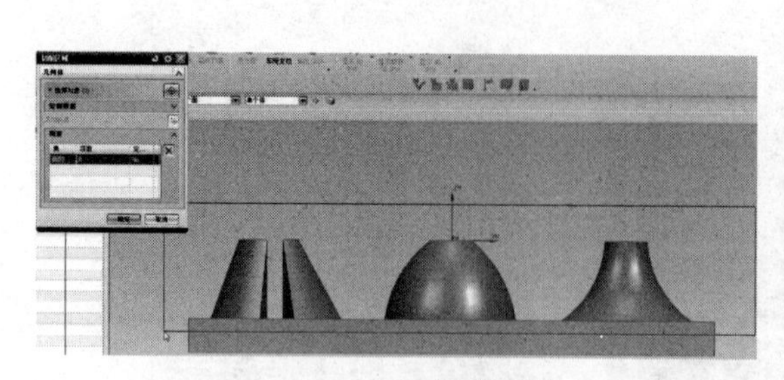

图 5.2.9 框选物体

图 5.2.10 警告信息

选择切削层，点击一下选择对象，选择加工的顶面，顶面因为都是一样的，所以随便选择一个面就可以了，这个时候在中间的面点一下（见图 5.2.12 选择顶面），底面在下面点一下，确定（见图 5.2.13 选择底面）。这次再生成程序的时候就不会产生刚才出现的存储器的问题（见图 5.2.14 生成刀具路径），刚才是由于 UG 计算的问题导致的，这并不是操作的失误，确定。这就是它的粗加工的过程。

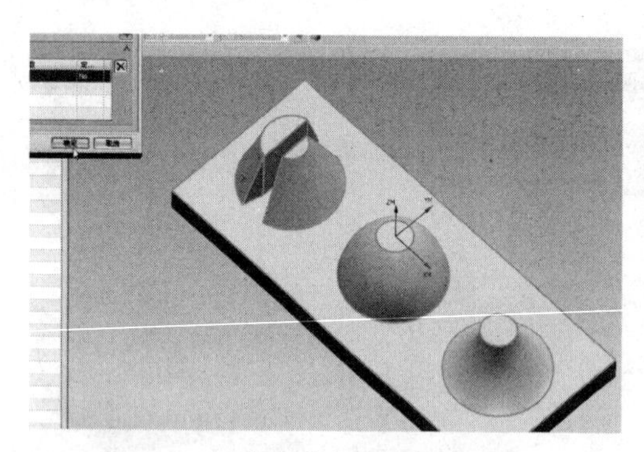

图 5.2.11 点选的方式选择加工面

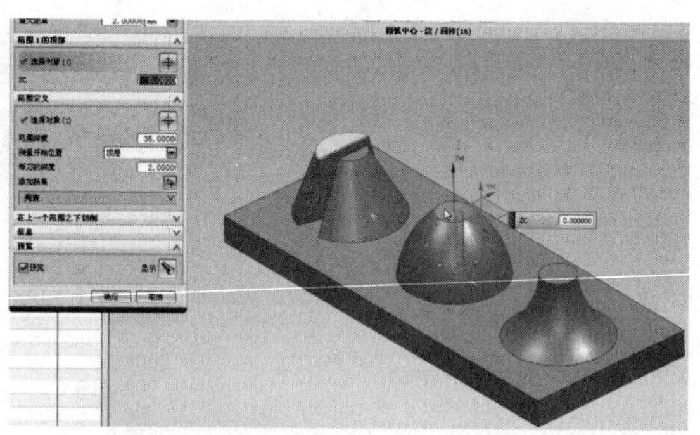

图 5.2.12 选择顶面

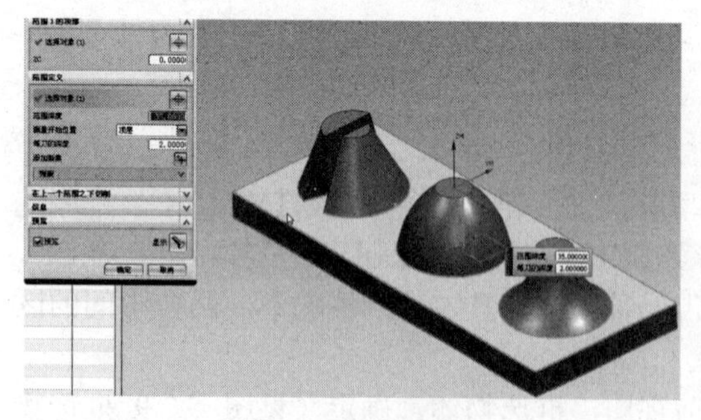

图 5.2.13 选择底面

图 5.2.14 生成刀具路径

2. 绘制辅助线

下面做精加工的操作，精加工之前用小刀将凸台中间的区域做完，在做的时候有必要通过建模的方式补一些线，开始建模，草图，选择定向视图中的俯视图，现在补线，补线的时候稍微出来一点，使刀路让出来一点位置，线已经补完，完成草图（见图 5.2.15 绘制辅助线）。

3. 加工补线区域

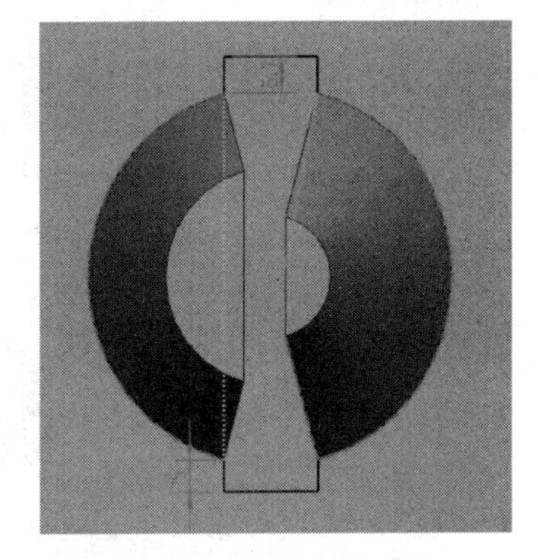

图 5.2.15 绘制辅助线

开始，进入到加工的方式，直接用小刀去创建中间的区域，创建工序，选择 MILL- PLANAR，在子类型里面选择 FACE-MILLING，方法选择 ROUGH，由于这里并不是主要的加工方法，在这里用粗加工的方式完成所有的操作，参数不变，将名称命名为 CU-XIAO，确定。

指定面边界，选择线，选择刚才添加的线，将添加的线和物体内部的线相连接，这样就完成加工区域的选择，确定。切削模式选择跟随部件，毛坯距离通过工件图上可以看得出来上面的距离为 35（见图 5.2.16 前视图观察深度），毛坯距离为 35，每刀深度为 2，余量设置为零，来看一下切削参数，将里面的余量都设置为零（见图 5.2.17 余量设置）。因为这里不是最重要的地方，刀轴指定为 *ZM* 轴，刀具刚才忘记指定，在这里选择 D4 的刀具，生成（见图 5.2.18 刀具路径）。

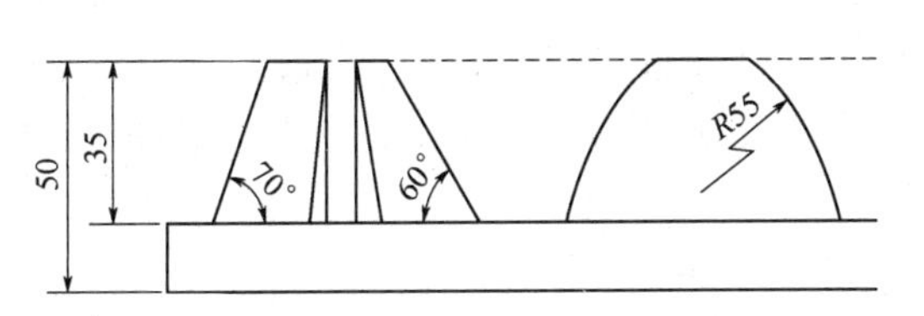

图 5.2.16 前视图观察深度

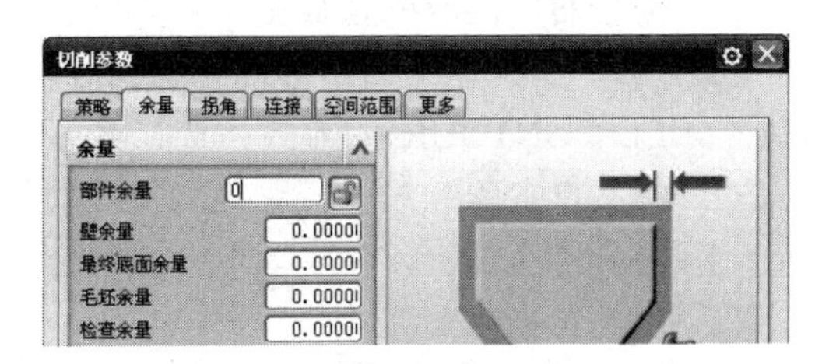

图 5.2.17 余量设置

这就是用它做中间区域的加工，通过 PROGRAM 来看一下它目前为止加工的模拟效果，2D 动态，播放（见图 5.2.19 加工模拟），看到最基本的形状已经做完了，下面就是要将底面做个精加工，然后就可以用等高轮廓铣对三个凸起来的区域进行加工了。

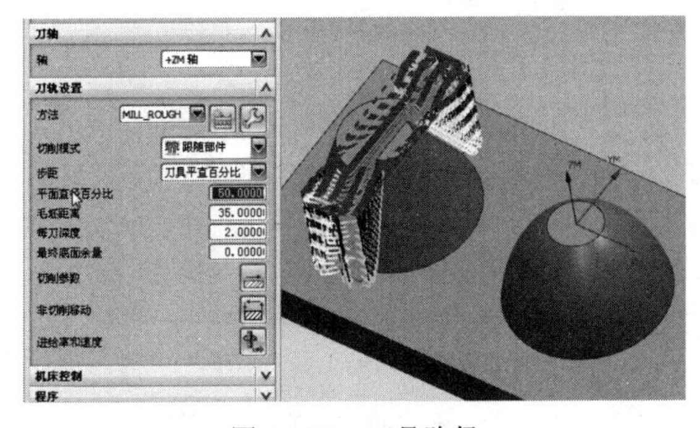

图 5.2.18 刀具路径

图 5.2.19 加工模拟

4. 底平面的精加工

底面加工仍然是创建工序，做的时候可以选择一把大刀，在类型里面选择 MILL-PLANAR，在子类型里面选择面铣，选择 D18R3 的刀具，几何体选择 WORKPIECE，程序选择 PROGRAM，方法选择 FINISH，名称命名为 JING-DI，确定。

指定面边界，直接选择整个的底平面（见图 5.2.20 选择加工面），切削模式选择跟随周边，生成一下刀路（见图 5.2.21 刀具路径）。

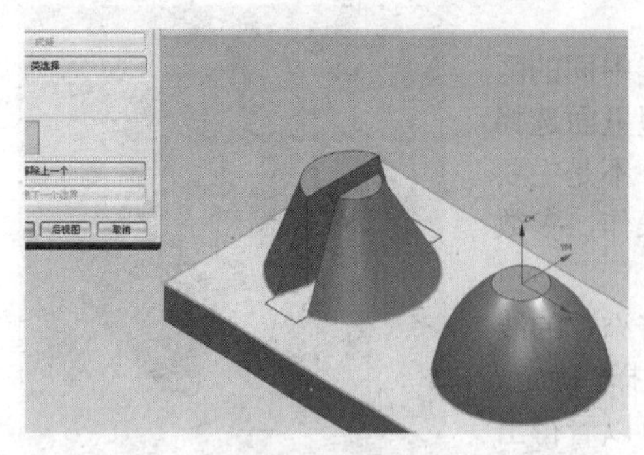

图 5.2.20 选择加工面

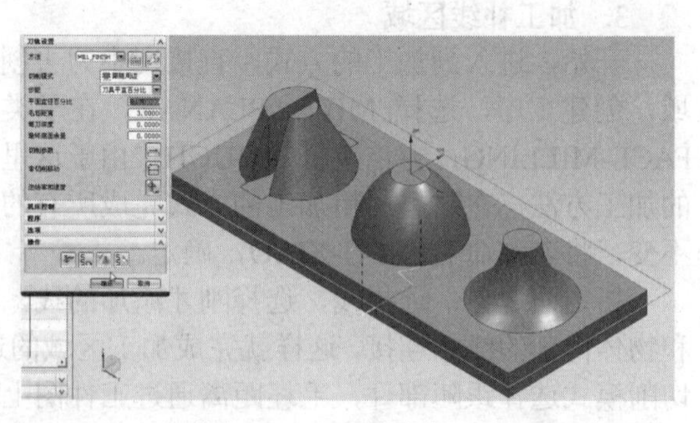

图 5.2.21 刀具路径

四、重要知识点——等高轮廓铣的参数设置

1. 整个曲面区域的精加工

接着上一步操作下面用等高轮廓铣进行三个范围的选择，点击 PROGRAM，创建工序，选择 MILL-CONTOUR 的方式，选择第五项 ZLEVEL-PROFILE，下面的参数都不变，刀具还是 D18R3 的刀具，方法还是 FINISH 精加工，名称命名为 DENGGAO，确定（见图 5.2.22 创建工序）。

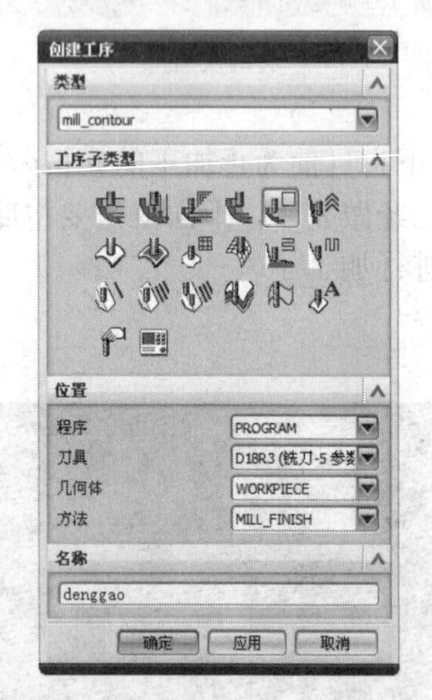

图 5.2.22 创建工序

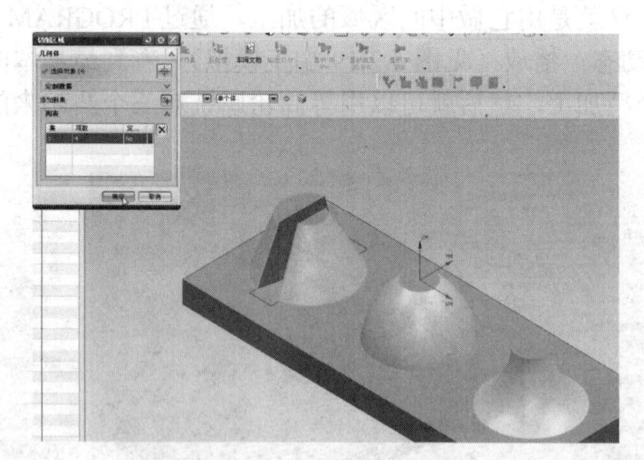

图 5.2.23 选择加工面

切削区域选择要等高轮廓铣加工的区域，也就是斜面和曲面的区域（见图 5.2.23 选择加工面），这次参数暂时什么都不改变，只设定它最大的加工距离，最大距离设置为 0.5，这是指它的深度，生成一下刀路，确定（见图 5.2.24 刀具路径）。

在生成刀路的时候会发现它的上部有很多走空刀的过程，点击 PROGRAM，确认刀轨，2D 动态，播放一下（见图 5.2.25 加工模拟），在看到加工顺序的时候在开始的一半的区域是分步加工的，然后到底下区域是跳过来跳过去加工的(见图 5.2.26 凸台加工的刀具走刀方式)，这个可以通过参数进行修改。

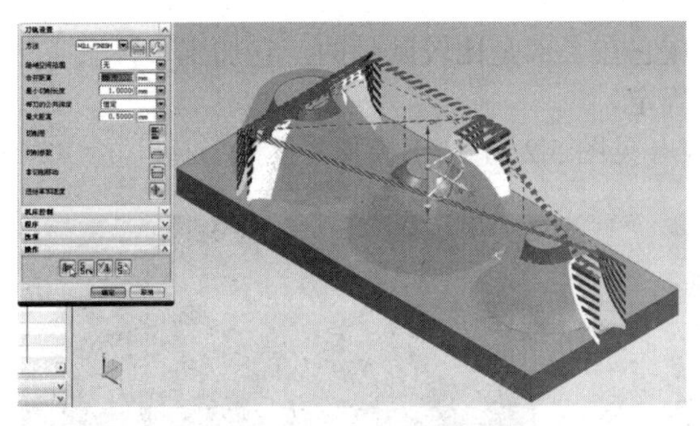
图 5.2.24　刀具路径

图 5.2.25　加工模拟

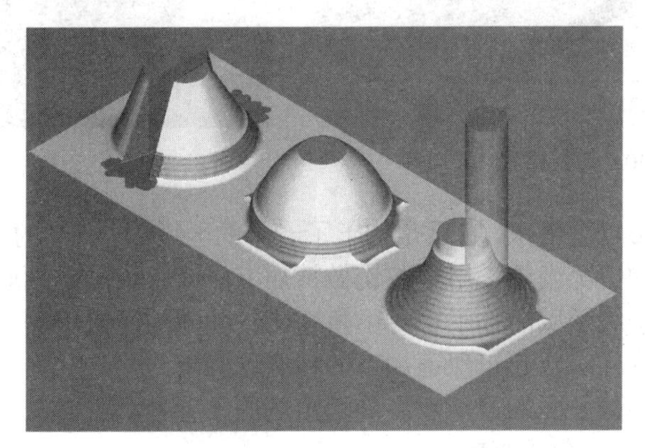
图 5.2.26　凸台加工的刀具走刀方式

2. 第一个知识点——陡峭空间范围

图 5.2.27　陡峭空间范围

下面看一下在中间需要注意的区域，等高参数里面的区域，首先看一下陡峭空间范围（见图 5.2.27 陡峭空间范围），由于等高轮廓铣又叫做深度加工，一般来说是对角度比较陡峭的区域进行加工的，也就是说当角度接近于 90°或者是比较陡峭的区域的时候，用等高轮廓铣比较好，因为它的最大距离设置的是深度的范围，如果角度比较平缓的情况下，它就会产生接刀痕，因为它的投影距离会越来越大。

在刀轨设置的陡峭空间范围内有一个仅陡峭区域，仅陡峭区域当选择以后底下会出现一个角度设置，角度的默认值为 65°（见图 5.2.28 仅陡峭的 65°），也就是说它只加工大于 65°的区域，可以简单看一下工件图（见图 5.2.29 工件图的前视图），在最左边的凸台上，有一半是 70°，有一半是 60°，也就是说当选择仅陡峭区域的时候它只会在 70°的区域加工。在右边的两个区域有陡峭的区域也有不陡峭的区域，中间的区域在接近底面的时候会大于 65°，在最右边的区域接近顶面的时候大于 65°。

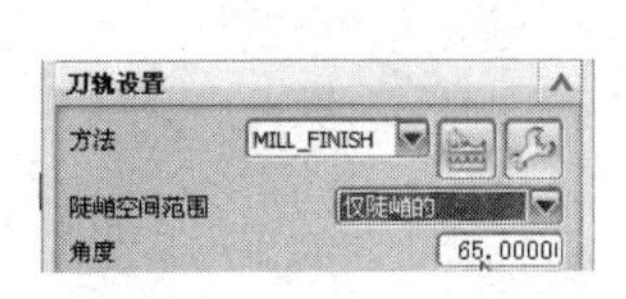

图 5.2.28　仅陡峭的 65°

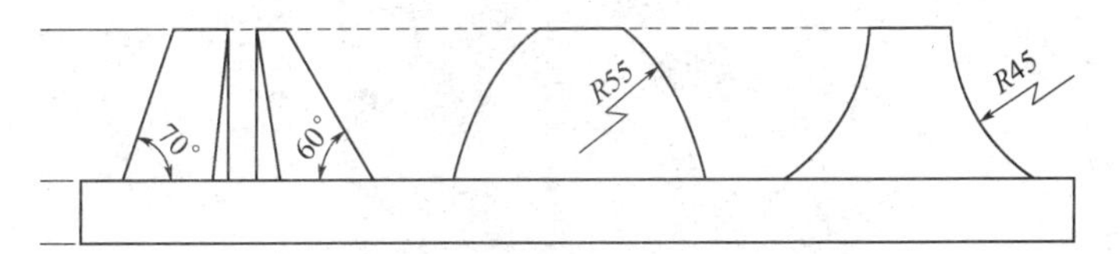

图 5.2.29　工件图的前视图

返回 UG 的软件，用默认的 65°，生成（见图 5.2.30 刀具路径），现在很明显地看到在左侧的区域，它的右半边小于 65°的角度，它不加工；中间的鼓形上面的区域不加工，因为它的面是比较平缓的；右边的类似于火山口的区域它在上部是比较陡峭的，它加工了，底下平面区域，类似于接近平面的区域它就不加工，确定。

来看一下效果，确认刀轨，2D 动态，播放（见图 5.2.31 加工模拟）。

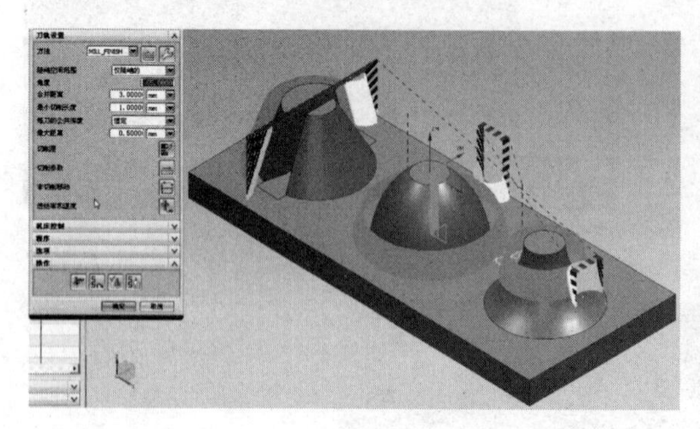

图 5.2.30　刀具路径

图 5.2.31　加工模拟

现在也能由图上可以看出来，它只是加工了一半的区域，这一半的区域就是特征大于 65°的区域，在实际加工的情况当中，用型腔铣做精加工，或者用固定轴曲面轮廓铣做精加工，它能很好地保证角度平缓区域的加工。对于角度比较陡峭的区域用等高轮廓铣也就是深度铣削辅助精度的加工，这样综合起来保证加工的精度，确定。

这是等高轮廓铣参数里面的第一点：陡峭角度的设置。

3. 第二个知识点——合并距离

第二点看一下合并距离，合并距离是什么意思，首先将陡峭角度关掉，生成刀路，看一下（见图 5.2.32 刀具路径）。

在圆弧区域，在左侧的凸台区域这里的距离它在中间发生了一个断开的过程，很明显它的圆弧并不是相连的，这里的合并距离就是用于设置不连续的刀路。当刀路处于同一层的时候刀路中间的间隙，如果是小于合并距离的话刀路将会连续地产生。在这里由于这里的间隙比较大，将它设置得大一点，比如说将合并距离设置为 80，重新生成一下刀路，注意看两个圆弧之间的刀路，生成（见图 5.2.33 合并距离为 80 的刀具路径），现在能看出来，它们的刀路是已经连续在一起了，这样的话就会大大减少抬刀的时间，这样通过合并距离减少抬刀时间的情况，可以避免走空刀，相应地在它们相切的地方，它走的是 F 值，如果 F 值比较低的话，它也会浪费相应的时间，在这里一般取一个中间值就可以了。下面通过模拟看一下在这边走刀的情况，确认刀轨，2D 动态，播放（见图 5.2.34 加工模拟）。

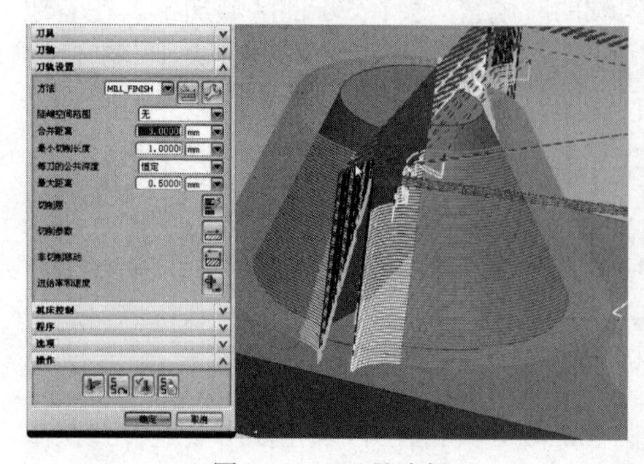

图 5.2.32　刀具路径

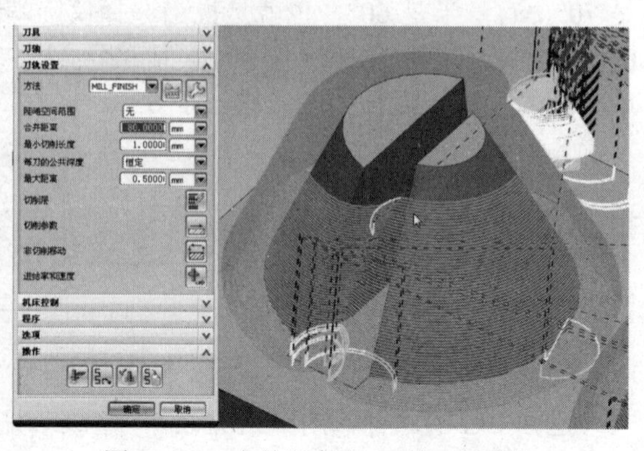

图 5.2.33　合并距离为 80 的刀具路径

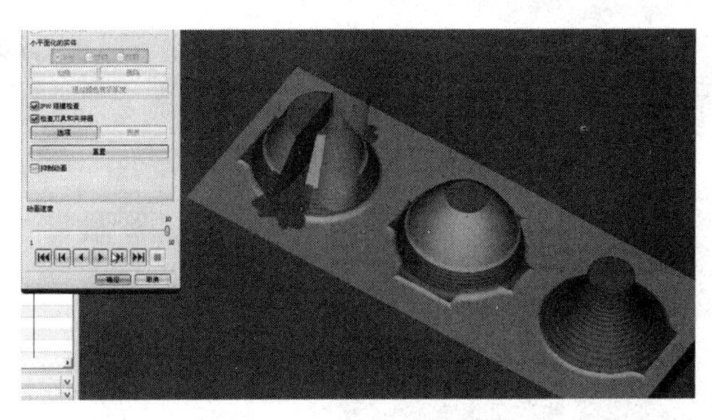

图 5.2.34　加工模拟

它将两个断开来的曲面作为一个整体进行走刀，因为现在可以看到刀路在陡峭区域它将刀路相连，不过在接近于底面的区域也是来回跳动的，因为还是有一个参数没有设定的，确定。

这是里面要注意的第二个参数：合并距离。合并距离的意思就是当刀路中间的间隙小于合并距离的值的时候它将两段刀路相连，使它成为一整段刀路。

4. 第三个知识点——最小切削长度

下面看最小的切削长度，最小切削长度在这里是 1，是什么意思？1 的意思就是当设定的刀路的长度小于 1mm 的时候，这段刀路将会被忽略不加工，在这个题目当中并不是很多，最小切削长度存在的意义就是可以减少一些很小的没有意义的刀路。

为了演示最小切削长度，将它的值设置得大一点，比如说将它设置为 140，也就是说当刀路的总长度小于 140mm 的时候刀路将不会生成。生成一下刀路（见图 5.2.35 最小切削长度为 140 的刀具路径），从图上可以看出来，在工件的顶部，最上面几圈长度它的刀路是小于 140，也就是说类似于圆的周长小于 140 的时候，将其忽略掉（见图 5.2.36 旋转观察），左边和中间忽略的不多，在右边由于它的顶部是比较细的，它忽略的长度就比较多，这个题目作为演示来说最小切削长度就是这样产生的。

它在实际应用当中，对于非连续的区域产生比较碎的刀路的时候用于忽略零散刀路是比较有用的，确定，再通过模拟看一下（见图 5.2.37 加工模拟）。

同样是一样的刀路，将它的最小值设置得大了一些，看到中间区域在顶部已经有一些区域是不加工的了，在右边的区域顶部有很大一部分是不加工的，因为它不符合合并的最小值，确定。还是将它改为 1，这样比较合适一点。

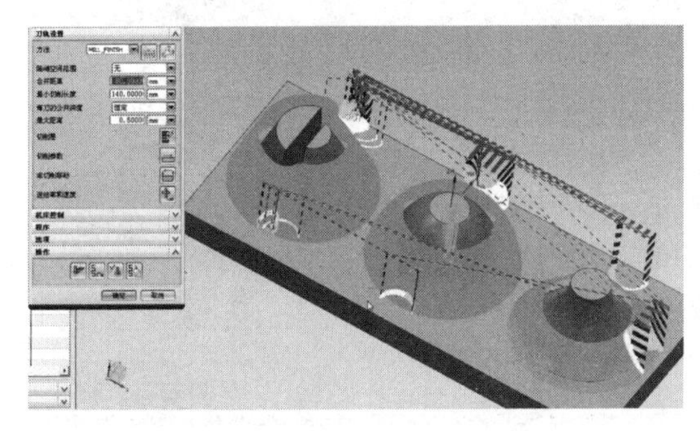

图 5.2.35　最小切削长度为 140 的刀具路径

图 5.2.36　旋转观察

5. 切削顺序

然后看一下切削参数，在这里它有一个切削的顺序（见图 5.2.38 切削参数中策略的切削顺序）。

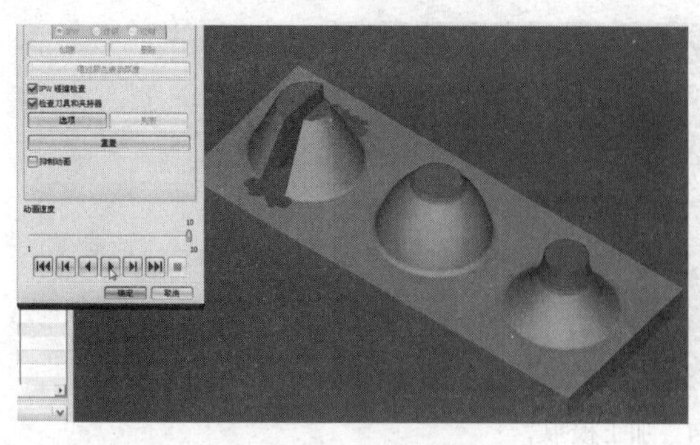

图 5.2.37 加工模拟

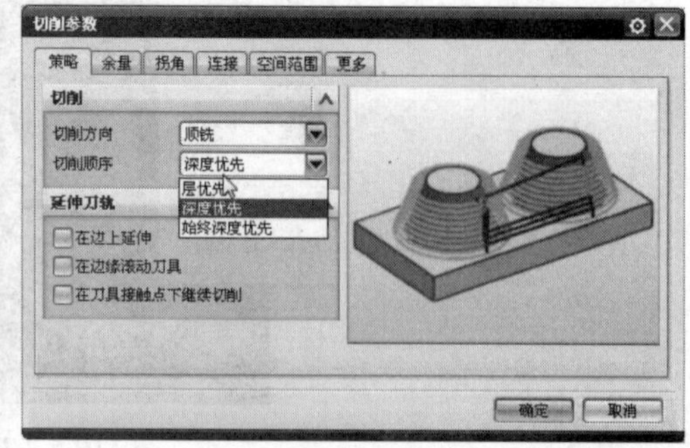

图 5.2.38 切削参数中策略的切削顺序

（1）层优先 在这里可以选择始终深度优先或者层优先，或者深度优先，分别来看一下它们的一些特点，先看层优先（见图 5.2.39 切削顺序选择层优先），生成刀具路径，确定（见图 5.2.40 刀具路径）。

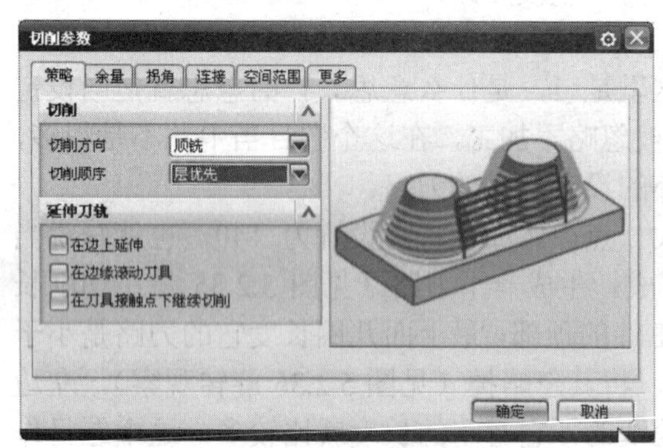

图 5.2.39 切削顺序选择层优先

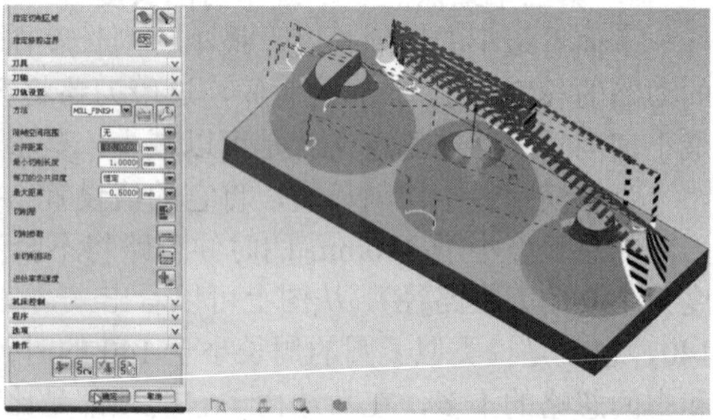

图 5.2.40 刀具路径

点击 PROGRAM，确认刀轨，2D 动态，播放（见图 5.2.41 加工模拟），看一下精加工时候的加工顺序，层优先是每加工完一层再往下加工，它的刀路就是来回跳动的刀路，确定。

（2）深度优先 切削参数改为深度优先来看一下，确定（见图 5.2.42 切削顺序选择深度优先），生成，刀路几乎都是一样的（见图 5.2.43 刀具路径）。

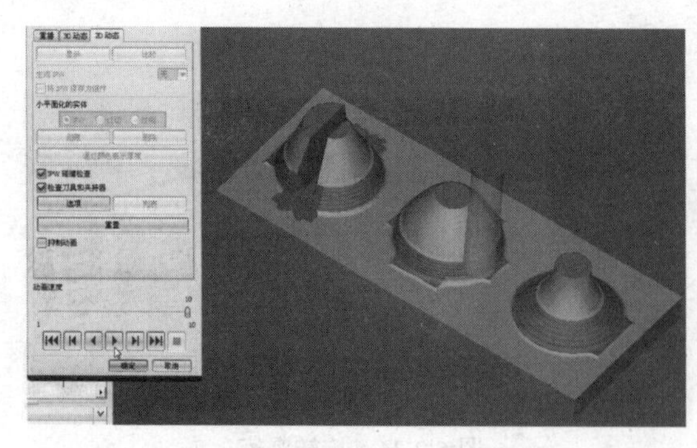

图 5.2.41 加工模拟

图 5.2.42 切削顺序选择深度优先

通过动画来看一下它的走刀顺序（见图 5.2.44 加工模拟），现在可以看得出来，如果光选择深度优先，它是一部分一部分地往下加工，先按照深度加工到一定的深度，然后再一层一层地来回跳动，确定。

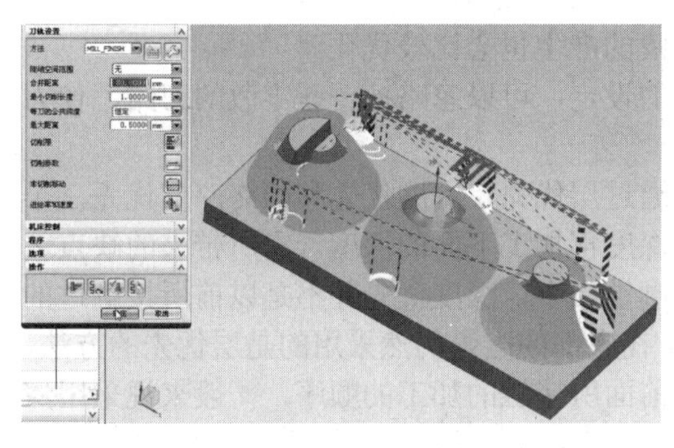

图 5.2.43　刀具路径

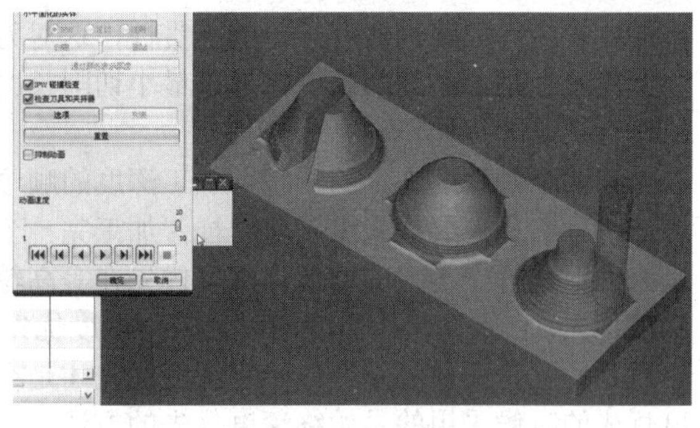

图 5.2.44　加工模拟

（3）始终深度优先　再修改切削参数，将它改成始终深度优先，确定（见图 5.2.45 切削顺序选择始终深度优先），生成刀具路径，确定（见图 5.2.46 刀具路径）。

图 5.2.45　切削顺序选择始终深度优先

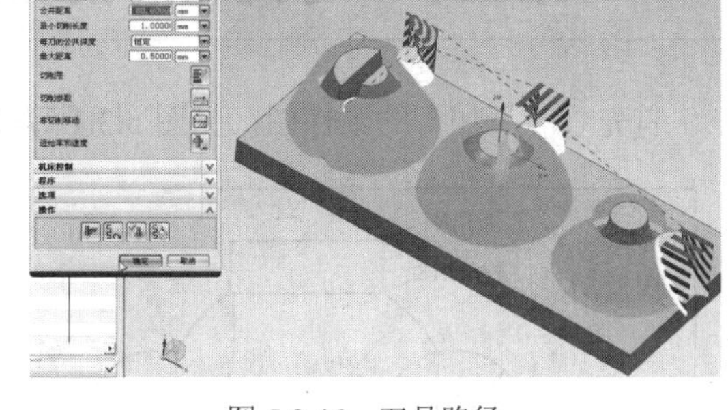

图 5.2.46　刀具路径

点击 PROGRAM，确认刀轨，2D 动态，播放（见图 5.2.47 加工模拟）。由目前的加工也可以看出来始终深度优先它是加工完一个连续的深度以后再加工另一个区域的深度（见图 5.2.48 始终深度优先的走刀方式），这才是一般理解的深度优先的方式，而参数当中命名的默认值深度优先它是在上部采用深度优先，下部采用层优先的方式，它是一种综合的加工方式。

在实际加工当中，应用的方法建议始终是采用第三种始终深度优先。

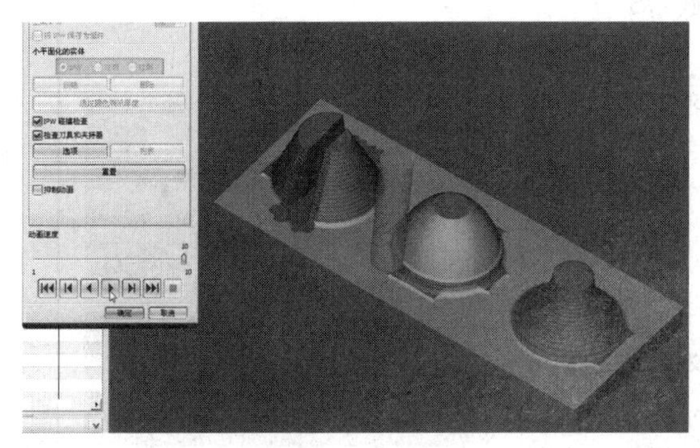

图 5.2.47　加工模拟

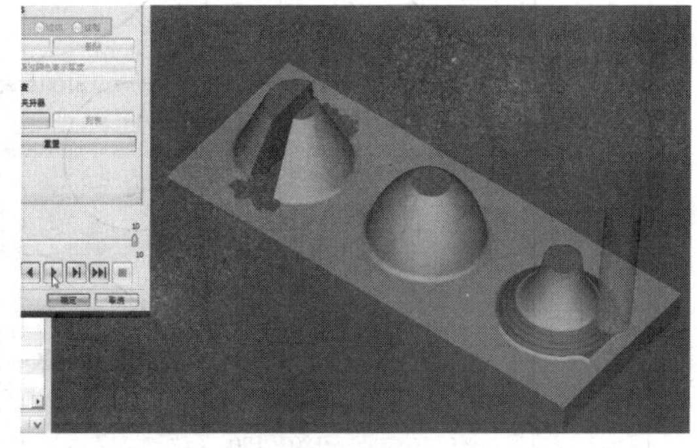

图 5.2.48　始终深度优先的走刀方式

五、经验总结

深度轮廓加工也就是等高轮廓加工的四个比较重要的参数如下。

第一个是陡峭空间范围，通过陡峭角度的设置，来进行辅助的精加工操作。

第二个是合并距离，合并距离可以使一些相近的刀路结合成一个整体，这样程序生成出来的比较少，刀路也会有一定的连贯性，这对刀痕的产生也会比较优化。

第三个是最小切削长度，通过最小切削长度的设定，可以忽略掉一些零散的刀路，使刀路进行连续的优化。

第四个是深度加工的顺序，加工深度的顺序通过层优先、深度优先和始终深度优先三个方法进行选择。层优先跟以前一样，加工完一个深度再加工下面的深度，它所带来的缺点就是来回地进行空走刀的切换；深度优先在等高轮廓铣当中，深度优先并不是以前所接触过的深度优先，它是在起始高度的时候采用深度优先，在底部的时候仍然采用的是层优先的方法，也就是说它是两种的结合；始终深度优先才是在前面所接触的加工的顺序，一般来说采用深度优先的时候采用的是始终深度优先的方法。

特别强调一点，在型腔铣的时候，如果框选物体出现存储器错误，一般来说，只需点选面就可以了。

第三节　等高轮廓铣加工实例——多曲面工件

首先看一下加工的工件图（见图 5.3.1 等高轮廓铣的加工实例）。

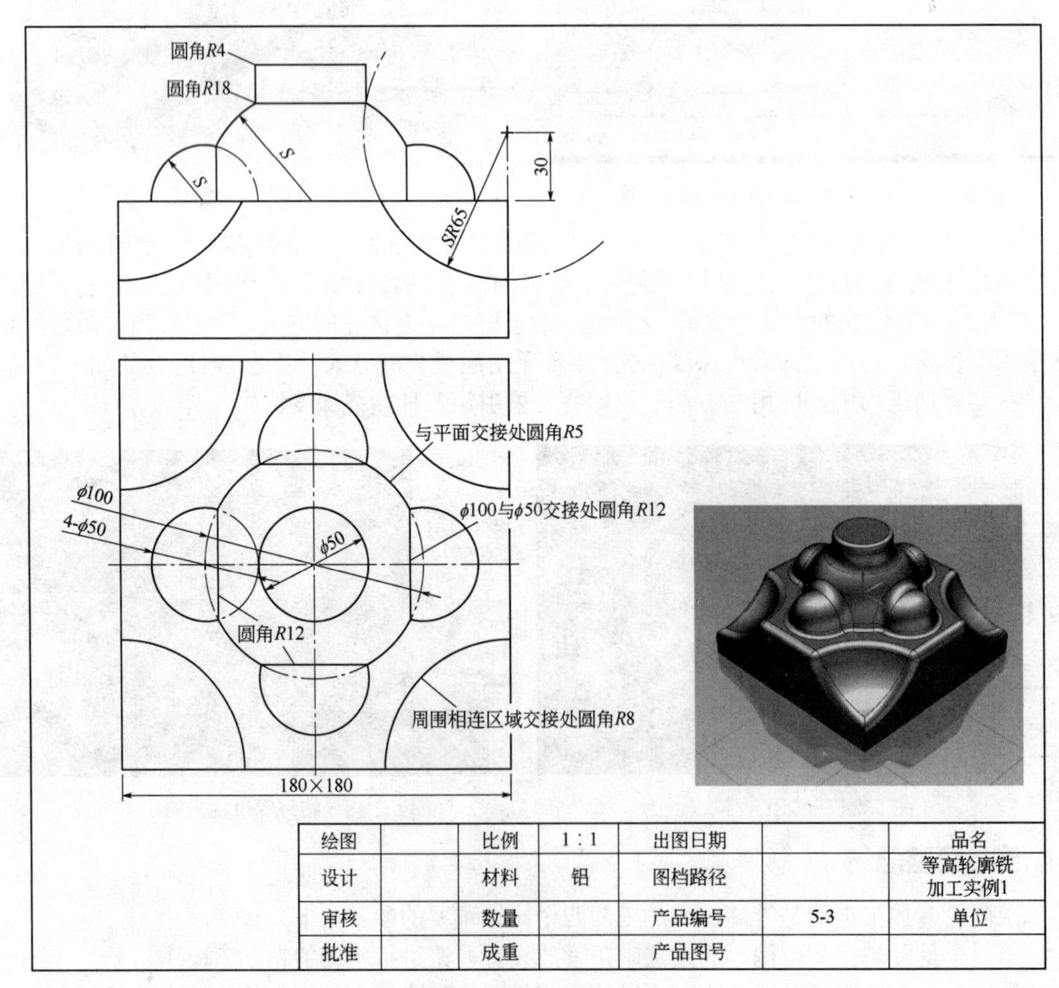

绘图		比例	1∶1	出图日期		品名
设计		材料	铝	图档路径		等高轮廓铣加工实例1
审核		数量		产品编号	5-3	单位
批准		成重		产品图号		

图 5.3.1　等高轮廓铣的加工实例

一、工艺分析

由工件图的实体模型上可以看出来它的加工区域由很多的圆弧区域和相交的球体组成。因为在工件图上它都是由 S 表示出球的半径，这个题目的绘制应该说难度不是很高。

二、准备工作

首先通过 UG 软件看一下它是如何加工的。打开 UG NX8.0，打开第五章等高轮廓铣第三节的多曲面加工，OK。开始，加工，选择 MILL-CONTOUR 的方式，确定。

1. 创建刀具

再次看一下工件图，工件图上最小的圆角值为 *R*5，在这里取 *R*3、*R*4 的圆角刀都是可以完成圆角的加工，只使用一把刀具。

选择机床视图，创建刀具，选择 D18R4 的刀具进行加工（见图 5.3.2 创建刀具），刀具直径为 18，下半径为 4，刀具号为 1，确定（见图 5.3.3 设置刀具参数）。

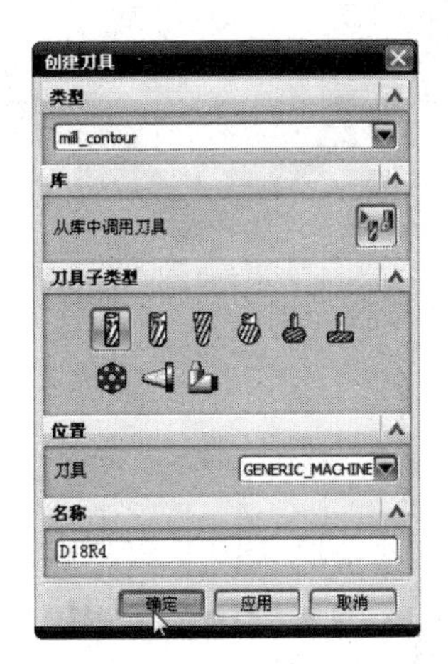

图 5.3.2　创建刀具

图 5.3.3　设置刀具参数

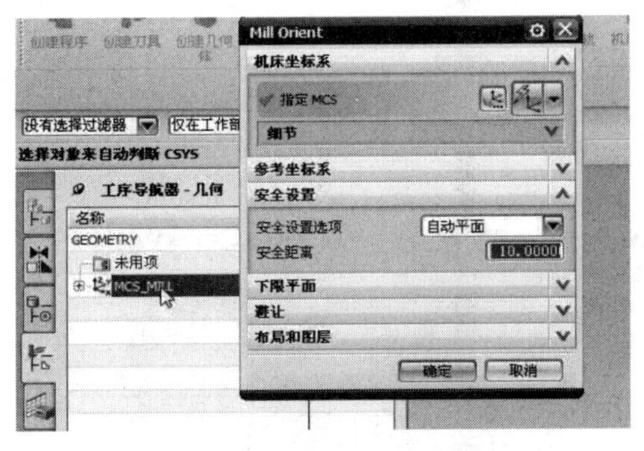

图 5.3.4　双击 MCS-MILL

2. 创建毛坯

点击几何视图，双击 MCS-MILL（见图 5.3.4 双击 MCS-MILL），在设置安全高度之前将它的坐标指定在工件表面上，右击，选择定向视图中的前视图，出现对话框之后，直接拉动 ZM 的箭头将它拉到工件表面上，在这边往上拉的高度可以稍微高一点，确定（见图 5.3.5 将坐标拉动至工件顶部），下面设置它的安全高度为 2，确定（见图 5.3.6 设置安全高度）。打开“+”双击 WORKPIECE，指定部件选择物体，确定（见图 5.3.7 选择物体），指定毛坯，选择包容块的方式，依次确定（见图 5.3.8 包容块）。

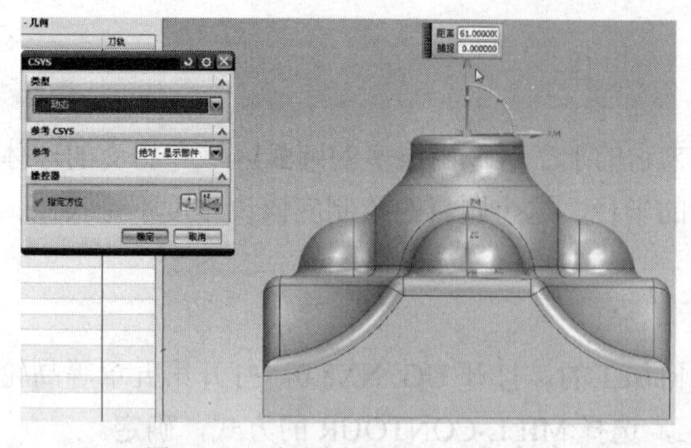

图 5.3.5 将坐标拉动至工件顶部

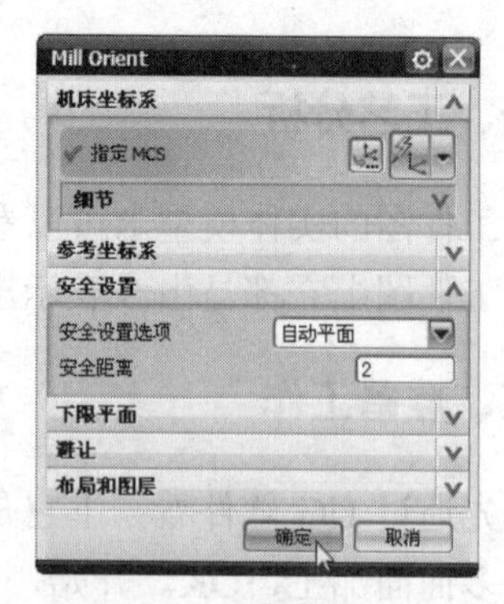

图 5.3.6 设置安全高度

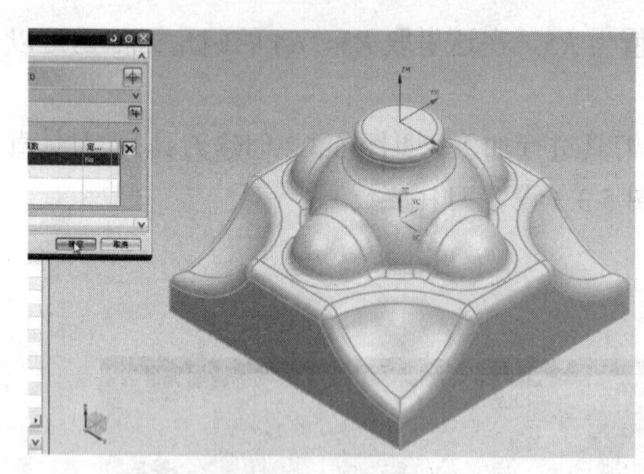

图 5.3.7 选择物体

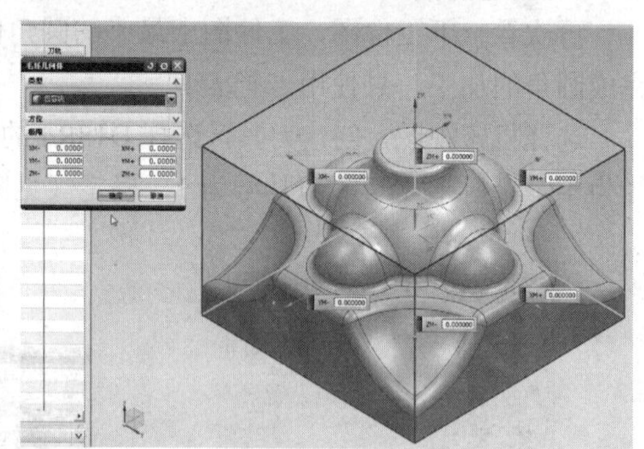

图 5.3.8 包容块

三、程序创建

1. 型腔铣的粗加工

点击程序视图，创建工序，首先选择 CAVITY-MILL 做型腔铣的开粗，程序选择 PROGRAM，刀具就一把 D18R4 的刀具，几何体 WORKPIECE，方法选择 ROUGH，名称命名为 CU，确定（见图 5.3.9 创建工序）。

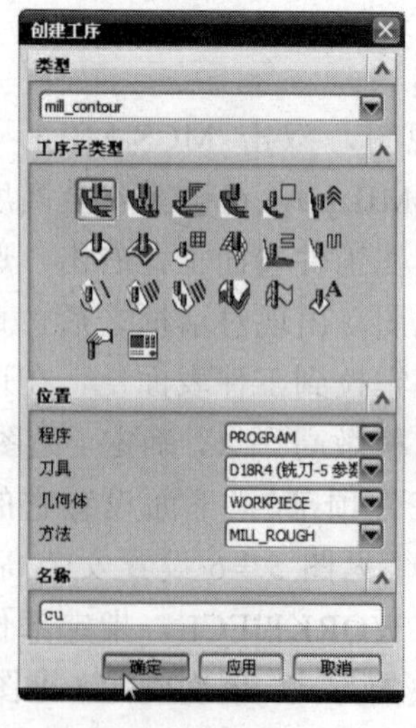

图 5.3.9 创建工序

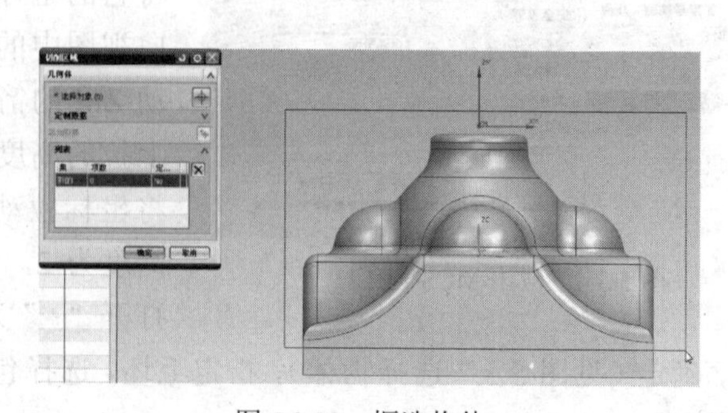

图 5.3.10 框选物体

指定切削区域，右击，选择定向视图中的前视图，框选加工区域，确定（见图 5.3.10 框选物体）。切削模式选择跟随周边，最大距离设置为 2，其他参数保持不变，生成刀路，确定（见图 5.3.11 刀具路径）。

首先通过粗加工的方式来模拟，看一下刀路生成的情况（见图 5.3.12 加工模拟），在圆弧的陡峭区域，刀路生成不会很好，现在看到刀路应该还算可以，在陡峭的区域明显可以看到有接刀痕产生，确定。

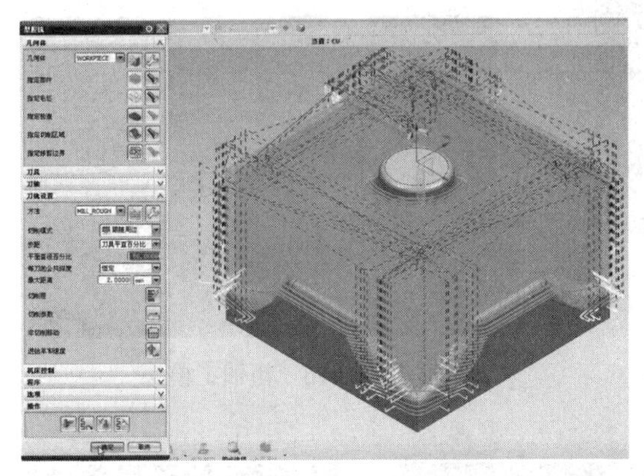

图 5.3.11 刀具路径

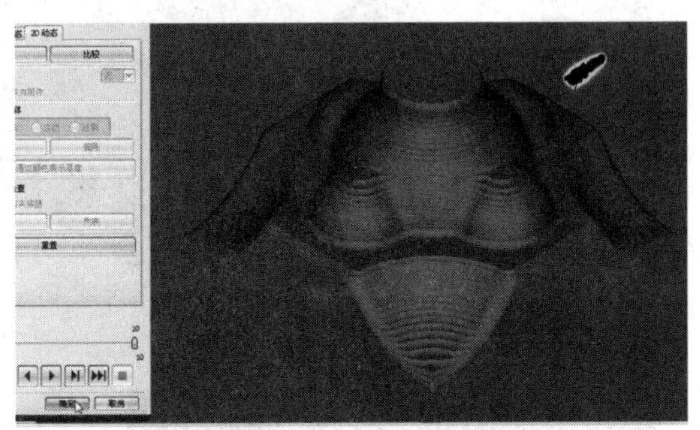

图 5.3.12 加工模拟

2. **等高轮廓铣的陡峭区域的精加工**

下面通过等高轮廓铣进行它的精加工的操作，创建工序，选择第五项 ZLEVEL-PROFILE 等高轮廓铣，程序一样的，将方法选择为 FINISH，名称命名为 JING-DENGGAO，确定（见图 5.3.13 加工模拟）。

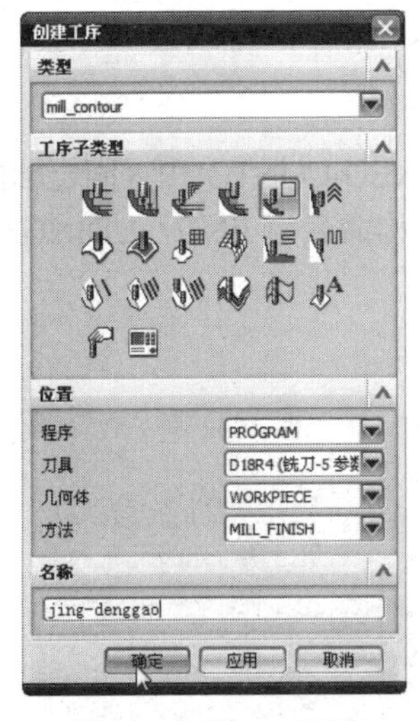

图 5.3.13 加工模拟

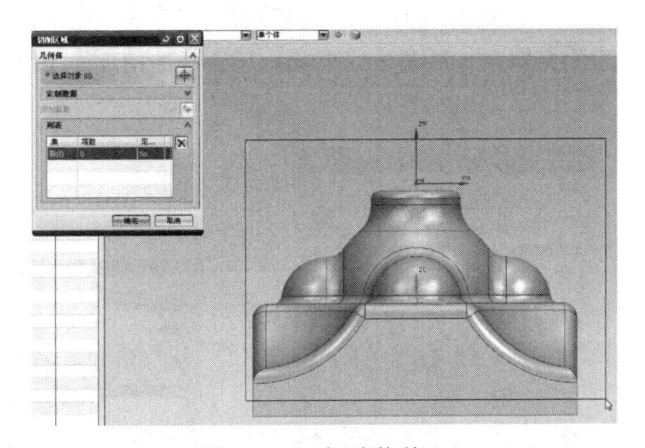

图 5.3.14 框选物体

指定切削区域，右击选择定向视图中的前视图，步骤和前面一样，框选物体（见图 5.3.14 框选物体），陡峭空间范围内暂时不设置，选择最大距离，选择 0.5 看一下精加工的效果如何，生成，确定（见图 5.3.15 刀具路径）。

点击 PROGRAM，确认刀轨，2D 动态，播放。来看一下加工的效果如何，粗加工在陡峭区域，明显能看到它的接刀痕（见图 5.3.16 粗加工模拟），图 5.3.17 就是等高轮廓铣的精加工，精加工区域由于它是用深度进行投影的，在它深度的区域，也就是说角度比较陡的情况下比较合适，在区域比较平缓的地方有一些没有加工到位的区域（见图 5.3.18 未加工完的区域），这些区域基本上是属于接近于平面的区域了，确定。下面的操作就要使用其他的操作，将它加工完毕。

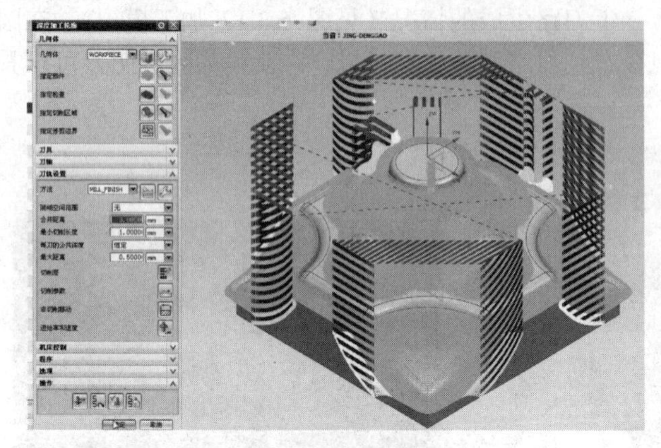

图 5.3.15 刀具路径

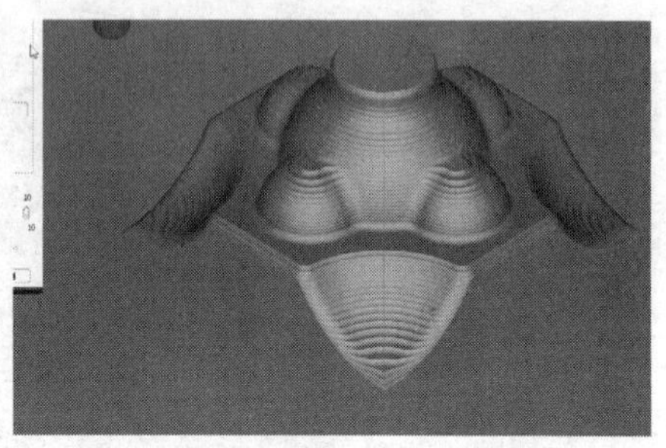

图 5.3.16 粗加工模拟

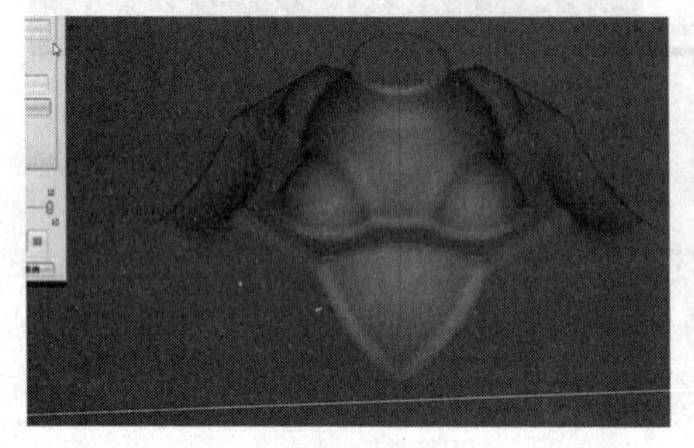

图 5.3.17 等高轮廓铣的精加工

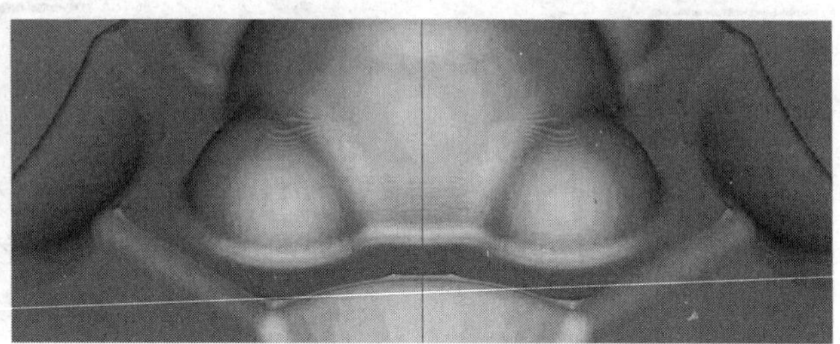

图 5.3.18 未加工完的区域

3．固定轴曲面轮廓铣的区域铣削加工非陡峭区域

创建工序，选择 MILL-CONTOUR 的类型，在下面选择 FIXED-CONTOUR（固定轴曲面轮廓铣）的子类型，里面的参数不变，方法还是精加工 FINISH，名称命名为 JING-GUDINGZHOU，确定（见图 5.3.19 创建工序）。

图 5.3.19 创建工序

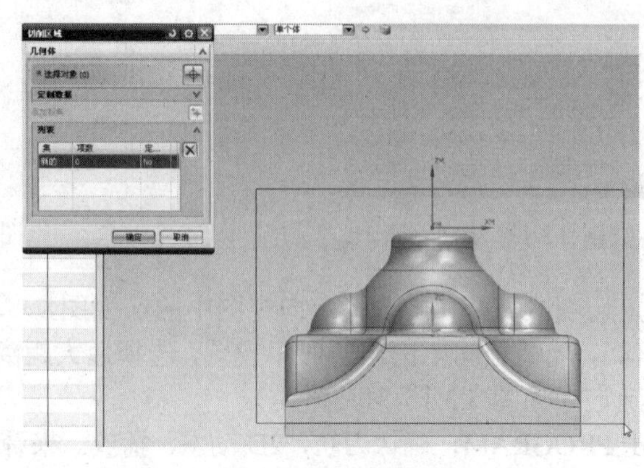

图 5.3.20 框选物体

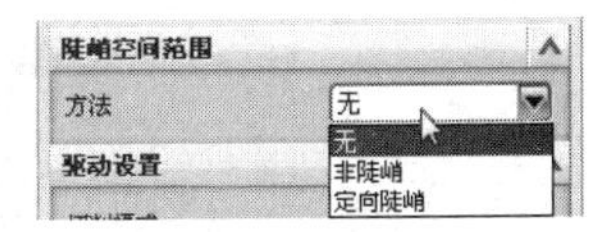

图 5.3.21　陡峭空间范围

指定加工区域，选择定向视图中的前视图，仍然是框选加工范围，确定（见图 5.3.20 框选物体）。选择区域铣削，注意在区域铣削上面，它有个加工方法，通过等高轮廓铣的陡峭范围和区域铣削的范围（见图 5.3.21 陡峭空间范围），可以很好地控制没有加工到位的区域，方法当中选择非陡峭的区域，将这里的角度设置为 30°，切削模式选择为跟随周边，平面直径百分比选择为 5%，预览一下效果（见图 5.3.22 刀具路径预览）。

非陡峭的区域它加工的是小于设定值的区域，在图上可以看到当它小于 30°的时候它对非陡峭区域设定加工，确定，生成（见图 5.3.23 刀具路径），看到它对于刚才上部出现的区域，鼠标所在的区域和周边的区域刀路重复地进行走刀，确定。

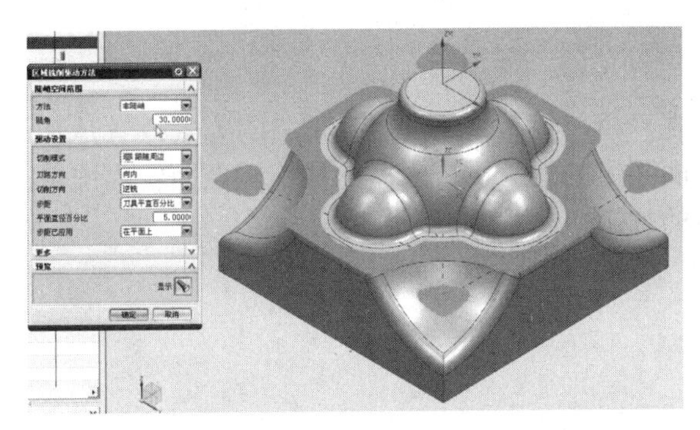
图 5.3.22　刀具路径预览

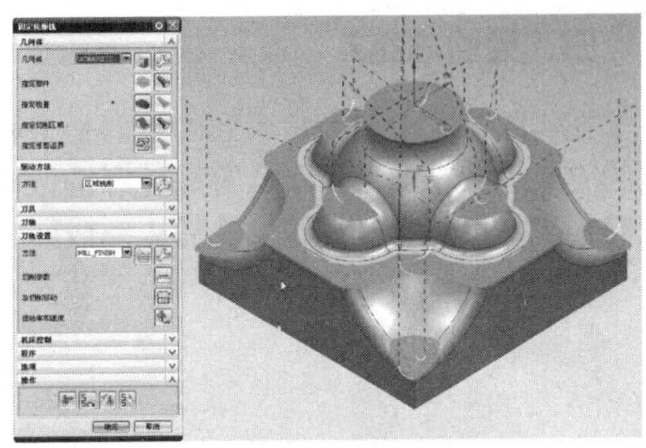
图 5.3.23　刀具路径

4. 综合模拟

选择 PROGRAM，确认刀轨，2D 动态，播放，这是粗加工的操作，有很明显的接刀痕产生（见图 5.3.24 粗加工模拟），图 5.3.25 是等高轮廓铣的精加工，它对于角度比较陡峭的区域加工得会比较好，对于角度比较平缓的区域加工的精度就无法得到保证，因为它是根据垂直的高度进行投影的，所以它对陡峭区域投影会比较好。

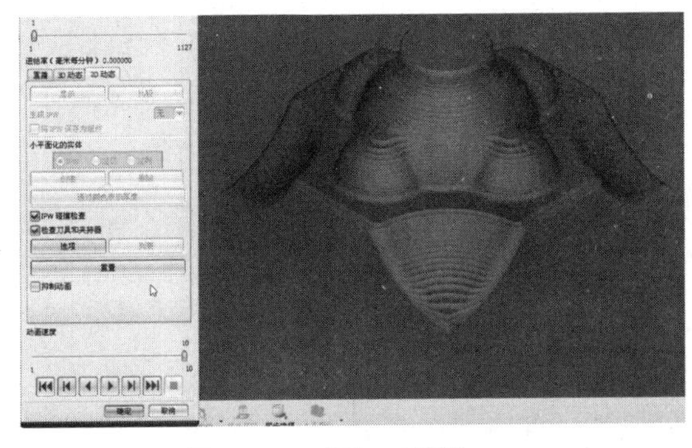
图 5.3.24　粗加工模拟

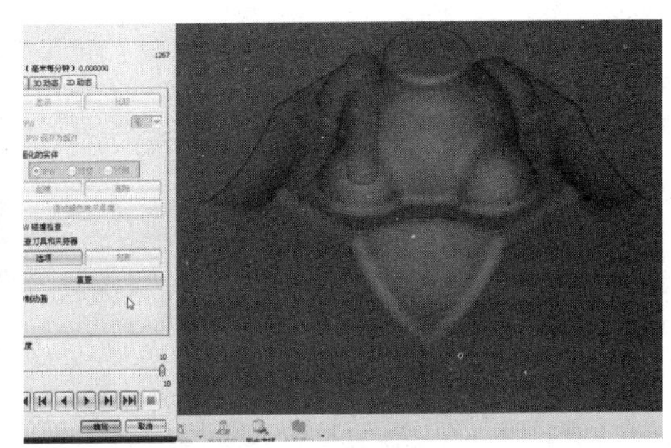
图 5.3.25　等高轮廓铣的精加工

在等高区域做完之后会进入固定轴曲面轮廓铣（见图 5.3.26 固定轴曲面轮廓铣的精加工），它加工的是比较平缓的区域，从加工的路线上也可以看出来，这些区域基本上是等高铣不怎么走刀的区域，由现在图形的黄颜色区域可以 看得出来它将等高轮廓铣未精确加工完的区域做完了，这才是整个题目完整的加工步骤，不能通过等高轮廓铣做所有区域的加工，也不能通过固定轴轮廓铣做所有曲面的加工。

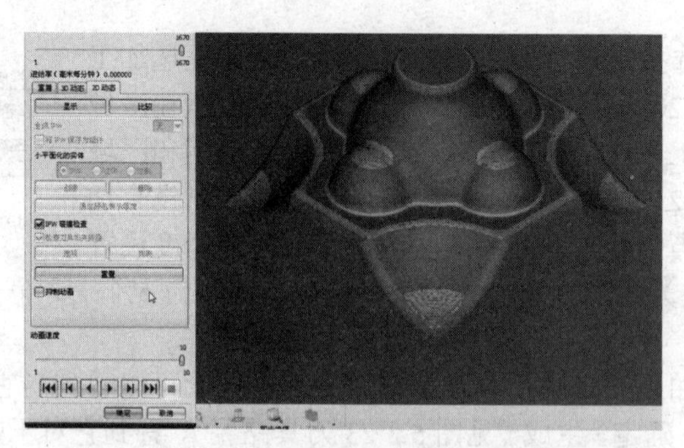

图 5.3.26 固定轴曲面轮廓铣的精加工

四、经验总结

在实际情况中，经常用到的步骤是型腔铣开粗，然后采用型腔铣的 3D 方式或者是基于层的方式进行精加工，配合等高轮廓铣做等面区域的加工，或者是用固定轴曲面轮廓铣做区域精加工，再配合等高轮廓铣做未完成区域的加工。

下篇　加工实例与后处理

第六章 加工实例

第一节 加工实例 1 多形状零件的加工

首先看一下工件图（见图 6.1.1 加工实例 1）。

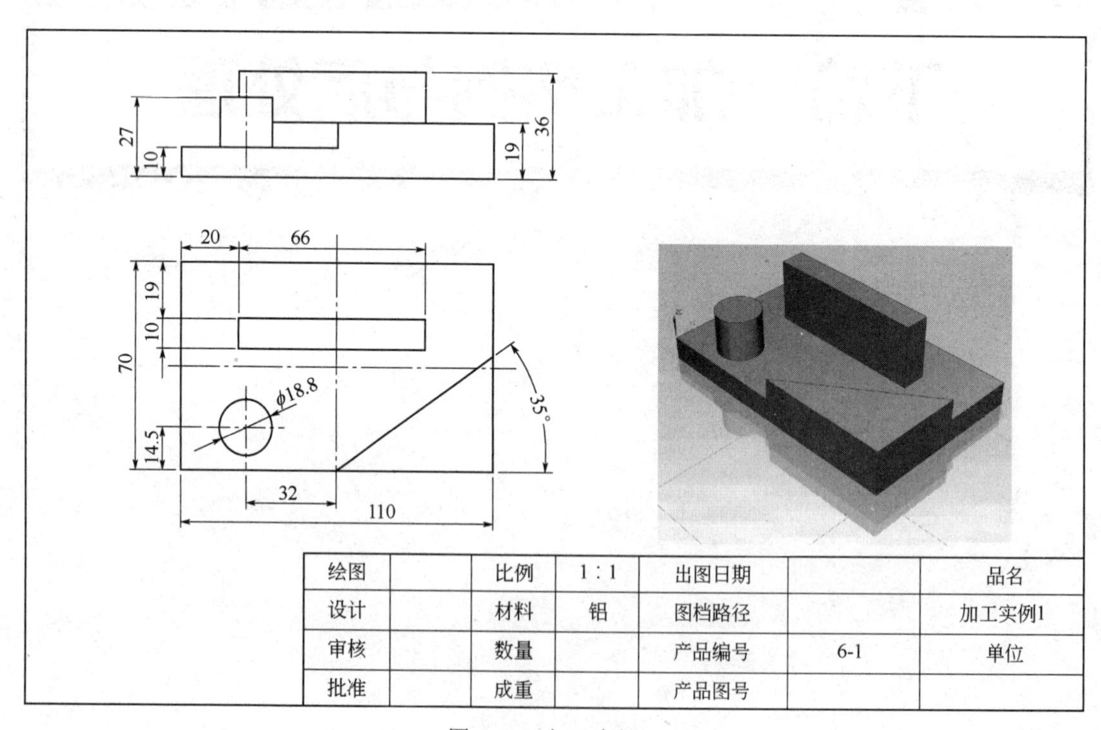

绘图		比例	1∶1	出图日期		品名
设计		材料	铝	图档路径		加工实例1
审核		数量		产品编号	6-1	单位
批准		成重		产品图号		

图 6.1.1 加工实例 1

一、工艺分析

由工件图可以看出来，工件的形状其实是比较简单的，主要是由一个长方体、一个圆形、一个靠边的三角形组成，这个题目的加工难度可以说不大，将通过两种加工方法来看一下加工的效果有什么不同。

二、准备工作

首先打开 UG NX8.0，打开第六章加工实例第一节加工实例 1 多形状零件的加工。在做之前通过分析去量一下当中最小的距离，以便选择合适的刀具，打开分析菜单，测量距离，选择长方体的一个角点，然后到圆上面最近的一个点，距离为 17（见图 6.1.2 测量间距），在这里选择直径为 15 的刀具，在旁边两边各留一个 1cm 的壁余量，应该是没有问题的。开始，进入到加工环境，这个题目暂时用型腔铣去做，就要选择 MILL-CONTOUR，确定。

1. 创建刀具

机床视图，创建刀具，为 D15，确定，刀具直径为 15，刀具号为 1，确定（见图 6.1.3 创建刀具）。

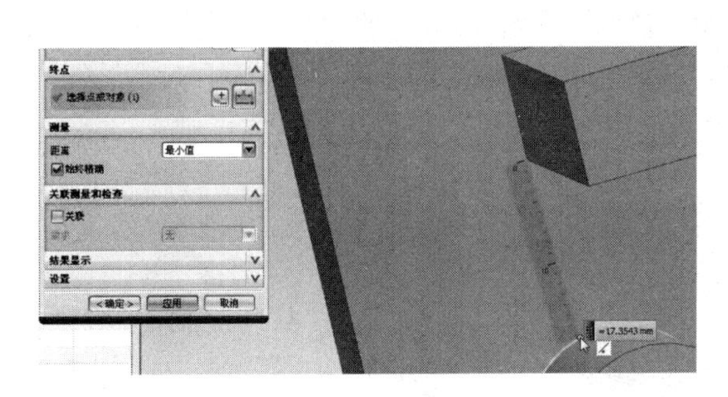

图 6.1.2　测量间距

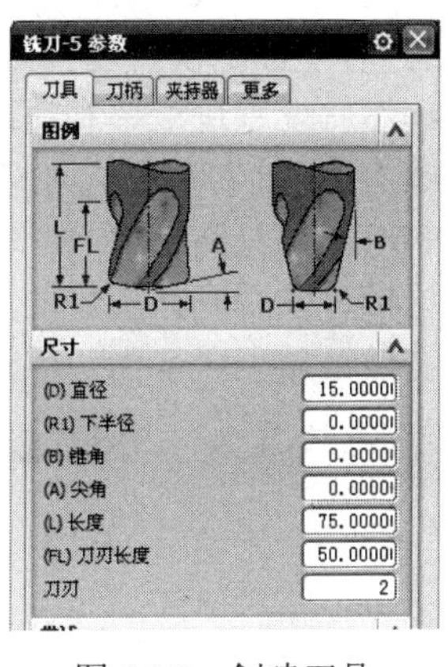

图 6.1.3　创建刀具

2. 创建毛坯

几何视图，首先要将加工坐标移到工件的顶面上，如果是像图中的这种情况，对于对刀来说是比较麻烦的，双击 MCS-MILL，点击指定 MCS 后面的 CSYS 对话框，通过前视图将坐标移到顶面上，直接拖动一个大概的位置就可以了，确定（见图 6.1.4 移动加工坐标），设定安全高度为 2，确定，打开“+”双击 WORKPIECE，指定部件，选择部件，确定（见图 6.1.5 选择加工部件）。指定毛坯，选择包容块，最小化地包容物体，依次确定（见图 6.1.6 选择几何体）。

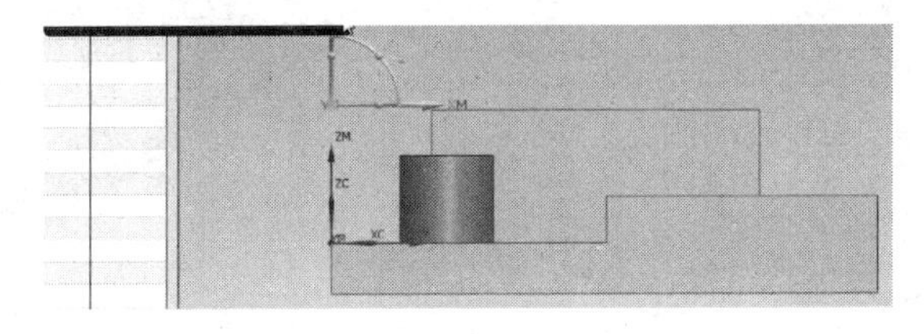

图 6.1.4　移动加工坐标

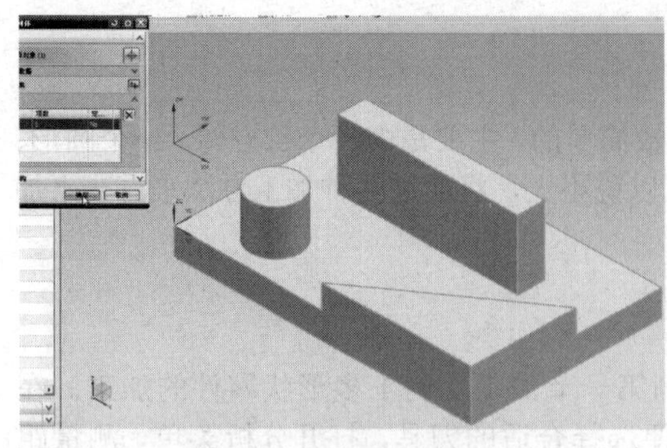

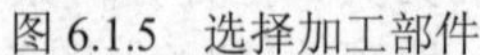

图 6.1.5 选择加工部件

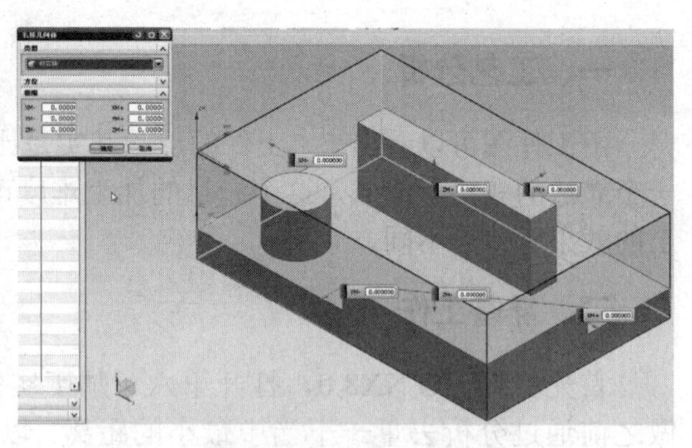

图 6.1.6 选择几何体

三、程序创建

1. 型腔铣的粗加工

进入程序视图，创建工序，选择第一项 CAVITY-MILL 来进行粗加工，程序选择 PROGRAM，刀具为 D15，几何体选择 WORKPIECE，方法选择 ROUGH 粗加工，名称命名为 CU，确定。

指定切削区域，右击，选择定向视图里面的前视图，将对象完全框住，确定（见图 6.1.7 框选物体），切削模式选择跟随周边，刀具直径百分比为 50%，这个值不变，最大距离设置为 2，然后设置进给率和速度，因为做粗加工把它的进给率稍微设置得高一点，在这里设置成 400，将主轴转速勾选，将它设置为 800，确定（见图 6.1.8 进给率和速度设置），生成刀轨（见图 6.1.9 刀具路径）。

这样可以看到在圆柱的周围，刀具由于是跟随周边，也可以走得过去，确定。这是通过型腔铣做粗加工，下面仍然通过型腔铣做精加工。

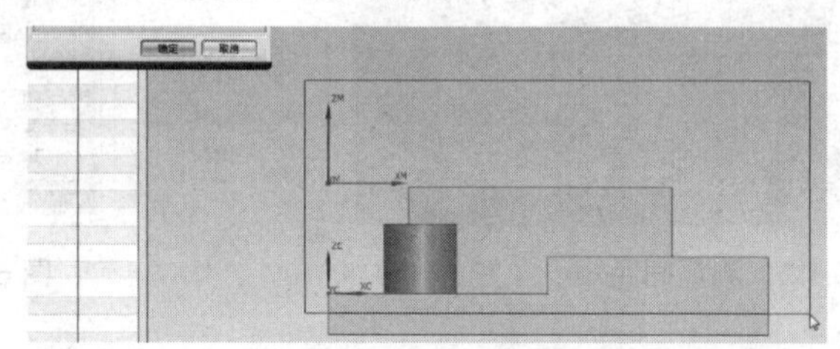

图 6.1.7 框选物体

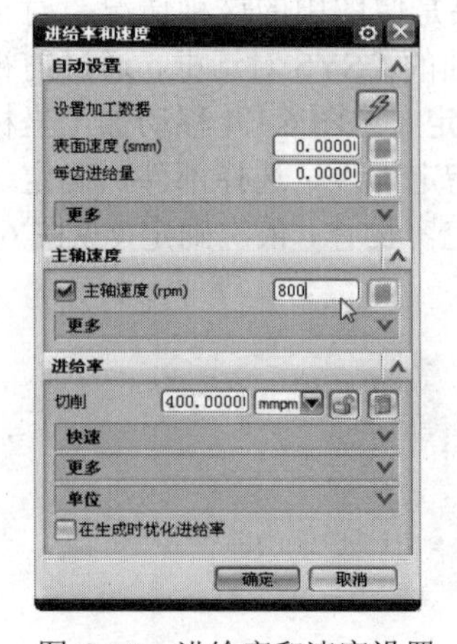

图 6.1.8 进给率和速度设置

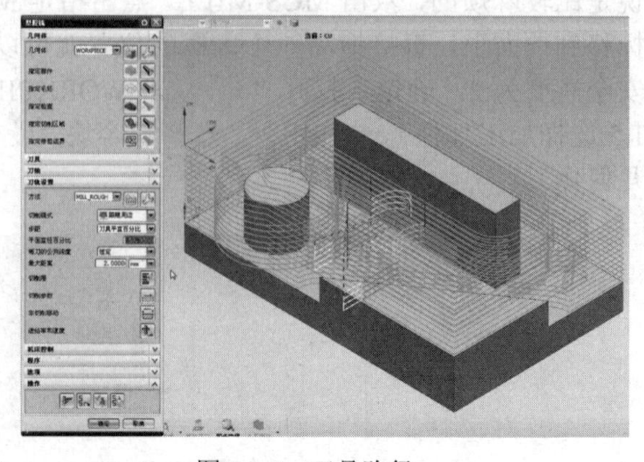

图 6.1.9 刀具路径

2. 型腔铣的精加工

用型腔铣做精加工有一个方便的方法，直接右击 CU，复制，右击粘贴，点击重命名，直接通过粗加工的修改来做精加工操作，重命名为 JING（见图 6.1.10 复制并且重命名）。

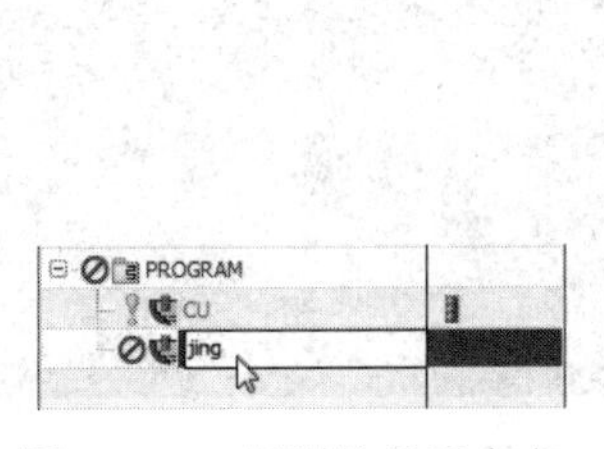

图 6.1.10　复制并且重命名

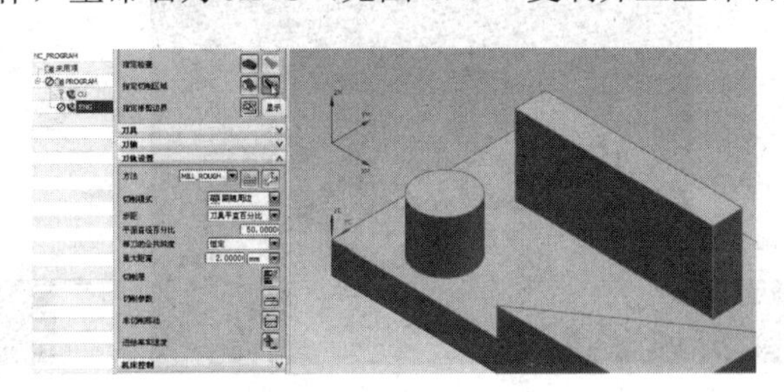

图 6.1.11　观察切削区域

双击 JING，切削区域已经完全选过了，可以点一下手电筒看一下，在选择的区域会显示橙色的线条（见图 6.1.11 观察切削区域），底下切削层不管，切削参数，选择空间范围，在处理中的工件选择基于 3D 和基于层，对于这个题目比较简单都是没有什么区别的，在这里选择基于 3D，确定（见图 6.1.12 空间范围选择使用 3D）。将方法选择 FINISH，选择完 FINISH 以后再看一下切削参数，里面的余量会自动切换为 0，确定（见图 6.1.13 余量设置）。打开策略，在切削顺序里面选择深度优先，确定（见图 6.1.14 切削顺序选择深度优先）。最后做一步操作，修改进给率和速度，将主轴转速提升为 2000r/min，切削的速度改为 200mm/min，确定，下面生成刀路（见图 6.1.15 刀具路径）。

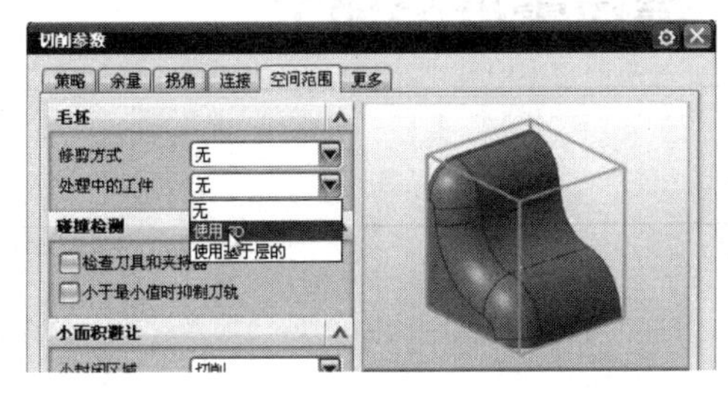

图 6.1.12　空间范围选择使用 3D

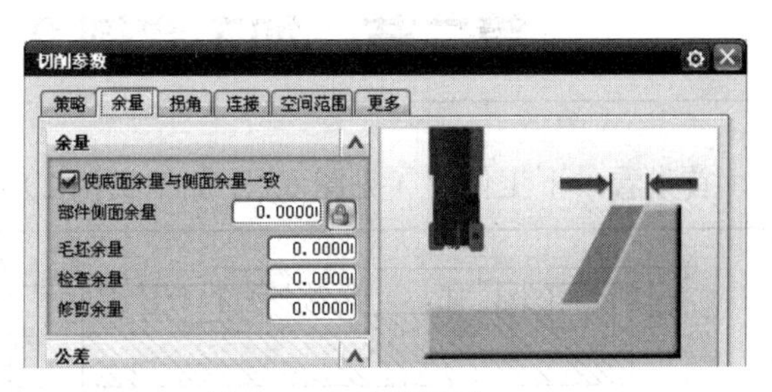

图 6.1.13　余量设置

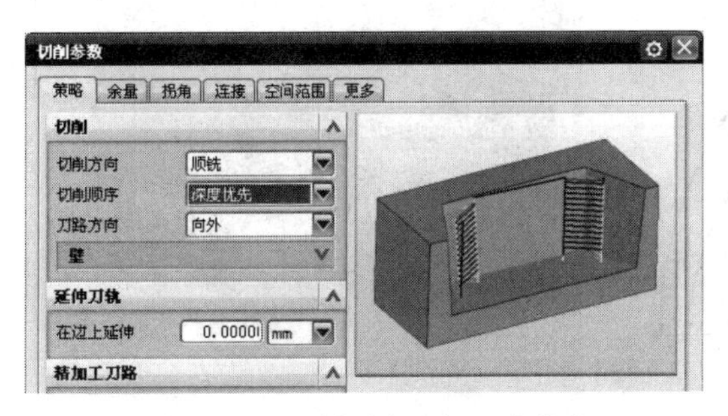

图 6.1.14　切削顺序选择深度优先

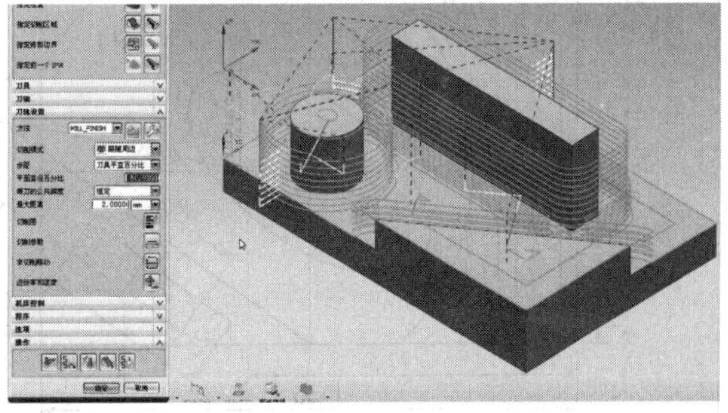

图 6.1.15　刀具路径

3. 综合模拟

这样就生成了刀路，下面通过模拟去看一下，确认刀轨，2D 动态，播放，这是粗加工操作（见图 6.1.16 粗加工模拟），再往下是精加工操作，改为深度优先以后，这样就是所需要的加工效果，将同一个部分的深度加工完毕以后，再加工另外一个部分的深度，确定（见图 6.1.17

精加工模拟）。

图 6.1.16　粗加工模拟　　　　图 6.1.17　精加工模拟

四、经验总结

由颜色处理也可以看得出来，由于是分成三步操作的，最后精加工是两步，也可以看出，它的颜色分成了两种，不像以前的型腔铣，颜色只有一种，确定。

由这个题目可以看得出来，同样的题目用型腔铣的粗、精加工和型腔铣加上等高轮廓铣、面铣的粗、精加工的步骤会有所不同，后者的好处就是可以分别对侧壁和底面设定不同的走刀速度和主轴转速。

第二节　加工实例 2　模块零件的加工

首先看一下工件图（见图 6.2.1 加工实例 2）。

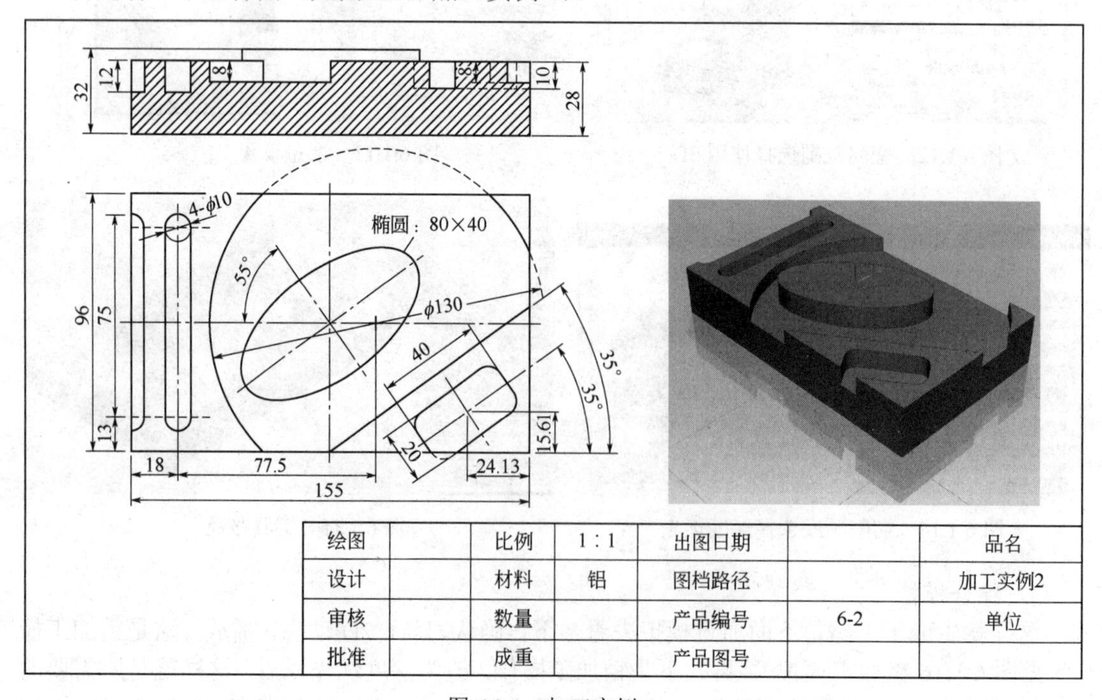

绘图		比例	1∶1	出图日期		品名
设计		材料	铝	图档路径		加工实例2
审核		数量		产品编号	6-2	单位
批准		成重		产品图号		

图 6.2.1　加工实例 2

一、工艺分析

由工件图可以看得出来该模块零件由这么几大块区域组成，中间是一个凸起来的椭圆形的区域，四周是凹下去的区域，在其右下角由图上可以看得出来，凹下去的值为 10，在下方有一个呈 35°的圆角矩形区域（见图 6.2.2 深度 10 的区域和圆角矩形区域）。

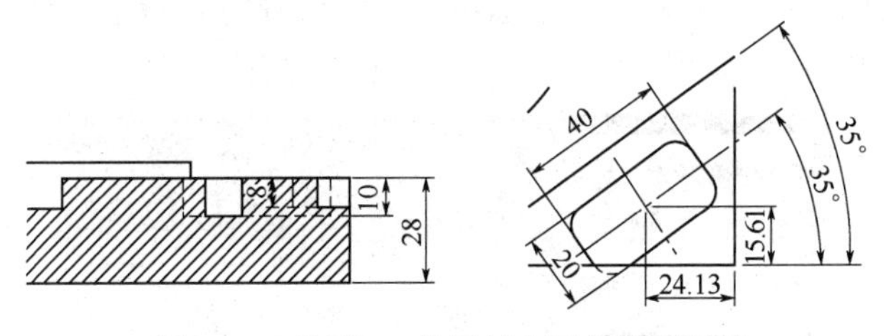

图 6.2.2 深度 10 的区域和圆角矩形区域

左边是一个整个的键槽和半个的键槽，图形当中基本上都是平面，操作起来比较简单，采用的方式用型腔铣可以一次做完，也可以采用型腔铣加上面铣的底面加工和等高轮廓铣的侧面的精加工也可以完成，两种方法在这里只选用型腔铣进行操作。

二、准备工作

首先打开 UG NX8.0，打开第六章加工实例，第二节加工实例 2 模块零件的加工，OK。开始，进入到加工环境，选择 MILL-CONTOUR，准备做型腔铣的加工。

1. 创建刀具

选择机床视图，首先创建刀具，由工件图上可以看出来，键槽上部分有 4-ϕ10 的区域（见图 6.2.3 键槽区域），在取刀的时候要比ϕ10 小，考虑到周边的余量，暂时取ϕ8 的刀具，ϕ8 的刀具也能保证完全进入椭圆和左侧圆弧的最小区域（见图 6.2.4 圆弧的间距）。

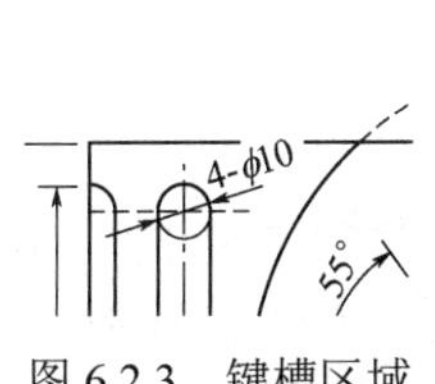

图 6.2.3 键槽区域

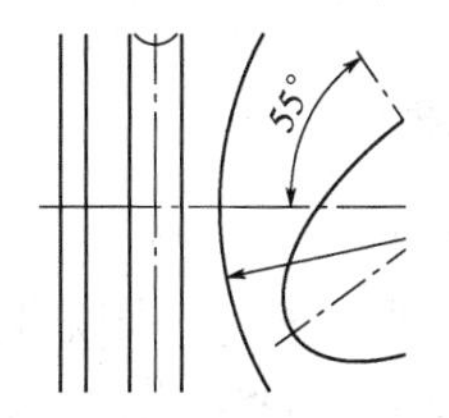

图 6.2.4 圆弧的间距

创建一把为 D8 的刀具，确定，刀具直径为 8，刀具号为 1，确定（见图 6.2.5 创建刀具）。

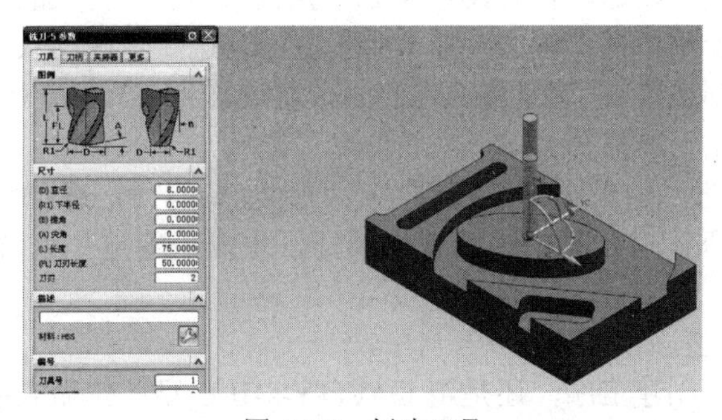

图 6.2.5 创建刀具

2. 创建毛坯

几何视图，双击 MCS-MILL，首先看它的坐标是否在一致的高度，如果不在一样的高度将它调整。首先要点击 MCS 后面的 CSYS 对话框，将坐标高度调整到工件的平面上方，选择定向视图的前视图来调整，拖动坐标系到合适的位置，确定（见图 6.2.6 移动加工坐标系），设置安全高度为 2，确定，打开“+”，双击 WORKPIECE，指定部件，选择部件，确定（见图 6.2.7 选择加工部件），指定毛坯，选择包容块，将选择对象最小化地包容在内，依次确定（见图 6.2.8 选择几何体）。

图 6.2.6 移动加工坐标系

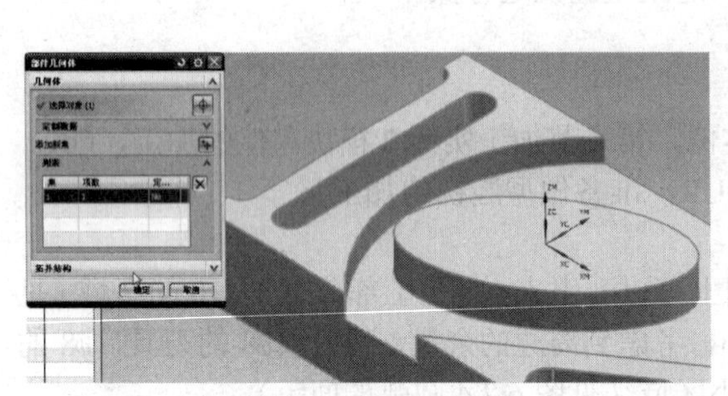

图 6.2.7 选择加工部件

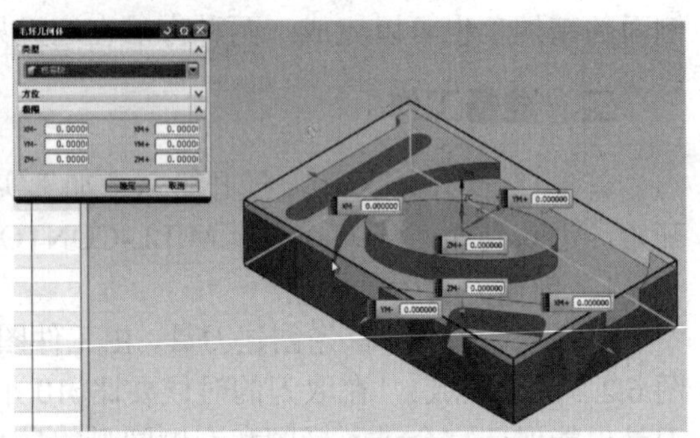

图 6.2.8 选择几何体

三、程序创建

1. 型腔铣的粗加工

程序视图，创建工序，下面就开始创建加工，首先选择 CAVITY-MILL 型腔铣，程序选择 PROGRAM，刀具为 D8，几何体选择 WORKPIECE，方法选择 ROUGH 粗加工，名称命名为 CU，确定。

指定切削区域，右击，选择定向视图中的前视图，框选区域，确定（见图 6.2.9 框选物体），设置它的最大距离，在这里暂时设置为 2，切削参数当中将精加工的余量暂时改小一点，点击切削参数里面的余量，部件侧面余量，由于上面勾选了使底面余量与侧壁余量一致，因此它是将两边的余量都设置，在这里将部件侧面余量设置为 0.3，确定（见图 6.2.10 余量设置），生成刀路（见图 6.2.11 刀具路径）。

这就是粗加工刀路，如果觉得现在的空走刀比较多的话，选择跟随周边，看一下，在保证加工前提的情况下，空走刀的刀路越少越好，生成，确定（见图 6.2.12 跟随周边的刀具路径）。

2. 型腔铣的精加工

下面创建精加工，创建工序，还是用 CAVITY-MILL 型腔铣做它的精加工，刀具和几何体都不变，方法当中选择 FINISH，名称命名为 JING，确定。

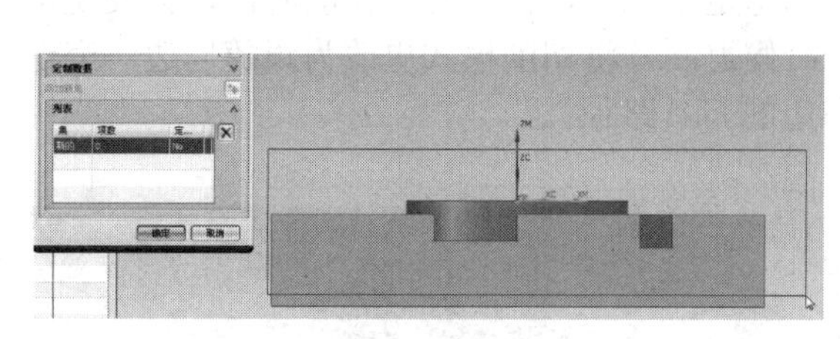

图 6.2.9　框选物体

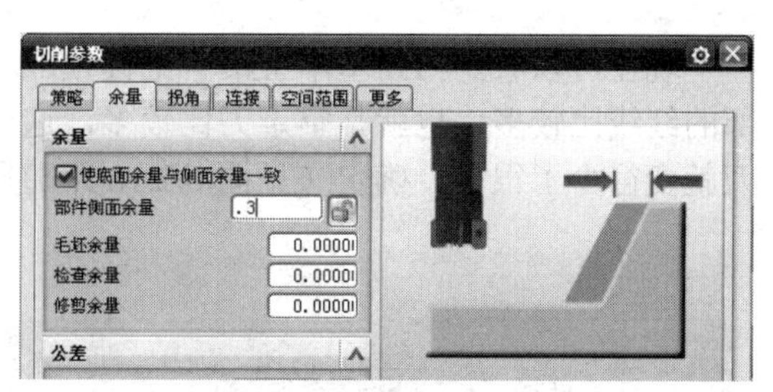

图 6.2.10　余量设置

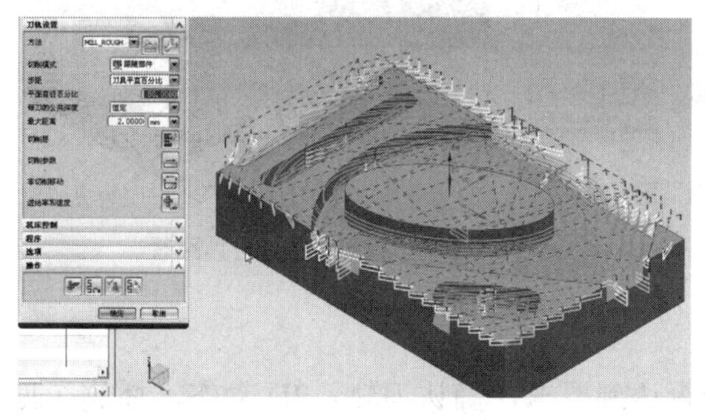

图 6.2.11　刀具路径

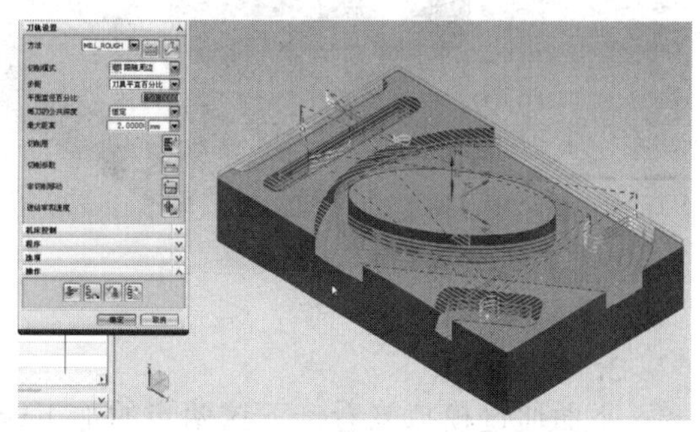

图 6.2.12　跟随周边的刀具路径

指定切削区域，右击，选定向视图中的前视图，将对象框选住，确定（见图 6.2.13 框选物体）。下面将它的最大距离设置为 1，切削参数当中，这边因为是精加工，所以它的余量默认为零（见图 6.2.14 余量设置），空间范围由于图形也是比较简单的图形，因此选择基于层的方式，确定（见图 6.2.15 空间范围选择基于层），在策略中切削顺序改为深度优先（见图 6.2.16 切削顺序选择深度优先）。指定进给率和速度，刚才粗加工按照默认的值就可以了，精加工设定一个值，将主轴转速设置为 2000r/min，将进给率设置为 200mm/min，确定，生成刀路（见图 6.2.17 刀具路径）。

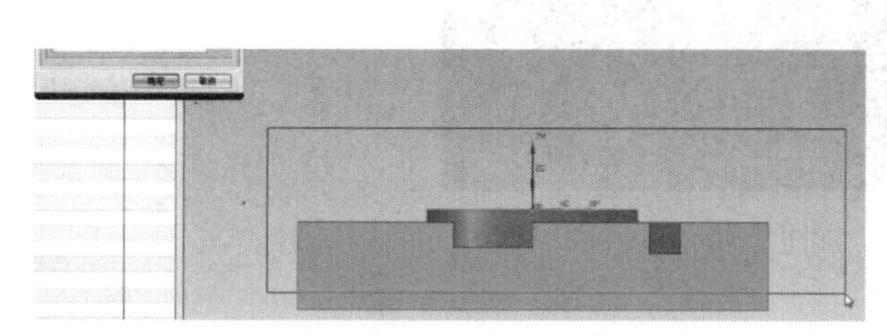

图 6.2.13　框选物体

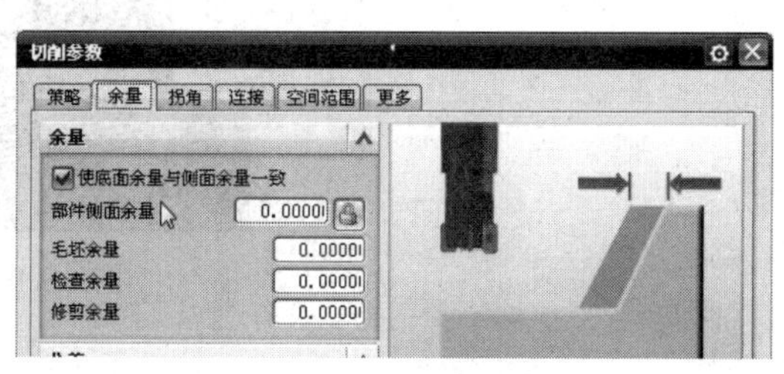

图 6.2.14　余量设置

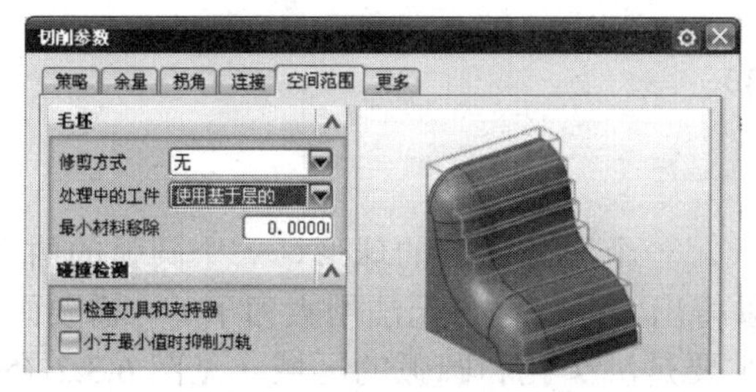

图 6.2.15　空间范围选择基于层

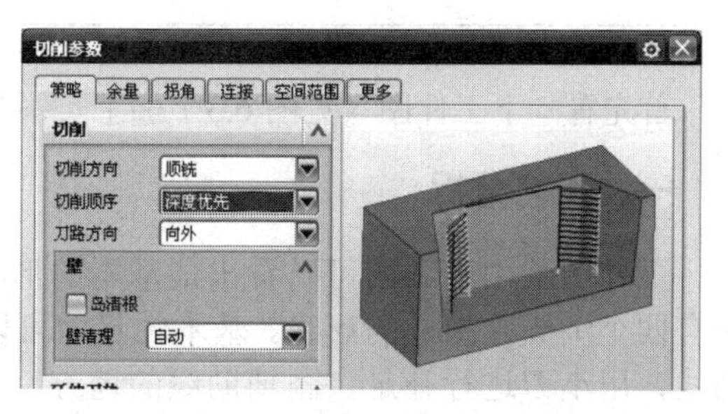

图 6.2.16　切削顺序选择深度优先

现在可以看到刀路基本上沿着工件顶部和侧壁走了几刀，在进行操作的时候，会发现顶部的红线比较多，也就是空走刀比较多，这个时候返回，将切削模式更改为跟随周边，空走刀就变得少了很多，确定（见图 6.2.18 跟随周边的刀具路径）。

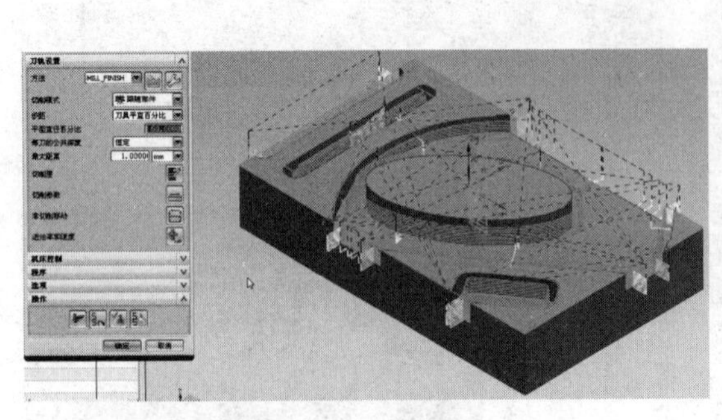

图 6.2.17 刀具路径

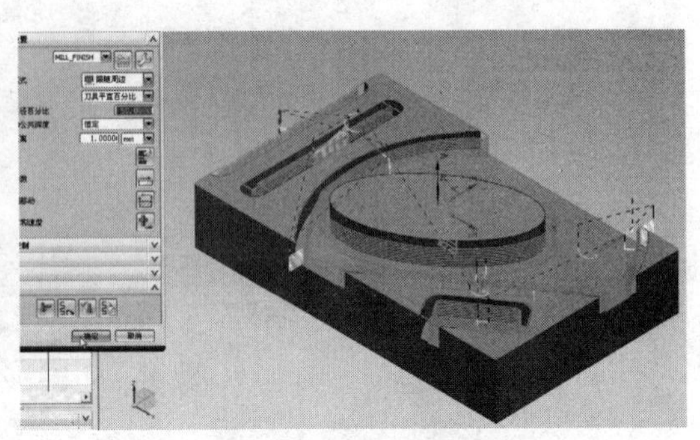

图 6.2.18 跟随周边的刀具路径

3. 综合模拟

下面通过模拟来看一下这两步的加工能否达到要求，确认刀轨，2D 动态，播放（见图 6.2.19 加工模拟），改为深度优先的好处，是加工完一个连续的深度以后再加工另外一个深度，抬刀会比较少，重复定位也会比较少，这个题目由最终的效果可以看出，已经达到题目的要求。

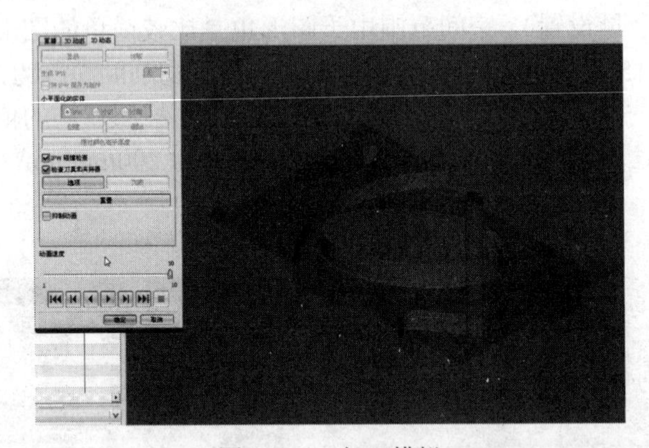

图 6.2.19 加工模拟

第三节 加工实例 3 多曲面零件的加工

首先看一下工件图（见图 6.3.1 加工实例 3）。

一、工艺分析

工件图上由三维图可以看出最基本的形状，一个三分之一的球形，一个圆弧的曲面，还有四个沉头孔构成的形状。基本的尺寸可以得出，有些地方无法用大刀下刀，需要画辅助线，用小刀进行补足。画辅助线的地方，主要是沉头孔和圆弧的区域（见图 6.3.2 补线的区域）。

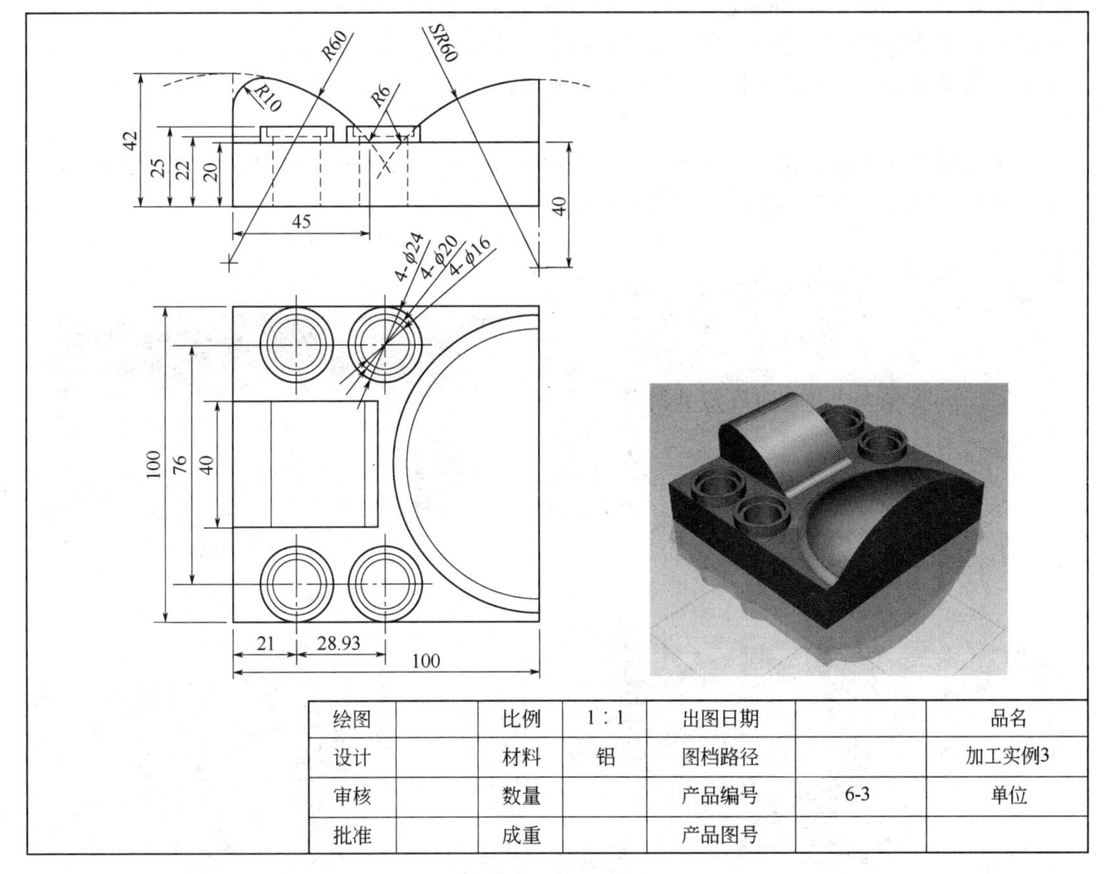

绘图		比例	1：1	出图日期		品名
设计		材料	铝	图档路径		加工实例3
审核		数量		产品编号	6-3	单位
批准		成重		产品图号		

图 6.3.1　加工实例 3

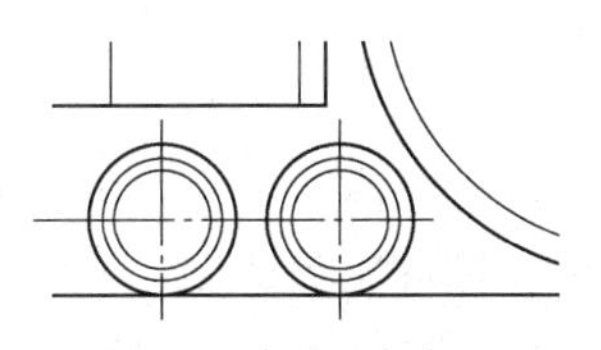

图 6.3.2　补线的区域

二、准备工作

首先打开 UG NX8.0，打开第六章加工实例，第三节加工实例三多曲面零件的加工，ok。开始进入到加工的环境当中，选择 MILL-CONTOUR 的方式，用型腔铣做粗加工，它是曲面的方式。

1. 创建刀具

点击机床视图，首先来创建刀具，刀具在这边的创建，可以根据加工的顺序进行操作，创建刀具，首先创建一把大刀进行粗加工，在这里选择 D15 的刀具，确定，刀具直径为 15，刀具号为 1，这个直径为 15 的刀具是用来做粗加工的（见图 6.3.3 创建第一把刀具）。

选择一把比较细的刀具，是用于加工辅助线的区域，辅助线的区域通过分析工具，首先测量到，分析，测量距离，测量距离可以采用这里的方式，也就是说它的象限点到线的位置

（见图 6.3.4 测量间距），大概找一个值，在这里是 6 的区域，在这里取刀取得稍微小一点，取 5 的刀具或者 4 的刀具就可以了，相应地也要照顾到这里。创建刀具，名称为 D4，确定，刀具直径为 4 的小刀，用来修大刀到不了的区域，刀具号为 2，确定（见图 6.3.5 创建第二把刀具）。

下面做圆弧的区域，采用一把球刀，创建刀具，为 D8R4 的球刀，确定，刀具直径为 8，下半径为 4，刀具号为 3，确定（见图 6.3.6 创建第三把刀具）。

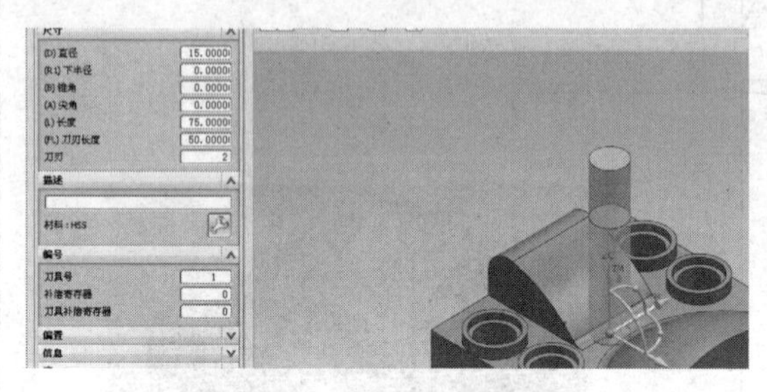

图 6.3.3 创建第一把刀具

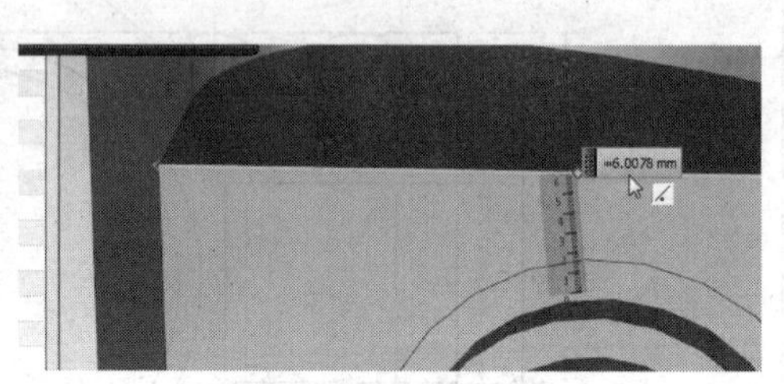

图 6.3.4 测量间距

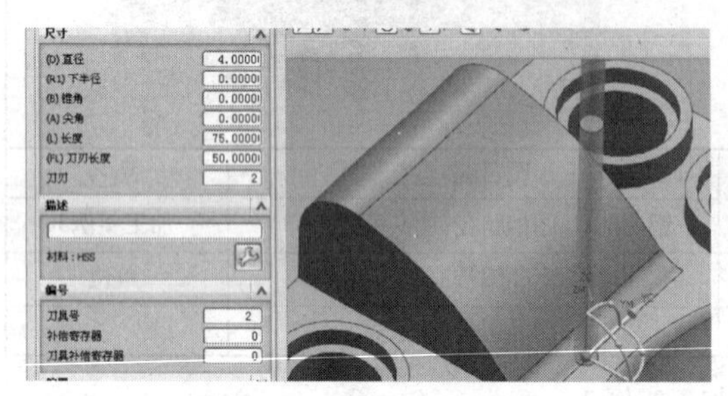

图 6.3.5 创建第二把刀具

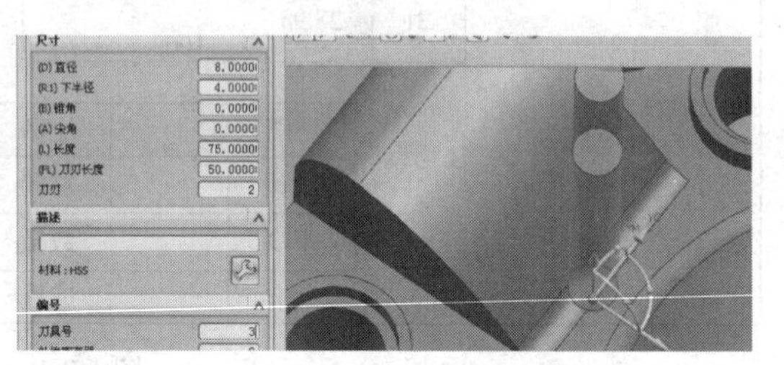

图 6.3.6 创建第三把刀具

2. 创建毛坯

点击几何视图，首先看坐标并不在物体的上方，而是在底面的上方，这样不利于对刀，双击 MCS_MILL，点击 MCS 后面的 CSYS 对话框，右击，选择定向视图中的前视图，将物体的坐标拉至工件的正上方（见图 6.3.7 移动加工坐标系），这个坐标就是进行对刀所使用的坐标，确定，设定安全距离为 2，确定，打开“+”双击 WORKPIECE，指定部件，选择物体，确定（见图 6.3.8 选择加工部件）。指定毛坯，选择包容块的方式将对象包容在内，依次确定（见图 6.3.9 选择几何体），现在刀具跟毛坯已经创建好了。

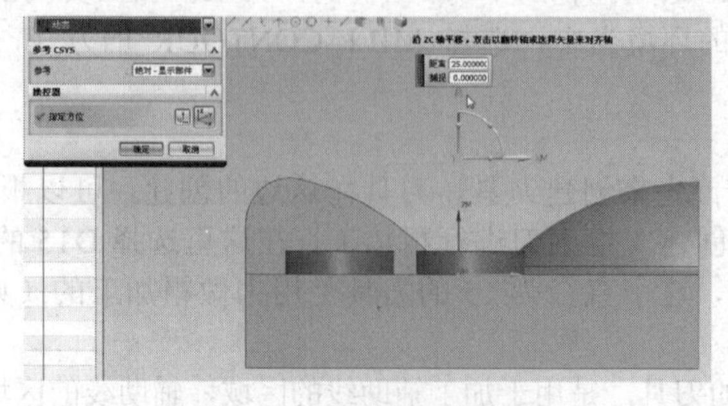

图 6.3.7 移动加工坐标系

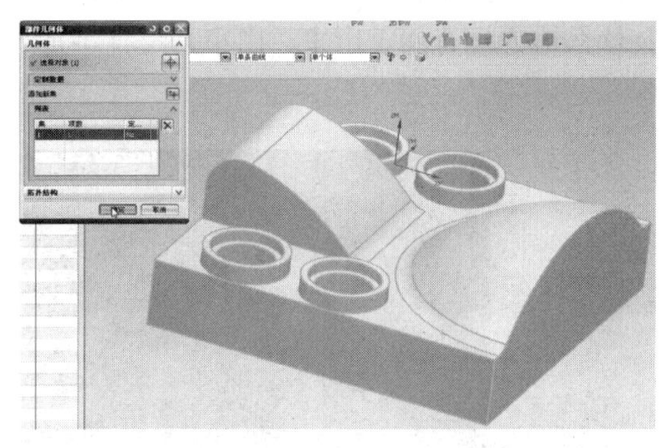

图 6.3.8　选择加工部件

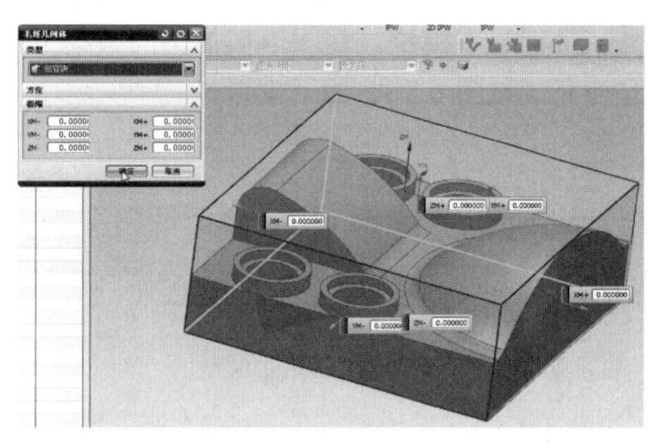

图 6.3.9　选择几何体

三、程序创建

1. 型腔铣的粗加工

程序视图，首先做粗加工，创建工序，类型选择 MILL-CONTOUR，在子类型中选择 CAVITY-MILL，程序选择 PROGRAM，刀具用 D15，几何体选择 WORKPIECE，方法选择 ROUGH，名称命名为 CU，确定。

指定切削区域，右击，选择定向视图中的前视图，框选物体（见图 6.3.10 框选物体），在框选完之后，再次旋转出来，选择孔的内壁，确定（见图 6.3.11 继续选择孔）。最大的距离设置为 2，打开切削参数，进行设置，将它的余量设置得小一点，在这里设置为 0.2，确定（见图 6.3.12 余量设置），生成刀具路径（见图 6.3.13 刀具路径），产生警告，应该是有一些区域无法进入，降低进刀的最小斜面的长度或开启最小化进刀数（见图 6.3.14 警告信息），因为有些地方太小，无法进入，这里主要指的就是沉头孔和斜面的区域，确定。因为这并不是刀具进行碰刀、撞刀这些误操作，只是刀具无法深入，不影响加工的操作的。

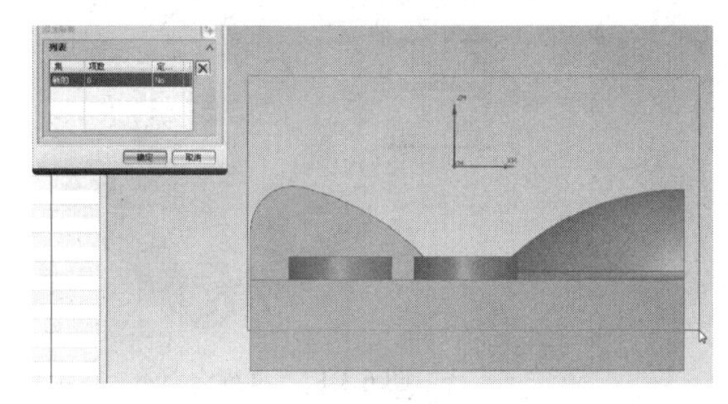

图 6.3.10　框选物体

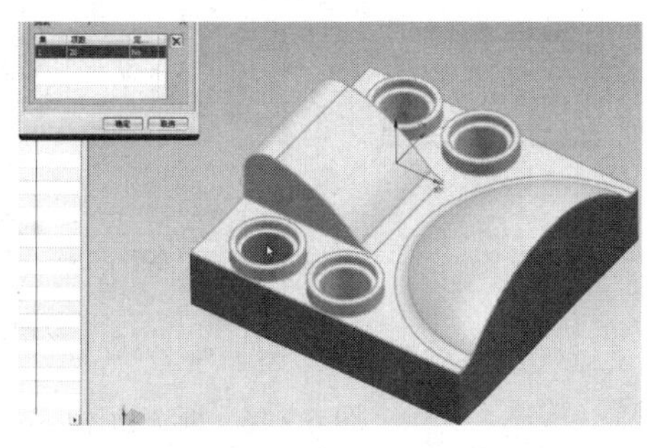

图 6.3.11　继续选择孔

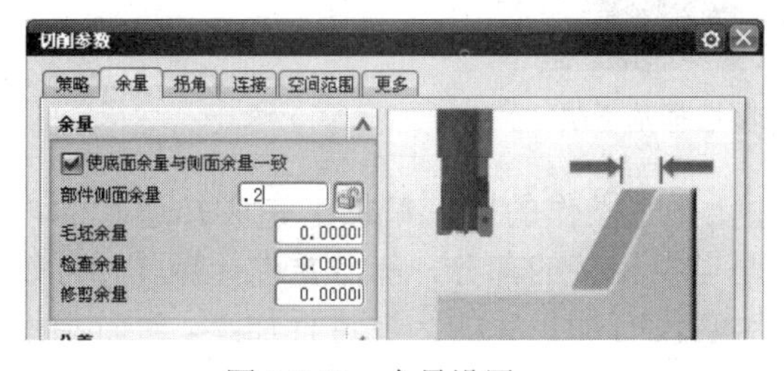

图 6.3.12　余量设置

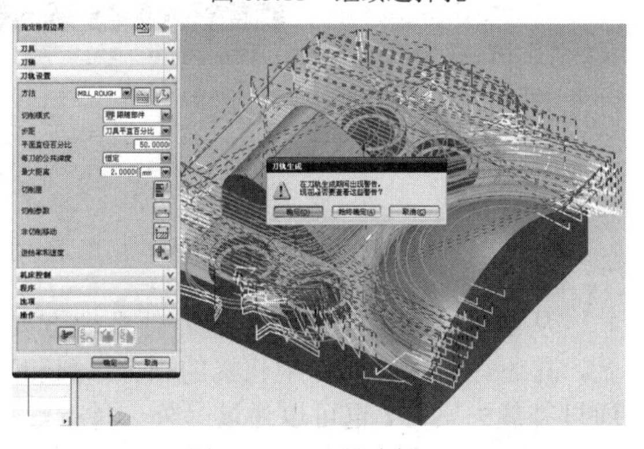

图 6.3.13　刀具路径

进行一下模拟，看一下粗加工的效果，看有什么地方没有加工出来，用小刀进行精加工的补充（见图 6.3.15 加工模拟）。

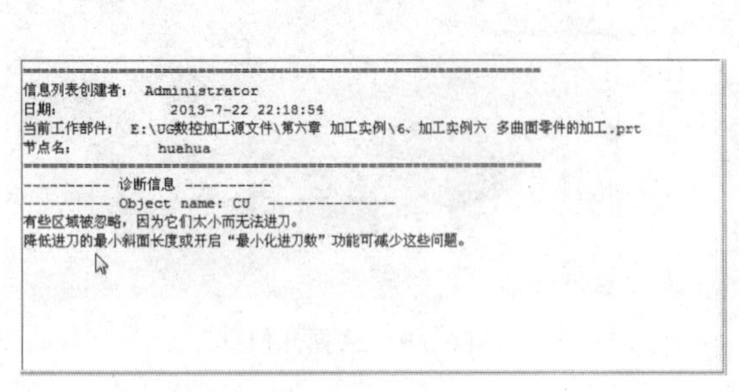

图 6.3.14 警告信息

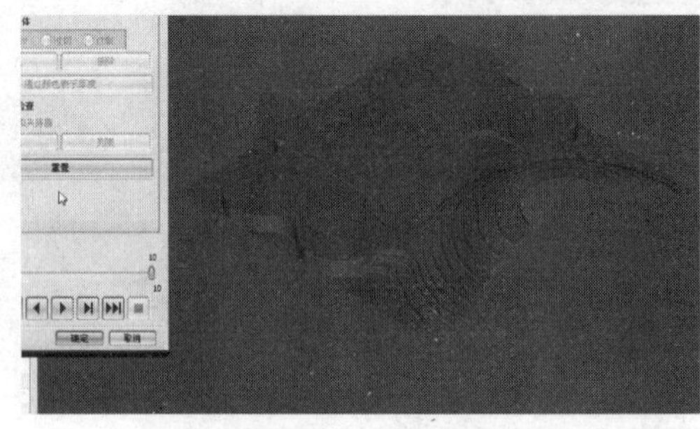

图 6.3.15 加工模拟

现在看有很多地方都是没有加工的，圆弧中间的区域都是没有被加工的，在这里采用型腔铣再次做一步，用型腔铣的精加工进行操作。

2. 型腔铣的精加工

创建工序，选择型腔铣，参数不变，选择 D15 的刀具，方法选择 FINISH，名称命名为 JING，确定。

指定切削区域，右击，选择定向视图中当前视图，框选区域（见图 6.3.16 框选物体），再旋转过来，选择孔的内壁，确定（见图 6.3.17 继续选择孔），将最大距离改为 1，打开切削参数，选择空间范围，因为在这里图形比较简单，所以选择基于层的方式，确定（见图 6.3.18 空间范围选择基于层），生成刀具路径。现在是做一部分的精加工的处理，依次确定（见图 6.3.19 刀具路径），下面看一下模拟的效果（见图 6.3.20 加工模拟）。

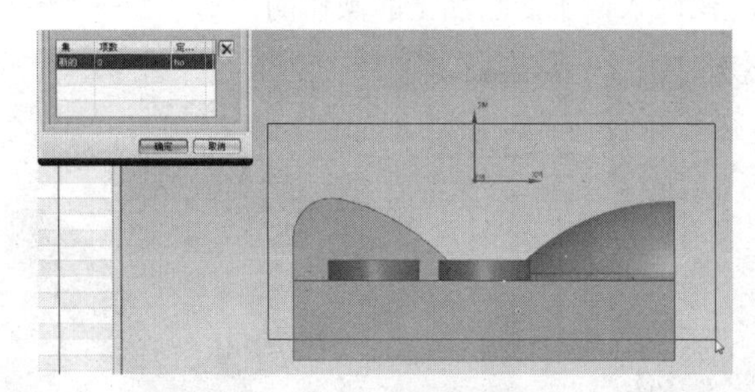

图 6.3.16 框选物体

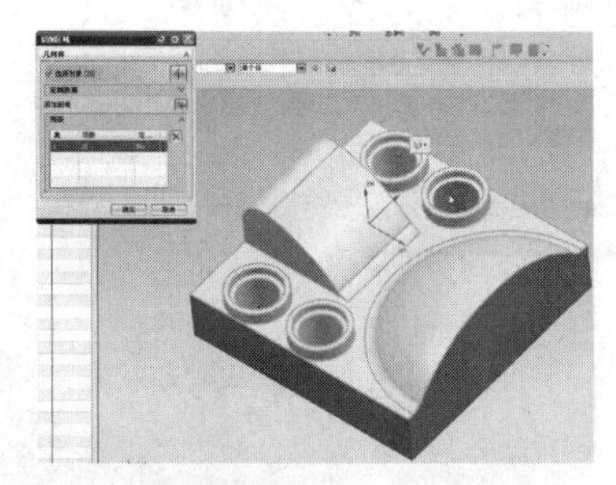

图 6.3.17 继续选择孔

图 6.3.18 空间范围选择基于层

从这里以后就能知道以后有什么地方要进行补充操作的了，精加工完成知道孔的内壁，孔还有圆和圆弧当中相接的部分，圆和球面当中相接的部分，都需要进行操作，可以通过补线去实现，也可以通过另外一种方法去对它没有加工完的区域进行加工，暂时不用补线。

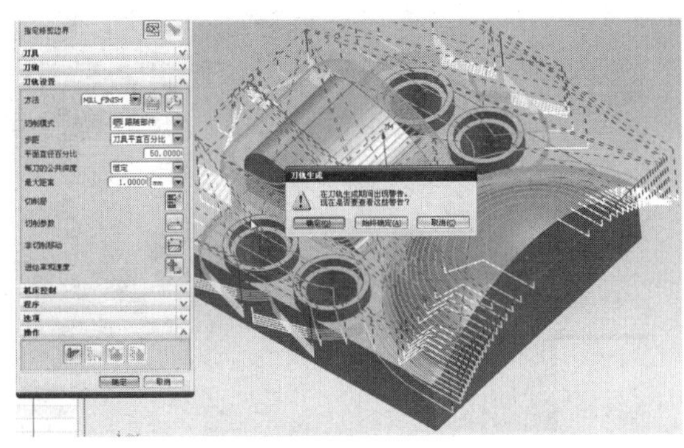
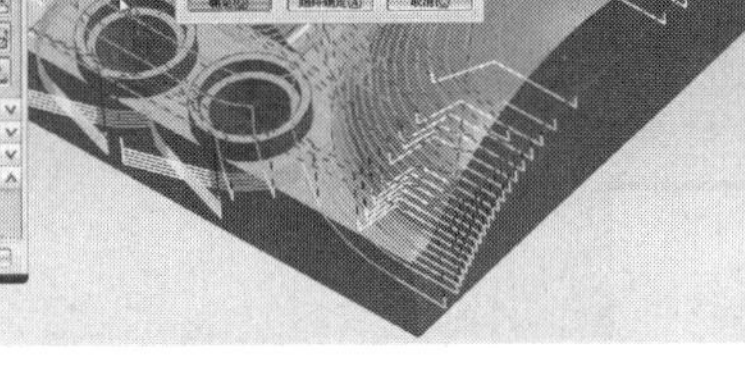

图 6.3.19　刀具路径

图 6.3.20　加工模拟

3. 大刀未完成的区域的加工

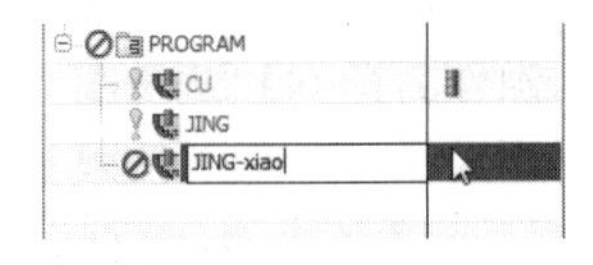

图 6.3.21　复制并且重命名

直接右击，将精加工复制 JING，右击粘贴，右击重命名，为了区分上一步的精加工，后面将它改为 JING-XIAO，就是小区域的加工（见图 6.3.21 复制并且重命名）。

双击，在这里其他参数保持不变，切削区域也是一个整体的，只将刀具改为 D4 的小刀，选择跟随周边的切削模式，切削参数设置的还是基于层的方式，最大距离为 1，精加工切削余量也都是零，暂时就不看了，直接生成（见图 6.3.22 刀具路径）。

从刀路可以发现，走刀走的是没有加工的区域，也就是说通过这种方式进行设定的话，精加工后面采用一把小刀进行加工，它会将前面大刀没有做完的区域进行精修一遍。这个精修不仅仅是最后精加工一刀，包括大刀加工没有加工的粗加工区域，确定。

看图形当中有没有不合适的区域，右击，转一下，看孔的区域这边似乎比较高（见图 6.3.23 旋转观察刀具路径），在这里双击可以将它改为直接插削的方式，选择非切削移动，方法将螺旋去掉，改为插削的方式，确定（见图 6.3.24 进刀类型选择插削），打开切削参数，在里面选择深度优先，确定（见图 6.3.25 切削顺序选择深度优先），生成刀具路径（见图 6.3.26 刀具路径）。

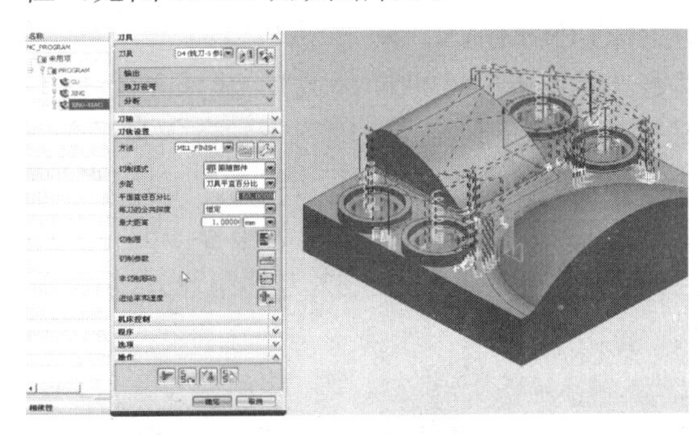

图 6.3.22　刀具路径

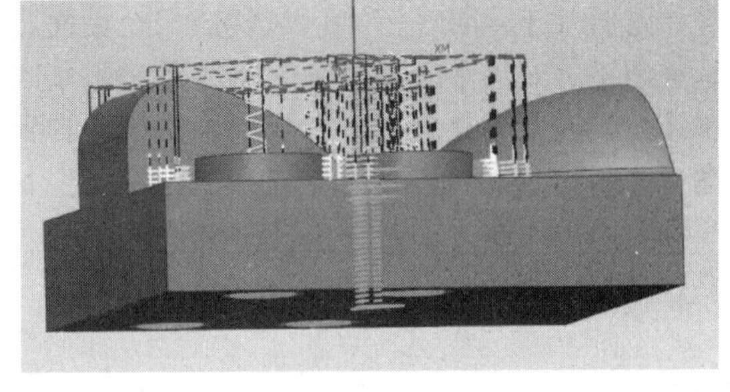

图 6.3.23　旋转观察刀具路径

图 6.3.24　进刀类型选择插削

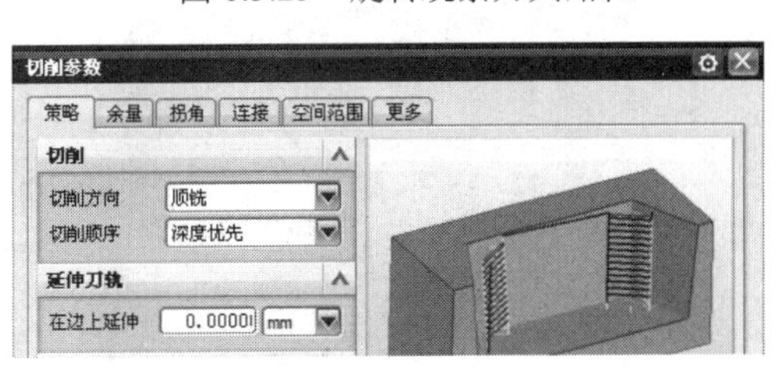

图 6.3.25　切削顺序选择深度优先

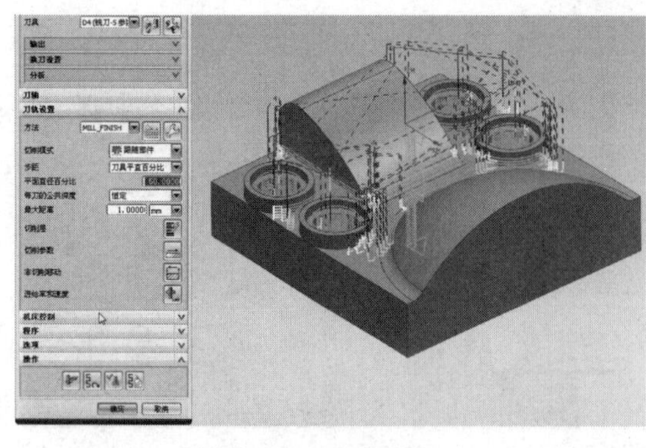

图 6.3.26 刀具路径

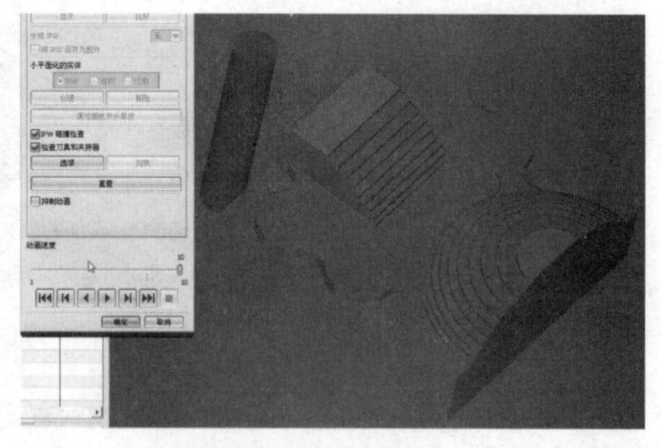

图 6.3.27 大刀进行粗加工

下面通过模拟看一下大刀的开粗、大刀的精加工和小刀的精加工是否可以达到基本区域的操作。图 6.3.27 是用大刀开粗的过程，图 6.3.28 是用大刀进行精加工的过程，图 6.3.29 是用小刀进行精加工的过程。

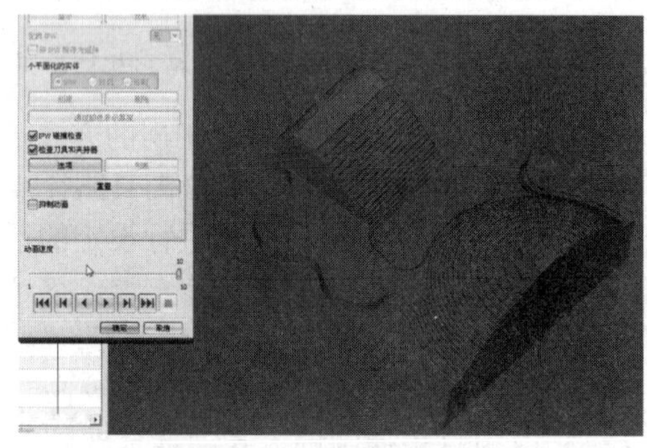

图 6.3.28 大刀精加工

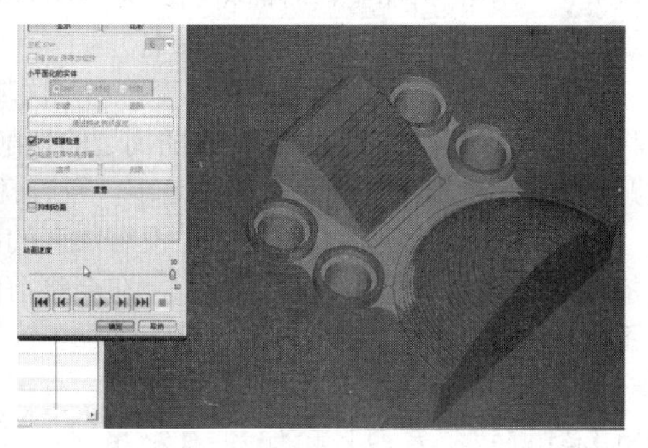

图 6.3.29 小刀精加工

4. 左侧曲面区域的加工

下面开始加工球面和曲面的区域。创建工序，选择 FIXED-CONTOUR，刀具选择 D8R4 的刀具，其他参数基本上保持不变，名称命名为 JING-QUMIAN，确定。

选择加工区域，三个区域构成一个曲面，确定（见图 6.3.30 曲面区域）。选择区域铣削，选往复的方式，平面直径百分比选择 5%，切削角度这边要指定一下，因为不知道它是沿着 X 轴还是沿着 y 轴指定的，选择一个指定，看到方向平行于 X 轴就可以了，预览一下效果（见图 6.3.31 刀具路径预览），现在可能看不到，因为它会显示在坐标平面，因为坐标平面是在底平面上，而加工平面是在工件上部的，确定，生成刀具路径（见图 6.3.32 刀具路径），将刀具路径投影上来，现在已经没有问题了。

图 6.3.30 曲面区域

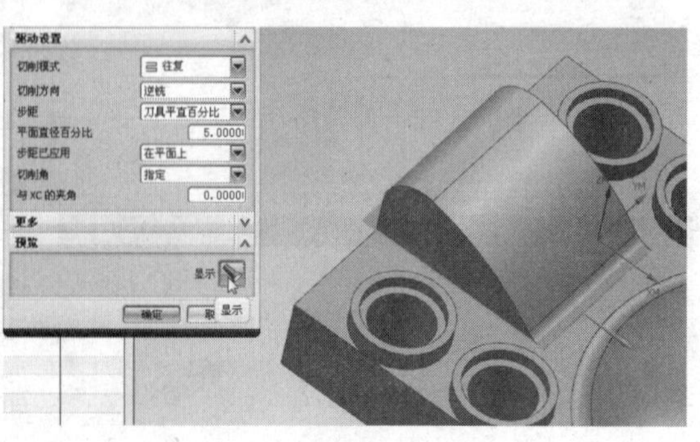

图 6.3.31 刀具路径预览

5. 球面区域的加工

下面做右侧的球面区域的加工。创建工序，一样的操作，名称命名为 JING-QIU，确定，选择螺旋式的方式（见图 6.3.33 驱动方法选择螺旋式）。

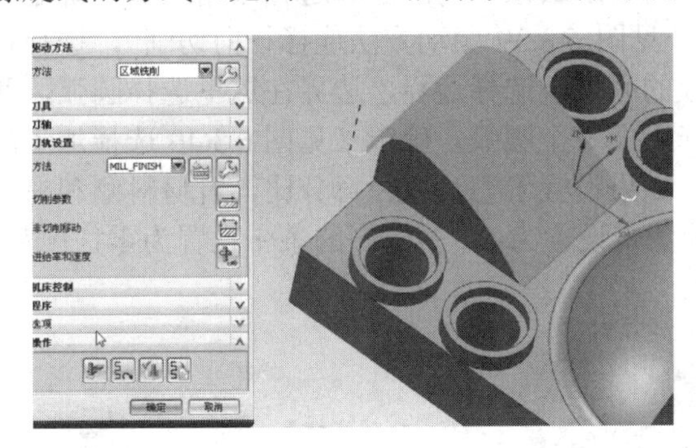

图 6.3.32　刀具路径

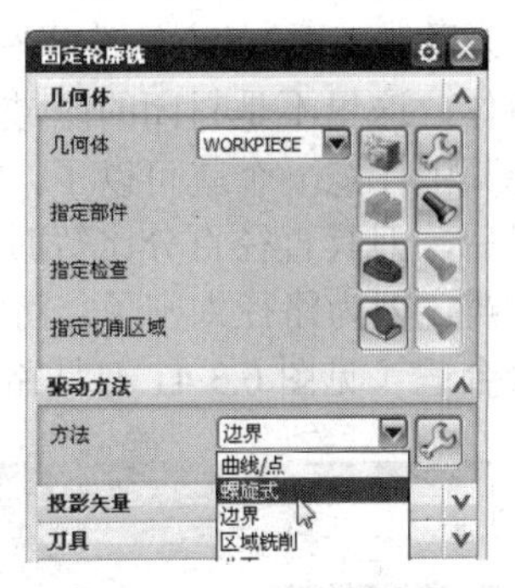

图 6.3.33　驱动方法选择螺旋式

在前面也知道，选择区域铣削里面的同心，会分析曲面，将曲面做成一个圆形进行操作，不管是什么形状，将形状的中心作为工件的中心的同心，对现在的半个圆来说，要将半圆的中心作为中心，这样就不符合要求了，所以要选择螺旋式。指定它的点，在这里有可以选择圆心的方式进行指定，指定圆的圆心见图 6.3.34。

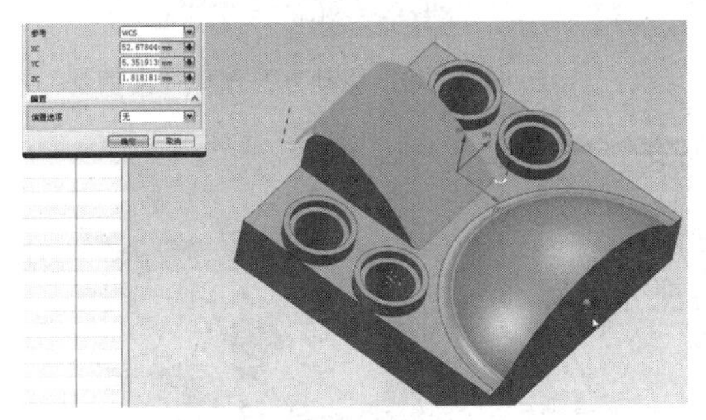

图 6.3.34　指定圆心

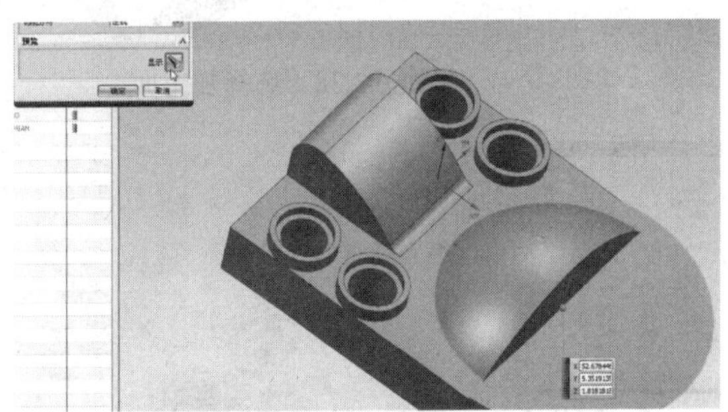

图 6.3.35　刀具路径预览

任意一个位置的圆心，它的投影是投影到工件上的，确定，选择刀具直径百分比，选择为 5%。最大螺旋半径为 50，预览（见图 6.3.35 刀具路径预览），50 的话可能偏大，但这并不是重点，可以进行再次操作的，确定，指定切削区域，切削区域就是球面的区域，确定（见图 6.3.36 选择加工面），生成刀路，投影到工件上（见图 6.3.37 刀具路径），这个形状就出来了，在做完这个形状之前，看还有什么地方没有做，刚才选择的是球面的区域，在球面和平面还有一个圆角区域没有做。

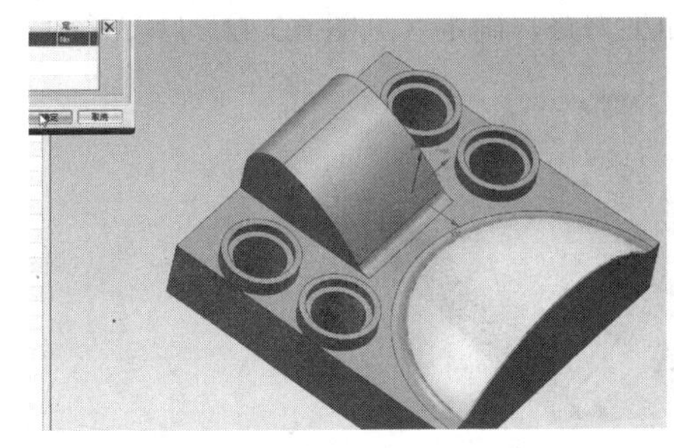

图 6.3.36　选择加工面

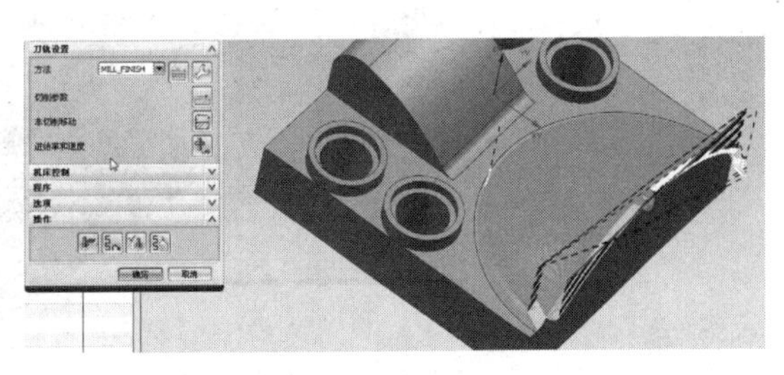

图 6.3.37　刀具路径

6. 圆和底面的过度圆角区域

创建工序，参数都是一样的，将名称命名为JING-YUANJIAO，确定。

指定切削区域，这里的区域选择用径向切削去做，切削区域选择圆角区域，确定（见图6.3.38选择加工面），方法选择径向切削（见图6.3.39驱动方法选择径向切削），选择指定驱动几何体，这里不是封闭的区域，是开放的区域，选择边界，边界在这里选择圆弧，两个圆弧选择其中任意一个就可以了，在此选择上面一个圆弧，确定（见图6.3.40选择加工的线），出来以后，刀具直径百分比暂时不设定，如果设置了刀具直径百分比，看材料侧和另一侧将无法分辨，因为路径太密了，将材料侧的条带设置为5，另一侧的条带设置为零，预览一下，看是否合适（见图6.3.41刀具路径预览）。

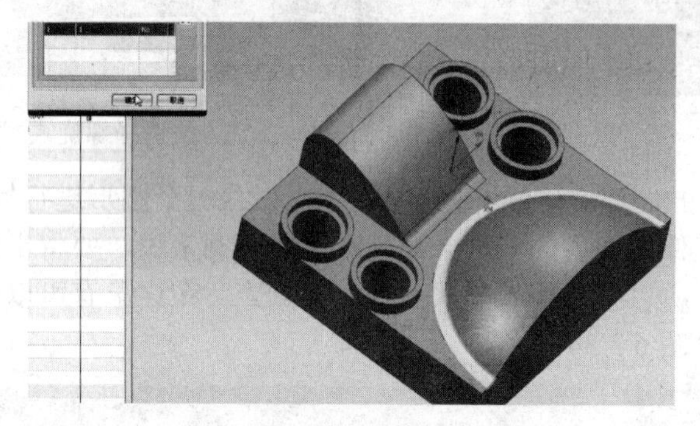

图6.3.38 选择加工面

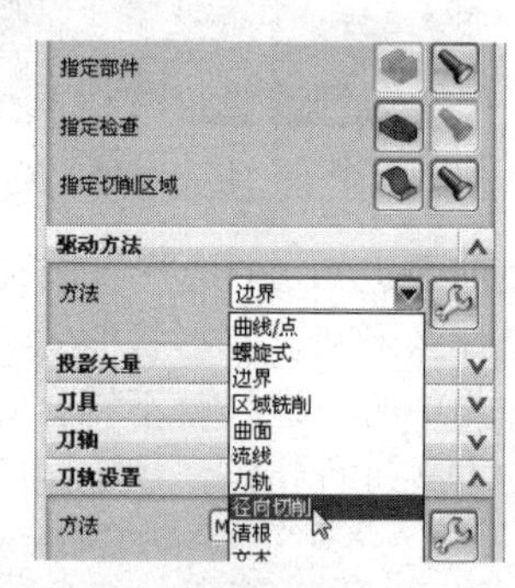

图6.3.39 驱动方法选择径向切削

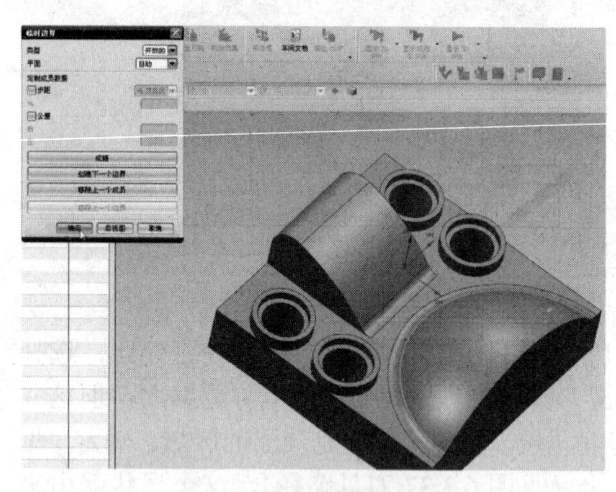

图6.3.40 选择加工的线

图6.3.41 刀具路径预览

这样基本就可以满足要求，下面将刀具直径百分比设置得密一点，设置为5%，这就是加工底下圆角区域的刀路，再生成，将它投影成加工刀路，确定（见图6.3.42刀具路径）。

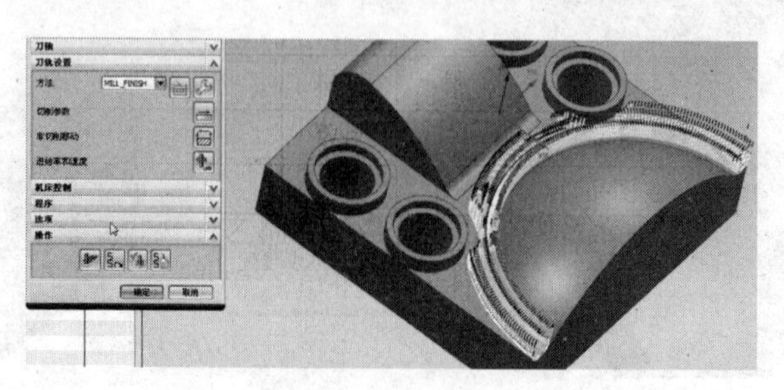

图6.3.42 刀具路径

7. 模拟与分析

点击 PROGRAM，最终预览一下，看是否还有要调整的地方。创建刀轨，2D 动态，播放，图 6.3.43 是用大刀进行开粗的过程，紧接着是大刀的精加工（见图 6.3.44 大刀精加工）。

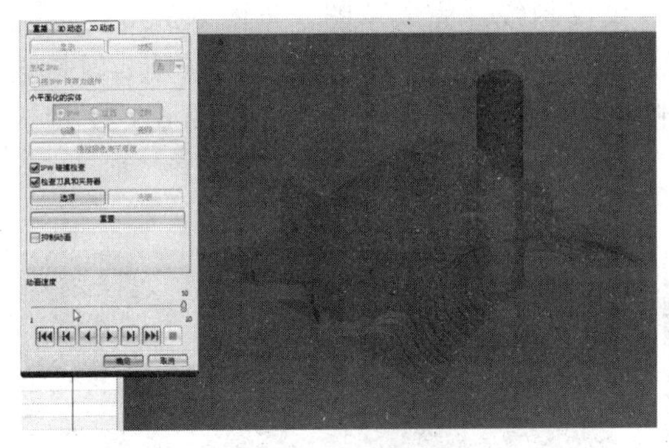

图 6.3.43　大刀粗加工

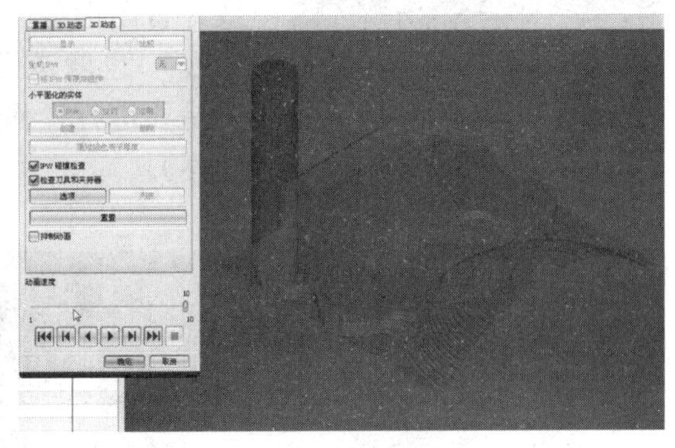

图 6.3.44　大刀精加工

图 6.3.45 是小刀进行剩余区域的加工，也就是相当于精加工的过程。接着球刀进行斜面的加工（见图 6.3.46 斜面的加工）。

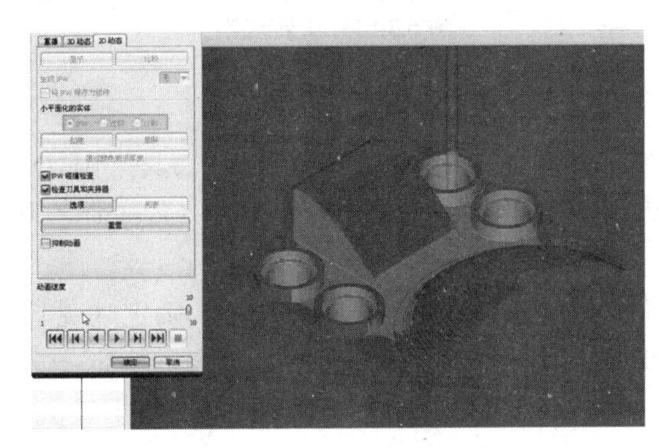

图 6.3.45　小刀的精加工

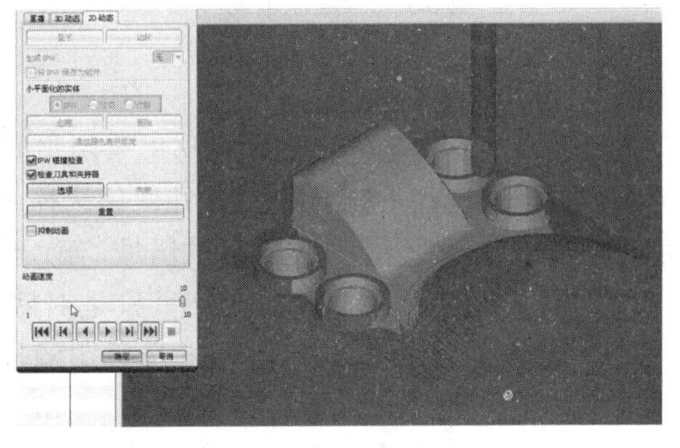

图 6.3.46　斜面的加工

图 6.3.47 是球刀进行螺旋式的加工，加工半球的区域。也就是所说的 1/4 个球的区域，球刀最后进行圆角区域的加工（见图 6.3.48 圆角过渡区域的加工）。

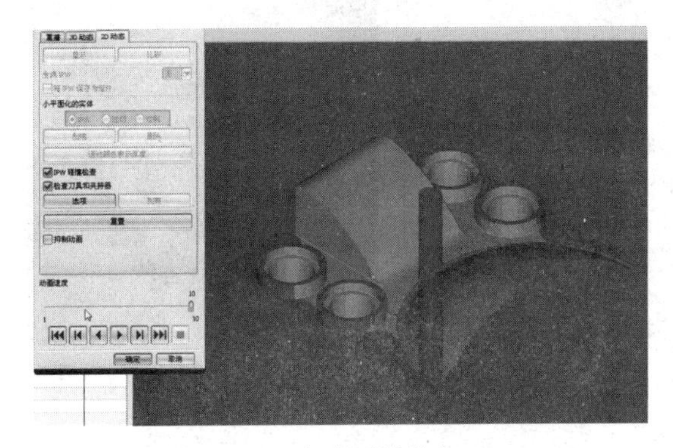

图 6.3.47　半球区域的加工

图 6.3.48　圆角过渡区域的加工

从模拟的效果看，基本上没有什么问题，图形当中出现了一个小的地方还需要将它补起来的，就是图 6.3.49 所在的区域，它有两个地方没有去除掉，区域位置大概记得了在它最小

图 6.3.49 需要补线的区域

的地方。

8. 小区域绘制辅助线

开始，建模，草图，选择定向视图中的俯视图，补一根线，将图形放大，仅仅画线，完成草图（见图 6.3.50 绘制辅助线），也就是说这里画的区域虽然说会大过去一点，但是这就是要进行操作的区域，旋转再观察一下（见图 6.3.51 旋转观察）。

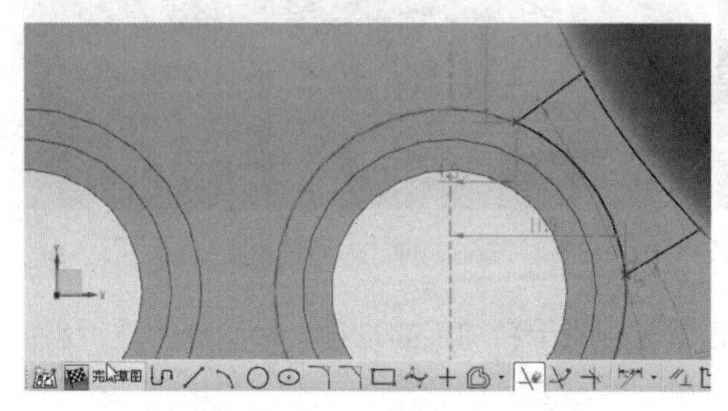
图 6.3.50 绘制辅助线

图 6.3.51 旋转观察

9. 补线区域的加工

开始，加工，创建工序，在这里采用平面铣的精加工的方式，选择面铣，刀具采用 D4 的小刀，程序选择 PROGRAM，几何体选择 WORKPIECE，方法选择 FINISH，名称命名为 JING-FUZHU，因为这里是辅助的区域，确定。

指定面边界，选择线，在这里只是对底部走一刀，将多余的区域去除，确定（见图 6.3.52 选择加工的线），切削模式选择跟随周边，毛坯距离什么的都不要设定，指定一下它的 *ZM* 轴，将它改为垂直于 *ZM* 轴，生成（见图 6.3.53 刀具路径），它的刀具由于过大，无法进刀，在这里改一下切削模式，改为跟随部件的模式，生成（见图 6.3.54 跟随部件的刀具路径）。

图 6.3.52 选择加工的线

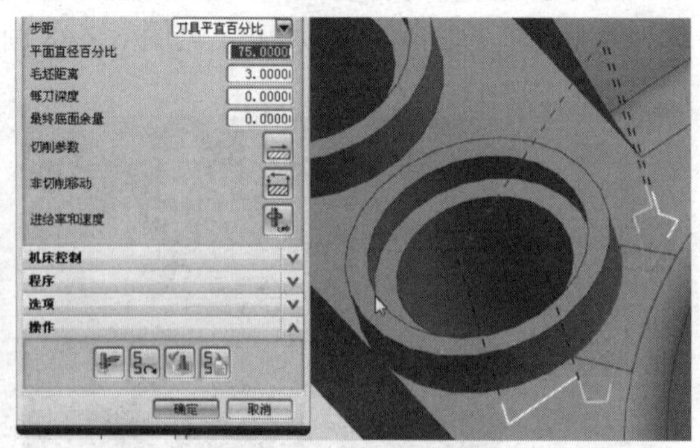

图 6.3.53 刀具路径

在这里发现刀进不去，可以再次创建一把刀具，点击刀具后面的新建小刀（见图 6.3.55 新建刀具按钮），直接选择 D2 的刀具，确定，指定直径值为 2，然后刀具号为 4，确定（见图 6.3.56 创建刀具），生成路径，现在已经完成了，确定（见图 6.3.57 刀具路径）。

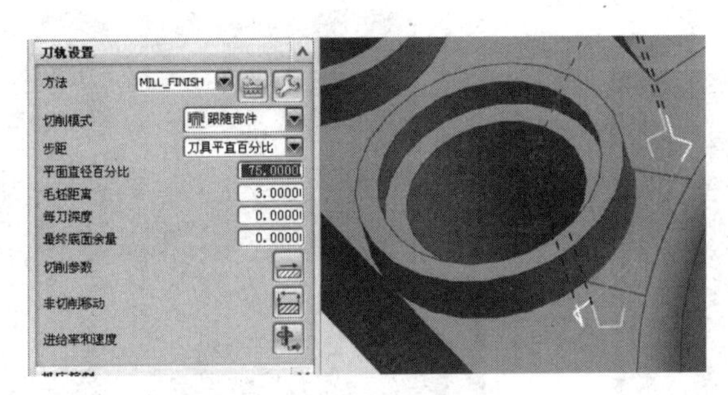

图 6.3.54　跟随部件的刀具路径

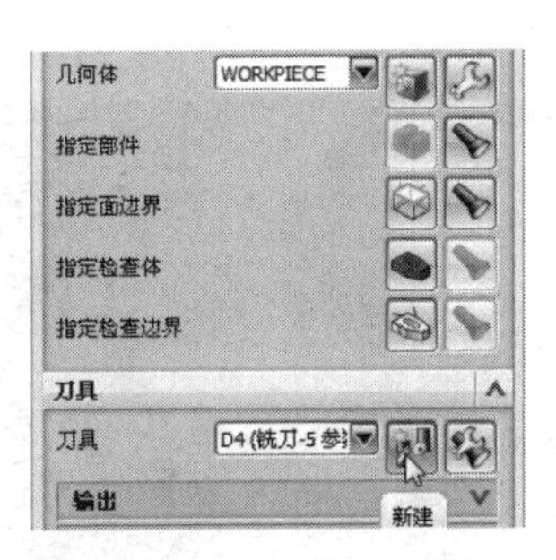

图 6.3.55　新建刀具按钮

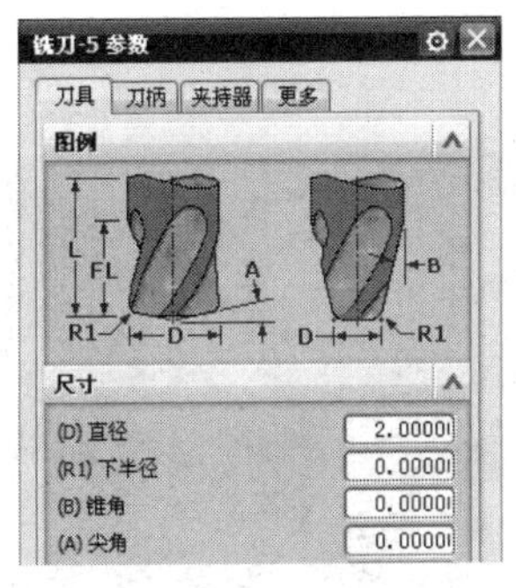

图 6.3.56　创建刀具

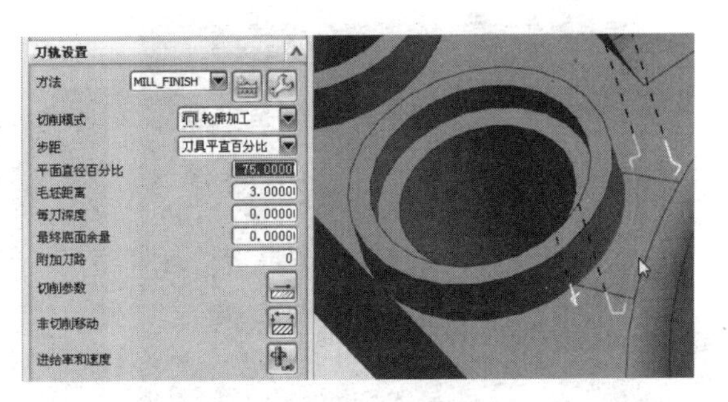

图 6.3.57　刀具路径

10. 综合模拟

确认刀轨，2D 动态，主要是看一下最小区域的加工是否到位，就是蓝线的区域，播放，大刀进行粗加工和精加工（见图 6.3.58 大刀的粗加工和精加工），小刀进行辅助操作（见图 6.3.59 小刀的精加工）。

小刀进行辅助操作的时候，它在下部留下一定的小区域没有处理掉（见图 6.3.60 剩余的小区域），下面是球刀进行的斜面和球面的加工（见图 6.3.61 斜面和球面的加工），在这边要知道进行球面加工一般是采用螺旋式，如果是采用同心往复和同心单向的方式，它指定圆心的位置就会错误。紧接着是通过径向切削切削它的圆角（见图 6.3.62 径向切削加工圆角区域）。

最后是采用面铣去将最终剩余的区域去掉，也就是说现在鼠标所在的有两个绿颜色尖尖的区域（见图 6.3.63 面铣加工剩余的区域）。

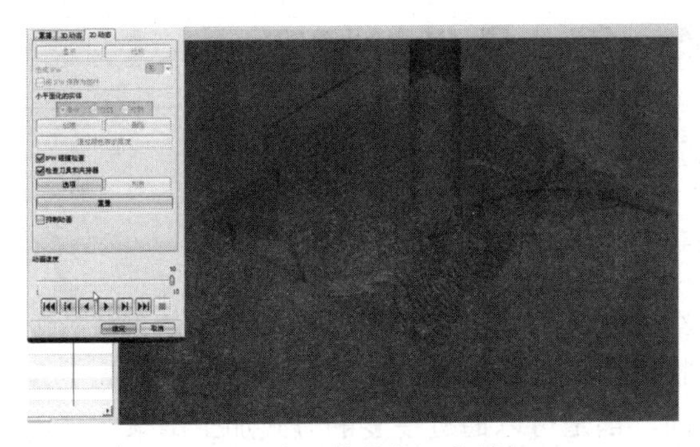

图 6.3.58　大刀的粗加工和精加工

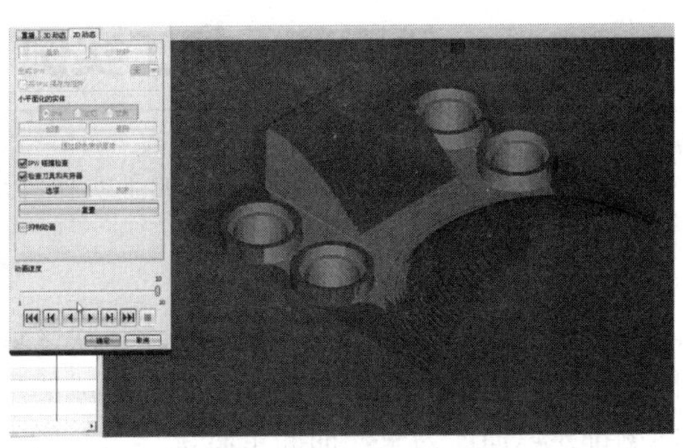

图 6.3.59　小刀的精加工

图 6.3.60 剩余的小区域

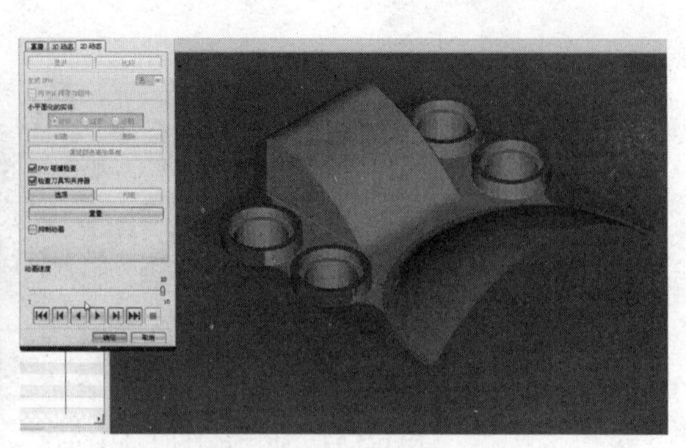

图 6.3.61 斜面和球面的加工

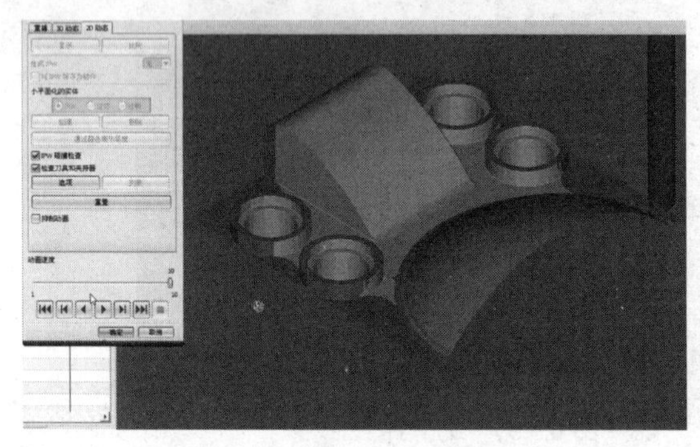

图 6.3.62 径向切削加工圆角区域

图 6.3.63 面铣加工剩余的区域

四、经验总结

第一，通过不同的精加工的组合可以完成辅助的操作，就是题目当中所看到的用大刀做精加工处理，用小刀将剩余的区域一次性做精加工处理完毕。

第二，对于曲面的操作，不一定是通过一种方式。像本节中曲面区域，采用的是区域铣削里面往复的方式，圆球的区域采用的是螺旋的方式，而对于圆角的区域采用的是径向切削的方式，以后对圆角和倒角区域尽量都是采用径向切削的方式。

最后对于图形当中模拟出来剩余的区域通过补线进行修改，由于之前创建的刀具直径过大，补线区域仍然无法通过，在这里程序视图当中面铣里面自动生成了一把刀具，这把刀具是第一次通过程序当中直接新建的，以后要记住这种方法。

第四节 加工实例 4 复合零件的加工

首先打开工件图（见图 6.4.1 加工实例 4）。

一、工艺分析

由工件图可以看出工件基本是由三块区域组成的，左侧的区域像一个 K 字形的形状，中间是一个六边形，在右边是一个圆弧构成的形状。由三维图形可以知道中间是以平面为主，两侧都是以曲面为主，曲面虽然说形状有所不同，都是可以通过往复的方式加工出来，采用的是固定轴曲面轮廓铣。

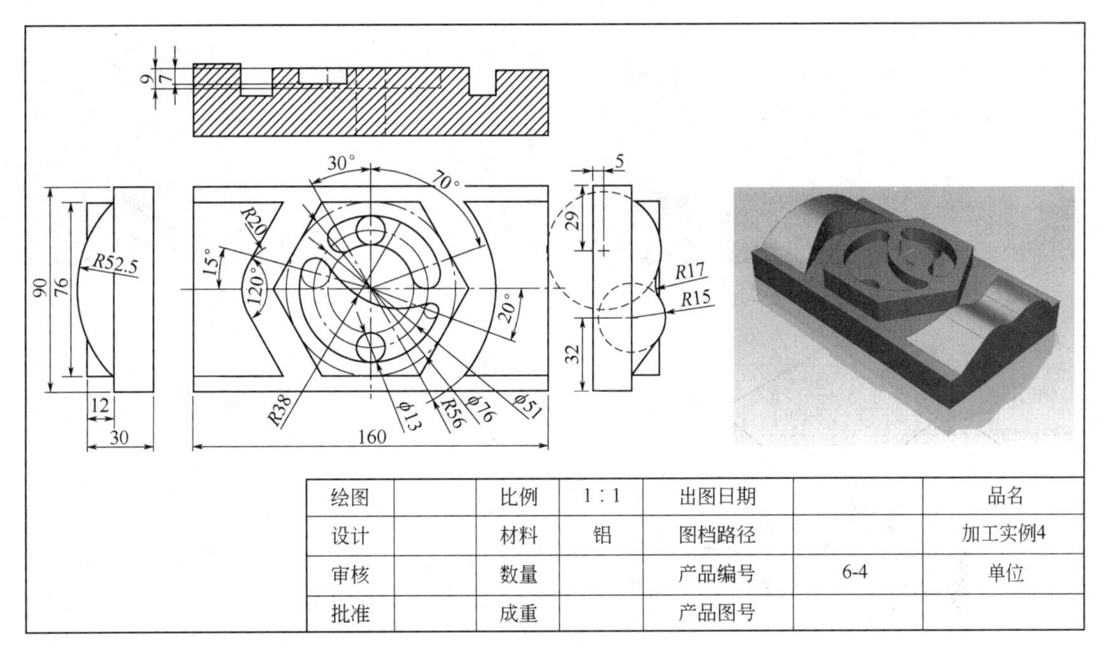

绘图		比例	1∶1	出图日期		品名
设计		材料	铝	图档路径		加工实例4
审核		数量		产品编号	6-4	单位
批准		成重		产品图号		

图 6.4.1　加工实例 4

二、准备工作

首先打开 UG NX8.0，打开第六章加工实例，第四节加工实例 4 复合零件的加工，OK。开始，进入到加工的环境，选项在上面选择 CAM-GENERAL，在下面选择 MILL-CONTOUR，选择 MILL-CONTOUR 的原因是用型腔铣为粗加工做准备，确定。

1. 创建刀具

下面点击机床视图，来创建刀具，在创建刀具之前看一下工件图，最小的尺寸在这里有一个ϕ13 的区域（见图 6.4.2 ϕ13 的区域），这里的区域就是圆孔的位置，刀具如果想全部加工完成，就要选择小于ϕ13 的刀具，进行开粗就没必要如此选择，开粗的时候在这里照顾大部分区域，选择ϕ15 的刀具。

回到 UG 的软件，创建刀具为 D15，确定，刀具直径为 15，刀具号为 1，确定（见图 6.4.3 创建第一把刀具）。

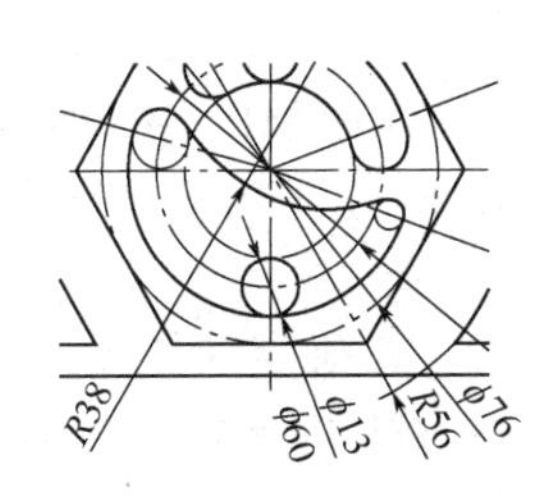

图 6.4.2　ϕ13 的区域

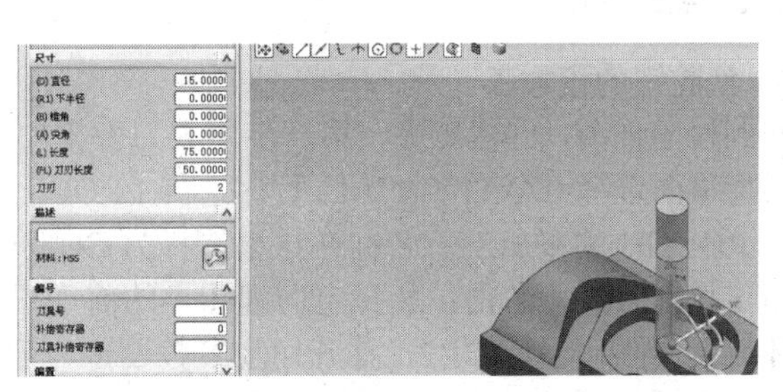

图 6.4.3　创建第一把刀具

创建刀具，为 D5，小的平刀做孔和小面的加工，确定，刀具直径为 5，刀具号为 2，确定（见图 6.4.4 创建第二把刀具）。

创建刀具，做曲面加工的时候要选择一把球头刀，为 D6R3，确定，刀具直径为 6，下半径为 3，刀具号为 3，确定（见图 6.4.5 创建第三把刀具）。

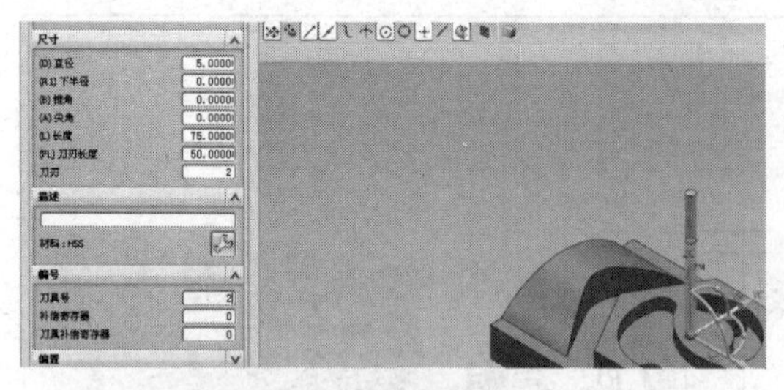

图 6.4.4 创建第二把刀具

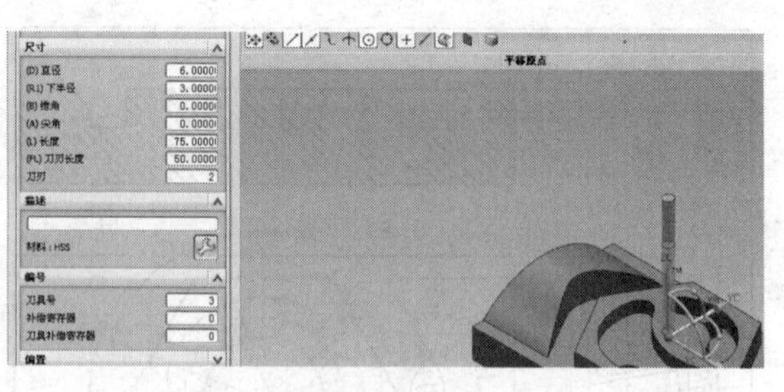

图 6.4.5 创建第三把刀具

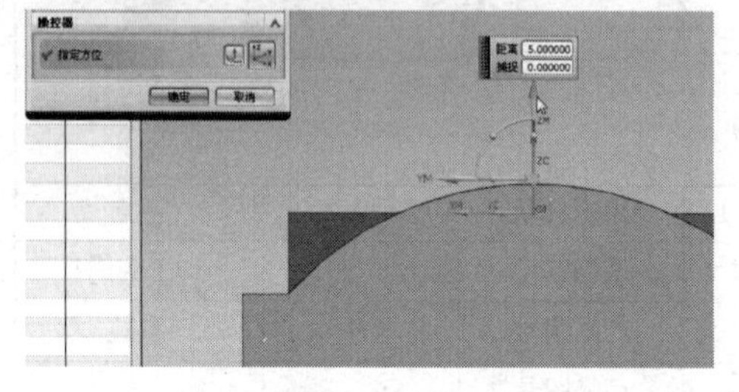

图 6.4.6 移动加工坐标系

2. **创建毛坯**

点击几何视图，点击 MCS-MILL，圆弧是最高的区域，点击指定 MCS 后面的 CSYS 对话框，将坐标拉到上方，依次确定（见图 6.4.6 移动加工坐标系），设定安全高度为 2，确定，打开“+”双击 WORKPIECE，指定部件，选择部件，确定（见图 6.4.7 选择加工部件），指定毛坯，直接选择包容块的方式，依次确定（见图 6.4.8 选择几何体）。

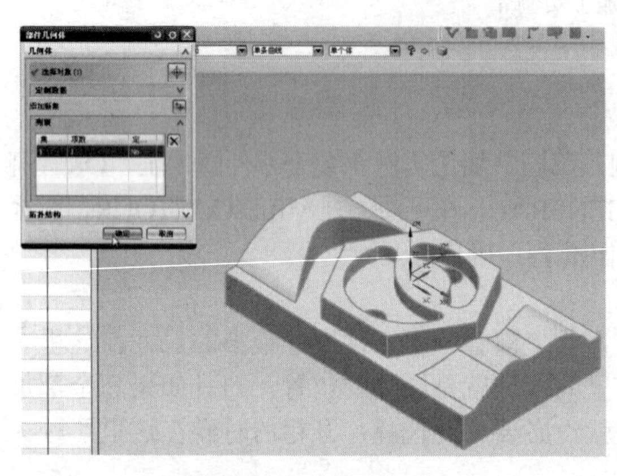

图 6.4.7 选择加工部件

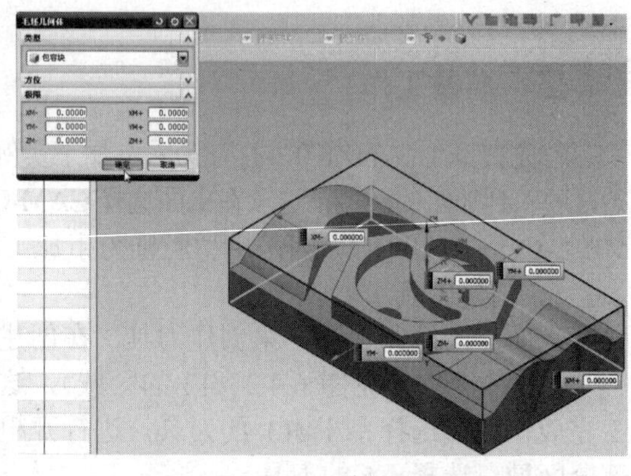

图 6.4.8 选择几何体

三、程序创建

1. **型腔铣的粗加工**

回到程序视图，创建工序，第一步用大刀做粗加工，创建工序，选择 MILL-CONTOUR，在子类型里面选择 CAVITY-MILL，程序选择 PROGRAM，刀具为 D15，几何体 WORKPIECE，方法为 ROUGH 的粗加工，名称在这里选择为 CU，确定。

指定切削区域，右击，选择定向视图中的前视图，将区域框选住，确定（见图 6.4.9 框选物体），设置最大距离为 2，打开切削参数设定一下它的余量，将它的壁余量稍微设置得低一点，侧面的余量设置为 0.3，确定（见图 6.4.10 余量设置），将策略改为深度优先的方式，确定（见图 6.4.11 切削顺序选择深度优先），下面非切削移动看一下它的进刀类型，将螺旋的方式改为插削的方式，确定（见图 6.4.12 进刀类型选择插削），是为了防止刀具在槽的地方无法入刀，可能下不去，确定（见图 6.4.13 槽形区域）。生成刀具路径（见图 6.4.14 刀具路径），现在看基本上是没有问题了，确定。

通过模拟来看一下加工完的效果，看有没有地方没有加工到位，播放（见图 6.4.15 加工模拟），现在看到工件中间的范围没有加工到位（见图 6.4.16 未加工的区域），将它用小刀进行加工。

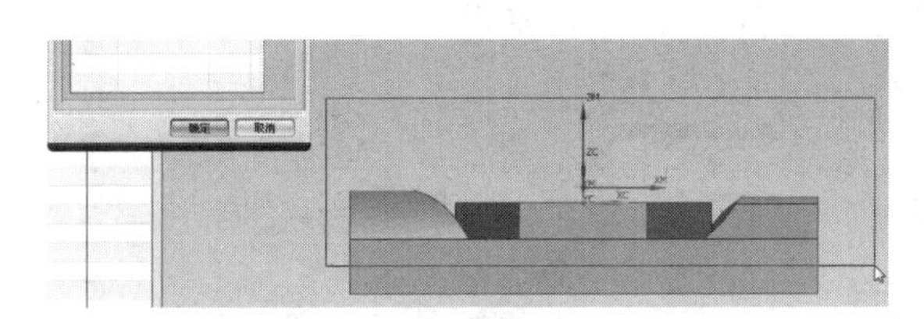

图 6.4.9　框选物体

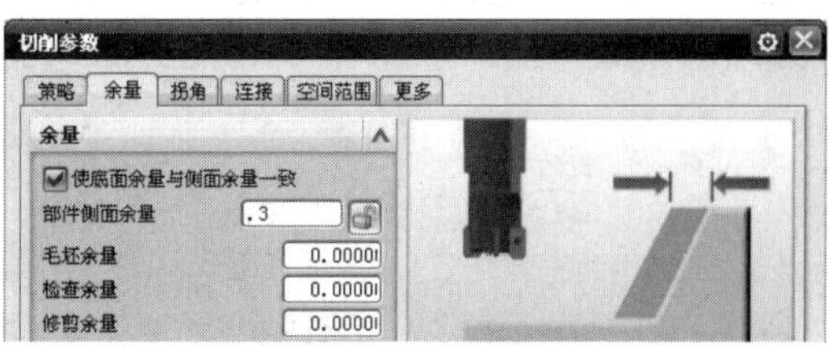

图 6.4.10　余量设置

图 6.4.11　切削顺序选择深度优先

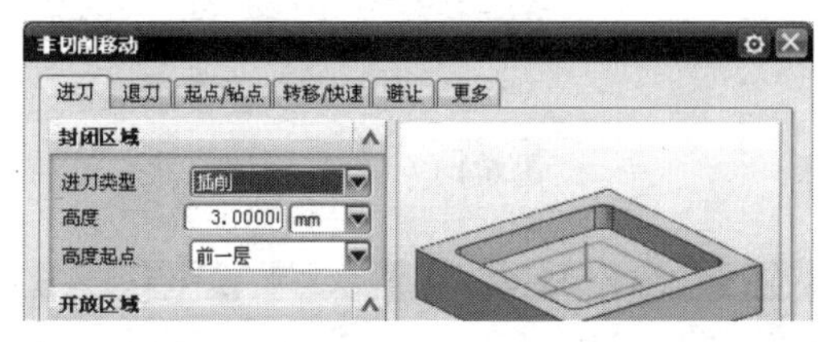

图 6.4.12　进刀类型选择插削

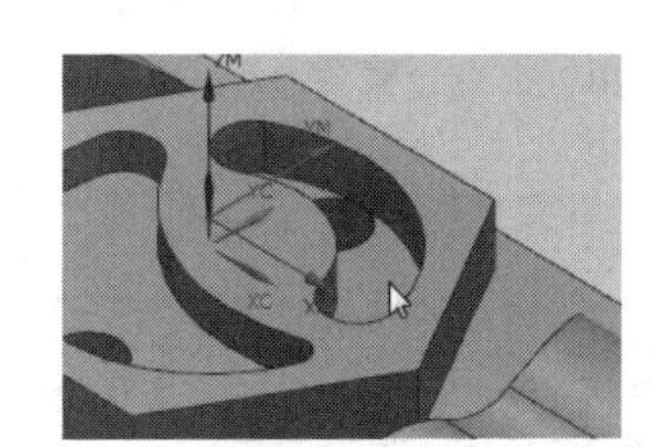

图 6.4.13　槽形区域

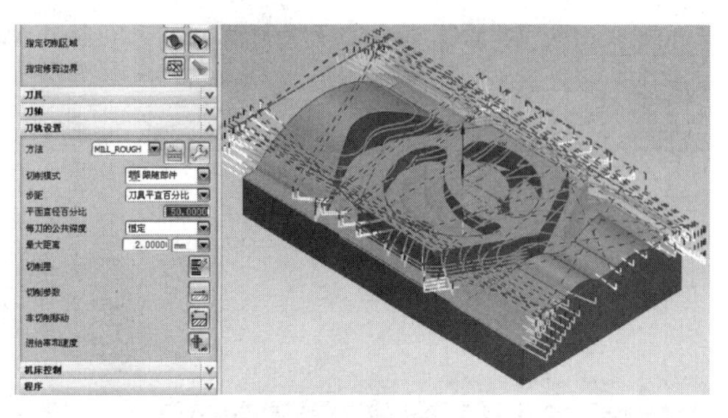

图 6.4.14　刀具路径

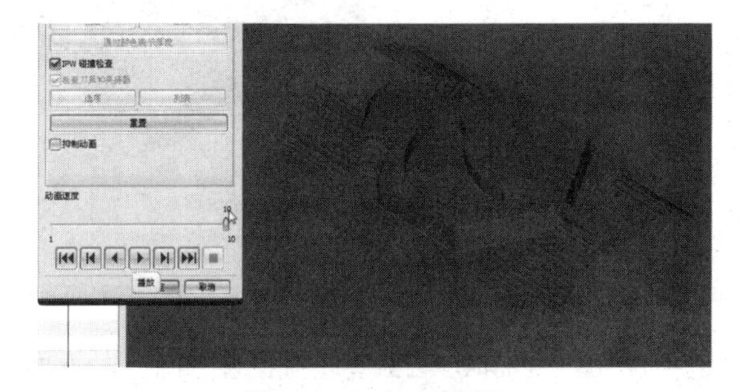

图 6.4.15　加工模拟

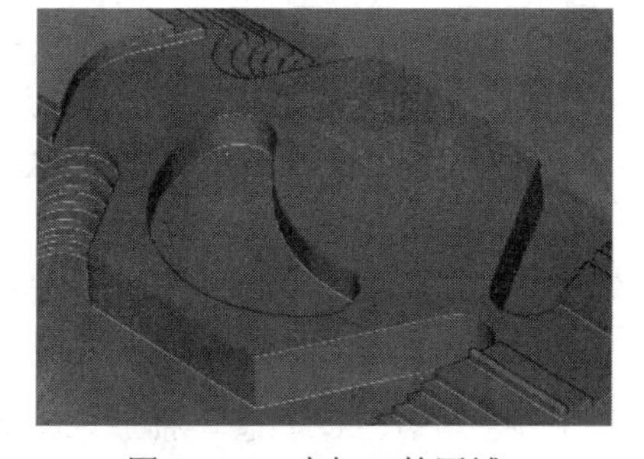

图 6.4.16　未加工的区域

2. 小刀加工未完成的部分

创建工序，还是选择 CAVITY-MILL，刀具选 D5 的刀具，进行小范围的加工，程序 PROGRAM，几何体选择 WORKPIECE，方法还是选择 ROUGH，将名称命名为 CU2，确定。

选择区域，右击，选择定向视图中的前视图，同样框选物体（见图 6.4.17 框选物体），注意，框选完成以后，可以将孔选中，因为刀具是 D5 的小刀，孔是ϕ13 的孔，是完全可以深入进去的，确定（见图 6.4.18 孔的区域）。改变它的最大距离为 1.5，因为刀具变小了，切深也要相应地变小，选择切削参数，切削顺序还是选择深度优先，否则会来回进行跳刀（见图 6.4.19 切削顺序选择深度优先），将部件侧面余量设置为 0.3，确定（见图 6.4.20 余量设置）。在空间范围里面选择基于层的方式，确定（见图 6.4.21 空间范围选择基于层），生成刀具路径（见图 6.4.22 刀具路径）。看现在走了这么多刀，是否符合要求，确定。

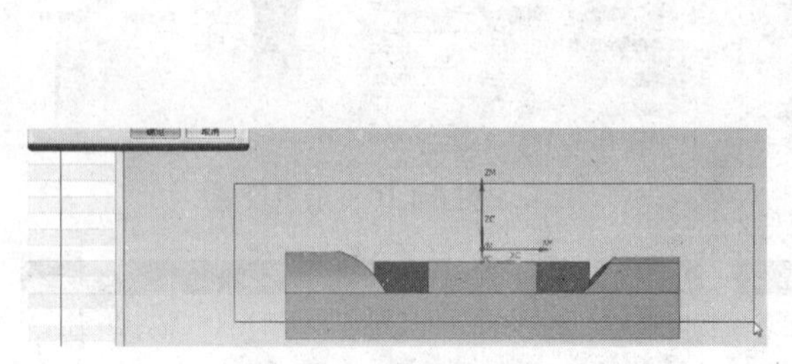

图 6.4.17 框选物体

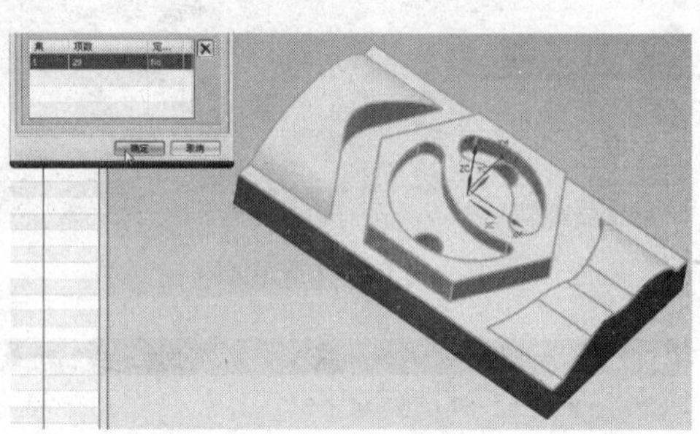

图 6.4.18 孔的区域

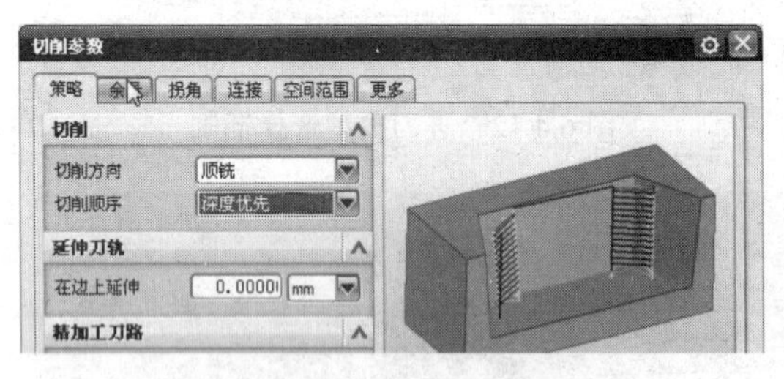

图 6.4.19 切削顺序选择深度优先

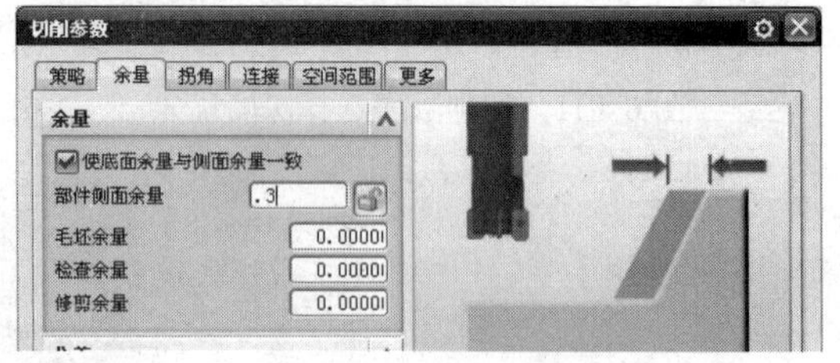

图 6.4.20 余量设置

图 6.4.21 空间范围选择基于层

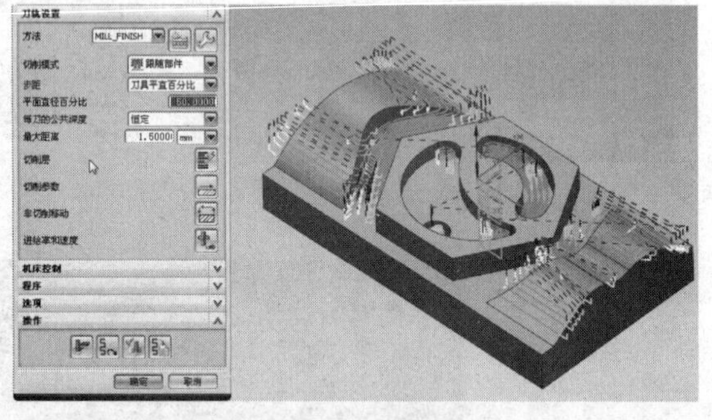

图 6.4.22 刀具路径

3. 模拟及分析

确认刀轨，2D 动态，播放，首先仍然是粗加工（见图 6.4.23 型腔铣的粗加工），下面是型腔铣的精加工（见图 6.4.24 型腔铣的精加工）。

在看到模拟的时候会发现，做型腔铣的精加工，并不是像之前想象的那样，只做最后表面的一刀，它会将粗加工大刀没有做完的区域按照层 1.5 的深度，一步一步往底下切深，切深到最终的位置为止。这个加工方法跟上一节类似，粗加工大刀没有加工到位，精加工还是用型腔铣用小刀做的时候，它会将粗加工留下的余量做完，然后再做最后的精加工操作。在最后如果精加工没有到位，仍然也可以用面铣将精加工的区域做完，甚至可以用型腔铣、等高轮廓铣配合着将精加工做完，确定。

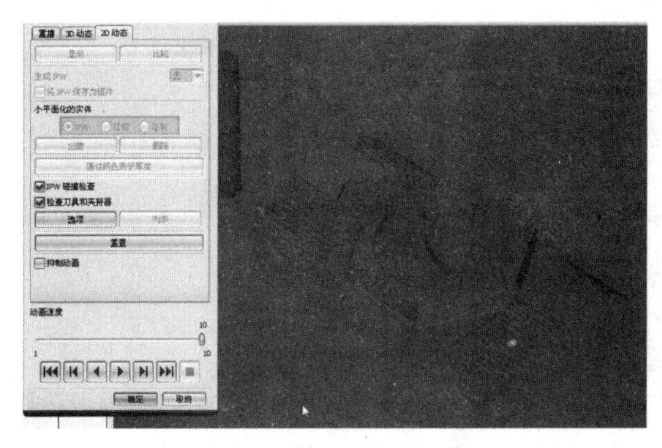
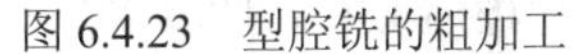

图 6.4.23　型腔铣的粗加工

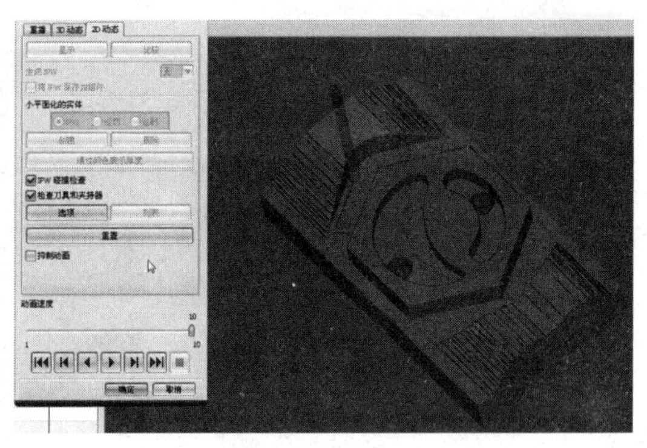

图 6.4.24　型腔铣的精加工

4. 小刀的型腔铣精加工

精加工没有到位，再进一步进行精加工，将 CU2 右击复制，右击粘贴，右击重命名，直接命名为 JING（见图 6.4.25 复制并且重命名）。

双击，切削区域可以打开手电筒观察（见图 6.4.26 观察切削区域）。

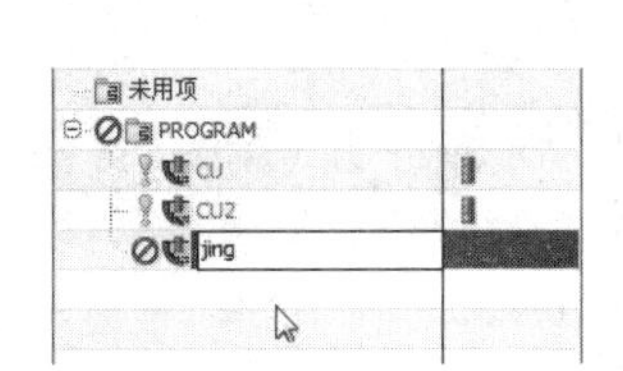

图 6.4.25　复制并且重命名

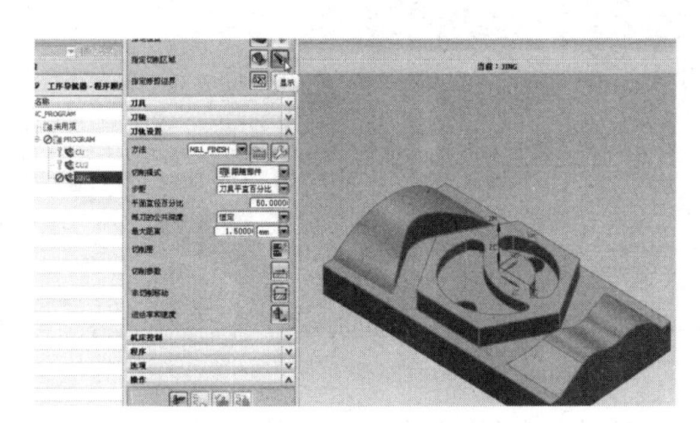

图 6.4.26　观察切削区域

最大距离不要修改，打开切削参数，打开余量看一下，它有 0.3 的余量，也就是说刚才做完以后是留有余量的，将它的余量值全部设置为 0（见图 6.4.27 余量设置），空间范围在这里设置基于层的方式就可以了，确定（见图 6.4.28 空间范围选择基于层），生成刀具路径（见图 6.4.29 刀具路径），也就是说现在看到是对侧壁和底面都进行了加工，现在加工的余量设为零。刚才虽然用的是同样的一种程序方式，它留有的是 0.3 的余量。

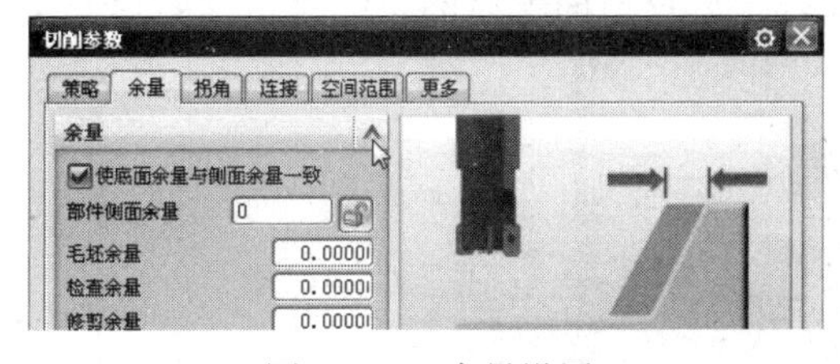

图 6.4.27　余量设置

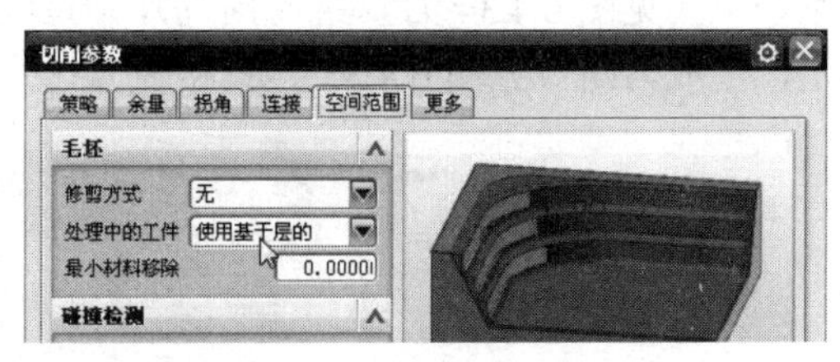

图 6.4.28　空间范围选择基于层

这时要特别注意一下由于是精加工，重新设定一下进给率和速度，刀比较细，将主轴转速稍微调高一点，改为 1500r/min，将切削速度降低为 150mm/min，确定（见图 6.4.30 进给率和速度设置），生成刀具路径（见图 6.4.31 刀具路径）。

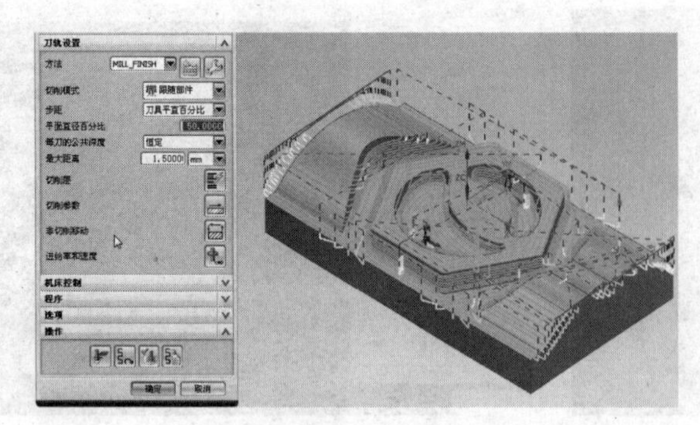

图 6.4.29 刀具路径

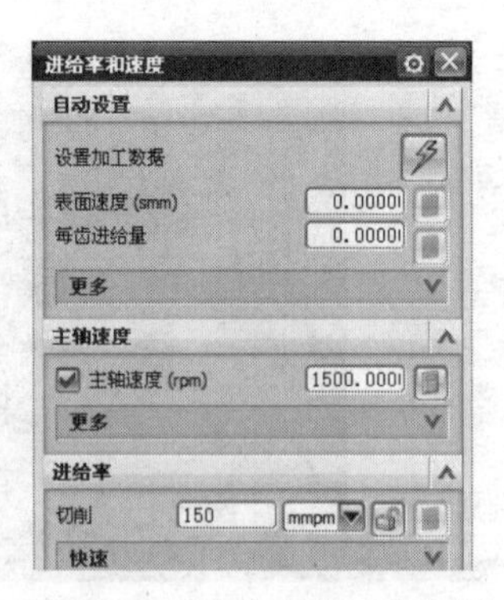

图 6.4.30 进给率和速度设置

这就是它的粗加工和精加工，通过模拟看一下（见图 6.4.32 加工模拟），通过大刀的开粗和小刀的开粗配合着使用，最后通过小刀精加工，形成最终的平面效果和曲面的部分效果，确定。

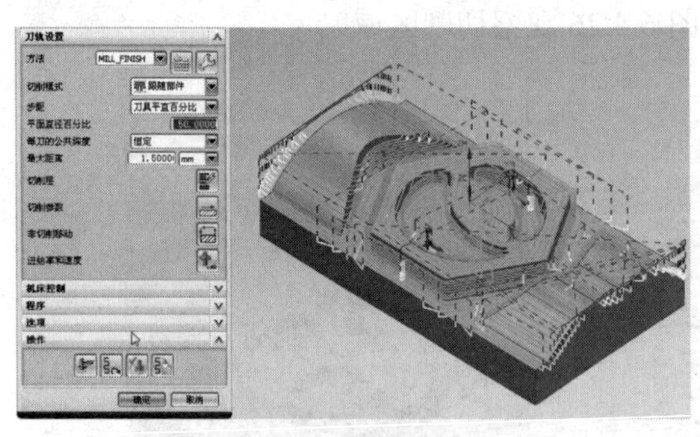

图 6.4.31 刀具路径

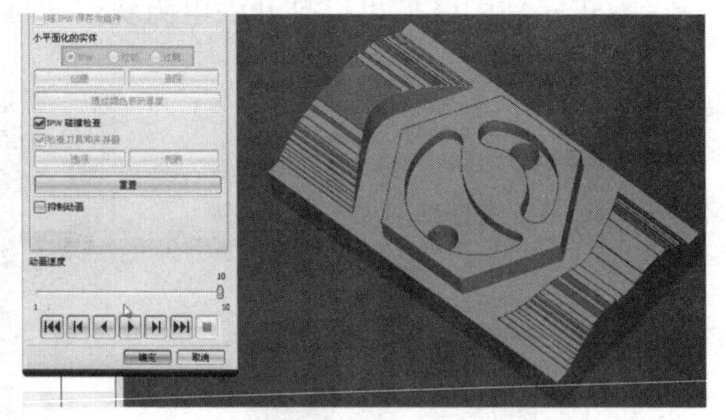

图 6.4.32 加工模拟

5. **圆弧面的精加工**

下面最后是做圆弧面的操作，创建工序，圆弧面的两个面可以通过一次加工完成，方法选择 FIXED-CONTOUR，刀具选择 D6R3 的刀具，方法里面选择 FINISH，其他的参数保持不变，将名称命名为 JING-QUMIAN，确定。

指定切削区域，就是两块大的曲面，总共由五个小的曲面组成，确定（见图 6.4.33 曲面区域），指定方法为区域铣削，在这里首先看一下它的方向是否正确，方向不能平行于 X 轴，应该是平行于 Y 轴的方向，所以在这里指定角度为 90°，下面指定平面直径百分比，改为 5%，预览一下（见图 6.4.34 刀具路径预览），刀具已经生成，下面要做的就是将它投影到工件上，确定，生成刀路（见图 6.4.35 刀具路径）。

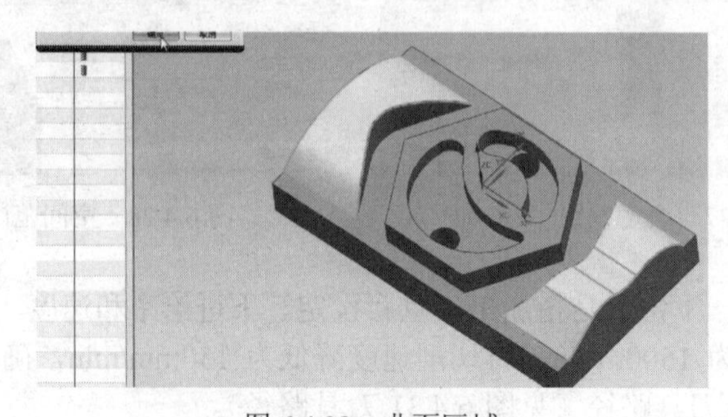

图 6.4.33 曲面区域

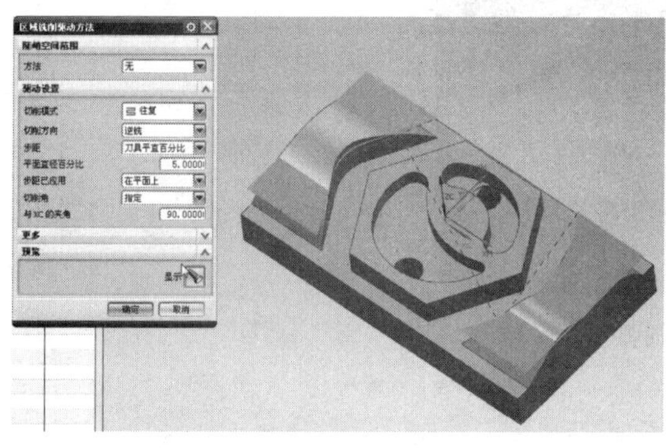

图 6.4.34　刀具路径预览

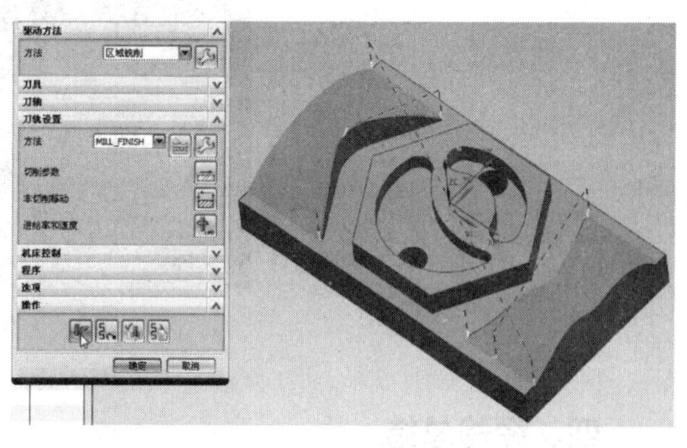

图 6.4.35　刀具路径

6. 综合模拟

现在它的精加工已经做完了，通过模拟看一下，确认刀轨，2D 动态，播放。首先是大刀进行的开粗（见图 6.4.36 大刀开粗），接着小刀进行的辅助开粗（见图 6.4.37 小刀辅助开粗），小刀的精加工（见图 6.4.38 小刀精加工），最后是球刀进行的曲面加工（见图 6.4.39 球刀的曲面加工），由工件图可以知道进行加工完毕了。

在题目当中可以看到左侧的圆弧上有一个蓝颜色的区域（见图 6.4.40 左侧圆弧顶部区域），这里表示精加工的区域和粗加工的区域深度的加工已经达到一致，所在在这里出现了一些颜色交错的情况，这里并无影响。

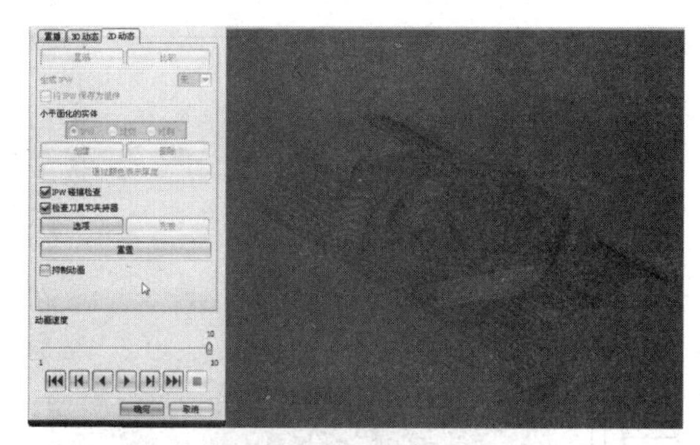

图 6.4.36　大刀开粗

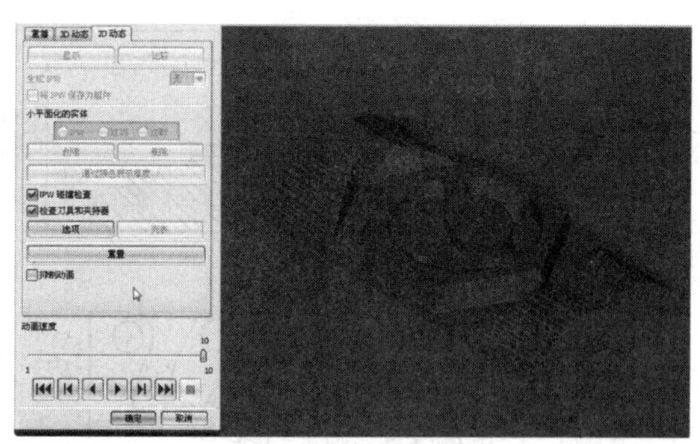

图 6.4.37　小刀辅助开粗

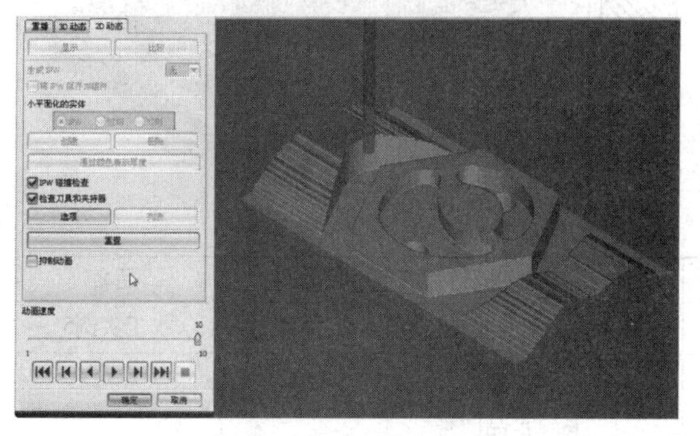

图 6.4.38　小刀精加工

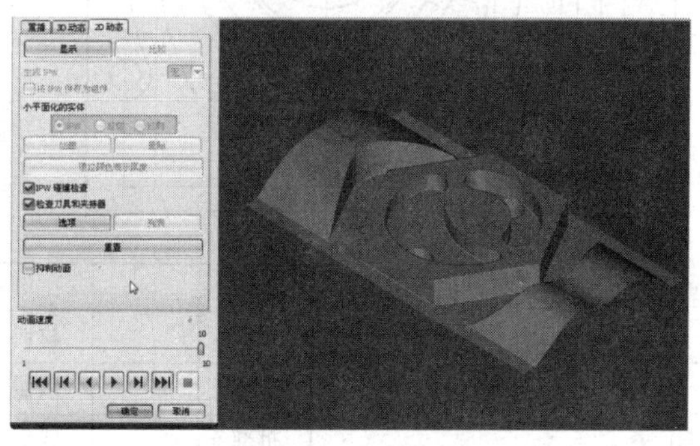

图 6.4.39　球刀的曲面加工

图 6.4.40　左侧圆弧顶部区域

四、经验总结

由这个题目可以看出来做粗加工的时候不一定完全是用一把刀具将开粗的区域完成，本题通过大刀的粗加工加上小刀的粗加工，同样是用型腔铣的方式进行了开粗，紧接着使用小刀的精加工从表面走了一刀，完成了前面粗加工留下的 0.3 的余量的操作，最后是用精加工的方式将曲面操作完，这个题目当中曲面并不是重点，重点主要是前面两种粗加工的使用，用大刀和小刀配合着使用型腔铣开粗的方法。

第五节　加工实例 5　定位盘零件的加工

首先看一下工件图（见图 6.5.1 加工实例 5）。

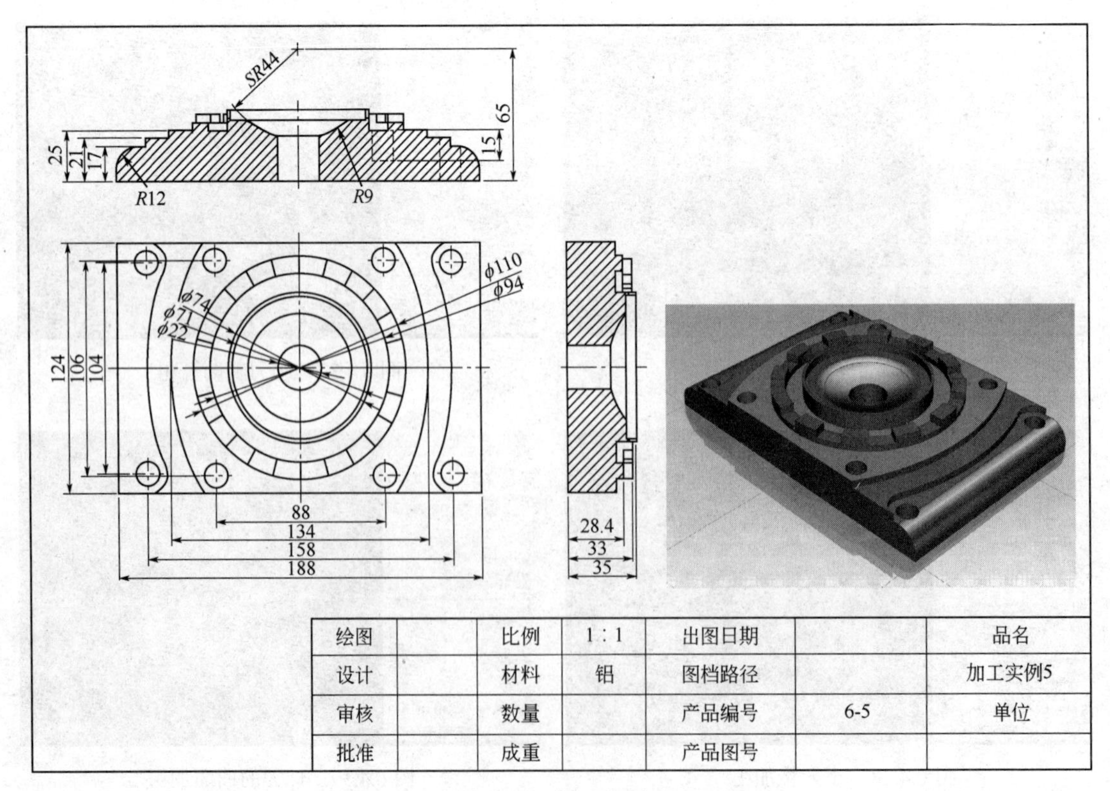

图 6.5.1　加工实例 5

一、工艺分析

由工件图上的三维图可以看出工件的形状类似于中间有一个圆弧的区域，周围有一圈类似于表盘的形状，在两侧是一段一段的过渡，台阶的过渡是对称的形状，在最后是有一个圆弧的沉底的过程。

题目当中圆弧的部分用固定轴曲面轮廓铣，中间的部分也是用固定轴曲面轮廓铣，尽量是采用螺旋式的方式，两侧采用区域铣削，垂直于曲面进行加工，其他的方式可以用大刀进行开粗，用小刀进行精加工或者修补等。

二、准备工作

首先打开 UG NX8.0，打开第六章加工实例，第五节定位盘零件的加工，OK。由图形当中首先看得出来中间是圆形加上孔组成的，这外围一圈是类似于表盘的形状，再往两边对称台阶的沉入，最后是斜面的加工。

由图形当中也可以知道，如果是采用台虎钳进行装夹的时候，尽量是往下装夹，在图形斜面的区域有一个接缝处（见图 6.5.2 台虎钳装夹的位置），它其实是相切的区域，作为图形来说它用接缝显示，实际当中测量中间垂直的部分，将它让出 1mm 或者 2mm，让刀具进行下刀就可以了。

图 6.5.2　台虎钳装夹的位置

开始，进入到加工环境，选择 MILL-CONTOUR，方便型腔铣操作，确定。

1. 创建刀具

点击机床视图，选择刀具，选择刀具的原则：第一把开粗，尽量选得大，第二把平底刀用小刀，尽量加工完毕。孔的尺寸，在这里可以通过分析的工具进行测量，将它量一下，照顾小孔区域，两孔的顶点的距离就可以了，距离是 11 左右（见图 6.5.3 测量距离），在取刀具的时候比 11 小，在这里取一个 6 的刀具。

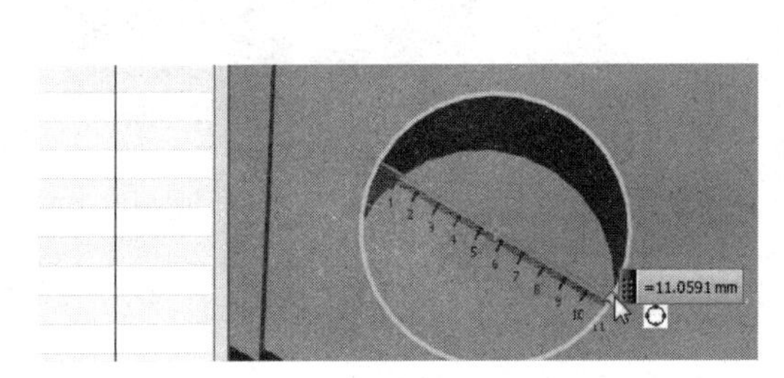

图 6.5.3　测量距离

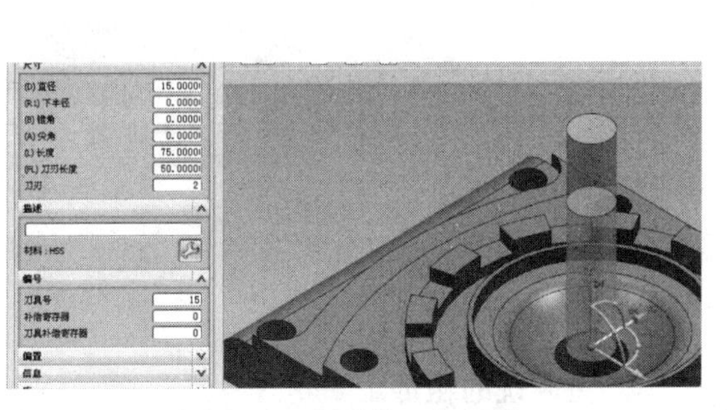

图 6.5.4　创建第一把刀具

创建刀具，创建一把 D15 的刀具，确定，刀具直径为 15，刀具号为 1，确定（见图 6.5.4 创建第一把刀具）。

再次创建，创建一把 D6 的刀具，确定，刀具直径为 6，刀具号为 2，确定（见图 6.5.5 创建第二把刀具）。

创建刀具，创建一把 D6R3 的刀具，做工件的曲面精加工操作，确定，刀具直径为 6，下半径为 3，刀具号为 3，确定（见图 6.5.6 创建第三把刀具）。

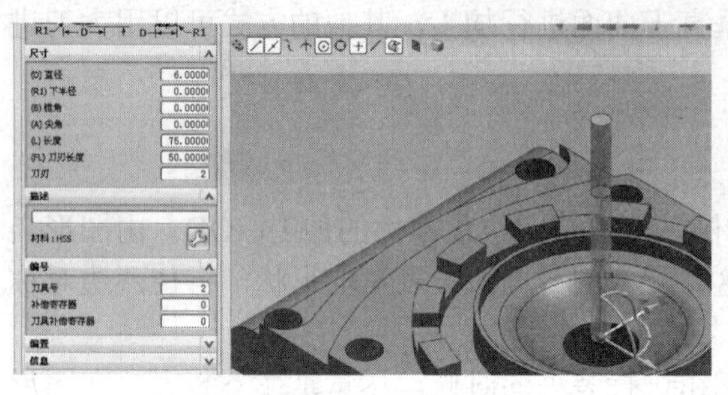

图 6.5.5 创建第二把刀具

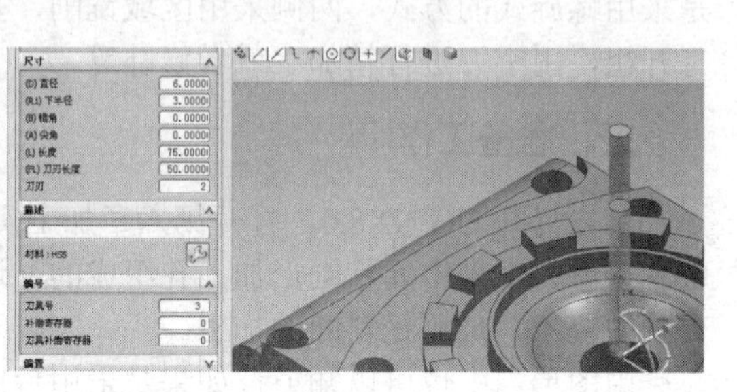

图 6.5.6 创建第三把刀具

2. 创建毛坯

下面进行几何视图，点击 MCS-MILL，首先要看它的坐标是否在工件正上方，右击，选择定向视图中的前视图，选择指定 MCS 后面的 CSYS 对话框，将坐标拉到工件的正上方去，确定（见图 6.5.7 移动加工坐标系），指定安全高度为 2，打开“+”双击 WORKPIECE，指定部件，选中物体，确定（见图 6.5.8 选择加工部件），指定毛坯，选择包容块的方式，依次确定（见图 6.5.9 选择几何体）。

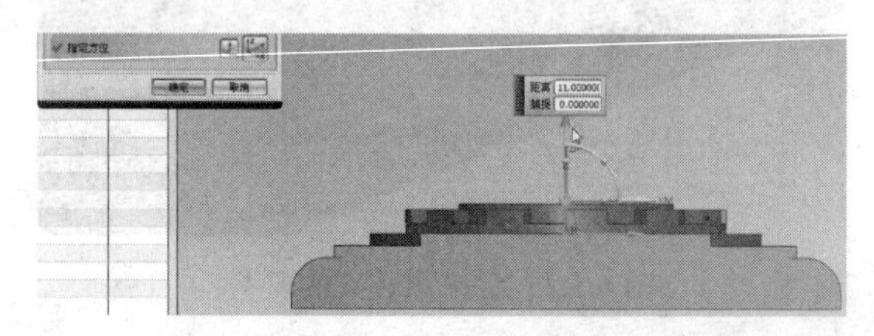

图 6.5.7 移动加工坐标系

图 6.5.8 选择加工部件

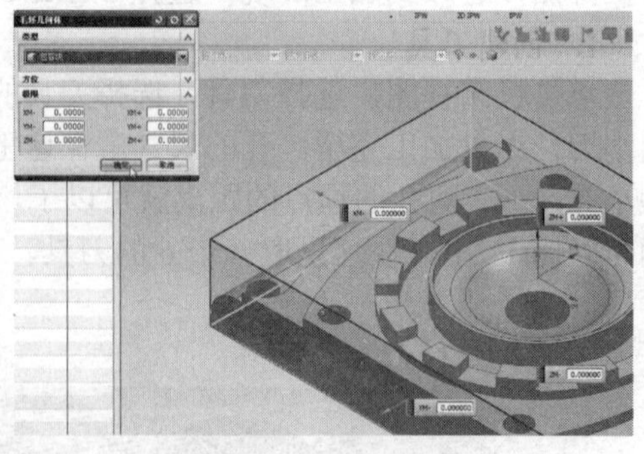

图 6.5.9 选择几何体

三、程序创建

1. 型腔铣的粗加工

下面进行程序的创建，点击程序视图，创建工序，程序选择 PROGRAM，刀具为 D15，几何体为 WORKPIECE，方法为 ROUGH，类型是型腔铣，将名称命名为 CU，确定。

指定切削区域，右击，选择定向视图中的前视图，将对象框住（见图 6.5.10 框选物体），将工件旋转过来，框完之后会发现孔没有选中，不要紧，再继续点击，进行选择，确定（见图 6.5.11 继续选择孔），下面设置最大距离为 2，如果想让它的空走刀比较少的话，就选择跟随部件，看一下是否能够达到要求，生成一下（见图 6.5.12 刀具路径），会产生警告，警告是有些孔太小，刀具是进入不了的，看一下图 6.5.13 警告信息，有些区域被忽略，可以不管。

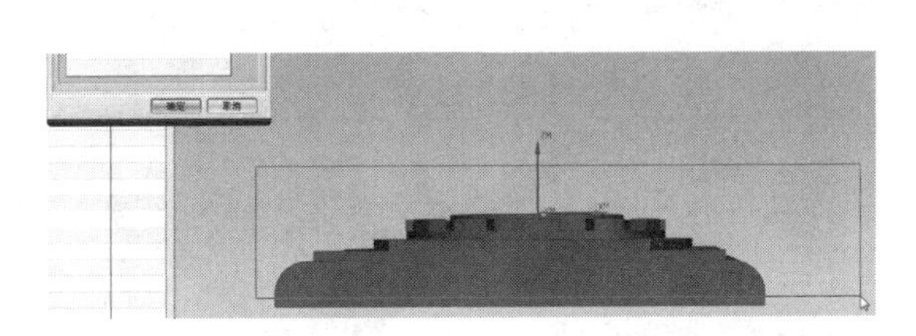

图 6.5.10　框选物体

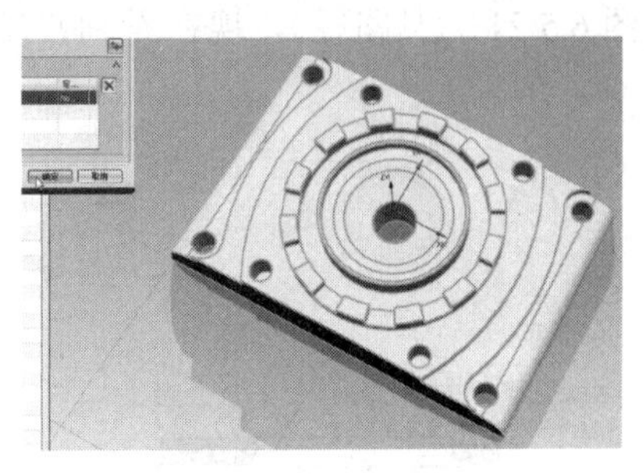

图 6.5.11　继续选择孔

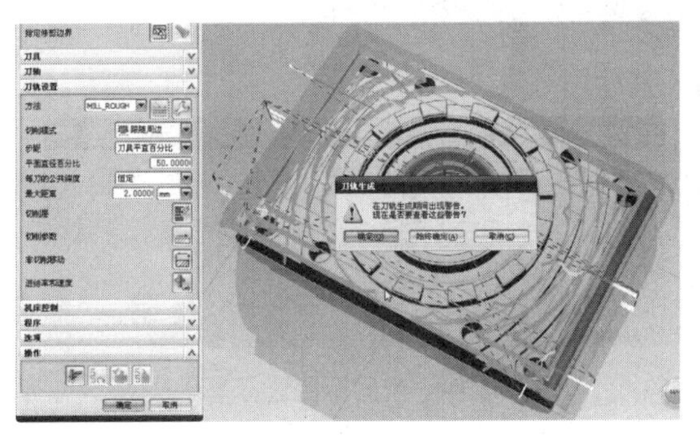

图 6.5.12　刀具路径

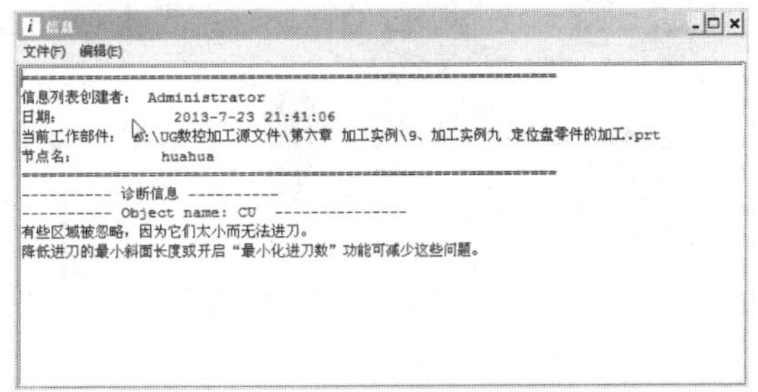

图 6.5.13　警告信息

通过模拟看一下它的效果，选择 PROGRAM，确认刀轨，2D 动态，播放一下（见图 6.5.14 加工模拟），用的是跟随周边的切削模式，看一下跟随周边虽然形状可以达到，但是有些区域是进入不了的（见图 6.5.15 未加工的区域）。

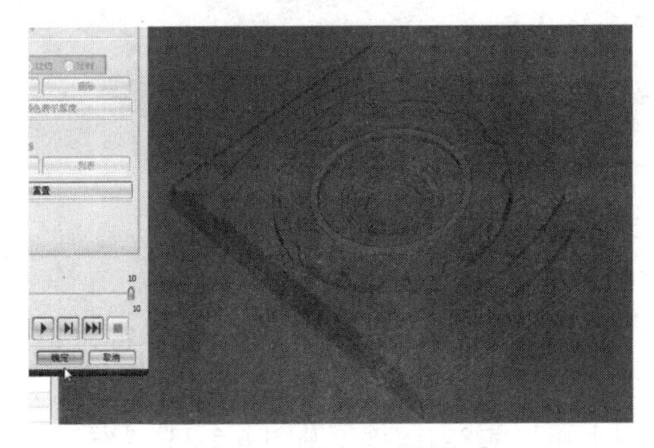

图 6.5.14　加工模拟

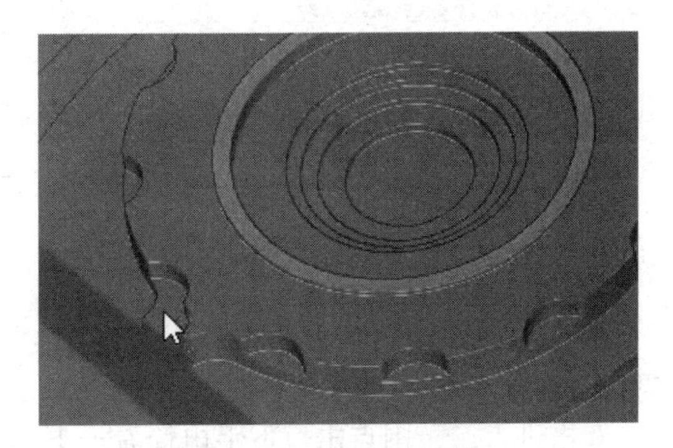

图 6.5.15　未加工的区域

2．未完成区域的加工

看到样子几乎是可以出来了，有些比较小的区域可以采用小刀进行精加工的操作，用精加工去模拟粗加工，确定。

右击复制 CU，右击粘贴，右击重命名，重命名为 CU2（见图 6.5.16 复制并且重命名）。

双击进入，它选择的区域，点击一下手电筒看一下，已经选中，不需要指定切削区域（见图 6.5.17 观察加工区域），将粗加工 ROUGH 改为 FINISH，将最大距离设置得低一点，设置为 1.5，然后进入到切削参数中，将余量设置一下，设置为 0.3（见图 6.5.18 余量设置），空间范围选择基于层的方式，确定（见图 6.5.19 空间范围选择基于层），非切削移动中，将进刀类型选择为插削的方式，使它垂直入刀，确定（见图 6.5.20 进刀类型选择插削），生成刀具路径（见图 6.5.21 刀具路径），现在看到并没有产生警告的信息，确定。

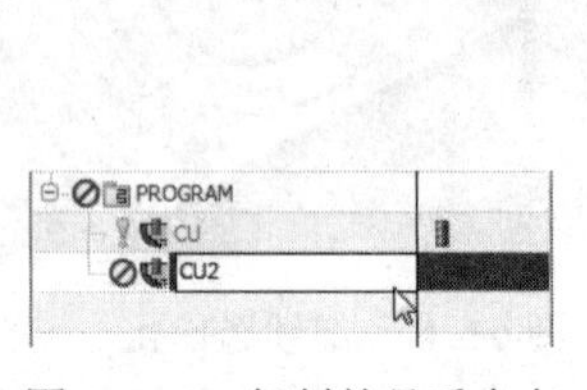

图 6.5.16 复制并且重命名

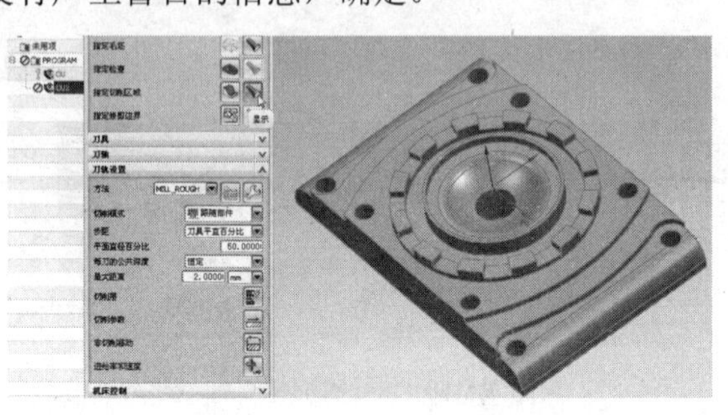

图 6.5.17 观察加工区域

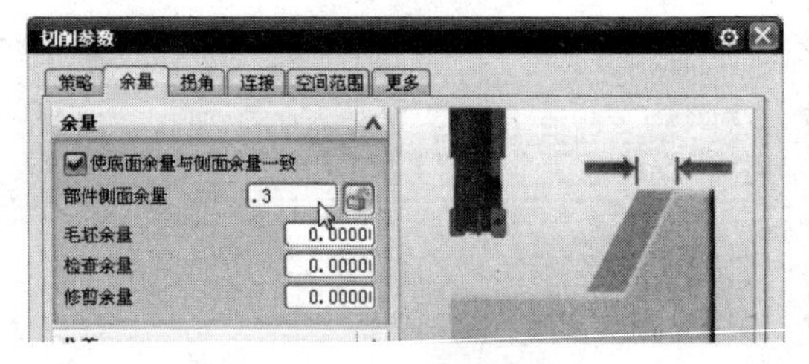

图 6.5.18 余量设置

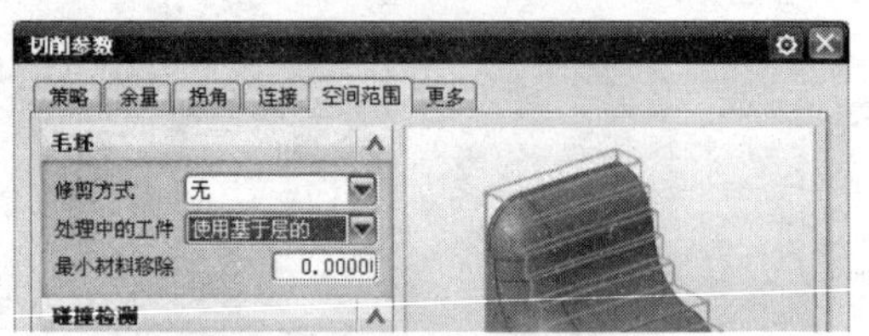

图 6.5.19 空间范围选择基于层

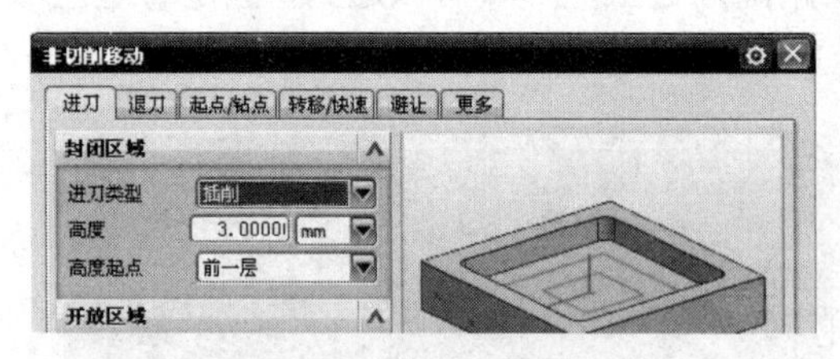

图 6.5.20 进刀类型选择插削

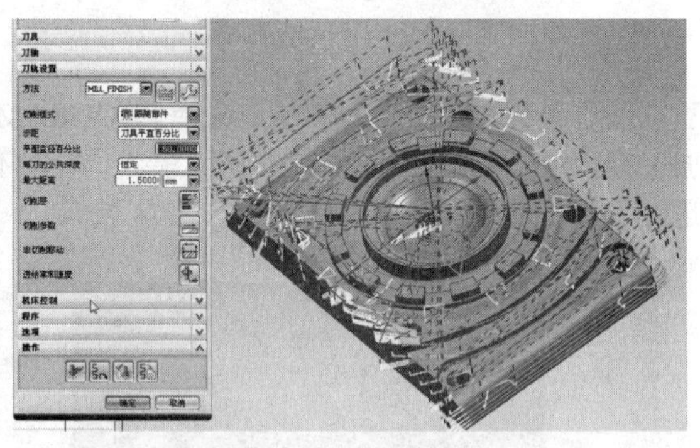

图 6.5.21 刀具路径

3. 整个区域的精加工

再接着使用精加工去操作，右击复制 CU2，右击粘贴，右击重命名，重命名为 JING（见图 6.5.22 复制并且重命名）。

双击进入，范围点击一下手电筒看一下，从图上可以看得出来（见图 6.5.23 观察加工区域），方法还是 FINISH，最大距离为 1.5，打开切削参数，将它的策略设置为深度优先（见图 6.5.24 切削顺序选择深度优先），余量都关闭，全部设为 0（见图 6.5.25 余量设置），空间范围用基于层和 3D 方式都可以，用 3D 对于圆弧面和曲面会比较好，在这里选用基于 3D 的方式，确定（见图 6.5.26 空间范围选择使用 3D），生成刀具路径（见图 6.5.27 刀具路径）。

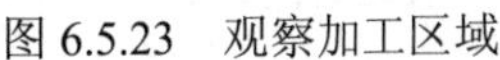

图 6.5.22　复制并且重命名

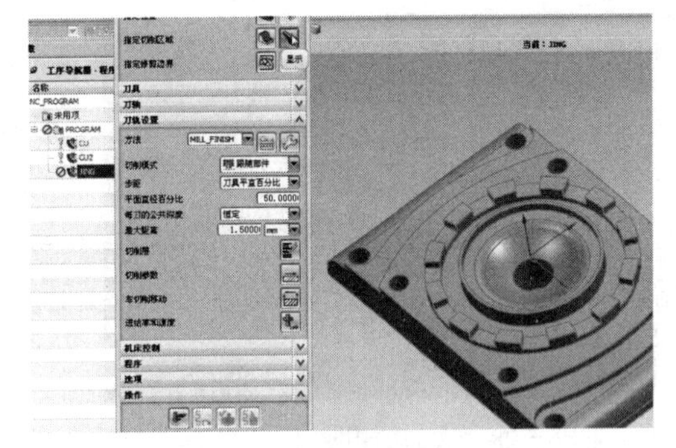

图 6.5.23　观察加工区域

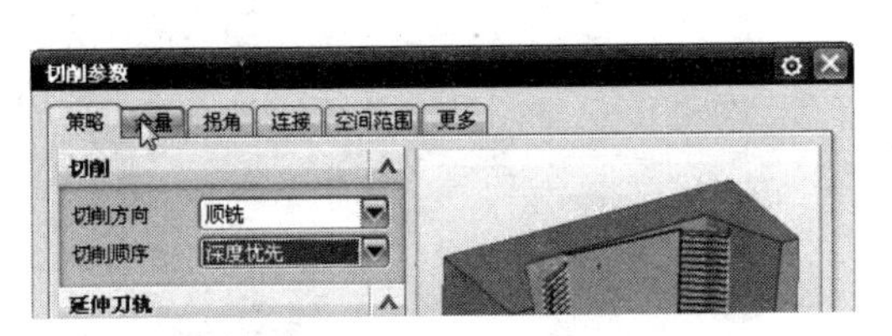

图 6.5.24　切削顺序选择深度优先

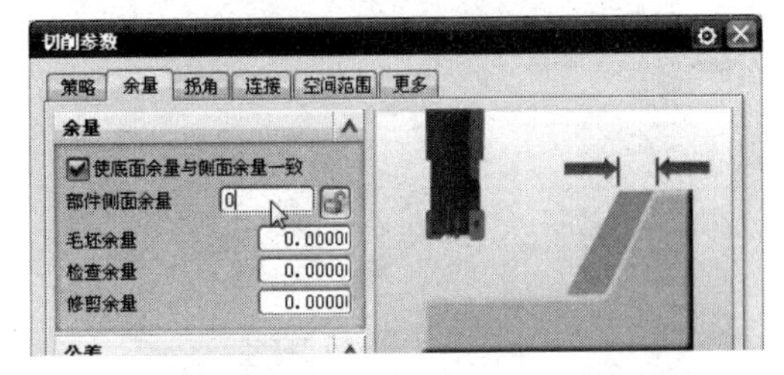

图 6.5.25　余量设置

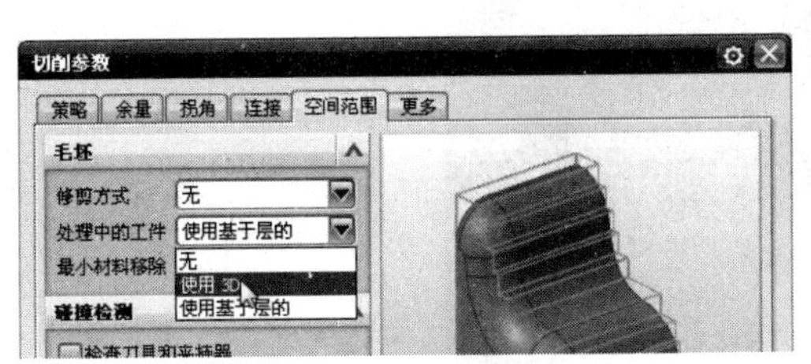

图 6.5.26　空间范围选择使用 3D

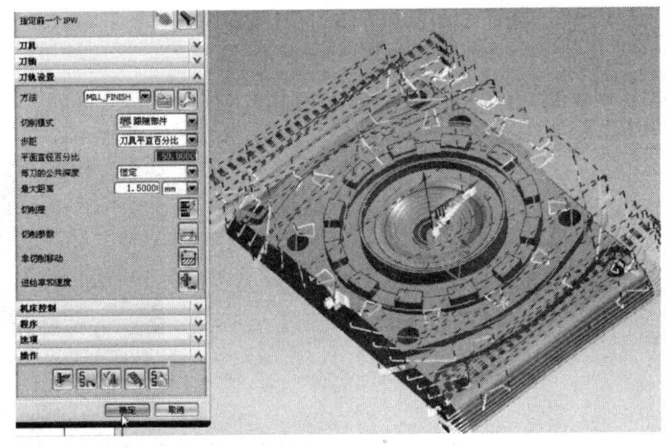

图 6.5.27　刀具路径

4. 模拟及分析

由于采用 3D 方式做表面的处理，刀路生成会有些慢，这就是它对于中间区域的操作，确定。

通过 PROGRAM 去模拟，确认刀轨，2D 动态，播放（见图 6.5.28 大刀的粗加工），主要看中间的表盘区域是否可以加工到位，粗加工后继续观察，下面是采用小刀进行加工（见图 6.5.29 小刀的加工），发现它中间区域没有加工到位是因为刀具没有进行更改。

5. 程序调整——更改刀具

双击 CU2，将刀具改为 D6 的小刀，生成，现在看到表盘中间的区域，有刀路产生了，确定（见图 6.5.30 粗加工的刀具路径），然后双击 JING，将它的刀具也改成 D6，生成，确定（见图 6.5.31 精加工的刀具路径）。由此发现在通过复制的方法进行程序操作的时候修改的不仅仅是它的加工深度、切削的余量、加工的方式，同样要修改的是它刀具的大小，本题当中之前没有修改刀具大小，在中间区域凹槽的部分，刀具由于太大而无法深入，当修改成更小的刀具以后它就将中间凹槽区域加工到位了。

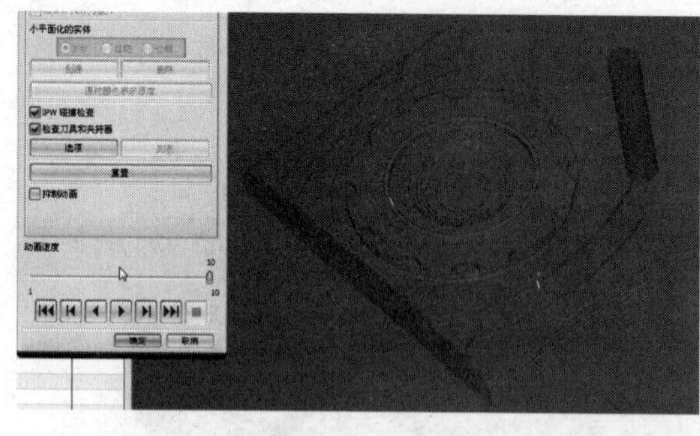

图 6.5.28 大刀的粗加工

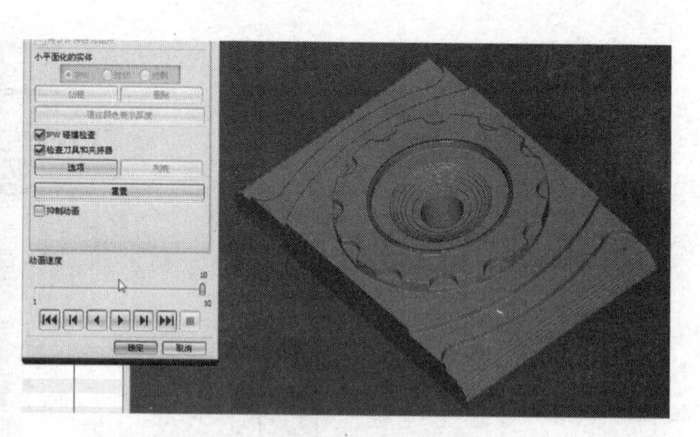

图 6.5.29 小刀的加工

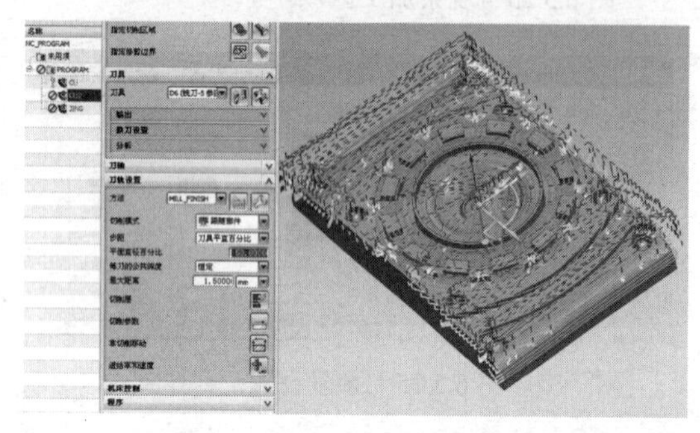

图 6.5.30 粗加工的刀具路径

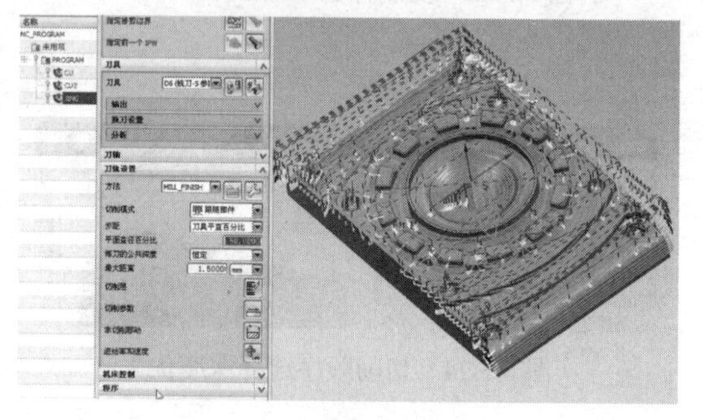

图 6.5.31 精加工的刀具路径

下面进行模拟，确认刀轨，2D 动态，播放（见图 6.5.32 加工模拟）。

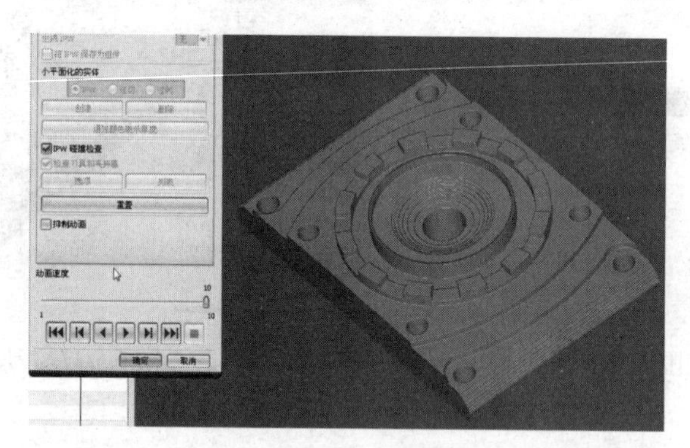

图 6.5.32 加工模拟

6. 圆形区域的精加工

下面就用球形刀具做它的曲面操作，确定，创建工序，首先做中间区域的曲面操作，选择固定轴曲面轮廓铣 FIXED-CONTOUR，刀具选择为 D6R3，程序选择 PROGRAM，几何体选择为 WORKPIECE，方法为 FINISH，名称命名为 JING-QIU，确定。

指定切削区域，选择中间的两块区域，确定（见图 6.5.33 中间圆形区域），选择螺旋式的方法，将最大螺旋半径改为 40，预览（见图 6.5.34 刀具路径预览 1），看一下，有一点出来，但是并不要紧，投影的时候只投影到工件上，将平面直径百分比改为 5%，显示一下，确定（见图 6.5.35 刀具路径预览 2），生成刀路（见图 6.5.36 刀具路径），刀路沿着曲面工件生成了一圈，这样就可以了，确定。

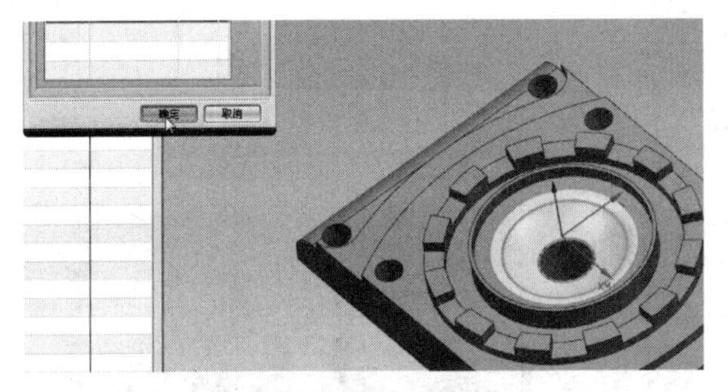

图 6.5.33　中间圆形区域

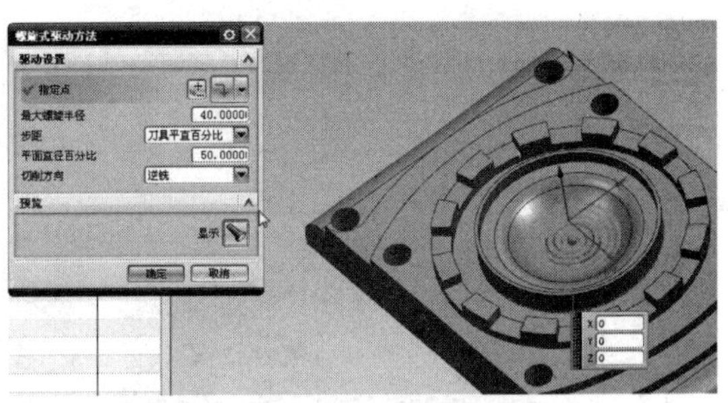

图 6.5.34　刀具路径预览 1

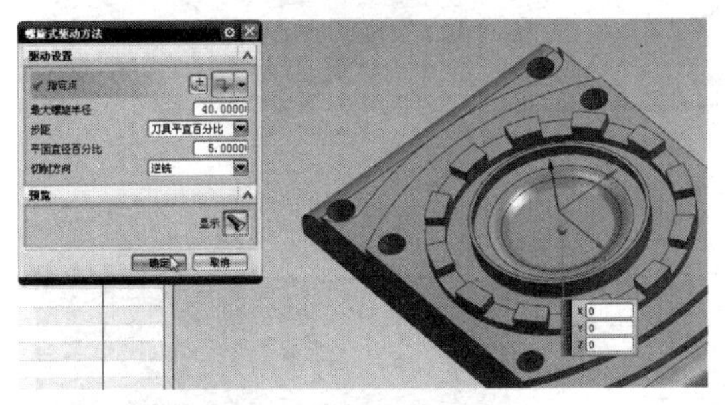

图 6.5.35　刀具路径预览 2

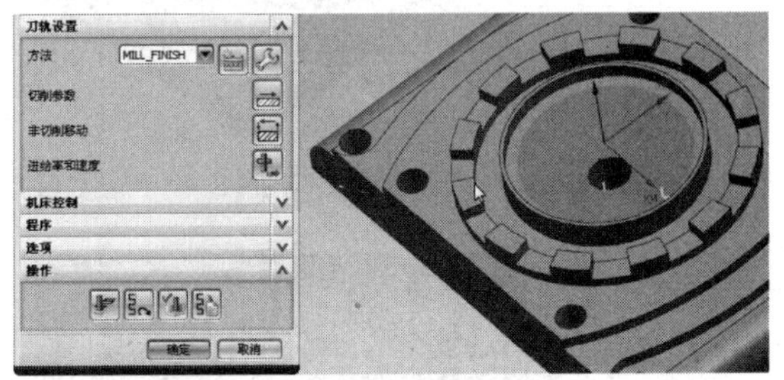

图 6.5.36　刀具路径

7. 加工两侧曲面区域

最后用固定轴曲面轮廓铣加工曲面的部分，还是点击创建工序，参数仍然一样不需要修改，将名称命名为 JING-QUMIAN，确定。

指定切削区域，这里选择两头的区域，因为刀具是可以下来的，确定（见图 6.5.37 两侧的区域），选择区域铣削，首先看一下切削角度指定，要指定垂直于 *X* 轴，这样方向就对了，将刀具直径百分比改为 5%，打开预览，显示（见图 6.5.38 刀具路径预览），它是分成两块区域向下投影的，确定，生成刀轨（见图 6.5.39 刀具路径），现在已经投影到位，确定。

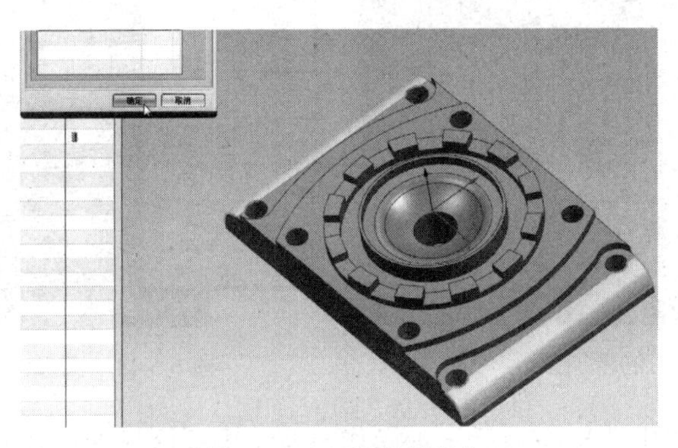

图 6.5.37　两侧的区域

8. 综合模拟

点击 PROGRAM，进行模拟操作，确认刀轨，2D 动态，播放，首先是用大刀进行粗加工操作，用大刀进行开粗（见图 6.5.40 大刀开粗），然后用小刀进行粗加工的辅助操作（见图 6.5.41 小刀辅助粗加工），也是一步开粗操作，下面是进行精加工的操作，精加工曲面、平面和孔（见图 6.5.42 小刀的精加工），最后是用球刀做中间圆弧区域、两侧的圆弧区域（见图 6.5.43 圆弧及两侧区域的加工）。

图 6.5.38 刀具路径预览

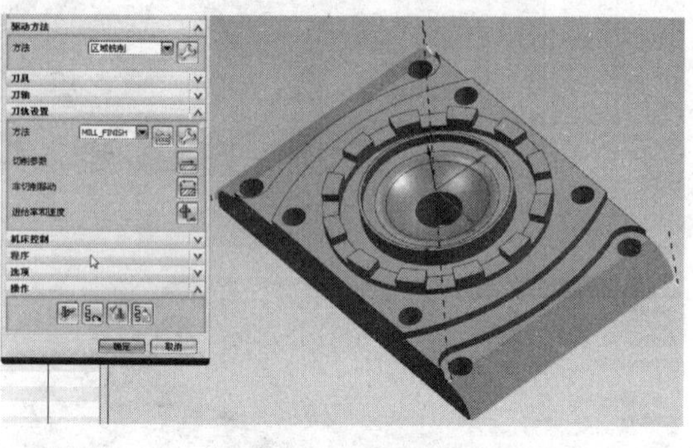

图 6.5.39 刀具路径

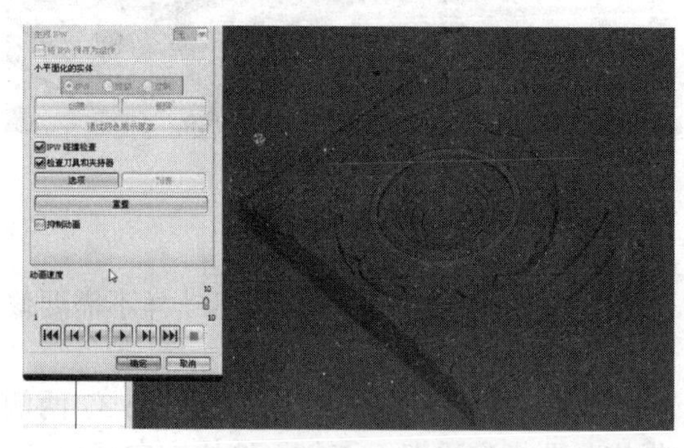

图 6.5.40 大刀开粗

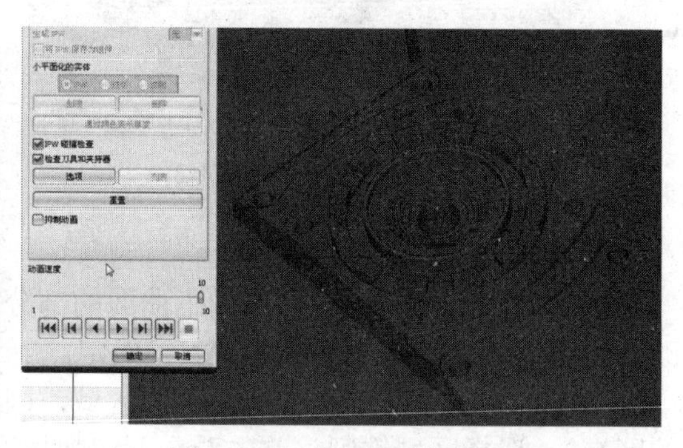

图 6.5.41 小刀辅助粗加工

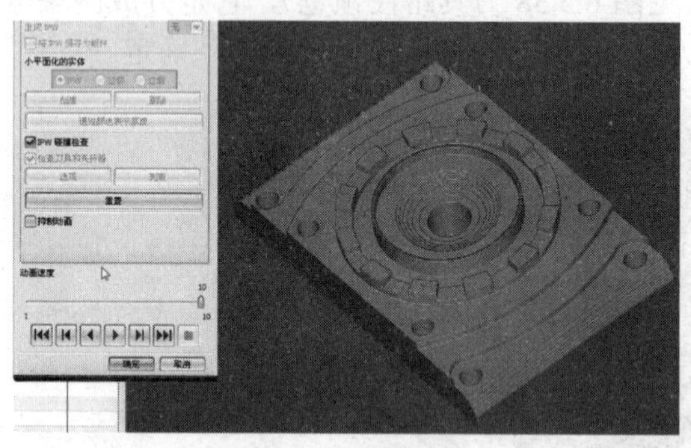

图 6.5.42 小刀的精加工

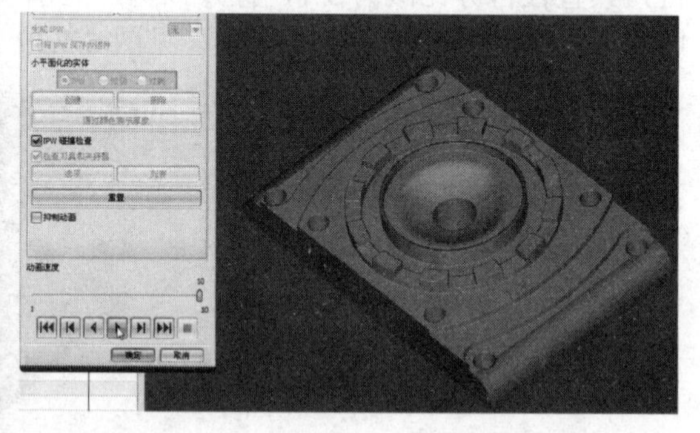

图 6.5.43 圆弧及两侧区域的加工

注意在实际加工当中的程序最后一步操作，两头圆弧区域的操作不能和之前的操作在一起进行，因为考虑到球刀进行入刀的时候两头会生出来刀宽，然后往下它会直接深入到工件的下部，这种情况会碰到装夹的台虎钳和底下的垫块，在实际加工当中要进行的操作，只是从前面的 CU 到 JING-QIUMIAN 的区域进行操作（见图 6.5.44 选择部分程序），就像模拟的情况，只能先进行到这里（见图 6.5.45 加工模拟），两头的精加工不能进行，用球刀进行曲面加工的时候它会在两次进行一个让刀，这样会出现一点问题。

前面的程序进行操作到球面为止，最后两头的加工曲面的程序，通过旋转可以看得出来，几乎是刀具深入到工件的底部了（见图 6.5.46 旋转观察刀具路径）。

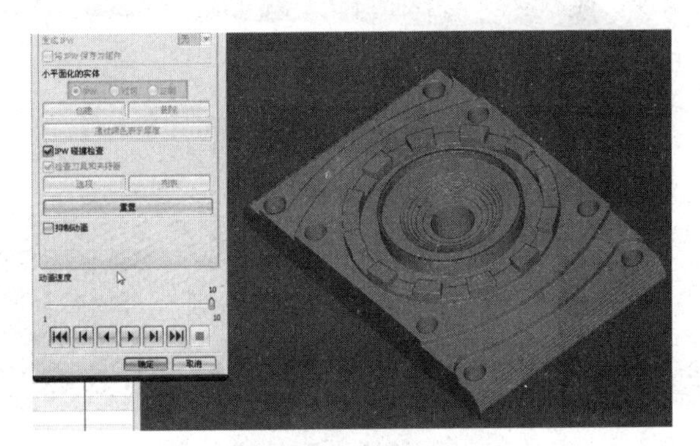

图 6.5.44 选择部分程序

图 6.5.45 加工模拟

图 6.5.46 旋转观察刀具路径

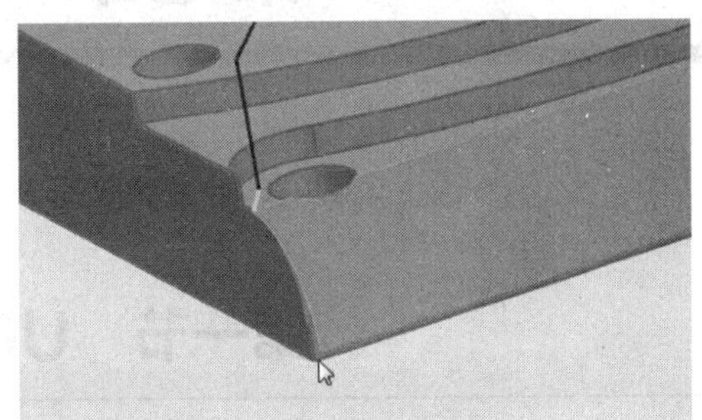

图 6.5.47 底部的刀具路径

在四周的区域、两头的区域，比如说鼠标点击的这里（见图 6.5.47 底部的刀具路径），这里考虑到台虎钳装夹的位置和底下垫块的位置，一般是不和前面区域一起加工的，这一部分的程序通过将工件重新装夹，或者移到工作台上，通过压板压住中间的区域，用球刀单独加工两头的区域进行完成。

四、经验总结

第一，在进行粗加工的时候，要用大刀、小刀的型腔铣配合使用。

第二，在通过简单的复制程序进行偷懒操作的时候，注意修改时，不仅仅是加工的方式、切削的深度、余量，而且还需要注意重新换一把刀具进行操作。

第三，在进行曲面加工的时候，是采用螺旋式的方式和区域铣削的方式进行操作的。

第四，最后的一步操作，题目当中的两头区域，它的操作不能和前面的操作在一起进行，前面可以通过台虎钳进行装夹加工，最后一步操作，必须将工件从台虎钳上取出来，如果不取出，工件的两头会碰到台虎钳。将工件取出来放置在工作台上，用压板压住，再进行两头的加工，在进行加工的时候，注意将两头避让出来就可以了。

这一节和上一节的重点是前面开粗的时候，通过型腔铣的粗加工和精加工的配合使用，完成开粗的操作。注意，型腔铣的精加工也可以进行开粗操作，就像本题当中的第二步一样，它会将前面大刀没有完成的区域继续完成。

第七章 后 处 理

第一节 UG 后处理的概述

本章讲解 UG 的后处理的基本知识和 UG 后处理的实例。后处理是任何编程软件都所必须进行的一步操作，通过软件形成的加工程序不一定跟机床是完全符合的。

一、UG 加工模块的后处理

首先打开 UG NX8.0，打开第七章后处理，打开后处理实例这个模型，其实是 UG NX8.0 自带的一个模型（见图 7.1.1 后处理实例模型）。

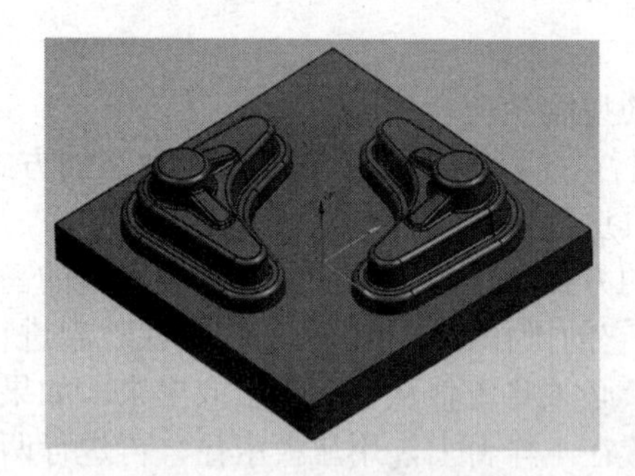

图 7.1.1 后处理实例模型

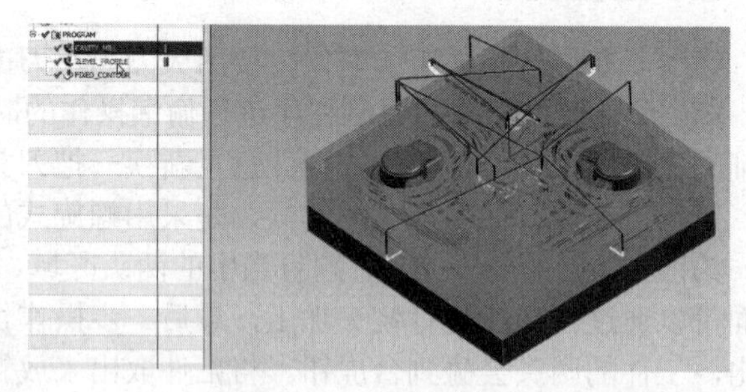

图 7.1.2 刀具路径

在之前已经对它进行过程序的处理，看左边粗加工的程序，粗加工已经生成了刀路（见图 7.1.2 刀具路径）。

图 7.1.3 是等高轮廓铣的刀路。

图 7.1.4 是固定轴曲面轮廓铣的刀路。

下面通过模拟去看一下每一步的效果，首先是粗加工，用一把大的圆角刀进行开粗（见图 7.1.5 大圆角刀的粗加工）。

接着是一把小圆角刀做等高轮廓铣的加工（见图 7.1.6 小圆角刀等高轮廓铣的加工）。

最后用固定轴曲面轮廓铣做角度平缓区域和平面的加工（见图 7.1.7 固定轴曲面轮廓铣）。

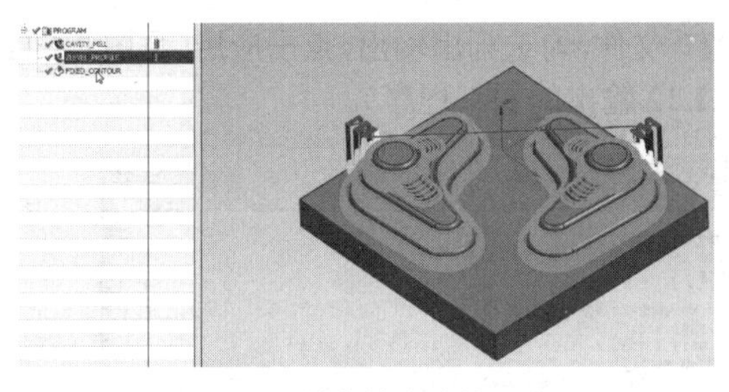

图 7.1.3　等高轮廓铣的刀路

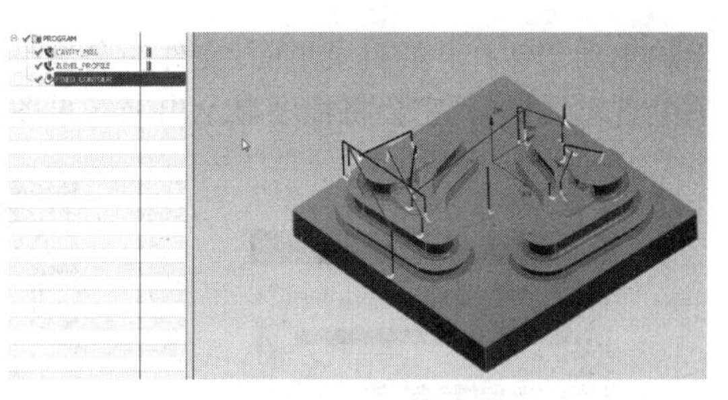

图 7.1.4　固定轴曲面轮廓铣的刀路

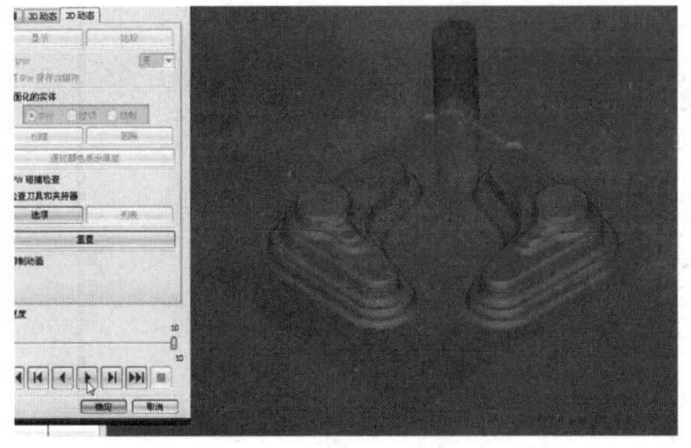

图 7.1.5　大圆角刀的粗加工

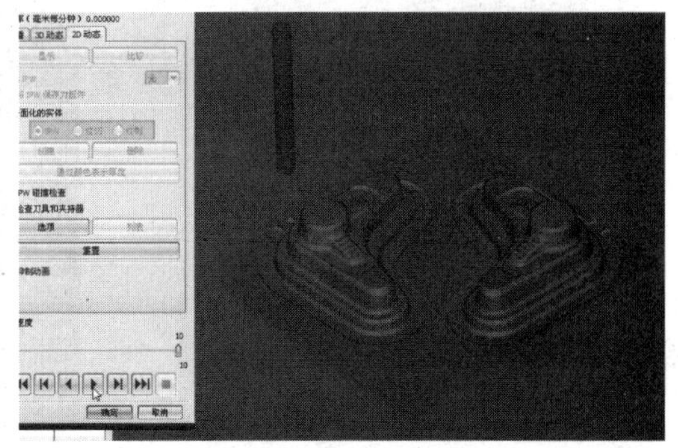

图 7.1.6　小圆角刀等高轮廓铣的加工

看它的程序要如何生成，首先选中任意一段程序或者是将 PROGRAM 都选中，点击后处理（见图 7.1.8 后处理按钮）。

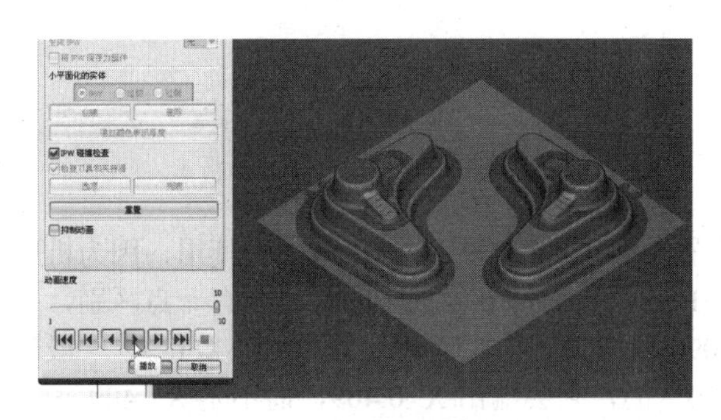

图 7.1.7　固定轴曲面轮廓铣

图 7.1.8　后处理按钮

在打开的对话框中，上面的后处理器出现了许多选项，包括上面的 WIRE_EDM_4_AXIS，下面的 MILL_3_AXIS、MILL_3_AXIS、MILL_3_AXIS 等（见图 7.1.9 后处理器）。

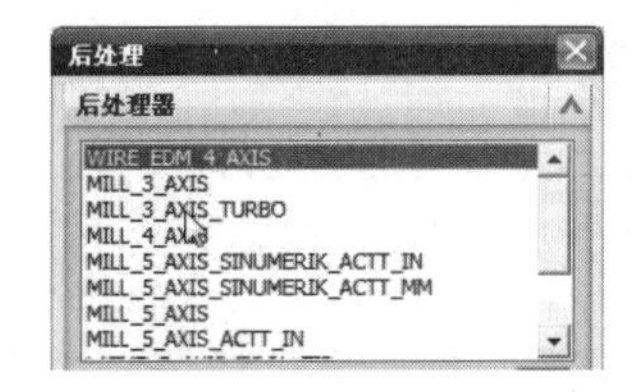

图 7.1.9　后处理器

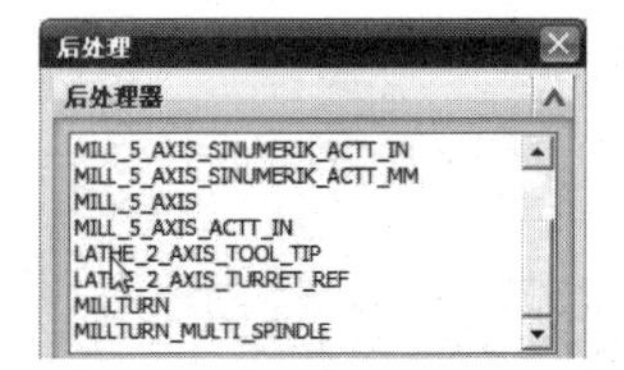

图 7.1.10　未显示完的后处理器

再往下还有 LATH（见图 7.1.10 未显示完的后处理器），所有的这些，跟 MILL 相关的，是铣床的后处理，在这里选择 MILL_3_AXIS 三轴铣床，文件是按照默认的位置将后处理文件输出到文件打开的目录里面，文件的名称是 PTP 文件，勾选列出输出，点击应用（见图 7.1.11 后处理对话框），它会将程序显示出来（见图 7.1.12 输出的加工程序）。

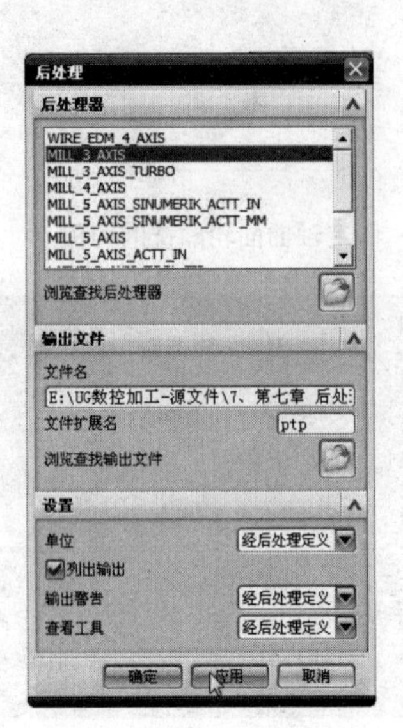

图 7.1.11　后处理对话框

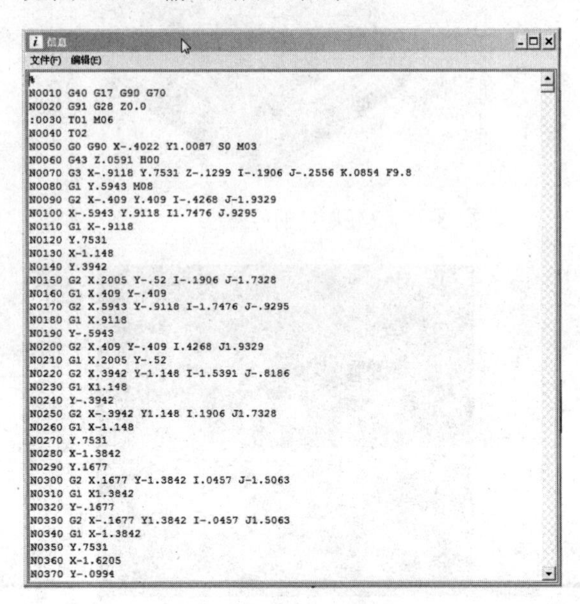

```
%
N0010 G40 G17 G90 G70
N0020 G91 G28 Z0.0
:0030 T01 M06
N0040 T02
N0050 G0 G90 X-.4022 Y1.0087 S0 M03
N0060 G43 Z.0591 H00
N0070 G3 X-.9118 Y.7531 Z-.1299 I-.1906 J-.2556 K.0854 F9.8
N0080 G1 Y.5943 M08
N0090 G2 X-.409 Y.409 I-.4268 J-1.9329
N0100 X-.5943 Y.9118 I1.7476 J.9295
N0110 G1 X-.9118
N0120 Y.7531
N0130 X-1.148
N0140 Y.3942
N0150 G2 X.2005 Y-.52 I-.1906 J-1.7328
N0160 G1 X.409 Y-.409
N0170 G2 X.5943 Y-.9118 I-1.7476 J-.9295
N0180 G1 X.9118
N0190 Y-.5943
N0200 G2 X.409 Y-.409 I.4268 J1.9329
N0210 G1 X.2005 Y-.52
N0220 G2 X.3942 Y-1.148 I-1.5391 J-.8186
N0230 G1 X1.148
N0240 Y-.3942
N0250 G2 X-.3942 Y1.148 I.1906 J1.7328
N0260 G1 X-1.148
N0270 Y.7531
N0280 X-1.3842
N0290 Y.1677
N0300 G2 X.1677 Y-1.3842 I.0457 J-1.5063
N0310 G1 X1.3842
N0320 Y-.1677
N0330 G2 X-.1677 Y1.3842 I-.0457 J1.5063
N0340 G1 X-1.3842
N0350 Y.7531
N0360 X-1.6205
N0370 Y-.0994
```

图 7.1.12　输出的加工程序

看一下 UG 显示的程序，它有一个最大的特点，在第三行 T1 M06 换刀之前的段号没有显示“N”，而是用“:”，这是 UG 自动生成的特点（见图 7.1.13 换刀位置的程序段）。

```
N0010 G40 G17 G90 G70
N0020 G91 G28 Z0.0
:0030 T01 M06
N0040 T02
N0050 G0 G90 X-.4022 Y1.0087 S0 M03
```

图 7.1.13　换刀位置的程序段

```
N0080 G1 Y.5943 M08
N0090 G2 X-.409 Y.409 I-.4268 J-1.9329
N0100 X-.5943 Y.9118 I1.7476 J.9295
```

图 7.1.14　程序段中的小数点

这就是真正的程序设置，这个程序的设置基本上不能直接拿到机床上去使用，因为机床的生产厂商比较多，比如说 FNAUC、SIEMENS，它们每一种机床的代码会有一点区别，并不是完全一样的。最明显的一点在这里 N0090 段（见图 7.1.14 程序段中的小数点），一般的编程，坐标值小数点前面的整数都会补上“0”的，它会输出 X−0.409，而不是 X−.409。

再往后圆弧采用的 I、J 的方式（见图 7.1.15 程序段中的圆弧方式），根据实际情况有时候采用圆心的方式，有时候是采用半径的方式。而半径方式对于一般的系统来说采用的是“R”的数值，而对于 SIEMENS 系统采用的就是“CR=”的数值，这就是需要注意的地方。

```
N0090 G2 X-.409 Y.409 I-.4268 J-1.9329
N0100 X-.5943 Y.9118 I1.7476 J.9295
```

图 7.1.15　程序段中的圆弧方式

```
N1470 X1.1658 Y.6214 Z-.3487
N1480 X1.1629 Y.5048 Z-.3792
N1490 X1.1628 Y.5018 Z-.38
N1500 X1.1617 Y.4669 Z-.3852
N1510 X1.1607 Y.4318 Z-.3825
N1520 X1.1597 Y.3981 Z-.372
N1530 X1.1588 Y.3676 Z-.3544
N1540 X1.158 Y.3418 Z-.3303
N1550 X1.1574 Y.322 Z-.3011
N1560 X1.157 Y.3092 Z-.2683
N1570 G0 Z.0197
N1580 M02
%
```

图 7.1.16　程序段的结尾

再将程序拖到文件尾看一下（见图 7.1.16 程序段的结尾）。看到文件尾结束的时候采用的是“M02”，M02 作为结束的时候不进行复位，也就是说要调入下一段程序加工的时候，多了一步复位的过程。在真正操作的时候，这里经常会用“M05 M30”的操作，M05 是主轴停转，M30 是程序结束并复位，将它定位到工件的程序头，可以继续进行加工。

这就是它生成的程序，生成的程序并不一定完全符合要求，这就是后处理要做的事情。

二、后处理构造器的进入和基本构成

将 UG 最小化，开始、程序、SIEMENS NX 8.0、加工、后处理构造器（见图 7.1.17 后处理构造器的位置）。

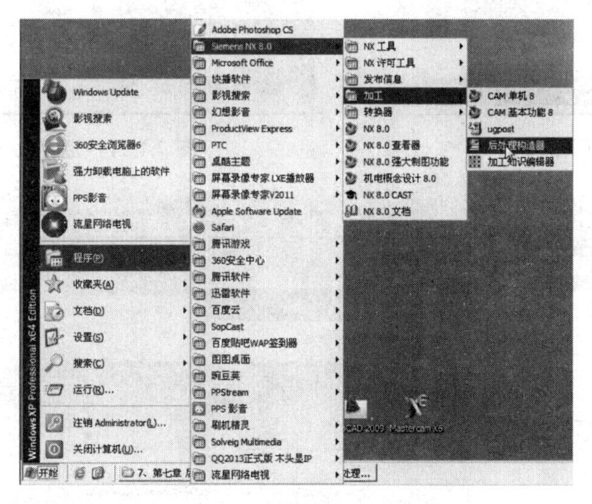

图 7.1.17 后处理构造器的位置

首先第一个是文件菜单，这是任何软件都有的（见图 7.1.18 文件菜单）。

第二个是一些报警信息，暂时对它不进行讲解（见图 7.1.19 报警信息）。

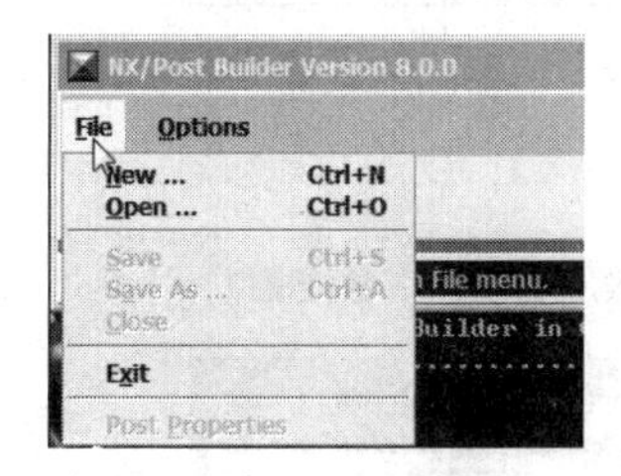

图 7.1.18 文件菜单

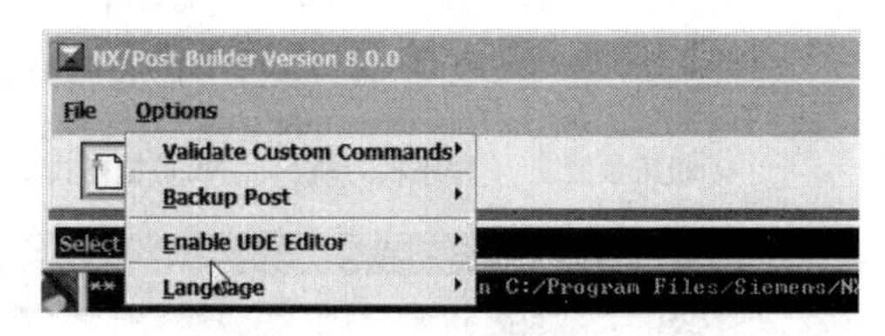

图 7.1.19 报警信息

首先打开一个现成的程序进行观察（见图 7.1.20 打开按钮）。

这个程序的后缀名是“.PUI”的文件，它存放的位置是在 UG 的安装目录里面，位置是 C：\Program File\Siemens\NX 8.0\MACH\resourse\prostprocessor，看到后处理的类型，选择 mill 3ax.pui（见图 7.1.21 选择后处理文件）。

发现打开的界面并不是很复杂，图 7.1.22 是 UG 后处理构造器的界面它其实是一个大的分类，后处理主菜单中有五项主要参数（见图 7.1.23 后处理构造器的菜单）。

Machine Tool 是机床相关参数；Program & Tool Path 是程序和刀轨参数；N/C Data Defintions 是 NC 数据格式，就是程序的数据格式；Output Settings 用于列表和输出控制；Virtual N/C Controller 这个是类似于进行数控模拟的一些操作，暂时不管它。

这节的内容就是对后处理器的类型做一个简明扼要的了解。

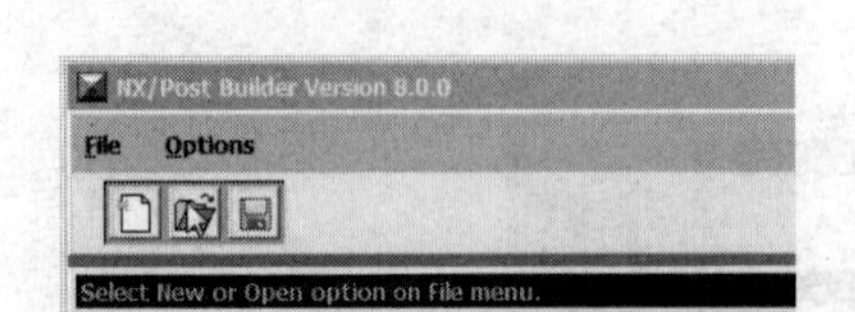

图 7.1.20 打开按钮

图 7.1.21 选择后处理文件

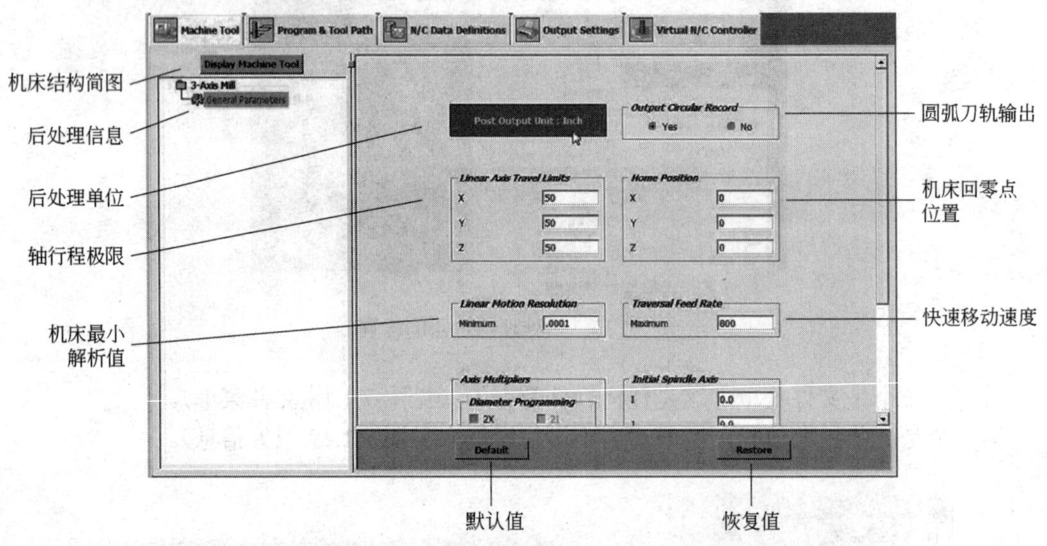

图 7.1.22 后处理构造器的界面

图 7.1.23 后处理构造器的菜单

三、Machine Tool（机床参数）

首先看 Machine Tool 机床参数。

① General Parameters 后处理信息：在左侧，是后处理的信息。

② Post Output Unit 后处理单位：这里是它的单位设置，目前后处理的输出单位是英制的。

③ Output Circular Record 圆弧刀轨输出：这里是圆弧刀轨输出。如果选择 Yes，它输出的刀轨就会出现 G2、G3，也就是说 G02 和 G03；如果选择 No，它输出的格式不会是 G02、G03，只以 G01 的格式走直线去模拟圆弧。

④ Linear Axis Travel Limits 轴的行程极限：显示出机床的极限值，也就是说加工的最大行程。一般上来说这个参数肯定要修改的，根据机床的参数进行修改。

⑤ Home Position 机床回零点位置：这里是加工的机床原点的位置。也就是说开机以后都要回到 0，回到的是这个位置 0。

⑥ Linear Motion Resolution 机床最小解析值：这里是脉冲当量，就是机床移动的最小量。从另外一个方面来讲，这个数值也就是机床加工的精度，一般来说这里设置的数值跟机床参数是一致的，才能保证加工的要求。

⑦ Traversal Feed Rate 快速移动速度：这里是空走刀的量，也就是平常理解的 G00 的量，一般来说这里的 800 是比较小的，一般设置到 10000~20000，单位是 mm/min。

⑧ Default 默认值：这里是默认值，点一下 Default 会将参数恢复到第一次打开的值。

⑨ Restore 恢复值：是当输入新的参数发现有不大对的情况，可以点击 Restore 进行恢复。

这就是机床参数的一些内容，这里的内容只要根据机床说明书进行一些调整就可以了。

四、Program & Tool Path（程序和刀轨参数）

看第二个 Program & Tool Path 程序和刀轨参数，再打开 Program & Tool Path 下面可以看到它有很多列的操作，每一列都来看一下（见图 7.1.24 程序和刀轨参数菜单）。

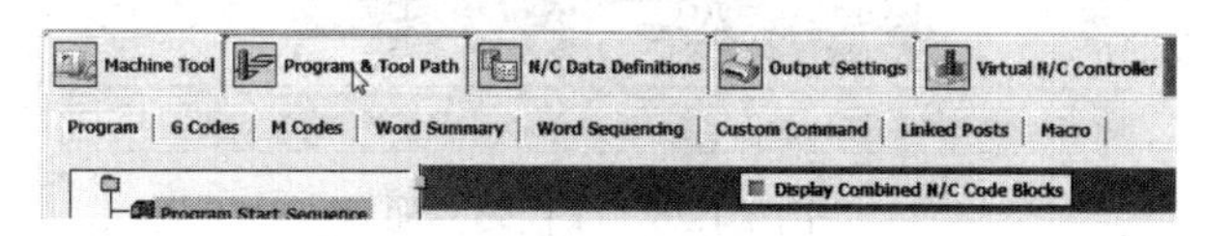

图 7.1.24　程序和刀轨参数菜单

1. Program（程序）

这一栏里面主要是用于定义和修改用户的程序头、操作头、刀轨，还有程序尾、刀具的信息和孔的加工，孔的加工在这里不做重点掌握（见图 7.1.25 程序和刀轨参数界面）。

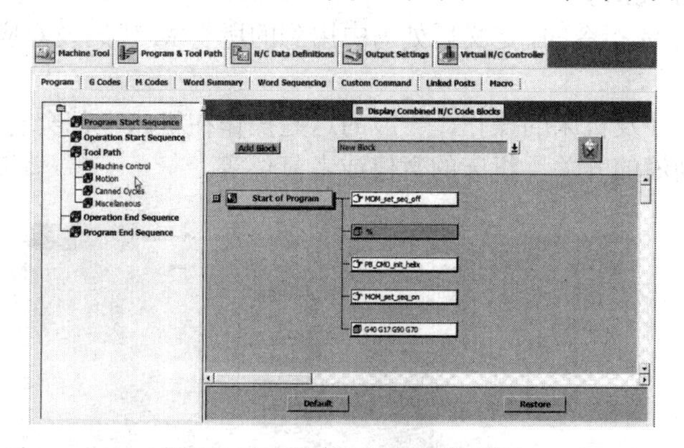

图 7.1.25　程序和刀轨参数界面

① Program Start Sequence（定义程序头）：定义程序头事件。例如：程序头的“%”、程序名、刀具名。

② Operation Start Sequence（操作头）：定义从操作开始到第一个切削运动之间的事件。每一个操作都有第一换刀、自动换刀。

③ Tool Path（刀轨事件）：定义机床控制、机床运动和循环加工等事件。

④ Machine Control（机床控制）：控制冷却液、主轴、刀号、刀补等事件。

⑤ Motion（运动）：定义后处理如何处理刀轨中的 GOTO 语句。

⑥ Canned Cycies（孔加工循环）：定义所有孔加工循环的输出事件。也可以修改 G 代码和其他参数以及程序行的输出。

⑦ Operation End Sequence（操作尾）：定义从最后的退刀运动到操作尾之间的所有事件。

⑧ Program End Sequence（程序尾）：定义从最后一个操作尾到程序尾之间的所有事件。包括返回机床机械零点、主轴停止、切削液关等事件。

2. G Codes （**G 代码**）

这里会出现要加工的一切的 G 代码的信息，那么所要做的就是根据实际需要定义后处理中用到的所有 G 代码及对应输出文件的格式（见图 7.1.26 G 代码界面）。

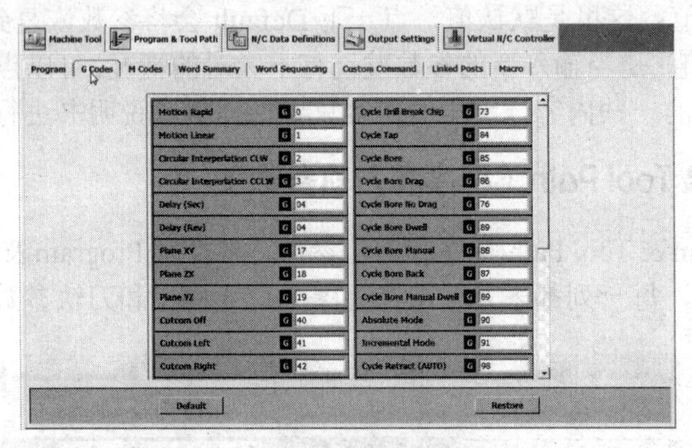

图 7.1.26 G 代码界面

从 G0 空走刀、G1 走直线、G2 正圆弧、G3 反圆弧等，到最后 G94、G95，甚至 G97、G96 等信息，根据机床默认值不同，产生的代码会有一点区别，但是最基本的从 G0 到 G4 都是差不多的。

3. M Codes（**M 代码**）

这里是用于定义 M 指令的，定义后处理中用到的所有 M 代码及对应输出文件的格式（见图 7.1.27 M 代码界面）。

这些指令主要是涉及机床的操作，一般的这些操作在机床上都会有相应的按钮，比如说主轴的正反转、切削液的开关、机床的暂停或者复位等。

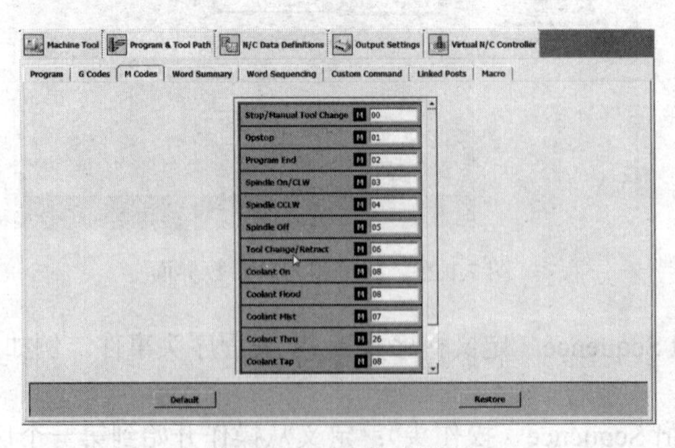

图 7.1.27 M 代码界面

4. Word Summary（**字地址定义**）

定义后处理中用到所有的字地址，也就是程序里面会出现的代码类型（见图 7.1.28 字地址定义界面）。

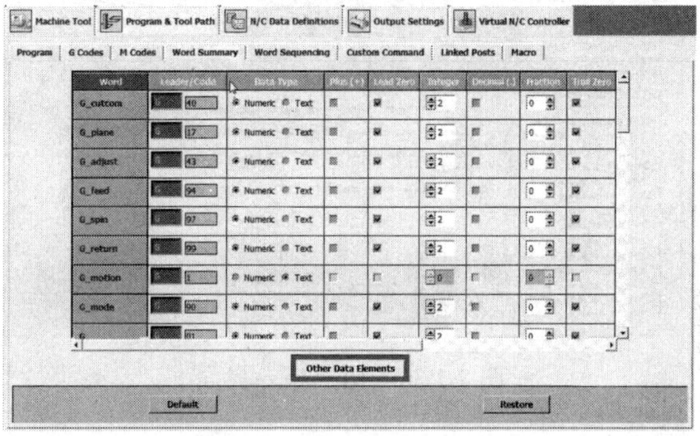

图 7.1.28 字地址定义界面

① Word（字地址）：修改字地址的参数。

② Leader/Code（头码）：修改字地址的头码，也就是代码类型。头码是指字地址中数字前面的字母部分。

③ Data Type（数据类型）：是指代码的格式、数值型和文字型。

④ Plus（+）：正数前面是否显示"+"号。

⑤ No 为不显示。负数前总有"−"号。

⑥ Lead Zero（前零）：正数前面的零是否输出。

⑦ Integer（整数位）：整数位数。

⑧ Decimal（.）：小数点是否输出。

⑨ Fraction（小数位）：小数位数。

⑩ Trail Zero（后零）：后零是否输出。

5．Word Sequencing（**字地址顺序**）

图 7.1.29 是程序中指令字地址的顺序界面。

比如在输出的时候有时候是 M03 S800，有时候是 S800 M03，这个顺序是通过现在这一栏进行调整的。

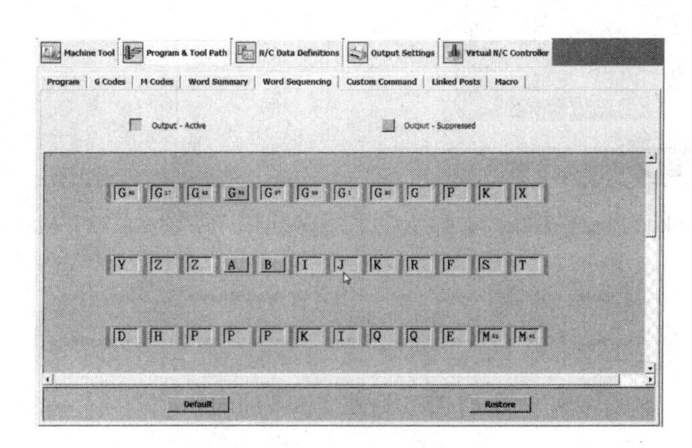

图 7.1.29 字地址顺序界面

6．Custom Command（**用户指令**）

Custom Command 指令目前不需要掌握，由于所需要掌握的是前面的几步操作，这里类似于函数的操作（见图 7.1.30 用户指令界面）。

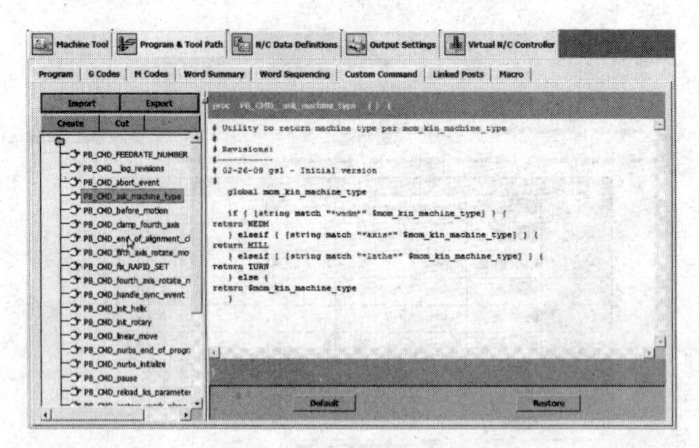

图 7.1.30 用户指令界面

① Import（插入已有的指令）：从 Siemens\NX8.0\POSTBUILD\pblib\custom_command 路径下插入已有的所需指令。

② Export（转出已有的指令）：转出指令。

③ Create（复制指令）：复制当前光标下的指令。

④ Cut（删除指令）。

⑤ Paste（恢复）。

7. Linked Posts 和 Marco

最后两项 Linked Posts 和 Marco 暂时不做讲解，实际当中也几乎应用不到（见图 7.1.31 Linked Posts 界面和图 7.1.32 Marco 界面）。

也就是说在 Program Tool Path 内，从 Program 到 Custom Command 是进行后处理主要修改的部分（见图 7.1.33 后处理修改的部分），由于 Custom Command 涉及函数，将不在本次的内容当中进行讲解。

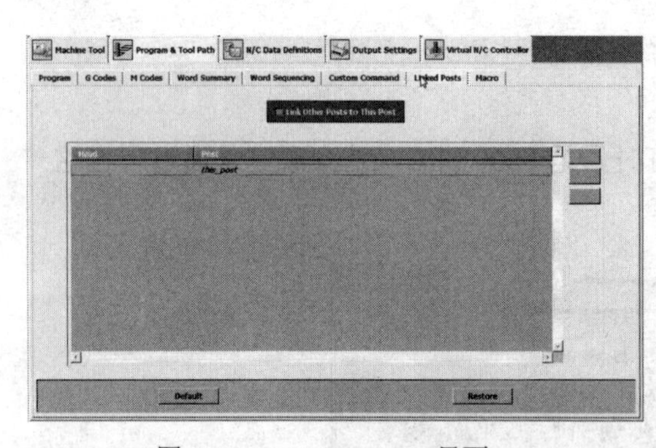

图 7.1.31 Linked Posts 界面

图 7.1.32 Marco 界面

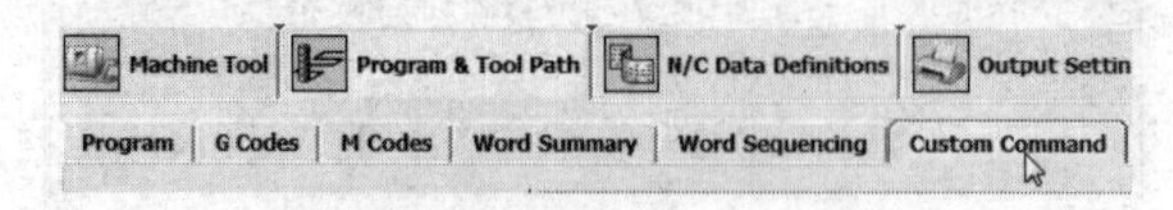

图 7.1.33 后处理修改的部分

五、N/C Data Definitions（NC 数据格式）

下面看一下 N/C Data Definitions(NC 数据格式)，用来定义 NC 数据输出格式，与 Program Tool Path 中设置雷同（见图 7.1.34 NC 数据格式界面）。在数据的格式里面也有好几大类。

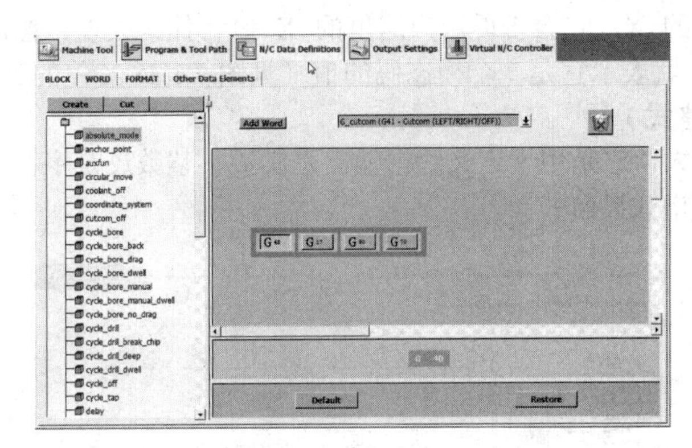

图 7.1.34　NC 数据格式界面

1．BLOCK（程序行）

基本的程序行的设置，定义表示每一机床指令的程序行输出哪些字地址，以及字地址的输出顺序（见图 7.1.35 程序行界面）。

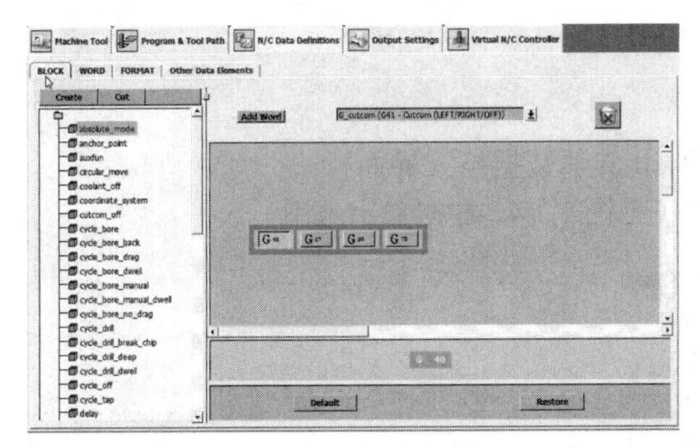

图 7.1.35　程序行界面

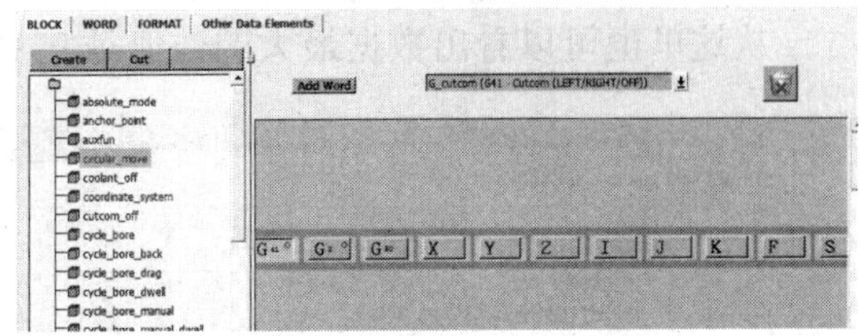

图 7.1.36　圆弧指令的格式

通过点击左侧的列表来选择指令。比如说点击的 circular_move，这是圆弧指令，前面有 G41 刀补，后面有 G2 的圆弧指令，后面的 X、Y、Z 坐标，I、J、K 是它的圆心，F 是走刀速度，S 是主轴转速（见图 7.1.36 圆弧指令的格式）。

2．WORD（词）

定义词的输出格式，也就是指令的类型，包括字头和后面参数的格式、前后缀等（见图 7.1.37 指令的类型界面）。

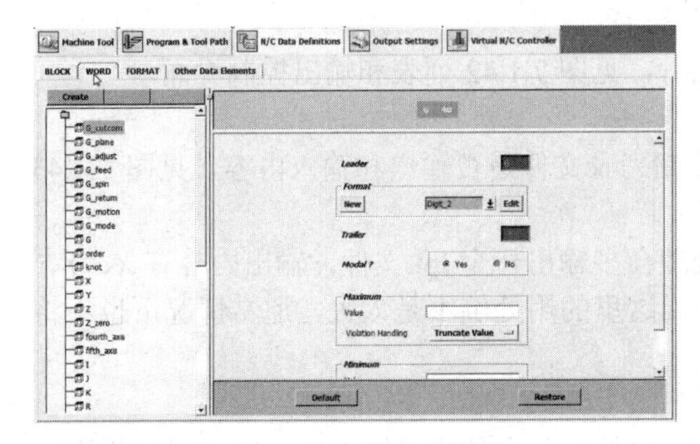

图 7.1.37　指令的类型界面

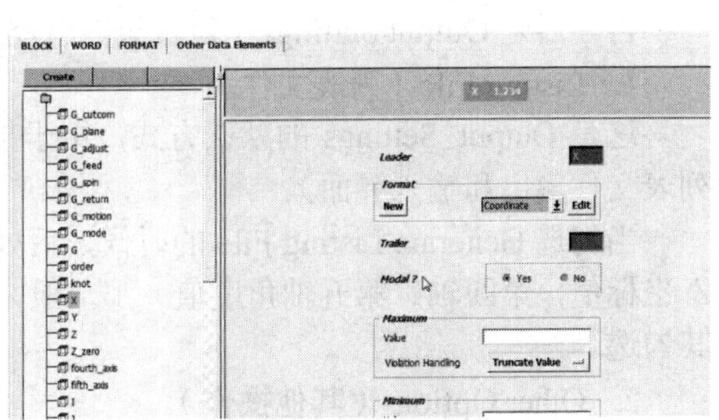

图 7.1.38　X 值的类型

比如说点击左侧的 X，它会告诉用户这里的 X 值有什么类型，像鼠标指的这里有一个 Modal，选择了 Yes，就表示它是一个模态码的值（见图 7.1.38 X 值的类型）。

3. FORMAT（**格式**）

这里一般用处不大，它是用于定义数据输出是实数、整数还是字符串，一般不用修改就可以了（见图 7.1.39 格式界面）。

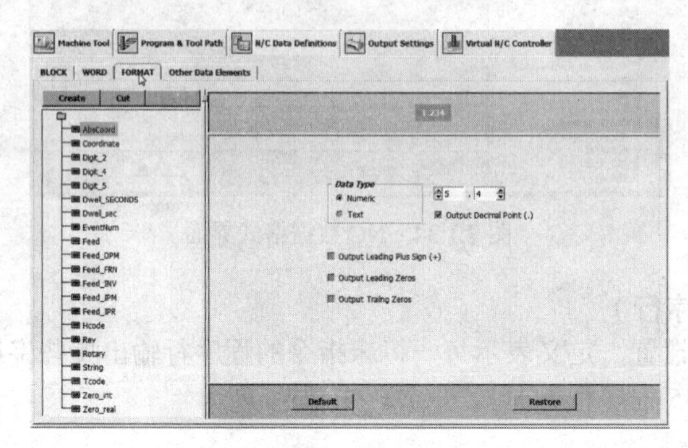

图 7.1.39　格式界面

4. Other Data Elements（**其他数据**）

定义其他数据格式，暂时不管它（见图 7.1.40 其他数据格式界面）。

从这里也可以看出数据最大的数值是 9999（见图 7.1.41 数据输出范围）。

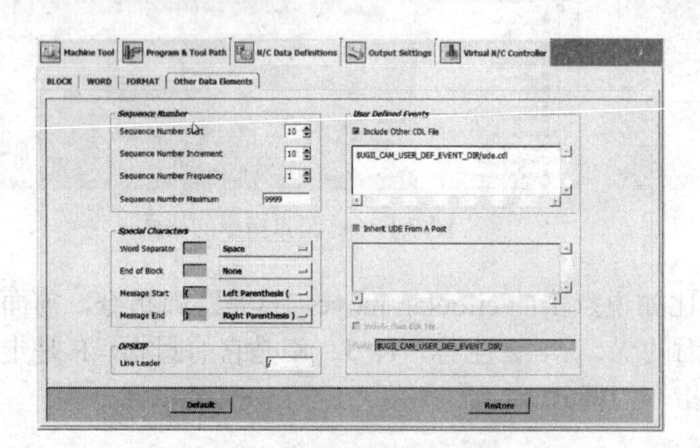

图 7.1.40　其他数据格式界面

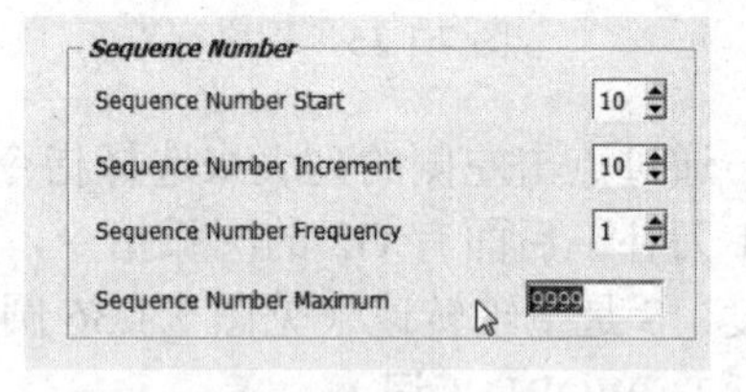

图 7.1.41　数据输出范围

六、Output Settings（列表和输出控制）

再往后是 Output Settings（列表和输出控制），见图 7.1.42 列表和输出控制界面。

1. Listing File（**列表文件**）

这是 Output Settings 的默认方式，用于控制列表文件是否输出和输入内容（见图 7.1.43 列表文件输出和输入界面）。

当勾选 Generate Listing File 的时候，后处理会多输出一个 lpt 文件，输出内容有 *X*、*Y*、*Z* 坐标值，第四轴、第五轴角度值。那一般来说这里的用处倒不是太大，通常情况下也不将其勾选。

2. Other Options（**其他操作**）

这里是其他的操作，其他的操作主要是输一些控制信息的（见图 7.1.44 其他操作界面）。

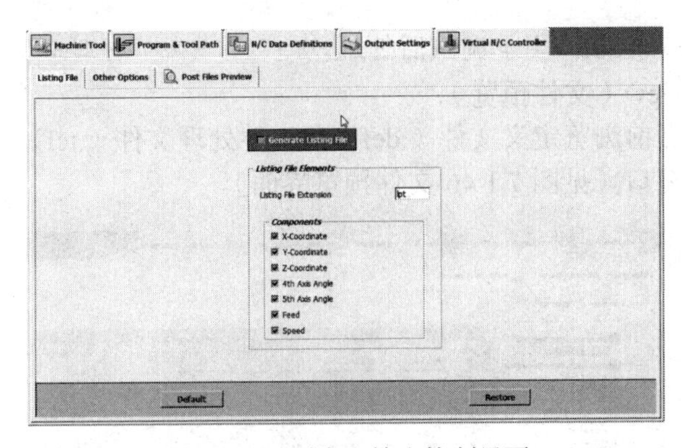

图 7.1.42　列表和输出控制界面

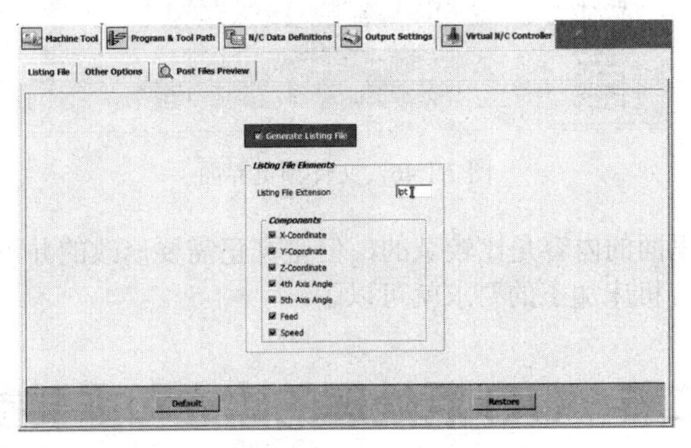

图 7.1.43　列表文件输出和输入界面

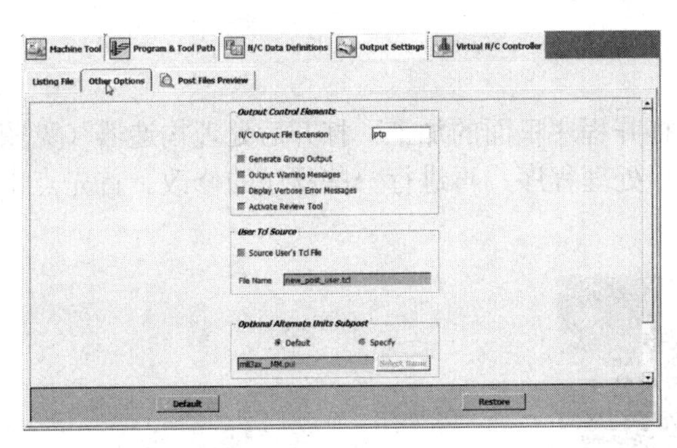

图 7.1.44　其他操作界面

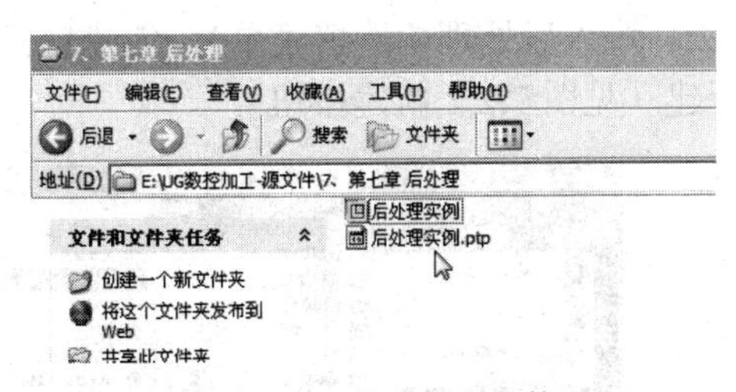

图 7.1.45　输出.ptp 文件

① N/C Output File Extension：产生文件的后缀名。这里是输出一个文件的后缀名 ptp，可以在进行过后处理的文件所在文件夹查找，它在同一文件里，会出现一个 ptp 的文件（见图 7.1.45 输出.ptp 文件）。

② Generate Group Output：信息分组输出，将一个大程序分成几个程序输出，也就是说在后处理将主程序输出的时候，它也有相对应的子程序输出。

③ Output Warning Messages：这个是产生错误信息的时候，它输出一个文件产生错误信息 log 文件。

④ Display Verbose Error Messages：在后处理过程中，会将详细的错误文件一条一条地列出来。一般来说用得不是太多，在 UG 模拟的时候发现错误要及时进行修改，在输出程序的时候，也不会有什么错误出现了。

⑤ Activate Review Tool：用于调试后处理。

3. Post Files Preview（**文件预览**）

可以在文件保存之前浏览定义文件（.def）和事件处理文件（.tcl）。最新改动的内容在窗口上面，旧的在下面窗口（见图 7.1.46 文件预览界面）。

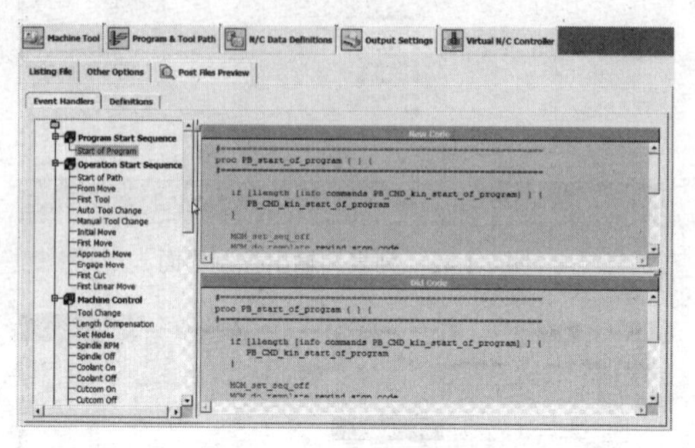

图 7.1.46　文件预览界面

UG 后处理界面里面的内容是比较杂的，但是真正需要修改的并不多，要修改的只是其中的一部分，使它符合机床加工的要求就可以了。

第二节　UG 后处理的建立和重要参数

一、建立自己的后处理

第二节创建自己的后处理程序，仍然是打开程序里面的加工，打开后处理构造器（见图 7.2.1 进入后处理构造器菜单），创建自己的后处理程序，再进行一些程序的修改。首先点击新建（见图 7.2.2 新建按钮）。

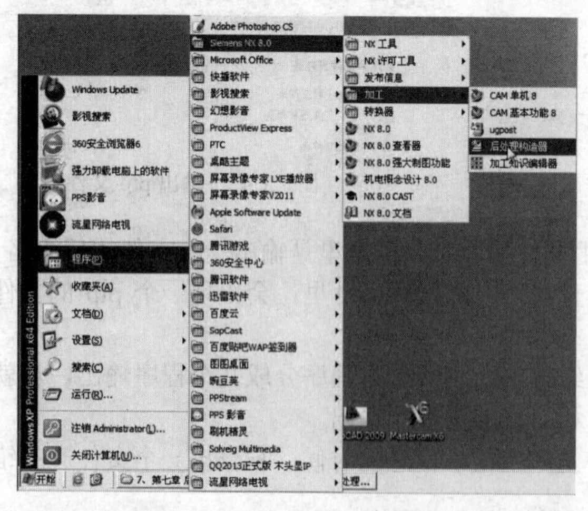

图 7.2.1　进入后处理构造器菜单

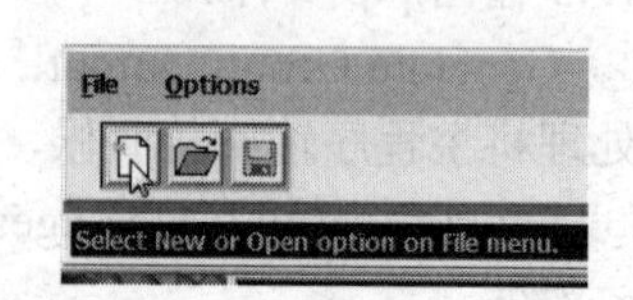

图 7.2.2　新建按钮

在新建的时候，注意，界面当中出现了不同的操作，来看一下界面当中的一些基本的内容图（见图 7.2.3 新建后处理的界面）。

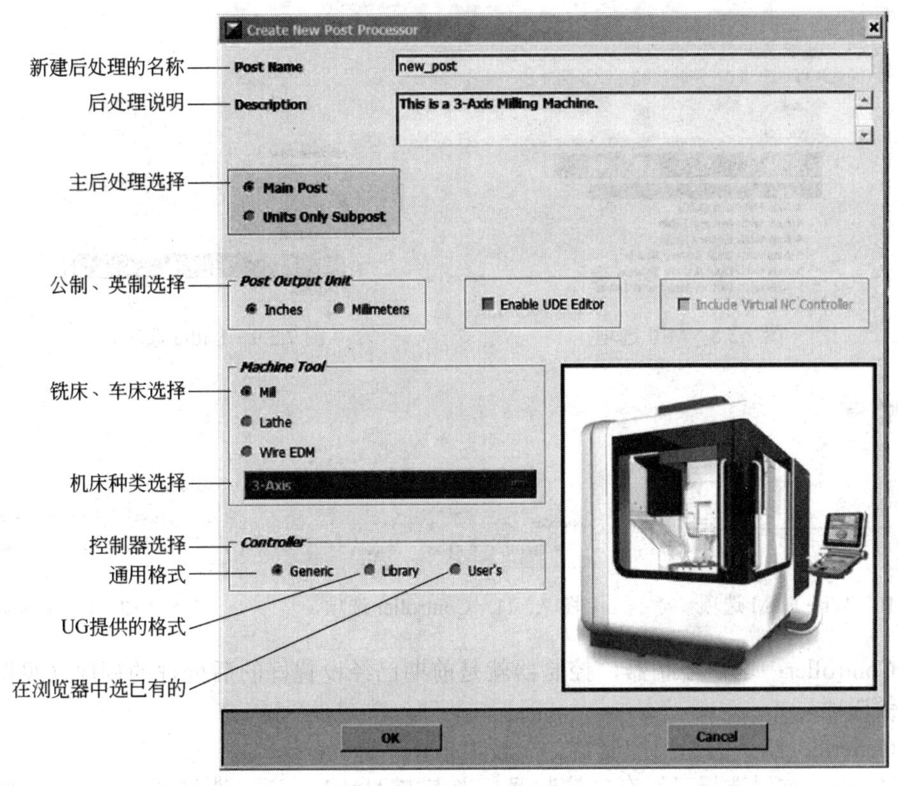

图 7.2.3　新建后处理的界面

① Post Name：是输出的后处理的名称，在这里将它命名为 xuexi_post（见图 7.2.4 Post Name 选项）。注意，它在命名的时候中间不能有空格，有空格 UG 会显示错误的。

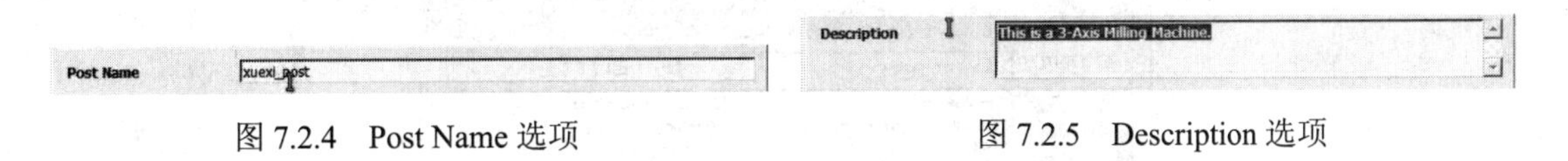

图 7.2.4　Post Name 选项　　图 7.2.5　Description 选项

② Description：这里是后处理的说明，在这里是 3 轴铣床，在这先不进行修改了（见图 7.2.5 Description 选项）。

③ Main Post：是它主要的程序，按照默认值选定此项就可以了（见图 7.2.6 Main Post 选项）。

图 7.2.6　Main Post 选项　　图 7.2.7　单位选项

④ Post Output Unit：这里是单位选择，一般选择公制（见图 7.2.7 单位选项）。

⑤ Macheine Tool：这里是机床选择，它会根据选择的不同在机床种类中出现不同的选项。

⑥ Mill：铣床（加工中心）出现 3 轴、4 轴、5 轴的多个选项（见图 7.2.8Mill 选项）。

⑦ Lathe：车床只出现一个选项，它只有 X 和 Z 两个轴（见图 7.2.9 Lathe 选项）。

⑧ Wire EDM：线切割，有两个轴的选项（见图 7.2.10 Wire EDM 选项）。

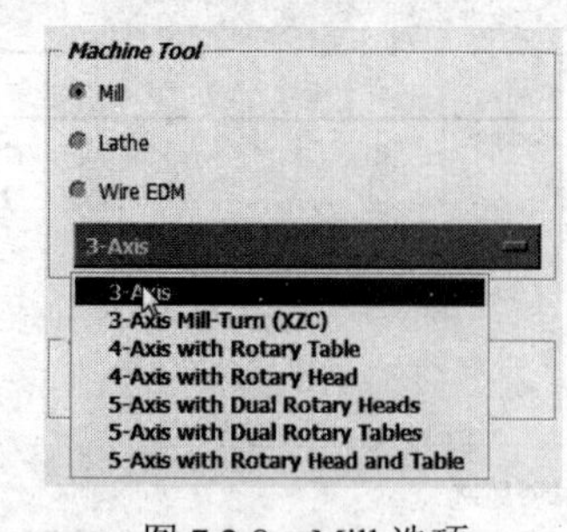

图 7.2.8 Mill 选项

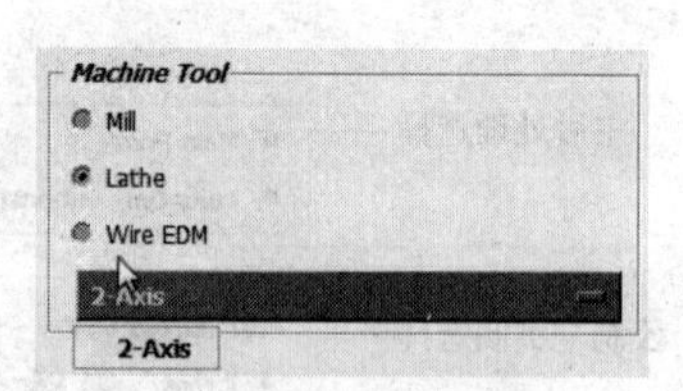

图 7.2.9 Lathe 选项

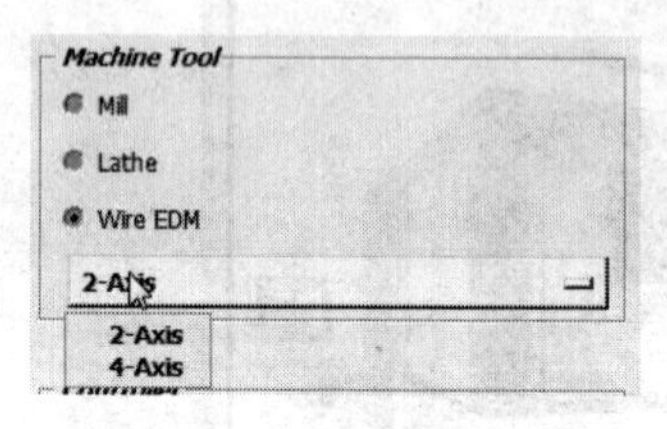

图 7.2.10 Wire EDM 选项

图 7.2.11 Controller 选项

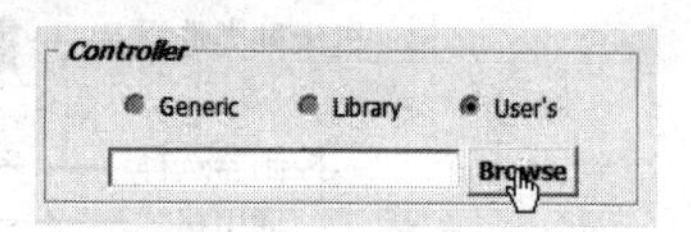

图 7.2.12 Browser 按钮

⑨ Controller：这是控制器，控制器就是前期已经设置好的后处理的程序（见图 7.2.11 Controller 选项）。

⑩ Generic：默认的通用控制器，一般上来说不选择。

⑪ User's：这里选择已经有的控制器，当点击 User's，通过选择 Browser（见图 7.2.12 Browser 按钮）此时会打开 UG 的后处理文件夹，去选择现有的控制器，这里的控制器也就是后处理（见图 7.2.13 选择后处理控制器），一般不用 UG 自带的原始的后处理，所以不选择。

图 7.2.13 选择后处理控制器

⑫ Library：是库的意思，也就是 UG 内设的从外部存入的类型（见图 7.2.14 Library 选项）。

由于 UG 软件是 Siemens 进行研制的，它对 Siemens 机床设置会比较好，它几乎不需要进行修改，对于程序的输出格式是完全一样的（见图 7.2.15 Siemens 机床的类型）。

如果使用的是 Siemens 机床，只需要按照机床的说明书对机床行程、精度进行修改就可以了。

在下面提供了 FANUC 的系统，FANUC 30i 的系统（见图 7.2.16 FANUC 机床的类型）。

图 7.2.14 Library 选项

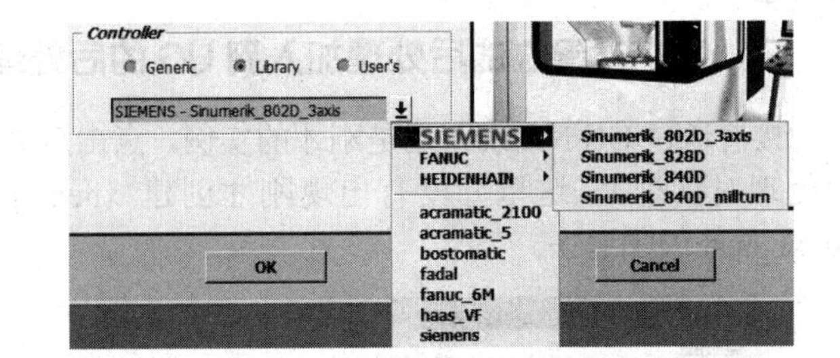

图 7.2.15 Siemens 机床的类型

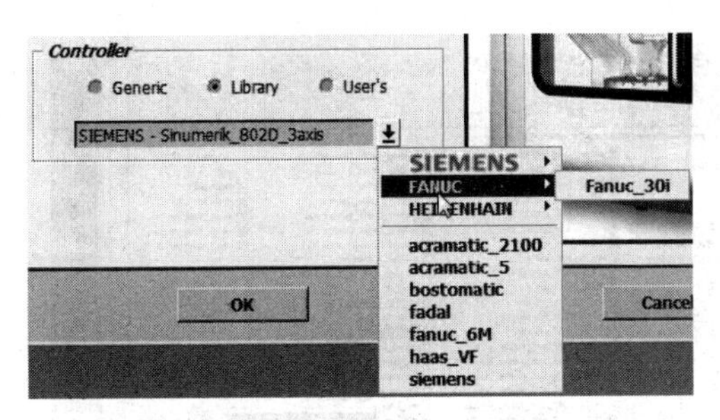

图 7.2.16 FANUC 机床的类型

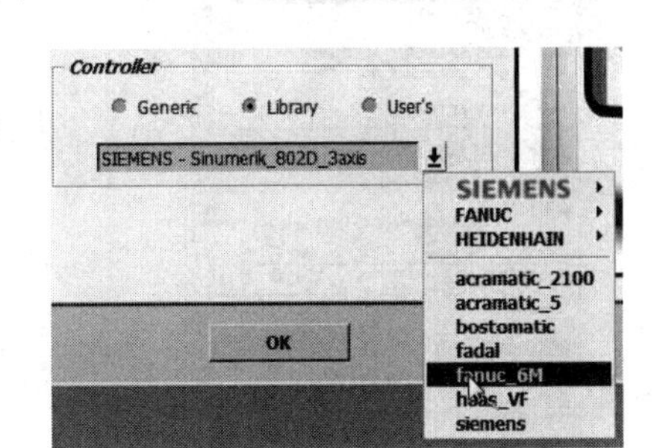

图 7.2.17 fanuc_6M 的通用系统

下面这些都是通用的格式，暂时用 fanuc_6M 的通用系统去进行创建（见图 7.2.17 fanuc_6M 的通用系统）。

综上所述，创建三轴铣床后处理步骤可以归纳为：Post Name 输入后处理名字（不能有空格）—Post Output Unit 选公制—Machine Tool 选 Mill—机床种类选 3-Axis—Controller 选 Library，Library 中选 fanuc_6M—OK。

这进入它的基本界面，首先进入 Machine Tool 的创建（见图 7.2.18 Machine Tool 界面）。

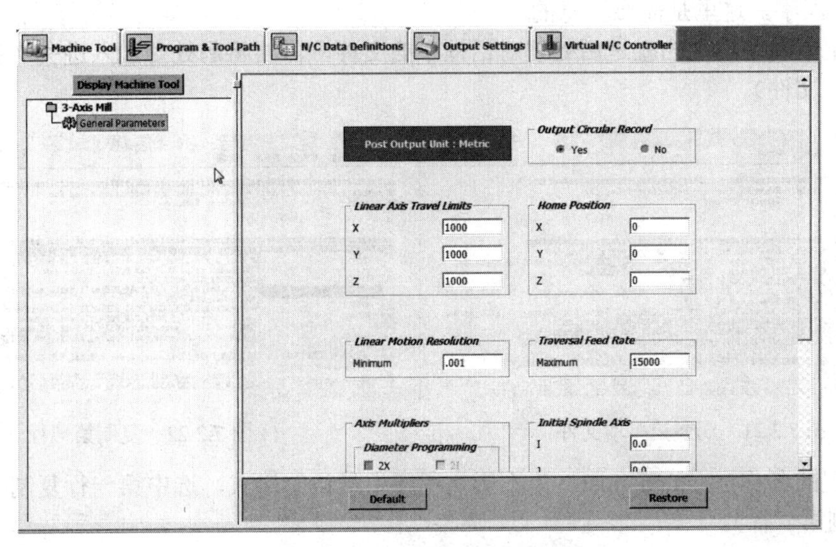

图 7.2.18 Machine Tool 界面

单位选择的是公制；按照圆弧的方式输出；轴的行程是 1000mm，也就是说它的加工范围是 1m 的范围；机械原点是 0 的位置；脉冲当量，也就是最小的行程是 1μm；最大的走刀速度是 15000mm/min，就是它的 G00 的空走刀速度。

二、将自己建立的后处理加入到 UG 的后处理中

接着通过 UG NX8.0，还是刚才的实例，点击后处理，来查看对话框（见图 7.2.19 UG 的后处理对话框），这里并没有出现刚才创建 xuexi_post 的后处理。下面在程序库里面将 xuexi_post 添加进去。

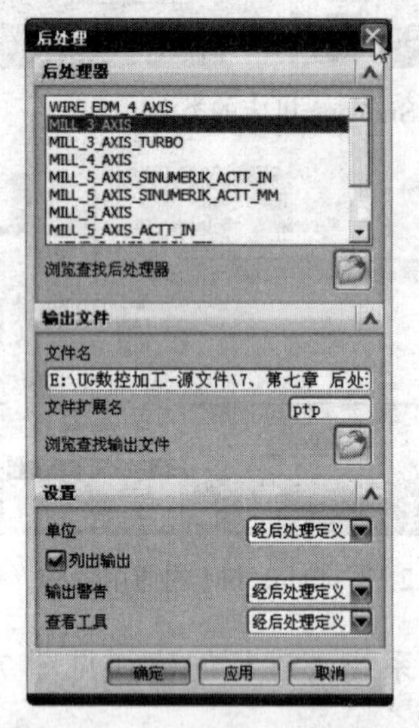

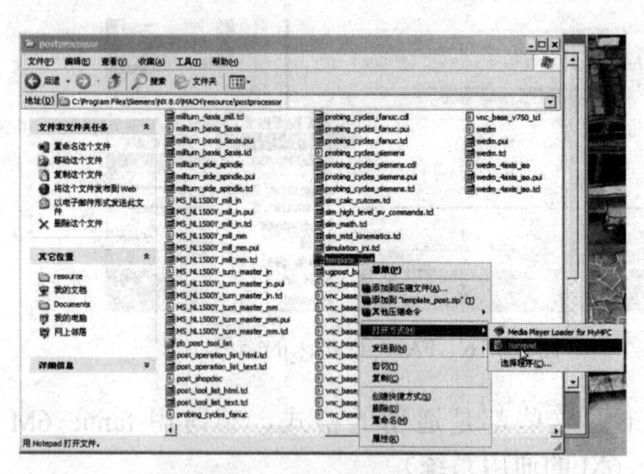

图 7.2.19　UG 的后处理对话框　　　　图 7.2.20　打开数据库文件

打开电脑，找到后处理程序的数据库的文件 template_post，右击采用记事本打开（见图 7.2.20 打开数据库文件）。

由于操作系统的不同，机子上出现的是 Notpad，在其他的系统当中出现的应该就是“记事本”3 个汉字，这里是需要注意的。

发现记事本中出现的就是后处理对话框中的文件，需要将后处理加入进去（见图 7.2.21 观察记事本文件）。

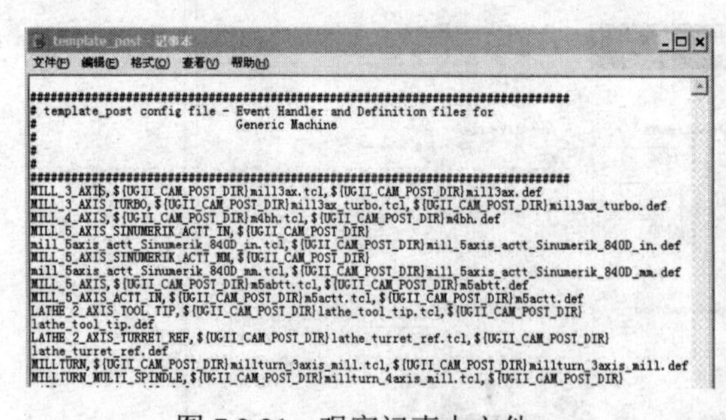

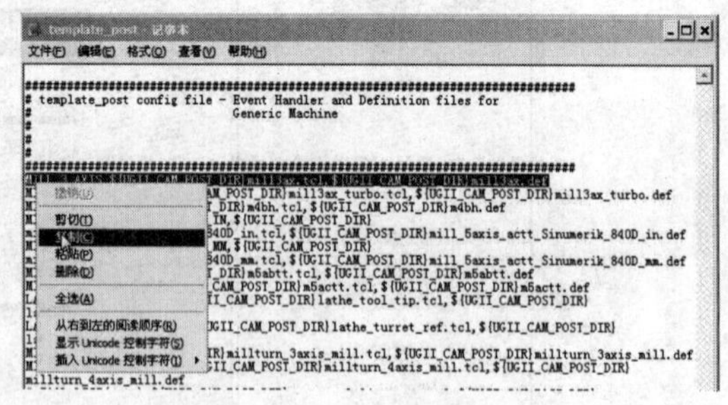

图 7.2.21　观察记事本文件　　　　图 7.2.22　复制第一行

后处理的名称是 xuexi_post，为不影响程序中默认的格式，选中第一行复制一下（见图 7.2.22 复制第一行）。

回车空出一行，右击粘贴（见图 7.2.23 粘贴），把 3 轴的内容复制上去（见图 7.2.24 复制 3 轴的内容）。

接着输入刚才创建的名称 xuexi_post，要替换所有 3 轴铣的名称（见图 7.2.25 更改对应的名称），总共要替换掉 3 个，一个是 Post 的目录名称，一个是.tcl 的名称，一个是.def 的名称。将修改的库文件保存起来（见图 7.2.26 保存）。

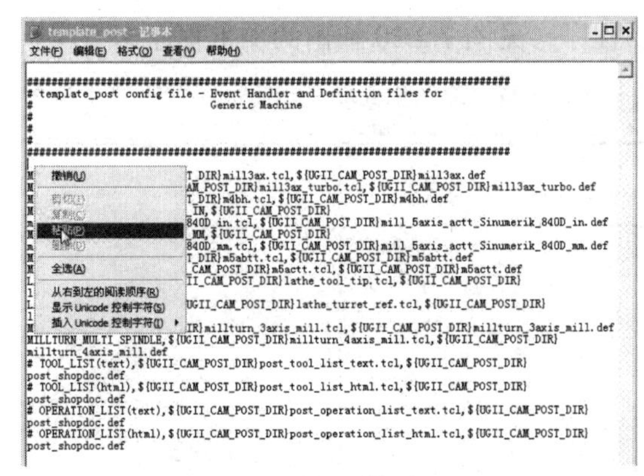

图 7.2.23　粘贴

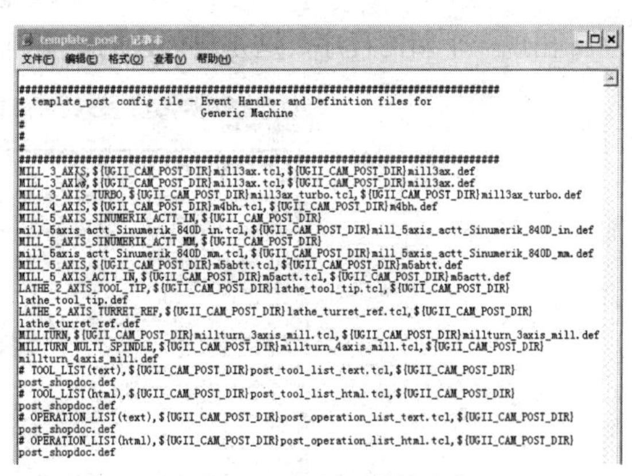

图 7.2.24　复制 3 轴的内容

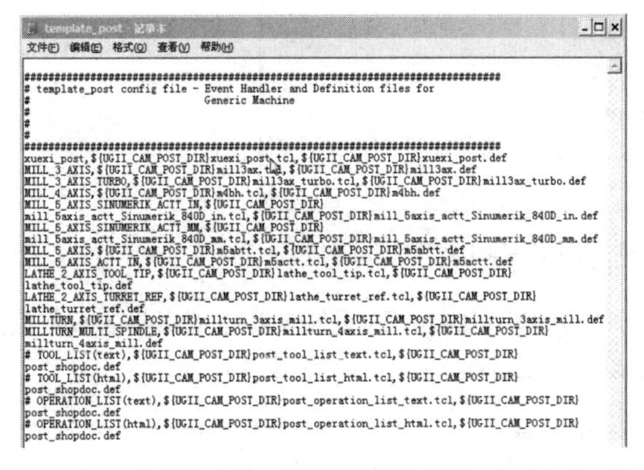

图 7.2.25　更改对应的名称

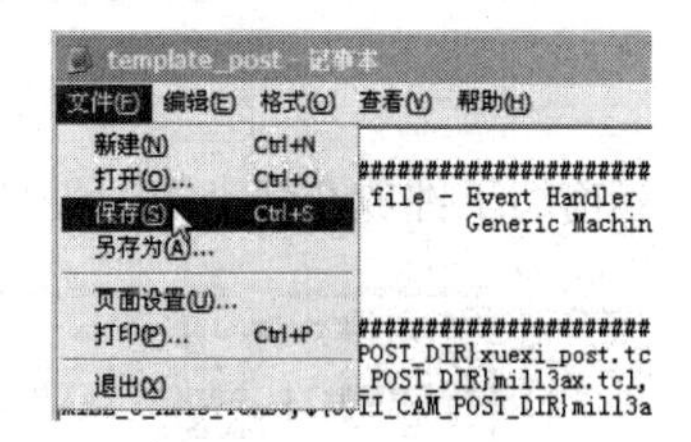

图 7.2.26　保存

下面切换到 NX8 刚才的程序当中，直接点击后处理，看到在最上面，出现了 xuexi_post（见图 7.2.27 UG 的后处理对话框）。

直接点击应用看一下程序，会弹出一个对话框（见图 7.2.28 是否覆盖对话框），由于前期已经创建过一个后处理程序，问是否需要覆盖，勾选“不要再显示此消息”，确定（见图 7.2.29 勾选“不要再显示此消息”）。

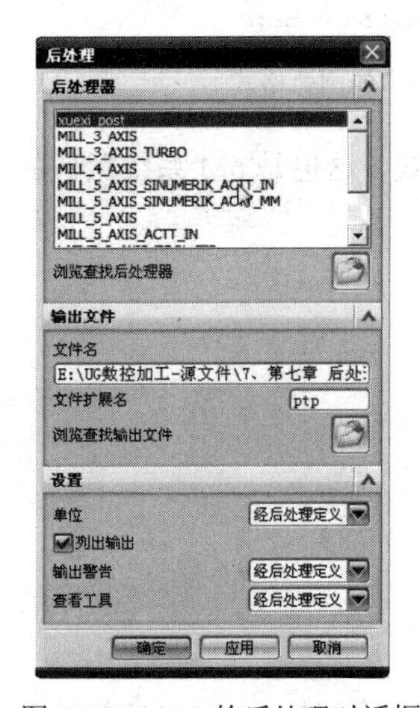

图 7.2.27　UG 的后处理对话框

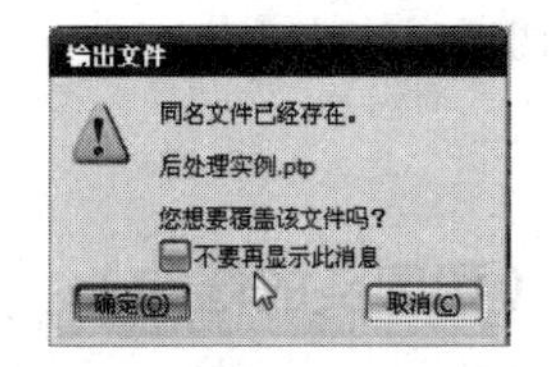

图 7.2.28　是否覆盖对话框

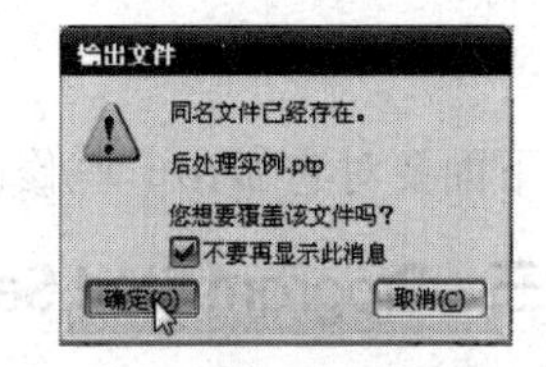

图 7.2.29　勾选“不要再显示此消息”

出现一个新的程序，这是自创建的一个新的程序（见图 7.2.30 输出的加工程序）。

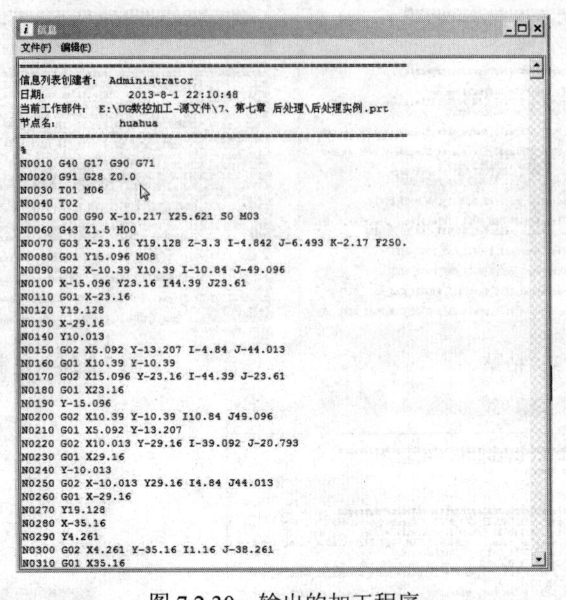

```
信息
文件(F) 编辑(E)
信息列表创建者:  Administrator
日期:           2013-8-1 22:10:48
当前工作部件:   E:\UG数控加工-源文件\7、第七章 后处理\后处理实例.prt
节点名:         huahua
%
N0010 G40 G17 G90 G71
N0020 G91 G28 Z0.0
N0030 T01 M06
N0040 T02
N0050 G00 G90 X-10.217 Y25.621 S0 M03
N0060 G43 Z1.5 H00
N0070 G03 X-23.16 Y19.128 Z-3.3 I-4.842 J-6.493 K-2.17 F250.
N0080 G01 Y15.096 M08
N0090 G02 X-10.39 Y10.39 I-10.84 J-49.096
N0100 X-15.096 Y23.16 I44.39 J23.61
N0110 G01 X-23.16
N0120 Y19.128
N0130 X-29.16
N0140 Y10.013
N0150 G02 X5.092 Y-13.207 I-4.84 J-44.013
N0160 G01 X10.39 Y-10.39
N0170 G02 X15.096 Y-23.16 I-44.39 J-23.61
N0180 G01 X23.16
N0190 Y-15.096
N0200 G02 X10.39 Y-10.39 I10.84 J49.096
N0210 G01 X5.092 Y-13.207
N0220 G02 X10.013 Y-29.16 I-39.092 J-20.793
N0230 G01 X29.16
N0240 Y-10.013
N0250 G02 X-10.013 Y29.16 I4.84 J44.013
N0260 G01 X-29.16
N0270 Y19.128
N0280 X-35.16
N0290 Y4.261
N0300 G02 X4.261 Y-35.16 I1.16 J-38.261
N0310 G01 X35.16
```

图 7.2.30 输出的加工程序

当前的工件放在第七章后处理，名称为“后处理实例.prt”（见图 7.2.31 程序头的基本信息）。

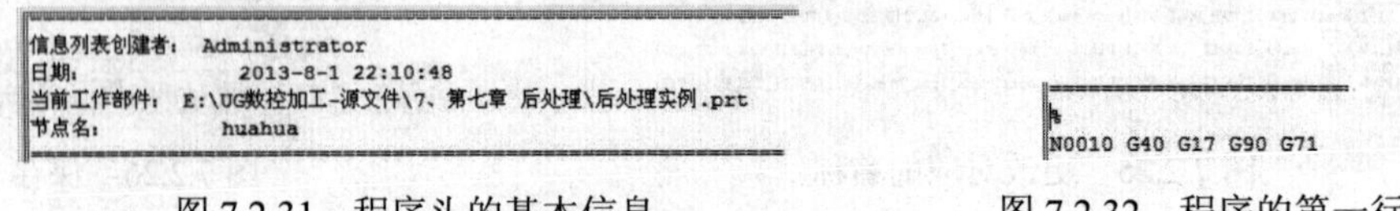

```
信息列表创建者:  Administrator
日期:           2013-8-1 22:10:48
当前工作部件:   E:\UG数控加工-源文件\7、第七章 后处理\后处理实例.prt
节点名:         huahua
```

图 7.2.31 程序头的基本信息

```
%
N0010 G40 G17 G90 G71
```

图 7.2.32 程序的第一行

第一行是 G40 G17 G90 G71 的程序头部分（见图 7.2.32 程序的第一行）。

第三行再也没有出现“:”的情况，而是 N0030 了（见图 7.2.33 程序的第三行）。

```
N0020 G91 G28 Z0.0
N0030 T01 M06
N0040 T02
```

图 7.2.33 程序的第三行

```
N0290 Y4.261
N0300 G02 X4.261 Y-35.16 I1.16 J-38.261
N0310 G01 X35.16
N0320 Y-4.261
N0330 G02 X-4.261 Y35.16 I-1.16 J38.261
```

图 7.2.34 程序中的圆弧格式

继续观察，这里的程序输出的是 I、J 的格式，而不是 R 的格式，这也是 6M 系统默认的格式（见图 7.2.34 程序中的圆弧格式）。

拉到最后来看，仍然是 M02 结束（见图 7.2.35 程序的结尾）。

```
N1590 X29.388 Y7.854 Z-6.814
N1600 G00 Z.5
N1610 M02
%
```

图 7.2.35 程序的结尾

下面要对它做出一些修改。

三、Program Start Sequence（程序头的修改）

对于程序头和程序尾的设置，必须是符合机床要求，这是第一点；第二点，必须要符合操作习惯，因为在实际当中操作的机床是定人定点操作的，输出的程序要符合操作习惯，才能提高加工效率。

下面点击 Program & Tool Path，选择 Pragram，点击 Program Start（见图 7.2.36 程序头修改）。

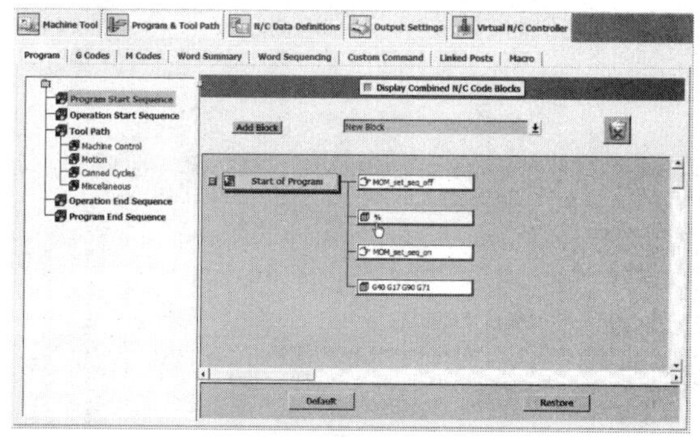

图 7.2.36 程序头修改

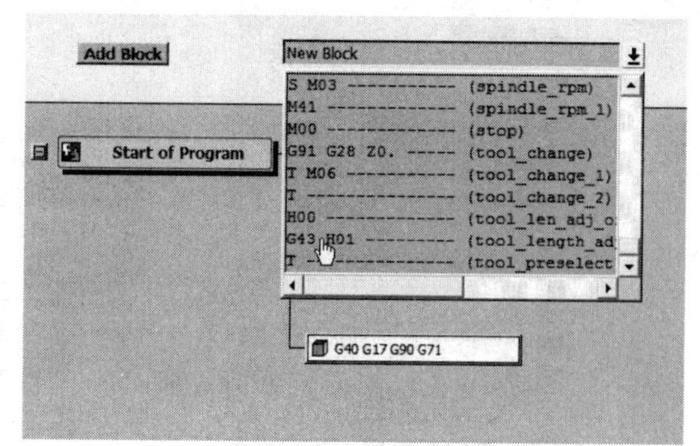

图 7.2.37 选择指令

在右侧下面 G40 G17 G90 G71，根据实际情况的需要，如果想对它进行一些添加。通过上面向下箭头选择任意一个指令 G43H01（见图 7.2.37 选择指令）。然后点击“Add Block”将它拖拉下来，放置位置是当拖拉的方块接近原有块，会出现白颜色的框，就是它放置的上方或者下方（见图 7.2.38 拖移指令），当移动到合适的位置时，松开来（见图 7.2.39 放置指令），点击保存，将改变的内容保存。

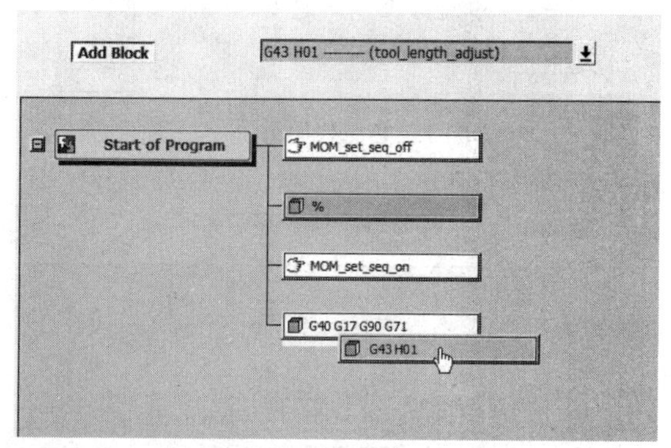

图 7.2.38 拖移指令

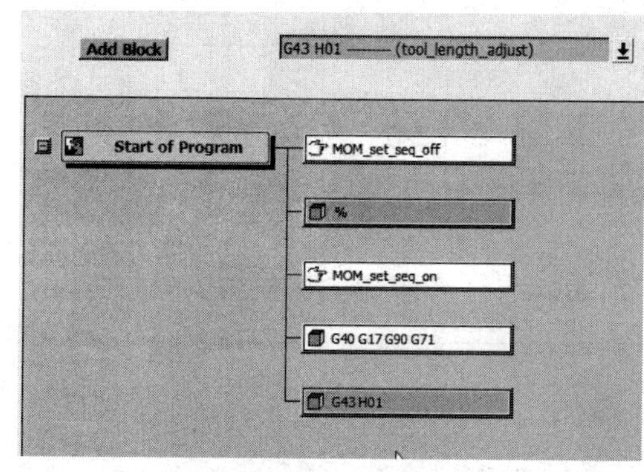

图 7.2.39 放置指令

切换回 UG，后处理，选择 xuexi_post，应用（见图 7.2.40 UG 的后处理对话框）。

看一下，在第一行 G40 G17 的下方，就出现 G43 H01 的代码（见图 7.2.41 输出的程序）。在这里只做演示，不做实际的要求，这就是添加程序头的操作。

再增加一个 G98 按照 mm/min 去计算，在前面再增加一个 M03 S800 主轴正转 800r/min，这个时候只需要点击程序段进去（见图 7.2.42 点击程序段），通过最上面框框去找。找到 G98，因为每一种代码都是分类型的，同一类的代码会归纳到一起（见图 7.2.43 代码分类）。点击“Add Word”拖下去，拖的时候出现白线，白线出现的位置就是代码放置的位置，先放到后面去（见图 7.2.44 拖动指令）。

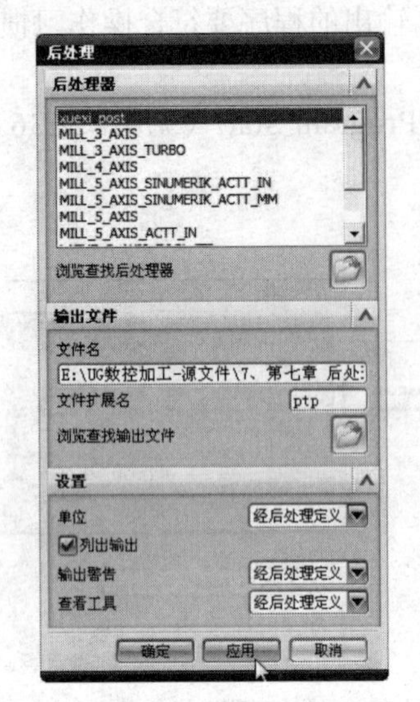

图 7.2.40　UG 的后处理对话框

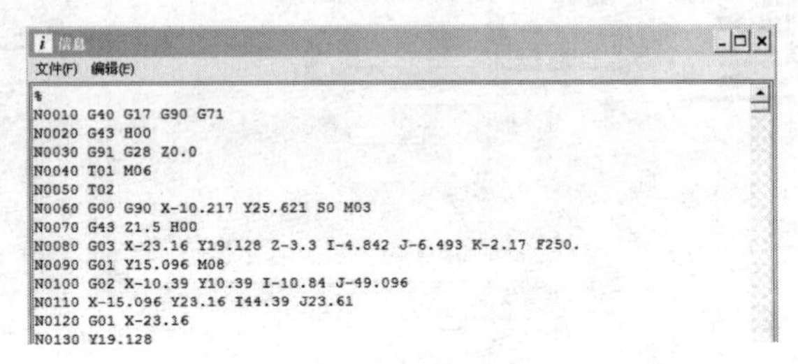

图 7.2.41　输出的程序

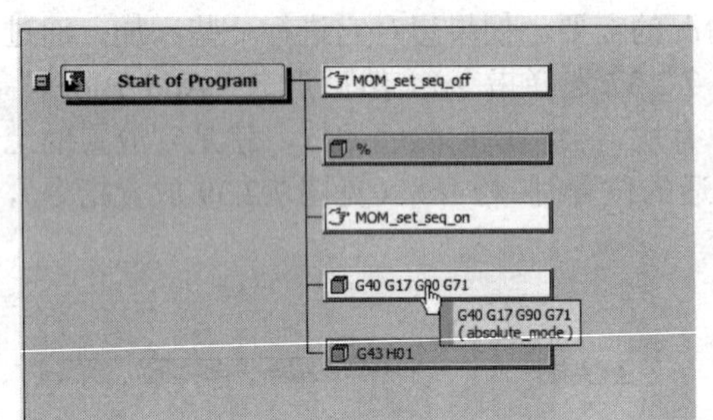

图 7.2.42　点击程序段

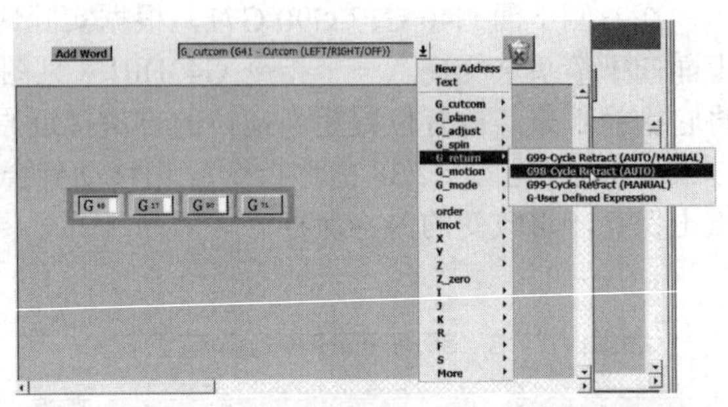

图 7.2.43　代码分类

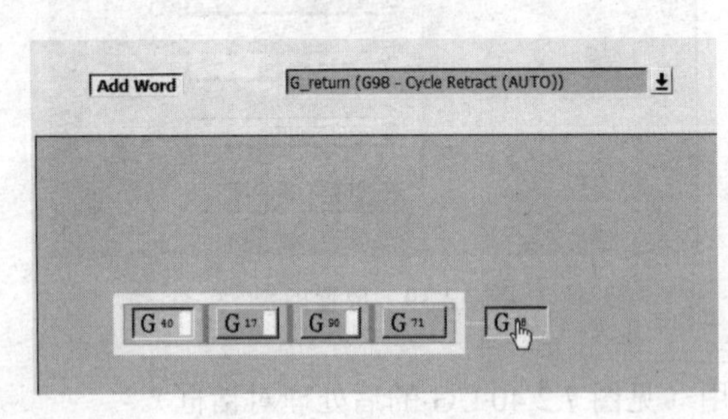

图 7.2.44　拖动指令

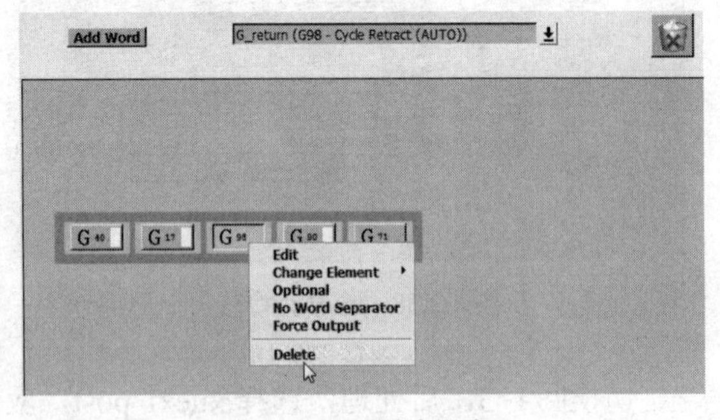

图 7.2.45　删除指令

如果想将它删除，直接右击选择“Delete”就可以了（见图 7.2.45 删除指令）。也可以用手动拖动进行删除（见图 7.2.46 拖动删除）。

下面是 M03 S800，其实要找的是 M03 和 S 的代码，首先在最下面找到 M03 主轴正转的代码，用 Add Block 加入进去（见图 7.2.47 添加指令 M03）。

下面要找到的是 S800，S800 是通俗的说法，所要找的其实是 S 的值，用 Add Block 加入进去（见图 7.2.48 添加指令 S），这就是修改过的样式（见图 7.2.49 修改过的样式）。

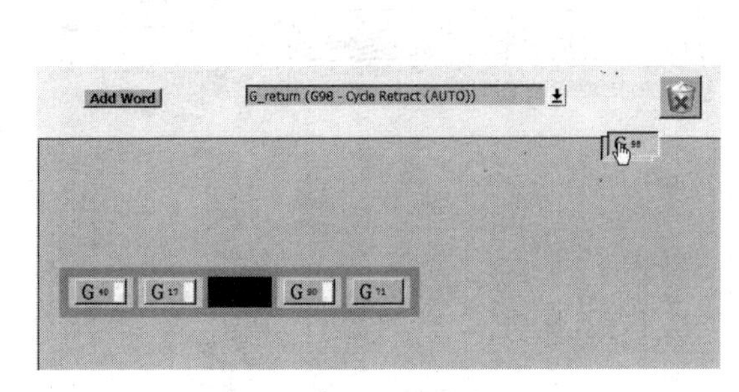

图 7.2.46　拖动删除

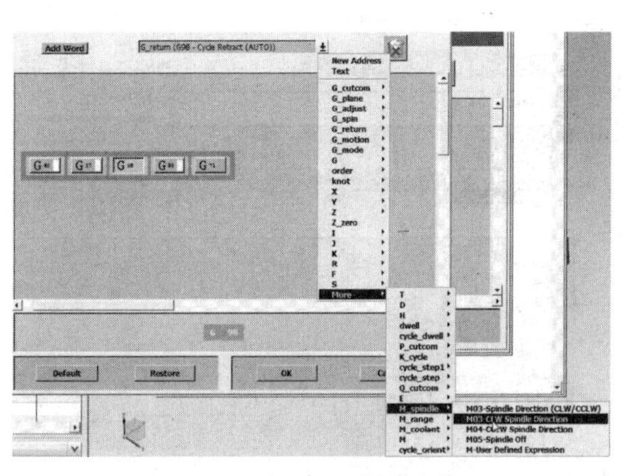

图 7.2.47　添加指令 M03

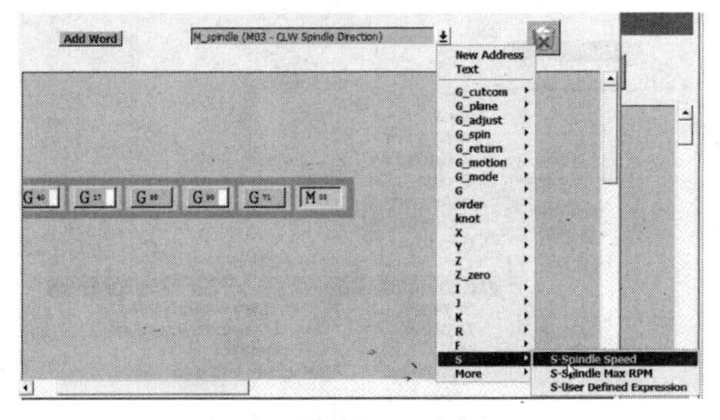

图 7.2.48　添加指令 S

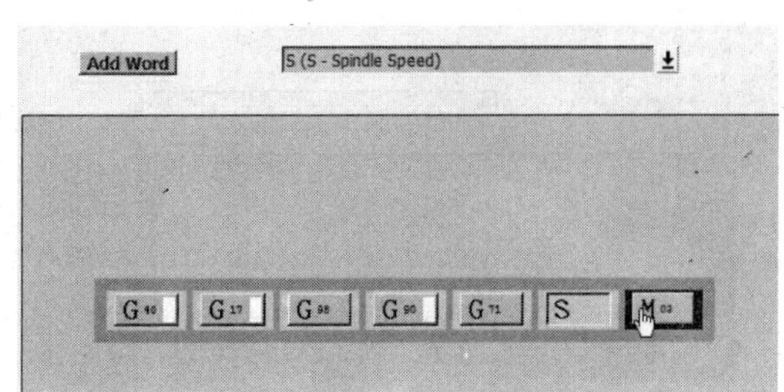

图 7.2.49　修改过的样式

下面看手动输入行不行，先将 M03 和 S 删除，在最上面选择 Text 的文本（见图 7.2.50 选择“Text”），点击“ADD Word”拖下来（见图 7.2.51 拖动“Text”）。

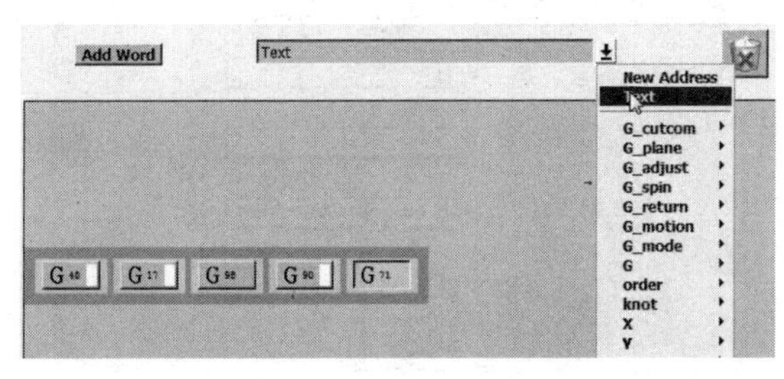

图 7.2.50　选择“Text”

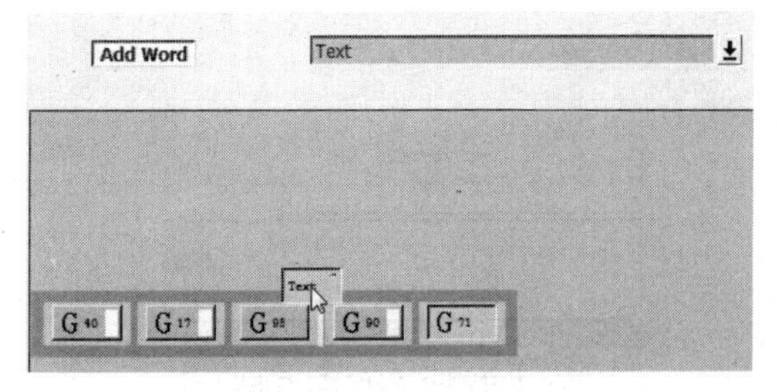

图 7.2.51　拖动“Text”

会立即弹出文本输入的对话框，只需输入所需要的对话框就可以了，这里输入 M03（见图 7.2.52 对话框输入 M03），接着再单独添加输入 S（见图 7.2.53 单独输入 S）。

最终的效果如图 7.2.54 所示，这里是通过手动输入的方法来做一些数值的操作。

这种方法一般适用于列表中并没有提供代码的时候，如果列表中提供了代码，尽量去选择，因为在选择的时候会发现同样的 M03 它会有多个选项，一种是默认的方式，一种是主轴正转的方式（见图 7.2.55 M03 指令的含义）。

下方的 Restore 就是复位，Default 是恢复初始值（见图 7.2.56“Restore”和“Default”按钮）。点击“OK”确认，看到修改过的数值了（见图 7.2.57 修改过的数值），点击保存。

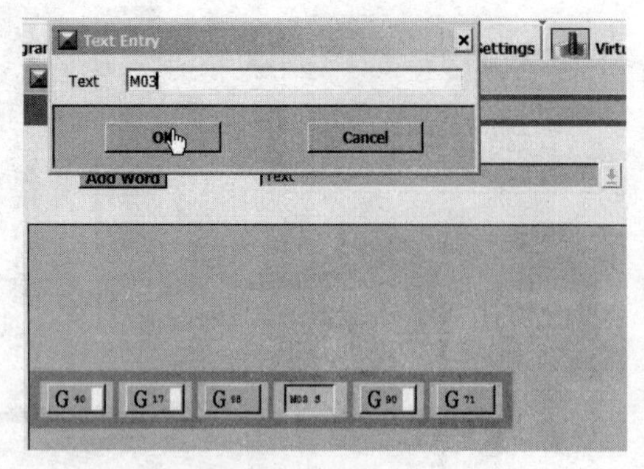

图 7.2.52 对话框输入 M03

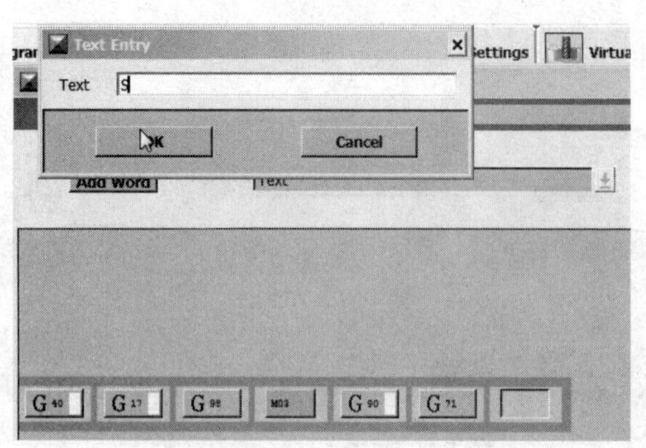

图 7.2.53 单独输入 S

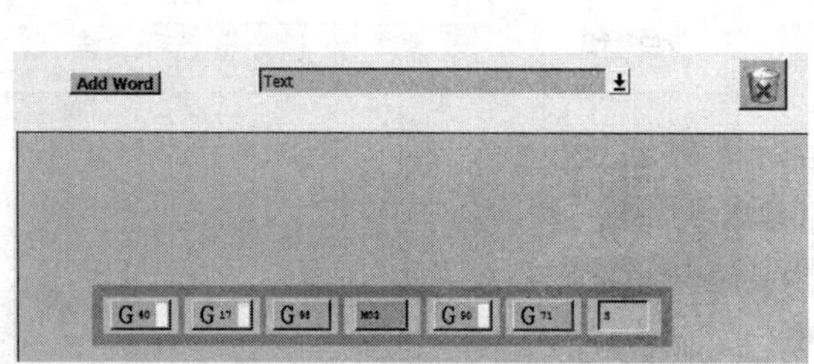

图 7.2.54 修改后的样式

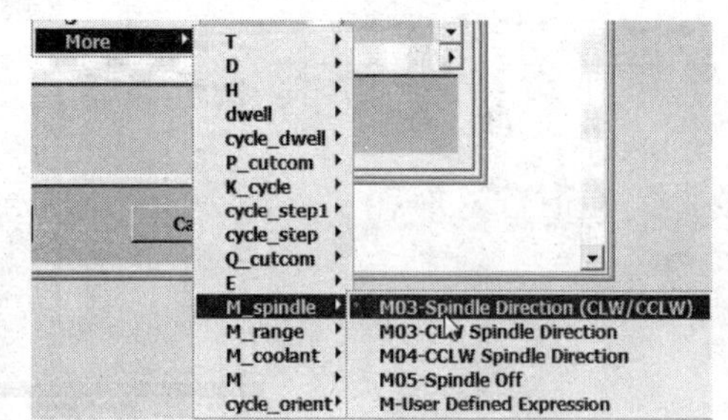

图 7.2.55 M03 指令的含义

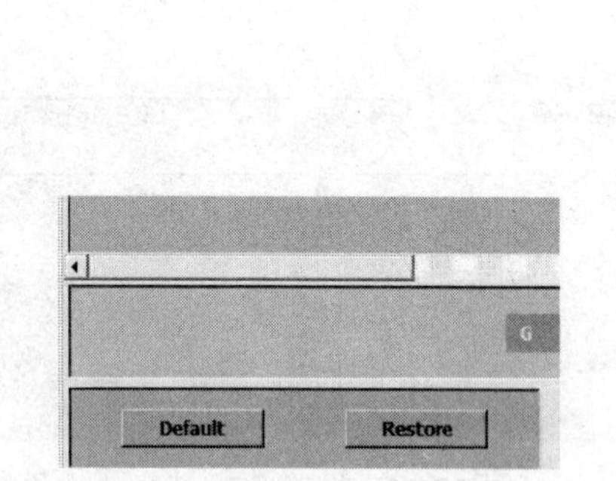

图 7.2.56 “Restore”和“Default”按钮

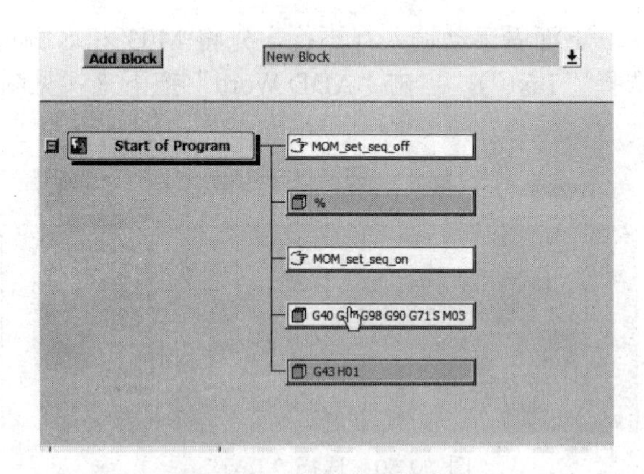

图 7.2.57 修改过的数值

切换回 UG，后处理，选择 xuexi_post，应用，它会调用刚才修改的后处理程序（见图 7.2.58 UG 的后处理对话框），看在程序头，在第一行出现 G98 S0 M03 的代码（见图 7.2.59 输出加工程序头）。

这是程序头的设置，程序段如果不想要，右击删除或者拖到垃圾桶都是可以的（见图 7.2.60 删除程序头的方式）。

对于程序头的设置，目前只要掌握这么多就可以了。

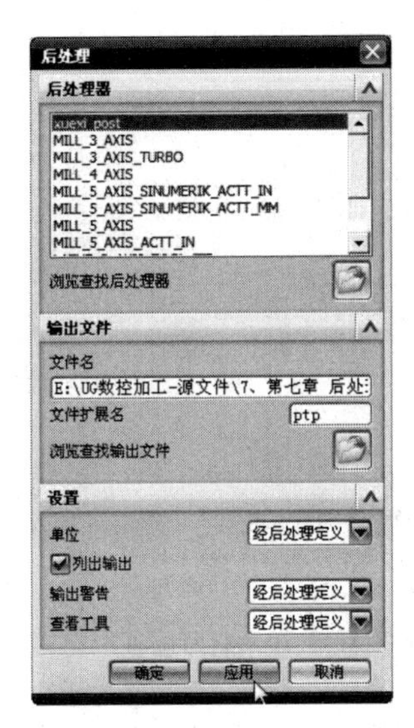

图 7.2.58 UG 的后处理对话框

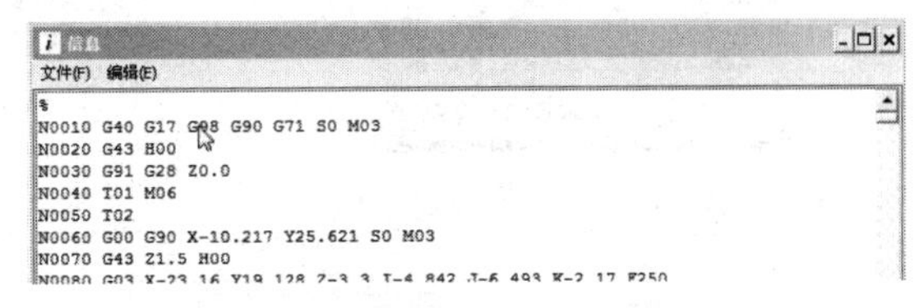

图 7.2.59 输出加工程序头

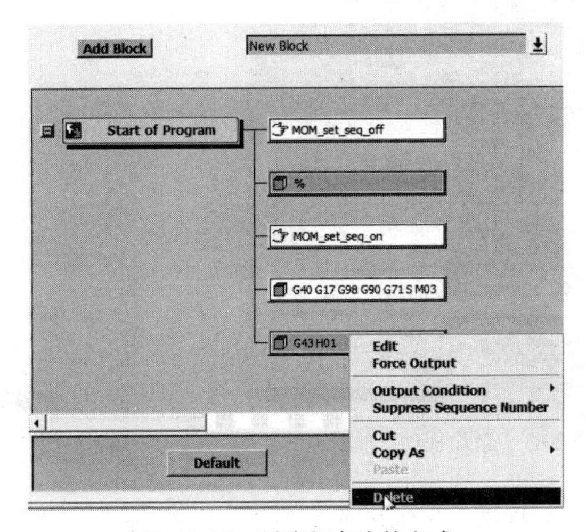

图 7.2.60 删除程序头的方式

四、Operation Start Sequence（操作头——刀具的修改）

下面看第二项，Operation Start Sequence 这里是进行刀具的设置。

刀具的设置分成两类，一类是第一把刀的设置 First Tool，一类是通用刀具的设置 Auto Tool Change。

1．Auto Tool Change（**通用道具设置**）

还是切换回 UG，后处理，选择 xuexi_post，应用（见图 7.2.61 UG 的后处理对话框），看一下后处理程序。主要看一下图 7.2.62 中的地方，和实际当中还是有一定区别的。

在 T01 M06 换第一把刀之后，它会出现一个 T02 的操作，这个操作是当主轴将刀从刀库中取出以后，刀库自动转到 T02 的刀位，等待下一次取刀，下一次就不用从刀库进行先旋转的操作了，主轴直接伸入刀库取刀就可以了。这是一步准备操作，将 2 号刀放到位的操作。在实际当中，这一步操作经常是不需要的。如果不需要可以在后处理中将它删除（见图 7.2.63 删除程序段），保存，看一下（见图 7.2.64 保存按钮）。

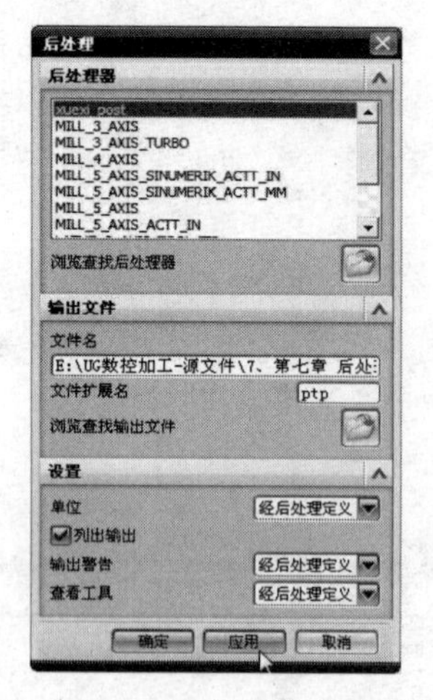

图 7.2.61 UG 的后处理对话框

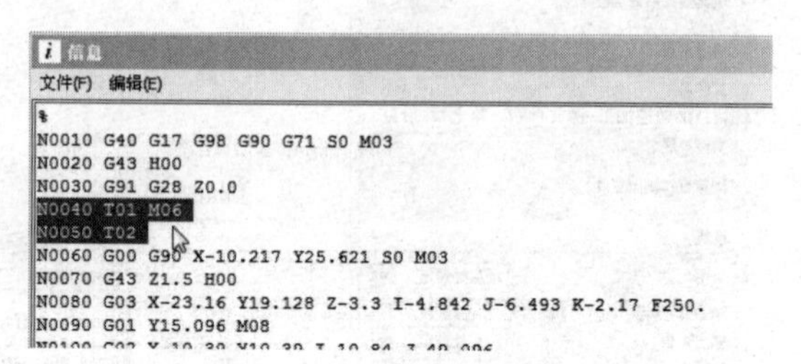

图 7.2.62 加工程序第一把刀位置

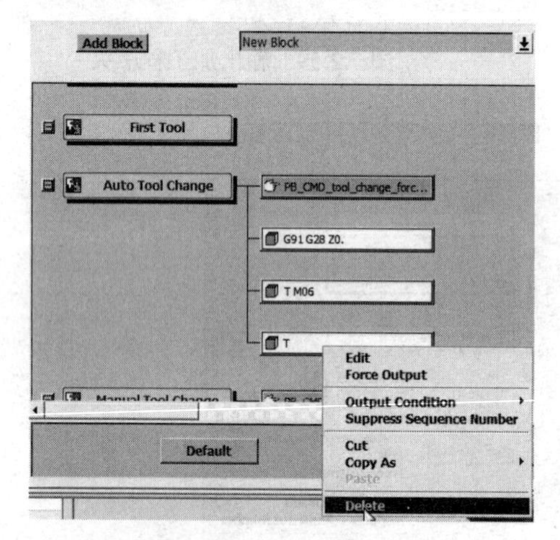

图 7.2.63 删除程序段

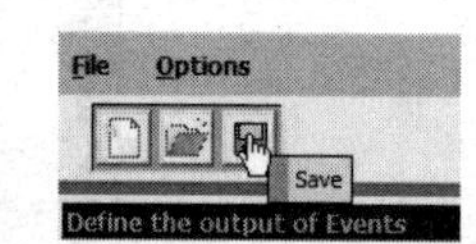

图 7.2.64 保存按钮

切换回 UG，后处理，选择 xuexi_post，应用（见图 7.2.65 UG 的后处理对话框）。就没有 T02 的准备操作了（见图 7.2.66 修改后的程序）。

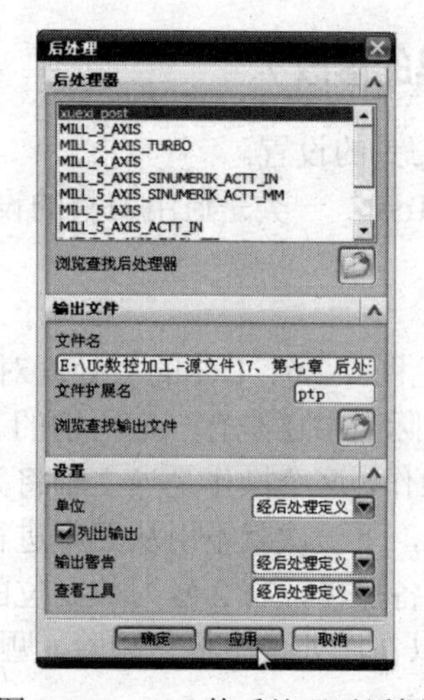

图 7.2.65 UG 的后处理对话框

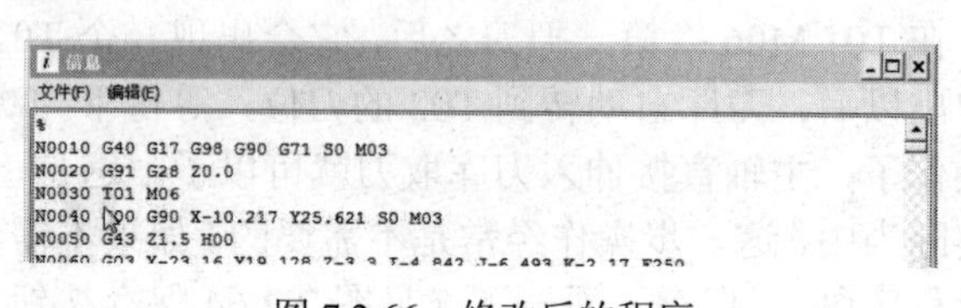

图 7.2.66 修改后的程序

这是通用格式，一般进行的修改就是换刀之前，定义一个稍微远一点的位置，就是要换刀的时候，将刀远离工件。操作就是点击 G91 G20 Z0 （见图 7.2.67 点击程序段），首先将 Z0 删除（见图 7.2.68 删除指令）。

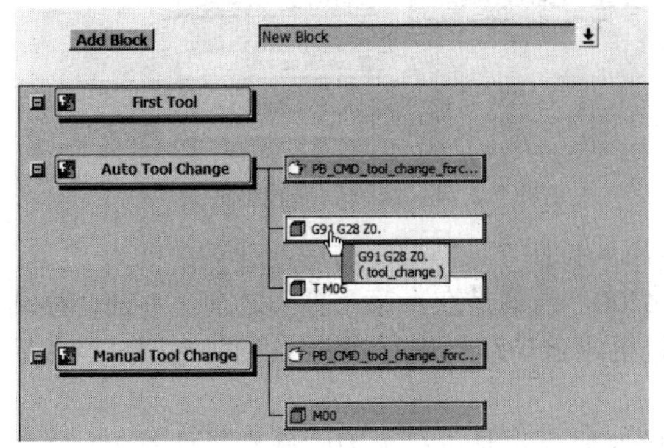

图 7.2.67　点击程序段

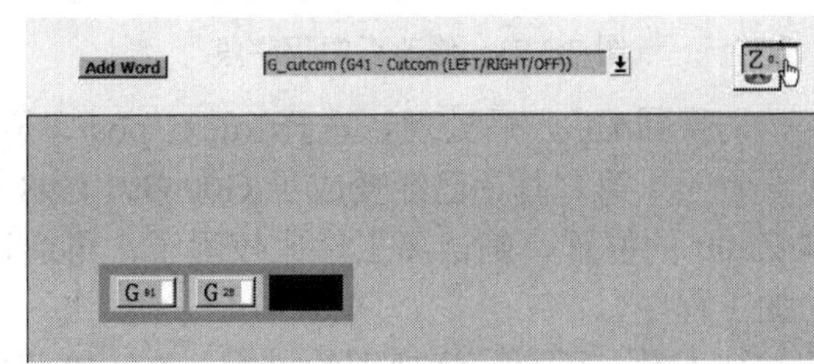

图 7.2.68　删除指令

将它设置为 G00 数值，让它快速抬刀（见图 7.2.69 选择 G00），点击“ADD Word”插入进来（见图 7.2.70 插入程序段）。

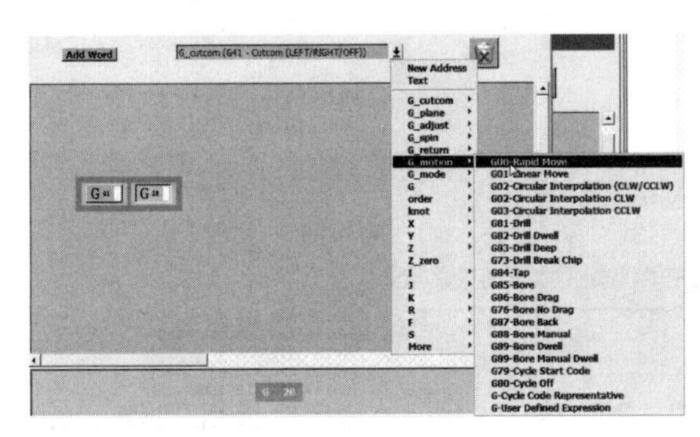

图 7.2.69　选择 G00

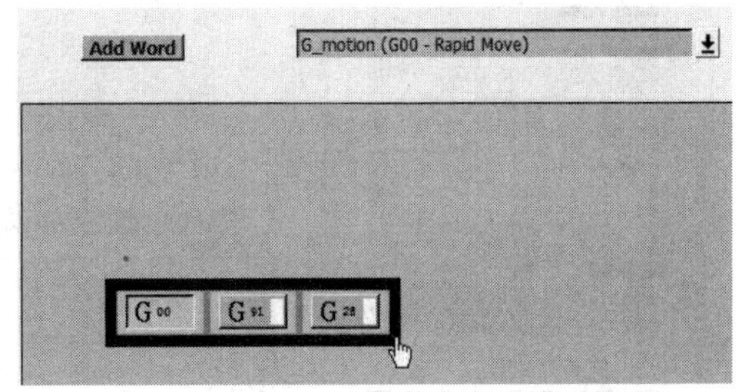

图 7.2.70　插入程序段

Z 的数值选择 Text 直接输入（见图 7.2.71 选择 Text），用 ADD Word 拖到代码栏中，松开，弹出对话框输入 Z200（见图 7.2.73 输入 Z200）。

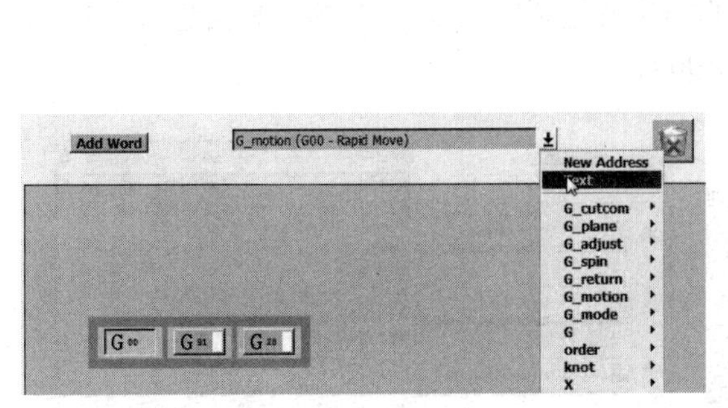

图 7.2.71　选择 Text

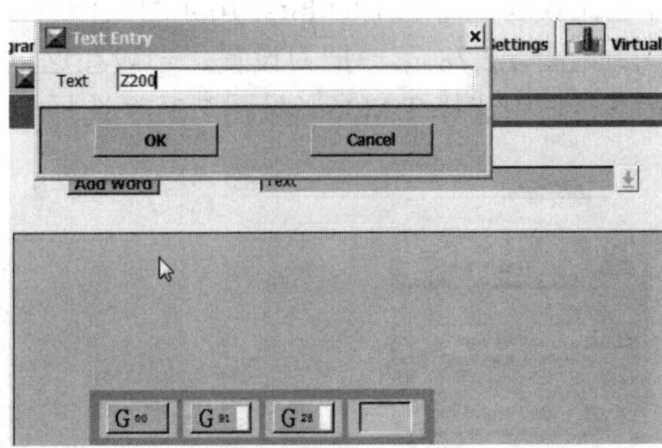

图 7.2.72　输入 Z200

就是说在换刀之前，让主轴快速地移动到 Z200 的高度（见图 7.2.73 修改后的程序段），OK，看到通用刀具的格式（见图 7.2.74 修改后的固定格式），保存。

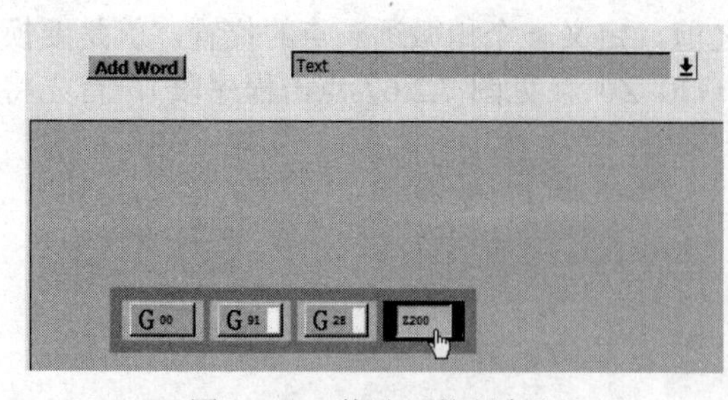

图 7.2.73　修改后的程序段

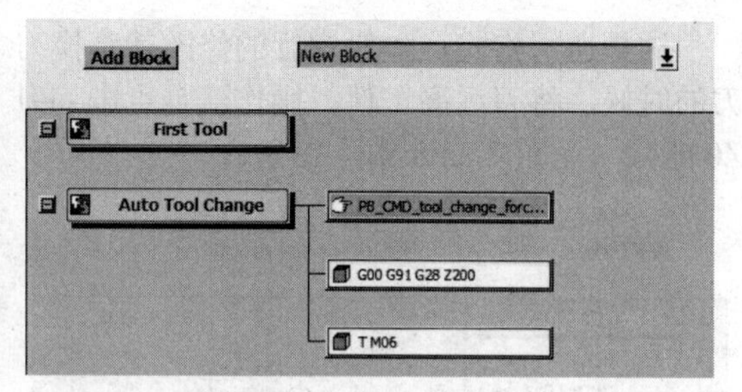

图 7.2.74　修改后的固定格式

切换回 UG，后处理，选择 xuexi_post，应用（见图 7.2.75 UG 的后处理对话框）。

看一下第二行，已经变成了 G00 G91 G98 Z200，也就是在换第一把刀之前，主轴会移动到 Z200 的位置，确认离工件比较远了，再通过机床自动运行进行换刀（见图 7.2.76 修改后的加工程序）。

往下看，还有一步换刀的过程，在 140 步的时候，也是进行换刀的操作（见图 7.2.77 加工程序的换刀）。

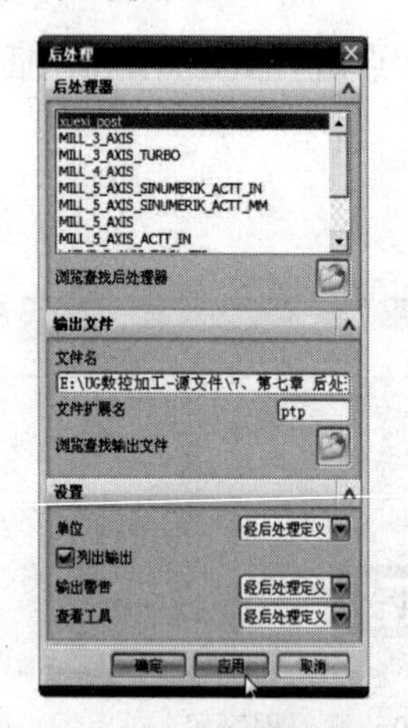

图 7.2.75　UG 的后处理对话框

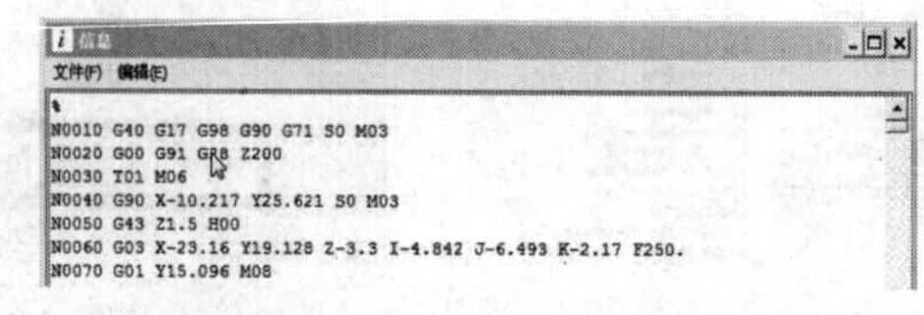

图 7.2.76　修改后的加工程序

```
N0110 Z-24.
N0120 G00 Z.5
N0130 G00 G91 G28 Z200
N0140 T02 M06
N0150 G90 X30.031 Y49.72 S0 M03
N0160 G43 Z.833 H00
N0170 G01 Z-2.167 F250.
N0180 G03 X34. Y46.214 I3.969 J.493
```

图 7.2.77　加工程序的换刀

2. First Tool（第一把刀设置）

在这里看到一个问题，通常所说的第一把刀是不需要进行抬刀换刀的，第一步刀具离工件也比较远，而这里的 First Tool 的操作就是抬刀换刀的操作。

见图 7.2.78 第一把刀设置，一般在这里的操作就是要给它加上 T 的刀具信息 ，在最上面下拉框中选择 T M06（见图 7.2.79 选择 T M06）。

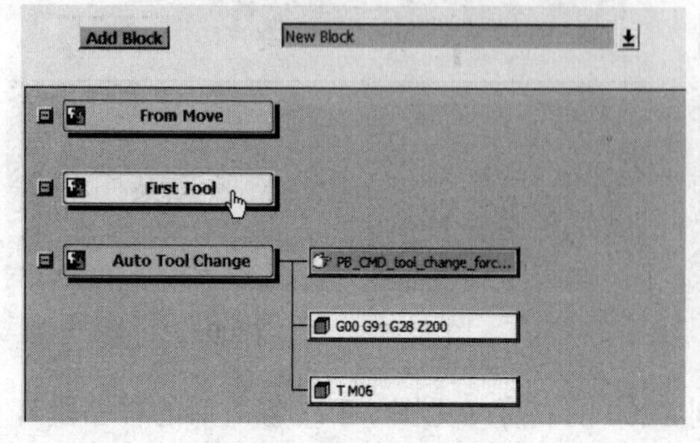

图 7.2.78　第一把刀设置

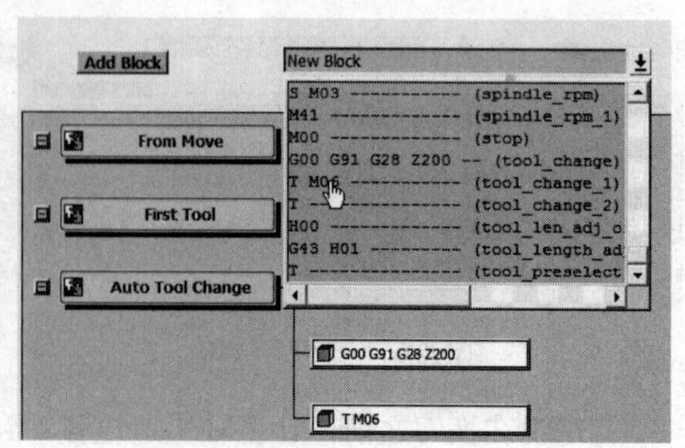

图 7.2.79　选择 T M06

用 Add Block 把它加到 First Tool 后面（见图 7.2.80 修改后的格式）。

对修改进行保存，看是否可以。切换回 UG，后处理（图 7.2.81），选择 xuexi_post，应用，现在第一把刀之前没有 Z200 的抬刀（见图 7.2.82 加工程序的第一把刀），再看第二把刀前面，有 Z200 的抬刀操作（见图 7.2.83 第二把刀的位置）。

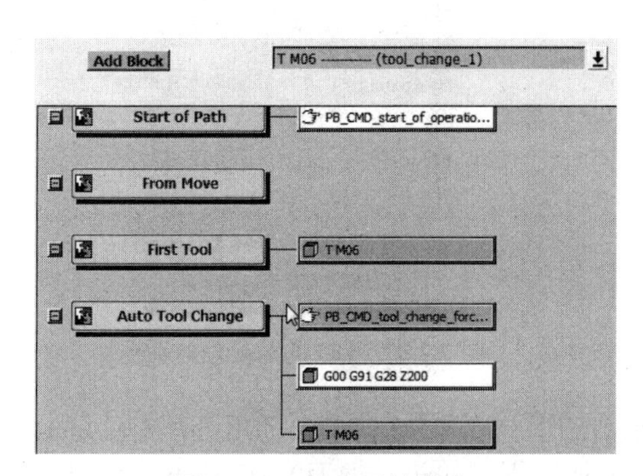

图 7.2.80 修改后的格式

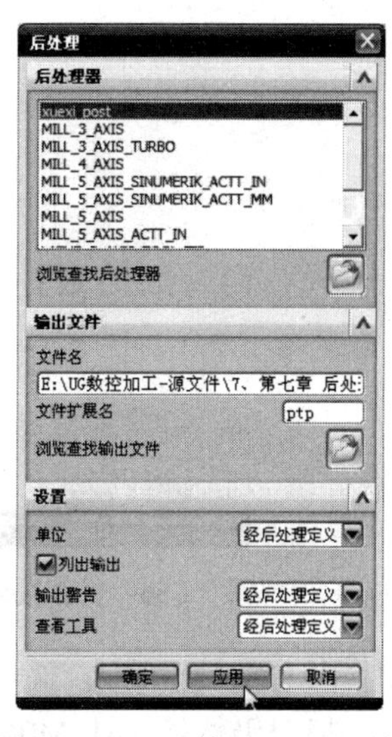

图 7.2.81 UG 的后处理对话框

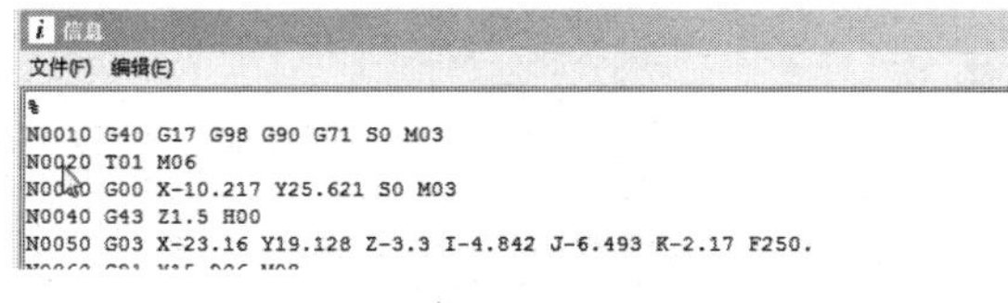

图 7.2.82 加工程序的第一把刀

```
N0110 G00 Z.5
N0120 G00 G91 G28 Z200
N0130 T02 M06
N0140 G90 X30.031 Y49.72 S0 M03
N0150 G43 Z.833 H00
```

图 7.2.83 第二把刀的位置

也就是说分别设定了第一把刀和其余刀具的换刀特点，第一把刀不需要抬刀，在其余刀具的设定时候需要抬刀。这里是需要注意的，因为第一把刀离工件是比较远的，只是个换刀的过程，第二把刀在加工完的时候，如果不进行抬刀的话，有可能会碰到工件，所以要进行抬刀操作，这就是这里的 G00 Z200 的作用。

在这里的 G91 G28 可以将它删除，也就是采用绝对坐标（见图 7.2.84 删除指令），删除后的刀具信息如图 7.2.85。

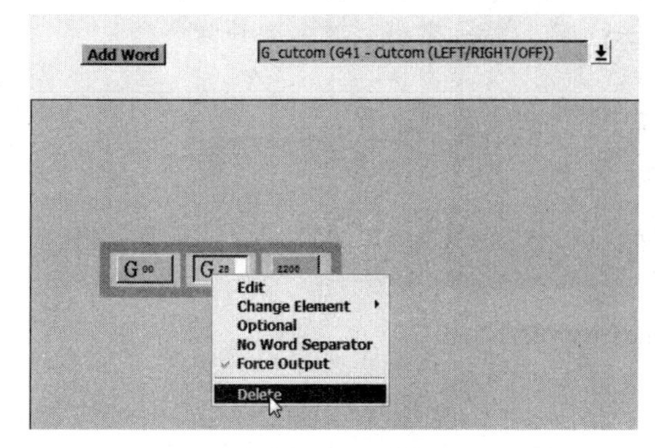

图 7.2.84 删除指令

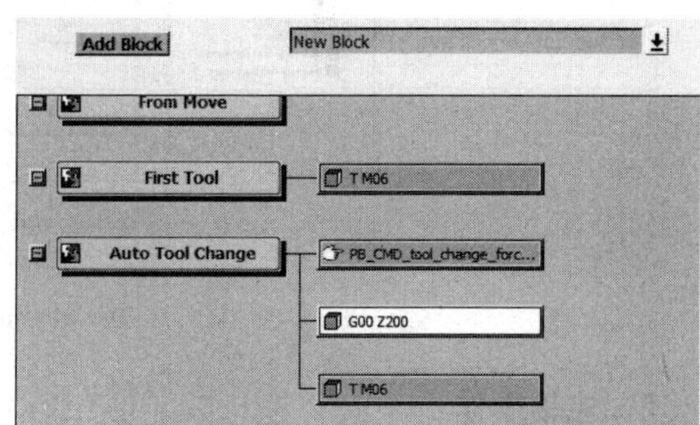

图 7.2.85 修改后的刀具信息

下面保存，再看一下程序（见图 7.2.86 保存按钮）。

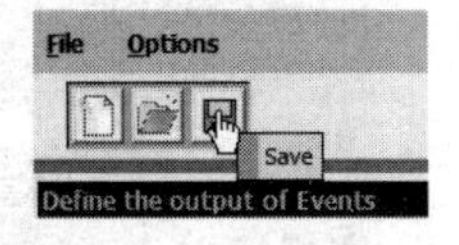

图 7.2.86 保存按钮

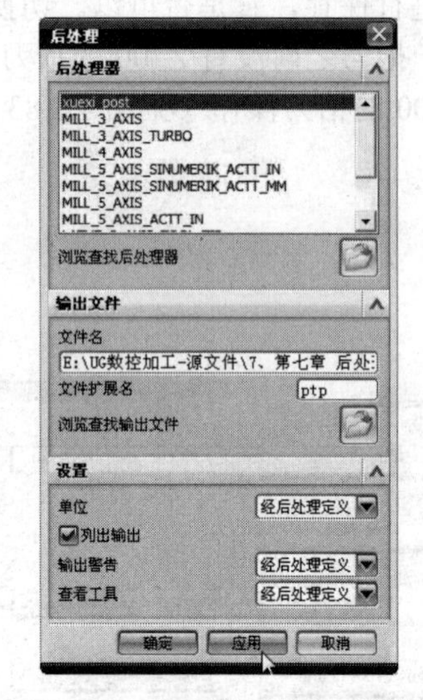

图 7.2.87 UG 的后处理对话框

切换回 UG，后处理，选择 xuexi_post，应用（见图 7.2.87 UG 的后处理对话框）。

第一把刀仍然是 T01 M06（见图 7.2.88 加工程序的第一把刀），查找下一把刀具，看到换刀之前的 G00 Z200（见图 7.2.89 修改后的 G00 Z200）。

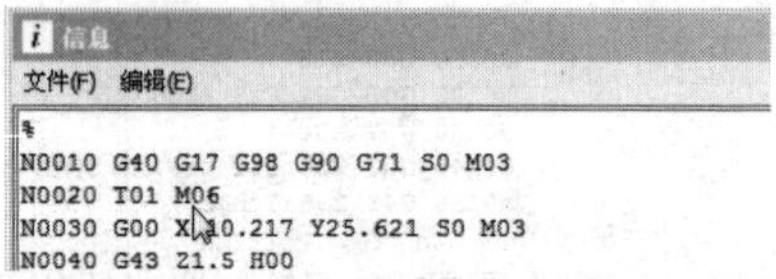

```
信息
文件(F) 编辑(E)
%
N0010 G40 G17 G98 G90 G71 S0 M03
N0020 T01 M06
N0030 G00 X10.217 Y25.621 S0 M03
N0040 G43 Z1.5 H00
```

图 7.2.88 加工程序的第一把刀

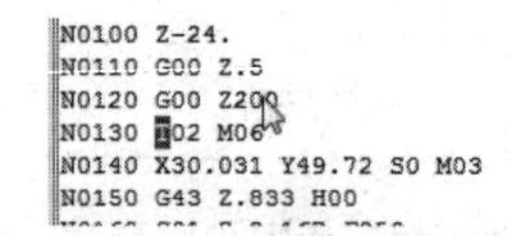

图 7.2.89 修改后的 G00 Z200

五、Machine Control（机床的控制）

看一下机床的控制 Machine Control，机床的控制主要是一些 M 代码的控制，作为 M 代码的控制，一般在机床上都有对应旋钮和按钮进行控制（见图 7.2.90 Machine Control 的界面）。

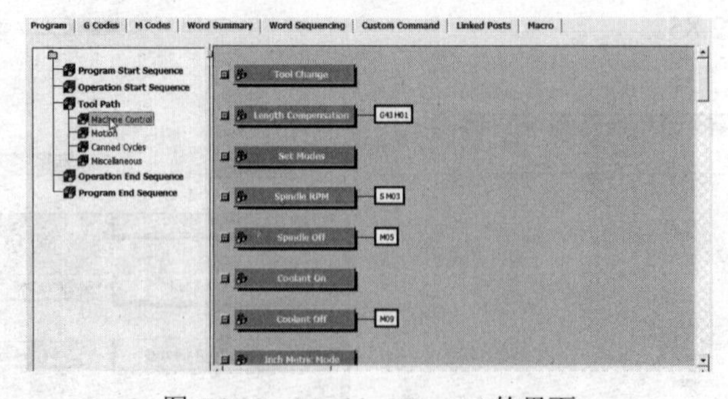

图 7.2.90 Machine Control 的界面

1. 主轴操作

看一下主轴操作（见图 7.2.91 主轴操作）。

① Spindle RPM：主轴的正反转，注意到这里并没有出现 M04，M04 在精加工的时候才有可能会使用，进行它的逆铣。

② Spindle Off：主轴停。

点击 Spindle RPM 进入，看可否进行修改（见图 7.2.92 Spindle RPM 修改）。

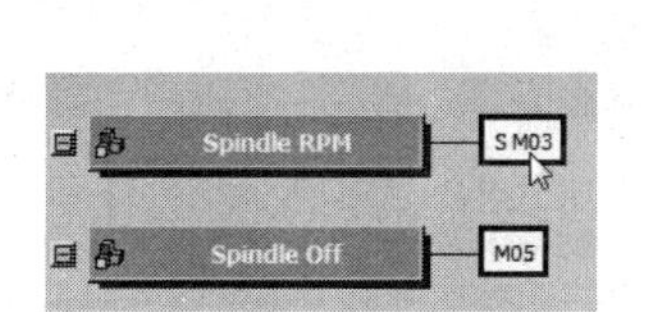

图 7.2.91 主轴操作

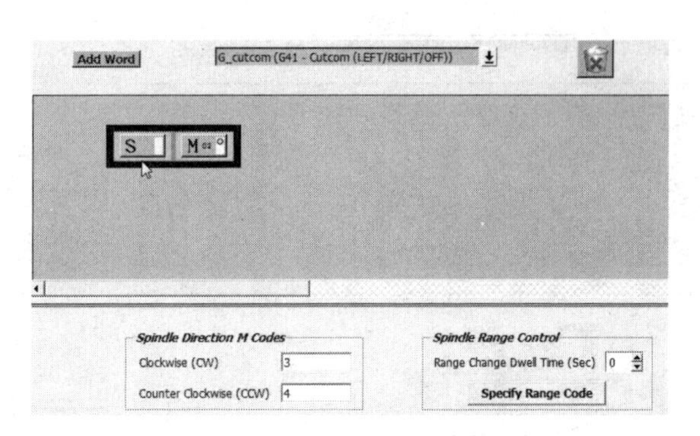

图 7.2.92 Spindle RPM 修改

在上面出现 S M03，注意在 M 代码中出现了小圈“°”，小圈表示它是由两个相对应的代码组成。

③ Spindle Direction M codes：看下面，有一个 CW 和一个 CCW，就是 M03、M04。这里是根据程序输出来的，如果是主轴正转它会出现 M03，如果是主轴反转，它会出现 M04。

④ Spindle Range Control：这个出现在右侧。在刀具切换的时候有一个主轴停顿时间的问题，也就是说经常在数控加工的时候会提到无级变速，无级变速就是主轴可以从正转马上切换到反转的过程，中间没有停止的过程，主轴在此间不会产生停顿。在实际当中车床切槽要对槽底进行光刀，如果是铣床挖孔，要对孔底进行修平面的操作，有时候会需要在这里出现一个停顿的时间。而且在主轴由正转切换到反转的过程当中会有惯性作用，一般会在这里设定一个数值，比如说点击向上的箭头，设置为 1（见图 7.2.93 主轴切换停顿时间），这里的时间一般不会显示在程序当中，它只是在主轴切换的时候停顿的时间。

点击“Spindle Off”进入，在这里就没有任何操作了，M 代码的值是 5（见图 7.2.94 M5 代码）。

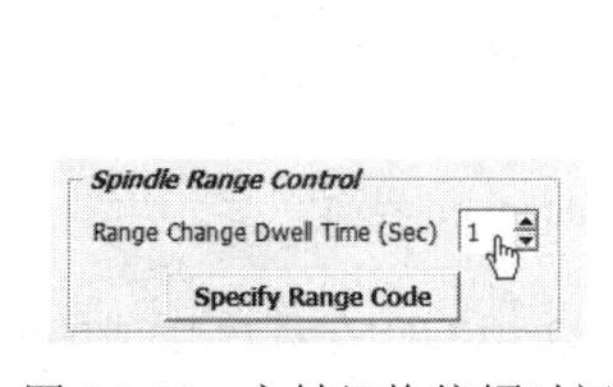

图 7.2.93 主轴切换停顿时间

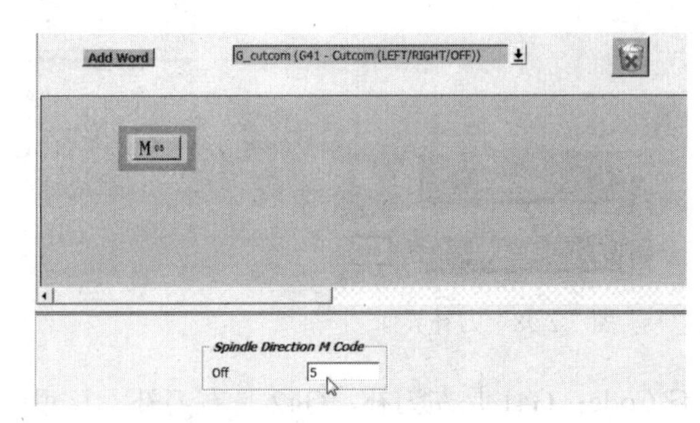

图 7.2.94 M5 代码

2. 切削液操作（见图 7.2.95 切削液操作）

点击“Coolant On”进入，这里都是些固定的数值，控制切削液的开（见图 7.2.96 Coolant On 界面）。

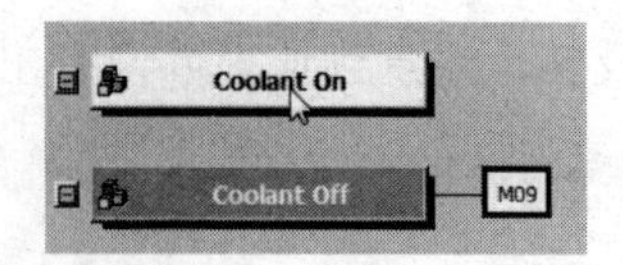

图 7.2.95　切削液操作

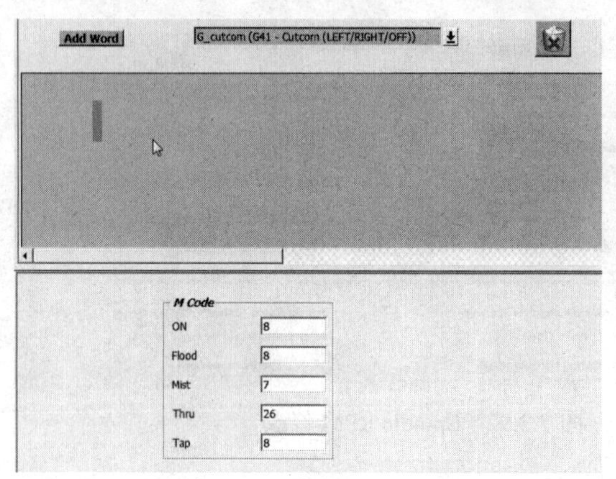

图 7.2.96　Coolant On 界面

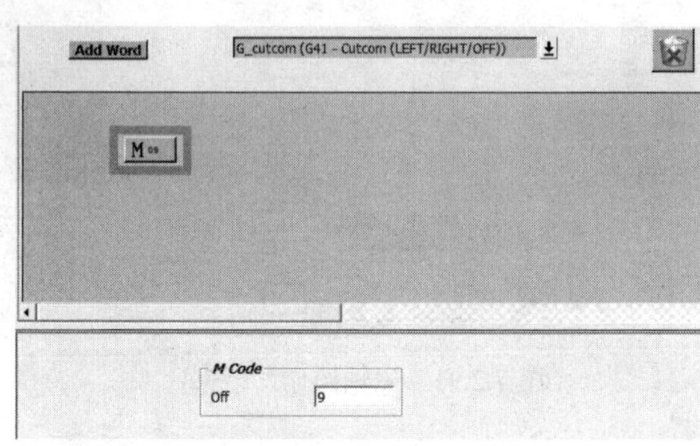

图 7.2.97　Coolant Off 界面

M07、M08 的区别就是一个是油状的切削液，一个是雾状的切削液，雾状切削液的压力比较大，喷出来是雾状，一般也不用。一般用 M07 就可以了，喷出来是水柱的形状。

Coolant Off，点击进入只有一个 9 的数值，切削液关闭（见图 7.2.97 Coolant Off 界面）。

3. **刀补的操作**（见图 7.2.98 刀补界面）

Cutcom Off G40：是刀补关闭。

Cutcom on：是刀补的参数，点击进入（见图 7.2.99 Cutcom on 界面）。

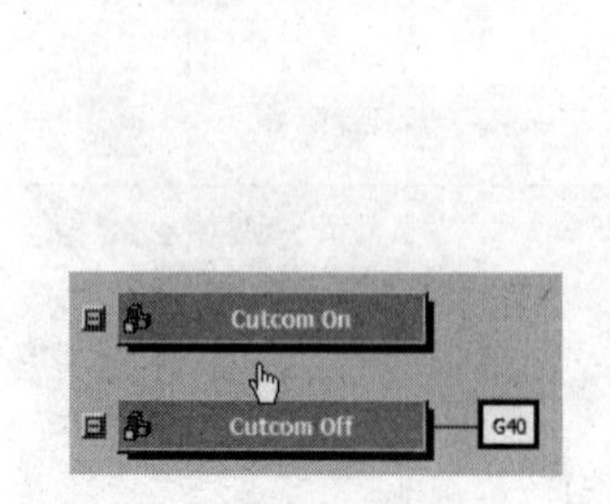

图 7.2.98　刀补界面

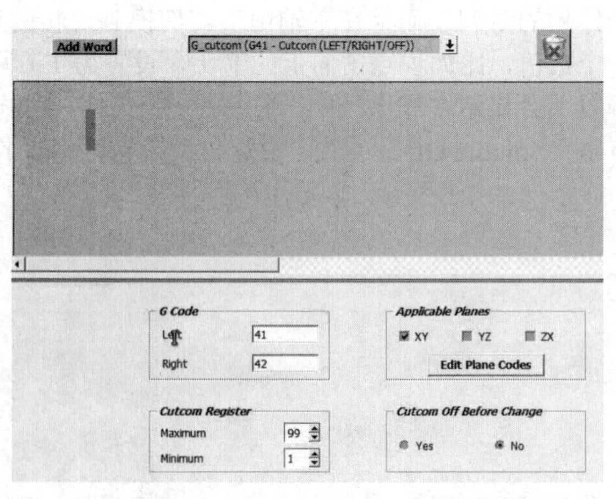

图 7.2.99　Cutcom on 界面

G Code：G41 是左刀补，G42 是右刀补，这里的 G41、G42 由 UG 在程序生成的时候自动判定，是不需要管它的生成方式是左还是右。

Cutcom Redister：刀补值的最大值和最小值。根据实际情况来输入，一般来说刀具不会有这么大值，比如说 99mm，像 10cm 的刀具也是比较大的。

Cutcom Off Before Change：刀补值结束是在之前还是在之后。肯定是在之后，在程序结束之后执行的。如果选择 Yes 的话，它的程序能生成，对程序的观察方面会出现一定问题。

4. Opstop，M01 **暂停操作**（见图 7.2.100 暂停指令）

点击 Opstop 进入，是没有任何参数的（见图 7.2.101 暂停指令的界面）。

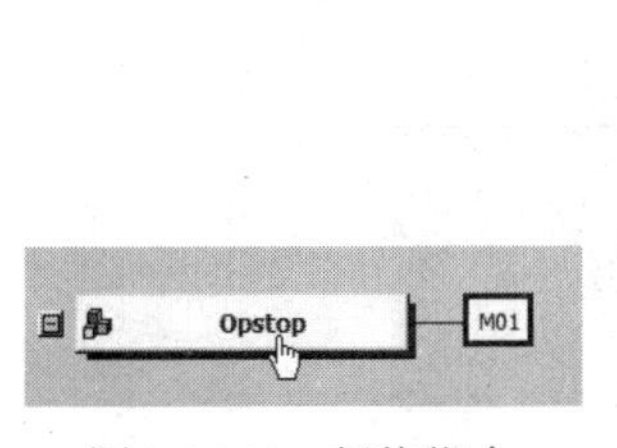

图 7.2.100　暂停指令

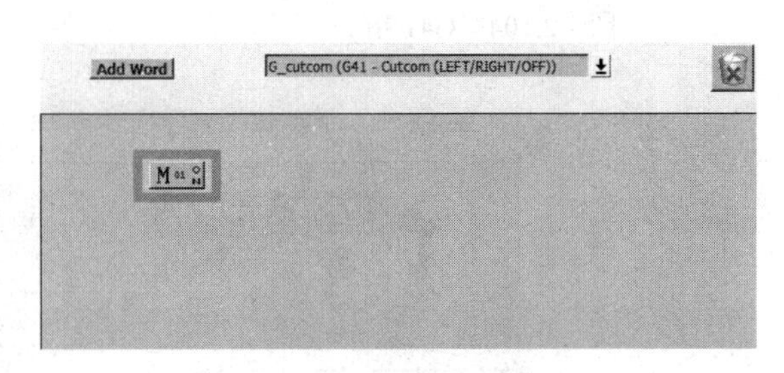

图 7.2.101　暂停指令的界面

当选择 M01 的时候，主轴会停止移动，工作台会停止移动，主轴还是在转，要再按一下机床当中的开始按钮，才会接着执行程序。

六、Motion（刀具移动）

Motion 指的是刀具移动的方式，准确地说就是走刀的方式（见图 7.2.102 刀具移动的界面）。

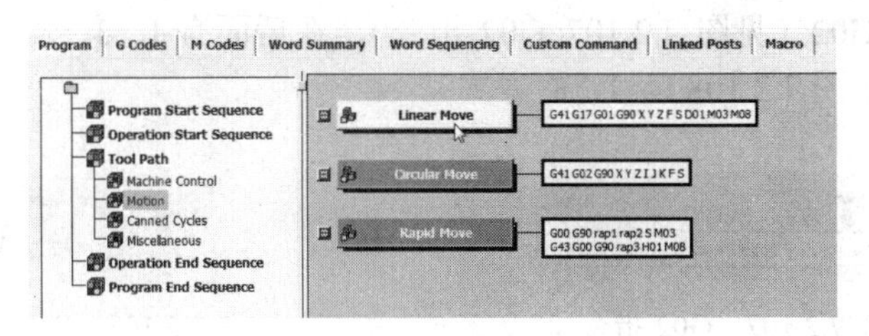

图 7.2.102　刀具移动的界面

1. Linear Move

Linear Move 走直线的方式，图 7.2.103 是走刀的完整组合格式。

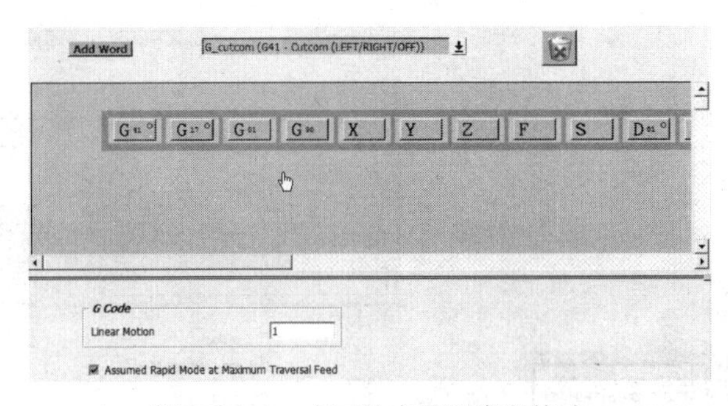

图 7.2.103　走刀的完整程序段格式

前面的 G41、G17 等这里都是可以进行选择的。G41 是选择刀补（见图 7.2.104 G41 指令），G17 是选择加工平面（见图 7.2.105 G17 指令）。在每一个指令后面都会出现黄颜色的提示条。G01 是走直线，G90 是绝对坐标，F 是走刀速度，S 是主轴转速，M03 是主轴正反转，M08 是切削液开。

2. Circular Move

Circular Move 是走圆弧的方式（见图 7.2.106 圆弧的完整程序段格式）。

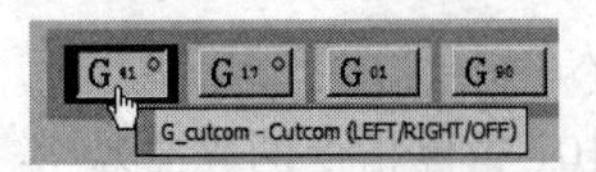

图 7.2.104 G41 指令

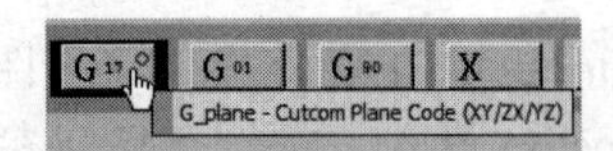

图 7.2.105 G17 指令

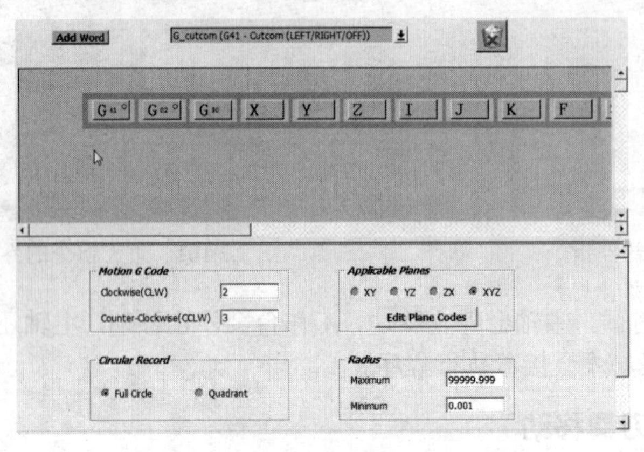

图 7.2.106 圆弧的完整程序段格式

在这里有一个 G02（见图 7.2.107 G02 指令），在后面有 I、J、K，它默认的是 I、J、K 的圆心坐标方式（见图 7.2.108 I、J、K 方式）。

图 7.2.107 G02 指令

图 7.2.108 I、J、K 方式

3. Rapid Move

Rapid Move 是快速走刀的方式（见图 7.2.109 快速走刀的完整程序段格式）。

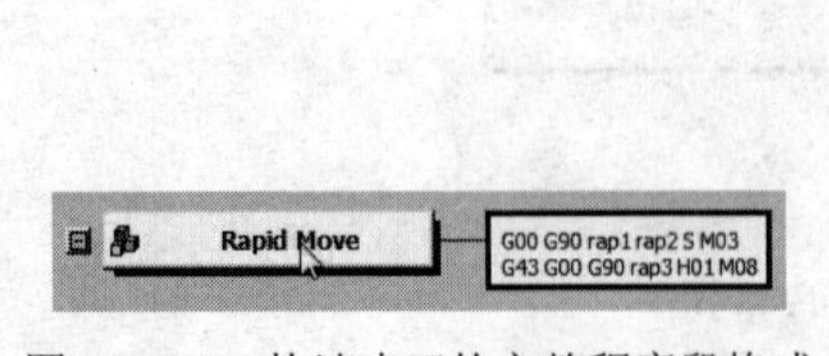

图 7.2.109 快速走刀的完整程序段格式

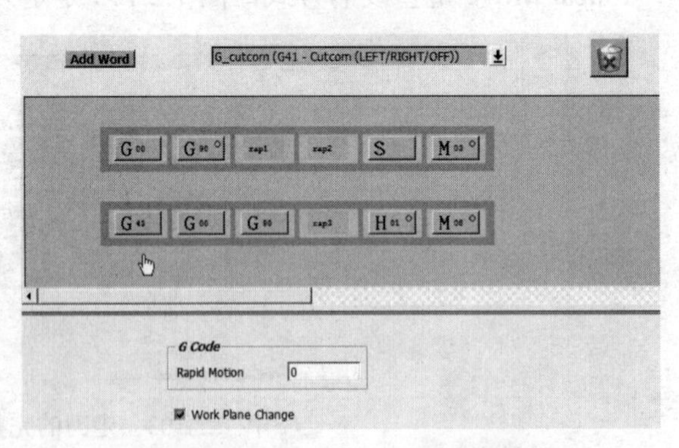

图 7.2.110 快速走刀的程序段界面

点击进入，可以发现代码有两项，上面是 G00 走刀的方式，下面是带有 G43 长度补偿的方式（见图 7.2.110 快速走刀的程序段界面）。

Motion 里面都是默认的组合方式，不需要修改。一般修改的话，也容易使后处理程序出现问题。

Canned Cycle，这是钻孔操作，对本节不做任何要求。

七、Program End Sequence（程序尾）

程序尾就是涉及程序的结束方式，程序的结束方式 M02 采用得不多，它的缺点就是程序结束只停留在程序尾部，程序并没有完全关闭，也没有复位（见图 7.2.111 程序尾的界面）。

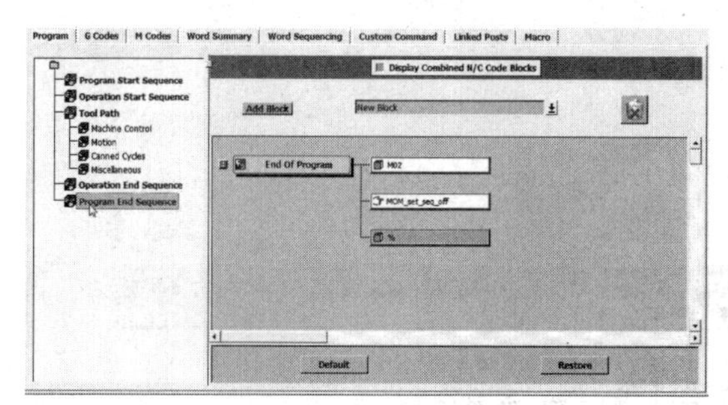

图 7.2.111　程序尾的界面

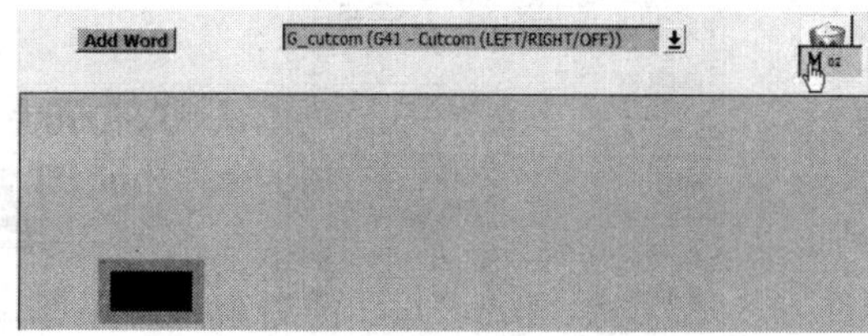

图 7.2.112　删除 M02

点击进去看一下，如何进行修改，第一步要将 M02 删除（见图 7.2.112 删除 M02）。

一般来说添加 M05 和 M30 进行操作，首先加入 M05，使主轴停止（见图 7.2.113 添加 M05），再加入 M30 的代码，使程序复位（见图 7.2.114 添加 M30）。

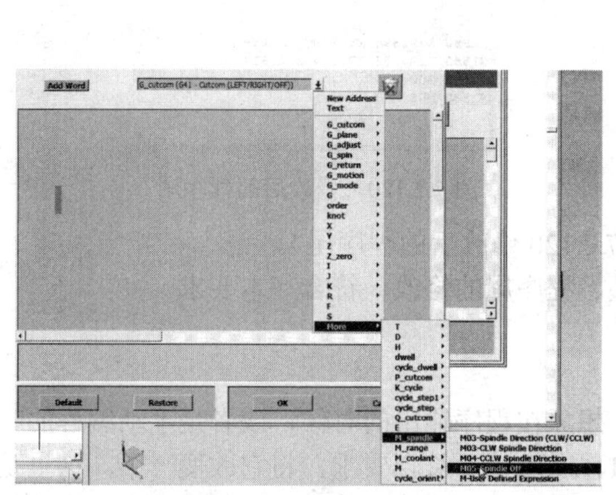

图 7.2.113　添加 M05

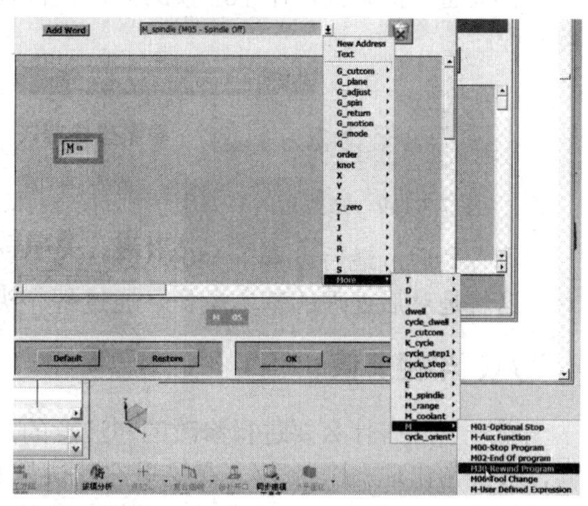

图 7.2.114　添加 M30

通过 M30 的说明也可以看得出来，Rewind Program 程序复位（见图 7.2.115 M30 的说明）。保存一下（见图 7.2.116 保存按钮）。

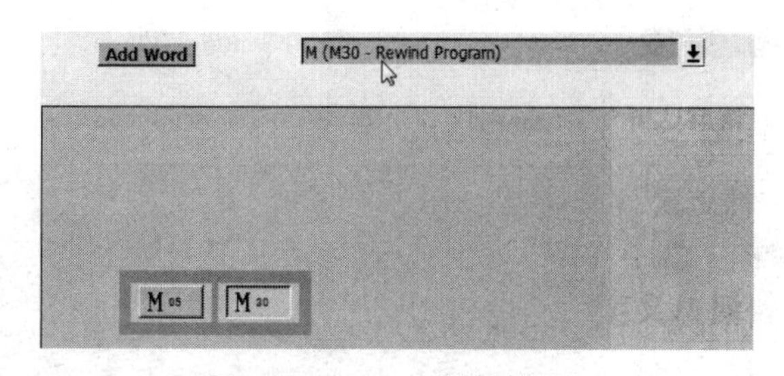

图 7.2.115　M30 的说明

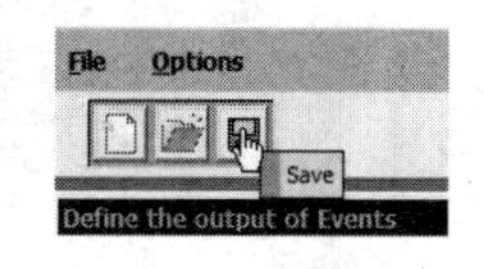

图 7.2.116　保存按钮

切换回 UG，后处理，选择 xuexi_post，应用（见图 7.2.117 UG 的后处理对话框）。

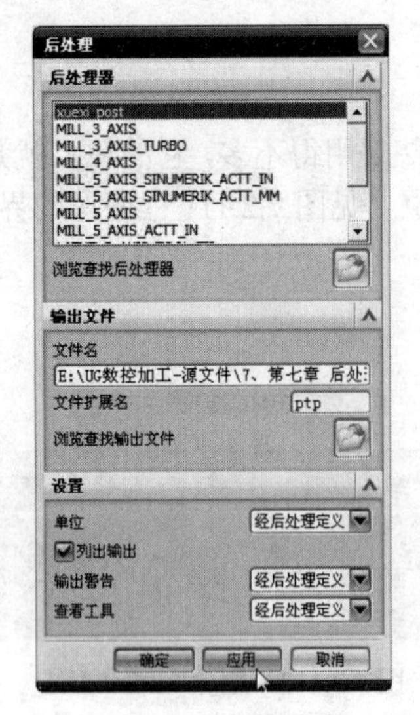

图 7.2.117 UG 的后处理对话框

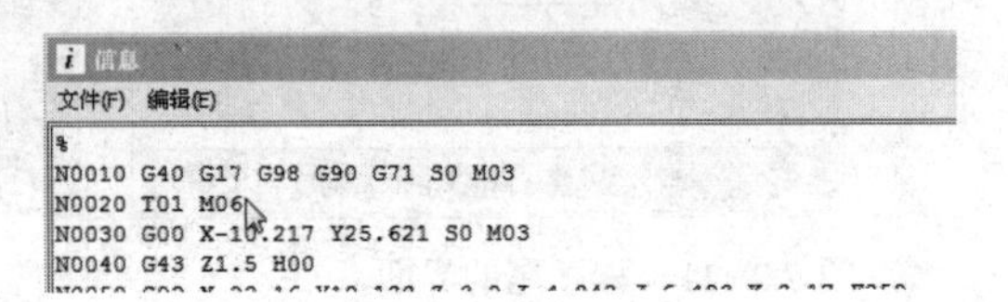

图 7.2.118 修改后的程序头

来看一下对程序头、刀具和程序尾进行的操作。对程序头进行添加 G98 S0 M03，第一把刀具设定 T01 M06，前面并没有设置抬刀（见图 7.2.118 修改后的程序头）。

看下面一把刀具，在 T02 换刀之前，设置 G00 Z200 的抬刀过程（见图 7.2.119 修改后的换刀程序）。

```
N0110 G00 Z.5
N0120 G00 Z200
N0130 T02 M06
N0140 X30.03 Y49.72 S0 M03
N0150 G43 Z.833 H00
```

图 7.2.119 修改后的换刀程序

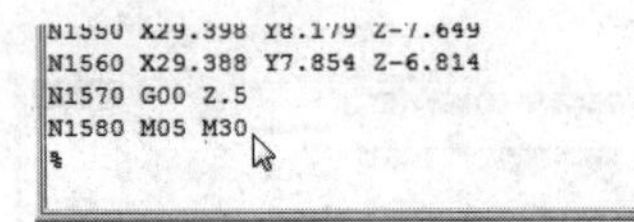

图 7.2.120 修改后的程序尾

再看最后，最后设置了 M05 M30（见图 7.2.120 修改后的程序尾）。

这就是对后处理的基本操作，通过程序头、程序尾的修改，符合基本要求。

八、半径 R 值

看一下还有什么要进行修改的和注意的，想象在程序输出的时候，或者是手动编程的时候，会经常出现一个 R 值，在这里它默认是 I、J、K，不符合要求，将它改变一下。这里是不需要经过 G Codes 和 M Codes 进行修改的。要进入 N/C Data Definition 修改，在左侧选择 circlar_move（见图 7.2.121 半径修改界面），将 I、J、K 全部删除（见图 7.2.122 删除 I、J、K），在后面添加半径值，在下拉列表中找到 R 参数，R-Arc Radius（见图 7.2.123 找到 R-Arc Radius），用 Add Word 拖入到代码栏内（见图 7.2.124 拖入程序段）。

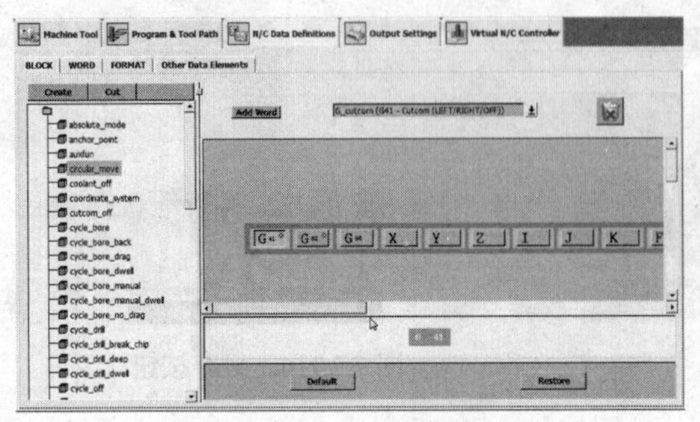

图 7.2.121 半径修改界面

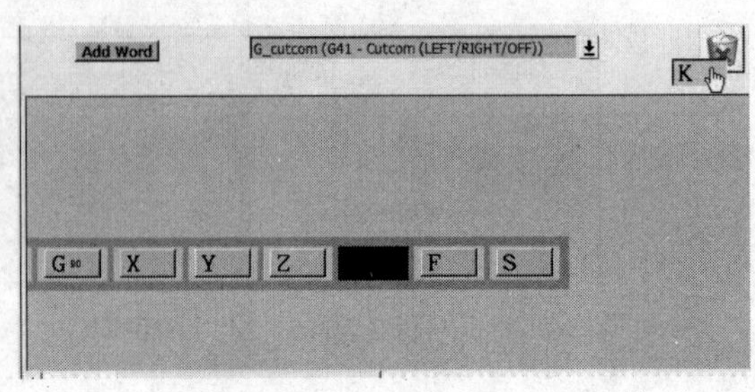

图 7.2.122 删除 I、J、K

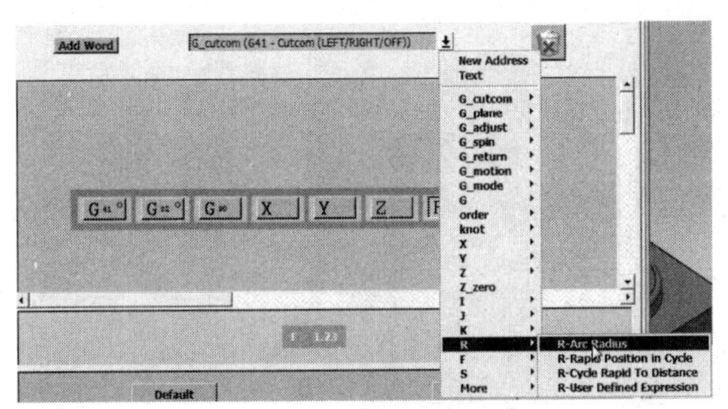

图 7.2.123 找到 R-Arc Radius

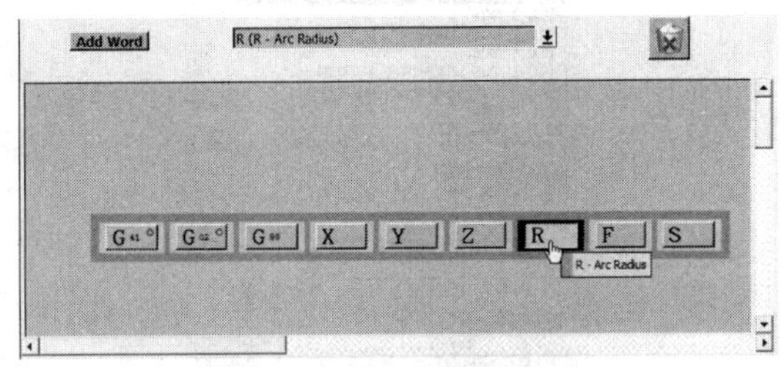

图 7.2.124 拖入程序段

光出现没有用，要进行修改，右击选择 Edit（见图 7.2.125 右击选择 Edit），参数当中注意，有一个参数“Modal？”，这是模态码，一定要选择 No（见图 7.2.126 修改参数）。

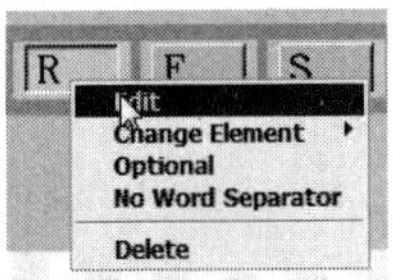

图 7.2.125 右击选择 Edit

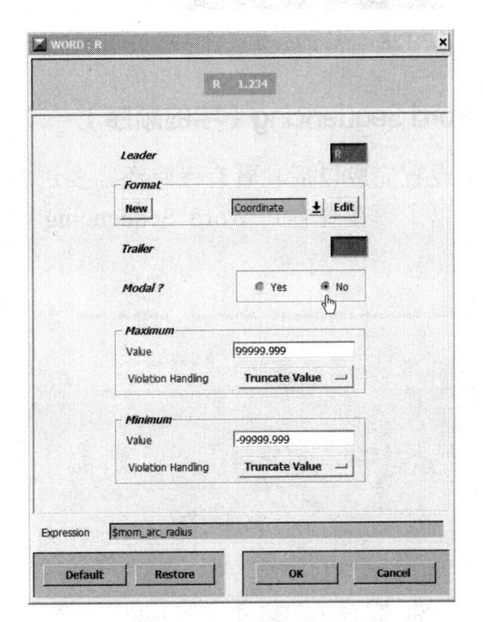

图 7.2.126 修改参数

图 7.2.127 模态码改为 No

模态码就是在同一组代码当中可以省略同样的代码，比如说第一行输入 G01 X10，第二行输入 G01 X20，同是作为 G01 的方法，第二行的 G01 可以省略不输出的。对于 X、Y、Z 的数值，一般不采用模态码的方式，对于半径的数值，更不能采用模态码的方式，所以在这边将模态码改为 No（见图 7.2.127 模态码改为 No），将修改进行保存。

保存完毕，再切换回 UG，后处理，选择 xuexi_post，应用（见图 7.2.128 UG 的后处理对话框）。

看到 G02、G03 当中都出现 R 值了（见图 7.2.129 修改后的半径）。

也就是说必须要经过这一步操作，在 N/C Data Definition 当中的 Circlar_move，将 I、J、K 删除，把 R 添加过来，然后右击 Edit，将它的模态码取消，才可以设定出 R 的数值。

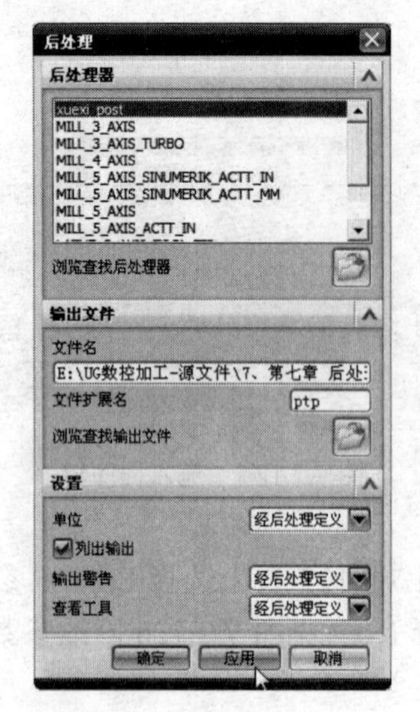

图 7.2.128 UG 的后处理对话框

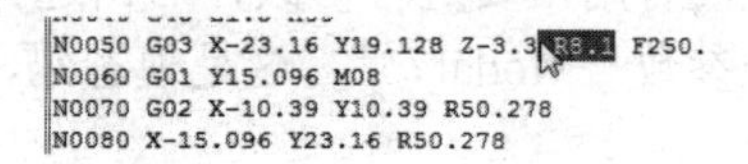

图 7.2.129 修改后的半径

九、Word Sequencing（字的顺序）

在这里设置完成以后，看有没有还需要进行设置的。往回看 G 代码、M 代码，按照默认值就可以了。在查看到 Word Sequencing 的时候发现需要设置（见图 7.2.130 字顺序的界面）。

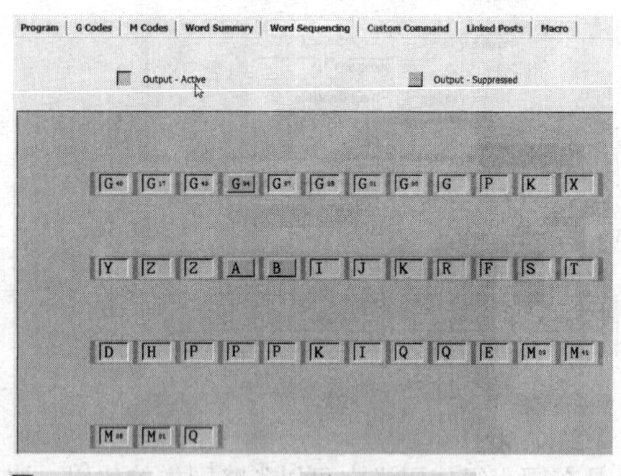

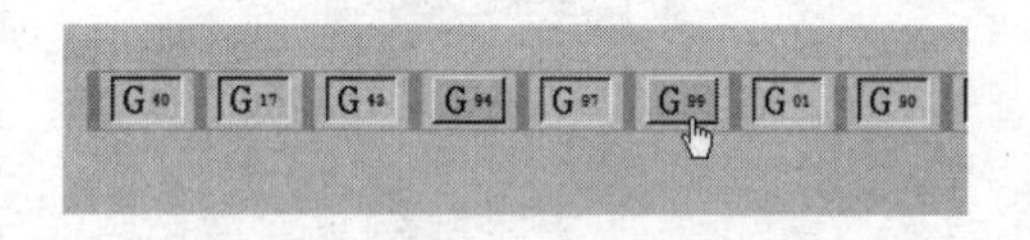

Output - Active 表示已经使用，Output - Suppressed 表示没有使用

图 7.2.130 字顺序的界面

图 7.2.131 不输出的指令

在这里选择一个代码点一下，比如 G99，在程序当中将不会输出 G99 的指令（见图 7.2.131 不输出的指令），也就是说这里所有按下去指令，都会随程序输出。在这里有一个问题，看这里的 S 和 M03（见图 7.2.132 默认的 S 和 M03 位置），它们的顺序是颠倒的，颠倒有一个缺点，平常讲程序的时候比如 M03 S800，也不会说 S800 M03，看上去区别好像不太大，但是，有一个例外情况，当主轴操作是以 M04 结束的，就是以反转结束的时候，再进行下一步程序的执行，比如说 S 在前面，S1000，它将会先执行 M04 S1000 的操作。如果最后再来个 M03，在程序加工的时候会浪费很多时间，这里面也会由于惯性的原因，对无级变速产生一定的影响。也就是说当 M04 设置在前面的时候，在特定的情况下，会影响加工的速度。

图 7.2.132 默认的 S 和 M03 位置

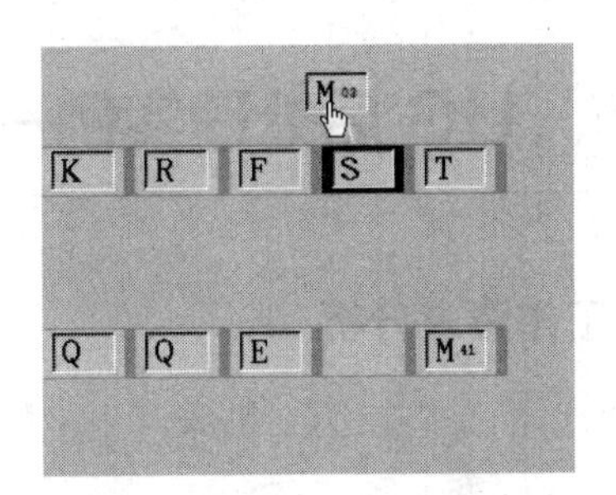

图 7.2.133 拖动 M03 位置

由此可见有必要将 M03 添加到 S 前面，操作的时候要按住 M03，将它拖到 S 前面，拖动的时候它有一个小白线出现（见图 7.2.133 拖动 M03 位置），待到合适的位置，就可以松开了，看到 M03 就在 S 的前面了（见图 7.2.134 修改后的 S 和 M03 位置），保存一下（见图 7.2.135 保存按钮）。

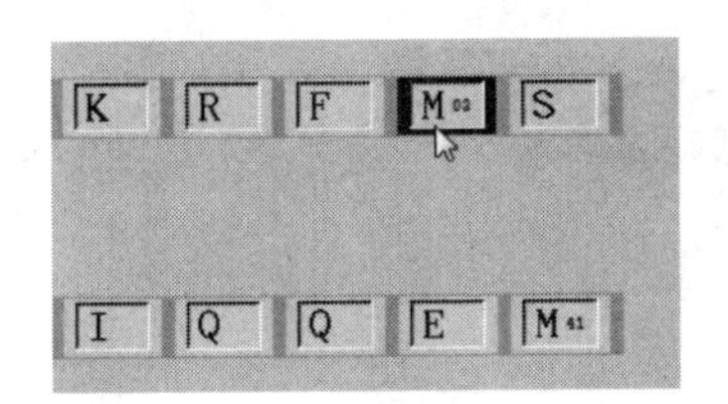

图 7.2.134 修改后的 S 和 M03 位置

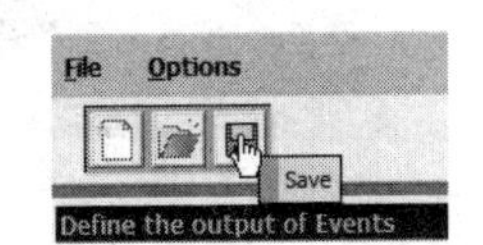

图 7.2.135 保存按钮

保存完毕，再切换回 UG，后处理，选择 xuexi_post，应用（见图 7.2.136 UG 的后处理对话框）。

看一下第一行，M03 跑到 S 前面了（见图 7.2.137 S 和 M03）。

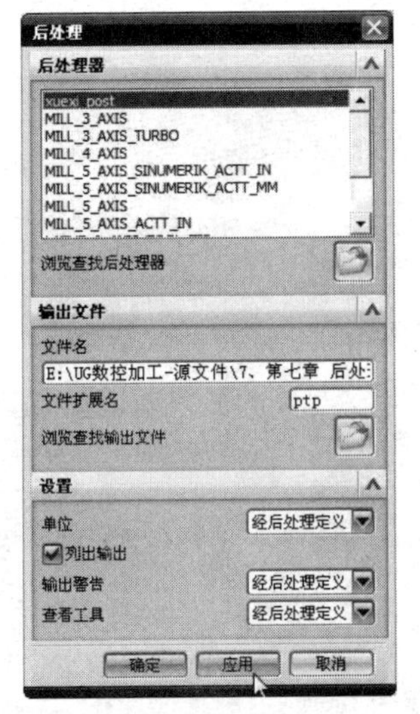

图 7.2.136 UG 的后处理对话框

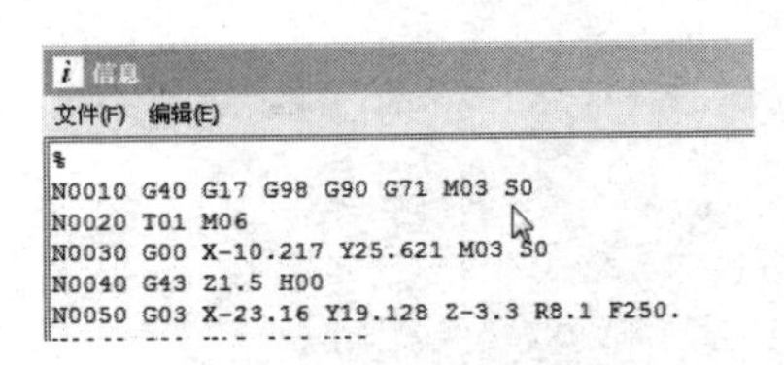

图 7.2.137 S 和 M03

第三节 UG 后处理实例——FANUC 0i 系统的后处理设置

一、工作要求分析

本节所讲的是南京第二机床厂生产的 XH714 型机床（见图 7.3.1 XH714 型机床）。

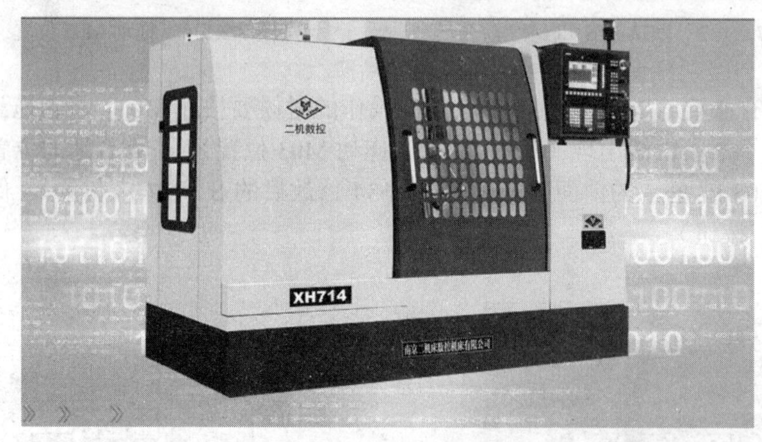

图 7.3.1 XH714 型机床

此种机床所采用的系统是 FANUC 0i 标准型系统，这个系统在国内的加工中心当中应用得也是比较多的。

首先看一下机床的特性，即技术参数（见图 7.3.2 技术参数表）。

技术参数 Technical data

主要技术参数	Main Technical data		XKN714/XH714
工作台面积（长×宽）	Worktable area (L×W)	mm	1020×405
T型槽（槽数×槽宽×槽距）	T-slots (No., width and pitch of the T-slots)	mm	3×18×100
X轴行程	Working travel of the X-axis	mm	760
Y轴行程	Working travel of the Y-axis	mm	420
Z轴行程	Working travel of the Z-axis	mm	660
工作台承重	Bearing capacity of the worktable	kg	650
主轴端面至工作台面距离	Distance from the spindle nose to the worktable	mm	115～775
主轴中心至立柱导轨面距离	Distance from the spindle center to the column guideways	mm	475
主电机功率	Power of the main drive motor	KW	5.5/7.5
主轴转速	Spindle speed	rpm	4500（变频frequency-controlled）/ 8000（伺服servo-controlled）
主轴锥孔	Cone of the spindle bore	BT40	
快移速度X/Y/Z	Rapid travel speed, X/Y/Z	mm/min	15000/15000/12000
进给速度X/Y/Z	Feedrate, X/Y/Z	mm/min	5000
XYZ轴进给电机	X-, Y- & Z-axis feed motor	Nm	8～12
刀库容量	Capacity of the tool magazine		16/20/24
机床净重	Net weight	kg	4800
外形尺寸（长×宽×高）	Overall dimensions (L×W×H)	mm	2600×1950×2495

图 7.3.2 技术参数表

主要看一下它的行程，*X*轴是760mm，*Y*轴是420mm，*Z*轴是660mm，在机床参数里面就要进行相应的设置。

再往下看，主轴转数最高位变频4500，伺服8000，这里的参数不会影响机床设置。

主要看一下快速进给，快速地移动，这里分成*X*、*Y*、*Z*，在后面相对应的是15000、15000、12000，在这边做快速进给的时候一般按照这里的最大数值去设置，在这里设置成15000是比较合理的，因为正向移动最大也不会超过12000的。其他尺寸的影响并不是太大。

如果在技术参数当中，没有涉及机床的最小行程，按照默认值1μm进行设置。

二、后处理文件建立

首先打开UG NX8.0，还是打开第七章后处理，后处理实例，OK，直接进行模拟（见图7.3.3 模拟效果）。

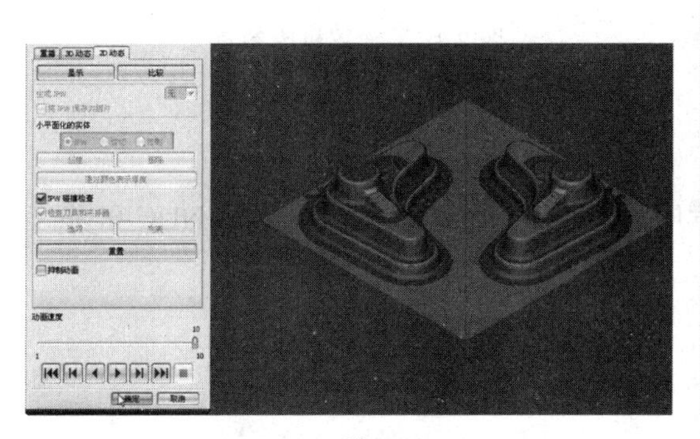

图7.3.3 模拟效果

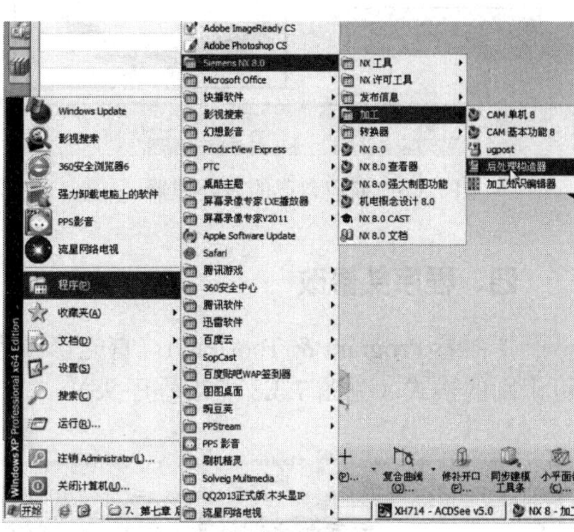

图7.3.4 打开后处理

通过三步操作就将工件加工完毕了，下面就要进入到后处理（见图7.3.4 打开后处理）。

由于是FANUC 0i的标准系统，在这里直接是采用FANUC 6M进行一些修改就可以了，基本的程序格式没有什么修改的，主要是程序、程序尾，修改成适合操作的格式就可以了。

三、设置机床参数

开始创建后处理程序，新建（见图7.3.5 新建按钮）。

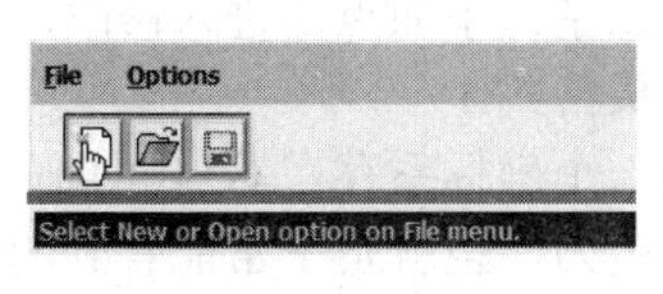

图7.3.5 新建按钮

名称命名为FANUC 0i，下面选择Main Post主后处理器，单位选择Millimeters公制的，选择Mill的方式，3-Axis 3轴的铣床，由于UG对Siemens的机床支持得比较好，输出成802、840的系统是不需要进行太大修改的，对于FANUC的机床，选择Fanuc_6M进行修改，OK（见图7.3.6 新建自己的后处理器）。

根据机床技术参数来设置*X*轴行程760mm，*Y*轴行程420mm，*Z*轴行程660mm；下面设定最大的走刀速度为15000，当机床*Z*方向上快速移动时，将降为12000的速度走刀；坐标原点是3个0；圆弧输出Yes的方式；公制的单位；最小的行程0.001（见图7.3.7 设置机床参数）。

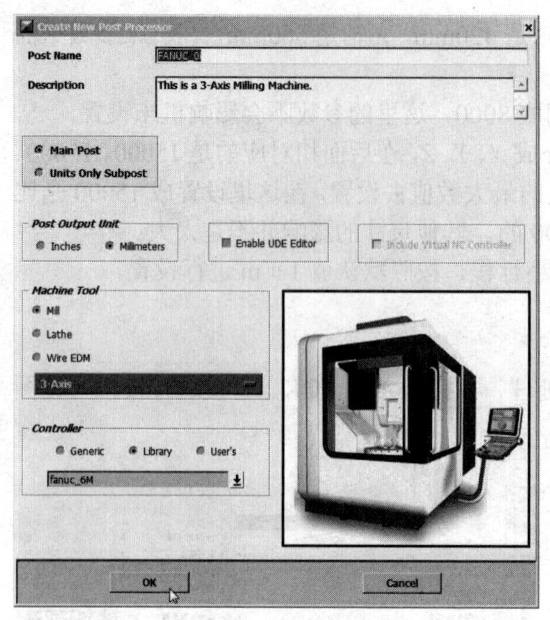

图 7.3.6 新建自己的后处理器

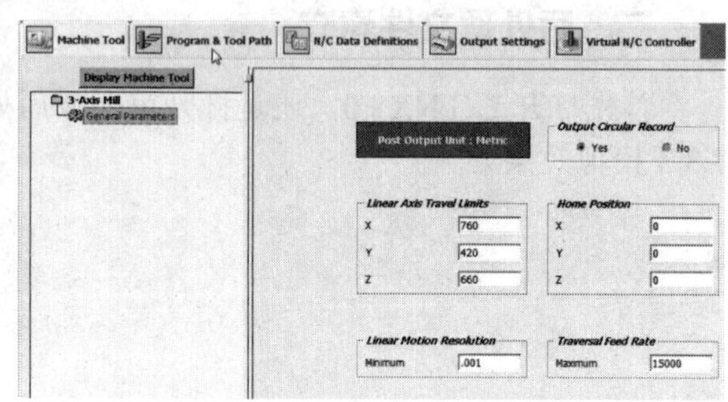

图 7.3.7 设置机床参数

四、程序头修改

下面看 Program & Tool Path，首先修改程序头，程序头注意，这并不是 FANUC 0i 系统可识别的格式（见图 7.3.8 点击程序头）。

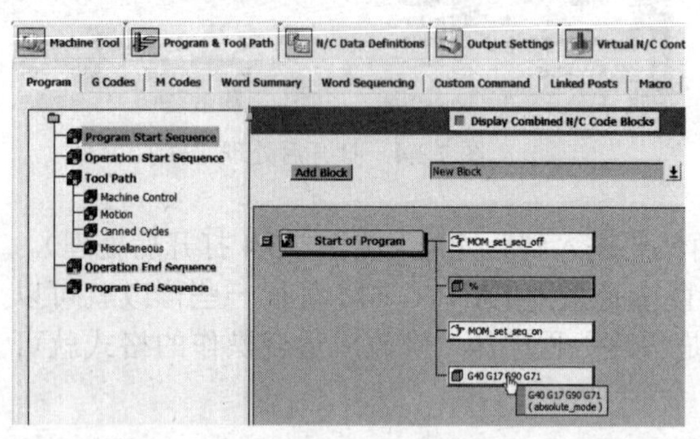

图 7.3.8 点击程序头

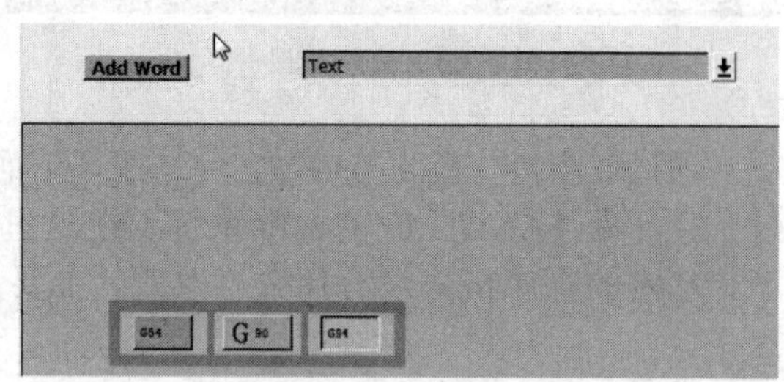

图 7.3.9 修改程序头格式 1

虽然说用这个程序头可以基本上完成操作，但是要自己修改成所习惯的格式，这种格式没有必要都是完整的、统一的，只需要符合自己的操作要求就可以了。下面点击进入修改，将原有的全部删除，添加 G54、G90、G94（见图 7.3.9 修改程序头格式 1）。

G54 是选择坐标系，是对刀的时候进行操作的，将对刀的第一个坐标系存在 G54 里面；G90 是进行绝对坐标的操作；G94 是按照 mm/min 的速度进行走刀，也就是平常能看到的 F200、F400 的数值，如果是出现 F0.2、F0.3，就是按照 G95 的 mm/r 进行走刀的。 一般来说，做 FANUC 程序，用这个做程序头就可以了，G17 一般不需要输入，它是选择 *XY* 平面的，在做程序的时候实际上是不会按照其他的平面进行选择的。OK，确定，这是对程序头进行的设置（见图 7.3.10 修改程序头格式 2）。

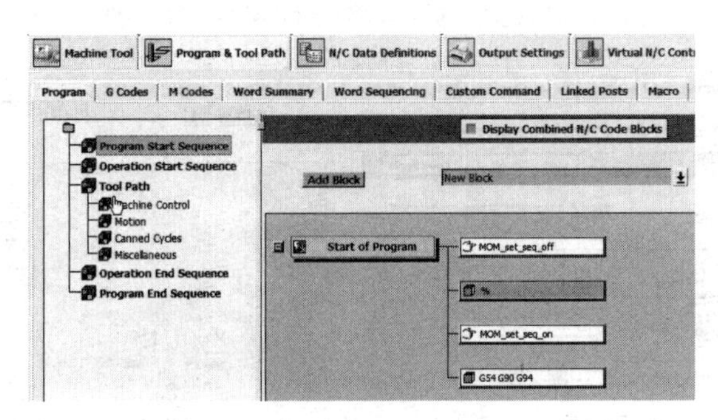

图 7.3.10　修改程序头格式 2

五、刀具设置

下面进行刀具的设置，第一把刀具是不需要进行抬刀设置的，直接点击下拉箭头选择 T M06，将它拖放到 First Tool 后面（见图 7.3.11 添加 T M06）。

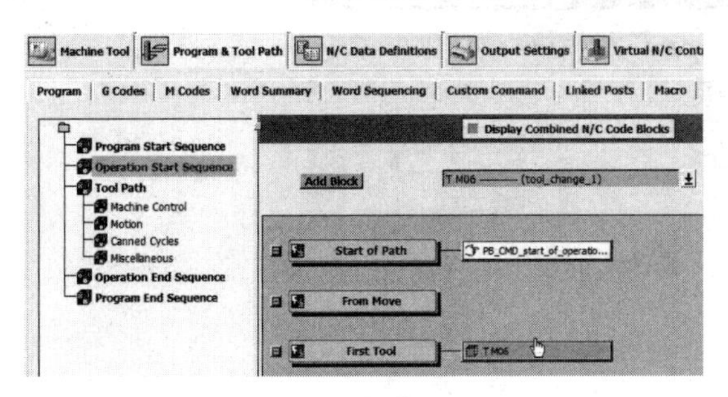

图 7.3.11　添加 T M06

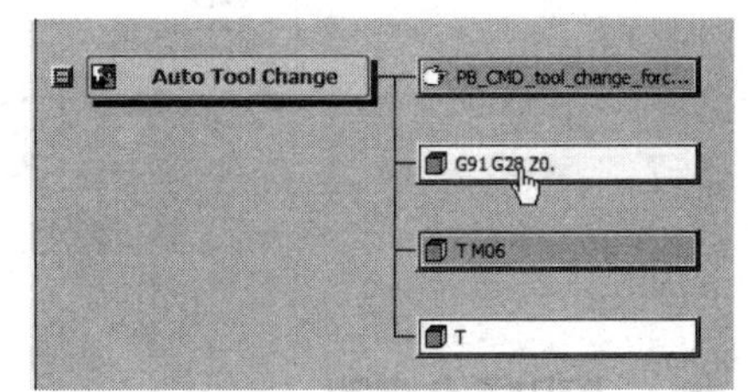

图 7.3.12　点击程序段

下面修改通用刀具的参数，和前面讲的类似，点击程序段修改（见图 7.3.12 点击程序段）。添加 G00 Z200 的数值，其中 Z200 的数值系统不会直接提供，是通过 Text 输入的。先将刀抬刀到 200 的位置，是肯定不会碰到工件的，再使它走到换刀的位置（见图 7.3.13 添加 G00 Z200），也就是在换刀之前多了一步 G00 Z200 的过程（见图 7.3.14 修改后的程序段）。

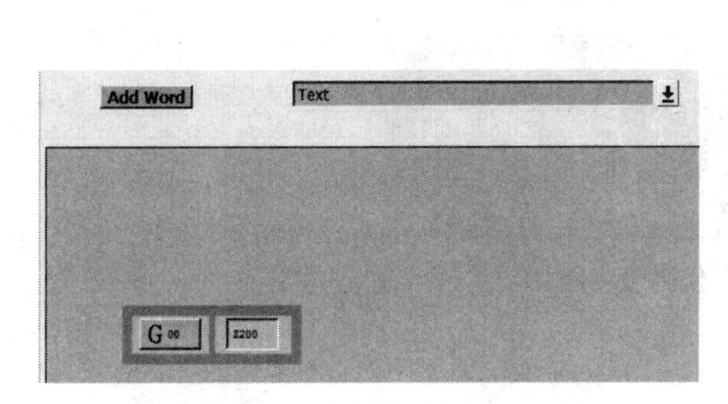

图 7.3.13　添加 G00 Z200

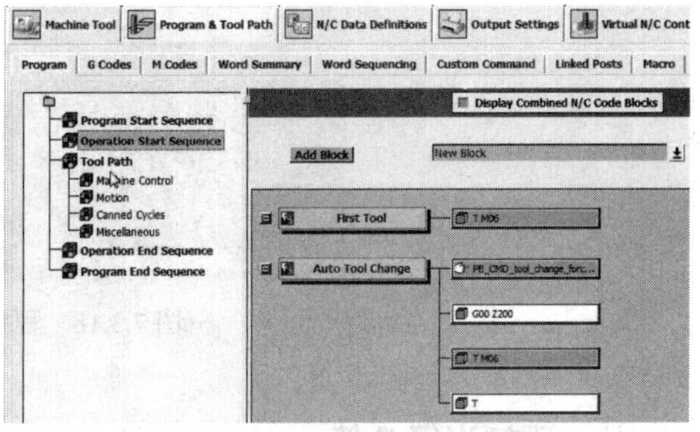

图 7.3.14　修改后的程序段

六、程序尾修改

下面修改程序尾，点击 M02（见图 7.3.15 点击程序尾），将 M02 修改为 M05 M30，M05 使主轴停止，M30 使程序结束并复位（见图 7.3.16 修改为 M05 M30）。

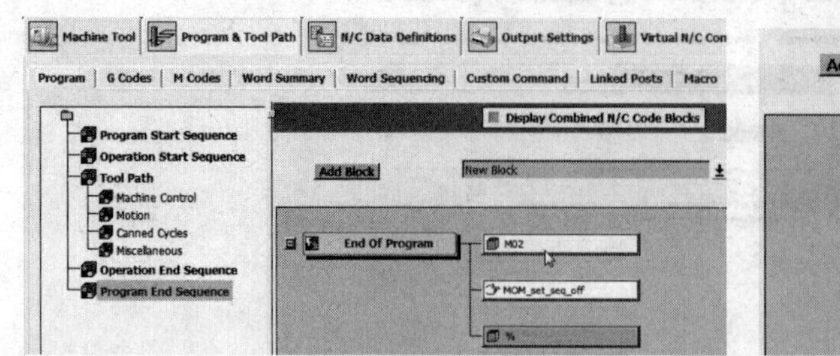

图 7.3.15 点击程序尾

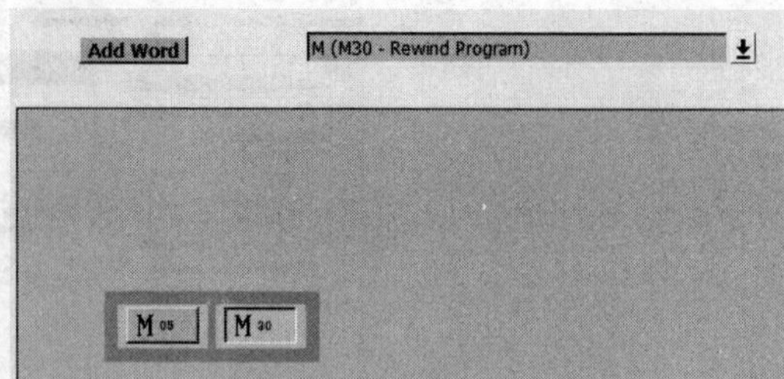

图 7.3.16 修改为 M05 M30

OK 退出，这就是程序尾的设定（见图 7.3.17 修改后的程序尾）。

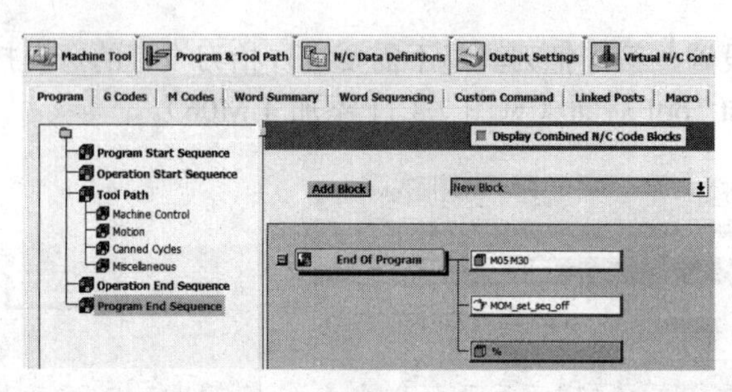

图 7.3.17 修改后的程序尾

七、代码顺序修改

这里的程序做完了，一般来说 G 代码和 M 代码的操作是不需要进行修改的，下面将代码的顺序改一下，将 M03 调整到 S 之前，先确定主轴的方向，再确定主轴的转速（见图 7.3.18 程序代码顺序图）。

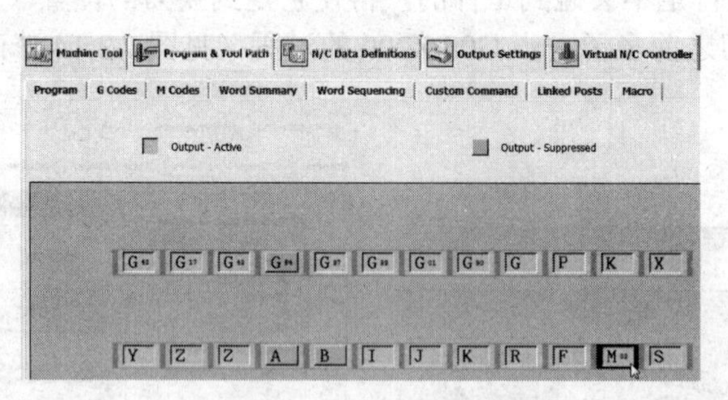

图 7.3.18 程序代码顺序图

八、添加半径 R 值

下面进行圆弧的修改，在 N/C Data 里面，在左侧的第四个选项 circular_move（见图 7.3.19 圆弧程序段），将 I、J、K 删除，改为半径 R，因为 I、J、K 很容易导致程序的冗长（见图 7.3.20 修改后的程序段）。

右击 Edit，将它的模态码去除（见图 7.3.21 关闭模态码）。

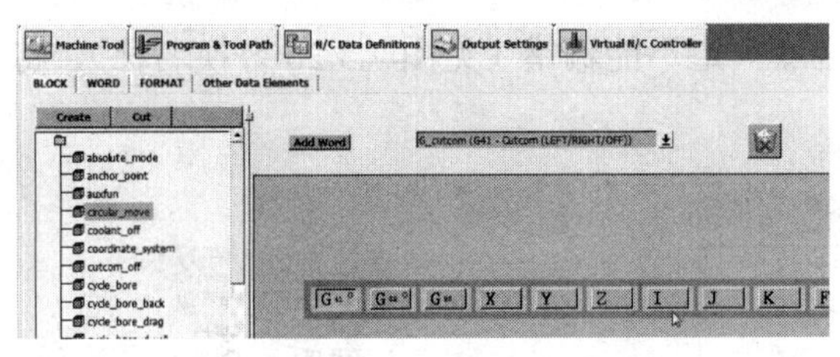

图 7.3.19　圆弧程序段

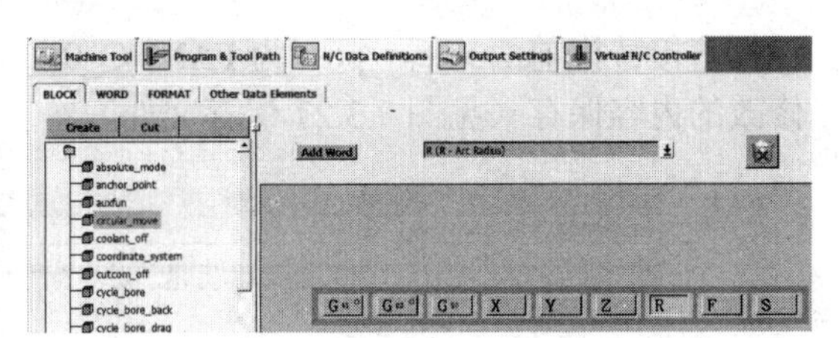

图 7.3.20　修改后的程序段

图 7.3.21　关闭模态码

九、将后处理加入 UG 的模块

现在程序的基本设置可以说就完成了，保存（见图 7.3.22 保存按钮），输出成 FANUC_0i.pui 的格式（见图 7.3.23 保存为 FANUC_0i.pui）。

File　Options

Define the Block Templates

图 7.3.22　保存按钮

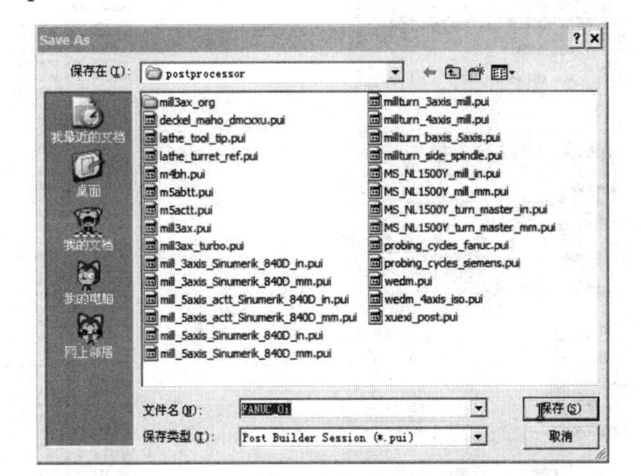

图 7.3.23　保存为 FANUC_0i.pui

下面虽然保存完成，但是子程序当中会看不到。打开电脑，找到后处理程序数据库的文件 template_post，右击采用记事本打开（见图 7.3.24 打开库文件），这是目前存在的后处理的列表（见图 7.3.25 未修改的后处理列表）。

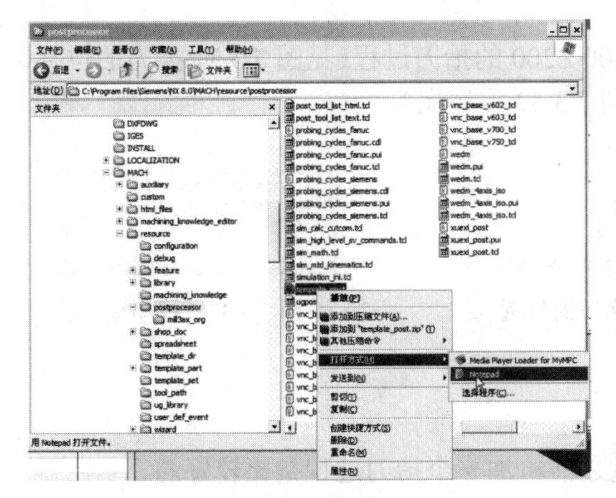

图 7.3.24　打开库文件

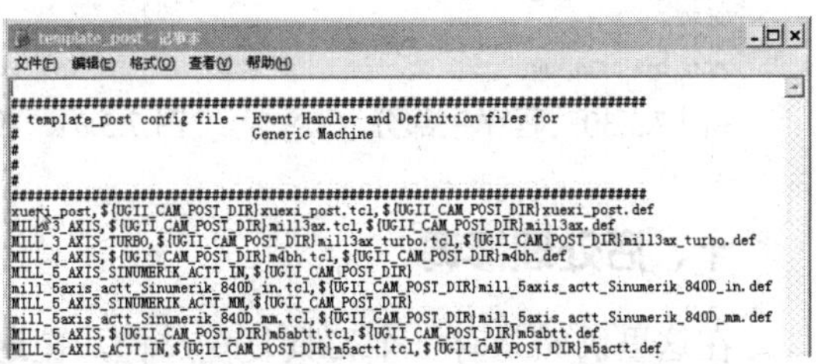

图 7.3.25　未修改的后处理列表

直接替换前面 xuexi_post 为 FANUC_0i，这点一定不能输错（见图 7.3.26 替换名称），将修改的内容保存（见图 7.3.27 保存文件）。

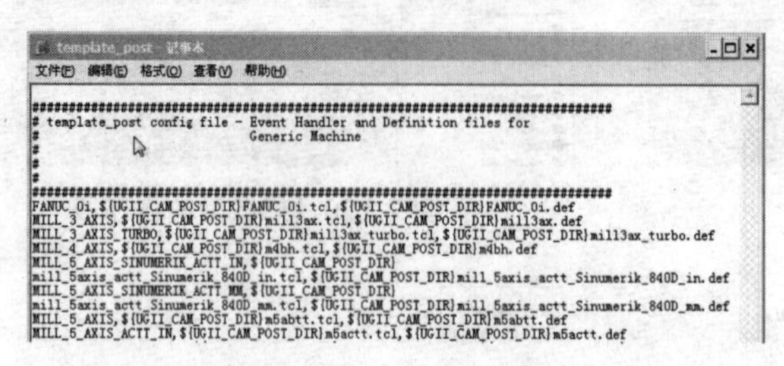

图 7.3.26 替换名称

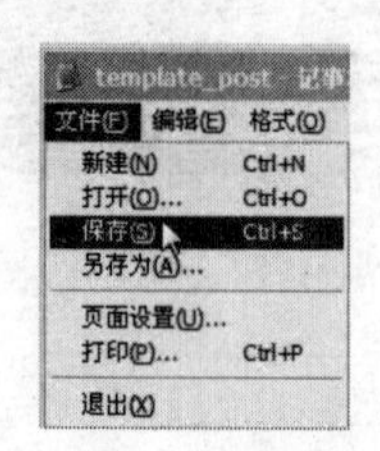

图 7.3.27 保存文件

回到 UG NX8.0 的程序当中，打开后处理，看到 FANUC_0i 的程序就已经出现了，点击应用，输出看一下它的效果（见图 7.3.28 UG 的后处理对话框），生成的程序如图 7.3.29。

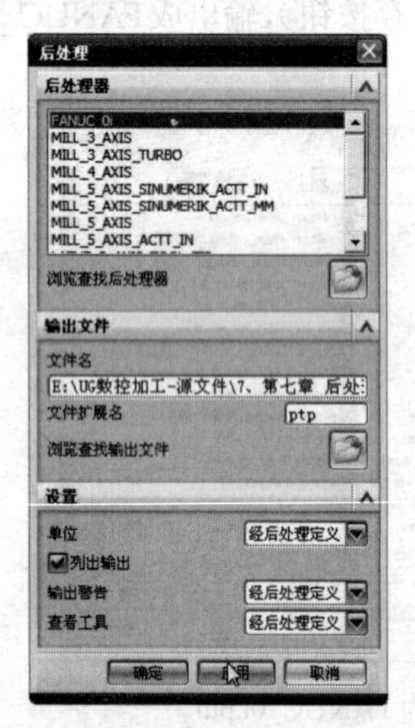

图 7.3.28 UG 的后处理对话框

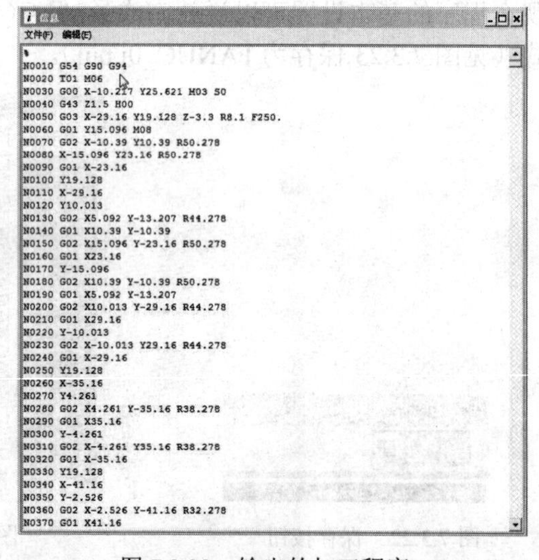

图 7.3.29 输出的加工程序

程序头为 G54 G90 G94 ，第一把刀 T1 M06，下面也有 M03 S0，这里的 S0 是什么，如果是 0 的话，是因为程序当中没有设置，这是跟后处理没有关系的（见图 7.3.30 程序头部分）。

看下一把刀，T02 M06，在这之前有一个 G00 Z200 的抬刀过程（见图 7.3.31 换刀的位置）。再看最后一步结束，看到了是 M05 M30（见图 7.3.32 程序尾）。

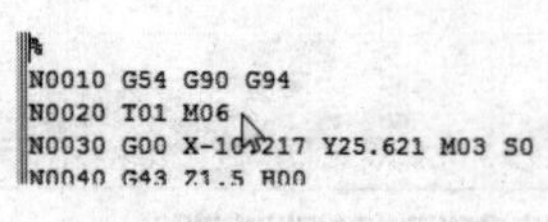

图 7.3.30 程序头部分

```
N0090 X-74.16
N0100 Z-24.
N0110 G00 Z.5
N0120 G00 Z200
N0130 T02 M06
N0140 T01
N0150 X30.031 Y49.72 M03 S0
```

图 7.3.31 换刀的位置

```
N1560 X29.398 Y8.179 Z-7.649
N1570 X29.388 Y7.854 Z-6.814
N1580 G00 Z.5
N1590 M05 M30
%
```

图 7.3.32 程序尾

十、后处理修调

在这里仍然是有一个刀具复位过程，在这之前给加一个抬刀过程是比较好的。

再次返回，在 Program 中选择程序尾，在 New Block 下拉框中会有 G00 Z200，这是做通用刀具时刚才添加的（见图 7.3.33 查找 G00 Z200），可以直接选择将它放上去（见图 7.3.34 添加到程序尾），然后保存。

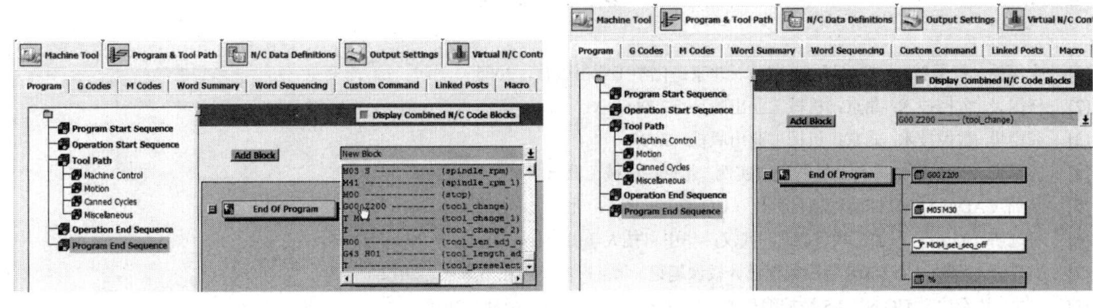

图 7.3.33　查找 G00 Z200　　　　图 7.3.34　添加到程序尾

返回 UG，点击后处理，应用（见图 7.3.35 UG 的后处理对话框）。来看一下它的程序，看最后，最后有一步 Z200，因为 G00 是一个模态的代码，所以 Z200 之前的 G00 就省略掉了（见图 7.3.36 修改后的程序尾）。

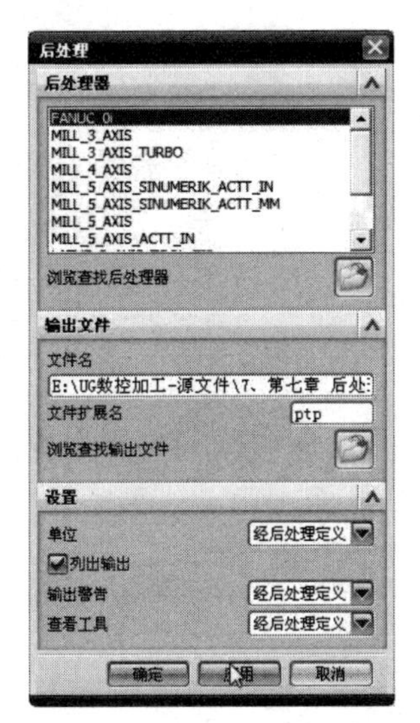

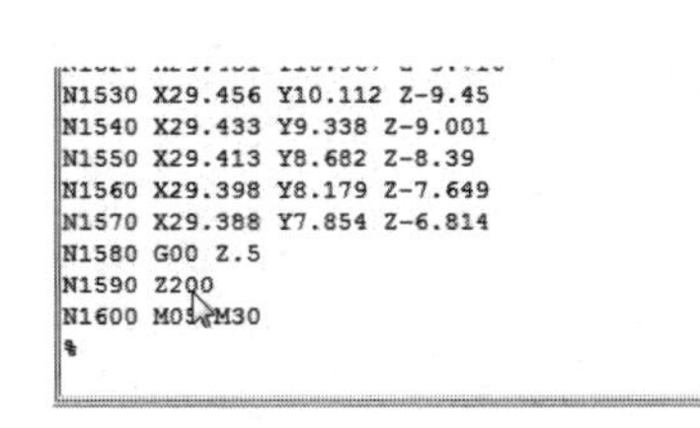

```
N1530 X29.456 Y10.112 Z-9.45
N1540 X29.433 Y9.338 Z-9.001
N1550 X29.413 Y8.682 Z-8.39
N1560 X29.398 Y8.179 Z-7.649
N1570 X29.388 Y7.854 Z-6.814
N1580 G00 Z.5
N1590 Z200
N1600 M05 M30
%
```

图 7.3.35　UG 的后处理对话框　　　　图 7.3.36　修改后的程序尾

这就是对 UG 文件进行后处理的操作。通过整个 UG 的学习，知道了 UG 的加工有平面铣、面铣，然后是曲面铣等，再通过后处理的操作，可以将它的程序输出成符合机床要求的程序。再通过一些更详细的修改，可以符合加工顺序和操作习惯，以提高加工效率。

在第七章当中讲解的后处理，只是后处理的一部分，已经可以适用于大部分的加工处理。

参 考 文 献

[1] 张思弟，贺暑新. 数控编程加工技术. 北京：化学工业出版社，2005.
[2] 任国兴. 数控技术. 北京：机械工业出版社，2006.
[3] 龚中华. 数控技术. 北京：机械工业出版社，2005.
[4] 肖军民. UG 数控加工自动编程经典实例. 北京：机械工业出版社，2011.
[5] 慕灿. CAD/CAM 数控编程项目教程（UG 版）. 北京：北京大学出版社，2010.
[6] 钟远明. UG 编程与加工项目教程. 武汉：华中科技大学出版社，2011.
[7] 贾广浩，罗映. UG NX 8 数控编程设计授课笔记. 北京：电子工业出版社，2012.
[8] 刘文. 边看边学 UG NX 7.5 数控编程 50 例. 北京：化学工业出版社，2012.
[9] 李德林. UG NX6 数控编程实例图解. 北京：清华大学出版社，2009.
[10] 刘蔡保. 数控车床编程与操作. 北京：化学工业出版社，2009.
[11] 刘蔡保. 数控铣床（加工中心）编程与操作. 北京：化学工业出版社，2011.
[12] 刘蔡保. 数控机床故障诊断与维修. 北京：化学工业出版社，2012.